T0380558

Perspektiven der Mathematikdidaktik

Reihe herausgegeben von

Gabriele Kaiser, Sektion 5, Universität Hamburg, Hamburg, Deutschland

Nils Buchholtz, Universität Hamburg, Hamburg, Deutschland

In der Reihe werden Arbeiten zu aktuellen didaktischen Ansätzen zum Lehren und Lernen von Mathematik publiziert, die diese Felder empirisch untersuchen, qualitativ oder quantitativ orientiert. Die Publikationen sollen daher auch Antworten zu drängenden Fragen der Mathematikdidaktik und zu offenen Problemfeldern wie der Wirksamkeit der Lehrerausbildung oder der Implementierung von Innovationen im Mathematikunterricht anbieten. Damit leistet die Reihe einen Beitrag zur empirischen Fundierung der Mathematikdidaktik und zu sich daraus ergebenden Forschungsperspektiven.

Reihe herausgegeben von
Prof. Dr. Gabriele Kaiser
Universität Hamburg

Nele Abels

Argumentation und Metakognition bei geometrischen Beweisen und Beweisprozessen

Eine Untersuchung von Studierenden im Grundschullehramt

Nele Abels
Bremen, Deutschland

Zugleich Dissertation im Fachbereich 3 (Mathematik/Informatik) der Universität Bremen
Erstgutachten: Prof. Dr. Christine Knipping
Zweitgutachten: Prof. Dr. Benjamin Rott
Disputation am 14.05.2021

ISSN 2522-0799 ISSN 2522-0802 (electronic)
Perspektiven der Mathematikdidaktik
ISBN 978-3-658-46467-7 ISBN 978-3-658-46468-4 (eBook)
https://doi.org/10.1007/978-3-658-46468-4

Die Deutsche Nationalbibliothek verzeichnet diese Publikation in der Deutschen Nationalbibliografie; detaillierte bibliografische Daten sind im Internet über https://portal.dnb.de abrufbar.

© Der/die Herausgeber bzw. der/die Autor(en) 2025. Dieses Buch ist eine Open-Access-Publikation.

Open Access Dieses Buch wird unter der Creative Commons Namensnennung 4.0 International Lizenz (http://creativecommons.org/licenses/by/4.0/deed.de) veröffentlicht, welche die Nutzung, Vervielfältigung, Bearbeitung, Verbreitung und Wiedergabe in jeglichem Medium und Format erlaubt, sofern Sie den/die ursprünglichen Autor*in(nen) und die Quelle ordnungsgemäß nennen, einen Link zur Creative Commons Lizenz beifügen und angeben, ob Änderungen vorgenommen wurden.
Die in diesem Buch enthaltenen Bilder und sonstiges Drittmaterial unterliegen ebenfalls der genannten Creative Commons Lizenz, sofern sich aus der Abbildungslegende nichts anderes ergibt. Sofern das betreffende Material nicht unter der genannten Creative Commons Lizenz steht und die betreffende Handlung nicht nach gesetzlichen Vorschriften erlaubt ist, ist für die oben aufgeführten Weiterverwendungen des Materials die Einwilligung des/der betreffenden Rechteinhaber*in einzuholen.
Die Wiedergabe von allgemein beschreibenden Bezeichnungen, Marken, Unternehmensnamen etc. in diesem Werk bedeutet nicht, dass diese frei durch jede Person benutzt werden dürfen. Die Berechtigung zur Benutzung unterliegt, auch ohne gesonderten Hinweis hierzu, den Regeln des Markenrechts. Die Rechte des/der jeweiligen Zeicheninhaber*in sind zu beachten.
Der Verlag, die Autor*innen und die Herausgeber*innen gehen davon aus, dass die Angaben und Informationen in diesem Werk zum Zeitpunkt der Veröffentlichung vollständig und korrekt sind. Weder der Verlag noch die Autor*innen oder die Herausgeber*innen übernehmen, ausdrücklich oder implizit, Gewähr für den Inhalt des Werkes, etwaige Fehler oder Äußerungen. Der Verlag bleibt im Hinblick auf geografische Zuordnungen und Gebietsbezeichnungen in veröffentlichten Karten und Institutionsadressen neutral.

Planung/Lektorat: Karina Kowatsch
Springer Spektrum ist ein Imprint der eingetragenen Gesellschaft Springer Fachmedien Wiesbaden GmbH und ist ein Teil von Springer Nature.
Die Anschrift der Gesellschaft ist: Abraham-Lincoln-Str. 46, 65189 Wiesbaden, Germany

Wenn Sie dieses Produkt entsorgen, geben Sie das Papier bitte zum Recycling.

Geleitwort

Anforderungen an zukünftige Lehrkräfte sind vielfältig und komplex. Mathematisches Argumentieren gehört genauso dazu wie die Reflexionsfähigkeit über das eigene Wissen. Für Lehramtsstudierende aller Schulstufen stellt mathematisches Argumentieren und das fachspezifische Beweisen jedoch häufig eine große Herausforderung dar. Bereits die Rezeption von mathematischen Beweisen vor allem aber auch ihre Generierung fällt vielen Studierenden schwer. Metakognition, verstanden als „Wissen über das eigene Wissen und die Steuerung des eigenen Wissens", kann in diesem Kontext Studierenden helfen. Ob, wie und warum dies gelingen, aber auch misslingen kann, zeigt die Dissertaton von Nele Abels zu geometrischen Beweisen und Beweisprozessen von Studierenden des Grundschullehramtes.

In der von ihr vielschichtig angelegten Untersuchung wird herausgearbeitet, wie komplex und fragil Beweisprozesse von Studierenden sowie die dabei entstehenden Begründungen sind. In ihren empirischen Detailanalysen und Rekonstruktionen von Beweisprozessen Studierender wird anschaulich, wie Metakognition und metakognitive Aktivitäten bei Argumentationsprozessen unterstützend, aber in einzelnen Fällen auch hemmend wirken können. Die äußerst differenzierten und ins Detail gehenden Analysen von Beweisaktivitäten veranschaulichen, wie insbesondere auch mangelnde fachliche Kompetenzen in mathematische Begründungsversuche hineinwirken und wie schwer oder auch unmöglich es für Studierende ist, unter diesen Voraussetzungen mathematisch korrekt zu argumentieren. Deutlich wird, dass metakognitive Aktivitäten dies nur in sehr eingeschränktem Maße kompensieren können.

Mündliche Begründungen für mathematische Aussagen etwa werden von Studierenden nicht einfach schriftlich fixiert, sondern ein neuer Prozess mit dem Ziel eines schriftlichen Beweises beginnt. Dabei gelingt die Übertragung der einzelnen Bestandteile der eigenen Argumentationen ins Schriftliche in vielen Fällen nicht vollständig. Es werden zwar eigene Begründungen der (mündlichen) Beweisfindung auch im Verschriftlichungsprozess genannt, dennoch werden diese Argumentationen nicht immer auch schriftlich aufgegriffen und festgehalten. Diese „verlorenen Aussagen" können inhaltlich wichtige Bestandteile einer Argumentation darstellen und werden trotzdem von den Studierenden häufig weggelassen, sodass teilweise unvollständige Beweise entstehen.

Beim Aufschreiben fehlt den Studierenden oftmals eine Kontrolle der logischen Konsistenz der entwickelten Argumentationen, wie auch der gewählten Terminologien und Notationen. Lücken im eigenen Beweistext fallen den Studierenden meist nicht auf, Strukturanalysen der eigenen Beweistexte bleiben oftmals aus. Deutlich wird in den feinen Analysen von Nele Abels, dass Verschriftlichungsprozesse von Beweisen bei Lernenden stark auch durch mündliche Diskurse geprägt sind. Diese werden von den Studierenden häufig weder reflektiert noch kontrolliert. Zwischen mündlichen und schriftlichen Argumentationen der untersuchten Lehramtsstudierenden lässt sich somit eine deutliche Diskrepanz rekonstruieren, wie auch daraus resultierende fachlich problematische Konsequenzen in den schriftlichen Beweisen. Auffällig ist auch, dass Argumentationen mit gleicher Struktur eine verschiedene inhaltliche Güte aufweisen können. Auch bei Argumentationen mit einer weniger komplexen Struktur kann eine höhere inhaltliche Güte vorhanden sein als bei komplexeren Strukturen. Somit kann von der Komplexität einer Argumentationsstruktur nicht einfach auf die inhaltliche, mathematische Güte einer Argumentation geschlossen werden. Didaktisch drängt sich damit die Frage auf, inwieweit eine Empfehlung der Art „so komplex wie nötig, so schlicht wie möglich" hilfreich für Lernende, wie auch Lehrende wäre.

Studierende kommen in Beweisprozessen oftmals nicht direkt zum Ziel, sie begeben sich zuweilen auf *Umwege*, durch die Beweise häufig länger und schwieriger als notwendig sind. *Irrwege* dagegen bedeuten – in der Terminologie von Nele Abels – dass es ihnen nicht möglich ist, den Beweisprozess zu beenden. Wenn Beweisprozesse ins Stocken geraten, ergeben sich für Studierende leicht *Durststrecken*, wie die anschaulichen Episoden der vorgelegten Arbeit zeigen. Während Studierende bei Umwegen ihr Fachwissen in der Regel noch abrufen können, gelingt ihnen dies bei Irrwegen nicht und bei Durststrecken nicht immer. Deutlich wird, dass nicht nur Monitoring, sondern insbesondere auch verlässliches bzw. mangelndes Fachwissen mit den auftretenden Schwierigkeiten von

Studierenden korrespondiert. Nele Abels trifft in ihrer Arbeit weitere, präzise und anschauliche Unterscheidungen, um die Herausforderungen und Schwierigkeiten von Studierenden in fachlichen Beweisprozessen zu beschreiben und an beispielhaften Episoden zu illustrieren. Es lohnt, sich den Detailanalysen der Arbeit zuzuwenden.

Ergebnis dieser Analysen ist auch, dass der Umgang mit fachspezifischen Darstellungen, der im Kategoriensystem der Metakognitionsanalysen als „Strukturanalysen" bezeichnet wird, entscheidende Auswirkungen auf Argumentations- und Beweisprozesse haben kann. Dabei wird deutlich, dass die in der vorliegenden Arbeit präsentierten feinen und tiefen Analysen subtile neue Erkenntnisse hervorbringen, die bisher in der existierenden Forschung so noch nicht dokumentiert sind. Etwa liefern die dezidierten Kontrastierungen von mündlichen und schriftlichen Argumentationen in Beweisprozessen weitere erkenntnisreiche Einsichten zu Herausforderungen von Lernenden bei Verschriftlichungsprozessen von Beweisen. Auch die herausgearbeiteten Besonderheiten und Spezifika von globalen Argumentationsstrukturen und einzelnen Argumentationssträngen geben einen tieferen Einblick in die Schwierigkeiten und Kompetenzen von Studierenden beim Beweisen. Die dokumentierte, detaillierte Untersuchung der Bedeutung von Metakognition beim Argumentieren und Beweisen liefert zudem neue Erkenntnisse, die bisher in der existierenden Forschung der Mathematikdidaktik auf diese Art noch nicht herausgearbeitet worden sind. Die Bedeutung etwa von globalen und lokalen Planungsaktivitäten und ihr Zusammenwirken bei Beweisaktivitäten wird in der vorliegenden Arbeit erstmals an Fallbeispielen von Studierenden eingehend dargestellt. Auch die feinen Auswirkungen von Fachwissen beim Nutzen von metakognitiven Aktivitäten und die Herausforderungen beim Umgang mit fachspezifischen Darstellungen wie Skizzen und Formeln werden durch das gewählte triangulative Vorgehen in den Datenauswertungen im Detail deutlich. So werden in den Fallanalysen besondere Hürden offenkundig, durch die es für Studierende beim Argumentieren und Beweisen schwieriger wird, es stockt oder für sie unmöglich wird, einen Beweis zu führen. Entscheidend für diese differenzierten Ergebnisse sind die feinen Argumentationsanalysen, die Nele Abels akribisch durchgeführt hat. Auch die Rückbindung des zunächst kategoriengeleiteten Vorgehens bei den Metakognitionsanalysen an die vorherigen Argumentationsanalysen ist entscheidend, um zuverlässig und ergiebig zu diesen Ergebnissen zu kommen. Diese Analysen legen es nahe, die Bedeutung von Metakognition beim mathematischen Beweisen in weiteren Forschungsarbeiten im Spannungsfeld von Medium, Konzept und Struktur zu betrachten, wie es von Nele Abels vorgeschlagen wird. Zukünftige Forschung wird von dieser konzeptuellen Anregung profitieren, wie auch von den feinen, umfangreichen und detaillierten Argumentationsanalysen, die auf erkenntnisfördernde Weise mit Analysen metakognitiver Aktivitäten der Studierenden verzahnt worden sind.

Christine Knipping

Danksagung

Eine Dissertation ist eine lange Reise, voll von Umwegen, Irrwegen und Durststrecken. An dieser Stelle möchte ich mich bei allen bedanken, die diese Reise ermöglicht, mich unterstützt und begleitet haben.

Ein großer Dank gebührt meiner Betreuerin Christine Knipping für ihre Unterstützung und die hervorragende Betreuung. Ich danke ihr für ihre Zeit, ihre Kritik, ihre Vorschläge und ihren Optimismus. Ich danke ebenso Benjamin Rott, meinem Zweitprüfer, für interessante und hilfreiche Gespräche und die Literaturempfehlungen zur Metakognition. Eine große Hilfe war auch Edyta Nowińska, die mir das verwendete metakognitiv-diskursive Kategoriensystem ausführlich erklärt und mich bei der Kodierung der Aktivitäten der Studierenden beraten hat.

Eine Dissertation wird nicht allein im stillen Kämmerlein geschrieben. In diesem Sinne danke ich allen aus der Arbeitsgruppe Didaktik der Mathematik an der Universität Bremen für anregende Gespräche und kritische Diskussionen. Einige haben die Fertigstellung dieser Arbeit besonders unterstützt. Ich danke Ingolf Schäfer für die Möglichkeit, im Rahmen seiner Vorlesung zur Elementargeometrie meine Forschung durchführen zu dürfen, und für die Beantwortung all meiner fachlich-mathematischen Fragen – teilweise mehrfach. Darüber hinaus danke ich den Kolleginnen und Kollegen, die bei der konsensuellen Validierung meiner Argumentationsrekonstruktionen mitgeholfen haben. Neben meiner Betreuerin Christine Knipping war dies insbesondere Fiene Bredow, die vom Anfang bis zum Ende dabei war und an den stundenlangen Diskussionen aktiv mitgewirkt hat.

Eine Dissertation kapert leider häufig auch das Privatleben, auf unterschiedliche Arten und Weisen. Deshalb danke ich meinem Mann, Gideon Abels, für viele konstruktive Spaziergänge, in denen er teilweise bis zu einer halben Stunde meinen Ausführungen und Strukturierungsideen für die Dissertation zugehört hat. Ebenso danke ich meiner Schwester, Gina Stubbemann, die sich die Mühe gemacht hat, meine Arbeit Korrektur zu lesen, obwohl sie kein Vorwissen zu diesem Themenbereich hatte. Sie hat mich vor Philisophen, Granten und Dunststrecken gerettet. Alle verbliebenen Fehler sind meine.

Nach der Fertigstellung der Dissertation geht meine Reise weiter. Ich hoffe, viele von euch begleiten mich (auf ihre Art) auch in Zukunft.

Inhaltsverzeichnis

1 Einleitung 1

Teil I Theoretischer Hintergrund

2 Argumentieren und Beweisen 11
2.1 Beweisen als Argumentieren? 11
2.1.1 Der Begriff „Argumentation“ 16
2.1.2 Der Begriff „Beweisen“ 21
2.1.3 Beweisverfahren, Funktionen und Schlussweisen 26
2.1.4 Prozess-Aufschreiben-Produkt 29
2.1.5 Fazit zum Argumentieren und Beweisen 36
2.2 Argumentations- und Beweisbegriff dieser Arbeit 37
2.3 Rekonstruktion von Argumentationen 40
2.3.1 Rekonstruktion einer Argumentation nach Toulmin 40
2.3.2 Globale Argumentationsstrukturen 44
2.4 Argumentieren und Beweisen – Eine Schwierigkeit für Lernende und Lehrende 60
2.4.1 Forschung zum Beweisen und Argumentieren im Unterricht 62
2.4.2 Normen und Erwartungen im Unterrichtskontext von Beweisen 66

2.4.3 Verständnis, Fähigkeiten und Beliefs von (angehenden) Lehrkräften ... 68
2.4.4 Fazit zu den Schwierigkeiten für Lernende und Lehrende ... 73

3 Metakognition ... 75
3.1 Der Begriff „Metakognition" ... 76
3.1.1 Erste Ausdifferenzierungen des Begriffs ... 77
3.1.2 Weitere Modelle von Metakognition ... 80
3.1.3 Metakognitionsverständnis dieser Arbeit ... 85
3.2 Metakognition – Forschungsergebnisse bei Lernenden und Lehrenden ... 87
3.2.1 Metakognition bei Schülerinnen und Schülern ... 87
3.2.2 Metakognition bei Lehramtsstudierenden und Lehrkräften ... 97
3.3 Metakognition beim Argumentieren und Beweisen ... 107

4 Zum Kontext Geometrie ... 111

5 Forschungsdesiderat dieser Arbeit ... 121

Teil II Methodologie und Methodisches Vorgehen

6 Vorbereitung der Untersuchung ... 135
6.1 Die Stichprobe ... 135
6.2 Die Datenerhebung ... 138
6.3 Die Beweisaufgaben und mögliche Beweise ... 141
6.3.1 Die einfachere Einstiegsaufgabe ... 142
6.3.2 Die schwierigere zweite Aufgabe ... 143

7 Datenaufbereitung ... 149
7.1 Die Videos ... 150
7.2 Die Transkripte ... 150
7.3 Die Referenzskizzen ... 153

8 Auswertungsmethoden ... 157
8.1 Rekonstruktionen von Argumentationen ... 157
8.1.1 Vorgehen bei der Rekonstruktion ... 159
8.1.2 Rekonstruktion einer mündlichen Argumentation ... 161

8.1.3 Rekonstruktion einer schriftlichen Argumentation ... 163
8.1.4 Rekonstruktion einer abduktiven Argumentation ... 165
8.1.5 Rekonstruktion einer Argumentation, in der eine Konklusion als Frage formuliert wird ... 167
8.1.6 Rekonstruktion einer Argumentation mit Argumentationslücke ... 168
8.1.7 Rekonstruktion einer „löchrigen" Argumentation ... 170
8.1.8 Rekonstruktion einer fehlerhaften Argumentation ... 171
8.1.9 Rekonstruktion von Widerlegungen ... 172
8.1.10 Rekonstruktion „verlorener Aussagen" ... 174
8.1.11 Nicht rekonstruierte „Argumentationen" ... 180
8.1.12 Fazit zu den Rekonstruktionen von Argumentationen ... 183
8.2 Analyse der globalen Argumentationsstrukturen ... 183
8.3 Untersuchung der Metakognition ... 187
8.3.1 Vorgehen bei der Kodierung ... 189
8.3.2 Schritt 1: Kodierung am Transkript ... 192
8.3.3 Schritt 2: Erstellung eines Kategorienstrahls ... 196
8.3.4 Schritt 3: Sichtung und inhaltliche Analyse der Kodierungen ... 198
8.3.5 Schritt 4: Charakterisierung gefundener Auffälligkeiten ... 204
8.4 Typenbildung und Prototypen ... 207

Teil III Ergebnisteil Argumentationen

9 „Verlorene" Aussagen durch Aufschreiben des Beweises ... 215
9.1 Ergänzende Aussagen ... 216
9.2 Zusätzliche Argumentationen ... 224
9.3 Fazit zu den verlorenen Aussagen ... 232

10 Globale Strukturen von mündlichen und schriftlichen Argumentationen ... 235
10.1 Argumentationen mit Sammelstruktur ... 235
10.2 Argumentationen mit Linienstruktur ... 237

10.3 Argumentationen mit Quellstruktur 240
10.4 Weitere literaturbekannte Strukturen 250
10.5 Argumentationen mit verschachtelter Struktur 251
10.6 Argumentationen mit Stromstruktur 252
10.7 Argumentationen mit Sprudelstruktur 262
10.8 Fazit zu den globalen Argumentationsstrukturen 266

11 Vergleich globaler Argumentationsstrukturen 271
11.1 Die Komplexität globaler Argumentationsstrukturen 272
11.2 Änderung der globalen Strukturen durch das Aufschreiben eines Beweises 279
11.3 Strukturunterschiede zwischen verschiedenen Beweisen 296
11.4 Fazit zum Vergleich und der Komplexität globaler Strukturen 300

12 Besonderheiten einzelner Argumentationsstränge 303
12.1 Abduktionen in Argumentationen 304
12.2 Tote Enden in Argumentationen 324
12.3 Implizit Gebliebenes in Argumentationen 332
12.4 Parallele Argumentationen 344
12.5 „Löchrige“ Argumentationen 350
12.6 Negation und Kontraposition 357
12.7 Rekonstruktionsprobleme durch Verständnisschwierigkeiten 361
12.8 Probleme mit Inhalt und Ziel der Argumentationen 367
12.9 Idiosynkratische Besonderheiten bei Argumentationen 373
12.10 Widerlegungen in Argumentationen 381
12.11 Fazit zu den Besonderheiten in einzelnen Argumentationssträngen 388

Teil IV Ergebnisteil Metakognition

13 Der Effekt von Planung bei Argumentationen 393
13.1 Globale Planung 394
13.2 Lokale Planung 401
13.3 Die Kontrolle von Planungen 404
13.4 Fazit zum Effekt von Planung 408

14 Prototypen von Hürden im Beweisprozess 411
14.1 Schleifen 411
14.2 Verlängerungen 415
14.3 Zirkelschlüsse 418
14.4 Irrfahrten 421
14.5 Funkstillen 424
14.6 Durchbrüche 427
14.7 Ergebnisse und Fazit zu Hürden im Beweisprozess 430

15 Der Einfluss von Strukturanalysen auf die Argumentation 435
15.1 Strukturanalysen von Skizzen und Aussagen 436
15.2 Strukturanalysen von Formeln 444
15.3 Fazit zu Strukturanalysen fachspezifischer Darstellungen 448

16 Die (fehlende) Tiefe metakognitiver Aktivitäten 451
16.1 Positive und negative Auswirkungen knapper Antworten 452
16.2 Die Wirkung (nicht) elaborierter (Zwischen-)Bilanzen 458
16.3 Fazit zur Tiefe metakognitiver Aktivitäten 464

17 Auswirkungen negativer Diskursivität auf Argumentationen 467
17.1 Verständnisschwierigkeiten durch mangelnde Angabe von Bezugspunkten 468
17.2 Argumentationslücken 478
17.3 Zirkelschlüsse 487
17.4 Inhaltliche Fehler 496
17.5 Fazit zu den Auswirkungen negativer Diskursivität 504

Teil V Diskussion und Fazit

18 Diskussion der Arbeit 509
18.1 Der Verlauf geometrischer Argumentationen und Beweise bei Studierenden 509
18.2 Die Auswirkungen metakognitiver Aktivitäten von Studierenden auf ihr Argumentieren und Beweisen 514
18.3 Der Einfluss von Medium, Konzept und Struktur 520
18.4 Mögliche Einschränkungen der Untersuchung 524
18.4.1 Zu den Methoden 524
18.4.2 Zur Gefahr der Defizitorientierung 526
18.4.3 Zur Validität und Generalisierbarkeit 526

19 Fazit dieser Arbeit 529

Literaturverzeichnis 537

1 Einleitung

> *Bei, bei diesem Thema Beweisen (.) -äh- da merk ich halt schon, da ist bei mir noch (.) Entwicklungsbedarf. Und (.) ich hab (.) -ähm- ich glaub, das hatten, wurde am Anfang auch schon deutlich, dass Beweis auch immer noch 'n schwammiger Begriff (.) ist [...]*
>
> *Julius, Grundschullehramtsstudent*

Dieses Zitat gibt einen Einblick in das Dilemma des Argumentierens und Beweisens. Julius ist Lehramtsstudierender im letzten Jahr seines Masters, bald ist das Studium abgeschlossen und das Referendariat steht bevor. Da er in Kürze Argumentieren und Beweisen Schülerinnen und Schülern im Mathematikunterricht vermitteln soll, sollte dieser Studierende eigentlich gut darin ausgebildet sein und sich sicher fühlen. Seine eigene Aussage spiegelt dies allerdings nicht wider, das Gegenteil scheint der Fall zu sein.

Durch die Kultusministerkonferenz (2017) sind die Kompetenzen von Absolventinnen und Absolventen eines Lehramtsstudiengangs im Bereich des Argumentierens und Beweisens und damit Erwartungen an sie formuliert. Lehramtsstudierende in Mathematik sollten am Ende ihres Studiums „beim Vermuten und Beweisen mathematischer Aussagen fremde Argumente überprüfen und eigene

Ergänzende Information Die elektronische Version dieses Kapitels enthält Zusatzmaterial, auf das über folgenden Link zugegriffen werden kann https://doi.org/10.1007/978-3-658-46468-4_1.

© Der/die Autor(en) 2025

N. Abels, *Argumentation und Metakognition bei geometrischen Beweisen und Beweisprozessen*, Perspektiven der Mathematikdidaktik,
https://doi.org/10.1007/978-3-658-46468-4_1

Argumentationsketten aufbauen sowie mathematische Denkmuster auf innermathematische und auf praktische Probleme anwenden (mathematisieren) und Problemlösungen unter Verwendung geeigneter Medien erzeugen, reflektieren und kommunizieren“ (Kultusministerkonferenz (KMK), 2017, S. 38) können. Der Aufbau eigener Argumentationsketten bezieht sich im Kontext des Argumentierens und Beweisens dabei sowohl auf die Beweisfindung als auch auf das Erstellen von schriftlichen Beweisen. Dies sind klar formulierte fachliche Anforderungen.

Betrachtet man jedoch Studien zum mathematischen Wissen von Lehramtsstudierenden über Beweise, so zeigen diese Studien, dass bei Studierenden des Grundschullehramts wie auch bei Studierenden des Sekundarstufenlehramts oft erhebliche Wissenslücken auftreten (Stylianides et al., 2016). Zudem erkennen sowohl angehende als auch praktizierende Lehrkräfte nicht immer die Rolle und Bedeutung des Beweisens für die Mathematik, wodurch das Beweisen auch im alltäglichen Unterricht oftmals anders als in den KMK-Standards gewichtet wird. Gerade Grundschullehrkräfte sehen Argumentieren und Beweisen nicht als Teil ihres Fachverständnisses und ihrer Unterrichtspraxis (Jones & Tzekaki, 2016), wodurch auch ihre eigenen Beweisfähigkeiten häufig nicht gut ausgeprägt sind.

Argumentieren und Beweisen ist ein essenzieller Teil der Mathematik und in allen ihren Teilgebieten von Bedeutung. Geometrie ist ein mathematisches Teilgebiet, in dem das Beweisen historisch verankert ist. Auch für das Beweisen in der Schule eignet sich die Geometrie durch ihren logischen Aufbau und ihre Anschaulichkeit. In den von den Berufsverbänden DMV, GDM und MNU (2008) formulierten „Standards für die Lehrerbildung im Fach Mathematik“ werden Mindeststandards für Lehrkräfte je nach Schulart und Studium formuliert. Die nachfolgend aufgeführten Standards für Geometrie gelten für die Primar- und die Sekundarstufe. Im Bereich „Elementare Geometrie in Ebene und Raum“ gehört zu den Standardkenntnissen einer Mathematiklehrkraft das Erstellen und Begründen geometrischer Konstruktionen sowie das (argumentative) Verstehen von Begründungen und Beweisen sowie der geometrischen Aussagen selbst. Studien zeigen jedoch, dass Lehrkräfte oft geringes Vertrauen in ihre Fachkompetenz und ihre Fähigkeiten haben und daher sowohl ihre Kompetenz als auch ihr Vertrauen gestärkt werden muss (Hoyles & Healy, 2007). Häufig stimmen die Vorstellungen von mathematischen Inhalten und ihrer Veranschaulichung nur bedingt mit den fachlichen Definitionen der mathematischen Objekte überein. Dies erschwert den Lehrkräften das Beweisen geometrischer Aussagen sowie ihre Vermittlung.

Im Hinblick darauf, dass Lehrkräfte Argumentieren und Beweisen unterrichten sollen, stellt sich die Frage, wie geometrische Beweisprozesse von angehenden Lehrkräften gelernt werden können, *wie ihre geometrischen Beweisprozesse verlaufen,* und indirekt auch, inwiefern ihre Fähigkeiten am Ende ihres Studiums mit den fachlichen Anforderungen der KMK sowie den Empfehlungen von DMV, GDM und MNU zum Argumentieren und Beweisen übereinstimmen.

Laut Stylianides, Bieda und Morselli (2016) müssen Wege gefunden werden, um Lehrkräfte zu befähigen, ihre Schülerinnen und Schüler dahingehend zu unterstützen, dass diese sinnvoll am Argumentieren und Beweisen im Mathematikunterricht teilnehmen können. Fachwissen allein ist bekanntermaßen nicht ausreichend, um dies auch gut zu unterrichten und Beweisen zu vermitteln (Jones & Tzekaki, 2016). Stylianides, Bieda und Morselli (2016) fordern dazu auch, dass in der didaktischen Forschung die Rolle von Metawissen untersucht werden sollte. Ohne ein Bewusstsein über die eigenen Kenntnisse können Wissen und Strategien nicht sinnvoll und passend angewendet werden. Dieses Metawissen ist ein Teil des Konzepts der Metakognition, welche in der Mathematik und in der Mathematikdidaktik im Bereich des Problemlösens bereits in vielen Facetten untersucht wurde. Metakognition beinhaltet dabei zusätzlich zum Metawissen auch selbstregulierende Tätigkeiten. Lehrkräfte sollten neben didaktischem Wissen auch über gute metakognitive Fähigkeiten verfügen. Sie agieren als mathematisches Vorbild und als Auslöser metakognitiver Aktivitäten bei Schülerinnen und Schülern (A. J. Stylianides et al., 2016). Eine durch Metakognition geprägte Grundhaltung können Schülerinnen und Schüler bei ihren Lehrkräften feststellen oder aber vermissen, wenn sie nicht praktiziert wird. Diese Grundhaltung der Lehrkraft bezüglich Metakognition, aber ebenso bezüglich Mathematik und Beweisen, überträgt sich auf ihre Schülerinnen und Schüler (Mariotti, 2006). Lehrkräfte sind die kulturellen Vermittlerinnen und Vermittler zwischen ihren Schülerinnen und Schülern und der Mathematik als Wissenschaft und müssen für diese Rolle ausgebildet sein, was auch Vorbereitungen auf metakognitivem Niveau beinhalten sollte. Lehrkräfte müssen nicht nur kognitiv, sondern auch metakognitiv ausgebildet und „entwickelt" sein (Mariotti, 2006), denn beim Bearbeiten komplizierter Aufgaben, wie z. B. dem Beweisen, ist Metakognition eine wichtige Ressource (Schraw, 1998).

Metakognition beschreibt das Wissen über das eigene Wissen und die Steuerung des eigenen Wissens. Sie ist eine Ressource, die unter anderem die sinnvolle Anwendung von Wissen und Strategien steuert und damit maßgeblich die eigenen Handlungen beeinflusst. Nicht bei jedem ist Metakognition jedoch gleich stark ausgeprägt. In Untersuchungen der Metakognition beim Lösen mathematischer Probleme zeigte sich ein großer Unterschied bei der Metakognition von

„Novizen“ und „Experten“ (Schoenfeld, 1987). Experten zeigen wesentlich mehr metakognitive Aktivitäten, die sich positiv auf die Lösungsfindung auswirken. Sie können den Prozess der Lösungsfindung besser lenken und reflektieren sowie hilfreiches gelerntes Wissen gezielter abrufen. Durch metakognitive Aktivitäten sind diese Handlungen auch beim Lösen von Problemen möglich, die nicht in das eigentliche mathematische Forschungsgebiet der Experten fallen. Des Weiteren wurde gezeigt, dass metakognitive Fähigkeiten erlernbar sind (Schoenfeld, 1987). Somit ist es wichtig, Metakognition auch im Unterricht zu thematisieren.

Betrachtet man die Forschung zu Metakognition in der Mathematik, finden sich – wie oben erwähnt – viele Studien zur Wirkung und Wichtigkeit von Metakognition beim Problemlösen (u. a. Kuzle, 2013; Schoenfeld, 1987, 1992). Im Gegensatz dazu wird die Bedeutung von Metakognition bei der Forschung zu Beweisen zwar häufig in Studien erwähnt und genutzt (u. a. Heinze, 2004; Heinze & Reiss, 2003; Reiss et al., 2001), aber bei Beweisprozessen kaum explizit untersucht. Da sich Problemlösen und Beweisen in ihren Abläufen ähneln und Beweisen häufig als Spezialfall des Problemlösens gesehen wird (Weber, 2005), ist dies überraschend und stellt eine Forschungslücke dar. Auch in der Forschung zum Beweisen und zu Beweisfähigkeiten von Schülerinnen und Schülern sowie Studierenden der Mathematik und des Mathematiklehramts fehlen bisher tiefergehende Untersuchungen von metakognitiven Aktivitäten. Dies ist interessant, da mathematikdidaktische Studien die Wichtigkeit der Metakognition für erfolgreiches Beweisen hervorheben (Reiss et al., 2001). Untersuchungen der Metakognition beim Beweisen stellen noch ein Forschungsdesiderat dar und könnten neue Gründe für Schwierigkeiten und neue Möglichkeiten der Unterstützung aufzeigen.

Damit metakognitive Fähigkeiten auch in der Schule vermittelt werden können, müssen diese explizit und (angehenden) Lehrkräften bewusst werden (Cohors-Fresenborg & Kaune, 2007). Das gelingt nur mit einem Bewusstsein der Lehrkräfte für Metakognition. Auch können Lehrkräfte, die über ausgeprägte metakognitive Fähigkeiten verfügen, ihre Schülerinnen und Schülern bei der Beweisfindung zielgenauer unterstützen. Sie können metakognitive Anregungen geben, um die Schülerinnen und Schüler auf einen erfolgreichen Beweisweg zu lenken, statt ihnen ausschließlich eine Rückmeldung zu geben, ob ihr Weg richtig oder falsch ist. Auch konkrete Richtungsvorgaben sind weniger hilfreich als Richtungsanstöße. Lehrkräfte müssen und sollten daher über hinreichendes Wissen verfügen, sowohl im Bereich des Argumentierens und Beweisens als auch im Bereich der Metakognition.

In diesem Zusammenhang ist es interessant herauszufinden, *welche metakognitiven Aktivitäten Lehramtsstudierende bei der Bearbeitung von geometrischen*

Beweisaufgaben zeigen. Auch der Einfluss metakognitiver Aktivitäten auf das Beweisen ist von Interesse, ihre Auswirkungen auf die Schwierigkeiten der Studierenden und auf die Herausforderungen, denen sich die Studierenden beim Argumentieren und Beweisen gegenübersehen.

Ziel dieser Dissertation ist es somit herauszufinden, wie Lehramtsstudierende am Ende ihres Studiums argumentieren und beweisen, welche metakognitiven Aktivitäten sie anwenden und welchen Einfluss diese metakognitiven Aktivitäten auf ihr Argumentieren und Beweisen haben. Die Untersuchung wird sich dabei zum einen mit den Beweisstrukturen der Studierenden und deren Besonderheiten beschäftigen. Dabei wird sowohl die Beweisfindung als auch das Aufschreiben des Beweises und der aufgeschriebene Beweis selbst analysiert, um Rückschlüsse auf die Komplexität und auf eventuelle Schwierigkeiten ziehen zu können. Zum anderen werden die metakognitiven Aktivitäten der Studierenden explizit in den Blick genommen und in Bezug auf das Argumentieren und Beweisen untersucht. Insgesamt soll ein Beitrag zur Forschung im Bereich von Lehramtsstudierenden geleistet werden, durch den eventuell die Lehramtsausbildung verbessert und an die schulischen Ansprüche angepasst werden kann.

Dazu wird in TEIL I dieser Arbeit zunächst der theoretische Hintergrund und Forschungsstand der einzelnen Fachgebiete „Argumentieren und Beweisen“ (*Kapitel 2*) und „Metakognition“ (*Kapitel 3*) dargestellt. Es werden die zentralen Begriffe aus verschiedenen Blickwinkeln betrachtet und ihre Bedeutung und Verwendung in dieser Arbeit definiert sowie die Auswirkungen und Bedeutung der Disziplinen auf den Unterricht, Schülerinnen und Schüler sowie Lehrkräfte aufgezeigt. Der in der Arbeit genutzte inhaltliche Rahmen, die „Geometrie“, wird in *Kapitel 4* kurz betrachtet. Es wird auf die Geschichte der Geometrie und des Geometrieunterrichts eingegangen sowie auf verschiedene Aspekte von Geometrieunterricht wie Beweisen und Veranschaulichungen. Dieser erste Teil der Arbeit endet mit der Beschreibung der Forschungsfragen, die dieser Arbeit zugrunde liegen (*Kapitel 5*).

TEIL II der Arbeit umfasst die Methodologie und die Methoden. Dazu gehören die Vorbereitung der Untersuchung (*Kapitel 6*), also die Stichprobe, das Vorgehen der Datenerhebung sowie die verwendeten, zu beweisenden Aussagen, wie auch die Datenaufbereitung (*Kapitel 7*). Des Weiteren werden die Auswertungsmethoden (*Kapitel 8*) beschrieben, zu denen die Rekonstruktionen von Argumentationen, die Analyse globaler Argumentationsstrukturen, die Untersuchung metakognitiver Aktivitäten und die Typenbildung gehören.

Die Ergebnisse der Arbeit schließen sich in den beiden folgenden Teilen an. Die Ergebnisse der Argumentationsanalysen werden in TEIL III vorgestellt, wobei sich *Kapitel 9* genauer mit dem Prozess des Aufschreibens eines Beweises befasst und Aussagen behandelt, die beim Aufschreiben „verloren“ gehen. In *Kapitel 10* werden die globalen Strukturen der rekonstruierten Argumentationen betrachtet und zwei neue Strukturen identifiziert und charakterisiert. Die globalen Argumentationsstrukturen werden anschließend in *Kapitel 11* hinsichtlich ihrer Komplexität verglichen und in Zusammenhang mit den jeweiligen zu beweisenden Aussagen gestellt. *Kapitel 12* nimmt die lokalen Besonderheiten dieser Argumentationen in den Blick, beispielsweise Abduktionen, parallele Argumentation oder auch inhaltliche Probleme.

Die Ergebnisse der Metakognitionsanalysen in TEIL IV sind ebenfalls in mehrere Kapitel unterteilt. *Kapitel 13* zeigt den Effekt von Planung auf Argumentation. Es zeigen sich Unterschiede zwischen globaler und lokaler Planung, auch die Kontrolle von Planungsaktivitäten wird betrachtet. In *Kapitel 14* werden die Ergebnisse der Untersuchung des Zusammenhangs von Monitoring und Fachwissen dargestellt, wobei sich sechs Prototypen von Hürden im Beweisprozess herausbilden und ihr Zusammenhang mit dem Niveau der metakognitiven Aktivität einbezogen wird. *Kapitel 15* zeigt den Einfluss von Strukturanalysen auf Argumentationen. Mathematische Darstellungen wie Skizzen oder Formeln, aber auch die zu beweisende Aussage selbst sind wichtige Bestandteile geometrischer Beweise, deren inhaltliche Tiefe und ihre Beziehungen untereinander durch Strukturanalysen reflektiert werden müssen. In *Kapitel 16* werden metakognitive Aktivitäten auf ihre Tiefe und Elaboriertheit untersucht. Hierbei zeigen sich große Unterschiede in den Auswirkungen von knappen Antworten und auch in der Wirkung von nicht elaborierten (Zwischen-)Bilanzen. Die Auswirkungen negativer Diskursivität auf Argumentationen werden in *Kapitel 17* dargestellt. Neben Lücken in der Argumentation, Zirkelschlüssen und inhaltlichen Fehlern wird hier auch das Fehlen von explizit gemachten Bezugspunkten und ihre Wirkung auf die Argumentation thematisiert.

In TEIL V dient *Kapitel 18* der Diskussion und Reflexion des Vorgehens und der Ergebnisse. Mit einer Zusammenfassung und der Bedeutung der Ergebnisse für Unterricht und Lehrerbildung sowie mit einem Ausblick auf mögliche weitere Forschungsprojekte schließt diese Arbeit in *Kapitel 19*.

Open Access Dieses Kapitel wird unter der Creative Commons Namensnennung 4.0 International Lizenz (http://creativecommons.org/licenses/by/4.0/deed.de) veröffentlicht, welche die Nutzung, Vervielfältigung, Bearbeitung, Verbreitung und Wiedergabe in jeglichem Medium und Format erlaubt, sofern Sie den/die ursprünglichen Autor(en) und die Quelle ordnungsgemäß nennen, einen Link zur Creative Commons Lizenz beifügen und angeben, ob Änderungen vorgenommen wurden.

Die in diesem Kapitel enthaltenen Bilder und sonstiges Drittmaterial unterliegen ebenfalls der genannten Creative Commons Lizenz, sofern sich aus der Abbildungslegende nichts anderes ergibt. Sofern das betreffende Material nicht unter der genannten Creative Commons Lizenz steht und die betreffende Handlung nicht nach gesetzlichen Vorschriften erlaubt ist, ist für die oben aufgeführten Weiterverwendungen des Materials die Einwilligung des jeweiligen Rechteinhabers einzuholen.

Teil I
Theoretischer Hintergrund

In diesem Teil der Dissertation werden der theoretische Hintergrund der Arbeit und der aktuelle Forschungsstand dargelegt, der für das Forschungsinteresse dieser Arbeit relevant ist.

- In *Kapitel 2* werden die Begriffe Argumentieren und Beweisen aus unterschiedlichen Blickwinkeln betrachtet, miteinander in Beziehung gebracht und der Ablauf des Argumentierens und Beweisens beschrieben. Darauf aufbauend wird das Argumentations- und Beweisverständnis für die vorliegende Arbeit herausgearbeitet. Des Weiteren wird auf die Rekonstruktion von Argumentationen eingegangen und der Forschungsstand zum Argumentieren und Beweisen in Bezug auf Schülerinnen und Schüler sowie (angehende) Lehrkräfte dargestellt.

- In *Kapitel 3* wird der Begriff der Metakognition erklärt und ausdifferenziert sowie der Metakognitionsbegriff dieser Arbeit festgelegt. Zudem wird ein Einblick in den Forschungsstand zu Metakognition gegeben sowohl zu Untersuchungen bei Schülerinnen und Schülern als auch zu Untersuchungen bei Lehramtsstudierenden und praktizierenden Lehrkräften, bevor Metakognition in Bezug auf das Argumentieren und Beweisen betrachtet wird.

- *Kapitel 4* beinhaltet eine kurze Geschichte der Geometrie und des Geometrieunterrichts und fokussiert das geometrische Beweisen, die Bedeutung von Veranschaulichungen und den Einfluss von dynamischer Geometriesoftware.

- Basierend auf den Kapiteln 1 bis 4 werden in *Kapitel 5* die Forschungsfragen meines Promotionsprojektes vorgestellt, die in dieser Arbeit beantwortet werden sollen.

Argumentieren und Beweisen 2

Beweisen ist in der Mathematik eine bedeutsame Tätigkeit, die zu Erkenntnisgewinn führt, neue Methoden hervorbringt und inhaltliche Bezüge zwischen Aussagen herstellt (u. a. Rav, 1999). In der Schule ist Argumentieren ein wichtiger Bestandteil des Mathematikunterrichts (Jahnke & Ufer, 2015). Dieses Kapitel beschäftigt sich mit verschiedenen Blickwinkeln der aktuellen mathematikdidaktischen Diskussion zum Argumentieren und Beweisen und ihrem Zusammenhang (Abschnitt 2.1). Im Anschluss wird ein Argumentations- und Beweisbegriff für diese Arbeit definiert (Abschnitt 2.2). Außerdem wird das Toulminschema als eine Möglichkeit zur Rekonstruktion von Argumentationen und Beweisen vorgestellt sowie dazugehörige Forschungsergebnisse (Abschnitt 2.3). Auf die Fähigkeiten und Vorstellungen von (angehenden) Lehrkräften in Bezug auf Beweisen wird in Abschnitt 2.4 eingegangen.

2.1 Beweisen als Argumentieren?

Beweisen ist eine „typische und zentrale mathematische Tätigkeit" (G. Wittmann, 2014, S. 35), Heintz (2000) charakterisiert die Mathematik sogar durch ihre Beweise. Dem Begriff des Beweisens gegenüber steht der Begriff des Argumentierens. Beide Begriffe haben in der mathematikdidaktischen Diskussion keine eindeutige, festverwendete Definition, wodurch ihre Bedeutung und Nutzung zuweilen sehr unterschiedlich sein kann.

Ergänzende Information Die elektronische Version dieses Kapitels enthält Zusatzmaterial, auf das über folgenden Link zugegriffen werden kann https://doi.org/10.1007/978-3-658-46468-4_2.

© Der/die Autor(en) 2025

N. Abels, *Argumentation und Metakognition bei geometrischen Beweisen und Beweisprozessen*, Perspektiven der Mathematikdidaktik,
https://doi.org/10.1007/978-3-658-46468-4_2

Ein Teil der Diskussion über die Bedeutung der Begriffe ist auch der Zusammenhang von Beweisen und Argumentieren. In der Literatur finden sich unterschiedliche Ansichten zur Grenze zwischen den Bereichen des Argumentierens und Beweisens. Ob zwischen den Begriffen nun ein Bruch gesehen wird oder ein kontinuierlicher Übergang, die Nähe zwischen dem Argumentieren und Beweisen ist heutzutage – nach intensiven Diskussionen in der Mathematikdidaktik in den letzten 20 Jahren – in der Forschung weitgehend anerkannt: *„the following points stand: (1) argumentation and proof are closely related*" (A. J. Stylianides et al., 2016, S. 316). In den Bildungsstandards in Mathematik ist Argumentieren eine der prozessbezogenen Kompetenzen, Beweisen wird hier als Teilbereich des Argumentierens gesehen. Auch in diesem Zusammenhang ist die Diskussion um die Abgrenzung und Definition von Argumentieren und Beweisen interessant, da dies einen Einfluss darauf haben kann, wie (angehende) Lehrkräfte Argumentieren und Beweisen verstehen, bewerten und im Unterricht umsetzen.

Argumentieren und Beweisen als konzeptionell verschieden

Duval (1991) sieht einen klaren Unterschied zwischen Argumentieren und Beweisen.

> *„Deductive thinking does not work like argumentation."*
>
> *(Duval, 1991, S. 233)*

Dieser Unterschied sei für Lernende häufig jedoch schwierig erkennbar, da beide auf der Oberflächenebene große Ähnlichkeiten aufweisen, z. B. bei der Sprache und den verwendeten Konnektoren (beispielsweise „und", „deshalb", „wenn", „oder"). Argumentieren erschwere so aufgrund der oberflächlichen Gemeinsamkeiten den Lernenden den Zugang zum Beweisen. Um die Unterschiede der beiden Konzepte herauszustellen, betrachtet Duval Argumentieren und Beweisen von einem kognitiven Standpunkt und unterscheidet dabei die Semantik, also den Inhalt, und den operativen Status von Aussagen, also die Funktion der Aussage innerhalb des gesamten Schlusses.

Beim Beweisen ist nach Duval der operative Status das zentrale Merkmal sowie dessen Veränderung innerhalb eines Beweises. Die in Beweisen verwendeten deduktiven Schlüsse besitzen zwei wesentliche Merkmale, den Beweisschritt und die Verkettung. Der Beweisschritt („*inférence*") beschreibt bei einem Beweis das logische Schließen von der Voraussetzung zur Konklusion durch eine Schlussregel. Die Verkettung („*enchaînement* ") erfolgt durch eine Änderung im operativen Status einer Aussage. Die Konklusion eines Beweisschrittes wird zur

Voraussetzung des nächsten Beweisschrittes. Folgen viele „verkettete“ Schritte hintereinander, spricht Duval von „*Recyclage*“. Inhalte spielen hingegen beim Beweisen keine Rolle. Nach Duval enthält ein Beweis nichts inhaltlich Neues, alles ist bereits intrinsisch enthalten z. B. durch Definitionen und Sätze. Statt eines inhaltlichen Mehrgewinns ist das Ziel beim Beweisen das Aufzeigen eines logischen Zusammenhangs, geschlossen wird immer innerhalb der Theorie. Der Gewinn ist hier der logische Zusammenhang nicht ein inhaltlicher Zugewinn. Dies ist auch der Unterschied zum Argumentieren.

Beim Argumentieren haben Aussagen einen inhaltlichen Status. Hier werden neue Gedanken von außen hinzugewonnen, die nicht bereits in verwendeten Sätzen und Definitionen enthalten sind. Argumentiert wird, um eine Aussage zu untersuchen und zu diskutieren. Hier zeigt sich bei Duval ein großer rhetorischer Einfluss. Einen operativen Status einer Aussage und auch Verkettungen gibt es hier nicht, Überzeugen liegt im Vordergrund. Ziel des Argumentierens ist ein inhaltlicher Erkenntnisgewinn. Deduktives Denken und damit den Beweis sieht Duval als vergleichbar mit einem Kalkül bzw. einer Rechnung an. Zentral sind der operative Status und der Wahrheitswert. Argumentieren demgegenüber gleicht einem Diskurs, in dem Aspekte ergänzt und zugefügt werden können. Es geht um den Inhalt und den epistemologischen Wert. Beweisen und Argumentieren sind also konzeptionell verschieden.

Balacheff (1999) versteht Argumentieren und Beweisen als konzeptionell getrennt, sieht aber auch eine Verbindung zwischen diesen Fähigkeiten, da sie eine ähnliche Funktion haben. Argumentieren dient seiner Meinung nach der Überzeugung und Validierung, Beweisen nur der Validierung. Den Unterschied zwischen Argumentieren und Beweisen versteht Balacheff wie folgt:

> *"Whereas mathematical proof in its most perfect form is a series of structures and of forms whose progression cannot be challenged, argumentation has a non-constraining character. It leaves to the author hesitation, doubt, freedom of choice; even when it proposes rational solutions, non is guaranteed to carry the day." (Perelman, 1970, S. 41, zitiert nach Balacheff, 1999, S. 2)*

Mathematische Beweise seien unanfechtbar, beim Argumentieren hingegen sei das Ergebnis nicht uneingeschränkt gültig. Der Unterschied besteht für Balacheff auch darin, dass Beweisen im Kontext einer Axiomatik steht, Argumentieren jedoch nicht. Zudem betrachtet er Argumentieren als die Begründung von Behauptungen, Beweisen dagegen als Begründung von Theoremen und Sätzen. Balacheff sieht wie Duval Argumentationen als eine epistemologische Hürde für das Beweisen und auch für das Lernen des mathematischen Beweisens in der Schule, da es rhetorisch und nicht logisch geprägt ist.

Diese Sichtweise vom Argumentieren „im Kontrast zu mathematischen Beweisen“ (Knipping, 2003, S. 36) wird nicht von allen in der Mathematikdidaktik geteilt. Vielfach wird eine konzeptionelle Verbindung zwischen Beweisen und Argumentieren angenommen.

Argumentieren und Beweisen als konzeptionell verbunden

Boero (1999) sieht das Verhältnis zwischen Argumentieren und Beweisen als „komplex, produktiv und unvermeidlich“ an (Boero, 1999, S. 1, eigene Übersetzung) – sowohl im Mathematikunterricht als auch in der Fachdisziplin der Mathematik. Argumentiert wird seiner Ansicht nach nicht nur beim Beweisen von Vermutungen, sondern schon bei der Suche nach Hypothesen. Er unterscheidet Phasen, in denen frei argumentiert werden kann von solchen, in denen das Argumentieren den Akzeptanzkriterien eines Beweises unterliegt.

Auch Pedemonte (2007) beschäftigt sich mit dem in der Mathematikdidaktik diskutierten Zusammenhang von Argumentieren und Beweisen und konkretisiert vier Eigenschaften, die sowohl Beweise als auch Argumentationen aufweisen. (1) Beweise und Argumentationen können beide als rationale Begründungen verstanden werden. Rationale Begründungstätigkeiten sind wichtig für die Konstruktion von Beweisen und treten als Argumentationen auf, bei denen von Aussagen, die als wahr angenommen werden, weitere Aussage hergeleitet werden. (2) Bei Beweisen und Argumentationen ist die Absicht gegeben, sich selbst und andere von der Wahrheit einer Aussage zu überzeugen. (3) Sowohl Argumentationen als auch Beweise sind an ein Publikum gerichtet, das die Argumentation / den Beweis des Vortragenden kritisieren kann und darf. (4) Beweise und Argumentationen sind abhängig von den Bereichen, in denen sie durchgeführt werden, in der Mathematik z. B. Algebra oder Geometrie. In diesen Bereichen werden Kriterien für die Validität von Argumentationen und Beweisen festgelegt, die sich zwischen den Bereichen durchaus unterscheiden können. In der Mathematik nennt Pedemonte beispielsweise die unterschiedlichen Axiome in der Geometrie bzw. der Algebra. Die Unterschiede liegen daran, dass sich Argumentationen und Beweise in anerkannten Teilgebieten der Mathematik historisch bedingt verschieden ausgeprägt haben und unterschiedliche Gestalt annehmen. Ein Beweis etwa in der Arithmetik, Algebra oder Geometrie sieht in wissenschaftlichen Publikationen anders aus als beispielsweise in der Stochastik, Numerik, Optimierung oder Graphentheorie.

Aus diesen vier Eigenschaften von Argumentationen und Beweisen folgert Pedemonte (2007) einen „funktionalen" Zusammenhang („functional connection"), d. h. eine ähnliche Rolle bzw. Aufgabe von Argumentationen und Beweisen in der Mathematik. Zwischen Argumentationen und Beweisen erkennt sie also einen Zusammenhang, nicht aber einen konzeptionellen Unterschied.

Brunner (2014) sieht Argumentieren und Beweisen unter dem Oberbegriff des Begründens. Das Begründen spannt ein Kontinuum auf, das von alltagsbezogenem Argumentieren bis zum formal-deduktiven Beweisen reicht (siehe Abbildung 2.1).

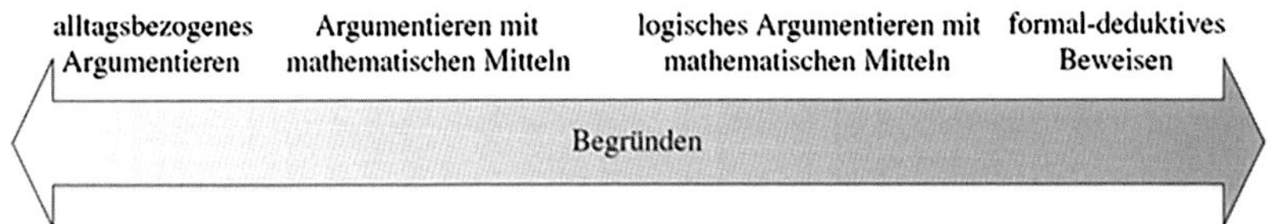

Abbildung 2.1 Argumentieren und Beweisen als Kontinuum (Brunner, 2014, S. 31)

In diesem Kontinuum des Begründens differenziert Brunner (2014) vier verschiedene Ausprägungen. *Alltagsbezogenes Argumentieren* beschreibt ein Ende des Kontinuums und ist vom jeweiligen Kontext abhängig. Ziel ist es, für oder gegen einen Standpunkt zu argumentieren. Die verwendeten Begründungen entsprechen dabei häufig nicht den mathematischen Konventionen für Argumentationen. Begründungen, in denen mathematische Methoden angewendet werden, bezeichnet Brunner als *Argumentieren mit mathematischen Mitteln.* Mathematische Mittel beschreibt hier nicht nur logisches Schließen, auch Argumentationen an Beispielen sind möglich. Logisches Schließen wird dahingegen beim *logischen Argumentieren mit mathematischen Mitteln* vorausgesetzt. Die Argumentation muss jedoch nicht formalisiert sein, es kann also beispielsweise narrativ oder auf einer Skizze aufbauend argumentiert werden. Formal korrekte, deduktive Begründungen werden erst beim *formal-deduktiven Beweisen* gefordert, welches das andere Ende des Kontinuums beschreibt. Auch erwartet Brunner hier formal-symbolische Sprache. Brunners (2014) Verständnis des Begründens als Kontinuum sieht Argumentieren und Beweisen ebenfalls als konzeptionell verbunden an.

Wie die obigen Ausführungen zeigen, ist der Zusammenhang zwischen Beweisen und Argumentieren geprägt vom jeweiligen Verständnis von Argumentieren und von Beweisen. Ein formalistisches Beweisverständnis (u. a. Balacheff, 1999; Duval, 1991) lässt die Lücke zwischen beiden Begriffen größer wirken und scheint die Begriffe zu trennen. Ein sozial-konstruktives Verständnis (u. a. Boero, 1999; Brunner, 2014; Pedemonte, 2007) rückt Argumentieren und Beweisen näher zusammen. Im Folgenden werden einige Bedeutungen beider Begriffe in verschiedenen deutschen und internationalen mathematikdidaktischen Perspektiven aufgegriffen und diskutiert, um in Abschnitt 2.2 den Argumentations- und Beweisbegriff dieser Arbeit literaturbasiert klären zu können.

2.1.1 Der Begriff „Argumentation"

Der Argumentationsbegriff ist vielseitig. Die Worte Argumentieren, Argumentation und Argument haben in der mathematikdidaktischen Forschungsliteratur viele verschiedene Ausprägungen und Bedeutungen, auch die Unterschiede zwischen dem Argumentieren als Tätigkeit und dem fertigen Ergebnis werden vielfach unterschiedlich beschrieben und benannt.

In diesem Teilkapitel wird als Ausgangspunkt das Argumentationsverständnis von Toulmin und das von Habermas vorgestellt. Beide sind prominente Wissenschaftsphilosophen, deren konzeptionelle Gedanken zum Argumentationsbegriff tiefgreifende epistemologische Fragen des Lernens und Lehrens von Mathematik berühren. Dies schlägt sich auch in der mathematikdidaktischen Diskussion nieder. Der Argumentationsbegriff von Toulmin und der von Habermas werden beide in der Mathematikdidaktik stark rezipiert. Auf Toulmin beziehen sich unter anderem Krummheuer (1991) und Inglis et al. (2007). An Habermas orientieren sich Boero (1999) und Douek (1999) sowie Knipping (2003) und Cramer (2018). Auch diese auf die Mathematikdidaktik bezogenen Argumentationsverständnisse werden in diesem Teilkapitel näher beschrieben.

Gegen das damals vorherrschende Verständnis aus der klassischen formalen Logik entwickelte Toulmin (1958) sein Argumentationsverständnis. Er zeigt auf, dass sich Argumentationen häufig nicht durch formale Logik fassen lassen, obwohl die Argumentationen an sich, z. B. vor Gericht, durchaus logisch sein können. Sein Verständnis, die Stützung von Behauptungen mit rationalen Begründungen, ist pragmatisch und setzt auf die soziale Aushandlung von gemeinsam geteilten Standards innerhalb einer Gemeinschaft, wodurch seine Definition für mathematische aber auch alltägliche Argumentationen nutzbar ist. Mit Toulmins pragmatischem Argumentationsverständnis ist im Gegensatz zum Verständnis der klassischen formalen Logik eine Beschreibung von Argumentationen „unabhängig von ihren bereichsspezifischen Besonderheiten und ihrer spezifischen Form" (Knipping, 2003, S. 30) möglich.

Bei einem Vergleich von Toulmins englischer Formulierung (oben) mit der deutschen Übersetzung (unten) fällt neben kleineren übersetzerischen Freiheiten[1] ein großer Unterschied auf. Spricht Toulmin von „argument“, so ist in der Übersetzung von „Argumentation“ die Rede:

> *“A sound argument, a wellgrounded or firmly-backed claim, is one which will stand up to criticism, one for which a case can be presented coming up to the standard required if it is to deserve a favourable verdict.”* (Toulmin, 1958, S. 8)
>
> *„Eine gültige Argumentation oder eine wohlbegründete oder sicher gestützte Behauptung ist dadurch charakterisiert, daß sie der Kritik standhält, daß für sie eine Begründung vorgelegt werden kann, die den Standards entspricht, die erfüllt sein müssen, damit man sie annehmen kann.“* (Toulmin, 1975, S. 15)

Im englischen Zitat wird deutlich, dass durch das von Toulmin genutzte Wort „argument“ sowohl der Prozess als auch das Produkt des Argumentierens beschrieben wird. Im Deutschen macht das Wort „Argument“ dies jedoch nicht deutlich. „Argument“ wird in der Regel als Produkt verstanden, der Prozesscharakter ginge hier verloren. Dies könnte zur Übersetzung mit dem Wort „Argumentation“ geführt haben. Die Nutzung der unterschiedlichen Termini Argument und Argumentation im Englischen und Deutschen eröffnet eine Auseinandersetzung über die Unterschiede zwischen dem Prozess und dem Produkt beim Argumentieren, der nicht nur in der deutschsprachigen Literatur aufgegriffen wurde.

Eine klare Trennung von Prozess und Produkt des Argumentierens findet sich bei Habermas (1981), der einer hermeneutischen und diskursiven Tradition angehört. Sein Verständnis ist ähnlich zu Toulmins, aber anders gefasst. Habermas unterscheidet konkret eine Argumentation (den Prozess) und ein Argument (das Produkt):

> „*Argumentation* nennen wir den Typus von Rede, in dem die Teilnehmer strittige Geltungsansprüche thematisieren und versuchen, diese mit Argumenten einzulösen oder zu kritisieren.“ (Habermas, 1981, S. 38, Hervorhebung im Original)
>
> „Ein *Argument* enthält Gründe, die in systematischer Weise mit dem *Geltungsanspruch* einer problematischen Äußerung verknüpft sind.“ (Habermas, 1981, S. 38, Hervorhebung im Original)

[1] Die im Englischen durch Kommata abgetrennte Erklärung des Begriffs „Argument“ wird in der deutschen Übersetzung nicht als Erklärung verstanden und stattdessen mit einem „Oder“ angehängt, wodurch sich die Zusammenhänge des Satzes verändern. In der Übersetzung wird zudem geschrieben, „daß sie der Kritik standhält“ (Toulmin, 1975, S. 15), während es im Original um eine mögliche Kritik geht [„ w*ill stand up to criticism*” (Toulmin, 1958, S. 8)].

Habermas ermöglicht die begriffliche Unterscheidung von dem Prozess und dem Produkt des Argumentierens, die bei Toulmin durch die Verwendung nur eines Begriffes noch nicht explizit gegeben war, indem er den Prozess der Argumentation vom Argument als Produkt unterscheidet.

In der Mathematikdidaktik wurden der Argumentationsbegriff von Toulmin und der von Habermas unterschiedlich nah an der Auffassung der ursprünglichen Autoren übernommen. Auch in der italienischen Schule um Boero wurde die Diskussion über den Prozess und das Produkt des Argumentierens aufgenommen und im Kontext des Lehrens und Lernens von Beweisen diskutiert. Das italienische Verständnis vom Argumentieren ist dabei diskursiv und somit näher an Habermas' Verständnis als an Toulmins.

Die Französin Douek (1999, 2007), die auch zur italienischen Schule gehört, übernimmt beispielsweise nicht nur Habermas' diskursiven Ansatz, sondern auch seine Trennung von Prozess und Produkt. Die Art der Trennung zwischen Prozess und Produkt und Doueks Nutzung der Begriffe Argumentation und Argument unterscheidet sich jedoch von Habermas' Definition:

> *„'Argumentation' will indicate both the process which produces a logically connected (but not necessarily deductive) discourse about a given subject [...] and the text produced by that process."* (Douek, 2007, S. 169)
>
> *Argument: „A reason or reasons offered for or against a proposition, opinion or measure"* (Webster Dictionary, zitiert nach Douek, 2007, S. 169)

Douek fasst sowohl den Prozess des Argumentierens als auch sein Produkt unter dem Begriff der Argumentation zusammen. Dies steht im Gegensatz zu Habermas, der mit Argumentation nur den Prozess meint und für das Produkt den Begriff Argument nutzt. Argumentationen beschreibt Douek als logisch verbundene mündliche oder schriftliche Diskurse, wobei nach Douek „logisch verbunden" nicht nur deduktive Schlüsse umfasst, sondern auch andere Arten von Schlüssen zulässt. Ein Argument hingegen beschreibt „einen Grund oder Gründe für oder gegen eine Behauptung" (Douek, 2007, S. 169, eigene Übersetzung), wobei ein Argument in verschiedenen Registern ausgewählt sein kann (verbal, numerisch, Skizzen, ...). Nach dieser Definition von Argumentation und Argument besteht eine Argumentation aus einem oder mehreren logisch verbundenen Argumenten.

In Bezug auf die mathematische Praxis betont Douek auch, dass mathematische Argumentationen häufig eher informellere Diskussionen und Gespräche sind, die erst für Veröffentlichungen formalisiert werden. So entsteht beispielsweise aus einer informellen Argumentation unter Kollegen ein formeller Beweis, der publiziert werden kann. Dies kann auch Einfluss auf die Qualität der mündlichen Argumentationen haben, die in dieser Arbeit untersucht werden. Das Beweisen, bei dem eine Unterscheidung zwischen Prozess und Produkt ebenfalls möglich ist, sieht Douek als Sonderfälle des Argumentierens.

Boero (1999) folgt Doueks Argumentationsverständnis in seinem Beweismodell (siehe Teilkapitel 2.1.4). Das Modell beschreibt sechs Phasen des mathematischen Beweisens und gliedert die Hypothesen- und Beweisfindung in Abschnitte, in denen von Boero unterschiedliche Arten von Argumentationen beschrieben werden. Bei der Hypothesenfindung beispielsweise bezieht sich Argumentation laut Boero eher auf eine innere Analyse der mathematischen Situation. Ist eine Vermutung gefunden und formuliert, hat Argumentation hingegen das Ziel, Gründe für ihre Richtigkeit zu finden und die Angemessenheit dieser Gründe zu überprüfen. Boero beschreibt damit nicht nur, dass sich auch in der Mathematik Argumentationen unterscheiden können, sondern auch, dass Argumentieren für ihn ein wichtiger Teil des Beweisens ist.

Auch im deutschsprachigen Raum wurde der Argumentationsbegriff von Toulmin und der von Habermas rezipiert. Knipping (2003), an Habermas angelehnt, beschreibt Argumentationen wie folgt:

> *Eine Argumentation ist „eine Folge von Äußerungen […], in der ein Geltungsanspruch formuliert wird und Gründe mit dem Ziel vorgebracht werden, diesen Geltungsanspruch rational zu stützen.“* (Knipping, 2003, S. 34)

Auch sie beschränkt die Folge von Äußerungen dabei nicht allein auf deduktive Schlüsse, was ihre Definition für ein weiteres Feld an Diskursen öffnet. Nach Knipping ist ihre Definition von Argumentationen zur Beschreibung von mündlichen und schriftlichen sowie mathematischen und nicht-mathematischen Argumentationen verwendbar, wodurch sie geeignet sei, „unterschiedliche Arten von Beweisdiskursen in alltäglichem Mathematikunterricht zu beschreiben“ (Knipping, 2003, S. 34). Diese Nutzung des Begriffs Argumentation ähnelt dem von Douek, da „Argumentation“ bei Knipping nicht nur den Prozess der mündlichen Argumentation, sondern auch die schriftliche Argumentation als Produkt umfasst. Eine Definition für den Begriff Argument gibt Knipping nicht.

Cramer (2018) orientiert sich wieder stärker an Habermas‘ Definition und unterscheidet im Gegensatz zu Knipping (2003) Argumentationen und Argumente. Sie präzisiert dabei Habermas‘ Argumentationsverständnis so, dass in ihrer Definition Spezifika des mathematischen Argumentierens berücksichtigt sind:

„‚*Mathematische* Argumentation' nennen wir den Typus von Rede, in dem die Teilnehmer *mathematische* Geltungsansprüche thematisieren und versuchen, diese mit Argumenten zu *legitimieren* oder zu kritisieren." (Cramer, 2018, S. 68, Hervorhebung im Original)

„Ein solches Argument enthält Gründe, die in systematischer Weise mit dem Geltungsanspruch verknüpft sind. Die Teilnahme an mathematischer Argumentation wird als ‚*mathematisches Argumentieren*' bezeichnet." (Cramer, 2018, S. 68, Hervorhebung im Original)

Sie grenzt damit Argumentationen und mathematische Argumentationen voneinander ab. An mathematischen Argumentationen muss nach Cramer mindestens eine Person beteiligt sein. Schriftliche Begründungen in Schulbüchern sind somit an sich keine Argumentationen, sie werden erst dadurch mathematische Argumentation, dass Lernende sie sich erarbeiten. Zudem spricht Cramer von „mathematischen" statt von „strittigen" Geltungsansprüchen, da ein Einwand gegen einen Geltungsanspruch nicht zwangsläufig seinen Wahrheitsgehalt in Frage stellt (oft glauben Schülerinnen und Schüler bereits, dass eine Aussage stimmt), sondern sich im Unterricht häufig aus eigenem Nicht-Verstehen der gegebenen Argumentation ergibt.

Krummheuer (1991) sieht Argumentieren als sozialen Prozess, sein Verständnis ist interaktionistisch und sein weit gefasster Argumentationsbegriff ist an Toulmins Verständnis angelehnt:

„Argumentieren beschränkt sich dabei nicht nur im strengen Sinne auf mathematisches Beweisen, sondern bezieht sich auch auf Rationalisierungen, die aus alltäglichen und/oder nicht-mathematischen Argumentationszusammenhängen herrühren" (Krummheuer & Brandt, 2001, S. 19)

Krummheuer (1991) übernimmt Michael Billigs Teilung des Begriffs Argumentation in eine individuelle und eine soziale Facette. Billig (1989) beschreibt individuelle Argumentationen als logisch aufgebaute Diskurse einer Person, in denen ein Argument entwickelt wird. Die soziale Bedeutung von Argumentation hingegen kennzeichnet nach Billig eine Debatte zwischen mehreren Personen. Krummheuer (1991) versteht Argumentationen somit als wechselseitigen Prozess, in dem die Argumente von Individuen nicht isoliert vorgebracht werden, sondern Teil eines gemeinsamen Argumentationsprozesses werden, dessen Ergebnis eine „gemeinsam geteilt geltende Situationsdefinition" (Krummheuer, 1991, S. 60) ist. Krummheuer bezieht sich hier auf Max Miller, der derartige Argumentationen als kollektive Argumentationen bezeichnet, also kommunikative Handlungen, die vor allem sprachlich ablaufen und mit einer gemeinsamen

Lösung enden (Miller, 1986). Krummheuer (1991) übernimmt den Begriff der kollektiven Argumentationen und steht damit wie Habermas in einer diskursiven Tradition.

Die obige Diskussion der Begriffsgruppe des Argumentierens zeigt, dass es verschiedene Begriffe wie Argumentieren, Argumentation und Argument gibt, die in ihrer Definition und ihrer Verwendung nicht einheitlich sind. Ihre verschiedenen Bedeutungen widersprechen sich teilweise sogar. Um die Begriffe für diese Arbeit zu klären, wird in Abschnitt 2.2 auf Grundlage der hier diskutierten Literatur mein eigenes Verständnis von Argumentation und Argument dargestellt. Verbunden mit dem Argumentieren ist das Beweisen, ein Begriff, der nicht weniger diffus und uneindeutig genutzt wird. Im nächsten Teilkapitel wird daher näher darauf eingegangen, was in der Literatur unter Beweisen und Beweis verstanden wird.

2.1.2 Der Begriff „Beweisen"

Der Begriff des *Beweisens* ist in der Forschungsliteratur ebenso wenig eindeutig definiert oder festgelegt wie der Begriff des Argumentierens. Wer von Beweisen spricht, redet also nicht zwangsläufig über das, was der Gesprächspartner bzw. die Gesprächspartnerin unter Beweisen versteht. Das wird auch dadurch erschwert, dass Beweise verschiedene Funktionen (siehe Abschnitt 2.1.3) und unterschiedliche „Strenge" haben können.

Auch heute werden mathematische Beweise häufig noch formalistisch verstanden. Diese formalistische Sicht, die in der Mathematik als die „Wissenschaft der strengen Beweise, d. h. der rein logischen Ableitung von Begriffen aus Grundbegriffen und von Sätzen aus Axiomen" (E. C. Wittmann & Müller, 1988, S. 238) charakterisiert wird, hat sich „in der ersten Hälfe des 20. Jahrhunderts herausgebildet" (E. C. Wittmann & Müller, 1988, S. 238). Meyer (2007a) beschreibt das formalistische Beweisverständnis wie folgt:

> *Unter dem Begriff 'Beweisen' wird im mathematischen Sinn gemeinhin ein Vorgang verstanden, bei dem eine Behauptung in gültiger Weise Schritt für Schritt formal deduktiv aus als bekannt vorausgesetzten Sätzen und Definitionen gefolgert wird. Hierbei wird stillschweigend angenommen, dass dieser Vorgang bis zu den Grundlagen der betreffenden Theorie (etwa den Axiomen) zurückgeführt werden könnte, um somit letztlich die Richtigkeit einer Behauptung zu sichern." (Meyer, 2007a, S. 21)*

Kritik an diesem formalistischen Verständnis, in dem schon kurze und einfache Beweise sehr lang werden können, kam unter anderem von Lakatos (1963). Er zeigt am Beispiel des eulerschen Polyedersatzes, dass Wissen auch in der Mathematik nicht endgültig und unfehlbar ist. Beweise sind dadurch nicht prinzipiell ewig gültig und wahr, Mathematik wird zu einer quasi-empirischen Wissenschaft, in der Beweise Geltungsansprüche untermauern, aber keine Wahrheit bezeugen. Gegenbeispiele oder auch Gegenbeweise sind möglich, begriffliche Präzisierungen und empirische Versuche Teil einer Kontroverse, in der die Diskutanten einander für oder gegen den Beweis einer Aussage überzeugen wollen. Gegenbeispiele können vorliegende Beweise entkräften, dann aber in neue Definitionen und Beweise eingebaut werden. In diesem Zusammenhang schreibt Knipping (2003) dem Beweisen eine neue Funktion zu:

> *„Indem mathematisches Wissen hier prinzipiell kein sicheres Wissen mehr ist, kommt Beweisen und Beweisprozesse eine fortlaufend Wissen entwickelnde Funktion zu." (Knipping, 2003, S. 20)*

Gegen ein rein formalistisches Beweisverständnis wendet sich auch Hersh (1993). Er unterscheidet zwischen dem Ideal des Beweisens, das dem formalistischen Verständnis entspricht, und der in der Mathematik von Mathematikern gelebten Praxis. Dem Begriff des Beweisens weist er drei verschiedene Bedeutungen zu. Zum einen benennt er die ursprüngliche Bedeutung von Beweisen, die sich im Englischen „proof" vom lateinischen „probare" kommend ausdrückt und in etwa „ausprobieren" oder „testen" bedeutet. Seine zweite Deutung stammt aus der mathematischen Praxis, in der Beweisen eine Argumentation beschreibt, die einen qualifizierten Bewerter überzeugt [„ A*n argument that convinces qualified judges*" (Hersh, 1993, S. 391)]. Aus der mathematischen Logik entstammt die dritte Deutung, die als Abfolge von Transformationen [„ A *sequence of transformations of formal sentences, carried out according to the rules of the predicate calculus*" (Hersh, 1993, S. 391)] einem formalistischen Beweisverständnis am ehesten entspricht. Hersh sieht diese drei Bedeutungen jedoch nicht als klar und deutlich voneinander getrennt, sondern zeigt auf, dass alle Bedeutungen des Wortes in der Mathematik Relevanz besitzen. Den Zusammenhang der Deutungen in der mathematischen Praxis und der mathematischen Logik beschreibt er wie folgt: „*The logical definition C is intended to be faithful to the everyday meaning B, but more precise*" (Hersh, 1993, S. 391), auch die ursprüngliche Bedeutung des Testens komme vor: „*When a mathematician submits his work to the critical eyes of his colleagues, it is being tested*" (Hersh, 1993, S. 392). Hersh weist darauf hin, dass Beweise in der mathematischen Praxis häufig nicht vollkommen formal sind, sondern – mal mehr, mal weniger – informelle Anteile aufweisen. Zudem gehen beim Übergang von informellen zu formalen Beweisen Sinn und

Bedeutung häufig verloren oder verändern sich. Auch gibt es außer deduktiven Beweisen andere Gründe, eine Schlussfolgerung zu glauben. Hersh nennt dafür beispielweise Analogien, Spezialfälle, Beispiele oder auch einfach das Gefühl, dass die Schlussfolgerung stimmt.

In der Schule schreibt Hersh (1993) Beweisen eine andere Bedeutung zu als in der Forschung. In der mathematischen Forschung ist es die Funktion eines Beweises zu überzeugen, dass eine Aussage stimmt. In der Schule dagegen ist die Überzeugung von Schülerinnen und Schülern in vielen Fällen sehr einfach und bedarf keines Beweises, sondern häufig nur ein paar passender Beispiele. Die Funktion von Beweisen in der Schule sieht Hersh somit primär in der Erklärung. Laut Hersh ist ein Beweis eine vollständige Erklärung, manchmal reichen aber auch teilweise Erklärungen oder ein Lemma ist so einleuchtend, dass der Beweis einer Aussage nicht notwendig ist, um ihn zu erklären. Trotz verschiedener Bedeutung in Forschung und Schule fasst Hersh „Beweisen“ als einen Begriff auf, wenn auch mit unterschiedlichen Ausprägungen:

> *"Mathematical proof can convince, and it can explain. In mathematical research, its primary role is convincing. At the high-school or undergraduate level, its primary role is explaining." (Hersh, 1993, S. 398)*

Für Rav (1999) haben Beweise zudem eine wichtige Rolle in der Generierung von Wissen, Verständnis und mathematischen Methoden; er sieht sie als „the heart of mathematics“ (Rav, 1999, S. 6). Am Beispiel der Goldbachschen Vermutung, die immer noch unbewiesen ist, zeigt er auf, dass bei der Suche nach einem Beweis viele Zusammenhänge und neue Erkenntnisse gefunden wurden, die den reinen „Wahrheitsgehalt“ der zu beweisenden Aussage weit übertreffen. Das gleiche trifft auf die Suche nach einem Beweis der Kontinuumshypothese zu. Bildlich beschreibt er den Beweisprozess in der Mathematik wie folgt: „*Quite frequently, mathematicians find themselves in the situation of Columbus: one sets out to find a route to India, misses the objective, and ... discovers America*“ (Rav, 1999, S. 11). De Villiers greift diese verschiedenen Rollen des Beweisens auf und formuliert daraus fünf verschiedene Funktionen von Beweisen (siehe Abschnitt 2.1.3).

Rav (1999) unterscheidet in Ermangelung einer allgemeinen Definition zwischen Beweisen (proofs) und Herleitungen (derivations):

> *„Let us fix our terminology to understand by proof a conceptual proof of customary mathematical discourse, having an irreducible semantic content, and distinguish it from derivation, which is a syntactic object of some formal system.“ (Rav, 1999, S. 11)*

Rav gibt an, dass ein „Übersetzen" eines Beweises in seine formale Version (=Herleitung) möglich ist, dadurch aber vieles verloren geht und eine Rückkehr von einem formalen Beweis zum ursprünglichen „normalen" Beweis nicht möglich ist, da sich unter anderem inhaltliche Zusammenhänge nicht rekonstruieren lassen. Zudem ist eine axiomatische formale Sicht zwar philosophisch zufriedenstellend, könne aber mathematische Neuentdeckungen nicht erklären, da in einem axiomatischen System alle möglichen Schlüsse (theoretisch) bereits bekannt sind. In den vielen Bereichen der Mathematik, die nicht axiomatisch aufgebaut sind, könnte man nach einer formalen Sichtweise streng genommen gar nicht beweisen. Betrachtet man Beweise von Mathematikern, so ist offensichtlich, dass diese nicht formal sind, sondern größere Sprünge und Intuition beinhalten.

Des Weiteren betont Rav (1999), dass Beweise (nicht Sätze) das eigentliche mathematische Wissen beinhalten. Beweise zeigen Strategien und Techniken auf, machen Konzepte und Methodologien konkret, verknüpfen mathematische Theorien und systematisieren mathematische Inhalte. Dies ist das entscheidende mathematische Wissen, das in einem mathematischen Satz nur angedeutet und erst in seinem Beweis ausgeführt wird. Bildlich beschrieben ist der Zusammenhang von Aussagen und ihren Beweisen der folgende: *„Mathematische Sätze sind die Überschriften, ihre Beweise sind die eigentliche Geschichte.*" (Rav, 1999, S. 22, eigene Übersetzung).

Die Kontrolle von Beweisen erfolgt laut Rav (1999) in der mathematischen Gemeinschaft und ist ein sozialer Prozess, in dem durch Gegenprüfung von Beweisen Fehler gefunden und verbessert werden sowie die Kohärenz mathematischen Wissens garantiert wird. In diesem Zusammenhang zitiert er De Millo, Lipton and Perlis:

> *„There is simply no way to describe the history of mathematical ideas without describing the successive social process at work in proofs. The point is not that mathematicians make mistakes; that goes without saying. The point is that mathematicians' errors are corrected, not by formal symbolic logic, but by other mathematicians."(De Millo, Lipton and Perlis (1979), S. 272, zitiert nach Rav, 1999, S. 29)*

Rav betont dabei, dass Beweise trotz einer "rein" sozialen Überprüfung durch die mathematische Gemeinschaft nach objektiven Kriterien überprüft werden. Fehler in Beweisen könnten so objektiv und nicht nur subjektiv aufgezeigt und im Anschluss so verbessert werden, dass der Beweis die objektiven, durch den Konsens der Community entwickelten Kriterien erfüllt.

Hanna (1990) greift sowohl die formale als auch diese soziale Sichtweise auf und unterscheidet formale Beweise von akzeptierten Beweisen. Der formale

Beweis eines Satzes ergibt sich schrittweise aus bereits bewiesenen Aussagen, die erste Aussage ist dabei ein Axiom, die letzte Aussage der zu beweisende Satz. Durch diese formalen Beweise kann ausgeschlossen werden, dass Teile des Beweises durch menschliche Fehler oder intuitive Sprünge falsch sind. Bei formalen Beweisen wird der Beweis als theoretisches Konzept innerhalb eines mathematischen Feldes gesehen. Er ist logisch aufgebaut und in der Praxis das angestrebte Ziel, das häufig jedoch nicht erreicht wird. Der akzeptierte Beweis hingegen beschreibt eine Art von Beweisen, die nicht explizit auf Axiomen aufbauen oder formal streng konstruiert sind. Diese Beweise müssen nicht immer vollständig sein, die wichtigen mathematischen Zusammenhänge aber müssen erkennbar sein. Beweise sind hier Norm gebende Konzepte, d. h. durch die mathematische Gemeinschaft konsensuell festgelegte Konzepte, die festhalten, was qualifizierte Mathematikerinnen und Mathematiker als Beweis akzeptieren. Kriterien der Strenge von Beweisen sind im jeweiligen Kontext der Beweise entsprechend unterschiedlich.

Knipping (2003) greift den Gedanken des formalen und des akzeptierten Beweises auf. Sie verweist auf die soziale Dimension des Beweisens und die Veränderung der Kriterien, nach denen Beweise formuliert werden, im Laufe der Geschichte. Dabei betont sie, dass „entscheidende Merkmale mathematischer Beweise, wie argumentative Strenge, deduktive Folgerung und notwendige Gewissheit des Schlusses, [...] aus mathematischer Sicht grundsätzlich jedoch nicht in Frage gestellt [werden], obgleich auch diese Begriffe durch Interpretationen der jeweiligen Wissens-Gemeinschaft Bedeutung geprägt sind" (Knipping, 2003, S. 17). Darauf aufbauend definiert sie Beweise in drei Aspekten:

> *„Unter einem Beweis soll in der vorliegenden Arbeit eine Folge von öffentlichen Geltungsansprüchen verstanden werden, in der schrittweise die Gültigkeit von mathematischen Aussagen begründet wird. Dieses Verständnis von Beweisen enthält drei wesentliche Aspekte: (1) Die Gültigkeit, d.h. die Wahrheit einer Aussage wird in einer Folge von Schritten begründet und dadurch wird bei jedem einzelnen Schritt ein Geltungsanspruch formuliert und begründet. (2) Geltungsansprüche sind eine öffentliche Angelegenheit, die Gültigkeit von Begründungen wird sozial ausgehandelt und ist durch eine soziale Gemeinschaft bestimmt. Was als Beweis akzeptiert bzw. nicht als Beweis akzeptiert wird, ist auch abhängig von der jeweiligen Gemeinschaft, in der ein Beweis formuliert wird. (3) Die Gültigkeit von Aussagen wird in mathematischen Beweisen nicht ausschließlich durch formale Deduktionen begründet." (Knipping, 2003, S. 19)*

Auch die Begriffe des Beweisens und des Beweises sind nicht einheitlich festgelegt. Sie unterscheiden sich unter anderem im Grad der Strenge und Formaltät, im theoretischen Ideal und der mathematisch gelebten Realität. Der Beweisbegriff dieser Arbeit, der sich auf die in diesem Teilkapitel beschriebenen Sichtweisen von Beweisen stützt, ist in Abschnitt 2.2 beschrieben. Doch auch mit einem festgelegten Begriffsverständnis gibt es noch Unterschiede bei Beweisen. Einige von ihnen werden im nächsten Teilkapitel dargestellt.

2.1.3 Beweisverfahren, Funktionen und Schlussweisen

Nicht nur durch die möglichen Charakterisierungen unterscheiden sich Beweise und Argumentationen. Sie können sich in der Art der Schlüsse unterscheiden oder durch verschiedene Beweisformen erstellt werden und insbesondere auch verschiedene Funktionen haben. In diesem Teilkapitel werden diese Distinktionen näher beschrieben.

In der Mathematikdidaktik stark diskutiert sind verschiedene **Funktionen** von Beweisen. Einige wurden bereits in den vorherigen Teilkapiteln implizit angesprochen, an dieser Stelle sollen die unterschiedlichen Funktionen explizit benannt werden. De Villiers (1990) unterscheidet zwischen fünf Beweisfunktionen. Das *Verifizieren* ist die Funktion, welche die meisten Personen mit Beweisen verbinden. Ein Beweis soll zeigen, dass eine Aussage wahr ist. Bei der Funktion des *Erklärens* hingegen legt ein Beweis dar, warum eine Aussage wahr ist. Hat ein Beweis die Funktion der *Systematisierung*, so ist es durch ihn möglich, eine Aussage sinnvoll und inhaltlich solide in ein System anderer Aussagen, Axiome und Theoreme einzusortieren. Wird durch einen Beweis einer Aussage ein neues Theorem gefunden, entspricht dies der Funktion des *Entdeckens*. Die Funktion der *Kommunikation* umfasst das Reden und Diskutieren über Beweise in der mathematischen Gemeinschaft, welche die Akzeptanz von Beweisen prägt. Diese Funktionen können nicht nur beim Beweisen unterschieden werden, wie de Villiers hier beschreibt, sondern auch beim Argumentieren.

Um einen Beweis zu einer Aussage zu finden, gibt es verschiedene **Beweisformen**. Grieser (2013) beschreibt diesbezüglich fünf verschiedene Arten. Bei einem *direkten Beweis* wird in einzelnen Schritten vorgegangen. Jeder Schritt ist begründbar. Die Folgerung $A \Rightarrow B$ wird unterteilt in $A \Rightarrow A1 \Rightarrow A2 \Rightarrow A3 \Rightarrow \cdots \Rightarrow B$. Der *indirekte Beweis* dagegen dreht die Aussage um und beweist, dass die Prämisse A nicht gelten kann, wenn die Konklusion B nicht gilt. Es wird also die Tatsache verwendet, dass die Aussage $\neg B \Rightarrow \neg A$ logisch äquivalent zur Aussage $A \Rightarrow B$ ist. Ähnlich zum indirekten Beweis ist der *Widerspruchsbeweis*. Es wird die Prämisse A genommen und versucht, das Gegenteil der Konklusion B zu beweisen. Dabei ergibt sich ein Widerspruch. Da $A \Rightarrow \neg B$ falsch ist, muss nach dem Prinzip des ausgeschlossenen Dritten („tertium non datur") gelten, dass $A \Rightarrow B$.

Die Beweisart der *vollständigen Induktion* wird bei Aussagen der Form „Für alle $n \in \mathbb{N}$ gilt…“ verwendet. Bei Aussagen der Form „Für alle…“ kann zudem ein Beweis durch ein *Gegenbeispiel* angewendet werden. Auch diese verschiedenen Beweisformen sind auf das Argumentieren übertragbar. Wird argumentiert, kann dies ebenfalls direkt, aber beispielsweise auch indirekt geschehen.

Schlussweisen in Argumentationen und Beweisen

Beim Argumentieren und Beweisen können unterschiedliche Arten von Schlüssen genutzt werden. Neben den in der Regel mit formalen Beweisen verbundenen deduktiven Schlüssen sind auch abduktive, induktive und analogiebasierte Schlüsse möglich (Reid & Knipping, 2010). Reid und Knipping (2010, S. 83 ff.) nutzen Fälle, Regeln und Ergebnisse, um deduktive, induktive, abduktive und analogiebasierte Schlüsse voneinander zu unterschieden. Ein Fall beschreibt eine spezifische Beobachtung eines Zustands oder eines Zusammenhangs und kann mit „A“ abgekürzt werden. Ein Ergebnis ist ebenfalls eine spezifische Beobachtung, wie auch ein Fall eine ist. Beim Ergebnis jedoch ist die Beobachtung mit einer Regel mit dem Fall verbunden und daher vom Fall abhängig. Abgekürzt wird ein Ergebnis mit „B.“ Eine Regel beschreibt in Form einer allgemeinen Aussage, dass aus einem Zustand ein anderer Zustand folgt, abgekürzt mit „$A \rightarrow B$“.

Bei **Deduktionen** wird nach Reid und Knipping (2010) von einem Fall und einer Regel auf ein Ergebnis geschlossen. Symbolisch dargestellt also „$A \wedge (A \rightarrow B) \Rightarrow B$“ (Reid & Knipping, 2010, S. 83). Unterschieden werden können dabei *modus ponens* (Bestätigung des Vordersatzes) und *modus tollens* (Abweisen der Konsequenz). Die folgenden Beispiele sollen dies illustrieren:

Modus ponens (Reid & Knipping, 2010, S. 85, eigene Übersetzung)

Alle Menschen sind sterblich.

Socrates ist ein Mensch.

Socrates ist sterblich.

Modus tollens (Reid & Knipping, 2010, S. 85, eigene Übersetzung)

Alle Menschen sind sterblich.

Socrates ist unsterblich.

Socrates ist kein Mensch.

Meyer sieht die Deduktion als „sichere[n] und denknotwendige[n] Schluss.“ (Meyer, 2007b, S. 289). Reid und Knipping (2010) schränken dieses Verständnis jedoch darauf ein, dass Deduktion der einzige Schluss ist, bei dem davon *ausgegangen* wird, das er sicher ist. Da deduktive Schlüsse als sichere Schlüsse gelten, werden diese oft als Grundlage für Beweise verstanden, bei einem formalistischen Beweisverständnis sogar als Voraussetzung. Dabei sind nach Reid und Knipping (2010) vor allem Folgen deduktiver Schlüsse notwendig, die im Gegensatz zu einzelnen Deduktionen bei Schülerinnen und Schülern seltener spontan vorkommen. Bei deduktiven Schlüssen wird nur auf Fälle und Regeln zurückgegriffen, die bereits bekannt sind. Daher wird laut Reid und Knipping (2010) häufig behauptet, Deduktion führe nicht zu neuem Wissen. Dies stimme zwar in der Theorie, da das Gesamtsystem im Allgemeinen bekannt und das Wissen schon durch die Voraussetzungen gegeben sei, beim Lernen, z. B. von Schülerinnen und Schülern, gebe es aber durchaus die Erfahrung, neues Wissen zu entdecken.

Bei **Abduktion** wird nach Reid und Knipping (2010) von einem Ergebnis mithilfe einer Regel auf einen Fall geschlossen, symbolisch dargestellt: „$B \wedge (A \rightarrow B) \Rightarrow A$“ (Reid & Knipping, 2010, S. 83). In Abduktionen wird also eine Regel gesucht und genutzt, die einen Fall beschreibt, der die Beobachtung eines überraschenden Ergebnisses potentiell erklärt. Meyer (2007b) weist dabei darauf hin, dass je nach Regel ein anderer Fall gefunden werden kann, wodurch Abduktionen keine sicheren Schlüsse sind, jedoch gut geeignet, um neue Erkenntnisse zu erlangen. Um Erkenntnisse, die durch Abduktionen gewonnen werden, zu konsolidieren, müssen die Erkenntnisse deduktiv bewiesen werden.

Abduktive Schlüsse sind nicht einheitlich definiert, es gibt verschiedene Verständnisse. Geprägt wurde der Begriff der Abduktion von Charles Sanders Peirce (1839–1914), auf ihn wird sich in der Mathematikdidaktik häufig bezogen. Doch auch Peirce Verständnis von Abduktion war nicht stabil, sondern änderte sich im Laufe der Zeit. Er beschreibt Abduktion unter anderem als „the inference of a case from a rule and a result” (Peirce, 1960, 2.623, zitiert nach Pedemonte & Reid, 2011, S. 285), also der Schluss auf den Fall durch das gegebene Ergebnis und eine passende Regel. Pedemonte und Reid (2011) vergleichen Peirces Auffassungen und fassen die wichtigsten Charakteristika seines Abduktionsverständnisses wie folgt zusammen: Abduktionen sind Erklärungen überraschender Ergebnisse. Sie sind rückwärtsgerichtet, sodass von einem Ergebnis auf die Fälle geschlossen wird. Das Ergebnis der Abduktion ist plausibel, aber nicht sicher. Es kann jedoch überprüft werden.

Für Beweisende sind Abduktionen an sich bereits schwierig, ihre Umsetzung in einen deduktiven Beweis ist eine weitere Herausforderung. Den Ergebnissen von Pedemonte und Reid (2011) zu Folge ist die Umsetzung in einen deduktiven Beweis bei den Abduktionen weniger komplex, bei denen nur eine Regel bzw. mehrere gleichwertige Regeln mit gleichem Bezugssystem für den Schluss bekannt sind. Hier sind die benötigten Informationen besser überschaubar. Gibt es hingegen mehrere gleichwertige Regeln mit unterschiedlichen Bezugssystemen oder muss die Regel erst gefunden werden, scheint die Umsetzung schwieriger. Hier müssen die wichtigen Informationen aus unwichtigen ausgefiltert werden. Im Allgemeinen seien Abduktionen daher sowohl hilfreich als auch hinderlich für deduktives Beweisen, je nach Art der Abduktion.

Auf Induktionen und Analogieschlüssen liegt in dieser Arbeit kein Fokus, daher wird die Beschreibung kurz gehalten. Meyer (2007b) beschreibt **Induktion** als den Schluss von einem Fall und einem Ergebnis auf eine Regel. Symbolisch dargestellt ergibt sich für die Induktion Folgendes: $A \wedge B \Rightarrow (A \rightarrow B)$ (Reid & Knipping, 2010, S. 83). Bei der Induktion wird nach Reid und Knipping (2010) von spezifischen Fällen auf allgemeine Regeln geschlossen und vorhandenes Wissen genutzt, um neues zu erschließen. Ein induktiver Schluss ist daher nicht sicher, sondern nur wahrscheinlich. Meyer (2007b) zufolge wird Induktion häufig verwendet, um vorhandene Vermutungen und Hypothesen zu überprüfen und diese zu bestätigen oder auch zu widerlegen.

Unter **Analogieschlüssen**, auch analogiebasierte Schlüsse genannt, verstehen Reid und Knipping (2010) einen Schluss bzw. eine Vermutung auf der Basis von Ähnlichkeiten zwischen zwei Fällen, wobei ein Fall, die Quelle, bekannt ist und der zweite Fall, das Ziel, noch nicht verstanden wurde. Symbolisch lässt sich dies wie folgt darstellen:

„$(A \approx C) \wedge A \Rightarrow C$" bzw. „$(A \approx C) \wedge (B \approx D) \wedge (A \rightarrow B) \Rightarrow (C \rightarrow D)$"
(Reid & Knipping, 2010, S. 84).

Analogieschlüsse stehen in engem Zusammenhang mit Generalisierungen (Teil der Induktion) und Spezialisierungen (Teil der Deduktion) und finden sowohl bei der Erkundung als auch beim Erklären von Mathematik Verwendung. Bildlich gesprochen schlagen sie eine Brücke zwischen dem, was bekannt ist, und dem, was man noch nicht weiß.

2.1.4 Prozess-Aufschreiben-Produkt

Das Beweisen einer mathematischen Aussage ist komplex und mehrschrittig. Es lässt sich in verschiedene Phasen teilen, die sich grob mit Beweisprozess/Beweisfindung, Aufschreiben des Beweises und Beweisprodukt/Beweistext bezeichnen lassen (siehe Abbildung 2.2). Die Phasen müssen dabei nicht linear verlaufen, Schritte zurück zu einer vorherigen Phase sind möglich, beispielsweise, wenn beim Lesen des Beweistextes ein Fehler auffällt.

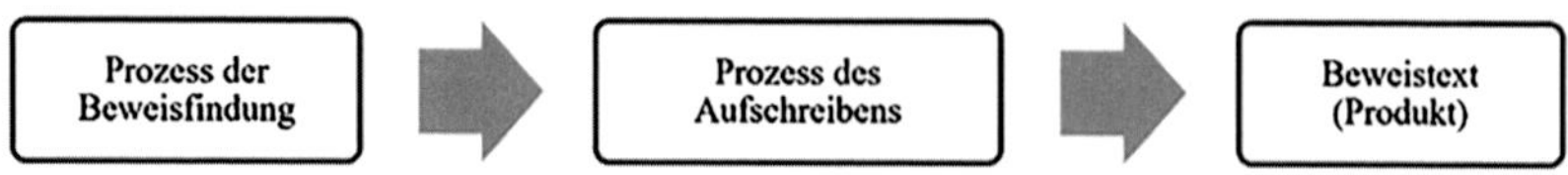

Abbildung 2.2 Übersicht über den Ablauf des Beweisens

Gerald Wittmann (2014) beschreibt die Beweisfindung als „kreativen und problemlösenden Prozess" (Wittmann, 2014, S. 40). Während der Beweisfindung ist die Argumentation häufig noch nicht rein deduktiv, Anschauung spielt eine größere Rolle. Zudem handelt es sich um einen komplexen Prozess, der in der Regel nicht linear verläuft. In den meisten Fällen ist der Prozess davon geprägt, dass falsche Ideen verfolgt werden, der Prozess ins Stocken gerät und man nicht vorankommt. Häufig wird etwas gezeigt, dass für den Beweis nicht wichtig oder notwendig ist. In einigen Fällen wird auch erkannt, dass einiges oder sogar alles bisher gezeigte nicht Teil des eigentlichen Beweises ist und es wird neu begonnen. Der fertige Beweis, ob aufgeschrieben oder mündlich präsentiert, ist das „Produkt dieses Prozesses, der formalen Kriterien genügen muss" (Wittmann, 2014, S. 40). Dieses Produkt ist inhaltlich und logisch sortierter, bündig formuliert und zeigt nicht mehr die Irrungen, Wirrungen und Mühen der Beweisfindung.

Die Unterscheidung von Beweisprozess und Beweisprodukt ist ein Schwerpunkt in der mathematikdidaktischen Forschung im Bereich des Argumentierens und Beweisens und wird international diskutiert. Boero (1999) sieht in der Unterscheidung von Prozess und Produkt des Beweisens sogar einen wichtigen Faktor in der Debatte über Argumentationen und Beweise. Stylianides et al. (2016) betonen, dass es für das Erlernen des Beweisens wichtig sei, nicht nur das fertige Beweisprodukt zu betrachten, die Erfahrung des Beweisprozesses sei wichtig. In den seltensten Fällen wird jedoch der Übergang vom Prozess des Beweisens zum Produkt, dem Beweis, betrachtet. Diese Phase des Aufschreibens ist ein wichtiger Teil des Beweisens und weist eigene Schwierigkeiten und Herausforderungen auf, da die Argumentation der Beweisfindung nicht immer problemlos in einen Beweis umgesetzt werden kann (u. a. Pedemonte, 2007). Auch nach umfangreicher Literaturrecherche ist mir keine Studie bekannt, die spezifisch diese Beweisphase des Aufschreibens genauer in den Blick nimmt.

Zudem kann auch die eigenständige Entwicklung der Hypothese als Teil des Beweisens verstanden werden. Das zeigt sich auch in Boeros (1999) Phasenmodell zum Beweisen, bei dem sechs verschiedene Phasen des Beweisens von erfahrenen Mathematikerinnen und Mathematikern unterschieden werden, von der Hypothesenfindung bis zur Annäherung an einen formalen Beweis. Der

Zusammenhang zwischen der Entwicklung einer Hypothese und ihrem Beweis wird auch bei der Idee der kognitiven Einheit („cognitve unity“) beschrieben (Garuti et al., 1998). Von kognitiver Einheit wird gesprochen, wenn die Argumentation während der Hypothesenfindung auch beim Beweis der Hypothese wiederverwendet wird. Diese Kontinuität soll das Beweisen erleichtern. Dieses Phasenmodell und die damit verbundene kognitive Einheit werden im Folgenden genauer betrachtet und in den Zusammenhang von Beweisprozess und -produkt eingeordnet.

Phasen von Aktivitäten beim Aufstellen und Beweisen mathematischer Hypothesen

Boero (1999) untersucht das Vorgehen von Experten beim Beweisen. Dabei stellt er verschiedene typische Phasen fest, die das Beweisen ausmachen. Sein daraus entwickeltes Phasenmodell unterscheidet dabei nicht zwischen Argumentation und Beweis – wie von anderen häufig betont, die Argumentationen als Hindernis für das Beweisen verstehen (u. a. Balacheff, 1999; Duval, 1991). Stattdessen differenziert Boero (1999) zwischen Prozess und Produkt und hebt insbesondere den Unterschied zwischen dem Finden einer Hypothese (Prozess) und ihrer Formulierung (dann Produkt) sowie dem Beweisen der Aussage (Prozess) und ihrem Beweis (dann Produkt) hervor. Hierbei unterscheidet Boero die folgenden sechs Phasen der Entwicklung von Hypothesen und Beweisen (siehe Abbildung 2.3) und betont, dass diese Phasen nicht linear durchlaufen werden.

Boero (1999) erwähnt ausdrücklich, dass diese Phasen nicht klar voneinander trennbar, sondern miteinander verbunden sind und im Allgemeinen nicht linear durchlaufen werden. Stattdessen werden Phasen wieder und wieder durchlaufen, wenn z. B. beim Aufschreiben des Beweises (Phase 5) Fehler auffallen, kann eine erneute Exploration der Vermutung (Phase 3) notwendig sein oder sogar eine neue Untersuchung der Problemstellung, die zu einer veränderten Hypothese führen kann. Auch die vierte Phase könne mehrmals durchlaufen werden, wenn beispielsweise Beweise im informellen Rahmen mit anderen besprochen werden.

Die Phasen unterscheiden sich auch durch den Grad ihrer Öffentlichkeit. Explorative Phasen, wie die Entwicklung der Hypothese oder die Untersuchung der Vermutung (Phasen 1 und 3) sind eher privat. Andere Phasen, wie die vierte, sind teilweise öffentlich, aber in geschütztem Rahmen. Die Produkte, die in den Phasen 2 und 5 entstehen, werden wiederum veröffentlicht, häufig aber später. Die sechste Phase, die Formalisierung des Beweises, wird auch von Mathematikern oft ausgelassen oder nur teilweise umgesetzt. Die meisten veröffentlichten Beweise erfüllen daher nicht die „Norm“ der Formalität.

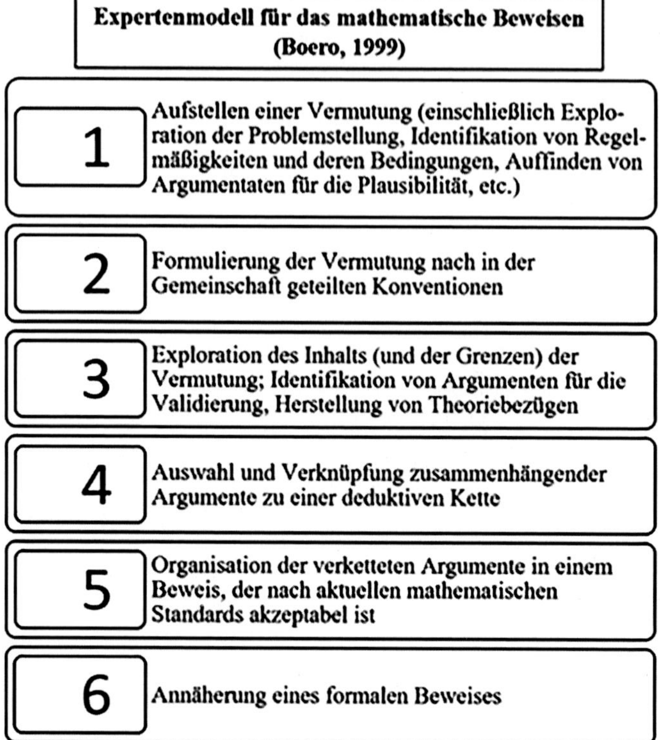

Abbildung 2.3 Expertenmodell für das mathematische Beweisen (nach Boero, 1999; Zusammenfassung und Übersetzung der Phasen 1, 3–6 nach Cramer, 2018, S. 26 f.; Phase 2, eigene Zusammenfassung und Übersetzung)

Die Produkte, also die formulierte Vermutung und der fertige Beweis, zeigen nicht immer den Findungsprozess, wie er chronologisch ablief, und welche Ideen durchlaufen wurden. Stattdessen sind die Produkte eine Auswahl aus der Beweisfindung – auch bezogen und angepasst an die benötigten Standards, die sich ändern können und von Publikum abhängig sind. Zudem berücksichtigt der deduktive Aufbau des Beweises Argumentationen aus verschiedenen Phasen. Schon in der ersten Phase wird argumentiert in Bezug auf die Plausibilität der Hypothese, in der dritten Phase wird dies wieder aufgegriffen (dann ergibt sich kognitive Einheit, siehe nächster Abschnitt) oder es wird neu argumentiert. In der vierten Phase werden dann die Vermutung und ihre möglichen Argumentationen logisch miteinander verknüpft. Die Trennung von Prozess und Produkt ist daher für Boero (1999) beim Beweisen wichtig.

Kognitive Einheit

Als *kognitive Einheit* wird die Kontinuität zwischen der Argumentation bei der Entwicklung einer Hypothese und der Argumentation in ihrem Beweis verstanden (Garuti et al., 1998).

Der Ansatz dieses Konzepts wurde von der italienischen Arbeitsgruppe um Boero durch die Beobachtungen von Schülerinnen und Schülern entwickelt. Im Gegensatz zum herkömmlichen Vorgehen zum Erlernen von Beweisen (dem Verstehen von gegebenen Beweisen und für interessierte, stärkere Schülerinnen und Schüler eventuell der Beweis von gegebenen Aussagen), betrachten Boero et al. (1996) Schülerinnen und Schüler, die mithilfe gegebener Aufgaben im Kontext Sonnenschatten selbst eine Vermutung entwickelten und beweisen sollen. Ihnen fiel auf, dass der Beweis der Vermutung häufig gelingt, wenn die Schülerinnen und Schüler Argumentationen, die sie während der Hypothesenfindung gemacht haben, für den Beweis der Vermutung wiederverwenden.

Garuti et al. (1998) betrachten die Lücke zwischen der Argumentation bei der Hypothesenfindung, die die Plausibilität der Aussage zeigt, und der Argumentation der Beweisfindung, die die Richtigkeit der Vermutung zeigen soll. Sie formulieren die These, dass ein Beweis umso schwieriger wird, je größer die „Lücke" zwischen dem Beweis und dem vorausgegangenen Verstehen und „Aneignen" der Aussage ist. Kognitive Einheit erleichtert nach Garuti et al. also das Beweisen von Aussagen, so der Umkehrschluss der Hypothese. Je enger die Argumentation aus der Hypothesenfindung mit der Argumentation der Beweisfindung verbunden ist, desto einfacher der Beweisprozess.

Der Zusammenhang von kognitiver Einheit und Boeros Expertenmodell zum mathematischen Beweisen, wie ich ihn verstehe, zeigt sich in der von mir erstellten Abbildung 2.4. Die Argumentation bei der Hypothesenfindung entspricht der ersten Phase, die Argumentation bei der Beweisfindung den Phasen drei und vier.

Das kognitive Einheit nicht immer den Beweisprozess erleichtert, zeigt Pedemonte (2007). Ihr fielen Fälle auf, bei denen kognitive Einheit gegeben war, aber kein korrekter, deduktiver Beweis konstruiert wurde. Pedemonte (2007) zufolge ist kognitive Einheit nicht alles, auch die *strukturelle Kontinuität* („structural continuity") bzw. *strukturelle Distanz* („structural distance") müsse betrachtet werden.

Sie betrachtete das Vorgehen von 102 Schülerinnen und Schülern, die in Paaren mit DGS aufgabengeleitet Vermutungen finden und beweisen sollten.

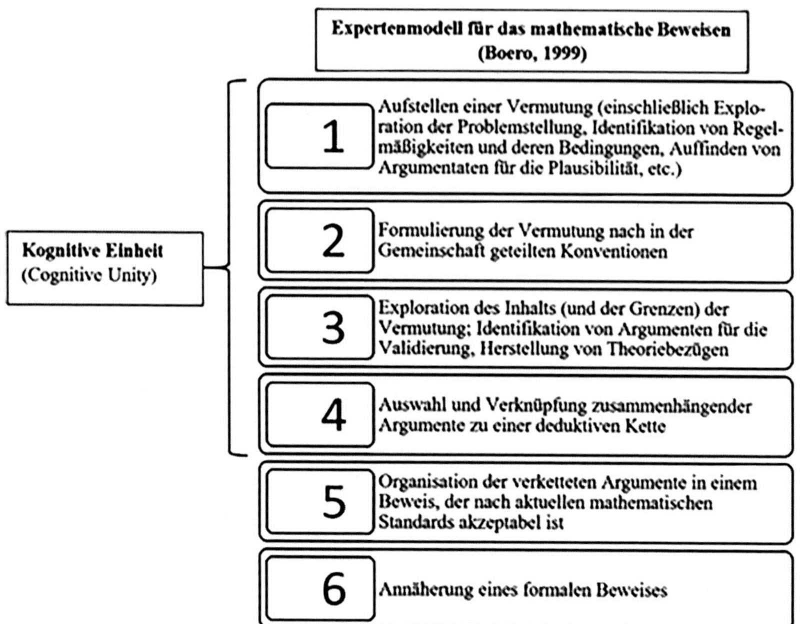

Abbildung 2.4 Der Zusammenhang zwischen dem Expertenmodell für das mathematische Beweisen von Boero (1999) und kognitiver Einheit

Dabei war auffällig, dass Schülerinnen und Schüler, deren Vorgehen dem Konzept der kognitiven Einheit entsprach, nicht immer auch einen korrekten Beweis formulierten. Dies lag an der strukturellen Kontinuität. Strukturelle Kontinuität (Pedemonte, 2007) bedeutet, dass in der Argumentation und dem aufgeschriebenen Beweis die gleiche Struktur genutzt wird. Dies kann problematisch sein, wenn die Struktur der Argumentation nicht deduktiv ist. Traten bei den Schülerinnen und Schülern z. B. Abduktionen in der Argumentation auf, konnte es vorkommen, dass diese (teilweise) in die Beweise übernommen wurden, sodass die Beweise abduktiv und nicht deduktiv waren. Nach Pedemonte (2007) scheint die strukturelle Änderung der Argumentation für die Schülerinnen und Schüler schwierig. Die Ergebnisse zeigen jedoch auch, dass kognitive Einheit allein nicht reicht, um zu korrekten Beweisen zu gelangen. Es muss ebenfalls der Beweistext und die strukturelle Kontinuität betrachtet werden, da strukturelle Kontinuität zu falschen, beispielsweise abduktiven, Beweisen führen kann (Pedemonte, 2007).

Mariotti und Pedemonte (2019) sehen in Vermutungen, die nicht argumentativ entwickelt wurden, eine weitere Schwierigkeit in Bezug auf kognitive Einheit. Sie untersuchten das Vorgehen von Schülerinnen und Schülern beim Finden und Beweisen einer geometrischen Aufgabe, wenn die Vermutung intuitiv auftauchte oder anschaulich aus der Skizze gewonnen wurde. In diesen Fällen hatten die Schülerinnen und Schüler Schwierigkeiten beim Finden des Beweises. Zwar gibt es Schülerinnen und Schüler, von denen die Vermutung anschaulich, aber theoriegeleitet gefunden werden konnte, in den meisten Fällen aber wurden die Vermutungen ohne theoretische Anbindung formuliert. Hier fehlte dann die Argumentation aus der Hypothesenfindung und konnte nicht bei der Beweisfindung wiederverwendet werden. Stattdessen musste eine neue Argumentation aufgebaut werden.

Diese beiden unterschiedlichen Arten von Argumentationen bezeichnet Pedemonte (2007) als *konstruktive Argumentationen* („constructive argumentation") und *rekonstruierende Argumentationen* („structurant argumentation"). Die konstruktive Argumentation findet vor dem Beweisen der Vermutung statt. Sie ist der argumentative Teil der Entwicklung einer Hypothese und dient zunächst der Überprüfung der Plausibilität eben dieser Hypothese. Als rekonstruierende Argumentation wird hingegen die Argumentation bezeichnet, die nach der Formulierung der Vermutung neu ansetzt und die Vermutung begründen soll. Auch wenn in den meisten Fällen eine vorhandene konstruktive Argumentation in der Beweisfindung übernommen wird, kann es ebenfalls vorkommen, dass die konstruktive Argumentation zu Gunsten einer neuen rekonstruierenden Argumentation verworfen wird. Das Auftreten einer konstruktiven Argumentation allein bedingt noch keine kognitive Einheit, die konstruktive Argumentation muss dann auch in der Beweisfindung verwendet werden (Pedemonte, 2007).

Gerade wenn Vermutungen intuitiv oder anschaulich gefunden werden, fehlen konstruktive Argumentationen, die die Beweisfindung vereinfachen könnten. Hier „übernehmen" dann rekonstruierende Argumentationen, allerdings sind diese schwieriger und komplexer, da aus der Entwicklung der Vermutung keine Anhaltspunkte für die Beweisfindung vorliegen (Mariotti & Pedemonte, 2019).

Bei intuitiv oder anschaulich gefundenen Hypothesen, so Mariotti und Pedemonte (2019), fehle des Weiteren häufig auch das Beweisbedürfnis, da die Hypothese offensichtlich scheint. Außerdem entstehe eine kognitive Lücke zwischen Hypothesenfindung und Beweis. Dadurch ist kognitive Einheit nicht möglich, auch nicht, wenn nachträglich eine rekonstruierende Argumentation erarbeitet wird. Dies mache den Beweis zwar nicht unmöglich, aber schwieriger durchführbar. Ähnliches sagen Garuti et al. (1998) auch über Aufgaben der

Art „Beweisen Sie, dass…", wie sie in dieser Arbeit verwendet werden. Kognitive Einheit sei dabei schwierig, da die Hypothese nicht selbst gefunden und argumentativ geprüft werde. Ein wichtiger Teil kognitiver Einheit fehle somit.

Übersicht und Verbindung

Die Phasen aus Boeros (1999) Expertenmodell zeigen eine Gliederung des mathematischen Beweisens in Abschnitte, die den Prozess (der Hypothesen- oder Beweisfindung) beschreiben oder das Aufschreiben/Formulieren (der Vermutung bzw. des Beweises). Die Produkte werden als Ergebnisse der „Schreibphasen" erwähnt. Die von mir erstellte Abbildung 2.5 zeigt diese Zusammenhänge von Boeros Modell und kognitiver Einheit sowie Prozess, Aufschreiben und Produkt des Beweisens.

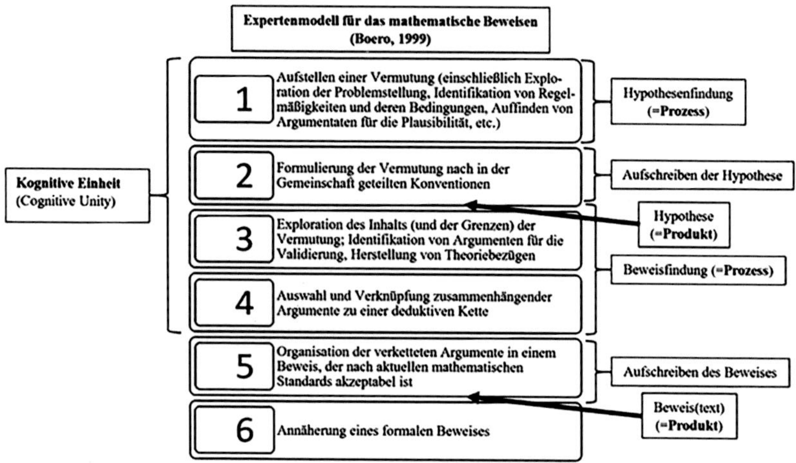

Abbildung 2.5 Der Zusammenhang zwischen dem Expertenmodell für das mathematische Beweisen von Boero (1999), kognitiver Einheit und den Phasen des Beweisens

2.1.5 Fazit zum Argumentieren und Beweisen

Dieser Abschnitt 2.1 zeigt, dass Argumentieren und Beweisen viele verschiedene Facetten hat. So kann Argumentieren und Beweisen in verschiedene Phasen aufgeteilt werden, in den Prozess der Beweisfindung, das Aufschreiben des Beweises und den schriftlichen Beweis als Produkt. Zudem gibt es viele verschiedene

Beweisformen (beispielsweise direkte und indirekte Beweise), unterschiedliche Schlussweisen (z. B. deduktiv und abduktiv) und mehrere mögliche Funktionen, die eine Argumentation bzw. ein Beweis erfüllen kann. Was genau dabei unter einer Argumentation bzw. einem Beweis verstanden wird, ist allerdings nicht einheitlich definiert. Es gibt viele verschiedene Sichtweisen und Verständnisse. Im folgenden Abschnitt 2.2 wird daher das Argumentations- und Beweisverständnis dieser Arbeit genauer beschrieben.

2.2 Argumentations- und Beweisbegriff dieser Arbeit

Wie der vorherige Abschnitt 2.1 zeigt, gibt es in der mathematikdidaktischen Forschung keinen eindeutigen und international anerkannten Argumentations- oder Beweisbegriff. In diesem Abschnitt wird daher auf Grundlage der verschiedenen in der Literatur beschriebenen Verständnisse zuerst der Argumentationsbegriff und darauf aufbauend der Beweisbegriff dieser Arbeit festgelegt. Der Begriff der Argumentation wird in dieser Arbeit, in Anlehnung an Douek (2007), wie folgt verstanden:

In einer ***Argumentation*** *werden Aussagen, z. B. in Form vorgegebener Behauptungen, durch rationale und logisch verknüpfte Begründungen gestützt oder entkräftigt.*

Für diese Untersuchung wird der Begriff der Argumentation zusätzlich nach dem Medium in *mündliche und schriftliche Argumentationen* unterteilt (siehe Tabelle 2.1). Mündliche Argumentationen finden medial phonisch statt, also durch gesprochene Sprache, während schriftliche Argumentationen medial grafisch sind, also schriftlich fixiert (vgl. Koch & Oesterreicher, 1985).

Neben der Unterscheidung des Mediums einer Argumentation, ist auch eine Unterscheidung nach dem Konzept der Mündlichkeit bzw. Schriftlichkeit möglich (vgl. Koch & Oesterreicher, 1985), wie sie z. B. von Gellert (2011), Leufer (2016) oder Fornol (2017) in der Mathematikdidaktik genutzt wird. Im Gegensatz zum Medium, bei dem klar unterschieden werden kann, ob etwas phonisch oder grafisch ist, besteht zwischen konzeptioneller Schriftlichkeit und Mündlichkeit ein Kontinuum. *Konzeptionelle Mündlichkeit* ist durch den Dialog geprägt, durch die Vertrautheit der Akteure und ihre direkte Interaktion, die Kommunikation erfolgt privat, spontan und in der Situation. Ein Beispiel hierfür ist ein Gespräch mit einem guten Freund. Bei der Versprachlichung gibt es in der konzeptionellen Mündlichkeit wenig Planung, Elaboriertheit und Komplexität. Auch Mimik, Gestik, deiktische Elemente (wie z. B. „hier“ oder „der da“) und Interjektionen (wie z. B. „äh") sind Elemente der Mündlichkeit. Kennzeichnend für diese Art der Kommunikation sind Prozesshaftigkeit und Vorläufigkeit. Bei *konzeptioneller Schriftlichkeit* handelt es sich um Monologe, Sprechende und Zuhörende sind sich fremd und räumlich und zeitlich getrennt. Die Kommunikation ist öffentlich, reflektiert und nicht situationsgebunden. Artikel in Fachzeitschriften gehören in diesen Bereich. Konzeptionell schriftliche Versprachlichungen sind verdinglicht und endgültig, gut geplant, von höherer Komplexität und elaborierter. Beispiele wie ein abgedrucktes Interview (medial grafisch, konzeptionell mündlich) oder ein Fachvortrag (medial phonisch, konzeptionell schriftlich) zeigen, dass Medium und Konzept sich nicht bedingen. Für diese Arbeit heißt das, dass nicht alle mündlichen Argumentationen konzeptionell mündlich und nicht alle schriftlichen Argumentationen konzeptionell schriftlich sein müssen, auch wenn dies der „Idealvorstellung" beim Argumentieren entspricht (siehe Tabelle 2.1).

Neben dem Medium und dem Konzept kann auch die Struktur der Argumentationen unterschieden werden. Argumentationen können den Prozess des Argumentierens darstellen oder auch sein Produkt. In Anlehnung an Koch und Oesterreicher (1985) wird diese Unterscheidung von mir in dieser Arbeit als Struktur beschrieben und somit als strukturell prozesshaft bzw. strukturell produkthaft bezeichnet. *Strukturell prozesshaft* bedeutet, dass die Argumentation, die eine Behauptung stützen oder entkräftigen soll, gerade erst entwickelt wird, sich also als Argumentation noch im Prozess befindet. In Abgrenzung hierzu wird eine Argumentation von mir als *strukturell produkthaft* bezeichnet, wenn es sich um eine „fertige" Argumentation handelt, also das durchdachte und wohl strukturierte Produkt, das am Ende des Prozesses als Ergebnis festgehalten wird. Wie auch beim Konzept (mündlich/schriftlich) handelt es sich bei der Struktur (prozesshaft/produkthaft) um ein Kontinuum. Mündliche Argumentationen entsprechen häufig der Argumentation im Argumentationsprozess und sind somit normalerweise strukturell prozesshaft. Schriftliche Argumentationen sind im Allgemeinen das schriftliche Endprodukt, das auf den Argumentationsprozess folgt, und in der Regel daher strukturell produkthaft. Es ist jedoch auch vorstellbar, dass mündliche Argumentationen nicht strukturell prozesshaft und schriftliche Argumentationen nicht strukturell produkthaft sind, beispielsweise, wenn eine „fertige" Argumentation mündlich präsentiert wird oder wenn beim Aufschreiben der schriftlichen Argumentation noch an der Argumentation gearbeitet und entwickelt wird und sie deshalb nicht global durchdacht und wohlstrukturiert ist.

Die hier beschriebene „Idealform" (siehe Tabelle 2.1) einer mündlichen Argumentation ist somit medial phonisch, konzeptionell mündlich und strukturell prozesshaft. Schriftliche Argumentationen sind medial grafisch, idealerweise konzeptionell schriftlich und strukturell produkthaft. Die Idealform schriftlicher

Argumentationen kann als Argument bezeichnet werden (vgl. Cramer, 2018; Habermas, 1981). Die Bezeichnung wird in der vorliegenden Arbeit nicht verwendet, da keine durchgängige Analyse von Struktur und Konzept durchgeführt wurde. Während das Medium der Argumentation durch ihre Form festgelegt ist, kann es in Einzelfällen Abweichungen bei Konzept und Struktur geben, wodurch schriftliche Argumentationen dem Ideal des Arguments häufig nicht entsprechen.

Tabelle 2.1 Übersicht des Argumentationsverständnisses dieser Arbeit

	Mündliche Argumentationen	Schriftliche Argumentationen
Medium (phonisch/grafisch)	medial phonisch	medial grafisch
Konzept (mündlich/schriftlich)	in der Regel konzeptionell mündlich	in der Regel konzeptionell schriftlich
Struktur (prozesshaft/produkthaft)	in der Regel strukturell prozesshaft	in der Regel strukturell produkthaft

Der hier beschriebene Argumentationsbegriff bezieht sich nicht allein auf mathematische Argumentationen, schließt diese jedoch ein. Eine besondere Form der mathematischen Argumentation ist der mathematische **Beweis** (u. a. Boero, 1999; Toulmin, 1958, 1975). In dieser Arbeit handelt es sich in Anlehnung an Knipping (2003) bei einer Argumentation um einen Beweis, wenn sie einige zusätzliche Kriterien erfüllt:

- In jedem einzelnen Schritt der Argumentation wird ein Geltungsanspruch formuliert und dieser begründet.
- Die Gültigkeit der zu beweisenden Aussage beruht dabei nicht zwingend auf formaler Deduktion, jeder Schritt wird aber deduktiv begründet.
- Die Gültigkeit des Beweises ist abhängig von dem Beweisverständnis und den Akzeptanzkriterien der mathematischen Gemeinschaft (z. B. in der universitären Lehre), in der die Argumentation hervorgebracht wird.

Im Rahmen dieser Arbeit bestand die Gemeinschaft aus den Lehrenden und Teilnehmenden der Vorlesung zur Elementargeometrie, in deren Rahmen diese Untersuchung durchgeführt wurde. Diese soziale Gemeinschaft hat in diesem Fall eigene Diskursformen, die im asymmetrischen Verhältnis zwischen Lehrenden und Studierenden bedingt sind. So forderten der Lektor und auch die Tutorin ein, dass für einen Beweis eine deduktive Begründung erbracht werden musste. Dabei konnte auf Sätze, Definitionen, Lemmata usw. aus der Vorlesung direkt zurückgegriffen werden, ohne diese zuerst beweisen zu müssen. Weitere Sätze usw. mussten jedoch vor ihrer Verwendung bewiesen werden. Vor diesem Hintergrund werden diejenigen Argumentationen als Beweise bezeichnet, bei denen erkennbar versucht wurde, dieses Ideal einzuhalten. Somit kann es durchaus „falsche Beweise" geben, wenn z. B. Studierende im Wesentlichen diese Kriterien eingehalten haben, auch wenn ihnen dabei ein „kleiner" fachlicher Fehler unterlaufen ist.

2.3 Rekonstruktion von Argumentationen

Argumentationen können allgemein auf viele verschiedene Arten vorliegen: als Transkript oder Videoaufnahme von Diskussionen und Präsentationen oder in schriftlicher Form als Texte unterschiedlicher Formalität. Gerade bei konzeptionell mündlichen Argumentationen sind Begründungen in den seltensten Fällen vollständig. Konzeptionelle Mündlichkeit umfasst dabei nicht automatisch alle mündlichen Aussagen und konzeptionelle Schriftlichkeit nicht automatisch alles Niedergeschriebene, wie in Abschnitt 2.2 beschrieben. Auch schriftliche Argumentationen können konzeptionell mündlich und somit wenig elaboriert und strukturiert sein, mündliche Argumentationen hingegen reflektiert, strukturiert und geplant.

Dies erschwert das Verständnis und die Rekonstruktion von Argumentationen und Beweisen, da Begründungen unvollständig sein können und Aussagen in der Argumentation andere Funktionen innehaben können, als dies logisch richtig ist. Meyer (2007b) nennt das Toulminschema als ein Schema, das dieser Herausforderung bei der Rekonstruktion von Argumentationen gerecht wird und zudem bereits in der mathematikdidaktischen Forschung etabliert ist (u. a. Inglis et al., 2007; Knipping, 2003; Knipping & Reid, 2019; Krummheuer, 1991, 1995). Dieses Schema wird im Folgenden näher beschrieben und im weiteren Verlauf der Arbeit bei der Auswertung der Argumentationen der Studierenden genutzt.

2.3.1 Rekonstruktion einer Argumentation nach Toulmin

Behauptungen werden durch Argumentationen begründet. Um diese Argumentationen sichtbar zu machen, entwickelte Toulmin (1958) ein Schema, in dem Argumentationen nach der Funktion einzelner Aussagen rekonstruiert werden können. Krummheuer und Brandt (2001) betonen dabei, dass Aussagen bei dieser Rekonstruktion nicht nach der Intention der Aussage bewertet werden, sondern nach ihrer Bedeutung im Argumentationszusammenhang. Krummheuer (2003) verweist zudem darauf, dass Aussagen in argumentativen Gesprächen in der Regel nicht nach ihrer Funktion, d. h. der logischen Struktur in der Argumentation, sortiert sind.

Die Grundlage einer Argumentation ist nach Toulmin (1958) das Paar aus einem *Datum* [D] und der daraus folgenden *Konklusion* [K]. Bei der Konklusion handelt es sich um die Aussage oder Behauptung, die begründet werden soll, unter Daten werden Tatsachen verstanden, die als Begründungen der Behauptung herangezogen werden können und die Frage „Worauf stützt du dich?" (Toulmin, 1975, S. 89) beantworten.

Wird der Schritt vom Datum zur Konklusion angezweifelt, kann ein *Garant* [G] eingebracht werden. Er beantwortet die Frage „Wie kommst du da hin?" (Toulmin, 1975, S. 89) und expliziert die Zulässigkeit des hinterfragten Schrittes der Argumentation. Garanten wirken also wie „hypothetische, brückenartige Aussagen" (Toulmin, 1975, S. 96) zwischen der zu begründenden Konklusion und den schon gegebenen Daten. Toulmin (1975, S. 90) gesteht zu, dass bei der Analyse von Argumentationen diese theoretische Trennung von Daten und Garanten beim ersten Versuch der Rekonstruktion nicht immer ohne weiteres offensichtlich ist. Nicht nur Argumentationsschritte, sondern auch Daten und Garanten können laut Toulmin (1958) angezweifelt werden. Wird ein Datum in Frage gestellt, so bedarf es eines vorgelagerten Schrittes, der das in Zweifel gezogene Datum als Konklusion hat. Wird die Gültigkeit eines Garanten bezweifelt, kann eine *Stützung* [S] für diesen Garanten hinzugefügt werden, die belegt, dass/warum der Garant allgemein zulässig ist.

Neben diesem Grundgerüst eines Argumentationsschrittes können auch Aussagen mit anderen Funktionen vorkommen (Toulmin, 1958). *Modaloperatoren* [MO] (z. B. vermutlich, wahrscheinlich, eigentlich, ...) geben die Stärke bzw. Sicherheit an, die der Schluss aufgrund des Garanten innehat. *Ausnahmebedingungen* [AB] beschreiben die Umstände, in denen der Garant nicht mehr als Begründung eines Schlusses agieren kann. Knipping und Reid (2015) spezifizieren hierbei, dass sich eine Ausnahmebedingung explizit auf diesen einen Schritt der Argumentation bezieht und eine Ausnahme für genau diese Konklusion darstellt. Im Unterschied zu Ausnahmebedingungen negieren *Widerlegungen* [W] einen Teil der Argumentation. Widerlegt werden können alle Teile einer Argumentation, beispielsweise Daten, Garanten oder Konklusionen. Auch in einer Argumentation gezogene Schlüsse (von spezifischen Daten mit einem spezifischen Garanten auf eine spezifische Konklusion) können widerlegt werden (Knipping & Reid, 2015).

Bei der Rekonstruktion von Argumentationen kommen nur selten alle Funktionen vor. Funktionen, die in einem Schritt nicht rekonstruiert werden können, werden ausgelassen und das Schema wird für diesen Schritt weniger komplex. Das gesamte Schema lässt sich wie folgt darstellen (Abbildung 2.6):

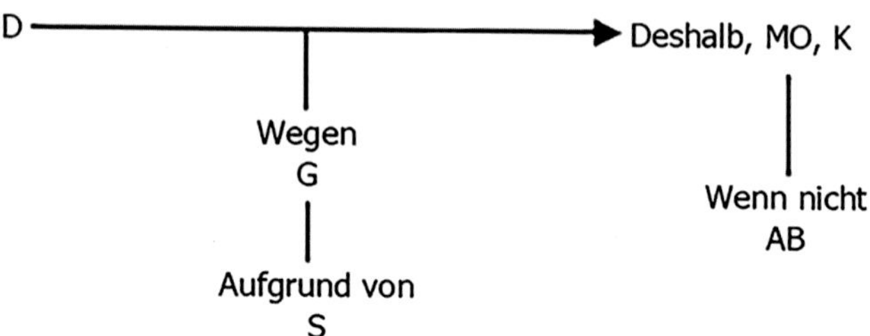

Abbildung 2.6 Toulminschema, leicht verändert nach Toulmin (1975), S. 95

Toulmin (1958) selbst entwickelt das Schema an einem Beispiel über die fiktive Person Harry, um die Funktionen von Aussagen in einer Argumentation zu illustrieren. In Abbildung 2.7 ist dieses Beispiel, das nicht aus der Mathematik stammt, zu sehen. Es enthält ein Datum, einen Garanten, eine Stützung, einen Modaloperator, eine Ausnahmebedingung und die daraus geschlossene Konklusion.

Ein Beispiel mit Widerlegung ist in Abbildung 2.8 zu sehen. Hierfür wurde das Beispiel von Toulmin von mir um die Widerlegung des Datums erweitert.

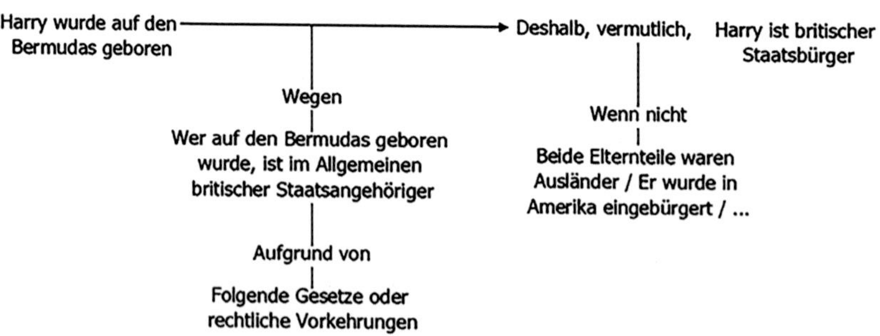

Abbildung 2.7 Beispiel eines Argumentationsschrittes im Toulminschema, übernommen aus Toulmin (1975), S. 96

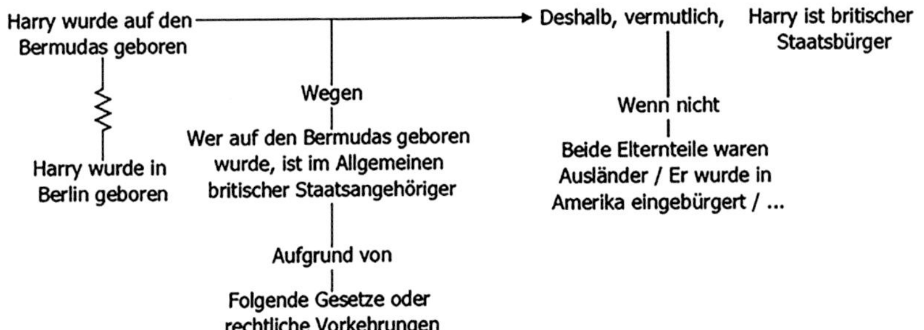

Abbildung 2.8 Beispiel eines Argumentationsschrittes im Toulminschema mit Widerlegung des Datums, leicht verändert nach Toulmin (1975), S. 96

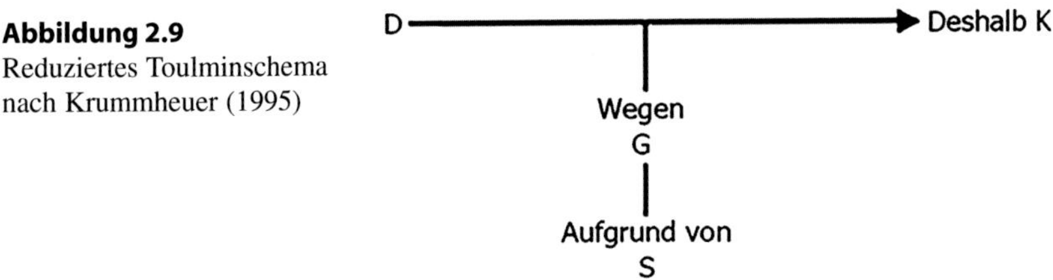

Abbildung 2.9 Reduziertes Toulminschema nach Krummheuer (1995)

Das Toulminschema in der mathematikdidaktischen Forschung

Nach Inglis et al. (2007) zeigte Toulmin schon in einer Veröffentlichung aus dem Jahr 1984, dass ein formaler mathematischer Beweis mit seinem Schema rekonstruiert werden kann. Krummheuer war jedoch der erste, der das Toulminschema in der mathematikdidaktischen Unterrichtsforschung bekannt machte und anwendete. Krummheuer (1995) reduzierte Toulmins Schema auf Daten, Konklusionen, Garanten und Stützungen und benannte Datum-Garant-Konklusion als Kern eines jeden Argumentationsschrittes (siehe Abbildung 2.9).

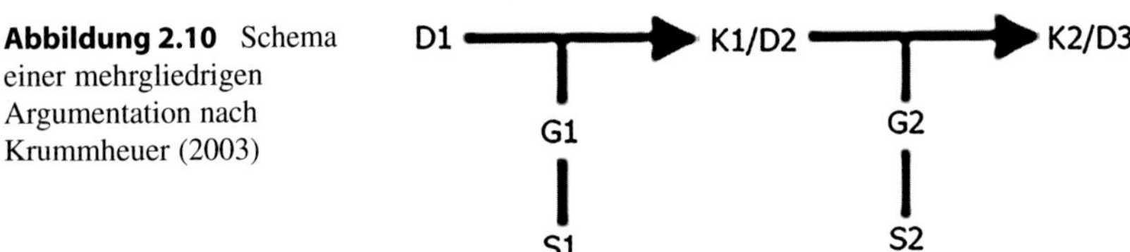

Abbildung 2.10 Schema einer mehrgliedrigen Argumentation nach Krummheuer (2003)

Komplexere Argumentationen, bei denen Argumentationsschritte aneinandergehängt sind, also die soeben geschlossene Konklusion eines Schrittes das Datum des nächsten Schrittes ist, bezeichnet Krummheuer (2003) als *mehrgliedrige Argumentationen* (siehe Abbildung 2.10), Knipping (2003) bezeichnet sie als *Argumentationsstrang* (vgl. Teilkapitel 2.3.2).

Die reduzierte Version des Toulminschemas wird in der Forschung häufig verwendet (u. a. bei Cramer, 2018; Inglis et al., 2007; Knipping, 2003; Krummheuer & Brandt, 2001; Pedemonte, 2007). Mariotti (2006) bezeichnet es sogar als „*ternary model*" (Mariotti, 2006, S. 186), also als dreigliedriges Modell aus Datum, Garant und Konklusion. Inglis et al. (2007) kritisieren jedoch die Reduzierung des Schema und plädieren für eine Nutzung des vollen Toulminschemas inklusive Modaloperatoren. In einer Studie mit erfolgreichen Absolventen eines Mathematikstudiengangs zeigten Inglis et al. (2007), dass die Rekonstruktion von Modaloperatoren für die Auswertung von Argumentationen und ihren möglichen Einschränkungen wichtig ist. Wird das reduzierte Modell nach Krummheuer verwendet, wirkt es nach der Rekonstruktion so, als gebe es nur sichere Schlüsse, als stünden also die Schülerinnen und Schüler, die Studierenden usw. voll und ohne Einschränkung hinter jedem Schluss. Die Studie von Inglis et al. (2007) zeigte aber, dass die Absolventen häufig Unsicherheiten oder Einschränkungen formulierten, wenn ihnen ihre Argumentation zwar schlüssig vorkam, sie aber nicht restlos überzeugt waren. Diese Argumentationen wurden von ihnen zudem nicht als Beweise betitelt. Inglis et al. (2007) sagen aber auch, dass die Nutzung von Modaloperatoren nicht bedeutet, dass der Schluss an sich falsch sein muss. Auch richtige, deduktive Schlüsse wurden manchmal von den Teilnehmenden der Studie mit einem Modaloperator versehen, in anderen Fällen wurden aber beispielsweise empirische Argumentationen nicht mit einem Modaloperator eingeschränkt und als sichere Schlüsse gewertet.

2.3.2 Globale Argumentationsstrukturen

Argumentationen haben verschiedene Ebenen. Toulmin (1975) bezeichnet sie als Organismen, die „eine grobe, anatomische Struktur wie auch eine feinere, sozusagen physiologische Struktur" (Toulmin, 1975, S. 86) haben. Toulmin konzentriert sich in seinen Untersuchungen auf die feinere Struktur, sein Argumentationsschema lässt aber auch eine Untersuchung gröberer Strukturen zu, wie sie beispielsweise in Klassenargumentationen von Bedeutung sind. Unterschieden werden können laut Knipping und Reid (2019) einzelne, lokale Argumentationsschritte (auch lokale Argumente genannt), die Gesamtstruktur der Argumentation

(Argumentationsstruktur oder globales Argument genannt) und eine Zwischenstufe, die Argumentationsstränge.

Globale Argumentationsstrukturen (und auch Argumentationsstränge) lassen sich durch das Verketten von Argumentationsschritten rekonstruieren. Dies zeigte Knipping (2003) am Beispiel von mathematischen Beweisen im Klassenunterricht. Mit der Analyse dieser globalen Argumentationsstrukturen beschäftigten sich neben Knipping (Knipping, 2003; Knipping & Reid, 2015, 2019; Reid & Knipping, 2010) unter anderem auch Meyer (2007b, 2007a), Shinno (2017) und Erkek und Işıksal Bostan (2019). Durch die Analysen lassen sich verschiedene globale Strukturen beschreiben: Die Sammelstruktur, die Quellstruktur, die Reservoirstruktur, die Spiralstruktur und die Linienstruktur sowie die „verschachtelte" Struktur und unabhängige Argumente. Diese globalen Strukturen, die in der Auswertung der Argumentationen der von mir untersuchten Studierenden genutzt wurden, werden im Folgenden beschrieben und, wenn möglich, mit Beispielen illustriert.

Die Sammelstruktur

Bei der *Sammelstruktur* („gathering structure"; Reid & Knipping, 2010) steht das Sammeln interessanter Daten und Aussagen im Vordergrund: „Metaphorically, the class moves along, gathering interesting information as it goes" (Reid & Knipping, 2010, S. 189). Die Argumentation wird nicht als Gesamtstruktur gedacht, deren Ziel den Ablauf strukturiert. In der Regel ist die Konklusion am Anfang nicht vorgegeben, sondern entwickelt sich im Verlauf der Argumentation. Doch ist es ebenfalls möglich, dass ein ursprünglich anvisiertes Ziel verloren geht. In dieser Struktur werden Daten nicht vorgegeben, sondern im Verlauf der Argumentation gesammelt, um verschiedene, aber miteinander inhaltlich verbundene Konklusionen zu stützen. Dadurch, dass die Argumentation und ihre Richtung sich dynamisch entwickeln, gibt es für eine Konklusion nicht mehrere parallele Argumentationen und ebenso keine losgelösten Argumentationen, also keine Argumentationen, die nicht mit der Hauptargumentation verbunden sind. Vorhanden sind aber Widerlegungen und Abduktionen. Auffällig ist auch, dass in dieser globalen Struktur, die im Unterricht beobachtet werden konnte, vielfach explizite Daten und Garanten fehlen.

Reid und Knipping (2010) zeigen diese Struktur an einem Beispiel einer neunten Klasse aus Kanada (siehe Abbildung 2.11). In der globalen Struktur werden nur die funktionalen Beziehungen abgebildet, Feinheiten gehen dabei verloren. Auf den genauen Inhalt der einzelnen Aussagen wird der Übersichtlichkeit wegen verzichtet, ebenso darauf, die Personen zu benennen, die die Aussage eingebracht haben. Dabei werden Daten und als Daten weiterverwendete Konklusionen als

Kreise, Garanten und Stützungen als Rauten und Konklusionen als Rechtecke dargestellt.

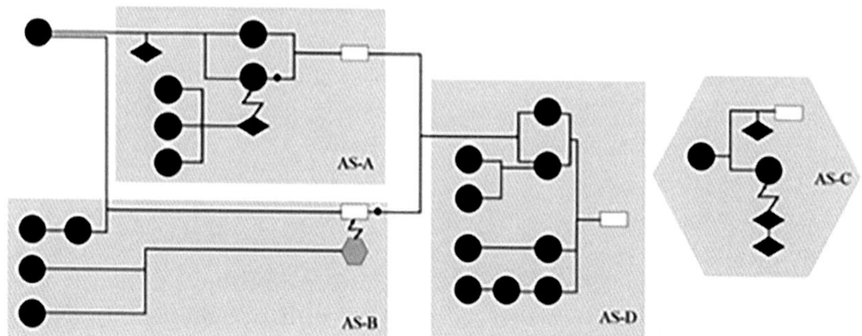

Abbildung 2.11 Beispiel einer Sammelstruktur (Reid & Knipping, 2010, S. 190)

In diesem Beispiel beschäftigten sich die Schülerinnen und Schüler zunächst damit, ob ein Dreieck mit drei gegebenen Seiten eindeutig bestimmt ist und ob sich aus drei beliebigen Seiten ein Dreieck konstruieren lässt. Im Klassengespräch werden beide Fälle besprochen (Argumentationsstränge AS-A und AS-B&C), aus diesen beiden Argumentationen zusammen ergibt sich dann eine weitere Konklusion, die nicht geplant war (AS-D). Es ist gut erkennbar, dass Widerlegungen auftreten („Blitze" in AS-A und AS-B), viele Garanten (Rauten) jedoch fehlen.

Die Quellstruktur

Bei Argumentationen mit einer *Quellstruktur* kommen Ideen und Argumentationen aus vielen verschiedenen Richtungen, „like water welling up from many springs" (Knipping & Reid, 2015, S. 92). Bei dieser Struktur ist das Ziel der Argumentation in der Regel vorgegeben. Verschiedene Vermutungen, wie man zu dieser Zielkonklusion gelangt, sind jedoch ausdrücklich erwünscht. Dadurch entstehen im Verlauf der Argumentation parallele Argumentationen zu einer Konklusion, allerdings gibt es diese mehrfachen Begründungen für eine Konklusion eher am Anfang, nicht gegen Ende der Hauptargumentation. Andererseits zeigen sich deshalb auch Argumentationsstränge, die nicht mit der Hauptargumentation verbunden sind. Zudem gibt es Konklusionen, die aus mehreren Daten geschlussfolgert werden. Diese Daten sind wiederum Konklusionen vorheriger Schritte. Aus diesen Eigenschaften der Quellstruktur ergibt sich für die Hauptargumentation eine trichterartige Form. Die Hauptargumentation beginnt weit gefächert und verengt sich im Verlauf. Am Ende ist nur noch ein Strang übrig. Typisch für diese Struktur ist, dass Daten und Garanten häufig implizit bleiben. Zudem kommen Widerlegungen vor. (Knipping & Reid, 2019)

Ein Beispiel für eine Quellstruktur (siehe Abbildung 2.13 und Abbildung 2.12) ist der Beweis des Satzes von Pythagoras in einer deutschen neunten Klasse (Reid & Knipping, 2010). Typisch sind die parallelen Argumentationen AS-3, AS-4 und AS-5, die alle zeigen, dass der Winkel γ des inneren Vierecks 90° hat, und zeitgleich stattfanden. Zudem gibt es eine losgelöste Argumentation (AS-6), Widerlegungen (AS-2 und AS-6) und Konklusionen mit mehreren Daten, die wiederum Konklusionen vorheriger Schritte sind (AS-2 und AS-5). Da die Rekonstruktion in Abbildung 2.13 bei Knipping und Reid (2010, S. 182) fehlerhaft dargestellt ist, ist die hier abgebildete Rekonstruktion mit Erlaubnis der Autoren überarbeitet und korrigiert worden.

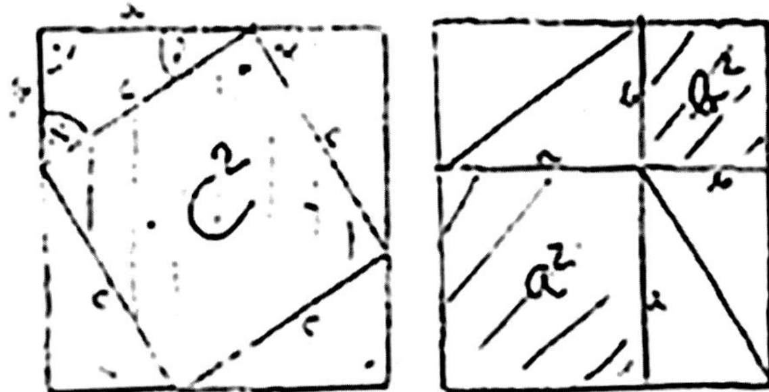

Abbildung 2.12 Beweisskizze zu Beispiel 1 (Reid & Knipping, 2010, S. 182, Farben invertiert mit Genehmigung der Autoren)

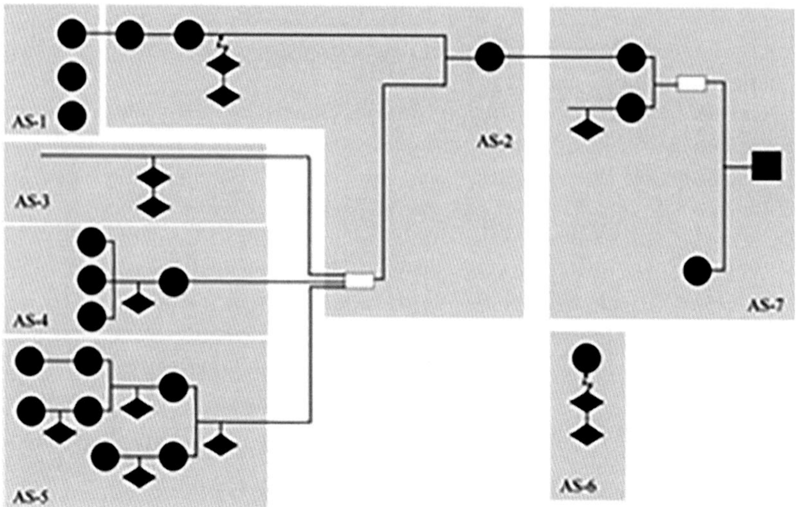

Abbildung 2.13 Beispiel 1 einer Quellstruktur (überarbeitet mit Genehmigung der Autoren, ursprünglich Reid & Knipping, 2010, S. 182)

Ein zweites Beispiel für die Quellstruktur (siehe Abbildung 2.14) ist ebenfalls ein Beweis zum Satz des Pythagoras, eine Argumentationsstruktur in einer deutschen neunten Klasse (Reid & Knipping, 2010). Auch hier gibt es parallele Argumentationen (AS-1 und AS-2), die alle zeigen, dass die Außenseite des Quadrats (Abbildung 2.15) die Seitenlänge c hat. In AS-1 wird hierfür die Tatsache genutzt, dass das innere Viereck ein Quadrat ist, in AS-2 werden die rechtwinkligen Dreiecke herangezogen. Beide Argumentationen basieren auf der Skizze. Auch in dieser Quellstruktur gibt es Widerlegungen (AS-3 und AS-6). In AS-3 wird die Aussage widerlegt, dass das innere Quadrat eine Fläche von b^2 hat. Im Anschluss wird die richtige Seitenlänge a-b bestimmt (AS-5). In AS-6 vermutet ein Schüler, dass zwei der Dreiecke ein Quadrat ergeben, dies wird ebenfalls widerlegt. Die Argumentationsstränge AS-3 und AS-6 sind von der Hauptargumentation losgelöst, wobei AS-3 bei Reid und Knipping fälschlicherweise nicht als losgelöste Argumentation angegeben wird. Durch die inhaltliche Auseinandersetzung mit der Argumentation an sich und im Gespräch mit den Autoren hat sich die Bezeichnung von AS-3 als losgelöst jedoch bestätigt. Als weiteres Merkmal der Quellstruktur gibt es auch in dieser rekonstruierten Argumentation Konklusionen mit mehreren Daten, die wiederum Konklusionen vorheriger Schritte sind.

Die Konklusionen von AS-4, AS-5 und AS-7 sind die Daten für den ersten Schritt von AS-8. Das Fehlen expliziter Garanten zeigt sich in AS-2, AS-3, AS-4 und AS-5 (Knipping & Reid, 2015).

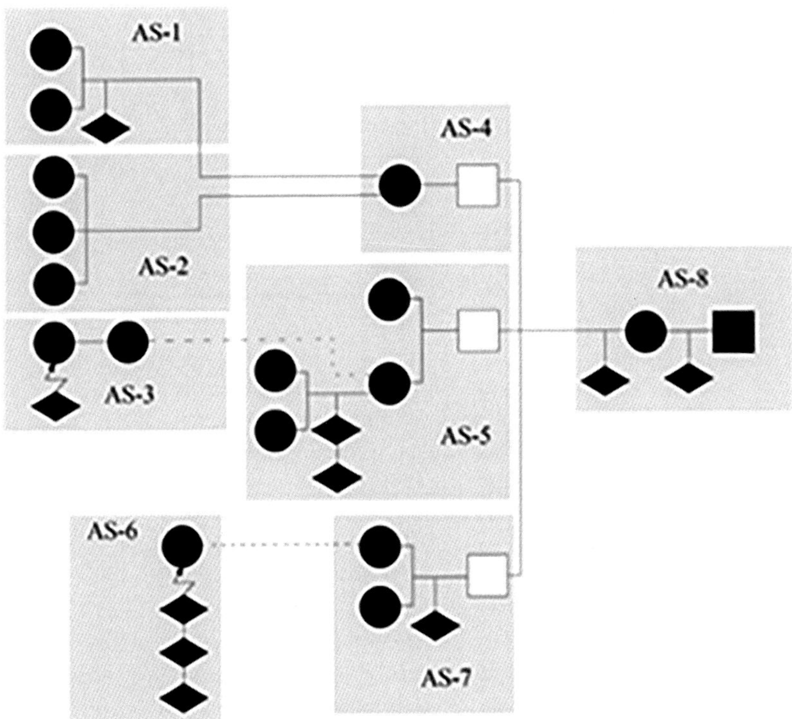

Abbildung 2.14 Beispiel 2 einer Quellstruktur (Reid & Knipping, 2010, S. 185)

Die Spiralstruktur

Ausschlaggebend für die *Spiralstruktur* ist es, dass eine Aussage auf viele verschiedene Weisen gezeigt wird. „First one approach is taken, then another and another. Each approach can stand on its own, independent of the others" (Knipping & Reid, 2019, S. 22). Wie in der Quellstruktur gibt es auch hier parallele Argumentationen, allerdings nicht am Anfang der Argumentation, sondern (fast) am Ende. Zudem finden die verschiedenen Beweise der Aussage zeitlich

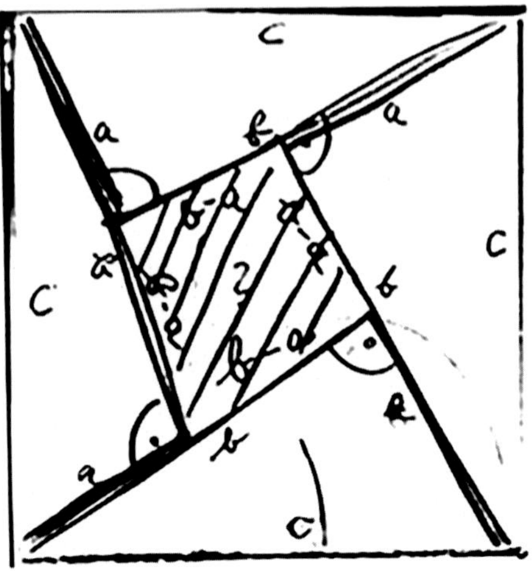

Abbildung 2.15
Beweisskizze zu Beispiel 2 (Reid & Knipping, 2010, S. 184, Farben invertiert mit Genehmigung der Autoren)

hintereinander statt, im Gegensatz zur Quellstruktur, in der die parallelen Argumentationen quasi zeitgleich entwickelt werden. Argumentationen, die aufgrund von Fehlern nicht die Konklusion zeigen, werden in der Spiralstruktur widerlegt und tauchen in der Gesamtargumentation losgelöst von der Hauptargumentation auf. Im Verlauf der Argumentationen gibt es Konklusionen mit mehreren Daten, die wiederum Konklusionen vorheriger Schritte sind. Implizite Daten und Garanten gibt es in dieser Struktur nach Reid und Knipping (2010) selten.

Reid und Knipping (2010) zeigen die Spiralstruktur am Beispiel eines Beweises einer neunten Klasse aus Kanada (siehe Abbildung 2.16). Begründet werden sollte, warum zwei Diagonalen, die rechtwinklig aufeinander stehen und sich halbieren, eine Raute definieren. Die Schülerinnen und Schüler hatten diese Aussage zuvor mit dynamischer Geometriesoftware untersucht. Die globale Argumentationsstruktur zeigt hier sehr deutlich, dass drei voneinander separate Argumentationsstränge (AS-B, AS-D und AS-E) die gleiche Konklusion zeigen. Diese Konklusion, dass die vier Seiten des Vierecks kongruent sind, führt anschließend direkt zur Zielkonklusion, dass es sich um eine Raute handelt. In AS-B wird die Kongruenz der Seiten durch vier kongruente Teildreiecke gezeigt, die durch die Diagonalen entstehen. In AS-D schlägt ein Schüler eine weitere Argumentation vor, die auf der Idee begründet ist, dass man nicht zeigen kann, dass es sich um ein Quadrat handelt. Diese Argumentation wird durch die Lehrkraft widerlegt. In AS-E gibt die Lehrkraft eine weitere Argumentation, indem sie den Satz des Pythagoras verwendet. Hier ist auffällig, dass die Lehrkraft kaum

Garanten verwendet. Weitere Elemente der Spiralstruktur sind losgelöste Argumentationen (AS-C) und in AS-A, AS-B und AS-E Konklusionen mit mehreren Daten, die wiederum Konklusionen vorheriger Schritte sind.

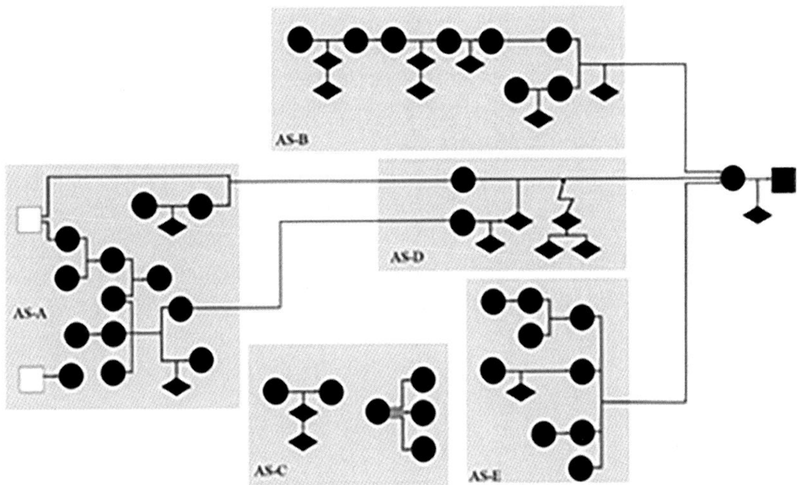

Abbildung 2.16 Beispiel zur Spiralstruktur (Reid & Knipping, 2010, S. 188)

Die Reservoirstruktur

Bei der *Reservoirstruktur* gliedern Zwischenschritte die Argumentation in einzelne Teilabschnitte, die inhaltlich voneinander getrennt und in sich abgeschlossen sind. „The statements that mark the transition from the first to the second part of the proving discourse […] are like reservoirs that hold and purify water before allowing it to flow on to the next stage" (Knipping & Reid, 2019, S. 20). In dieser Struktur gibt es, wie bei der Quellstruktur, Konklusionen mit mehreren Daten, die wiederum Konklusionen vorheriger Schritte sind. Implizite Daten und Garanten sind jedoch selten. Charakteristisch für diese Struktur sind Abduktionen, durch die von einer Konklusion „rückwärts" auf die notwendigen Daten geschlossen wird. Von diesen Daten kann dann „vorwärts" deduktiv die Konklusion geschlussfolgert werden. Durch das Vor und Zurück in der Argumentation wird in der Reservoirstruktur mehr und tiefgründiger diskutiert und Argumente mehrfach durchdacht. (Knipping & Reid, 2019)

Abbildung 2.17 zeigt ein Beispiel einer Reservoirstruktur einer französischen Klasse (Knipping & Reid, 2019). Ziel ist der Beweis des Satzes von Pythagoras. Dafür soll in einem Zwischenschritt begründet werden, dass das Viereck in der Beweisskizze (Abbildung 2.18) ein Quadrat ist. Die Klasse hat in AS-1 bereits gezeigt, dass das Viereck eine Raute ist, und schließt nun abduktiv, dass das Viereck einen rechten Winkel hat. Sie nutzen hierbei als Datum, dass das Viereck eine Raute ist, und als Konklusion, dass das Viereck ein Quadrat ist, sowie als Garant, dass eine Raute mit rechtem Winkel ein Quadrat ist. Dies zeigen sie dann deduktiv in AS-2 und AS-3. AS-1, AS-2 und AS-3 bilden ein Reservoir, aus dem in AS-4 begründet werden kann, dass das Viereck ein Quadrat ist. Eine weitere in sich abgeschlossene Struktur ergeben AS-5, AS-6 und AS-7 (Reid & Knipping, 2010). In AS-5 wird gezeigt, dass das äußere Quadrat die Fläche $(a+b)^2 - 2ab$ besitzt, was in AS-6 eingegrenzt wird und mit AS-4 zur Zielkonklusion in AS-7 führt, dass $a^2 + b^2 = c^2$. Bei dieser Struktur handelt es sich allerdings nicht um eine Reservoirstruktur, da die Argumentation nur vorwärtsgerichtet ist und keine Abduktion enthält. Eine weitere Besonderheit dieser Argumentationsstruktur ist AS-8. Hierbei handelt es sich um die Erklärung für die erste binomische Formel, die von einem Schüler eingefordert wurde.

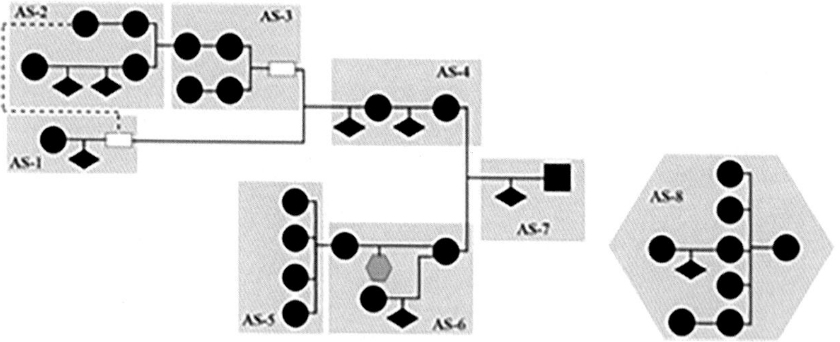

Abbildung 2.17 Beispiel 1 für Reservoirstruktur (Reid & Knipping, 2010, S. 186)

Ein weiteres Beispiel einer Reservoirstruktur (siehe Abbildung 2.19) stammt ebenfalls aus einer französischen Klasse (Reid & Knipping, 2010). Ziel der Argumentation ist wieder der Beweis des Satzes von Pythagoras. In AS-1 wird gezeigt, dass das innere Viereck eine Raute ist. Per Abduktion wird ebenfalls das Datum bestimmt, dass das innere Viereck einen rechten Winkel haben muss, was in AS-2 begründet wird und in AS-3 zu der Konklusion führt, dass es sich bei dem inneren

Abbildung 2.18
Beweisskizze zu Beispiel 1 (Reid & Knipping, 2010, S. 186)

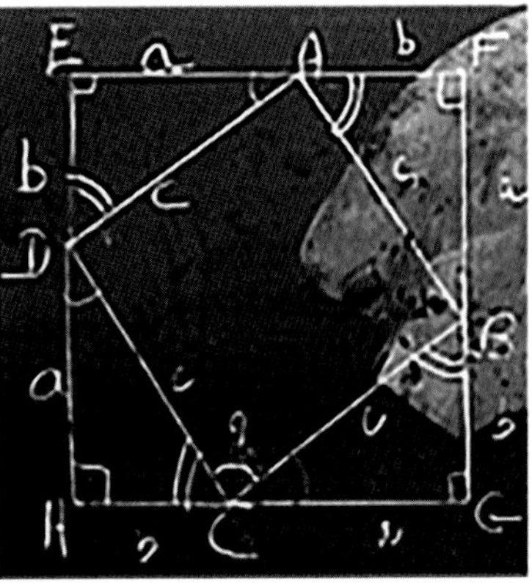

Viereck um ein Quadrat handelt. AS-4 und AS-5 führen dann zur Zielkonklusion in AS-6.

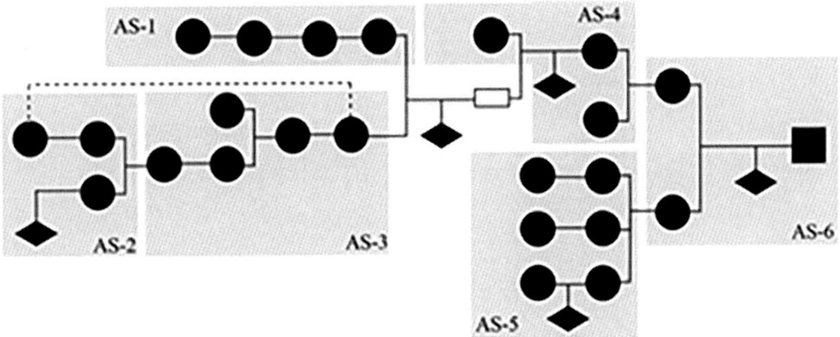

Abbildung 2.19 Beispiel 2 für Reservoirstruktur (Reid & Knipping, 2010, S. 187)

Die verschachtelte Struktur

In der Forschung finden sich immer wieder Rekonstruktionen, in denen die Konklusion eines Schrittes zum Garanten oder zur Stützung eines anderen Argumentationsstranges verwendet wird. In dieser Arbeit werden globale Strukturen, in denen eine derartige Nutzung von Konklusionen als Garanten stattfindet und in der Forschung verschieden benannt sind, gesammelt als *verschachtelte Strukturen* bezeichnet.

Meyer (2007b) rekonstruierte Schülerbegründungen, die dieses komplexere Nutzungsmuster zeigten, und bezeichnet diesen Fall als *mehrschichtige Argumente* (siehe Abbildung 2.20), die er wie folgt beschreibt:

> *„Argumente werden von mir als „mehrschichtig" bezeichnet, wenn die Regel eines ersten Begründungsschrittes der Konklusion eines zweiten entspricht. Bei solchen Argumenten entfällt die Stützung des ersten Begründungsschritts, weil die zu stützende Regel noch gefolgert wird." (Meyer, 2007b, S. 298)*

Meyer (2007a, 2007b) beschreibt damit jedoch nicht die allgemeine Struktur einer Gesamtargumentation, sondern fokussiert auf die logischen Zusammenhänge einzelner Argumentationsschritte bei abduktiven Argumentationen. Bei ihm wird eine zweite „Schicht" in die Argumentation eingebracht, um den durch Abduktion gewonnenen Garanten R1 zu stützen. Die Stützung des Garanten wird also durch einen vorgelagerten Argumentationsschritt, der R1 als Konklusion hat, ersetzt.

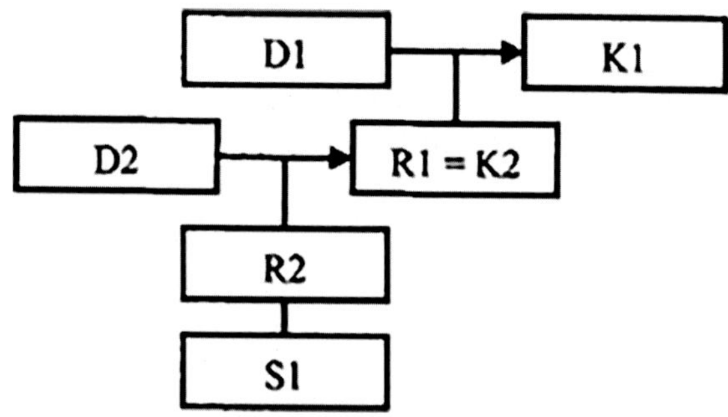

Abbildung 2.20 Beispiel eines mehrschichtigen Arguments (Meyer, 2007b, S. 299)

Shinno (2017) rekonstruierte die Argumentation einer Unterrichtseinheit zur Einführung von Wurzeln und irrationalen Zahlen in einer neunten Klasse aus Japan (siehe Abbildung 2.21). In der Rekonstruktion ist ein Hauptstrang zu erkennen (AS-1, AS-5 und AS-6) sowie weitere losgelöste Argumentationen (AS-2, AS-3 und AS-4). Der Hauptstrang der Argumentation beginnt in AS-1 mit der Aussage eines Schülers, dass die Gleichung $x^2 = 10$ das Ergebnis 3.1622777 hat, was von einem Mitschüler widerlegt wird. Daraus wird in AS-5 gefolgert, dass $\sqrt{10}$ nicht als Bruch dargestellt werden kann, was in AS-6 zu der Zielkonklusion führt, dass $\sqrt{10}$ irrational ist. In der losgelösten Argumentation AS-2 wird die Formel $x^2 = 10$ geometrisch mit der Länge der Seite eines Quadrats mit Fläche

10 gelöst. Eine besondere Rolle haben AS-3 und AS-4. Sie sind eigentlich von der Hauptargumentation losgelöst, fungieren aber als Garanten und Stützungen für den Hauptstrang. Der Argumentationsstrang AS-3, der aussagt, dass Brüche als abbrechende oder periodische Dezimalzahlen ausgedrückt werden können, ist einer der Garanten in AS-5 und zusammen mit AS-4, dass Dezimalzahlen als Brüche ausgedrückt werden können, die Stützung des Garanten in AS-6. Shinno beschreibt seine Rekonstruktion jedoch nicht als neue globale Struktur, sondern als Auffälligkeit dieser Rekonstruktion.

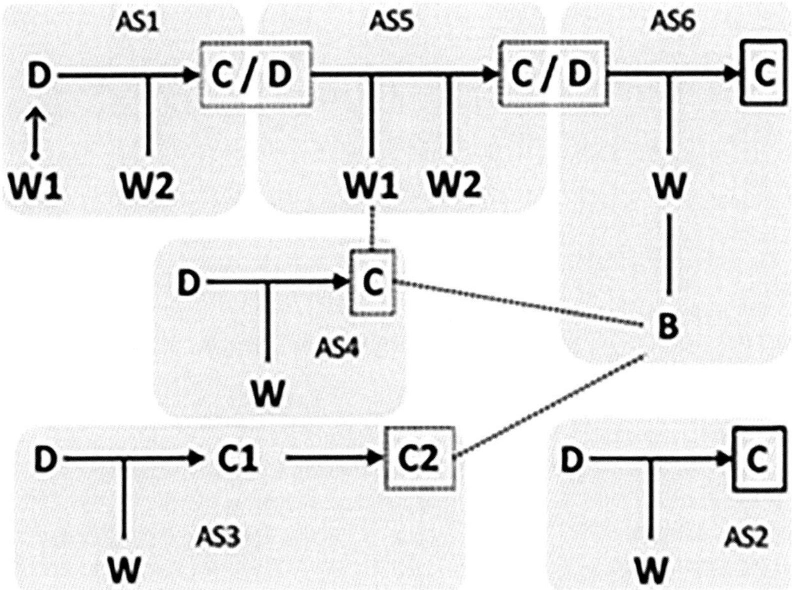

Abbildung 2.21 Beispiel einer verschachtelten Struktur (Shinno, 2017, S. 199)

Die Linienstruktur

Bei der *Linienstruktur* („line-structure“) nach Erkek und Işıksal Bostan (2019) verläuft die Argumentation linear. Die Konklusion eines Schrittes wird zum Datum des nächsten Schrittes, bis die Zielkonklusion erreicht ist. In dieser Struktur gibt es keine Abduktion, keine parallelen Argumente und keine losgelösten Argumentationsstränge. Sie nutzt stark die Recyclage von Duval (1991), bei der die Konklusion eines Argumentationsschrittes in einem nächsten Schritt als Datum verwendet wird. Eine Existenz dieser Linienstruktur ist daher gut nachvollziehbar. Das von Erkek und Işıksal Bostan (2019) genannte Beispiel ist nach eigener Rekonstruktion jedoch kein Beispiel für eine Linienstruktur, sondern stattdessen eine Quellstruktur (siehe eigene Rekonstruktion der Struktur im Anhang im elektronischen Zusatzmaterial). Allerdings zeigen einige der in dieser Arbeit rekonstruierten Argumentationen eine Struktur, die der Beschreibung der Linienstruktur entsprechen. Diese Beispiele finden sich im Abschnitt 10.2. Aus diesem Grund wird die Linienstruktur hier erwähnt und in Abbildung 2.22 ein theoretisches Beispiel einer Rekonstruktion einer Linienstruktur gezeigt.

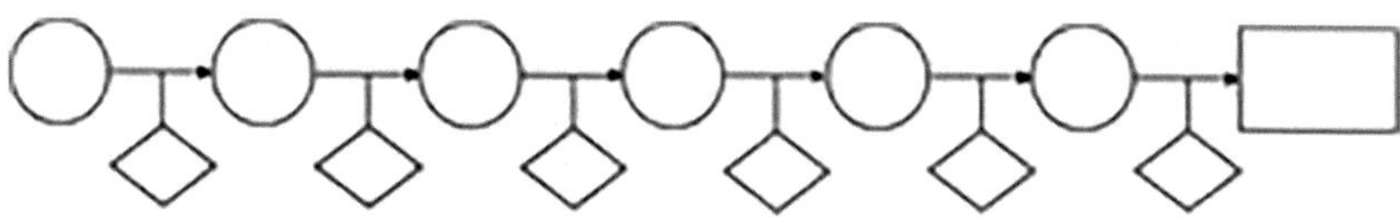

Abbildung 2.22 Theoretisches Beispiel einer Linienstruktur

Unabhängige Argumente

Unabhängige Argumente („independent arguments“), wie bei Erkek und Işıksal Bostan (2019) beschrieben, treten häufig auf, wenn der Beweis einer Aussage nicht geschafft, eine Meinung über den Beweis jedoch geäußert wird. Es handelt sich dabei um mehrere einschrittige Argumentationen, die zu einer Aussage getätigt werden, jedoch inhaltlich nicht zusammenhängen und oft widerlegt werden. Auch hier ergab eine Rekonstruktion der Argumentation durch die von Erkek und Işıksal Bostan (2019) zur Verfügung gestellten Transkripte eine wesentlich komplexere Argumentationsstruktur (siehe eigene Rekonstruktion der Struktur im Anhang im elektronischen Zusatzmaterial). Da die Existenz einer solchen Struktur jedoch nachvollziehbar ist und bei den in dieser Arbeit rekonstruierten Argumentationen eine ähnliche Struktur auftrat (siehe Sprudelstruktur in Abschnitt 10.7) wird hier auf diese Struktur hingewiesen.

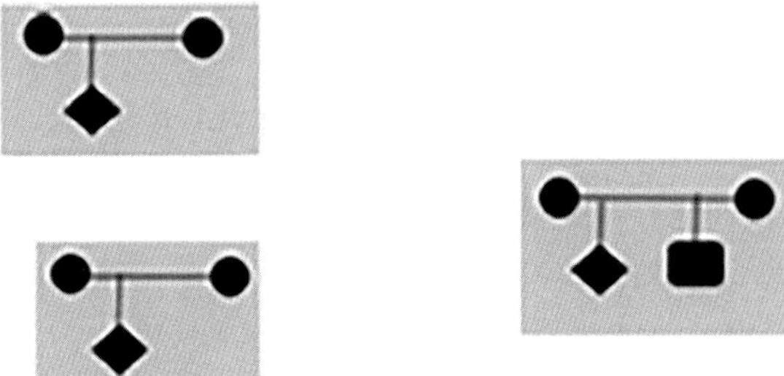

Abbildung 2.23 Beispiel von unabhängigen Argumenten (Erkek & Işıksal Bostan, 2019, S. 628)

Übersicht der globalen Argumentationsstrukturen

Zur Übersicht der verschiedenen literaturbekannten globalen Argumentationsstrukturen wurde Tabelle 2.2 erstellt. Für jede globale Struktur wird damit dargestellt, welche der in den vorherigen Abschnitten beschriebenen Charakteristika auf die jeweilige Struktur zutreffen. Charakteristika, die nur implizit durch die in der Literatur verwendeten Beispielen, nicht aber explizit erwähnt werden, sind in Klammern angegeben. Gibt es in der Literatur keine Angabe zu einem bestimmten Charakteristikum in einer globalen Struktur bleibt das entsprechende Feld leer.

Die Tabelle kann auf zwei Weisen gelesen werden, nach der Struktur und nach den Charakteristika. Betrachtet man die globalen Strukturen, können die zur Struktur gehörenden Charakteristika herausgearbeitet werden. Bei der Sammelstruktur gibt es beispielsweise (in der Regel) keine losgelösten oder parallelen Argumentationen und keine Abduktion, weder Daten noch Konklusionen sind vorgegeben. Daten und Garanten bleiben hier jedoch häufig implizit und es treten Widerlegungen auf. Nur implizite Hinweise gibt es über die Existenz von Konklusionen, die im Verlauf der Struktur aus mehreren Daten gefolgert werden, die wiederum Konklusionen vorheriger Schritte sind. Keine Angabe wird über Konklusionen gemacht, die zwar weiterverwendet werden, jedoch nicht als Daten für den nächsten Schluss, sondern als Garant oder Stützung.

Werden die Charakteristika betrachtet, können die globalen Strukturen gefunden werden, die dieses Charakteristikum aufweisen. Das Charakteristikum der losgelösten Argumentationen gibt es beispielsweise bei der Quell- und der Spiralstruktur sowie in inhaltlich nicht verbundener Form bei den unabhängigen Argumenten. Bei der Sammel- und der Linienstruktur zeigen sich hingegen keine

Tabelle 2.2 Vergleichende Übersicht der globalen Argumentationsstrukturen

Globale Struktur / Charakteristikum	Quellstruktur (erstmals erwähnt in Knipping, 2003)	Reservoirstruktur (erstmals erwähnt in Knipping, 2003)	Spiralstruktur (erstmals erwähnt in Reid & Knipping, 2010)	Sammelstruktur (erstmals erwähnt in Reid & Knipping, 2010)	Verschachtelte Struktur (entwickelt nach Meyer, 2007a; Shinno, 2017)	Linienstruktur (erstmals erwähnt in Erkek & Işıksal Bostan, 2019)	unabhängige Argumente (erstmals erwähnt in Erkek & Işıksal Bostan, 2019)
Losgelöste Argumentationen	ja		ja	nein		nein	„ja", aber inhaltlich nicht verbunden
Parallele Argumentationen (zur gleichen Konklusion)	ja, am Anfang		ja, gegen Ende	nein		nein	(nein)
Konklusionen im Verlauf mit mehreren Daten, die wiederum Konklusionen vorheriger Schritte sind	ja	ja	ja	(möglich)		nein	(nein)

(Fortsetzung)

Tabelle 2.2 (Fortsetzung)

Globale Struktur / Charakteristikum	Quellstruktur (erstmals erwähnt in Knipping, 2003)	Reservoirstruktur (erstmals erwähnt in Knipping, 2003)	Spiralstruktur (erstmals erwähnt in Reid & Knipping, 2010)	Sammelstruktur (erstmals erwähnt in Reid & Knipping, 2010)	Verschachtelte Struktur (entwickelt nach Meyer, 2007a; Shinno, 2017)	Linienstruktur (erstmals erwähnt in Erkek & Işıksal Bostan, 2019)	unabhängige Argumente (erstmals erwähnt in Erkek & Işıksal Bostan, 2019)
Widerlegungen	ja		ja	ja			möglich
Implizite Daten und Garanten	häufig	seltener als bei Quellstruktur	seltener als bei Quellstruktur	häufig			
Abduktion		ja		nein		nein	
Konklusion vorgegeben	(ja)	(ja)	(ja)	nein		(ja)	(ja)
Daten vorgegeben				nein			
Konklusionen weiterverwendet, aber nicht als Daten					ja		

losgelösten Argumentationen, bei der Reservoir- und der verschachtelten Struktur werden dazu keine Angaben gemacht.

2.4 Argumentieren und Beweisen – Eine Schwierigkeit für Lernende und Lehrende

In der Gemeinschaft der Mathematikdidaktik wird der hohe Stellenwert und die Signifikanz von Beweisen für das erfolgreiche Lernen von Mathematik für Schülerinnen und Schüler betont (A. J. Stylianides et al., 2016). In vielen Ländern ist Argumentieren und Beweisen inzwischen in die Curricula aufgenommen, so auch in Deutschland. Argumentieren ist eine der Kompetenzen im Bildungsplan für Primarstufe und Sekundarstufe und somit ein festgeschriebener Teil der Schulmathematik. Schon in der Grundschule wird im Rahmenlehrplan Grundschule Mathematik explizit von Begründen und Argumentieren als soziale Kompetenz und Sachkompetenz gesprochen. Das Begründen mathematischer Zusammenhänge sowie der Aufbau argumentativer Fähigkeiten werden auch als Grundlagen gesehen, um „in den folgenden Schuljahren […] Fähigkeiten, u. a. im Lösen von Beweisaufgaben" (Senator für Bildung und Wissenschaft, Bremen, et al., 2004, S. 11) aufbauen zu können.

In der mathematikdidaktischen Forschung zeigt sich jedoch immer wieder, welche Herausforderungen das Beweisen für Schülerinnen und Schüler und auch für Studierende bereithält. Unter anderem sind die Beweisfähigkeiten vielfach nicht ausreichend ausgebildet. Dies gilt nicht nur für Schülerinnen und Schüler, sondern auch für Lehramtsstudierende und praktizierende Lehrkräfte aller Schulstufen (A. J. Stylianides et al., 2016).

Viele Studien untersuchten Schülerinnen und Schüler und ihre Fähigkeiten beim Argumentieren und Beweisen sowie ihr Verständnis und ihre Einstellung. Für einen Übersichtsartikel werteten G. Stylianides et al. (2017) Studien der letzten Jahrzehnte aus und arbeiteten zentrale Erkenntnisse heraus: Schülerinnen und Schülern fehlen wesentliche Kompetenzen beim Beweisen, sie haben Schwierigkeiten mit der logischen Struktur und typischen Beweismethoden und können häufig nicht auf wichtige Strategien und Heuristiken zurückgreifen. Auch das Aufschreiben von Beweisen ist schwierig, unter anderem, da viele Schülerinnen und Schüler informelle Argumentationen nicht sicher zu Beweisen umformulieren und umstrukturieren können.

Nach G. Stylianides et al. (2017) haben Schülerinnen und Schüler ebenfalls Probleme dabei, Beweise zu erkennen und von fehlerhaften Argumentationen zu unterschieden. Sie lassen sich bei der Bewertung von der äußeren Form eines „Beweises" täuschen und akzeptieren häufig auch empirische Argumentationen als Beweise. Dies könnte auch daran liegen, dass Schülerinnen und Schüler in vielen Fällen Schwierigkeiten damit haben, vorgelegte Beweise zu verstehen. Viele Schülerinnen und Schüler haben zudem die Vorstellung, dass korrekte Beweise nicht erklären, warum eine Aussage stimmt. Auch sind nicht alle überzeugt, dass ein Beweis ausreicht, um eine Aussage zu bestätigen.

A. J. Stylianides et al. (2016) betonen in ihrem Übersichtsartikel, dass sich die Beweisfähigkeiten von Schülerinnen und Schülern und ihr Verständnis für die Bedeutung von Beweisen für die Mathematik nicht unbedingt bedingen. Zwar kann ein „schlechtes“ Beweisverständnis erfolgreiches Beweisen erschweren, ein ausgeprägtes Beweisverständnis garantiert aber keine guten Beweise. Das Beweisverständnis von Schülerinnen und Schülern wird zum Großteil im Unterricht geprägt. Hier müssen Normen von den Lehrkräften explizit angesprochen und mit den Schülerinnen und Schülern besprochen werden (G. Stylianides et al., 2017). Das gleiche gilt auch für die Argumentationsbasis, die zum Beweisen im Unterricht verwendet wird. Nach Mariotti (2006) entstehen Schwierigkeiten beim Beweisen auch, weil Lehrkräfte und Schülerinnen und Schüler nicht auf der gleichen Grundlage agieren.

Neben Schwierigkeiten bei den Beweisfähigkeiten und dem Beweisverständnis ist eine weitere Herausforderung das fehlende Beweisbedürfnis von Schülerinnen und Schülern. Winter (1983) beschreibt, dass Schülerinnen und Schüler das Beweisen als schwierig, kompliziert und undurchsichtig sehen. Studierenden reiche es bei Aussagen aus, eine Zeichnung anzufertigen oder etwas nachzumessen, um die Allgemeingültigkeit einer Aussage zu akzeptieren. Auch komplizierte Aussagen weckten kein Bedürfnis nach einem Beweis.

Im Unterricht sollen Lehrkräfte Argumentieren und Beweisen unterrichten und müssen dabei auch auf die oben beschriebenen Schwierigkeiten der Schülerinnen und Schüler eingehen, sie wenn möglich verhindern. Lehrkräfte sollen in ihren Schülerinnen und Schülern Beweisbedürfnis und -interesse wecken, sie sind beim Beweisen in der Klasse Mediatoren und Vorbilder. A. J. Stylianides et al. (2016) beschreiben die Aufgaben von Lehrkräften wie folgt:

> *„[T]eachers must establish suitable socio-mathematical norms, choose or design appropriate tasks and manage them in the proper way so as to foster understanding, and guide students towards deductive thinking without turning proving into a "ritual" activity. Teachers must also be able to establish a proving culture in the classroom." (A. J. Stylianides et al., 2016, S. 330)*

Lehrkräfte haben also einen großen Einfluss. In den folgenden Teilkapiteln wird daher kurz Forschung zum Beweisen und Argumentieren im Unterricht aufgezeigt

(2.4.1), auf Normen und Erwartungen beim (Lernen von) Beweisen eingegangen (2.4.2) und Fähigkeiten, Wissen und Beliefs von (angehenden) Lehrkräften in Bezug auf Beweisen und Argumentieren beleuchtet (2.4.3).

2.4.1 Forschung zum Beweisen und Argumentieren im Unterricht

In ihrem Übersichtsartikel kommen G. Stylianides et al. (2017) zu dem Ergebnis, dass ein gutes Beweisverständnis nicht allein vom Alter der Schülerinnen und Schüler abhängt. Verschiedene Studien zeigen, dass Beweisen (mit Einschränkungen) auch schon in der Grundschule möglich sei, wobei der Unterricht für den Aufbau eines soliden Beweisverständnisses wichtig sei. Forschung über die Umsetzung von Beweisen und Argumentieren im Unterricht gibt es für die Grundschule jedoch kaum, der Fokus lag bisher auf dem Unterricht in der Sekundarstufe (A. J. Stylianides et al., 2016). In diesem Teilkapitel wird anhand von Studien die Forschung in der Grundschule und auch an den weiterführenden Schulen beleuchtet.

Grundschule

Das Unterrichten von Argumentieren und Beweisen ist eine Herausforderung an Lehrkräfte und Schülerinnen und Schüler. Stylianides, Stylianides und Shilling-Traina (2013) beschäftigten sich mit Hürden für Referendare bei der Umsetzung von Argumentieren und Beweisen im Unterricht. Die Auswertung von Unterricht und Interviews mit drei Referendaren in der Grundschule zeigten, dass die literaturbekannten Probleme (fehlendes Fachwissen über Argumentieren und Beweisen sowie schlechte Vorstellungen über ihre Umsetzung im Unterricht) nicht die einzigen Hürden sind, die dem Beweisen im Unterricht im Weg stehen. Die untersuchten Referendare waren so ausgewählt worden, dass Wissen und Vorstellungen gut ausgeprägt waren. Es zeigte sich jedoch, dass auch die Umsetzung der anspruchsvollen Beweisaufgaben im Unterricht und die (negativen) Einstellungen der Schülerinnen und Schüler Beweisunterricht erschwerten. Zudem gab es große Unterschiede zwischen dem angestrebten „Ideal" und der gelebten schulischen Realität, die sich negativ auf die Umsetzung von Beweisen im Unterricht auswirkten.

Um Lehrkräften Beweisen und Argumentieren im Unterricht zu erleichtern, untersuchten Davidson, Herbert und Bragg (2019) Unterstützungsmöglichkeiten für Grundschullehrkräfte beim Planen von Argumentieren im Unterricht und bei der Bewertung von Schülerprodukten. Vier Lehrkräfte, die Teil einer größeren

Studie waren, planten eine Unterrichtsstunde zum Argumentieren und Beweisen, wofür sie aus bereitgestelltem Material auswählen durften. Der Unterricht wurde in der Gruppe besprochen und die Schülerprodukte wurden bewertet. Im Anschluss sollte eine weitere Unterrichtsstunde geplant und durchgeführt werden, die auf die erste Stunde eingeht. Die Ergebnisse zeigen, dass das bereitgestellte Material bei der Planung half, auch die darin vorgeschlagenen (Nach-)Fragen für Lehrkräfte an ihre Schülerinnen und Schüler wurden von den untersuchten Lehrkräften positiv bewertet. Zur Bewertung der Schülerprodukte erwies sich eine Bewertungsmatrix als hilfreich, die aus den drei Komponenten Analysieren, Generalisieren und Begründungen auf fünf Niveaustufen bestand. Eine wichtige Erkenntnis der Lehrkräfte war, dass Schülerinnen und Schüler in den drei Kompetenzen unterschiedlich gut sein können. Die Lehrkräfte merkten jedoch auch, dass nur das Produkt für Einschätzung der Schülerinnen und Schüler nicht immer aussagekräftig war, auch andere Quellen, wie Gespräche mit den Schülerinnen und Schülern, sollten einfließen und die Einschätzung über einen längeren Zeitraum erfolgen.

Neben der Planung und Umsetzung von Beweisen im Unterricht ist es auch wichtig, Phasen des Unterrichts zu erkennen, in denen argumentiert und bewiesen wird, und diese einschätzen zu können. Melhuish, Thanheiser und Guyot (2020) untersuchten, wie gut Grundschullehrkräfte im Unterricht Begründungen und Generalisierungen ihrer Schülerinnen und Schüler erkennen können. Bei 25 Lehrkräften wurden Selbsteinschätzungen und Fremdeinschätzungen (durch Videos des Unterrichts) verglichen. Es zeigt sich, dass Selbst- und Fremdeinschätzungen sehr unterschiedlich ausfielen, wobei sowohl die „Güte" der Selbsteinschätzung als auch die „Güte" des Erkennens unabhängig davon war, wie lange die Lehrkräfte bereits unterrichteten. Die Lehrkräfte machten ihre Bewertung häufig an oberflächlichen Merkmalen fest, wodurch auch qualitativ niedrige Schüleräußerungen positiv bewertet wurden. Dadurch wurde der Unterricht von den Lehrkräften häufig höher eingeschätzt.

Eine weitere wichtige Kompetenz für Lehrkräfte, die Beweisen unterrichten, ist es, die (erkannten) Beweise und Argumentationen der Schülerinnen und Schüler bewerten zu können. Morris (2007) untersuchte hierfür Einflussfaktoren auf die Kriterien, die Lehrkräfte zur Evaluation von Schülerbeweisen anwenden. 34 Studierende aus Lehramtsstudiengängen für die Grundschule und untere Sekundarstufe wurden interviewt und gebeten, Schülerbeweise anhand eines Transkripts einer realen Unterrichtsstunde zu bewerten. Bei der Hälfte der Studierenden enthielt das Transkript dabei einen deduktiven Schülerbeweis (Gruppe V), bei der anderen Hälfte wurde dieser Transkriptausschnitt ausgespart (Gruppe NV). Es zeigte sich, dass nur sehr wenige Studierende nach validen Argumentationen suchten, stattdessen lag der Fokus auf „key ideas". Die Studierenden nutzten außerdem eigenes Wissen, um Lücken in Schülerbeweisen zu füllen. Dies ist ungünstig, da zum einen Lücken nicht an Schülerinnen und Schüler rückgemeldet werden können, zum anderen die Unterscheidung zwischen deduktiven und nicht deduktiven Argumentationen dadurch für die Studierenden erschwert wird. Zudem zeigten sich Unterschiede in der Bewertung der Gruppen. In der Gruppe V wurden hauptsächlich „single key idea inductive arguments" als valide bewertet, in Gruppe NV meistens Argumentationen mit vielen Beispielen. Die Bewertungskriterien änderten sich also abhängig davon, ob eine Schülerargumentation deduktiv war oder nicht. Die genutzten Kriterien waren nicht konsistent und stabil, sondern fragil und situationsabhängig.

Selden und Selden (2003) untersuchten, wie Studierende Beweistexte lesen, validieren und evaluieren. In Interviews wurden acht Studierenden dafür vier verschiedene „Beweise" gezeigt, die nach einem eigenen Beweis(versuch) bewertet werden sollten. Von nur 46 % korrekter Bewertungen gelang es durch Reflexionsanregungen und Fragen des Interviewers die Bewertungen auf 81 % zu verbessern. Dabei zeigte sich, dass die Studierenden in der Regel lokal nach Fehlern suchten, nicht jedoch global oder strukturell. Eigene Beweis(versuch)e konnten die Bewertungen sowohl positiv als auch negativ beeinflussen. Auch gaben die Studierenden an, dass sie die Beweise Schritt für Schritt untersuchen, Rechnungen prüfen und nach Lücken suchen. Dabei war allerdings auch das Gefühl, den "Beweis" zu verstehen, wichtiges Kriterium für die Bewertung der Korrektheit. Es ist zu vermuten, dass diese „Untersuchungsmethode" bei Schülerbeweisen vergleichbar angewendet wird.

Sekundarstufe

Bei Studien zu angehenden und praktizierenden Lehrkräften in den Sekundarstufen zeigten sich ähnliche Ergebnisse. Varghese (2009) führte eine Studie durch, in der er untersuchte, welche Einstellungen zu und Vorstellungen von Beweisen (im Unterricht) Lehramtsstudierende in ihrem letzten Studiensemester haben. Es zeigte sich, dass die Beweisvorstellungen und Beweisbedeutung der Studierenden eher traditionell geprägt sind. Die Mehrheit sah die Funktion des Beweisens in der Verifikation einer Aussage und gab an, dass die beste Methode, Beweisen im Mathematikunterricht zu vermitteln, darin bestehe, dass die Lehrkraft das Beweisen an geeigneten Aussagen vorführe und Schritt-für-Schritt-Anleitungen gebe. Viele Studierende bemerkten, dass es bessere Möglichkeiten geben müsse, konnten aber keine Alternativen erkennen. Dies ist ein Indiz für fehlende metakognitive Fähigkeiten im Bereich des Beweisens. Die Studie zeigte weiter, dass die Bedeutung des Beweisens für den Mathematikunterricht nur für wenige Studierende hoch und für jede Jahrgangsstufe erkennbar ist. Die Mehrheit gab an, dass Beweisen durchaus ein Teil des Curriculums sein sollte, sahen das Beweisen im Unterricht jedoch als verschwendete Zeit. Nach Miyakawa und Herbst (2007) sind einige Lehrkräfte in der Sekundarstufe sogar davon überzeugt, dass Beweise nicht immer die beste Möglichkeit sind, Schülerinnen und Schüler von Wahrheit einer Aussage zu überzeugen. Sie sahen andere Arten, beispielsweise empirische Beispiele, als besser an.

Auch Knuth (2002b) untersuchte die Vorstellung von Lehrkräften aus der Sekundarstufe zum Beweisen im Unterricht. Mehr als drei Viertel der 17 teilnehmenden Lehrkräfte sah Beweise und Beweisen nicht als wichtiges Thema der Sekundarstufe. Die meisten Lehrkräfte meinten, dass Beweise und Beweisen nur für Schülerinnen und Schüler in Kursen auf hohem Niveau geeignet wären. Wenn sie alle Schülerinnen und Schüler im Beweisen unterrichten müssten, würden sie dies nur in der oberen Sekundarstufe tun. Das informelle Beweisen sahen die Lehrkräfte im Gegensatz zum (weniger) formalen Beweisen als wichtigen Bestandteil des Mathematikunterrichts der Sekundarstufen auch für jüngere Schülerinnen und Schüler. Viele beschränkten die Erfahrungen ihrer Schülerinnen und Schüler beim Beweisen allerdings auf das informelle Beweisen, formale Beweise würden nicht thematisiert. Dadurch könnte bei Schülerinnen und Schülern der Eindruck entstehen, das Beispiele als Beweis ausreichen.

Die Funktion des Beweisens in der Schulmathematik liegt nach Ansicht von mehr als drei Vierteln der Lehrkräfte in Knuths (2002b) Studie in der Ausbildung des logischen Denkens, über die Hälfte betont auch die soziale Komponente des Beweisens. Mehr als ein Drittel der Lehrkräfte erwähnte die Funktion des Erklärens beim Beweisen, doch in dieser Untersuchung bezogen sie sich dabei darauf, dass jeder Schritt des Beweises verständlich ist, nicht, dass der Beweis die Aussage erklärt. Knapp ein Viertel der Lehrkräfte sah im Beweisen zudem eine Möglichkeit, das Denken der Schülerinnen und Schüler sichtbar zu machen und dieses durch ihre fertigen Beweise einsehen zu können. Ebenfalls knapp ein Viertel der Lehrkräfte sah eine Funktion des Beweisens im Finden neuen mathematischen Wissens, wodurch die Abhängigkeit des Wissens von der Lehrkraft oder dem Schulbuch sinkt und stattdessen von den Schülerinnen und Schülern entwickelt wird. Es zeigte sich, dass viele der Lehrkräfte im Beweisen noch immer ein Thema sehen, dass zu unterrichten und zu lehren ist, nicht aber ein wichtiges Werkzeug, dass das Lernen und die Kommunikation (in) der Mathematik ermöglicht. Dadurch nimmt Beweisen bei ihnen einen geringeren Stellenwert ein und erhält im Unterricht eine untergeordnete Rolle (Knuth, 2002b).

Bieda (2010) beschäftigte sich mit der Umsetzung von möglichen Beweisaufgaben im Unterricht der weiterführenden Schulen und den daraus entstehenden Möglichkeiten und Herausforderungen. In verschiedenen Schulen wurde der Unterricht zum Beweisen untersucht. Es zeigte sich, dass Beweisen in den Klassen 6 bis 8 nur sehr oberflächlich stattfindet. Schülerinnen und Schüler stellten im Unterricht zwar häufig Hypothesen auf, von denen wurde aber nur etwa die Hälfte „begründet", häufig empirisch. Die Rückmeldungen der Lehrkräfte waren zudem nicht ausreichend, um Diskussionen über die Hypothese und ihre Begründung anzuregen. Positive Rückmeldungen von Lehrkräften bedeuteten nicht, dass es sich wirklich um eine allgemeine Begründung einer Aussage handelte, auch bei empirischen Begründungen passierte dies häufiger. Die Schülerinnen und Schüler waren außerdem nicht gefordert, die Begründungen der anderen zu überprüfen oder zu hinterfragen. Häufig wurden Beweisaufgaben von den Lehrkräften nicht umgesetzt, wenn diese annahmen, dass nicht mehr genügend Zeit für Bearbeitung durch die Schülerinnen und Schüler und eine anschließende Diskussion ist. Auch wurden Diskussionen ausgelassen. Die Lehrkräfte äußerten zudem Zweifel daran, dass ihre Schülerinnen und Schüler zum Beweisen schon „entwickelt" genug sind.

2.4.2 Normen und Erwartungen im Unterrichtskontext von Beweisen

Wie an Schulen wird auch an Universitäten bewiesen und mit Beweisen „unterrichtet". In der Universität wie in der Schule sind Normen und Erwartungen in Bezug auf das Argumentieren und Beweisen nicht immer expliziert. Gabel und Dreyfus (2013) untersuchten an der Universität, ob Studierende die wichtigen Konzepte und Ideen von Beweisen erkennen, die die Dozenten zu vermitteln beabsichtigen. Ein Fragebogen direkt nach der betrachteten Vorlesung, der von 38 Studierenden des Sekundarstufenlehramts ausgefüllt wurde, sowie Interviews mit dem Dozenten und zwei Studierenden ergaben, dass wichtige Konzepte des Dozenten nicht bei Studierenden angekommen sind und das Verständnis der Studierenden für den Beweis nicht sehr hoch ist. Als eine Ursache für dieses Ergebnis wurde angegeben, dass der Dozent seine Beweise nicht angemessen an die Studierenden angepasst hat. Diese Problematik kann ebenfalls beim Beweisen und beim Besprechen „fertiger" Beweise im schulischen Unterricht der Fall sein.

Weber und Mejia-Ramos (2014) beschäftigten sich mit Vorstellungen über die Aufgaben von Studierenden beim Lesen von Beweisen, das an Universitäten häufig in Einzelarbeit und nicht in der Veranstaltung geschieht. Vier bei einer vorherigen Studie gefundene Vorstellungen wurden mithilfe eines Online-Fragebogens quantitativ überprüft. Von den 175 teilnehmenden Studierenden stimmten drei Viertel der Vorstellung zu, dass das Lesen von Beweisen eine passive Aufgabe sei, also jeder Schritt des Beweises erklärt sein sollte und keine eigenen Teilbeweise notwendig sind. Diese Vorstellung lehnten mehr als die Hälfte der 83 Dozenten ab. Bei der zweiten Vorstellung, dass es für das Verstehen eines Beweises ausreicht, jeden einzelnen Schritt zu verstehen, stimmten 75 % der Studierenden zu, zwei Drittel der Dozenten lehnten sie ab. Die dritte Vorstellung, dass das Lesen und Verstehen von Beweisen nicht lange dauert, zeigt ebenfalls große Unterschiede bei Studierenden und Dozenten. Während die Studierenden im Mittel 17 bis 20 Minuten pro Beweis angaben, waren es bei den Dozenten 30 bis 37 Minuten. Zwei Drittel der Studierenden stimmten zudem der vierten Vorstellung zu, dass wichtige Diagramme und Skizzen im Beweis enthalten sein und nicht selbst hinzugefügt werden sollten. Knapp die Hälfte der Dozenten sah dies anders. Die Unterschiede in der Einschätzung der Vorstellungen zeigt deutlich, dass, die Studierenden Beweise nicht so lesen, wie die Dozenten es erwarten. Weber und Mejia-Ramos (2014) vermuten die Ursache darin, dass die Studierenden nicht genau wissen, was beim Lesen von Beweisen, im Unterschied zum Erstellen eigener Beweise, von ihnen erwartet wird.

Auch die Erwartungen und Bewertungskriterien für Beweise in der Schule sind nicht immer klar formuliert und transparent. Hoyles und Healy (2007) kamen in einer Studie zu Beweisfähigkeiten zu dem Ergebnis, dass Lehrkräfte ihren Schülerinnen und Schülern nicht immer vermitteln können, was Beweise in ihrem Unterricht sind und welche Beweisformen akzeptiert werden. Die Lehrkräfte wählten zu einem großen Teil pragmatische Beweise als die Beweise aus, von denen sie glauben, die Schülerinnen und Schüler würden für diese Beweise die beste Note erwarten. Als Beweis, der im Unterricht die beste Note bekommen würde, suchten sich aber fast alle Schülerinnen und Schüler formal verfasste Beweise aus, auch wenn diese Beweise sie selbst nicht überzeugen oder zu schwierig sind.

Beim Beweisen gibt es viele weitere Erwartungen, die nicht offen kommuniziert werden. Dimmel und Herbst (2014) zeigten in einer Studie mit Studierenden des Sekundarstufenlehramts, dass es auch in der Schule mathematische Normen in Beweisen gibt. Mittels einer Folge von Bildern, die aus Unterrichtsvideos entstanden waren, sollten die 34 Studierenden das Verhalten einer Lehrkraft bezüglich der gezeigten Beweise bewerten. Hier zeigten sich Normen bei den Studierenden, was die Details in Beweisen betrifft. Sachen, die in der Beweisskizze zu sehen waren, mussten nach Meinung der Studierenden nicht im Beweis zusätzlich gezeigt werden. Bei Schlüssen jedoch, bei denen Eigenschaften aus

Definitionen verwenden wurden, erwarteten die Studierenden die Nennung dieser Definitionen. Um diese nicht öffentlichen Erwartungen explizit zu machen, sollten Normen im Unterricht und in Bezug auf Argumentieren und Beweisen mit Schülerinnen und Schülern kommuniziert und erarbeitet werden.

Das Normen entwickelt werden können, zeigte eine Studie von Simon und Blume (1996). 26 Studierende des Grundschullehramts besuchten ein Semester lang ein Seminar zum Lehren und Lernen. Die vorgebrachten Begründungen der Studierenden waren sowohl deduktiv, als auch empirisch oder generisch. Begründungen wurden zudem nicht von allen Studierenden gleich verstanden, das eigene Verständnis von mathematischen Konzepten beeinflusste ihr Verständnis von Begründungen. Während die Studierenden zuerst die „typische" Einstellung zeigten, dass Lehrkräfte die Quelle für Wissen und Richtigkeit des Wissens im Unterricht sind, entwickelte sich im Lauf des Seminars das Selbstverständnis, dass Begründungen notwendig sind. Zudem entwickelte sich auch die Norm, dass Zuhörer gegebene Begründungen evaluieren müssen. Dabei gab es im Seminar Wissen, das als wahr vorausgesetzt werden durfte, und solches, das bewiesen werden musste, ähnlich einer Axiomatik.

2.4.3 Verständnis, Fähigkeiten und Beliefs von (angehenden) Lehrkräften

Um Beweisen und Argumentieren unterrichten zu können, brauchen Lehrkräfte das notwendige fachliche und strategische Wissen und solide Vorstellungen sowie ein weitreichendes Verständnis von Beweisen.

Ein fehlerhaftes Beweisverständnis bei Schülerinnen und Schülern durch den Unterricht in der Grundschule lässt sich in den weiterführenden Schulen nur noch schwierig verändern. Martin und Harel (1989) beschäftigten sich daher mit der Akzeptanz bei Lehramtsstudierenden von induktiven und deduktiven Argumentationen als Beweise. Untersucht wurden 101 Lehramtsstudierende im Grundschullehramt, die induktive und deduktive Argumentationen zu einer bekannten und einer unbekannten mathematischen Aussage bewerten sollten. Viele Studierende bewerten sowohl induktive als auch deduktive Argumentationen hoch. Daraus lässt sich schließen, dass durch die Entwicklung eines mathematischen Verständnisses von Beweisen (deduktives Beweisen) das induktive Verständnis, das alltagsweltlich geprägt ist, nicht abgelöst wird, beide existieren parallel. Dies zeigt sich auch darin, dass viele Studierende, die vom deduktiven Beweis überzeugt sind, dennoch eine weitere empirische Bestätigung suchen. Ebenfalls wird deutlich, dass Studierende des Grundschullehramts Schwierigkeiten haben, Argumentationen zu identifizieren, die Beweise einer Aussage sind. Sie lassen sich häufig von induktiven Argumentationen (ein Beispiel; das Finden eines Musters; ein Test mit einer großen Zahl; ein Vergleich von einem Beispiel mit einem Nicht-Beispiel) überzeugen, die jedoch keine Beweise sind, und haben Schwierigkeiten, fehlerhafte deduktive Argumentationen von allgemeingültigen Beweisen zu unterscheiden.

Auch Stylianides und Stylianides (2009) betrachteten, wie Studierende im Grundschullehramt selbst erstellte Beweise bewerten. Je ein Beweis aus dem Zwischen- und dem Abschlusstest, die die 39 Studierenden zu Hause bearbeitet hatten, wurden den Kategorien Beweis (M1), allgemeine Argumentation, aber kein Beweis (M2), nicht „fertige" allgemeine Argumentation (M3), empirisch (M4) oder nicht bewertbar (M5) zugeordnet. Studierende, deren Beweis als Beweis (M1) eingestuft wurden, hielten ihren Beweis auch für einen Beweis. Die meisten Studierenden jedoch hielten auch ihre allgemeine Argumentation (M2) für einen Beweis, obgleich dies nicht angemessen war. Die Hälfte der Studierenden, deren Beweise M3, M4 oder M5 zugeordnet wurden, wussten, dass sie keinen Beweis erstellt hatten. Als Grund für M3 und M4 gaben die Studierenden häufig an, dass sie keinen besseren Beweis konstruieren konnten, auch wenn sie wussten, dass es sich noch nicht um einen Beweis handelt. Zudem verbesserte sich das Beweisverständnis im Verlauf des Kurses, sodass weniger empirisch „bewiesen" und empirische Argumentationen seltener für Beweise gehalten wurden. Zu beachten ist hierbei jedoch, dass die Studierenden in dieser Studie nur einen eigenen Beweis evaluierten und daher nicht jede „Art" von Beweis bewertet haben. Zudem ist es möglich, dass die Beweisevaluation bei einem eigenen Beweis von anderen Faktoren beeinflusst wird als bei vorgelegten Beweisen.

Barkai, Tsamir, Tirosh und Dreyfus (2002) konkretisierten ihre Untersuchung auf die Begründungen von 27 praktizierenden Grundschullehrkräften zu Allaussagen und Existenzaussagen aus der elementaren Zahlentheorie. Die Lehrkräfte sollten Begründungen zu diesen Aussagen geben und erklären, ob sie ihre Begründung als Beweis der Aussage ansehen. Der verwendete Fragebogen war in zwei Teile aufgeteilt. Die Hälfte der Lehrkräfte bearbeitete zuerst die Allaussagen, die andere Hälfte zuerst die Existenzaussagen. Der Großteil der Grundschullehrkräfte verwendete mathematisch unzureichende Methoden, um Aussagen zu bestätigen oder zu widerlegen. Etwa die Hälfte der Lehrkräfte nutzte Beispiele, um Allaussagen zu beweisen. Ein Drittel der Lehrkräfte sah diese Beispiele als Beweis an. Bei Existenzaussagen nutzte ein Fünftel ein Gegenbeispiel, um die Aussage zu widerlegen. Die vorgelegten Aussagen aus der Zahlentheorie waren so gewählt, das algebraische Beweise einfach zu finden sind. Nur die Hälfte der

Lehrkräfte bewies mindestens eine Aussage algebraisch. Von den restlichen Lehrkräften nutzten die meisten Beispiele und nur wenige andere Beweisformen (wie den narrativen Beweis), die in der Grundschule verwendet werden können.

Knuth (2002b) untersuchte ebenfalls die Vorstellung von Lehrkräften zum Beweisen, allerdings in Bezug auf den Unterricht der Sekundarstufe. Mehr als die Hälfte der 17 teilnehmenden Lehrkräfte unterschied formale Beweise von weniger formalen oder informellen Beweisen. Die formalen Beweise waren dabei durch das Format und die Verwendung bestimmter Ausdrucksweisen geprägt. Bei den weniger formalen Beweisen wurde weniger Wert auf die Form gelegt, sie sollten aber mathematisch korrekt sein und den allgemeinen Fall beweisen. Den informellen Beweisen gaben die Lehrkräfte eine große Bedeutung. Zu diesen Beweisen gehörten z. B. empirische Argumentationen. Eine Lehrkraft beschrieb, dass die ersten „Beweise", die ihre Schüler lernen, aus vielen Beispielen bestehen, aber trotzdem von ihr als Lehrkraft zunächst als Beweise bezeichnet werden. Dieses Verständnis eines Beweises wird von mir jedoch als kritisch bewertet.

Bleiler, Thompson und Krajcevski (2014) beschreiben eine Studie mit Lehramtsstudierenden des Sekundarbereichs, in der Beweisvorstellungen von Studierenden mithilfe von Schülerbeweisen untersucht wurden. Die meisten Studierenden erkannten gültige und ungültige Argumentationen und waren sich auch der Grenzen induktiver Argumentationen bewusst. Bei den zu schreibenden Rückmeldungen an die Schülerinnen und Schüler fiel auf, dass die Studierenden in vielen Fällen aufhörten, nach weiteren Fehlern im Beweis zu suchen, wenn sie einen ersten Fehler gefunden hatten. In den Rückmeldungen zeigte sich ebenfalls die Präferenz der Lehramtsstudierenden für symbolisch-algebraische Beweise. Die größten Schwierigkeiten hatten sie mit dem Beweis per Widerspruch, da dieser von vielen nur oberflächlich verstanden wurde.

Eine Möglichkeit, mehr über die Gedanken von Lehramtsstudierenden in Bezug auf Beweise zu erfahren, ist das Schreiben von fiktiven Dialogen. Gholamazad (2007) untersuchte Beweisen mithilfe eben dieser selbst erstellten Dialoge von Studierenden des Grundschulehramts. 35 der von 83 Studierenden erstellten Dialoge, in denen sich zwei Personen über einen Beweis unterhalten sollten (einer, der Beweisen möchte, und einer, der immer nach dem Warum fragt), waren immerhin brauchbar und zeigten, dass sich die Studierenden in diesem Format mehr mit ihren Entscheidungen auseinandersetzten und die Bedeutung von Begriffen eindeutig angaben. In der Mehrzahl der Dialoge war erkennbar, dass die Studierenden wissen, dass Beispiele kein Beweis sind, und anders weitermachen. Es zeigten sich aber auch Probleme damit, mathematischen Ideen angemessen zu kommunizieren.

Zazkis und Zazkis (2014) gaben 24 Studierenden des Grundschullehramts zwei entgegengesetzte Schülermeinungen zur Richtigkeit einer mathematischen Aussage, aus denen sie einen Dialog darüber schreiben sollten, wie die beiden Schüler versuchen, einander zu überzeugen. Anschließend sollten die Studierenden ihren Dialog kommentieren. Nur ein Drittel der Studierenden erkannte, dass die behandelte Aussage falsch war, und machte dies deutlich. Die anderen Studierenden gingen darauf nicht ein oder bemerkten es nicht. Bei vielen gab es zudem keine klare Trennung zwischen dem Dialog und eigener Meinung z. B. bezüglich der Wirkung von Gegenbeispielen.

Ein wichtiger Punkt beim Beweisen ist die Allgemeingültigkeit der Beweise, eine Eigenschaft, mit der Lehramtsstudierende Schwierigkeiten haben. Schon 1996 zeigten Simon und Blume in einer Studie, in der eigentlich die Entwicklung von Normen für mathematische Begründungen untersucht wurde, dass die Allgemeingültigkeit von Beweisen vielen Studierenden nicht umfassend bewusst war. Dies zeigte sich unter anderem darin, dass ein Gegenbeispiel für sie noch keine Widerlegung einer Aussage war, eine Vorstellung, die auf nicht-mathematischen Erfahrungen und Induktion beruht.

Zeybek und Galindo (2014) beschäftigten sich mit (Fehl-)Vorstellungen von Beweisen und Gegenbeispielen und ihrem Einfluss auf das Unterrichten von Beweisen. Zwölf Studierende des Grundschullehramts wurden am Anfang und am Ende eines Semesters interviewt und zu (Fehl-)Vorstellungen befragt. Die Mehrzahl der Studierenden konnte weder eine Definition von Beweisen angeben noch bereits bekannte Beweise rekonstruieren. Sie hatten Schwierigkeiten empirische und deduktive Argumentationen voneinander zu unterschieden und verfolgten vielfach empirische Ansätze für Beweise. Mehr als die Hälfte verstand empirische Bestätigungen als Beweise, fast alle akzeptierten Beispiele als Beweis für die Grundschule. Den Studierenden war nicht bewusst, dass Beispiele nicht allgemein beweisen, dass eine Aussage wahr ist, waren aber ebenfalls nicht von der Allgemeingültigkeit von Beweisen überzeugt. Einzelne Gegenbeispiele akzeptierten sie häufig als Ausnahmen, erst mehrere Gegenbeispiele wirkten überzeugend, dass eine Aussage nicht wahr ist. Auch überzeugten Beweise die Studierenden nicht restlos, sie hielten weitere Tests für notwendig, um sich selbst überzeugen zu können.

Auch Zeybek (2016) zeigte, dass viele erfahrene Lehrkräfte glauben, man bräuchte mehr als ein Gegenbeispiel, um eine Aussage zu widerlegen. Zeybek beschäftigte sich mit den Beweiskenntnissen von Lehramtsstudierenden im Grundschullehramt und betrachtete auch die Einstellung zu Gegenbeispielen. Mit zeitlichem Abstand wurden zwei Interviews durchgeführt. Sie beinhalteten fünf mathematische Aussagen, bei denen die Studierenden begründet entscheiden mussten, ob die Aussagen wahr oder falsch sind, und Beispielbeweise zu jeder Aussage, bei denen sie entscheiden mussten, welche Beweise richtig sind und wie überzeugend sie wirken. Unter diesen Beispielbeweisen befanden sich auch Beweise per Gegenbeispiel (Zeybek, 2016). Zum Zeitpunkt des ersten Interviews erstellten zwei Drittel der Studierenden beim Beweisen alltagsweltliche, naive Argumentationen oder empirische Argumentationen, nur ein Drittel war in der Lage, deduktiv zu schlussfolgern. Im zweiten Interview gab noch die Hälfte der Studierenden alltagsweltliche oder empirische Argumentationen. Die Studierenden erkannten vielfach die Unbestimmtheit induktiver Argumentationen nicht und konnten die logischen Zusammenhänge, die zur Beweiskonstruktion notwendig sind und einen Beweis allgemeingültig machen, nicht erkennen. Vielen der Studierenden war zudem nicht bewusst, was die Allgemeingültigkeit von Beweisen bedeutet und wussten folglich auch nicht, dass ein Gegenbeispiel ausreicht, um eine Aussage zu widerlegen. Die Hälfte der Studierenden konnte im ersten Interview kein geeignetes Gegenbeispiel geben, im zweiten Interview noch ein Drittel (Zeybek, 2016).

Ergebnisse einer umfassenden Untersuchung der Beweisvorstellungen von praktizierenden Lehrkräften in den Sekundarstufen zu Mathematik und zu Mathematikunterricht veröffentlichte Knuth im Jahr 2002 (Knuth, 2002a). 16 Mathematiklehrkräfte der Sekundarstufen (Jahrgänge 9–12) mit Lehrerfahrung von drei bis 20 Jahren nahmen an der Interviewstudie teil. Ein großer Anteil der Lehrkräfte fand Argumentationen mit Beispielen sehr überzeugend genauso wie Argumentationen mit einer Visualisierung, z. B. einer Skizze. Des Weiteren wirkten Argumentationen überzeugend, die den Lehrkräften bekannt vorkamen. Mehr als der Hälfte der Lehrkräfte war es wichtig, dass die Argumentation einen allgemeinen Fall beweist, knapp ein Drittel war von Argumentationen überzeugt, die die hinter der Aussage liegende Mathematik zeigten. Diese Aussagen hatten allerdings alle eine Visualisierung. Es zeigte sich, dass die Überzeugungskraft einer Argumentation nicht mit den gleichen Kriterien bestimmt wurde wie die Richtigkeit der Beweise. Die Lehrkräfte wählten die Argumentationen als überzeugend, die sie persönlich, nicht mathematisch, am überzeugendsten fanden, auch wenn es sich beispielsweise um eine Argumentation an Beispielen handelte. Bei der Bewertung von Beweisen nutzten die Lehrkräfte oft unzureichende Kriterien, wie die Richtigkeit der algebraischen Umformungen oder die äußere Form, statt mathematischer Stichhaltigkeit. Häufig wurden auch Argumentationen an Beispielen als Beweise gewertet, wahrscheinlich, da die Lehrkräfte Lücken in der Begründung selbst füllten und dadurch generische Beispiele „sahen“. Auch scheint es keine Trennung „Beweis – kein Beweis“ zu geben, sondern ein Kontinuum, dass mit dem Standard der jeweiligen Lehrkraft abgeglichen wird. Viele der Lehrkräfte waren zudem der Meinung, dass Aussagen trotz allgemeingültigen Beweises immer noch Ausnahmen haben (Gegenbeispiele) oder ganz falsch sein können.

Neben dem Beweisverständnis von (angehenden) Lehrkräften wurden auch Voraussetzungen für eigenes gelungenes Beweisen untersucht. Llinares und Clemente (2019) zeigten dabei, dass der Übergang von „configural reasoning" zu Deduktion in geometrischen Beweisen eine Hürde für das Beweisen in der Geometrie darstellt. Die Auswertung schriftlicher Argumentationen von 182 Studierenden des Grundschullehramts bestätigte, dass der Erfolg von der mentalen Assoziation von geometrischen Konzepten und prototypischen Abbildungen abhängt. Das Erkennen geometrischer Fakten in Beweisskizzen allein ist nicht ausreichend, die Fakten müssen zudem als Voraussetzungen für im Beweis verwendbare Sätze erkannt werden. Dieser Übergang ist jedoch schwierig, da häufig strategisches Wissen fehlt, um passende Sätze auszuwählen und Verbindungen zwischen geometrischen Fakten und Sätzen zu ermöglichen.

Auch Weber (2001) beschäftigte sich mit strategischem Wissen beim Beweisen. In seiner Studie, in der er das Vorgehen von Mathematikstudierenden und Doktoranden beim Beweisen von Aussagen über Homomorphismen gegenüberstellte, stellte sich heraus, dass fehlendes fachliches und prozedurales Wissen den Studierenden (im Vergleich zu den Doktoranden) das Beweisen erschwerte. Doch auch ein gutes Beweisverständnis und fundiertes Fachwissen reichten allein nicht für das Beweisen aus. Wissen musste nicht nur erkannt, sondern auch erinnert werden. Ebenso musste das „richtige" Vorgehen erkannt und dann auch ausgewählt werden. Dieses strategische Wissen, also Wissen über bereichstypische Beweistechniken, über bereichswichtige Theoreme und ihre Nützlichkeit (auch das Erkennen von „Hinweisen") und über syntaktische Strategien und ihren (Nicht-)Einsatz, ist notwendig. Dieses strategische Wissen entwickelt sich laut Weber (2001) jedoch in der Regel nicht allein (oder wenn, dann „falsch") und muss gefördert werden. Auch für den Mathematikunterricht hat strategisches Wissen eine wichtige Rolle und darf nicht unterschätzt werden.

2.4.4 Fazit zu den Schwierigkeiten für Lernende und Lehrende

Die obigen Teilkapitel zeigen, dass (angehende) Lehrkräfte die Schwierigkeiten und Probleme ihrer Schülerinnen und Schüler beim Beweisen vielfach teilen. Sie haben Schwierigkeiten, zwischen Beweisen und falschen Argumentationen zu unterschieden und sind überzeugt von empirischen Beispielen, die sie häufig als Beweise bezeichnen. Zudem verstehen sie Beweise vor allem als Verifikation einer Aussage, glauben aber nicht, dass Beweise auch erklären können und sind nicht von der Allgemeingültigkeit von Beweisen überzeugt.

Das Wissen und die Einstellung von Lehrkräften hat allerdings einen großen Einfluss darauf, wie sie Beweisen unterrichten (G. Stylianides et al., 2017). Viele Grundschullehrkräfte erachten den Bereich des Beweisens und Argumentierens nicht als Teil ihres Unterrichts, da für sie Beweisen und Argumentieren nicht zum Curriculum der Grundschule gehört. Ihr Selbstverständnis als Lehrkraft umfasst nicht die Bedeutung des Beweisens für die Mathematik und den Mathematikunterricht, auch die Kenntnis von Beweisen hat keinen hohen Stellenwert (Jones & Tzekaki, 2016).

Diese negativen Beliefs und Fehlvorstellungen der Lehrkräfte und ihr Zweifel am Nutzen von Beweisen für Schülerinnen und Schüler (und auch deren Fähigkeiten zum Beweisen) sind nicht förderlich beim Unterrichten (A. J. Stylianides et al., 2016). Gerade in der Grundschule ist der Einfluss der Lehrkraft auf das Beweisen groß, fehlerhafte oder lückenhafte Kenntnisse über Beweise und den Beweisprozess können weitreichende Folgen haben. Wird dort durch die Lehrkraft vermittelt, dass es ausreicht, eine Aussage durch Beispiele zu zeigen, dann ist das Zeigen an Beispielen das, was sich als Verständnis vom Beweisen bei den Schülerinnen und Schülern verankert. Die Kenntnisse der Lehrkraft sind daher von großer Bedeutung, auch für den Unterricht in den weiterführenden Schulen.

Open Access Dieses Kapitel wird unter der Creative Commons Namensnennung 4.0 International Lizenz (http://creativecommons.org/licenses/by/4.0/deed.de) veröffentlicht, welche die Nutzung, Vervielfältigung, Bearbeitung, Verbreitung und Wiedergabe in jeglichem Medium und Format erlaubt, sofern Sie den/die ursprünglichen Autor(en) und die Quelle ordnungsgemäß nennen, einen Link zur Creative Commons Lizenz beifügen und angeben, ob Änderungen vorgenommen wurden.

Die in diesem Kapitel enthaltenen Bilder und sonstiges Drittmaterial unterliegen ebenfalls der genannten Creative Commons Lizenz, sofern sich aus der Abbildungslegende nichts anderes ergibt. Sofern das betreffende Material nicht unter der genannten Creative Commons Lizenz steht und die betreffende Handlung nicht nach gesetzlichen Vorschriften erlaubt ist, ist für die oben aufgeführten Weiterverwendungen des Materials die Einwilligung des jeweiligen Rechteinhabers einzuholen.

Metakognition 3

Bei der Bearbeitung von Aufgaben ist Metakognition eine wichtige Komponente, die über Erfolg oder Niederlage entscheiden kann. Durch Metakognition entscheiden wir unser Vorgehen und regulieren es (Flavell, 1976). Auch in der Schule und im Unterricht ist Metakognition wichtig für das erfolgreiche Lernen von Schülerinnen und Schülern (vgl. Schraw, 1998). In diesem Kapitel wird der Begriff der Metakognition näher beschrieben (Teilkapitel 3.1.1), in verschiedenen Sichtweisen dargestellt und in seiner Bedeutung für (Mathematik-)Lernen erläutert (Teilkapitel 3.1.2). Darauf aufbauend wird in Teilkapitel 3.1.3 das Metakognitionsverständnis dieser Arbeit dargelegt. Im Anschluss werden Ergebnisse aus der Forschung präsentiert (mit einem Fokus auf Schülerinnen und Schüler in Teilkapitel 3.2.1 sowie auf Lehramtsstudierende und Lehrkräfte in Teilkapitel 3.2.2), bei denen untersucht wurde, über welche metakognitiven Fähigkeiten und Fertigkeiten sie verfügen bzw. wie ihre Metakognition durch Interventionen bzw. Fortbildungen verbessert werden kann. Auch die Bedeutung von Metakognition beim Argumentieren und Beweisen wird betrachtet (Abschnitt 3.3).

Ergänzende Information Die elektronische Version dieses Kapitels enthält Zusatzmaterial, auf das über folgenden Link zugegriffen werden kann https://doi.org/10.1007/978-3-658-46468-4_3.

© Der/die Autor(en) 2025

N. Abels, *Argumentation und Metakognition bei geometrischen Beweisen und Beweisprozessen*, Perspektiven der Mathematikdidaktik,
https://doi.org/10.1007/978-3-658-46468-4_3

3.1 Der Begriff „Metakognition"

Metakognition ist ein Begriff, der auf vielfältige und sehr verschiedene Arten gebraucht wird. Dies macht es schwierig, ihn als Konzept zu verwenden (Schoenfeld, 1992). Dieses Kapitel beschäftigt sich mit der Bedeutung von Metakognition und gibt einen Überblick über verschiedene Ausprägungen des Begriffs (Teilkapitel 3.1.1 und 3.1.2). Ein gutes Verständnis des Konzepts der Metakognition ist unerlässlich, um in dieser Arbeit die metakognitiven Aktivitäten von Studierenden untersuchen zu können. Deswegen wird in Teilkapitel 3.1.3 der Metakognitionsbegriff festgelegt, der in dieser Arbeit verwendet wird.

Versucht man, Metakognition alltagssprachlich zu fassen, meint sie in etwa *Denken über das eigene Denken* oder *Reflexion der eigenen Kognition* (Schoenfeld, 1987). Wissenschaftlicher ausgedrückt, versteht man unter Metakognition das Wissen über die eigenen kognitiven Prozesse, über die eigenen kognitiven Produkte und Dinge, die mit ihnen in Zusammenhang stehen. Dazu gehört nach Flavell (1976) unter anderem, dass kognitive Prozesse aktiv überwacht, reguliert und gegebenenfalls angepasst werden, um ein konkretes Ziel zu erreichen:

> *„"Metacognition" refers to one's knowledge concerning one's own cognitive processes and products or anything related to them [...] Metacognition refers, among other things, to the active monitoring and consequent regulation and orchestration of these processes in relation to the cognitive objects or data on which they bear, usually in the service of some concrete goal or objective."* (Flavell, 1976, S. 232)

Kognitive Prozesse sind dualer Natur, d. h. sie haben kognitive und metakognitive Anteile (Konrad, 2005). Zur Kognition gehören dabei die Prozesse, die mit der Aufnahme und Verarbeitung von Informationen zusammenhängen, z. B. das Zusammenfassen von Texten oder die Durchführung einer Rechnung, zur Metakognition gehört die Leitung und Überwachung dieser kognitiven Prozesse (Konrad, 2005; Kuzle, 2015). Bei Handlungen und Problemlöseprozessen wechseln sich in der Regel kognitive und metakognitive Aktivitäten ab (J. Wilson & Clarke, 2004). So ist die Umsetzung der metakognitiven Aktivität der Planung eine kognitive Handlung, eine Überwachung dieser kognitiven Aktivität aber wiederum metakognitiv usw. Eine klare Trennung zwischen Kognition und Metakognition ist nicht immer möglich, da Metakognition auf Kognition aufbaut (Veenman et al., 2006). So ist z. B. die Planung des Vorgehens nicht möglich ohne kognitive Handlungen, wie beispielsweise die Festlegung von Zwischenschritten einer Rechnung. Nach Sjuts (2003) ist Metakognition der Kognition weder über- noch untergeordnet, beide gehören zusammen und ergänzen sich.

Während Kognition situationsspezifisch ist, beschreiben Kaiser et al. (2018) Metakognition als nicht auf spezifische inhaltliche Probleme oder Situationen bzw. zu bearbeitende Aufgaben bezogen. Metakognition sei für die Regelung und den Ablauf von Denkprozessen zuständig, zudem allgemeiner als Kognition, situationsübergreifend und fordere zu Handlungen auf, statt situationsspezifische Entscheidungen zu treffen. Es ist ebenfalls von der Situation/Aufgabe abhängig, ob Metakognition eingesetzt wird. Routineaufgaben können in der Regel gelöst werden, ohne dass man sein eigenes Denken konkret wahrnehmen muss, um regulierend auf die Aufgabe einwirken zu können. Ist die Aufgabe komplexer und nicht durch Routinen lösbar, ist Metakognition erforderlich, um die Aufgabe bearbeiten zu können, da der Weg zur Lösung schwieriger ist und „Fallen" bereithält. (Kaiser et al., 2018)

3.1.1 Erste Ausdifferenzierungen des Begriffs

Die ersten spezifischeren Beschreibungen von Metakognition stammen von Flavell (1976, 1979) und Brown (1978; Brown et al., 1983). Flavell (1979) teilt in seinem „Model of Cognitive Monitoring" (siehe Abbildung 3.1) Metakognition in zwei große Bereiche: metakognitives Wissen und metakognitive Erfahrungen. Zusätzlich erwähnt er zwei kognitive Bereiche: Ziele bzw. Aufgaben, die der Grund eines kognitiven Vorhabens sind, und Handlungen bzw. Strategien, die das kognitive Verhalten beschreiben, durch das die Ziele erreicht werden.

Metakognitives Wissen umfasst nach Flavell (1979) das Wissen bzw. den Glauben einer Person über sich selbst als kognitives Wesen, über verschiedene kognitive Aufgaben, Ziele, Tätigkeiten und Erfahrungen und wie sie einander bedingen. Dieses Wissen kann in drei Kategorien aufgeteilt werden: Person, Aufgabe und Strategie. Die Kategorie Person umfasst Annahmen über sich selbst (intraindividuelle Unterschiede), über andere Personen (interindividuelle Unterschiede) und Kognition im Allgemeinen. Die Kategorie Aufgabe enthält das Wissen darüber, wie die Informationen, die einem während der Bearbeitung zur Verfügung stehen, die Bearbeitung einer Aufgabe beeinflussen und wie groß die Wahrscheinlichkeit ist, erfolgreich zu sein. Die Kategorie Strategie enthält eine Menge an Wissen über vorhandene Strategien, wie man sie effektiv auswählt und welchen Einfluss sie auf das Erreichen eines Zieles haben. Im Allgemeinen ist metakognitives Wissen eine Mischung aus bzw. Interaktion von mehreren dieser Kategorien (Flavell, 1979). Zudem ist es, wie anderes Wissen auch, Teil des Langzeitgedächtnisses, wodurch es sowohl aktiv als auch unbewusst abgerufen werden kann. Ebenso, so Flavell (1979), kann das metakognitive Wissen

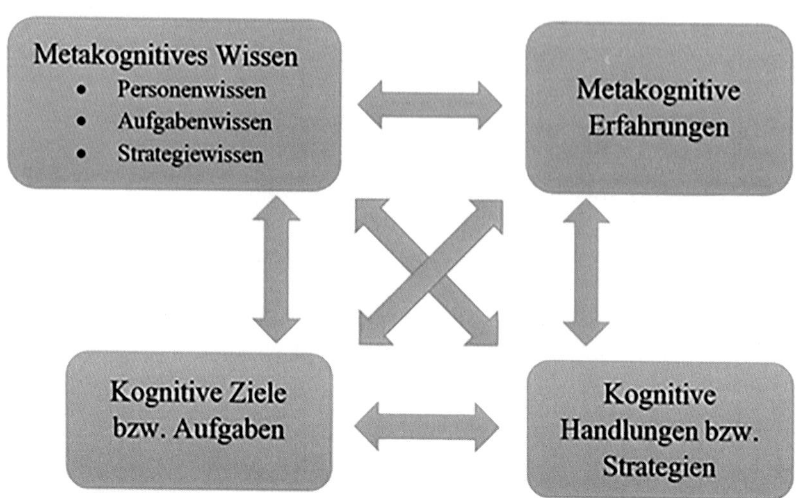

Abbildung 3.1 Flavells Modell der Metakognition (Abbildung nach Kuzle, 2018)

falsch sein, sich nicht abrufen lassen, wenn notwendig, oder trotz Aktivierung ein positiver Effekt ausbleiben.

Was metakognitives Wissen für Mathematik und mathematische Aufgaben beinhaltet, beschreiben Garofalo und Lester (1985). Personenwissen umfasst dabei z. B. das Wissen über die eigenen Stärken und Schwächen in Mathematik und verschiedenen mathematischen Teilbereichen. Aufgabenwissen beinhaltet beispielsweise die eigenen Beliefs über Mathematik und mathematische Aufgaben und Probleme. Strategiewissen bezieht sich nicht nur auf das Wissen über Strategien und Heuristiken, sondern auch das Bewusstsein darüber, wann, wie und warum diese eingesetzt werden (sollten).

Metakognitive Erfahrungen sind nach Flavell (1979) alle bewussten kognitiven und affektiven Erfahrungen, die man vor, während oder nach einem kognitiven Vorhaben hat. Diese Erfahrungen können kurz oder lang, von einfachem oder komplexerem Inhalt sein. Sie hängen mit dem Vorhaben zusammen, an welchem Punkt in dem Vorhaben man sich gerade befindet und welchen Fortschritt man macht oder bald machen könnte. Metakognitive Erfahrungen finden selten in Routineaufgaben statt, wesentlich häufiger in neuen Situationen, wenn jeder Schritt geplant und bewertet wird und Entscheidungen risikobehaftet sind. Sie können dazu führen, dass Ziele angepasst oder verworfen werden, dass Dinge dem metakognitiven Wissen hinzugefügt, gelöscht oder verändert werden, oder dass Strategien aktiviert werden. Metakognitives Wissen und metakognitive Erfahrungen sind nicht voneinander zu trennen, sie überlappen und beeinflussen sich.

Ein stärkerer Akzent auf die handlungsbezogene Komponente der Metakognition wurde von Ann L. Brown gesetzt (Lingel et al., 2014). Brown (1978) unterteilt diesen Bereich in „predicting", „planning", „checking" und „monitoring" (siehe Abbildung 3.2), wobei „predicting" in Brown et al. (1983) nicht mehr einzeln aufgeführt wird. „Predicting" bezeichnet die Fähigkeit, die Güte einer Handlung einzuschätzen, bevor sie durchgeführt wird, „Planning" hingegen die Fähigkeit, Handlungen im Voraus zu planen, und das Verständnis darüber, dass eine solche Planung nützlich und wirksam ist (Brown, 1978). „Monitoring" bezeichnet die Fähigkeit, eigene Handlungen zu überwachen, während sie durchgeführt werden, und „Checking" die Fähigkeit, Ergebnisse zu überprüfen (Brown et al., 1983). Nach Brown (1983) sind diese handlungsbezogenen Kompetenzen der Metakognition nicht unbedingt stabil und unterscheiden sich je nach Aufgabe und Situation.

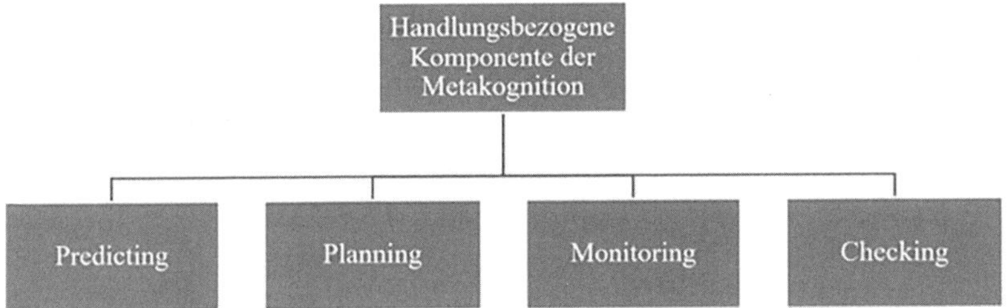

Abbildung 3.2 Übersicht über den Begriff Metakognition nach Brown (1978)

Metakognition mit seinen verschiedenen oben genannten Facetten wird im Allgemeinen in zwei Bereiche unterteilt. Der Teil der Metakognition, den Flavell als metakognitives Wissen beschreibt, wird *Wissen über Kognition* genannt, andere Begrifflichkeiten für diesen Bereich sind deklaratives Wissen oder nur metakognitives Wissen (u. a. Schneider & Artelt, 2010; van der Stel & Veenman, 2014). Wissen über Kognition umfasst im Allgemeinen das deklarative Wissen über einen selbst, über Spezifika von Aufgaben und vorhandene Strategien (Flavell, 1979). Beliefs werden teilweise diesem Bereich zugeschrieben, bei Schoenfeld (1987) hingegen sind Beliefs ein weiterer eigener Bereich. Der Teil der handlungsbezogenen Komponenten wird als *Regulation von Kognition* bezeichnet, alternativ auch prozedurales Wissen, metakognitive Fähigkeiten oder Selbstregulation (u. a. Schneider & Artelt, 2010; van der Stel & Veenman, 2014). Die hier beschriebene Teilung von Metakognition in Wissen über Kognition und Regulierung von Kognition wird auch in dieser Arbeit verwendet.

3.1.2 Weitere Modelle von Metakognition

Die im letzten Teilkapitel beschriebene Zweiteilung des Begriffs der Metakognition ist weitreichender Konsens. Doch auch andere Aufteilungen, Verständnisse und Fokussierungen von Metakognition sind in der Literatur vertreten. Einige werden im Folgenden beschrieben.

Model of Metacognitive Activity

J. Wilson und Clarke (2004) empfinden die „klassische" Aufteilung von Metakognition in Wissen über Kognition und Regulation von Kognition als unzureichend, wichtige Komponenten würden dabei fehlen. In ihrem „*Model of Metacognitive Activity*" unterscheiden sie zwischen „awareness", „evaluation" und „regulation". Metakognition ist also das Bewusstsein einer Person über das eigene Denken („awareness") sowie die Evaluierung („evaluation") und Regulierung („regulation") dieses Denkens (J. Wilson & Clarke, 2004, S. 26). Metakognitive Bewusstheit beinhaltet das gesamte Wissen einer Person über bereits erworbene Kompetenzen sowie Wissen über Denkprozesse, die gerade ablaufen. Metakognitive Evaluation umfasst die Bewertung der eigenen Denkprozesse und die Möglichkeiten und Einschränkungen bei der Umsetzung in bestimmten Situationen. Für diese Bewertung muss zwangsweise ein Bewusstsein über das eigene Denken vorhanden sein, auch eine Regulierung dieser Prozesse wird vorausgesetzt. Diese metakognitive Regulierung findet immer dann statt, wenn metakognitive Fähigkeiten dafür genutzt werden, Wissen und Denken in eine bestimmte Richtung zu lenken. Dazu wird Wissen, beispielsweise über Strategien und wie man sie einsetzt, benötigt und die Fähigkeit, dieses Wissen optimal einsetzen zu können. Bei der Bearbeitung einer Aufgabe oder eines Problems gibt es dabei keine feste Reihenfolge dieser Komponenten, was auch die Abbildung dieses Modells widerspiegelt (siehe Abbildung 3.3).

Cognitive-Metacognitive Framework for Studying Mathematical Performance

Eine weitere Möglichkeit, Metakognition genauer zu fassen, ist das „*Cognitive-Metacognitive Framework for Studying Mathematical Performance*". Dieses Framework von Garofalo und Lester (1985) ist speziell auf Mathematik bezogen

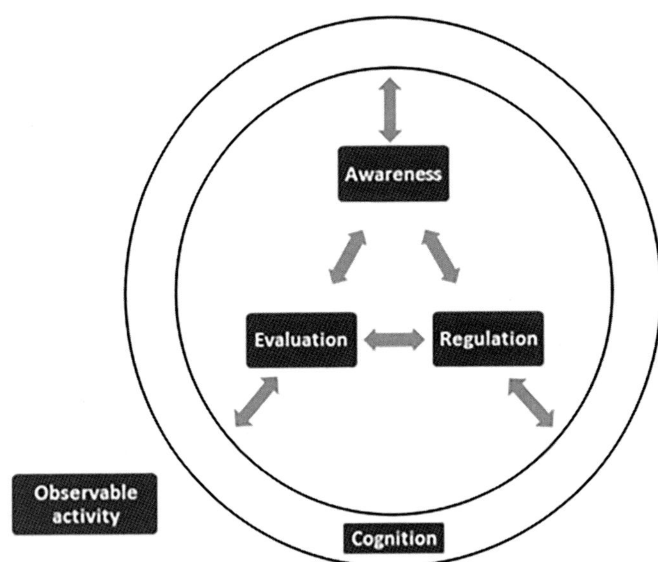

Abbildung 3.3 Struktur des Modells (nach J. Wilson & Clarke, 2004, S. 32)

und beinhaltet vier verschiedene Kategorien von Aktivitäten, die beim Bearbeiten einer mathematischen Aufgabe wichtig sind: „orientation", „organization", „execution" und „verification". Diese Kategorien sind nicht speziell auf das Problemlösen fokussiert, sondern für viele mathematische Aufgaben relevant. „Orientation" umfasst Strategien und Verhalten, um ein Problem oder eine Aufgabe zu verstehen und sie einzuschätzen. Darunter fällt z. B. eine Einschätzung, ob einem die gestellte Aufgabe bekannt vorkommt oder wie hoch die Aussichten sind, die Aufgabe erfolgreich zu bearbeiten. „Organization" beinhaltet die Planung des eigenen Verhaltens und den Entschluss, bestimmte Tätigkeiten durchzuführen. Dies umfasst das Herausarbeiten von Ziel und Zwischenzielen sowie die lokale und globale Planung. Unter „Execution" wird die Steuerung des Verhaltens zusammengefasst, damit die gemachten Pläne durchgeführt werden. Dazu gehört beispielsweise das Monitoring des Fortschritts der Pläne. Die vierte Kategorie „Verification" beinhaltet die Evaluation der getroffenen Entscheidungen sowie die Ergebnisse der gemachten Pläne. Dabei wird unterschieden in die Evaluation der ersten beiden Kategorien „Orientation" und „Organization" und die Evaluation der dritten Kategorie „Execution". Angelehnt sind diese vier Kategorien an Polyas Phasen des Problemlösens (Garofalo & Lester, 1985).

Ratingsystem für metakognitiv-diskursive Unterrichtsqualität
Die Wirkung von Metakognition ist nicht auf das Individuum beschränkt, auch Unterricht wird von Metakognition beeinflusst. Zur Erfassung metakognitiv-diskursiver Unterrichtsqualität wurde von Edyta Nowińska ein zweistufiges Ratingsystem entwickelt (Nowińska, 2016), bei dem metakognitive und diskursive Aktivitäten als Qualitätsmerkmal für Unterricht betrachtet werden. Im ersten Schritt wird Unterricht mithilfe eines metakognitiv-diskursiven Kategoriensystems (Cohors-Fresenborg, 2012; Cohors-Fresenborg & Kaune, 2007; Nowińska, 2016) bewertet, im zweiten Schritt mithilfe von sieben Leitfragen die Lernwirksamkeit des Unterrichts (Nowińska, 2016).

Das im ersten Schritt verwendete Kategoriensystem entstand im Rahmen eines DFG[1]-Projekts zur Metakognition in der Sekundarstufe I. Cohors-Fresenborg und Kaune (2007) veröffentlichten ein „*Kategoriensystem für metakognitive Aktivitäten beim schrittweise kontrollierten Argumentieren im Mathematikunterricht*" für die Untersuchung von Unterrichtstranskripten. Um das Konstrukt Metakognition greifbarer zu machen, wurden bei der Erstellung des Kategoriensystems die metakognitiven Aktivitäten Planen, Monitoring und Reflexion durch die Analyse von Diskussionen und Unterrichtsgesprächen in kleinere Teile (Unterkategorien und Teilaspekte) zerlegt. In diesem Kategoriensystem wird also die Regulierung von Kognition fokussiert und das Wissen über Kognition als weiterer Teil von Metakognition nicht betrachtet. Untersucht wurde bei der Erstellung des Kategoriensystems Unterricht im Bereich der Schulalgebra. Das entstandene Kategoriensystem ist jedoch so konzipiert, dass es für alle Klassenstufen einsetzbar ist und in allen mathematischen Teilgebieten, in denen schrittweise kontrollierte Argumentationen und Beweise stattfinden, z. B. auch in der Geometrie (Cohors-Fresenborg & Kaune, 2007), die in dieser Arbeit den Kontext der Untersuchung bildet.

Zusätzlich zu den metakognitiven Aktivitäten enthält dieses Kategoriensystem auch den Punkt Diskursivität. Cohors-Fresenborg und Kaune (2007) begründen dies damit, dass erst Äußerungen Denkprozesse wirklich zugänglich machen und diese daher für die Klassifizierung von Metakognition wichtig sind. Leider ist das Gesagte einer Person nicht immer mit dem identisch, was die Person eigentlich aussagen möchte, was die Metakognition beeinflussen kann. Um die

[1] Deutsche Forschungsgemeinschaft.

„wirkliche" Bedeutung einer Aussage im Gespräch besser einschätzen zu können, ist es für die Zuhörenden wichtig, dass Beiträge im Gespräch verortet werden und die Personen selbst Bezugspunkte nennen. In guten Diskursen, die vereinbarte Gesprächsregeln einhalten, können Monitoring- und Reflexionstätigkeiten zielgerichteter auch auf das „Gemeinte" bezogen werden. Eine Analyse der Diskursivität kann zudem zeigen, an welchen Stellen es gut lief und an welchen nicht. Auch die Vorbildfunktion der Lehrkraft lässt sich so gut erkennen. Die Diskursivität und auch der Verstoß gegen die Diskursregeln, negative Diskursivität genannt, sind daher ebenfalls Teil des Kategoriensystems.

Schon mit einer ersten Version dieses Kategoriensystems konnten Cohors-Fresenborg und Kaune (2007) unter Nutzung von Unterrichtstranskripten zeigen, dass Metakognition im Unterricht nicht bloß als zusätzlich eingeschobene Phase, sondern durchgängig in unterschiedlich starker Ausprägung vorkommt. Auch die Gesprächskultur der Klassen hat dabei einen Einfluss auf das Auftreten metakognitiver Aktivitäten.

Um metakognitive Aktivitäten auch in anderen Unterrichtsfächern analysieren zu können, wurde das metakognitiv-diskursive Kategoriensystem im Folgeprojekt MeDUQua zum und im Einsatz in geisteswissenschaftlichen Fächern weiterentwickelt (Cohors-Fresenborg, 2012). Das für Mathematik konzipierte Kategoriensystem wurde für die Fächer Deutsch, Geschichte, Musik und Religion jeweils leicht abgewandelt und an weiteren Unterrichtstranskripten erprobt. Es zeigte sich, dass metakognitive Aktivitäten auch in diesem Unterricht kodiert werden konnten. Das Kategoriensystem wurde daraufhin abstrakter formuliert, sodass es nicht mehr fachspezifisch, sondern fachübergreifend einsetzbar ist. So wurden beispielsweise die Monitoring-Unterkategorien *„Kontrolle: Rechnung prüfen"* und *„Kontrolle: (vermeintlichen) Fehler feststellen (bei Rechnung oder Umformung)"* verbunden und allgemein in der Unterkategorie *„Kontrolle: fachspezifische Tätigkeit"* gefasst (Cohors-Fresenborg, 2012, S. 147).

Im Anschluss wurde untersucht, ob und wie fachdidaktische und metakognitiv-diskursive Urteile über eine Stunde zusammenhängen (Cohors-Fresenborg et al., 2014). Die Analyse von Transkripten aus Mathematik- und Geschichtsunterricht ergab dabei, dass aus einem guten Urteil in der fachdidaktischen Analyse auch folgt, dass ein großer Anteil an metakognitiven und an diskursiven Aktivitäten von den Schülerinnen und Schülern ausgeht. Dass Unterricht, der metakognitiv-diskursiv gelungenen ist, sich auch auf fachdidaktisch auf hohem Niveau befindet, beschreiben Cohors-Fresenborg, Kaune und Zülsdorf-Kersting ebenfalls als „im Kern richtig" (2014, S. 129). So könne es besondere Umstände geben wie unentdeckte fachliche Fehler oder ein Abgleiten in Nebensächlichkeiten, diese seien aber in fachdidaktisch gelungenem Unterricht auf kurze Passagen beschränkt und in der Regel mit negativer Diskursivität gekennzeichnet.

Für das oben genannte Ratingsystem zur Erfassung metakognitiv-diskursiver Unterrichtsqualität wurde dieses allgemeine Kategoriensystem (*tra*Kat) erneut überarbeitet, um so auch das direkte Kodieren von Videos ohne Transkripte zu ermöglichen (Nowińska, 2016). Während die Kategorien erhalten bleiben, werden bei dem überarbeiteten Kategoriensystem (*vid*Kat) Teilaspekte zusammengelegt oder es wird ganz auf sie verzichtet, damit nicht zu viele Fälle durch den Rater betrachtet werden müssen. Eine drastische Reduzierung erwies sich allerdings als nicht sinnvoll (Nowińska, 2016).

Nach der Bewertung des Unterrichts mit dem metakognitiv-diskursiven Kategoriensystem folgt die Bewertung der Lernwirksamkeit des Unterrichts. Die im zweiten Schritt des Ratingsystems verwendeten Leitfragen zielen auf verschiedene Bereiche ab (Nowińska, 2016). Die ersten drei Fragen befassen sich mit den metakognitiven Aktivitäten der Schülerinnen und Schüler und ihrer Interaktion mit der Lehrkraft. Wie viele metakognitive Aktivitäten begründet sind und welchen Stellenwert Metakognition im Unterricht hat, interessiert ebenfalls. Die vierte und fünfte Frage fokussieren auf die Diskursivität und das Bemühen der Lehrkraft um diskursive Ausrichtung der Gespräche sowie negative Diskursivität im Unterricht und die daraus entstehenden Konsequenzen. Die sechste Leitfrage behandelt Debatten im Unterrichtsgespräch, die siebte das Auftreten anspruchsvoller Diskurse.

Weitere empirische Überprüfungen zeigten, dass das Ratinginstrument zuverlässig ist. Durch eine ausführliche Rater-Schulung ergab sich eine hohe Interrater-Reliabilität (Nowińska, 2018). Auch zeigten sich die Ergebnisse zur Unterrichtsqualität als übertragbar auf den „normalen" Unterricht. Weitere Studien zeigten, dass für die metakognitiv-diskursive Unterrichtsqualität (mit Ausnahme von Leitfrage 7) nur drei Unterrichtsstunden einer Klasse von drei Ratern analysiert werden müssen, damit ihr Urteil über die Qualität des Unterrichts zuverlässig ist (Nowińska et al., 2018).

Selbstreguliertes Lernen

In engem Zusammenhang zu Metakognition steht der langfristige Prozess des selbstregulierten Lernens. Selbstreguliertes Lernen ist als Begriff, wie auch Metakognition, nicht einheitlich definiert und umfasst viele unterschiedliche Facetten, wie beispielsweise selbstbestimmtes oder autonomes Lernen. Die verschiedenen Ausprägungen des Begriffs „selbstreguliertes Lernen" haben jedoch ebenfalls einen gemeinsamen Kern, den Pintrich (2000, S. 453) wie folgt zusammenfasst:

„Selbstreguliertes Lernen ist ein aktiver, konstruktiver Prozess, bei dem der Lernende sich Ziele für sein Lernen selbst setzt und zudem seine Kognitionen, seine Motivation und sein Verhalten in Abhängigkeit von diesen Zielen und den gegebenen äußeren Umständen beobachtet, reguliert und kontrolliert." [Übersetzung von Otto et al. (2011, S. 34)]

Die Definition des selbstregulierten Lernens enthält kognitive, metakognitive und motivationale Anteile. Untersuchungen zu selbstreguliertem Lernen haben also auch immer Metakognition zum Thema.

3.1.3 Metakognitionsverständnis dieser Arbeit

In dieser Arbeit wird die in der Literatur weit verbreitete und anerkannte Teilung von Metakognition in Wissen über Kognition und Regulierung von Kognition übernommen (siehe 3.1.1).

Wissen über Kognition beschreibt dabei das Wissen, das Personen über ihre eigene Kognition oder Kognition im Allgemeinen haben. Schraw (1998) beschreibt darunter das Wissen über einen selbst als Lernenden und über Einflussfaktoren auf die eigene Leistung (deklaratives Wissen) sowie das Wissen, wie man Dinge tut (z. B. Heuristiken und Strategien, prozedurales Wissen) und wann und warum deklaratives oder prozedurales Wissen genutzt wird (konditionales Wissen). Dieses Verständnis wird hier übernommen, ist jedoch für die Untersuchung an sich nicht von Bedeutung, da in dieser Arbeit kein Training von Metakognition durchgeführt wird, insbesondere keines, das auf Wissen über Kognition abzielt. Der Fokus der Arbeit liegt auf dem Argumentieren und Beweisen und der Regulierung dieser Tätigkeiten im Prozess. Eine Erhebung des Wissens über Kognition, die in der Regel durch Interviewfragen oder schriftliche Tests erfolgt, ist daher nicht sinnvoll.

Da Handlungen von Studierenden untersucht werden, liegt der Fokus der Arbeit auf dem Bereich der *Regulierung von Kognition.* Dieser Bereich der Metakognition wird in der Forschung häufig auch unter dem Begriff der Selbstregulation gefasst (Rott, 2013). Unter der Regulierung von Kognition werden in dieser Arbeit wie bei Cohors-Fresenborg (2012) die Kategorien Planung, Monitoring und Reflexion verstanden. Planung umfasst nach Cohors-Fresenborg und Kaune (2007) Aktivitäten, bei denen das weitere Vorgehen geplant oder strukturiert wird. Werden Aktivitäten, beispielsweise fachspezifische Tätigkeiten oder eigene kognitive Prozesse (Selbstüberwachung), kontrolliert oder überwacht, handelt es sich um Monitoring (Nowińska, 2018). Reflexion beschreibt die Reflexion des eigenen Denkens oder Handelns, aber auch die Reflexion anderer Produkte der Kognition, z. B. Skizzen oder Begriffsbestimmungen (Nowińska, 2016) (Abbildung 3.4).

Abbildung 3.4 Metakognitionsbegriff dieser Arbeit (nach Cohors-Fresenborg, 2012, und Schraw, 1998)

In der Selbstregulationsforschung findet sich diese Dreiteilung ebenfalls wieder. Schmitz (2001) unterscheidet drei Phasen der Selbstregulierung. Die präaktionale Phase umfasst das Festlegen von Zielen und die Planung von Strategien (vgl. Planung), die aktionale Phase das Überwachen des eigenen Handelns (vgl. Monitoring) und die postaktionale Phase die Reflexion von Resultaten und die Anpassung von Zielen und Strategien (vgl. Reflexion). Während im Modell von Schmitz (2001) die Phasen größere Zeiträume umfassen, können sich nach dem in dieser Arbeit verwendeten Verständnis nach Cohor-Fresenborg (2012) Planungs-, Monitoring- und Reflexionsaktivitäten untereinander abwechseln, sie sind nicht in Phasen zusammengefasst. Dies ermöglicht eine feinschrittige und detailliertere Erfassung der metakognitiven Aktivitäten, die in dieser Arbeit die Erfassung der Metakognition und ihrer Auswirkungen auf das Argumentieren und Beweisen erleichtert.

Das hier beschriebene Verständnis von Metakognition mit dem Fokus auf die Regulierung von Kognition bildet in dieser Arbeit die Grundlage für die Auswertung(smethode) und die Beschreibung der Ergebnisse.

3.2 Metakognition – Forschungsergebnisse bei Lernenden und Lehrenden

Metakognition befähigt dazu, die eigenen kognitiven Fähigkeiten zu regeln und Schwachpunkte zu bestimmen. Nach Schraw (1998) ist Metakognition dadurch unverzichtbar für erfolgreiches Lernen. Gerade Schülerinnen und Schüler sollten daher über eine ausgeprägte Metakognition verfügen. Dass dem nicht immer so ist, zeigen einige Untersuchungen, die im Teilkapitel 3.2.1 vorgestellt werden. Um Metakognition zu fördern, ist es wichtig, bei Lernenden ein Bewusstsein für Metakognition zu schaffen, und zu klären, wie sie sich von Kognition unterscheidet und das Lernen unterstützt. In der Schule liegt es an den Lehrkräften, diese Förderung der Metakognition durchzuführen. In Teilkapitel 3.2.2 werden daher einige Studien über die Metakognition bei (angehenden) Lehrkräften und die metakognitiven Anteile ihres Unterrichts vorgestellt.

Bei diesem Kapitel handelt es sich nicht um eine umfassende Übersicht aller Forschungsergebnisse. Ausgewählt wurden frei verfügbare Artikel, in der Regel mit Bezug auf Mathematikunterricht. Ein Fokus lag dabei auf aktuellen Artikeln der letzten Jahre und auf Artikeln, die häufig zitiert wurden. Durch die ausgewählten Artikel soll ein Einblick in den Forschungsstand ermöglicht werden, der keinen Anspruch auf Vollständigkeit erhebt.

3.2.1 Metakognition bei Schülerinnen und Schülern

Metakognition ist ein wichtiger Indikator für die (Mathematik-)Leistung und das Lernen von Schülerinnen und Schülern (u. a. Desoete & De Craene, 2019; Schneider & Artelt, 2010). Eine ausgeprägte Metakognition ist für Schülerinnen und Schüler wichtig. Deshalb wurde in vielen Studien untersucht, welche metakognitiven Fähigkeiten und Fertigkeiten Schülerinnen und Schüler mitbringen und wie man diese verbessern kann. Hierbei stellt sich die Frage, ab welchem

Alter Metakognition auftritt und wann Untersuchungen und Interventionen sinnvoll sind. In der Anfangszeit der Metakognitionsforschung wurde angenommen, dass jüngere Kinder nicht über Metakognition verfügen (vgl. Kuzle, 2018). Inzwischen haben Untersuchungen gezeigt, dass sich Metakognition in Ansätzen schon in der Vorschule feststellen lässt, sich bis zum 12. Lebensjahr ausprägt und ein Leben lang weiterentwickelt wird, wie Desoete und De Craene (2019) in ihrem Übersichtsartikel anmerken. Im Folgenden werden einige Forschungsergebnisse nach Klassenstufen sortiert dargestellt, die einen Einblick in die metakognitiven Fähigkeiten von Schülerinnen und Schülern geben sollen. Dabei werden zunächst Schülerinnen und Schüler der Sekundarstufe betrachtet, bei denen nach Forschungsstand die Metakognition bereits ausgeprägt sein sollte. Im Anschluss werden auch Schülerinnen und Schüler der Grundschule in den Blick genommen.

Forschung in der Sekundarstufe

Metakognitionsforschung in der Sekundarstufe deckt viele verschiedene Bereiche ab. Dieser Abschnitt gibt einen kurzen Einblick in Studien zur Entwicklung von Metakognition bei 13- bis 15-Jährigen, über die Auswirkungen von (fehlender) Metakognition im Unterricht und über den Einfluss von Interventionen, Sozialformen und Schularten.

In einer Langzeitstudie über drei Jahre untersuchten Van der Stel und Veenman (2014) die Entwicklung von Metakognition mit Fokus auf Qualität und Quantität, Intelligenz und Allgemeinheitsgrad (allgemein oder fachspezifisch). Drei Jahre in Folge bearbeiteten 25 Schülerinnen und Schüler jährlich in Einzelarbeit mit Lautem Denken Aufgaben in Geschichte und in Mathematik sowie Fach- und Intelligenztests. Die Auswertung zeigt, dass Metakognition und Intelligenz nicht direkt voneinander abhängen, sondern auch unabhängige Anteile haben. Im ersten und dritten Jahr der Untersuchung gab es zudem einen Zusammenhang zwischen der Metakognition und der fachlichen Leistung. Die Entwicklung der Metakognition war entgegen der Erwartungen nicht linear oder in vergleichbarer Geschwindigkeit. Während in den ersten zwei Jahren die Metakognition in der Regel stieg, war sie im dritten Jahr stabil oder ging sogar etwas zurück. In diesem Jahr wandelte sich die Metakognition zudem von fachspezifisch zu allgemein. Van der Stel und Veenman (2014) vermuten, dass es zu einer kognitiven Überlastung kommen könnte, würde neben der Verallgemeinerung der Metakognition noch die Entwicklung von Metakognition dazu kommen. Diese Studie zeigt, dass sich auch in der Sekundarstufe die Metakognition von Schülerinnen und Schülern weiterentwickelt und zudem verallgemeinert.

Doch welche Auswirkungen hat Metakognition auf den Unterricht bzw. Metakognition im Unterricht auf die Schülerinnen und Schüler? Cohors-Fresenborg et al. (2010) betrachteten Schülerschwierigkeiten in der Schulalgebra und stellten die Hypothese auf, dass diese Schwierigkeiten aus fehlender Metakognition und ihrer Geringschätzung im Unterricht entspringen. Schülerinnen und Schüler ab der zehnten Klasse wurden gebeten, Fehler in algebraischen Termumformungen zu finden und danach einen Fragebogen zu Monitoringaktivitäten auszufüllen. Die Schülerinnen und Schüler wiesen verschiedene Leistungsniveaus in Mathe aus (normal, hoch und sehr hoch). In einer Wiederholung der Studie wurden zusätzlich Interviews mit einigen der Teilnehmenden geführt, um den Zusammenhang zwischen Wissen über Monitoring und der Anwendung von Monitoring zu untersuchen. Die Studien zeigen, dass der Erfolg bei allen Leistungsgruppen niedriger ist als erwartet. Diese hohe Fehlerquote scheint durch fehlendes bzw. mangelhaftes Monitoring entstanden zu sein.

Mit zwei Lernenden dieser Studie wurde zusätzlich ein „Matrixtest" gemacht, in dem Muster gefunden und begründet werden mussten. Cohors-Fresenborg et al. (2010) wollten durch Eye-Tracking der Frage nachgehen, wie sich metakognitive Aktivitäten in Augenbewegungen zeigen. Die Ergebnisse zeigten, dass schlechtere Schülerinnen und Schüler Informationen isoliert betrachten und so schauen, dass sie kognitive Konflikte vermeiden (Cohors-Fresenborg et al., 2010). Bessere Schülerinnen und Schüler hingegen haben eine effektivere visuelle Wahrnehmung und können Informationen daher tiefer verarbeiten. Sie zeigen mehr metakognitives Wissen und Aktivitäten in ihren Argumentationen. Selbst wenn keine Lösung gefunden wird, arbeiten bessere Schülerinnen und Schüler länger an Aufgaben und zeigen mehr Monitoring. Die Ergebnisse der Studien fassen Cohors-Fresenborg et al. (2010) damit zusammen, dass nicht nur das Wissen über Metakognition verbessert, sondern das Monitoringverhalten geändert werden muss. Der Wille zum Einsatz von Monitoring ist von Person zu Person unterschiedlich und häufig unterbewusst. Für die Veränderung des Monitoringverhaltens, wie in der Studie gefordert, scheint auch eine Änderung der Unterrichtskultur und im Verhalten von Lehrkräften notwendig.

Dass nicht jede dahingehende Veränderung anschlägt, zeigt die folgende Studie. Vorhölter (2019) überprüfte die Wirkung einer Intervention zu Metakognition beim mathematischen Modellieren. Schülerinnen und Schüler aus 18 Klassen der neunten und zehnten Jahrgangsstufe wurden auf Interventions- und Kontrollgruppe aufgeteilt und nahmen an Pre- und Posttests teil. Bei der Interventionsgruppe wurden die metakognitiven Aktivitäten des Planens, Monitorings und Evaluierens fokussiert, in der Kontrollgruppe lag der Fokus auf den mathematischen Inhalten. Vor Beginn der Intervention wurden die Lehrkräfte zudem im Modellieren und in Metakognition bzw. mathematischen Inhalten geschult. Die Auswertung zeigte, dass zwar die Schülerinnen und Schüler der

Interventionsgruppe am Ende der Untersuchung mehr evaluierten als die der Kontrollgruppe, jedoch ist die Wirkung der Intervention damit nicht bestätigt. Zwischen den Kleingruppen, in denen gearbeitet wurde, gab es größere Unterschiede in der Metakognition als zwischen Interventions- und Kontrollgruppe. Diese Studie zeigt, dass kurzfristige Änderungen am Unterricht nicht unbedingt den gewünschten Nutzen bringen.

Auch wenn der Unterricht metakognitiv geprägt ist, kann Metakognition je nach Sozialform unterschiedlich auftreten. In ihrer Studie mit 13-Jährigen erfassten Hurme et al. (2006) die Metakognition Lernender bei Gruppenarbeit am Computer, also welche metakognitiven Prozesse wie häufig ablaufen, ob es Unterschiede zwischen den Gruppen gibt und welchen Zusammenhang Metakognition und der Grad der Mitwirkung in der Gesamtgruppe haben. Dabei wurde nicht die Metakognition der einzelnen Lernenden betrachtet, sondern die sozial geteilte Metakognition der Gruppe (siehe auch Studie von Iiskala et al., 2011, im weiteren Verlauf des Abschnitts). 16 Schülerinnen und Schüler nahmen an einem Geometriekurs teil, der 16 Mal stattfand (je 75 min). In Paaren bearbeiteten sie geometrische Aufgaben am Computer, die Aufgaben waren frei wählbar. Der Lösungsprozess wurde von den Schülerinnen und Schülern am Computer mitgeschrieben, zwischen den Gruppen konnten Nachrichten ausgetauscht werden, ebenfalls mit der Lehrkraft und der Gesamtgruppe. Die Ergebnisse zeigen, dass die Menge an Metakognition zwischen den Gruppen stark variiert, viele Notizen enthalten keine Metakognition. Planung kam in den Notizen und Nachrichten nicht vor, dies kann aber nach den Forschern daran liegen, dass diese vermutlich nicht aufgeschrieben wurde. Bei den Nachrichten an andere fand ebenso wenig Metakognition statt. Die Lehrkraft war die Einzige, die Wissen über Kognition in ihren Nachrichten verwendete, bei den Lernenden handelt es sich nur um Regulierung der Kognition. Hurme et al. (2006) konnten ebenfalls beobachten, dass die Gruppen, bei denen mehr Monitoring und Evaluation stattfand, im Kommunikationsnetzwerk der Klasse bessere Positionen inne hatten. Die Ergebnisse dieser Studie zeigen, dass die Arbeit in Gruppen und auch der Austausch zwischen verschiedenen Gruppen die auftretende Metakognition beeinflusst.

Dass Metakognition und schulische Leistung zusammenhängen, zeigt unter anderem die folgende Studie. Schneider und Artelt (2010) berichten Ergebnisse aus der deutschen Erweiterung der PISA-Studie 2003. Bei 1433 15-jährigen Schülerinnen und Schülern wurde die Metakognition in Mathematik untersucht. Die Ergebnisse zeigen, dass die mathematische Leistung und die Metakognition korrelieren, Metakognition sogar ca. 18 % der Variation der Leistungsergebnisse erklären kann. Zudem hängen Leistung und Metakognition von der Art der weiterführenden Schule ab.

Dieser Zusammenhang wurde im Folgenden weiter beforscht. In einer Längsschnittuntersuchung mit 763 Schülerinnen und Schülern der fünften Klasse aus Gymnasien, Haupt- und Realschulen wollten Lingel et al. (2010, 2014) den Zusammenhang von Regulierung von Kognition und der Entwicklung mathematischer Kompetenzen untersuchen. Dafür erhoben sie am Anfang und Ende der fünften Klasse die Mathematikleistung und das metakognitive Wissen der Schülerinnen und Schüler sowie Intelligenz, soziale Herkunft, Rechenfertigkeiten, mathematisches Selbstkonzept und mathematisches Interesse. Die Ergebnisse zeigen Unterschiede nach Geschlecht (Schneider & Artelt, 2010). Die mathematische Leistung der Jungen ist besser als die der Mädchen, bei der Metakognition sind Mädchen einen Hauch besser als die Jungen. Daraus lässt sich schließen, dass Mädchen ihre metakognitiven Fertigkeiten in Mathematik nicht ausreichend einsetzen. Ebenso gibt es Unterschiede in der Metakognition nach den verschiedenen Schularten (Lingel et al., 2014). Am besten schneiden Schülerinnen und Schüler am Gymnasium ab, am schlechtesten an der Hauptschule. Lingel et al. (2014) betonen jedoch auch, dass die Unterschiede in der Metakognition schon zu Beginn der fünften Klasse zu erkennen sind. Sie können also nicht durch die Zuweisung in die weiterführende Schule entstehen, sondern müssen sich schon in der Grundschule entwickelt haben. Metakognition erweist sich zudem als bedeutsamer Vorhersagefaktor für spätere Leistungen in Mathematik.

Fazit zu den Studien aus der Sekundarstufe

Aus den oben beschriebenen Studien lassen sich verschiedene Schlüsse ziehen. Um das metakognitive Verhalten der Schülerinnen und Schüler, wie von Cohors-Fresenborg et al. (2010) gefordert, zu ändern, sind die Struktur des Unterrichts und das Verhalten der Lehrkraft ausschlaggebend. Diese Schlussfolgerung wird auch durch die Ergebnisse von Hurme et al. (2006) gestützt, dass die Art der Mitarbeit in einer Gruppe die Metakognition beeinflusst. Durch die Gestaltung der Sozialformen im Unterricht hat die Lehrkraft also eine Möglichkeit, die Metakognition der Schülerinnen und Schüler zu verbessern. Wichtig ist dabei, dass die Gestaltung des Unterrichts zur Förderung von Metakognition langfristig erfolgt, da Vorhölter (2019) gezeigt hat, dass kurzfristige Interventionen nicht immer wirksam sind.

Bei der Untersuchung des Zusammenhangs von Metakognition und schulischer Leistung stellten Schneider und Artelt (2010) fest, dass die Metakognition der Schülerinnen und Schüler auch von der Art der weiterführenden Schule abhängt. Am Gymnasium zeigt sich am meisten Metakognition, an der Hauptschule am wenigsten. Dies könnte ebenfalls auf die Art bzw. die Ziele des Unterrichts der verschiedenen Schulformen zurückgeführt werden, wodurch die

Bedeutung von Unterricht und Lehrkraft für die Entwicklung von Metakognition weiter unterstützt wird. Eine Untersuchung von Lingel et al. (2014) zeigt jedoch, dass diese Unterschiede in der Metakognition bereits zu Beginn der fünften Klasse auftreten. Als wichtig erweisen sich daher nicht nur der Unterricht und die Lehrkräfte der Sekundarstufe, der Grundstein scheint bereits in der Grundschule gelegt zu werden. Im Folgenden werden daher Studien zu Metakognition in der Grundschule betrachtet.

Forschung in der Grundschule

Auch für die Grundschule gibt es Untersuchungen zu Metakognition. Die folgenden Studien geben einen kleinen Einblick zur Metakognition von Schülerinnen und Schülern der zweiten und vierten Klasse, über die Wirkung von Metakognition bei Schülerinnen und Schülern mit Rechenschwäche und über den Einfluss von Gruppenarbeit auf die Metakognition.

Kuzle (2018) untersuchte bei Grundschülerinnen und -schülern, welche Muster sich in der Anwendung metakognitiver Aktivitäten zeigen. Teilnehmer waren je 18 Schülerinnen und Schüler der zweiten und vierten Klasse, die in einzelnen Sitzungen insgesamt drei Problemlöseaufgaben bearbeiteten. In den Sitzungen sollten die Schülerinnen und Schüler zuerst die Aufgabe lösen und im Anschluss ihren Prozess mithilfe von Karten rekonstruieren, auf denen verschiedene kognitive und metakognitive Aktivitäten geschrieben standen. Um die Rekonstruktion mit den Karten zu überprüfen, wurden diese nach dem Auslegen weggepackt und mit den Schülerinnen und Schülern über den Prozess gesprochen. Die Metakognition wurde nach J. Wilson und Clarke (2004) kategorisiert.

Die Ergebnisse zeigen, so Kuzle (2018), dass Schülerinnen und Schüler der zweiten und auch der vierten Klasse zur Lösung einer Aufgabe nicht die mathematische Struktur der Aufgabe nutzen, sondern bekanntes und „normales" Verhalten beibehalten. Im Lösungsprozess wechselten sich trotzdem kognitive und metakognitive Schritte ab. Bei den Schülerinnen und Schülern der zweiten Klasse gab es mehr Awareness (A) als in der vierten Klasse, vermutlich, weil Problemlösen für die jüngeren eine neue Situation war. Evaluation (E) fand in beiden Jahrgängen am meisten statt. Die meisten Prozesse begannen mit A und endeten mit E. Unterschiede gab es bei der Planung. In der zweiten Klasse waren es Schritt-für-Schritt-Planungen, in der vierten Klasse taten dies nur die Hälfte der Schülerinnen und Schüler, die andere Hälfte plante ihr Vorgehen als Ganzes. Als Großmuster der Metakognition zeigten sich die Muster Awareness-Evaluation-Regulation (AER) und Awareness-Regulation-Evaluation (ARE) am häufigsten, etwa gleich häufig in der zweiten Klasse und ARE etwas mehr in der vierten Klasse. Längere Muster, z. B. AERAE, gab es hauptsächlich in der vierten Klasse. Hier nahm Kuzle (2018) an, dass die älteren Kinder schon über mehr Metakognition verfügen. Kürzere und daher unvollständige Muster, z. B. AR, zeigten sich in Klasse zwei. Hier vermutet Kuzle (2018) unbewusstes Verhalten oder Überforderung bei der Rekonstruktion des Lösungsprozesses mit den Karten. Diese Studie zeigt, dass sich die Metakognition von Kindern im Verlauf der Grundschule entwickelt und verbessert.

Lucangeli et al. (2019) nahmen in ihrer Studie eine spezielle Schülergruppe in den Blick. Sie untersuchten eine Intervention, die bei Schülerinnen und Schülern mit Dyskalkulie und ähnlichen Rechenschwächen die Kognition und das selbstregulierte Lernen in der Arithmetik fördern soll. 68 Kinder zwischen 7 und 12 Jahren wurden in zwei Gruppen aufgeteilt, die Interventionsgruppe, in der selbstreguliertes Lernen gefördert wurde, und die Kontrollgruppe, in der eine Förderung ohne selbstreguliertes Lernen stattfand. Es gab einen Pre- und einen Posttest. Die Intervention wurde mithilfe der Pretest-Ergebnisse auf den Lernstand und die Fähigkeiten der einzelnen Schülerinnen und Schüler angepasst. Die Ergebnisse zeigen, dass die Interventionsgruppe besser abschnitt bei schriftlichem Rechnen und dem Aufschreiben diktierter Zahlen, zudem weniger Fehler machte und schneller beim Kopfrechnen war. Es zeigt sich, dass die Schülerinnen und Schüler der Interventionsgruppe ihr Verhalten und ihre Ergebnisse mehr und erfolgreicher kontrollierten. Diese Studie macht deutlich, dass auch schwache Schülerinnen und Schüler von Metakognition und ihrer Förderung profitieren. Eine Überforderung dieser Schülerinnen und Schüler durch metakognitiven Unterricht ist also nicht zu erwarten.

Im Unterricht ist nicht nur die metakognitive Ausrichtung an sich wichtig, auch in der Grundschule hat die Sozialform Einfluss auf die Metakognition. Iiskala et al. (2011) untersuchten Schülerpaare, um herauszufinden, wie sich Metakognition in der Gruppe zeigt. Sie gehen davon aus, dass Metakognition der Gruppe sich von der Metakognition Einzelner unterscheidet. Diese Metakognition in der Gruppe bezeichnen sie als „sozial-geteilte Metakognition“, die bei Gruppenarbeiten konsensuelles Monitoring und Regulierung der Gruppenmitglieder über gemeinsame kognitive Prozesse beschreibt. Wichtig sei hierbei, dass die Gruppe ein gemeinsames Ziel habe und es sich nicht um eine Routine-, sondern eine Problemlöseaufgabe handele. Zu sozial-geteilter Metakognition gehören beispielsweise das Kontrollieren von Ergebnissen anderer Gruppenmitglieder, das Monitoring von Vorschlägen und Handlungen oder das Nachfragen bei Nicht-Verständnis. Vorhölter (2019) nennt zudem die Interaktion der Gruppenmitglieder als wichtigen Faktor und dass es wichtig ist, dass die Gruppenmitglieder ihre Gedanken den anderen z. B. durch Lautes Denken zugänglich machen. Nach Iiskala et al (2011) brauche sozial-geteilte Metakognition ein anderes Konzept als Metakognition bei Einzelnen und obwohl die Untersuchung sozial-geteilter Metakognition möglich sei, gebe es kaum Forschung in diesem Bereich.

In der Studie von Iiskala et al. (2011) wurden vier Schülerpaare aus der vierten Klasse betrachtet. Die 10-Jährigen kannten einander und zeigten hohe Leistungen in Mathematik. In 14 Terminen bearbeiteten die Gruppen zweimal die Woche für ca. 30–45 min Aufgaben der Grundrechenarten mit verschiedenen Schwierigkeiten, die in ein Computerspiel eingebettet waren. Die Ergebnisse zeigen, dass sozial-geteilte Metakognition häufiger und länger stattfindet, wenn die Aufgaben eine hohe Schwierigkeit haben. Sie hat die Funktion, gemeinsame Modelle und Veranschaulichungen zu finden sowie hinderliche Aktivitäten zu vermeiden. Fokussiert wird sozial-geteilte Metakognition sowohl auf die Modelle, die die Gruppenmitglieder für die Aufgabe bauen, als auch auf das Ausrechnen der Ergebnisse. Sozial-geteilte Metakognition findet dabei am häufigsten zur Überprüfung von Ergebnissen statt. Bei schwierigen Aufgaben tritt sie auch viel bei dem Erstellen von bzw. der Verständigung auf Modelle auf. Am Anfang einer Episode mit sozial-geteilter Metakognition befindet sich häufig eine Aussage, die dem Bereich des Wissens über Kognition, genauer Flavells (1979) metakognitiven Erfahrungen, zuzuordnen ist. Iiskala et al. (2011) merken ebenfalls an, dass individuelle und sozial-geteilte Metakognition nicht voneinander getrennt sind. Sie überschneiden sich und beeinflussen sich gegenseitig. Auf den Unterricht kann aus dieser Studie übertragen werden, dass sowohl individuelle als auch sozial-geteilte Metakognition gefördert werden muss. Dabei ist auch die Aufgabenauswahl wichtig.

Fazit für die Grundschule
Für die Grundschule zeigt sich im Allgemeinen, dass sich die Metakognition von Schülerinnen und Schülern entwickelt und ausprägt. Die Studie von Kuzle (2018) weist allerdings darauf hin, dass dies nicht bei allen Schülerinnen und Schülern gleich schnell geschieht. Auch Schülerinnen und Schüler im Grundschulalter profitieren daher bereits von gezielter Förderung der Metakognition. Auch Schülerinnen und Schüler mit Dyskalkulie und anderen Rechenschwächen können durch Metakognition ihre schulischen Leistungen verbessern, wie Lucangeli et al. (2019) zeigen. Eine metakognitive Ausrichtung des Unterrichts kann vielleicht sogar bewirken, die von Lingel et al. (2014) zu Beginn der fünften Klasse beschriebenen Unterschiede zwischen der Metakognition von Schülerinnen und Schülern zu verkleinern. Beachtet werden sollte dabei, dass die Metakognition einzelner sich von der Metakognition der Gruppe, von Hurme et al. (2006) und Iiskala et al. (2011) als sozial-geteilte Metakognition bezeichnet, unterscheiden kann, auch wenn sie sich gegenseitig beeinflussen. Im Unterricht

kann durch den Wechsel von Einzel- und Gruppenarbeiten beides entwickelt und gefördert werden. Dabei ist auch die Auswahl von Aufgaben (und deren Schwierigkeit) durch die Lehrkraft wichtig. Die oben beschriebenen Feststellungen für die Sekundarstufe scheinen somit auf die Grundschule übertragbar.

Auch Metastudien zeigen, dass die Förderung von Metakognition, egal in welcher Schulstufe, in der Regel positive Auswirkungen für die Schülerinnen und Schüler hat. Dignath und Büttner (2008) betrachten in einer Metastudie Interventionen in Grundschule und weiterführender Schule bei selbstreguliertem Lernen. Untersucht wurden 49 Studien in der Grundschule (Klasse 1 bis 6) und 35 Studien in weiterführenden Schulen (Klasse 7 bis 10). Die Ergebnisse zeigen, dass Interventionen wirksamer sind, wenn sie nicht von der Lehrkraft, sondern von externen Forschern durchgeführt werden. Ebenfalls zeigt sich, dass Interventionen in Mathematik effektiver sind als in Lesen, Schreiben und anderen Fächern und sich die Effektivität mit der Dauer der Intervention steigert. In beiden Schularten ist ein positiver Einfluss von Metakognition feststellbar. In weiterführenden Schulen ist der Fokus auf Metakognition in Verbindung mit motivationalen Strategien wirksamer als der Fokus auf kognitive Strategien, in der Grundschule hingegen liegt der positive Einfluss von Metakognition vor allem in der Nutzung von Strategien.

Forderungen an metakognitiven Unterricht

Neben den durch mich aus den vorgestellten Studien entwickelten Forderungen nach und für einen metakognitiven Unterricht, lassen sich auch in der Literatur Forderungen an metakognitiven Unterricht finden.

Metakognition bildet sich zwar zum Teil durch Entwicklung aus, Van der Stel et al. (2010) weisen aber darauf hin, dass es große individuelle Unterschiede in der Entwicklungskurve gibt. Daher sei es wichtig, dass auch in der Bildung, wie beispielsweise im Mathematikunterricht, die Förderung von Metakognition verbessert wird. Da der Aufbau und die Verbesserung von Metakognition lange dauert und kontinuierlich fortgesetzt werden sollte, sind der Unterricht und auch die Lehrkräfte entscheidend (Vorhölter, 2019).

Wall und Hall (2016) beschreiben Unterricht, der Metakognition fördert, als einen Unterricht, in dem Zeit gegeben wird, um sich auf das Lernen konzentrieren zu können sowie sich auf Aufgaben zu fokussieren, sie zu reflektieren und durch die Reflexion festgestellte Probleme beheben zu können. Zudem brauche es Zeit und Gelegenheit, um über Denkprozesse und Handlungen sprechen und sie teilen zu können. Auch Sjuts (2003) sieht in Diskursivität eine Notwendigkeit für verständnisintensives Lernen, von dem Metakognition ein wichtiger Teil ist, da durch Diskurs mentale Vorstellungen nach außen gebracht und dadurch analysierbar werden. Im Unterricht hat die Lehrkraft die Aufgabe, Diskurs anzuregen, zu leiten und auf „Niveau" zu halten. Dazu ist bei Lehrkräften und Lernenden nicht nur die Fähigkeit zum Diskurs notwendig, sondern auch die Bereitschaft dazu.

Sjuts (2003) stellt zudem konkrete Forderungen an die Einbindung von Metakognition in den Unterricht. Er beschreibt Metakognition als Grundqualifikation für (lebenslanges) Lernen, die „die Effektivität von Denken und Lernen" (Sjuts, 2003, S. 15) erhöht. Da zwar jeder Metakognition betreibe, in vielen Fälle aber unbewusst, sei es notwendig, Metakognition bewusst zu machen und zu stärken. Metakognition bedürfe dazu einer didaktisch-fachlichen Einbindung, da sie nicht getrennt von Wissen vermittelt werden kann, sowie einer sozial-unterrichtlichen Einbindung, bei der Lehrkräfte anleiten, beraten, unterstützen und sicherstellen müssen, dass Metakognition vermittelt wird. Für die Vermittlung von Metakognition sei die (Einstellung der) Lehrkraft entscheidend, da der Unterricht auf bestimmte Art gestaltet werden müsse. Dazu gehöre unter anderem, dass Aufgaben, die Metakognition erfordern und fördern, Teil des normalen Unterrichts werden, da sie vereinzelt nicht wirken, sondern in der „Menge".

Fazit zur Metakognition bei Schülerinnen und Schülern

Der in diesem Abschnitt gegebene Einblick in die Forschung zeigt, dass Schülerinnen und Schüler neben der natürlichen Entwicklung von Metakognition auch ein hohes Entwicklungspotential haben, dass durch Förderung von Metakognition im Unterricht ausgeschöpft werden kann. Dafür braucht es einen Unterricht, der daraufhin ausgerichtet ist, und Lehrkräfte, die ihn umsetzen und als Vorbilder dienen können. Die in dieser Arbeit untersuchten Lehramtsstudierenden, die sich im letzten Jahr ihrer universitären Ausbildung befinden, sind bald eben diese Lehrkräfte und Vorbilder. Ihre Metakognition sollte also „gut" ausgebildet sein, damit sie einen solchen Unterricht auch umsetzen können. Bevor in den Ergebnisteilen die Metakognition dieser Studierenden betrachtet wird, behandelt das nächste Teilkapitel 3.2.2 Ergebnisse anderer Studien zur Metakognition von (angehenden) Lehrkräften.

3.2.2 Metakognition bei Lehramtsstudierenden und Lehrkräften

Lehrkräfte haben großen Einfluss auf das Lernen ihrer Schülerinnen und Schüler, sie werden sogar als „die wichtigsten Akteure im Bildungswesen" (Baumert & Kunter, 2011, S. 29) bezeichnet. Nach Baumert und Kunter (2011) ist die gute Ausbildung von Lehrkräften ein grundlegender Beitrag zur Verbesserung der schulischen Bildung. Gut ausgebildete Lehrkräfte verfügen dabei über bestimmte Kompetenzen, die sie in dem aus der COACTIV-Studie hervorgegangenen *COACTIV-Modell der professionellen Kompetenz von Lehrkräften* angeben. Unter dem Oberbegriff der Selbstregulation gehört auch Metakognition zu diesen Kompetenzen.

Metakognition entwickelt sich ein Leben lang weiter (Desoete & De Craene, 2019). Das heißt jedoch nicht, dass Erwachsene – Lehrkräfte mit inbegriffen – immer über ausreichend gute Metakognition verfügen. Diese nicht ausreichende Entwicklung von Metakognition zeigt schon eine Studie von Schoenfeld aus dem Jahr 1981.

Schoenfeld (1981) untersuchte das Verhalten von Mathematikstudierenden und Mathematikern beim Lösen von Problemen und erfasste Unterschiede zwischen ihnen. Anhand von Videoaufnahmen wurde analysiert, wie lange die Probanden in welchen Phasen des Problemlösens sind, wobei die Phasen Lesen, Analyse, Planung, Durchführung und Erkundung sowie Übergänge zwischen den Phasen unterschieden wurden.

Bei Studierenden (arbeiteten in Paaren) ohne Vorwissen zum Problemlösen trat häufig ein bestimmtes Muster auf. Nach kurzem Lesen des Problems trafen sie schnell eine Entscheidung, wie sie vorgehen, die sie bis zum Ende verfolgten ohne Überprüfung der „Sinnhaftigkeit" oder Erkennen auftauchender Alternativen (Schoenfeld, 1981). Obwohl sie über das notwendige Fachwissen verfügten, schafften sie es nicht, das Problem zu lösen (Schoenfeld, 1992). Ein zeitlicher Verlauf dieses typischen Verhaltens ist in Abbildung 3.5 zu sehen.

Das Verhalten eines Mathematikers, der das gleiche Problem lösen sollte, war ganz anders. Obwohl er aus einem anderen Fachbereich kam und daher weniger Fachwissen direkt abrufbar hatte, war er ein guter Problemlöser und löste das gegebene Problem. Er nahm sich wesentlich mehr Zeit zum Analysieren der Aufgabe (siehe Abbildung 3.6) und fragte sich immer wieder selbst, ob sein Vorgehen sinnvoll und zielführend ist (siehe kleine Dreiecke in Abbildung 3.6). Damit erkannte er, welche Ideen er verfolgen sollte und welche nicht und verwarf „schlechte" Ideen (Schoenfeld, 1987).

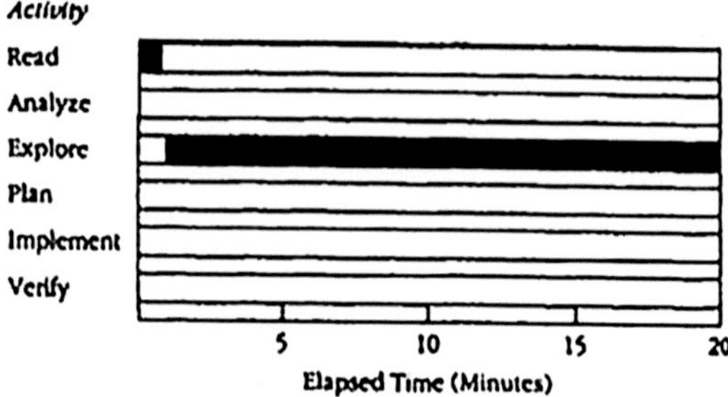

Abbildung 3.5 Zeitlinie eines typischen Novizenverhaltens (Schoenfeld, 1992, S. 356)

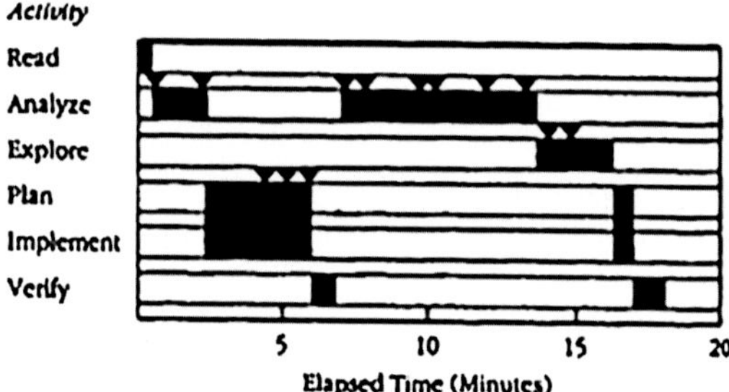

Abbildung 3.6 Zeitlinie eines Expertenverhaltens (Schoenfeld, 1992, S. 356)

Schoenfeld (1987, 1992) bezeichnet Verhalten wie das der Studierenden als das Verhalten von Novizen, Verhalten wie das des Mathematikers als Verhalten von Experten. Der Unterschied zwischen Novizen und Experten besteht in den überwachenden Nachfragen, also nicht im Fachwissen, sondern darin, wie man es benutzt. Diese Nachfragen gehören als Teil der Regulierung von Kognition zur Metakognition.

Diese Untersuchung weist darauf hin, dass nicht einfach davon ausgegangen werden kann, dass Lehrkräfte über ausreichend Metakognition verfügen, um sie ihren Schülerinnen und Schülern beibringen zu können. Im Folgenden werden daher verschiedene Studien vorgestellt, die Metakognition bei (angehenden) Lehrkräften und in ihrem Unterricht untersucht haben. Auch hier handelt es sich nicht um einen vollen Überblick, sondern um einen Einblick in den Forschungsstand.

Metakognition und Unterricht

Um die Entwicklung der Metakognition von Schülerinnen und Schülern zu fördern, sind der Unterricht und die unterrichtende Lehrkraft von Bedeutung. Dies zeigt auch eine Untersuchung von Wall und Hall (2016). In einer Langzeitstudie mit 165 Lehrkräften, Erzieherinnen und Erziehern vom Kindergarten bis Universität zeigen die Forscher, dass Lehrkräfte eine wichtige Funktion für die Entwicklung der Metakognition Lernender haben. Sie werteten Beschreibungen der Lehrkräfte, Fragebögen, eigene Beobachtungsnotizen, Interviews und Schülermaterial aus und entwickelten ein Modell („stages of metacognitive development"), dass die Entwicklung der Metakognition im Klassenraum abbildet. Die Ergebnisse zeigen, dass Lehrkräfte Vorbilder und „lebende Beispiele" sein müssen, um Metakognition zu fördern. Das bedeutet auch, dass Lehrkräfte ihre Denkprozesse und auch ihre Fehler offenlegen müssen, was am Anfang eine große Überwindung ist und die Art, wie Unterricht funktioniert, verändert. Doch das Vorleben der Lehrkräfte ermöglicht Schülerinnen und Schülern, ihre Rolle als Lernende aus neuer Perspektive zu sehen und ihren Blickwinkel zu ändern.

Wie aber sieht der Unterricht in der Regel aus? Wie wird Metakognition (und auch selbstreguliertes Lernen, das Metakognition als wichtigen Bestandteil beinhaltet) durch Lehrkräfte gefördert?

Dignath und Büttner (2018) untersuchten die Förderung von selbstreguliertem Lernen in Grundschule und Sekundarstufe. Selbstreguliertes Lernen ist auch schon früh in der Grundschule sinnvoll, um bei Lernenden eine gute Lerneinstellung zu erzeugen. Von zwölf Grundschullehrkräften und 16 Sekundarstufenlehrkräften wurde je eine Stunde Mathematikunterricht in einer dritten bzw. siebten Klasse videografiert. Mit neun der teilnehmenden Lehrkräfte aus der Sekundarstufe wurden zudem Interviews geführt, um ihre Sicht auf selbstreguliertes Lernen zu erfassen. Unterschieden wird zwischen direkter und indirekter Förderung von selbstreguliertem Lernen, beides ist für die Förderung von selbstreguliertem Lernen wichtig. Direkte Förderung umfasst die explizite Förderung durch Erklären und Benennen von kognitiven, metakognitiven und motivationalen Strategien und die implizite Förderung, wenn Strategien nur angewendet, aber nicht explizit gemacht werden. Indirekte Förderung erfolgt durch die Gestaltung von Lernumgebungen.

Die Auswertung der Unterrichtsvideos zeigt, dass direkte Förderung eher bei kognitiven Strategien erfolgt als bei metakognitiven oder motivationalen, in der Regel ist die Förderung dabei implizit (Dignath & Büttner, 2018). Die Lehrkräfte aus der Sekundarstufe nutzen und vermitteln mehr kognitive und metakognitive Strategien als die Kollegen aus der Grundschule, ihr Unterricht ist allerdings häufiger lehrerzentriert und nicht selbstreguliert. Den Schwerpunkt setzen die Sekundarstufenlehrkräfte dabei auf kognitive Strategien, die anderen Strategien haben für sie nur eine untergeordnete Bedeutung. Im Gegensatz dazu gestalten und nutzen Grundschullehrkräfte bessere und freiere Lernumgebungen, vermitteln aber weniger kognitive Strategien. In der Regel machen sie nur indirekte Förderung von selbstreguliertem Lernen und keine explizite direkte Förderung. Allgemein gibt es jedoch große Unterschiede zwischen den Lehrkräften auch einer Schulstufe. Durch die Interviews konnte ebenfalls festgestellt werden, dass die Lehrkräfte in der Sekundarstufe nur über wenig Wissen über metakognitive Strategien verfügen und ihre Schülerinnen und Schüler häufig auch in der Sekundarstufe noch als zu jung für selbstreguliertes Lernen befinden. Auch die Selbsteinschätzung der Lehrkräfte und ihr Unterricht unterschieden sich stark. Dies könnte allerdings daran liegen, dass nur eine Stunde betrachtet wurde und die Interviews durch sozial erwünschte Antworten verzerrt wurden. Die Untersuchung zeigt jedoch, dass viele Lehrkräfte nicht wissen, wie selbstreguliertes Lernen bzw. Metakognition ihren Schülerinnen und Schülern helfen kann, und auch nicht, wie sie dies im Unterricht (explizit) vermitteln können.

Dieses Ergebnis legt es nahe, bei Lehrkräften auch die eigene Metakognition (bzw. Selbstregulation) und die Einstellung zu Metakognition zu untersuchen und in einen Zusammenhang zu den Auswirkungen auf ihren Unterricht zu stellen. Ein erkennbarer Zusammenhang könnte Einfluss darauf haben, wie Metakognition bei Lehrkräften gefördert werden muss, damit sie guten metakognitiven Unterricht umsetzen können.

Den Zusammenhang zwischen dem Verständnis von angehenden Lehrkräften über Metakognition und der Bedeutung von Metakognition für den Unterricht betrachteten beispielsweise N. S. Wilson und Bai (2010). Sie untersuchten, was Lehrkräfte unter Metakognition verstehen, was ihr pädagogisches Verständnis von Metakognition ist und was es für sie bedeutet, Schülerinnen und Schülern Metakognition beizubringen. Befragt wurden über 100 Lehramtsstudierende verschiedener Fächer mit einem zweiteiligen Testinstrument mit offenen und Ankreuzfragen. Es zeigt sich, dass für die einen Metakognition ein aktiver Prozess ist, wie auch das Lernen von Metakognition. Für die anderen hingegen ist Metakognition eher ein Bewusstseinszustand oder eine Form der Aufmerksamkeit („awareness"). Das deklarative, konditionale und prozedurale Wissen einer (angehenden) Lehrkraft über Metakognition beeinflusst ihr pädagogisches Wissen über Metakognition. Doch zeigte sich auch ein widersprüchliches Verständnis von pädagogischem Wissen über Metakognition, mit sowohl expliziten wie auch impliziten Anteilen. N. S. Wilson und Bai (2010) vermuten diesen Widerspruch im Spannungsfeld zwischen Wissen über Metakognition auf der einen und ihrer Anwendung und Realisierung im Unterricht auf der anderen Seite. Die Ergebnisse beschreiben die oben genannte Zweiteilung genauer. Einige sehen das Unterrichten von Metakognition als aktiven Prozess mit der

Lehrkraft als Anleiter bzw. „Anstifter“ von metakognitivem Verhalten (pädagogisch), am besten noch mit Besprechung und Evaluation von Aufgaben und Strategien mit den Schülerinnen und Schülern am Ende der Bearbeitung (konditional). Andere sehen Metakognition als Bewusstsein („awareness“). Es geht darum, Metakognition zu erkennen (deklarativ) und Aufgaben anzubieten, in denen Metakognition gebraucht wird, ohne aber die Metakognition anzuleiten oder zu benennen (prozedural), wobei es sich hier nicht direkt um das Unterrichten von Metakognition handelt. Diese Studie zeigt, dass das Verständnis von Metakognition die Umsetzung von Metakognition im Unterricht leitet und bedingt.

Ähnliche Untersuchungen gibt es auch im Bereich des selbstregulierten Lernens, bei dem Metakognition ein wichtiger Faktor ist. Kramarski und Kohen (2017) untersuchten bei Studierenden des Lehramts den Unterschied zwischen eigenem selbstreguliertem Lernen und der Förderung von selbstreguliertem Lernen bei Lernenden. Gerade Novizen wie Lehramtsstudierende zeigen oft große Schwierigkeiten bei der Selbstregulierung. Mit einer Intervention über ein Semester wurde getestet, ob allgemeine oder kontextspezifische Anregungen für das eigene selbstregulierte Lernen bzw. die Förderung des selbstregulierten Lernens anderer hilfreicher sind. Dafür wurden Lehramtsstudierende aus den Naturwissenschaften in zwei Gruppen aufgeteilt und ein Fall jeder Gruppe zusätzlich genauer untersucht. Es zeigt sich, dass die Studierenden aus der Gruppe mit kontextspezifischen Anregungen besser in „information management, monitoring and debugging“ (Kramarski & Kohen, 2017, S. 183) sind. Die Fähigkeit zur Reflexion wird ebenfalls durch klare, spezifische Aufforderungen verbessert. Der Probe-„Unterricht“, den die Studierenden planen und im Seminar umsetzen mussten, ist in beiden Gruppen vergleichbar. Im Allgemeinen zeigt sich, dass im „Unterricht“ jeweils die Art der Anregungen der eigenen Gruppe verwendet wurden, die Zuweisung zu einer Gruppe hat jedoch keinen Einfluss beim Erfolg der Übertragung des Gelernten auf das Unterrichtsdesign. Auch diese Studie zeigt einen Einfluss der eigenen metakognitiven Kenntnisse (hier kontextspezifisch bzw. allgemein) auf die Umsetzung im Unterricht. Während es sich bei dieser und der vorherigen Untersuchung um Lehramtsstudierende handelt, gibt es auch Untersuchungen, die Lehrkräfte in den Blick nehmen.

Um herauszufinden, was Lehrkräfte aus der Grundschule und der Sekundarstufe I über selbstreguliertes Lernen glauben und wie sich dies in ihrem Unterricht zeigt, führten Spruce und Bol (2015) mit zehn Lehrkräften, die über mindestens fünf Jahre Unterrichtserfahrung verfügten, Interviews und Unterrichtsbesuche durch, zusätzlich wurde ein Fragebogen angewendet. Die Auswertung von Fragebögen und Interviews zeigt, dass die Einstellung der Lehrkräfte zu selbstreguliertem Lernen im Allgemeinen positiv ist, die Lehrkräfte aber ihre Schülerinnen und Schüler (Klasse 1 bis 10) für zu jung halten, um selbstreguliertes Lernen umsetzen zu können. Allerdings ist das Wissen der Lehrkräfte über selbstreguliertes Lernen gering. Viele können es nicht genauer beschreiben oder wichtige Strategien benennen bzw. umsetzen, was im Widerspruch zur positiven Einstellung der Lehrkräfte steht. Zur Umsetzung von selbstreguliertem Lernen zeigt sich in den Unterrichtsbesuchen, dass zwar viel Monitoring von Lernen im Unterricht stattfindet, jedoch wenig Planung von Lernen. Evaluation von Lernen tritt ebenfalls nur selten auf, findet aber vereinzelt statt. Selbstreguliertes Lernen und Metakognition finden im Unterricht zudem nur implizit nicht explizit statt. Diese Studie zeigt, dass die Einstellung zu Metakognition und das Wissen darüber nicht immer Hand in Hand gehen. Eine positive Einstellung zu Metakognition bedeutet nicht automatisch, dass die Lehrkräfte über „gute" Metakognition verfügen. Im Hinblick auf die Förderung von Metakognition im Unterricht weist diese Studie darauf hin, dass die Einstellung von Lehrkräften zu und ihr Wissen über Metakognition einen Einfluss auf ihr unterrichtliches Handeln haben und bestätigt damit die obigen Studien zu Lehramtsstudierenden.

Einen ähnlichen Zusammenhang betrachtete Prytula (2012). Sie untersuchte, wie Lehrkräfte ihre Metakognition beschreiben, was ihrer Metakognition Impulse gibt und wie Metakognition ihre Arbeit/ihr Lehren beeinflusst. Mit drei Lehrkräften, die an einer Professionellen Lerngemeinschaften (PLG) teilnahmen, wurden Interviews geführt und ausgewertet. Die Auswertung ergibt, dass die Metakognition der Lehrkräfte unterschiedlich stark ausgeprägt und ihnen unterschiedlich bewusst ist. Weitere Ergebnisse sind, dass PLGs gute Orte zur Förderung der Metakognition von Lehrkräften sind, weil dort Möglichkeiten zur Reflexion und zum Reden über das eigene Denken und Lehren geboten werden. Die Leiter der PLGs gaben an, dass ihr Bewusstsein über ihre Metakognition verändert, wie sie die Gruppe führen. Die Metakognition einer Lehrkraft beeinflusst nach eigener Aussage zudem, wie sie unterrichtet und wie ihre Schülerinnen und Schüler lernen. Diese Studie zeigt, dass sich bei Lehrkräften die Metakognition fördern und die Einstellung ihr gegenüber positiv beeinflussen lässt. Davon ausgehend ist die Entwicklung von Fortbildungen für Lehrkräfte sinnvoll. Untersuchungen zur Wirksamkeit von Fortbildungen zeigen die folgenden Studien beispielhaft.

Fortbildungen für Lehrkräfte zu Metakognition

Fortbildungen zu Metakognition können sehr unterschiedlich aussehen. Metakognition kann der Anlass einer Fortbildung sein oder auch als ein Teil eingebettet in einer größeren Fortbildung vorkommen. Bei umfassenderen Fortbildungen kann Metakognition teilweise auch als „Begleiterscheinung" auftreten. All dies beeinflusst den Nutzen und Effekt der Fortbildung.

Ziel einer Fortbildung zu Metakognition kann es sein, die Metakognition von Lehrkräften zu verbessern. Kramarski (2008) integrierte ein Modul zu Metakognition in eine dreijährige Fortbildung für Grundschullehrkräfte. Über die Dauer von 4 Wochen (insgesamt 16 Stunden) bekam ein Teil der Lehrkräfte (34) einen Workshop mit Schwerpunkt auf Metakognition, eine Kontrollgruppe mit 30 Lehrkräften einen Workshop ohne diesen Fokus. Zu Beginn der Fortbildung gab es zwischen beiden Gruppen keine großen Unterschiede. Untersucht wurde, welchen Einfluss Metakognition auf die Ausbildung und Verbesserung von algebraischem Denken und Selbstregulierung ausübt. Alle Lehrkräfte nahmen an Pre- und Posttests zu Wissen, Problemlösen und Selbstregulierung teil. Es zeigt sich, dass die Lehrkräfte mit Fokus auf Metakognition in einigen Bereichen besser abschneiden, unter anderem in symbolischem Denken, der Analyse von Veränderungen, Reflexion, mathematischen Erklärungen, Selbstregulierung und Evaluation. Zudem entwickeln diese Lehrkräfte Selbstregulierung auf höherem Niveau, vermutlich da die im Workshop verwendeten metakognitiven Anregungen ihnen helfen zu planen und sie bei der Analyse von Strukturen, bei der Trennung von Wichtigem und Unwichtigem unterstützt. Ebenfalls ist es möglich, dass sich durch die bessere Selbstregulierung eine bessere Regulierung in Problemlösesituationen ergibt, was sich auch bei algebraischem Denken feststellen lässt. Diese Studie zeigt beispielhaft, dass die Metakognition von Lehrkräften durch Fortbildungen gezielt verbessert werden kann. Fortbildungen scheinen daher eine mögliche und funktionierende Form zur Verbesserung der Metakognition von Lehrkräften zu sein.

Metakognition steht im Unterricht aber nicht allein, sondern ist mit vielen anderen Teilen des Unterrichts verbunden. Shilo und Kramarski (2019) betrachteten den Einfluss von Metakognition auf den Diskurs im Mathematikunterricht. Sie beschreiben den Diskurs als Brücke zwischen dem Wissen und dem zu Lernenden und als Möglichkeit herauszufinden, was die Schülerinnen und Schüler denken. Bei mathematischen Diskursen sei es zudem wichtig, nicht nur Fakten, sondern auch Prozesse zu kommunizieren, z. B. das Problemlösen oder Beweisen, wobei der Fokus nicht nur auf dem „Wie", sondern auch auf dem „Warum" liegen sollte. Metakognition sei dabei die Brücke zwischen Kontext und Inhalt. Dafür müsse sich Unterricht verändern, da Lehrkräfte Metakognition häufig nicht explizit nutzten, dies aber tun müssten und ebenfalls Schülerinnen und Schüler dazu auffordern, dementsprechend nachzufragen und nachzuhaken. Sie müssten Metakognition vorleben und den Lernenden genug Zeit lassen, metakognitiv aktiv zu werden. In der Studie wurden zwei Gruppen miteinander verglichen, jede Gruppe beinhaltete 16 Klassen des 5. Jahrgangs. In der ersten Gruppe lag der Fokus der viermonatigen Intervention auf Metakognition (IMPROVE), in der zweiten auf Diskurspraxis. Durchgeführt wurden die Interventionen von den jeweiligen Lehrkräften. Ausgewertet wurden Videos der letzten Unterrichtsstunde der Intervention, zudem wurde eine Lehrkraft pro Gruppe einzeln betrachtet. Die erste Gruppe zeigt im Vergleich mehr Metakognition, in der zweiten Gruppe gibt es mehr Diskurs. Bei der Betrachtung der Metakognition fällt auf, dass in der ersten Gruppe metakognitive Aussagen nicht nur von der Lehrkraft kommen, wie in der zweiten Gruppe, sondern im Bereich der Planung und Evaluation auch von den Schülerinnen und Schülern. Zudem ist die erste Gruppe besser im Problemlösen. Die Betrachtung der beiden Lehrkräfte zeigt keinen übergroßen Unterschied an der Menge metakognitiver Aussagen (70 % zu 50 %), doch gibt die Lehrkraft aus der ersten Gruppe ihren Schülerinnen und Schülern mehr Zeit zum Nachdenken und fragt häufiger nach begründeter Zustimmung. Shilo und Kramarski (2019) schließen aus den Ergebnissen, dass mathematisch-metakognitiver Diskurs trainiert werden kann. Die Methode sei zudem auch für die Lehrerausbildung geeignet und wichtig, da Metakognition für Lernende unbewusst bleibt, wenn die Lehrkraft sie nicht zur „Explizierung" auffordert. In dieser Studie zeigt sich aber auch, dass die Ausrichtung der Fortbildung und ihr Schwerpunkt einen Einfluss haben auf die Art der Lehrkraft, zu unterrichten.

Da nach Studienlage metakognitive Förderung in Mathematik einen größeren Effekt als in anderen Fächern hat, untersuchte Ader (2019) die Wirkung einer Fortbildung in Mathematik, die keinen Fokus auf Metakognition oder selbstreguliertes Lernen hatte, mit der Frage, ob die Fortbildung trotzdem Veränderungen auslöst. Drei Grundschullehrkräfte aus der Fortbildung wurden betrachtet. Zu Beginn der neunmonatigen begleitenden Fortbildung zeigten die Lehrkräfte kein großes Vorwissen zu Metakognition oder selbstreguliertem Lernen. Im Gegensatz zum eigentlichen Ziel der Fortbildung, der Implementierung von Aufgaben in den Unterricht, bei der gute Ergebnisse erzielt wurden, zeigt sich am Ende der Fortbildung kein relevanter Unterschied im Wissen oder in der Art, wie die Lehrkräfte selbstreguliertes Lernen und Metakognition den Schülerinnen und Schülern vermitteln. Ader (2019) vermutet einen Grund dafür darin, dass die untersuchten Lehrkräfte keine Fachausbildung in Mathematik hatten. Allgemein lässt sich aus dieser Studie aber schlussfolgern, dass Fortbildungen, die das Wissen über und die Einstellung zu Metakognition ändern sollen, auch Metakognition zum Thema haben sollten.

Fazit zur Metakognition bei Lehrkräften und in ihrem Unterricht

Die oben beschriebenen Studien bieten einen Einblick darein, dass Lehrkräfte häufig nicht über das Wissen oder die Fortbildung verfügen (u. a. Kuzle, 2013; Spruce & Bol, 2015; N. S. Wilson & Bai, 2010), um Metakognition erfolgreich unterrichten zu können. Ausreichende Kenntnisse und gutes Wissen über Metakognition sind aber ausschlaggebend für metakognitiven Unterricht (u. a. Dignath & Büttner, 2018; Kramarski & Kohen, 2017). Lehrkräfte müssen Metakognition vorleben und explizit machen, damit Schülerinnen und Schüler diese lernen können (Wall & Hall, 2016). Durch Fortbildungen können Wissen und Kenntnisse über sowie Einstellungen zu Metakognition aufgebaut und verbessert werden (u. a. Kramarski, 2008; Shilo & Kramarski, 2019). Dazu müssen die Forderungen an die Lehrkräfte und ihren Unterricht allerdings bekannt sein.

Forderungen an Lehrkräfte

Ausbildung und Fortbildung von Lehrkräften sind wichtige Elemente, um Unterricht in der Schule metakognitiv ausrichten zu können. In ihnen können Lehrkräften die Anforderungen an sie und ihren Unterricht vermittelt werden. In der Literatur sind bereits konkrete Forderungen an Lehrkräfte formuliert worden.

Die Studienlage zeigt, dass Lehrkräfte häufig nicht über genügend eigene Metakognition verfügen, um sie ihren Schülerinnen und Schülern beibringen zu können. Dass Interventionen zu Metakognition effektiver sind, wenn sie nicht von der Lehrkraft unterrichtet werden (Dignath & Büttner, 2018), ist ein Ergebnis, das nachdenklich macht. Nutzen Lehrkräfte Metakognition im Unterricht, so geschieht dies in der Regel implizit und wird nicht direkt thematisiert (Dignath & Büttner, 2018). Explizierung von Metakognition ist aber für Lernende wichtig, da Metakognition für sie sonst unbewusst bleibt (Shilo & Kramarski, 2019). Doch auch bei „metakognitivem" Unterricht, bringen Lernumgebungen, in denen Metakognition gefördert werden soll, nur etwas, wenn die Metakognition der Lehrkraft „ausreichend" ausgeprägt ist und die Lehrkraft willig ist, diese einzusetzen (Dignath & Büttner, 2018). Um den für Metakognition wichtigen Diskurs im Unterricht umsetzen zu können, ist bei Lehrkräften und Lernenden nicht nur die Fähigkeit zum Diskurs notwendig, sondern auch die Bereitschaft dazu (Sjuts, 2003). Es zeigt sich aber auch, dass Lehrkräfte mit einem fundierten Verständnis von Metakognition wissen, dass das Unterrichten von Metakognition komplex ist und ihr eigenes Verständnis voraussetzt (N. S. Wilson & Bai, 2010).

Lehrkräfte müssen nicht nur kognitiv, sondern auch metakognitiv ausgebildet und „entwickelt" sein (Mariotti, 2006). So fordern Wilson und Bai (2010), dass in Aus- und Weiterbildung von Lehrkräften Metakognition berücksichtigt werden sollte. Dies beinhalte nicht nur Metakognition an sich, sondern auch das Bewusstmachen des Unterschieds zwischen dem Bewusstsein über Metakognition („awareness“) und seiner Anwendung („engagement“). Es brauche unterrichtliche und didaktische Richtlinien und Routinen für das Unterrichten von Metakognition, die für (angehende) Lehrkräfte erkennbar machen, wie Schülerinnen und Schülern Metakognition nähergebracht werden kann. Ebenfalls müssten das Kurrikulum und die Menge an Inhalten eine metakognitive Ausrichtung des Unterrichts zulassen, da metakognitiver Unterricht mehr Zeit beansprucht.

Fazit zur Metakognition bei Lehramtsstudierenden und Lehrkräften

Bereits in Teilkapitel 3.2.1 zeigt sich, dass Förderung von Metakognition im Unterricht die Entwicklung der Metakognition von Schülerinnen und Schülern unterstützt und verstärkt. Für die Konzeption und Durchführung eines solchen Unterrichts braucht es gut ausgebildete Lehrkräfte, die sich ihrer eigenen Metakognition bewusst sind und sie unterrichten können (u. a. Wall & Hall, 2016). Wie dieses Teilkapitel (3.2.2) jedoch zeigt, ist die Metakognition von Lehrkräften nicht immer „gut“ genug ausgeprägt und ihre Bedeutung den Lehrkräften in vielen Fällen nicht bewusst (u. a. Spruce & Bol, 2015; N. S. Wilson & Bai, 2010), sodass metakognitiv ausgerichteter Unterricht von diesen Lehrkräften nicht umgesetzt werden kann.

Fortbildungen können die Metakognition von Lehrkräften fördern und entwickeln sowie die Umsetzung im Unterricht verdeutlichen und für die Lehrkräfte durchführbar machen (u. a. Kramarski, 2008; Shilo & Kramarski, 2019). In der Literatur benannte Forderungen an Lehrkräfte können eine Grundlage bilden, auf der Fortbildungen konzipiert werden können. Dafür ist jedoch weitere Forschung notwendig (Dignath & Büttner, 2008). Wichtig ist es beispielsweise zu wissen, welches metakognitive „Grundwissen“ Lehrkräfte mitbringen und wie sie Metakognition in ihrem eigenen Handeln nutzen. Dignath und Büttner (2008) verweisen ebenfalls darauf, dass Forschung notwendig ist, um die Lehramtsausbildung in Hinblick auf Metakognition zu verbessern. In dieser Arbeit wird auf eben diese Forschungslücke eingegangen. Untersucht wird, welches metakognitive „Grundwissen“ bei Lehramtsstudierenden vorhanden ist und wie sich Metakognition in ihrem Handeln zeigt. Damit soll eine Art „Ausgangspunkt“ für die Förderung von Metakognition in der universitären Lehramtsausbildung aufgezeigt werden, aber auch der „fachliche“ Nutzen.

Da Metakognition nicht ohne Handeln möglich ist und ihre Untersuchung eines Kontextes bedarf, wird in dieser Arbeit speziell die Metakognition beim Argumentieren und Beweisen betrachtet. Argumentieren und Beweisen ist, wie in Kapitel 2 dargelegt, ein wichtiges und vielfältiges Gebiet der Mathematik und für Schülerinnen und Schüler wie auch Lehrkräfte anspruchsvoll und fordernd. Der

Einfluss von Metakognition auf das Argumentieren und Beweisen ist ebenfalls noch ein Forschungsdesiderat, wie der folgende Abschnitt 3.3 zeigt.

3.3 Metakognition beim Argumentieren und Beweisen

Argumentieren und Beweisen ist ein bedeutender Teilbereich der Mathematik (siehe Kapitel 2). Für den Bereich des Argumentierens und Beweisens gibt es zwar Untersuchungen zu den Fähigkeiten von Schülerinnen und Schülern sowie Studierenden der Mathematik und des Mathematiklehramts, bislang fehlen aber tiefergehende Untersuchungen von metakognitiven Aktivitäten während solcher Beweisprozesse, obwohl mathematikdidaktische Studien die Wichtigkeit der Metakognition für erfolgreiches Beweisen hervorheben (Reiss, Klieme, & Heinze, 2001). Schwerpunkt mathematischer Studien ist bei Metakognition traditionell das Problemlösen. Hier ist Metakognition ein wichtiger Faktor (Passmore, 2007). Nach Van der Stel et al. (2010) verhindert Metakognition gerade bei Lernenden ohne Erfahrung im Problemlösen Trial-and-error-Versuche und hilft herauszufinden, welche Informationen in einer Aufgabe gegeben sind und welche gebraucht werden (Planung). Monitoring und Evaluation des Problemlöseprozesses sind ebenfalls wichtig, da sie helfen Fehler zu erkennen oder zu verhindern sowie die Arbeit zu überwachen und das Ergebnis zu überprüfen. “In fact, metacognition is omnipresent in mathematical problem solving” (Van der Stel et al., 2010, S. 219).

Bei genauerer Betrachtung von Problemlösen und Beweisen fällt auf, dass sich die Abläufe ähneln. Beweise können als Spezialfall des Problemlösens gesehen werden (Weber, 2005), wodurch die Bedeutung der Metakognition auch beim Beweisen als hoch eingeschätzt werden müsste. Einige wenige Studien haben bereits den Zusammenhang von Beweisen und Metakognition untersucht. Reiss, Klieme und Heinze (2001) beschäftigten sich mit der Frage, wovon geometrische Kompetenzen abhängen. Sie untersuchten 81 Schülerinnen und Schüler der 13. Klasse auf ihre Metakognition, ihr Faktenwissen, ihr Beweisverständnis sowie ihr räumliches Vorstellungsvermögen und ließen sie Aufgaben aus der TIMS-Studie lösen. Es zeigt sich, dass neben Methodenwissen und deklarativem Wissen auch Metakognition einen wesentlichen Bestandteil von Beweiskompetenz ausmacht.

Ufer et al. (2008) untersuchten Beweisfähigkeiten von 341 Neuntklässlern am Gymnasium. Im Themenbereich der Geometrie testeten sie geometrisches Fachwissen, mathematisches Basiswissen und Problemlösefähigkeiten. Die Auswertung zeigt, dass nur etwa ein Drittel der Neuntklässler mehrschrittige Beweise durchführen kann, etwa ein Drittel hat bereits Probleme mit einschrittigen Beweisen. Im Ergebnis kann gesagt werden, dass der Einfluss von Fachwissen im Vergleich zu Handlungswissen, Problemlösefähigkeiten und Metakognition auf den Beweiserfolg am größten ist (Ufer et al., 2008). Dies liegt aber insbesondere daran, dass ohne Fachwissen Planungen usw. nicht umgesetzt werden können. Eine Studie von Weber (2001) mit vier Studierenden und vier Promovierenden zeigt, dass bei vorhandenem Fachwissen das Wissen über und der Einsatz von Strategien, ein Teil von Metakognition, ein wichtiger Faktor für den Beweiserfolg ist.

Dass Beweisen nicht nur durch Fachwissen beeinflusst wird, bestätigen auch Ufer et al. (2009) durch eine Betrachtung geometrischer Beweisprozesse von Lernenden. Die Planung, Überwachung und Bewertung des Prozesses zeigt sich ebenfalls als wichtig. Metakognition ist somit auch ein wichtiger Faktor in Beweisprozessen. Mehrschrittige Beweise sind häufig gerade deswegen schwieriger als einschrittige, da diese mehr Planung und Organisation im Vorgehen benötigen und Lernende über diese Fähigkeiten nicht immer im ausreichenden Maße verfügen.

Metakognition beim Argumentieren und Beweisen scheint somit eine wichtige Komponente zu sein, die jedoch nicht weitreichend erforscht ist. Im Allgemeinen wird davon ausgegangen, dass Lehrkräfte nur das Schülerinnen und Schülern vermitteln können, was sie selbst wissen und können. Unter dieser Annahme müssen Lehrkräfte somit über „gute" metakognitive Kenntnisse beim Argumentieren und Beweisen verfügen und ihre Auswirkungen kennen, um sie ihren Schülerinnen und Schülern erfolgreich beibringen zu können. Wie sich in den Forschungsfragen zeigt, ist genau das ein Fokus dieser Arbeit: die metakognitiven Aktivitäten der Studierenden und deren Auswirkungen auf das Argumentieren und Beweisen.

Open Access Dieses Kapitel wird unter der Creative Commons Namensnennung 4.0 International Lizenz (http://creativecommons.org/licenses/by/4.0/deed.de) veröffentlicht, welche die Nutzung, Vervielfältigung, Bearbeitung, Verbreitung und Wiedergabe in jeglichem Medium und Format erlaubt, sofern Sie den/die ursprünglichen Autor(en) und die Quelle ordnungsgemäß nennen, einen Link zur Creative Commons Lizenz beifügen und angeben, ob Änderungen vorgenommen wurden.

Die in diesem Kapitel enthaltenen Bilder und sonstiges Drittmaterial unterliegen ebenfalls der genannten Creative Commons Lizenz, sofern sich aus der Abbildungslegende nichts anderes ergibt. Sofern das betreffende Material nicht unter der genannten Creative Commons Lizenz steht und die betreffende Handlung nicht nach gesetzlichen Vorschriften erlaubt ist, ist für die oben aufgeführten Weiterverwendungen des Materials die Einwilligung des jeweiligen Rechteinhabers einzuholen.

4 Zum Kontext Geometrie

Die Geometrie ist einer der ältesten Bereiche der Mathematik und als Schule des Denkens bekannt (Scriba & Schreiber, 2010). Im Schulunterricht ist Geometrie der klassische Bereich für Argumentieren und Beweisen (Hattermann et al., 2015). Bei diesem Kapitel handelt es sich um einen kurzen Überblick über die Geometrie und Geometrieunterricht. Auf eine ausführlichere Darstellung wird verzichtet, da es sich bei der Geometrie nicht um einen Schwerpunkt dieser Arbeit handelt, sondern um den inhaltlichen Bereich der Mathematik, in der die eigentliche Forschung zum Argumentieren und Beweisen stattfindet. Im Folgenden werden die Geschichte der Geometrie und des Geometrieunterrichts sowie verschiedene Aspekte von Geometrieunterricht, die für diese Arbeit von Bedeutung sind, näher betrachtet. Dazu gehören Beweisen, Veranschaulichungen und die Bedeutung von dynamischer Geometriesoftware seit den 1990er Jahren.

Geschichte der Geometrie und des Geometrieunterrichts

Geometrie (griechisch für Erdmessung) war eine der ersten Begegnungen des Menschen mit Mathematik neben Zahlen und der Arithmetik. Bis heute ist Geometrie ein wichtiges Hilfsmittel, beispielsweise beim Hausbau oder bei Messungen, die Grundlage verschiedener Beobachtungen und Berechnungen, z. B. in der Astronomie, wichtig für die Kunst und außerdem eine axiomatisch begründete Wissenschaft. Geometrie ist Teil der menschlichen Kulturgeschichte (Scriba & Schreiber, 2010).

Ergänzende Information Die elektronische Version dieses Kapitels enthält Zusatzmaterial, auf das über folgenden Link zugegriffen werden kann https://doi.org/10.1007/978-3-658-46468-4_4.

© Der/die Autor(en) 2025

N. Abels, *Argumentation und Metakognition bei geometrischen Beweisen und Beweisprozessen*, Perspektiven der Mathematikdidaktik,
https://doi.org/10.1007/978-3-658-46468-4_4

Die euklidische Geometrie, die in dieser Arbeit die thematische Grundlage des Argumentierens und Beweisens ausmacht, existiert in diesem Maße erst seit etwa 2300 Jahren. Zu Beginn war Geometrie rechnerisch geprägt (z. B. in China und in Ägypten), sie war „praktische Lebenshilfe“ (Weigand, 2014a, S. 265). Einen folgenreichen Paradigmenwechsel gab es in der Geometrie durch die alten Griechen, etwa Thales von Milet (um 600 v. Chr.), Pythagoras (um 500 v. Chr.) und Platon (um 400 v. Chr.). „Geometrie wird zu einem *Gedankenspiel*, einem *Übungsfeld für das menschliche Denken*, in dem Menschen die Kraft und Macht des Denkens zeigen, ergründen und entwickeln können“ (Weigand, 2014a, S. 268). In der griechischen Antike ist die Geometrie Mittelpunkt und Zentrum der Mathematik. Euklid leistete durch sein Werk „Die Elemente“ (ca. 300 v. Chr.) eine Zusammenfassung des damaligen mathematischen Wissens, dessen wissenschaftliche Strukturierung in Definitionen, Postulate und Axiome die Mathematik mehr als 2000 Jahre prägte (Scriba & Schreiber, 2010). Erst Hilbert überarbeitete 1899 in seinen „Grundlagen der Geometrie“ die Axiomatik der euklidischen Geometrie und löste sie von Veranschaulichungen (Weigand, 2014a). Bereits einige Zeit vorher hatten Carl Friedrich Gauß, Nikolai Iwanowitsch Lobatschewski und Janos Bolyai bei der Untersuchung des Parallelenpostulats unabhängig voneinander Geometrien entdeckt, in denen dieses Postulat nicht gilt, sogenannte nicht-euklidische Geometrien (Hattermann et al., 2015).

Euklidische Geometrie ist „eine der tragenden Säulen der Schulmathematik“ (Hattermann et al., 2015, S. 185), sie hat eine große Bedeutung im Alltag und zumindest in der Theorie einen sicheren Platz im Mathematikunterricht. Geometrie als Bestandteil des Schulunterrichts hat aber auch eine wechselhafte Geschichte. Geometrie wurde in den letzten Jahrhunderten zuweilen als Schule des Denkens, in anderen Epochen mit Fokus auf die praktische Anwendung unterrichtet.

Seit 2004 gelten in den weiterführenden Schulen die Bildungsstandards der Kultusministerkonferenz, in denen Geometrie weiterhin einen prominenten Platz einnimmt und unter der inhaltlichen Kompetenz „Raum und Form“ gefasst ist. In der Sekundarstufe ist Geometrie heute auf die euklidische Geometrie fokussiert und sowohl Handwerkszeug (deskriptive Geometrie) als auch Übungsfeld für mathematisches Beweisen (relationale Geometrie), da sich historisch betrachtet durch die Axiomatik hier das Argumentieren und Beweisen entwickelte (Hattermann et al., 2015). Der Aufbau des Unterrichts dagegen ist heute nicht mehr axiomatisch und deduktiv. Globales Ordnen im Sinne der Verwendung von Axiomensystemen ist in der Geometrie der Sekundarstufe I aufgrund der inhaltlichen Komplexität nicht sinnvoll, stattdessen ist das Ziel ein lokales Ordnen. Eine

Idee, die auf Freudenthal (1977) zurückgeht und mit der die „deduktive Darstellung eines Teilbereichs der ebenen Geometrie" (G. Wittmann, 2014, S. 47) gemeint ist, die Schülerinnen und Schülern eine Argumentationsbasis für ihre Beweisführungen liefert.

Hattermann et al. (2015) weisen auch darauf hin, dass geometrische Veranschaulichungen andere mathematische Inhalte der Schule, z. B. das Aufstellen von Termen oder den Unterricht der linearen Algebra, unterstützen. Ein guter Geometrieunterricht hat somit auch positive Auswirkungen auf weitere mathematische Bereiche des Schulunterrichts. So gewinne die Geometrie ihre Bedeutung für den Unterricht „nicht zuletzt aus einer Fülle differenzierter Problemstellungen, deren erfolgreiche Bearbeitung sowohl Zeit und Anstrengung als auch eine intensive Auseinandersetzung und Kombination mathematischer Inhalte erfordert" (Hattermann et al., 2015, S. 205). Weigand (2014b) stellt in Bezug auf die drei Grunderfahrungen von Mathematikunterricht nach Winter drei zentrale und wichtige Ziele für den heutigen Geometrieunterricht heraus (Weigand, 2014b, S. 17):

- *„mit Hilfe der Geometrie die (Um-)Welt zu erschließen;*
- *Geometrie und die Grundlagen des wissenschaftlichen Denkens und Arbeitens kennen zu lernen;*
- *mit Geometrie Problemlösen zu lernen."*

Die Geschichte des Geometrieunterrichts in der Grundschule ist eine viel kürzere (Franke & Reinhold, 2016). Bis in die 1960er Jahre gab es in Westdeutschland keinen Geometrieunterricht in der Grundschule. Geometrische Anteile wurden bis dahin in anderen Fächern gelehrt, wie z. B. Werken oder Sachkunde, dann zu Geometrieunterricht „gebündelt". In der DDR hingegen war der Geometrieunterricht auch in der Grundschule schon axiomatisch geprägt. Seit 2005 ist der Geometrieunterricht in der Grundschule durch die Bildungsstandards der KMK geprägt. Geometrie ist dabei aufgeteilt in die inhaltlichen Kompetenzen „Raum & Form", „Muster & Strukturen" und „Größen & Messen" (vgl. Franke & Reinhold, 2016, S. 1). In der Grundschule hat das Argumentieren seither als allgemeine Kompetenz in der Geometrie wieder an Bedeutung gewonnen. Dies hat auch einen Einfluss auf die Kompetenzen, die Lehrkräfte in der Grundschule benötigen. In dieser Arbeit soll daher anhand von geometrischen Aussagen die Fähigkeit von Studierenden des Grundschullehramts untersucht werden, geometrisch zu argumentieren und zu beweisen. Dies ist auch wichtig unter dem von Franke und Reinhold (2016) genannten Aspekt, dass Geometrie in der Grundschule häufig als erstes gekürzt oder weggelassen wird, wenn die Zeit knapp ist. Das liege unter anderem daran, dass Lehrkräfte Geometrie häufig eher als Auflockerung des Unterrichts, nicht aber als einen zentralen Teil ihres Unterrichts mit bedeutenden Zielen verstehen und nicht erkennen, dass Geometrie in der Grundschule „in besonderer Weise Chancen zur Ausbildung allgemeiner mathematischer Kompetenzen" (Franke & Reinhold, 2016, S. 4) wie dem Argumentieren ermöglicht.

Die Bedeutung des Geometrieunterrichts in der Grundschule mag auch deswegen vielen Lehrkräften nicht bewusst sein, da der Übergang von der Grundschule zur weiterführenden Schule sowohl Lehrenden als auch Lernenden häufig als Bruch empfunden wird, nicht nur im Allgemeinen, sondern auch in der Geometrie (Franke & Reinhold, 2016). Gerade in Geometrie ist dieser Bruch oftmals groß und steht einer erhofften Kontinuität des Geometrieunterrichts entgegen. Während im Geometrieunterricht der Grundschule viel an konkretem Material gearbeitet wird, das Herstellen, Schneiden, Legen und Bauen von und mit Material zentral ist, wird Geometrie in den Jahrgängen 5 und 6 trotz konkret-operativer Ausrichtung formaler als in der Grundschule unterrichtet (Hattermann et al., 2015). Die Formalisierung geometrischer Inhalte setzt sich in den Jahrgängen 7 und 8 fort, es wird systematisiert, Definitionen, Begriffe und Schlussfolgerungen bekommen einen höheren Stellenwert. Dieser Teil der Geometrie wird von Hattermann et al. (2015) als „Hauptgeometrie" bezeichnet, im Gegensatz zur „Vorgeometrie" der beiden vorherigen Jahrgänge. In den Jahrgängen 9 und 10 wird die Geometrie zudem um verschiedene Aspekte erweitert, z. B. die Trigonometrie als Verbindung der Geometrie zur Analysis eingeführt. Für Schülerinnen und Schüler zerlegt sich die Geometrie in ihrer Schullaufbahn in eine Geometrie des Zeichnens, Malens und Bastelns und eine Geometrie der Formeln und Beweise (Hattermann et al., 2015).

Es ist anzunehmen, dass Studierende des Lehramts, die in dieser Arbeit untersucht werden, diese „Trennung" der Geometrie noch nicht überwunden haben und während des Studiums nicht immer überwinden werden. Denn auch Lehrkräfte sehen Geometrieunterricht häufig nicht als ein bruchfreies Kontinuum von der ersten Klasse bis zum Schulabschluss. Grundschullehrkräfte sehen ihren Geometrieunterricht somit in der Regel nicht als Grundlage für den Geometrieunterricht der weiterführenden Schule, was problematisch ist, da Lehrkräfte weiterführender Schulen den Grundschulunterricht als Basis annehmen (Hattermann et al., 2015). Ebenfalls kritisch ist, dass Lehrkräfte verschiedener Schulstufen in vielen Fällen kaum wissen, was ihre Kolleginnen und Kollegen im Geometrieunterricht genau behandeln (Franke & Reinhold, 2016). Weiterhin ist es bedenklich, dass Lehrkräften häufig kein ausreichend fundiertes Geometriewissen zur Verfügung steht und sie in vielen Fällen durch ihre eigenen Vorstellungen geometrischer Konzepte statt durch fachlich tragfähige Begriffe und Definitionen sowie fachlicher Zusammenhänge geprägt sind (Jones & Tzekaki, 2016). Dies erschwert ihnen zusätzlich einen systematisch aufgebauten Geometrieunterricht. Dieses geometrische Wissen, die Begriffe, Definitionen und Relationen werden in dieser Arbeit bei den Studierenden des Grundschullehramts ebenfalls, wenn auch indirekt, überprüft.

Beweisen im Geometrieunterricht
Geometrisches Denken ist nach Hattermann et al. (2015) eine Mischung aus Kompetenzen und Aktivitäten, die für die Geometrie charakteristisch sind. Dieses Denken lässt sich in fünf Aspekte einteilen, die zum Teil vorhanden sein müssen, um Geometrie lernen zu können, aber zum Teil auch beim Lernen von Geometrie eingeübt werden können (Hattermann et al., 2015, S. 194):

a. *„Raumvorstellung und räumliches Strukturieren*
b. *Begriffsbildung*
c. *Verwendung von Darstellungen*
d. *Problemlösen*
e. *Argumentieren und Beweisen"*

Der letzte Aspekt, das Argumentieren und Beweisen, hat in der Geometrie eine lange Tradition und wird in dieser Arbeit betrachtet. Der Geometrieunterricht ist traditionell der Ort zum Lernen und Lehren von Beweisen (Elschenbroich, 2002). Unter mathematischem Beweisen wird, geprägt durch Euklid, häufig die „deduktive Herleitung eines mathematischen Satzes aus Axiomen und zuvor bewiesenen Sätzen nach speziellen Schlussregeln" (Jahnke & Ufer, 2015, S. 331) verstanden. Dieses axiomatisch deduktiv geleitete Vorgehen wird in der Grundschule und der Sekundarstufe I jedoch in der Regel nicht verfolgt. In der Sekundarstufe I wird im Bereich Geometrie häufig anschauungsgebunden-deduktiv vorgegangen, was Schülerinnen und Schülern das Beweisen ermöglicht (Hattermann et al., 2015). Unterstützt werden Argumentationen in der Regel auch durch das Interesse der Schülerinnen und Schüler an einer Lösung, wie auch durch den Austausch mit anderen, z. B. über Lösungswege, und durch die Nutzung von Darstellungen statt rein verbaler Lösungsfindung (Wittmann, 2014).

In den Bildungsstandards ist „mathematisch argumentieren" eine prozessbezogene, nicht bloß eine geometrische Kompetenz, die sich in der Geometrie gut ausbilden lässt. „Mathematisches Argumentieren kann nicht isoliert gelernt werden" (G. Wittmann, 2014, S. 49), es ist auf mathematische Inhalte wie die Geometrie und andere allgemeine Kompetenzen wie das Kommunizieren angewiesen. Dies gilt sowohl für die Sekundarstufe I als auch für die Grundschule. Hier erfolgt Argumentieren jedoch zunächst auf einer anderen Stufe als in der weiterführenden Schule. „Argumentieren bereitet auf Formen logisch-schlussfolgernden Beweisens vor und soll bei Schülerinnen und Schülern am Ende der Grundschulzeit so weit ausgeprägt sein, dass die Kinder mathematische Aussagen hinterfragen und bestrebt sind, diese auf Korrektheit zu überprüfen. Vermutungen und Begründungen sollen nachvollzogen und selbstständig gesucht werden können“ (Franke & Reinhold, 2016, S. 17). Zunächst ist das formale Argumentieren nicht das Ziel, sondern das Finden eigener Vermutungen und erster einfacher Schlussfolgerungen. Dies sollte den Lehrkräften in der Grundschule bewusst sein. Zudem sollten die Lehrkräfte selbst über diese Fähigkeiten verfügen. Ziel dieser Arbeit ist daher die Untersuchung der Fähigkeiten des Argumentierens und Beweisens bei Studierenden des Grundschullehramts. Gefundene Probleme und Schwierigkeiten werden in den Ergebniskapiteln genauer beschrieben. Es zeigt sich, dass Argumentieren und Beweisen im Kontext der Geometrie für die Studierenden einige Schwierigkeiten birgt.

Veranschaulichungen im Geometrieunterricht
Veranschaulichungen sind ein wichtiger Bestandteil des Geometrieunterrichts und auch des geometrischen Argumentierens und Beweisens. Der Sehsinn ist der dominanteste Sinn des Menschen, Anschauung prägt daher unser Verhalten und unsere Entscheidungen. Mit Anschauung wird im Allgemeinen die Konzentration auf das Sichtbare bezeichnet, aber auch das Hineinsehen von Strukturen und Beziehungen beispielsweise in Skizzen. Geometrie als mathematische Fachrichtung ist der Vermittler zwischen Anschauung und Abstraktion und wichtig für die kognitive Entwicklung. Hattermann et al. (2015) sprechen von der „Brückenfunktion“ (ebd. S. 212) der Geometrie. Dadurch haben umgekehrt Skizzen, Darstellungen und andere Visualisierungen eine wichtige und zentrale Rolle beim Lernen und Lehren von Geometrie (Jones & Tzekaki, 2016). Visuelle Informationen, die in Darstellungen „verborgen“ sind, müssen erst verarbeitet und als mentale Objekte aufgebaut bzw. abgerufen werden. Wichtig ist dabei, dass nicht allein Formen, sondern auch Eigenschaften und Zusammenhänge erkannt werden (Jones & Tzekaki, 2016). Dies ist auch für die in dieser Arbeit geforderten Beweise notwendig. Skizzen allein reichen für eine fundierte Argumentation nicht aus. Doch es zeigt sich in den Ergebnissen dieser Arbeit, dass das Herauslesen wichtiger Eigenschaften und Relationen teilweise schwierig sein kann. Auch das Erstellen von Skizzen erwies sich nicht immer als einfach.

Darstellungen wirken auch in der Geometrie nicht immer nur positiv, die visuelle Wahrnehmung kann eine Hürde sein, indem das Visuelle in den Fokus rückt und theoretisches Fachwissen wie Definitionen und Sätze verdrängt (Jones & Tzekaki, 2016). Dies zeigt sich auch in den Ergebnissen dieser Arbeit. Auch muss die gewählte Skizze nicht immer hilfreich sein. Trotzdem betrachten Jones und Tzekaki (2016) Visualisierungen als unverzichtbar beim Problemlösen und Beweisen, da Skizzen das Denken beim Beweisen verbessern und unterstützen können.

Schülerinnen und Schüler haben häufig Schwierigkeiten damit, in Skizzen wichtige von unwichtigen visuellen Charakteristika zu unterscheiden (Sinclair et al., 2016). Viele nehmen Figuren in Darstellungen als Ganzes wahr und können Skizzen und Figuren nicht in einzelne Teilelemente zerlegen. Dies behindert die Nutzung geometrischer Konzepte und Eigenschaften, da deren Voraussetzungen oder Anwendbarkeit nicht erkannt werden. Metakognitive Aktivitäten wie die Strukturanalyse von Skizzen können dadurch nicht ihre volle Wirksamkeit entfalten. Auch nutzen Schülerinnen und Schüler bei visuellen Darstellungen selten die ihnen bekannten Definitionen der Objekte (Jones & Tzekaki, 2016). Doch die Fähigkeiten von Lehramtsstudierenden und Lehrkräften sind in vielen Fällen nicht besser als die ihrer Schülerinnen und Schüler. Sie sind in der Regel eher durch prototypische Veranschaulichungen ihrer eigenen Schulzeit geprägt, als dass mathematische Definitionen und Sätze einen größeren und angemessenen Einfluss auf ihre Anschauung und ihre Nutzung und Analyse von Veranschaulichungen hätten (Sinclair et al., 2016). Dies ist auch deshalb ein Problem, da die Fähigkeiten von Lehrkräften einen erheblichen Einfluss darauf haben, wie Schülerinnen und Schüler Darstellungen und Veranschaulichungen wahrnehmen und analysieren (Jones & Tzekaki, 2016). Die Betrachtung und Analyse von Skizzen durch die Studierenden ist ein Teil der vorliegenden Arbeit und findet sich in den Ergebniskapiteln.

Dynamische Geometriesoftware

Neue Möglichkeiten bei Veranschaulichungen bietet dynamische Geometriesoftware (DGS). DGS eröffnet dem Geometrieunterricht neue Möglichkeiten und neue Aufgabentypen. Mit DGS können, so Hattermann et al., „Potential und Anwendungsvielfalt der Disziplin auch im digitalen Zeitalter weiter ausgebaut werden, wobei immer noch die über 2000 Jahre alten‚Wurzeln‘ der Geometrie das Verhalten der modernsten Systeme bestimmen“ (Hattermann et al., 2015, S. 186). DGS als neue Technologie kann die Ziele des Geometrieunterrichts unterstützen und die Begriffsbildung fördern, wie auch experimentelles Arbeiten stärken (Weigand, 2014b). Die Entwicklung von dynamischer Geometriesoftware bringt Veränderungen nicht nur in den Geometrieunterricht, sondern auch in die Art der

Beweisfindung. Aus diesem Grund sollte auch in dieser Arbeit der Einfluss von DGS untersucht werden.

DGS schafft eine Verbindung zwischen durchführbaren Handlungen und abstrakten, inneren Vorstellungen, eine Verbindung zwischen empirischer Erforschung geometrischer Figuren, Formulierung einer Vermutung und Produktion einer deduktiven Kette logischer Schlussfolgerungen (Samper et al., 2012). Sie ermöglicht Handlungen, die auf Papier nicht existieren. Mit dem Zugmodus kann eine Zeichnung stetig verändert werden. Basisobjekte wie Punkte, Strecken oder Kreise können mit der Maus (bzw. dem Finger bei Touch-Oberflächen) über den Bildschirm gezogen und ihre Position verändert werden. Die Abhängigkeiten der Basisobjekte untereinander bleiben dabei bestehen, z. B. die Lage eines Punktes auf einer Geraden, der Schnittpunkt einer Mittelsenkrechten mit der im Viereck gegenüberliegenden Seite oder der konstruierte Schnittwinkel zweier Geraden. Mit dem Zugmodus der DGS kann nach Invarianzen gesucht und beispielsweise überprüft werden, ob Schnittpunkte zufällig oder die Regel sind. Dieses Erkennen von Invarianzen und Regelmäßigkeiten ist ebenfalls hilfreich bei der Beweisfindung (Kadunz & Sträßer, 2008), da Relationen zwischen Objekten Erkenntnisse für die Argumentation bringen können.

Besonders wichtig bei der Nutzung von DGS ist die Erkenntnis, dass erst die Eigenschaften ein geometrisches Objekt ausmachen, das Aussehen allein ist nicht ausreichend. Wird frei Hand ein Viereck konstruiert, das wie ein Quadrat aussieht, ist es für das Programm noch kein Quadrat, der Zugmodus kann dieses „Quadrat" noch verzerren. Wird das Viereck hingegen mit den Eigenschaften des Quadrats (z. B. vier rechte Winkel und vier gleich lange Seiten) konstruiert, so ist es auch für das Programm ein Quadrat und wird im Zugmodus entsprechend behandelt (Kadunz & Sträßer, 2008). So müssen bereits bei der Erstellung einer Skizze die Eigenschaften der Objekte bewusst genutzt werden, was insbesondere beim Argumentieren und Beweisen hilfreich ist, da diese Eigenschaften als Grundlage der Argumentation dienen können.

DGS bietet zudem die Möglichkeit, Zeichnungen zu speichern und später weiter zu nutzen (z. B. mit Zugmodus) oder sie anzupassen, wenn beispielsweise eine neue Beweisidee überprüft werden soll. Die Konstruktion kann als Text angezeigt werden, um Konstruktionsschritte nachvollziehbar zu machen (Kadunz & Sträßer, 2008). Auf diese Weise kann nach Abschluss der Bearbeitung das Vorgehen Schritt für Schritt wiederholt und besprochen werden und auch metakognitive Aktivitäten bei der Bearbeitung in der Rückschau explizit behandelt werden.

Die dynamische Visualisierung ist der statischen jedoch nicht von sich aus überlegen, sie kann auch zur Behinderung der inneren Vorstellung führen. Daher kann ein Wechsel zwischen statischer und dynamischer Sicht hilfreich sein. Berücksichtigt werden sollte allerdings, dass eine Abbildung Schülerinnen und Schülern nicht grundsätzlich das zeigt, was die Lehrkraft beabsichtigt (Elschenbroich, 2002). Für diese Arbeit bedeutet das, dass die Studierenden in ihren Skizzen (ob mit oder ohne DGS) nicht notwendiger Weise das erkennen, was fachlich wichtig erscheint. Expertinnen und Experten haben die Fähigkeit, Beispiele und Zeichnungen auf ihre Nützlichkeit für die Bearbeitung einer bestimmten Aufgabe und ihre mathematischen Inhalte hin zu vergleichen und einzuschätzen. Der direkte, „undurchdachte“ Einfluss einer Abbildung auf die Bearbeitung einer Aufgabe ist geringer. Laien hingegen müssen diese Fähigkeit erst noch lernen (A. J. Stylianides et al., 2016).

Es ist allerdings umstritten, ob die Verwendung von DGS das Beweisbedürfnis von Schülerinnen und Schülern weckt und verstärkt oder das Beweisen aus Schülersicht eher unnötig wird (Kadunz & Sträßer, 2008). Durch die Möglichkeit, viele Beispiele und Zeichnungen schnell erstellen und überprüfen zu können, erscheinen Aussagen häufig schon unmittelbar einsichtig. Für viele Schülerinnen und Schüler ist ein Beweis dadurch nicht mehr notwendig (Kadunz & Sträßer, 2008). Studien zeigen aber auch, dass die Nutzung von DGS die Beweisfindung von Schülerinnen und Schülern verbessern kann. Der Entstehungsprozess eines geometrischen Beweises kann sich stark unterscheiden, je nachdem, wie die Schülerinnen und Schüler konstruieren und den Zugmodus nutzen (Jones & Tzekaki, 2016). Auch ermöglicht die Verwendung von DGS, schwierige Aussagen nachvollziehbar zu machen. Eine Aussage, bei der die Schülerinnen und Schüler nicht sofort erkennen können, ob sie richtig ist, kann das Beweisbedürfnis von Schülerinnen und Schülern durchaus auch verstärken (Kadunz & Sträßer, 2008).

Im Lehrplan ist DGS inzwischen fest verankert. Während in Bremen im Rahmenlehrplan der Grundschule nur von der Gestaltung von Lernumgebungen geschrieben wird, „in denen die Schülerinnen und Schüler Medien nutzen können“ (Senator für Bildung und Wissenschaft, Bremen, et al., 2004, S. 16) und darauf hingewiesen wird, dass „multimediale Bausteine und deren Interaktivität [...] Lehr-Lernprozesse verändern“ (Senator für Bildung und Wissenschaft, Bremen, u. a., 2004, S. 16) können, steht im Bildungsplan der Oberschule (Jahrgang 7/8) explizit die Verwendung „dynamische[r] Geometriesoftware zum Erkunden geometrischer Zusammenhänge“ (Senatorin für Bildung und Wissenschaft, 2010, S. 23). Doch Lehrkräfte müssen für den sinnvollen Einsatz im Geometrieunterricht den Nutzen von DGS anerkennen und zudem über ausreichend gute technische Kompetenzen mit der gewählten Software und den Endgeräten verfügen. Um die Kompetenzen der Studierenden mit DGS zu überprüfen, wurde die Möglichkeit der Nutzung in die Untersuchung aufgenommen. Außerdem gehören Technologien wie DGS im Geometrieunterricht zwar inzwischen zum „Mainstream“, doch die Auswirkungen der Nutzung sind noch nicht ausführlich erforscht, ebenso wenig wie Aufgabendesigns und Lehrerpraxis (Sinclair et al., 2016).

Fazit zum Kontext dieser Arbeit

Dieses Kapitel zeigt auf, dass die Geometrie für das Argumentieren und Beweisen nicht nur historisch, sondern auch gegenwärtig noch ein spannender und facettenreicher mathematischer Bereich ist. Argumentieren ist nicht nur als prozessbezogene Kompetenz in den Bildungsstandards festgelegt – bereits auch für die Grundschule. Es ergeben sich hier auch viele Verknüpfungen mit weiteren wichtigen Fähigkeiten wie etwa dem Gebrauch von neuen Technologien (z. B. dynamische Geometriesoftware) und der Erstellung, Nutzung und „Entschlüsselung“ von Skizzen wie auch anderen möglichen Veranschaulichungen. Geometrie bietet somit als Kontext dieser Untersuchung viele verschiedene Zugänge, sowohl beim Argumentieren und Beweisen selbst als auch bei der Betrachtung von Argumentations- und Beweisprozessen.

Open Access Dieses Kapitel wird unter der Creative Commons Namensnennung 4.0 International Lizenz (http://creativecommons.org/licenses/by/4.0/deed.de) veröffentlicht, welche die Nutzung, Vervielfältigung, Bearbeitung, Verbreitung und Wiedergabe in jeglichem Medium und Format erlaubt, sofern Sie den/die ursprünglichen Autor(en) und die Quelle ordnungsgemäß nennen, einen Link zur Creative Commons Lizenz beifügen und angeben, ob Änderungen vorgenommen wurden.

Die in diesem Kapitel enthaltenen Bilder und sonstiges Drittmaterial unterliegen ebenfalls der genannten Creative Commons Lizenz, sofern sich aus der Abbildungslegende nichts anderes ergibt. Sofern das betreffende Material nicht unter der genannten Creative Commons Lizenz steht und die betreffende Handlung nicht nach gesetzlichen Vorschriften erlaubt ist, ist für die oben aufgeführten Weiterverwendungen des Materials die Einwilligung des jeweiligen Rechteinhabers einzuholen.

5 Forschungsdesiderat dieser Arbeit

Argumentieren und Beweisen wie auch Metakognition sind wichtige Komponenten des Mathematikunterrichts und des Mathematiktreibens. Nicht nur im Kontext von Mathematik ist das *Argumentieren und Beweisen* prägend, auch in der Schule sind dies wichtige mathematische Kompetenzen, die von Anfang an vermittelt werden sollen – in Grundzügen bereits in der Grundschule (Kultusministerkonferenz, 2005). Wie der Forschungsstand zeigt (siehe Kapitel 2) sind dabei Lehrkräfte ausschlaggebend. Wenn sie das Argumentieren und Beweisen ihren Schülerinnen und Schülern vermitteln sollen, müssen sie selbst über diese Fähigkeiten verfügen. Wie in der Einleitung bereits dargelegt, formuliert die Kultusministerkonferenz daher in ihren ländergemeinsamen inhaltlichen Anforderungen an Lehrkräfte, dass Lehramtsstudierende am Ende ihres Studiums „beim Vermuten und Beweisen mathematischer Aussagen fremde Argumente überprüfen und eigene Argumentationsketten aufbauen" (Kultusministerkonferenz, 2017, S. 38) können sollen.

Die in Abschnitt 2.4 beschriebenen Studien und Untersuchungen zeigen jedoch, dass die Argumentations- und Beweisfähigkeiten von (angehenden) Lehrkräften häufig hinter diesem Anspruch zurückbleiben. Große Wissenslücken zeigen beispielsweise A. J. Stylianides et al. (2016), Martin und Harel (1989) sowie A. J. Stylianides und G. J. Stylianides (2009). Lehrkräften scheint vielfach die Rolle und Bedeutung von Argumentieren und Beweisen in der Mathematik und für ihren Unterricht nicht bewusst, gerade Grundschullehrkräfte sehen es nicht als Teil ihres Fachverständnisses und ihres Unterrichts (Jones & Tzekaki,

Ergänzende Information Die elektronische Version dieses Kapitels enthält Zusatzmaterial, auf das über folgenden Link zugegriffen werden kann https://doi.org/10.1007/978-3-658-46468-4_5.

© Der/die Autor(en) 2025

N. Abels, *Argumentation und Metakognition bei geometrischen Beweisen und Beweisprozessen*, Perspektiven der Mathematikdidaktik,
https://doi.org/10.1007/978-3-658-46468-4_5

2016). Dies ist kritisch, da in der Grundschule die Grundlage des Argumentierens geschaffen werden soll, auf der die Lehrkräfte der weiterführenden Schulen aufbauen. Die Fähigkeiten von Lehrkräften in der Grundschule sind daher besonders wichtig und geben den Ausschlag für diese Untersuchung. Von diesem Bezugspunkt aus werden in dieser Arbeit Studierende des Grundschullehramts im letzten Studienjahr betrachtet, die mit dem Abschluss ihrer universitären Ausbildung über ausgeprägte Fähigkeiten im Bereich des Argumentierens und Beweisens verfügen sollten.

Für das Argumentieren und Beweisen ist jedoch auch *Metakognition* von Bedeutung, beispielsweise die allgemeine Planung des Vorgehens oder die Überprüfung einzelner Beweisschritte. Der positive Einfluss von Metakognition auf das Argumentieren und Beweisen wurde bereits in der Forschung thematisiert (Reiss et al., 2001). Unter Metakognition, wie in Abschnitt 3.1 beschrieben, werden das Wissen über die eigenen kognitiven Prozesse, über die eigenen kognitiven Produkte und Dinge, die mit ihnen in Zusammenhang stehen, gefasst (Flavell, 1976). Damit ist Metakognition auch wichtig für das Lernen (vgl. Schraw, 1998) und eine Kompetenz, über die Schülerinnen und Schüler verfügen sollten. Metakognition kann bei der Bearbeitung von Aufgaben über Erfolg oder Niederlage entscheiden.

Metakognition ist erlernbar, wie die in Abschnitt 3.2 beschriebene Literatur zeigt (u. a. Cohors-Fresenborg & Kaune, 2007), und kann somit in der Schule im Unterricht langfristig gefördert werden. Dafür müssen Lehrkräfte über „gute" Metakognition verfügen, sich ihrer eigenen Metakognition bewusst sein und die Bedeutung von Metakognition für das Lösen von Problemen, für das Lernen und auch für ihren eigenen Unterricht kennen (u. a. Wall & Hall, 2016). Untersuchungen zeigen aber, dass dies häufig nicht der Fall ist (u. a. Spruce & Bol, 2015; N. S. Wilson & Bai, 2010). Beim Argumentieren und Beweisen jedoch, wie Reiss et al. (2001) darstellen, ist Metakognition von großer Bedeutung. So liegt die Vermutung nahe, dass sowohl Schülerinnen und Schüler als auch ihre Lehrkräfte durch ausgeprägte metakognitive Fähigkeiten ihr Argumentieren und Beweisen verbessern könnten. Wie sich jedoch Metakognition im Detail auf das Argumentieren und Beweisen auswirkt, ist bisher nicht untersucht.

Der Forschungsstand zeigt, dass sowohl die Fähigkeiten von (angehenden) Lehrkräften im Bereich des Argumentierens und Beweisens (vgl. Abschnitt 2.4) als auch ihre Metakognition (vgl. Abschnitt 3.2) nicht soweit ausgeprägt sind, dass sie metakognitive Aktivitäten in einem guten Mathematikunterricht zum Argumentieren und Beweisen realisieren und unterstützen können. Über die genaue Wirkung von Metakognition beim Argumentieren und Beweisen ist zudem nur wenig bekannt. Ziel dieser Arbeit ist es daher, die Argumentationen und Beweise von Lehramtsstudierenden genauer zu untersuchen und dabei auch den Einfluss metakognitiver Aktivitäten auf die Argumentationen und Beweise in den Blick zu nehmen. Als Kontext dieser Untersuchung von Argumentations- und Beweisfähigkeiten wird die Geometrie genutzt (siehe Kapitel 4). Geometrie ist bereits in der Grundschule ein wichtiger Bestandteil des Mathematikunterrichts (Franke & Reinhold, 2016), daher sollten die in den Blick genommenen Studierenden des Grundschullehramts in diesem Kontext argumentieren und beweisen können. Zudem ist die Geometrie auch der Bereich der Mathematik, in dem Beweisen historisch verankert ist (Hattermann et al., 2015), und bietet vielfältige und spannende Möglichkeiten für Beweise. Die beiden großen Forschungsfragen in dieser Arbeit über Argumentation und Metakognition bei geometrischen Beweisen und Beweisprozessen lauten daher:

Forschungsfrage 1

Wie verlaufen geometrische Argumentationen und Beweise bei Studierenden des Grundschullehramts?

Forschungsfrage 2

Welche Bedeutung haben die metakognitiven Aktivitäten der Studierenden für ihre Argumentationen und Beweise?

Da diese Forschungsfragen sehr umfassend sind, werden sie durch mehrere Unterfragen inhaltlich gelenkt und präzisiert. Zur ersten Forschungsfrage gibt es insgesamt drei Unterfragen, da geometrische Argumentationen und Beweise auf vielfältige Arten und Weisen untersucht werden können. Traditionell werden häufig schriftliche Beweise untersucht (u. a. Hoyles & Healy, 2007), also das Ergebnis der Bearbeitung von Beweisaufgaben. Studien zeigen, dass die Beweise von Schülerinnen und Schülern, aber auch von Studierenden in vielen Fällen größere Fehler enthalten (u. a. Barkai et al., 2002; Hoyles & Healy, 2007; Weber, 2001). Die Analysen der schriftlichen Beweise an sich können jedoch nicht aufzeigen, warum diese Fehler entstehen. In dieser Arbeit wird daher nicht nur das schriftliche Produkt der Studierenden betrachtet, sondern auch der Beweisprozess, der sie zu diesem Produkt kommen lässt. Es wird erwartet, dass die Diskussionen der Studierenden tiefere Einblicke in ihr Vorgehen ermöglichen.

Um Unterschiede und Gemeinsamkeiten von Argumentationen und Beweisen im Prozess bzw. als Produkt erkennen zu können, müssen diese rekonstruiert und analysiert werden. Zur Rekonstruktion von Argumentationen und Beweisen bietet sich die funktionale Rekonstruktion nach Toulmin (1958, 1975) an, bei der die Aussagen, die in einer Argumentation gemacht werden, anhand ihrer Funktion in der Argumentation statt nach ihrem chronologischen Auftauchen rekonstruiert werden (vgl. Teilkapitel 2.3.1). Diese Art der Rekonstruktion erlaubt zudem sowohl eine umfassende globale Betrachtung der Argumentationen und Beweise sowie ihrer Strukturen als auch die Betrachtung lokaler Feinheiten. Die erste Unterfrage zu Forschungsfrage 1 befasst sich dabei mit den in Teilkapitel 2.3.2 beschriebenen globalen Strukturen von Argumentationen, wie sie beispielsweise bei Knipping (2003) untersucht wurden. Diese Betrachtung struktureller Zusammenhänge ermöglicht Einblicke, die über ein reines „richtig/ falsch" oder „deduktiv/nicht deduktiv" hinausgehen und auf tiefergehende Schwierigkeiten hinweisen können.

Frage 1.1

Wie können Herausforderungen der Studierenden beim Argumentieren und Beweisen mithilfe globaler Argumentationsstrukturen erkannt werden?

Die Untersuchung globaler Argumentationsstrukturen findet sich in der Forschung bisher sowohl bezogen auf Klassenunterricht (u. a. Knipping, 2003; Reid & Knipping, 2010; Shinno, 2017) als auch bezüglich der Argumentationen von Lehramtsstudierenden, die Aussagen mithilfe von dynamischer Geometriesoftware beweisen (Erkek & Işıksal Bostan, 2019). Dabei zeigen sich mehrere verschiedene globale Strukturen (vgl. Teilkapitel 2.3.2), die unter anderem auch verschiedene Arten von Unterricht charakterisieren. Für die in dieser Arbeit untersuchten Argumentationen und Beweise stellt sich damit die Frage, ob die bisher in der Forschung beschriebenen globalen Argumentationsstrukturen auch in den Daten meiner Untersuchung zu rekonstruieren sind, wie auch die Frage, warum bestimmte globale Strukturen möglicherweise nicht auftreten. Damit ergibt sich eine Unterfrage der Forschungsfrage 1.1:

Frage 1.1a

Welche globalen Argumentationsstrukturen lassen sich in den Argumentationen und Beweisen der Studierenden rekonstruieren?

Während in den Veröffentlichungen von Knipping (2003) sowie Knipping und Reid (2010) je nur ein Beweiskontext betrachtet wurde, untersuchen Erkek und Işıksal Bostan (2019) zwei verschiedene geometrische Kontexte. Bei ihnen zeigt sich, dass es deutliche Unterschiede zwischen den Strukturen der einzelnen

Beweisaufgaben gibt. Sie erklären dies auch dadurch, dass bei einer der gegebenen Aussagen die Nutzung von dynamischer Geometriesoftware weitreichender möglich war und somit die Nutzung der Software auch die globalen Strukturen veränderte. Insgesamt zeigen sich einfache Strukturen, was nach Erkek und Işıksal Bostan (2019) auch mit dem fachlichen und methodischen Niveau der Studierenden zusammenhängt. Da sich die Studierenden in meiner Untersuchung jedoch alle gegen eine Nutzung von dynamischer Geometriesoftware entschieden haben, kann ein möglicher Zusammenhang in diesem Sinne nicht untersucht werden. Wohl aber stellt sich in dieser Arbeit die Frage, ob die globalen Strukturen von der zu beweisenden Aussage abhängen (die Bewertung der Schwierigkeit einer Aussage wird in Abschnitt 11.3 näher beschrieben) und inwiefern die globalen Strukturen mit der inhaltlichen Güte der Argumentation zusammenhängen. Daraus ergeben sich zwei weitere Unterfragen der Forschungsfrage 1.1:

Frage 1.1b

Welche Einblicke gewähren die globalen Argumentationsstrukturen in die inhaltliche Güte der studentischen Argumentationen?

Frage 1.1c

Welchen Einfluss hat die Schwierigkeit eines Beweises auf die globale Argumentationsstruktur?

Neben den in der Literatur beschriebenen (u. a. Erkek & Işıksal Bostan, 2019) und in Frage 1.1c angesprochenen Unterschieden von globalen Argumentationsstrukturen in Hinblick auf verschiedene zu beweisende Aussagen bzw. Beweiskontexte sind weitere Zusammenhänge von globalen Strukturen mit anderen Faktoren des Argumentierens und Beweisens denkbar. Durch die in dieser Arbeit getroffene Unterscheidung mündlicher und schriftlicher Argumentationen (siehe Abschnitt 2.2) und im Hinblick auf die Auswertung von Argumentations- und Beweisprozessen wie auch -produkten stellt sich damit die Frage, ob die globalen Strukturen von mündlichen und schriftlichen Argumentationen zur selben geometrischen Aussage gleichbleiben oder sich verändern. Dieser Überlegung soll in der letzten Unterfrage der Forschungsfrage 1.1 nachgegangen werden:

Frage 1.1d

Welche Gemeinsamkeiten und Unterschiede zeigen mündliche Argumentations- und Beweisprozesse der Studierenden und deren Verschriftlichungen zu einer gegebenen Aussage in (der Komplexität) der globalen Struktur?

Zur Beantwortung der Frage 1.1b, in der der Zusammenhang der Komplexität der globalen Struktur mit der inhaltlichen Güte der Argumentationen untersucht wird, ist eine inhaltliche Betrachtung der Argumentationen unabdingbar und durch die funktionale Rekonstruktion nach Toulmin (siehe Teilkapitel 2.3.1) auch im Zusammenhang mit den globalen Strukturen realisierbar. In dieser Arbeit wird bei der lokalen Untersuchung der Argumentation allerdings nicht nur die inhaltliche Korrektheit in den Blick genommen, sondern alle Arten von Besonderheiten, die einen Einfluss auf das Argumentieren haben könnten, beispielsweise bezüglich Zielkonklusionen, logischer Stringenz oder impliziter Argumentationsanteile. Die Frage, die sich daraus ergibt, ist die zweite Unterfrage der ersten Forschungsfrage:

Frage 1.2

Welche Besonderheiten und Spezifika kommen in einzelnen Argumentationssträngen der studentischen Argumentationen und Beweise vor?

Neben der in den Fragen 1.1 und 1.2 fokussierten Betrachtung der rekonstruierten Argumentation und ihrer globalen wie lokalen Auswertung, können auch die Phasen des Argumentierens und Beweisens betrachtet werden (vgl. Teilkapitel 2.1.4). Nachdem eine zu beweisende Aussage ausgewählt bzw. vorgelegt ist, beginnt der Prozess des Argumentierens und Beweisens. Der Prozess beschreibt den Teil, in dem die Argumentation bzw. der Beweis gefunden und entwickelt wird. Das Produkt ist das Ergebnis des Prozesses und in der Regel schriftlich fixiert. In der Forschungsliteratur zum Argumentieren und Beweisen ist diese Trennung von Argumentations-/Beweisprozess und dem Produkt (u. a. G. Wittmann, 2014) oft zu finden. Der Übergang zwischen diesen beiden Phasen, also das Aufschreiben der Argumentation bzw. des Beweises ist nicht im Fokus der Forschung. Diese Lücke soll mit der dritten Unterfrage der ersten Forschungsfrage wenigstens ein Stück weit geschlossen werden, da eine Betrachtung des Aufschreibens Hinweise darauf geben könnte, warum schriftliche Beweise von Schülerinnen und Schülern wie auch Studierenden häufig fehler- und lückenhaft sind.

Frage 1.3

Welche Schwierigkeiten zeigen Studierende beim Aufschreiben einer Argumentation bzw. eines Beweises?

Eine Vermutung meinerseits, die das Aufschreiben betrifft, ist, dass nicht alles, was „vorhanden“ ist, auch aufgeschrieben wird. Das Aufschreiben von Überlegungen ist komplex, eigene Gedanken müssen sortiert und passend formuliert werden. Logische Zusammenhänge müssen für Leserinnen und Leser verständlich sein ohne, dass Unwichtiges von den eigentlich wichtigen Überlegungen ablenkt. Dass es Studierenden nicht immer gelingt, alle Einzelheiten einer Argumentation im Blick zu behalten und sie gleichzeitig logisch stringent und verständlich aufzuschreiben, ist durchaus vorstellbar. Dies wird durch die erste Unterfrage der Forschungsfrage 1.3 in den Blick genommen:

Frage 1.3a

Welche für die Argumentation bzw. den Beweis wichtigen Aussagen gehen den Studierenden im Prozess des Aufschreibens verloren?

In diesem Zusammenhang ist es auch interessant zu untersuchen, wie eventuelle „Übertragungsprobleme“ beim Aufschreiben minimiert oder sogar verhindert werden können. Hier ergibt sich der erste Anknüpfungspunkt zur Metakognition. Eine Möglichkeit, um beim Aufschreiben nichts Bedeutsames zu vergessen, könnte eine bessere Planung dessen, was aufgeschrieben werden soll, sein oder auch die bessere Kontrolle der Aussagen, die aufgeschrieben werden, und ihrer Zusammenhänge. All dies sind metakognitive Aktivitäten. Aus diesen Überlegungen ergibt sich die zweite Unterfrage der Forschungsfrage 1.3:

Frage 1.3b

Welche Rolle spielt Metakognition an den Stellen, an denen den Studierenden im Prozess des Aufschreibens wichtige Aussagen verloren gehen?

Zusammenfassend werden im Rahmen der ersten Forschungsfrage somit die globale Struktur und auch lokale Besonderheiten der Argumentationen und Beweise betrachtet sowie das Aufschreiben einer Argumentation bzw. eines Beweises, also der Übergang vom Prozess der Beweisfindung zum aufgeschriebenen Beweisprodukt. Mit der ersten Forschungsfrage liegt der Fokus auf den Argumentationen und Beweisen selbst, der Einfluss von Metakognition wird nur in der Frage 1.3b angesprochen. In der zweiten Forschungsfrage hingegen liegt der Fokus auf der Metakognition im Kontext des Argumentierens und Beweisens.

Die zweite Forschungsfrage besteht ebenfalls aus mehreren Unterfragen, um sie zu präzisieren. Der Fokus wird bei dieser Frage nicht auf die „gesamte" Metakognition gelegt, wie in Teilkapitel 3.1.3 begründet wurde. Es wird nur die Regulierung von Kognition, also metakognitive Aktivitäten, betrachtet. Diese Aktivitäten können auch durch Forschende wahrgenommen und kategorisiert werden, im Gegensatz zum Bereich des Wissens über Kognition, bei dem die Forschung auf Selbstauskünfte von Probanden angewiesen ist. Neben den metakognitiven Aktivitäten (Planung, Monitoring und Reflexion) werden in dieser Arbeit auch die mit ihnen in Verbindung stehenden diskursiven Aktivitäten untersucht (vgl. Cohors-Fresenborg & Kaune, 2007; Nowińska, 2016). Diskursive Aktivitäten werden deshalb betrachtet, weil der Zugang zu Denkprozessen einer Person von außen, beispielsweise in Untersuchungen, nur durch deren Äußerungen gelingt (Cohors-Fresenborg & Kaune, 2007).

Argumentieren und Beweisen sind komplexe Tätigkeiten. Sie gut zu strukturieren hilft dabei, den Überblick zu behalten und das Ziel nicht aus den Augen zu verlieren. Die Planung des Vorgehens beim Argumentieren und Beweisen könnte eine solche hilfreiche Struktur schaffen. Im Bereich des Problemlösens, der mit dem Argumentieren und Beweisen eng verwandt ist, zeigen Studien jedoch, dass Planungsphasen bei Novizen des Problemlösens selten vorkommen (Schoenfeld, 1987, 1992). Dass Planungsphasen von Novizen – seien es Studierende oder Schülerinnen und Schüler – auch beim Argumentieren und Beweisen ausgelassen werden, ist gut vorstellbar. Es stellt sich jedoch die Frage, ob deswegen keinerlei Planung vorgenommen wird oder ob Planungsaktivitäten auftreten können, die bei einer Einteilung des Prozesses in Phasen nicht in einer Phase des Planens angesiedelt sind. Mit diesem Gedanken setzt sich die erste Unterfrage der zweiten Forschungsfrage auseinander:

Frage 2.1

Wie wirkt sich die metakognitive Aktivität der Planung auf das Vorgehen der Studierenden beim Argumentieren und Beweisen aus?

Beschäftigt man sich mit dem Beweis einer Aussage, sind nicht alle Überlegungen zielführend oder fachlich korrekt. Um trotzdem erfolgreich sein zu können, ist es notwendig, sein eigenes Handeln und in Gruppensituationen auch das Handeln anderer zu hinterfragen und zu kontrollieren (vgl. Teilkapitel 3.2.1). Diese Tätigkeiten der Kontrolle, die einen großen Einfluss auf den Erfolg des eigenen

Handelns haben (Cohors-Fresenborg et al., 2010), gehören zur metakognitiven Aktivität des Monitorings. Allerdings sind durchaus Situationen vorstellbar, in denen die Kontrolle des Handelns allein nicht zum Erfolg führt, beispielsweise, wenn ein gefundener Fehler nicht behoben werden kann. In dieser Arbeit wird daher in der zweiten Unterfrage der zweiten Forschungsfrage untersucht, wie Monitoring beim Argumentieren und Beweisen mit dem abrufbaren Fachwissen zusammenhängt:

Frage 2.2

Welche Auswirkungen hat Fachwissen auf den Nutzen von Monitoring beim Argumentieren und Beweisen?

Beim Argumentieren und Beweisen hat natürlich nicht nur das reine Fachwissen einen Einfluss, in der Geometrie haben auch Skizzen eine hohe Bedeutung, wie in Kapitel 4 gezeigt. Sie dienen als Vermittler zwischen Anschauung und Abstraktion (Hattermann et al., 2015). Um Skizzen beim Argumentieren und Beweisen einsetzen zu können, müssen die visuellen Informationen aus der Skizze erkannt und verarbeitet werden. Nicht nur Formen, sondern auch Eigenschaften und Zusammenhänge zwischen den geometrischen Objekten der Skizze spielen dabei eine Rolle (Jones & Tzekaki, 2016). Dies ist für Schülerinnen und Schüler schwierig (Sinclair et al., 2016), für Lehrkräfte ebenfalls. Metakognitive Aktivitäten, wie z. B. die Reflexion von Skizzen, könnten den Nutzen von Skizzen beim geometrischen Argumentieren und Beweisen erhöhen und bei der „Auswertung" von Skizzen helfen. Die dritte Unterfrage der zweiten Forschungsfrage lautet daher wie folgt:

Frage 2.3

Welche Bedeutung hat die Reflexion von verwendeten fachspezifischen Darstellungen für die Argumentation bzw. den Beweis?

Beim Argumentieren und Beweisen wie auch bei Metakognition haben diskursive Aktivitäten einen großen Einfluss. Äußerungen bieten einen Zugang zum Denken anderer (vgl. Teilkapitel 3.1.2), was besonders wichtig ist, wenn mehrere Personen zusammenarbeiten. In Bezug auf das Finden und Aufschreiben einer Argumentation bzw. eines Beweises ist es wichtig, die fachlichen Überlegungen und ihre logischen Verbindungen zugänglich zu machen. Bei metakognitiven Aktivitäten ist es in diesem Zusammenhang wichtig, durch Äußerungen anderen Personen die eigenen Planungen, Kontrollen und Reflexionen aufzuzeigen. Die

Art der Äußerung hat dabei einen Einfluss darauf, inwiefern andere die eigenen Gedanken nachvollziehen können. Es ist wichtig, Bezugspunkte zu setzen und seine eigenen Gedanken nicht nur kurz im Ergebnis zu nennen, sondern auch die Überlegung dahinter zu erklären. Bleibt dies aus, kann es negative Effekte auf den Gesprächsverlauf und in diesem Fall auf das Argumentieren und Beweisen haben. Daraus ergibt sich, da Äußerungen die „Vermittler" metakognitiver Aktivitäten sind, die vierte Unterfrage zur zweiten Forschungsfrage:

Frage 2.4

Wie beeinflusst die Tiefe und Elaboriertheit verwendeter metakognitiver Aktivitäten den Argumentations- und Beweisprozess?

Das Argumentieren und Beweisen wird in Bezug auf Diskursivität allerdings nicht nur durch die Tiefe und Elaboriertheit der Äußerungen geprägt, die die metakognitiven Aktivitäten übermitteln. Die Wirkung diskursiver Aktivitäten zeigt sich auch darin, wie Verstöße gegen vereinbarte Gesprächsregeln eine Argumentation bzw. einen Beweis beeinflussen. Diese Verstöße, die die Kommunikation und das Verstehen der einzelnen Personen untereinander stören, werden als negative Diskursivität bezeichnet (Cohors-Fresenborg, 2012). Dazu gehören unter anderem fehlende Bezugspunkte, wie in Teilkapitel 3.1.2 kurz angesprochen, oder auch inadäquate Wortwahl. Ein Aspekt, der gerade beim Argumentieren und Beweisen große negative Auswirkungen hat, ist eine falsche logische Struktur der Argumentation, die ebenfalls unter negativer Diskursivität gefasst wird. In diesem Kontext stellt sich die Frage, wie die Logik und der Inhalt von Argumentationen und Beweisen durch negativ-diskursive Aktivitäten beeinflusst werden. Dies ist die fünfte Unterfrage der zweiten Forschungsfrage:

Frage 2.5:

Welchen Einfluss haben negativ-diskursive Aktivitäten auf die logische und inhaltliche Struktur von Argumentations- und Beweisprozessen sowie ihrer Verschriftlichung?

Die Beantwortung dieser Forschungsfragen erfolgt in der vorliegenden Arbeit in den Kapiteln 9 bis 12 für Forschungsfrage 1, also die Ergebnisse zum Argumentieren und Beweisen, und in den Kapiteln 13 bis 17 für Forschungsfrage 2 zur Metakognition. Eine zusammenführende Diskussion aller Ergebnisse zu den Forschungsfragen findet sich zudem in Kapitel 18.

Open Access Dieses Kapitel wird unter der Creative Commons Namensnennung 4.0 International Lizenz (http://creativecommons.org/licenses/by/4.0/deed.de) veröffentlicht, welche die Nutzung, Vervielfältigung, Bearbeitung, Verbreitung und Wiedergabe in jeglichem Medium und Format erlaubt, sofern Sie den/die ursprünglichen Autor(en) und die Quelle ordnungsgemäß nennen, einen Link zur Creative Commons Lizenz beifügen und angeben, ob Änderungen vorgenommen wurden.

Die in diesem Kapitel enthaltenen Bilder und sonstiges Drittmaterial unterliegen ebenfalls der genannten Creative Commons Lizenz, sofern sich aus der Abbildungslegende nichts anderes ergibt. Sofern das betreffende Material nicht unter der genannten Creative Commons Lizenz steht und die betreffende Handlung nicht nach gesetzlichen Vorschriften erlaubt ist, ist für die oben aufgeführten Weiterverwendungen des Materials die Einwilligung des jeweiligen Rechteinhabers einzuholen.

Teil II
Methodologie und Methodisches Vorgehen

Diese Untersuchung verortet sich im Selbstverständnis qualitativer Forschung und nimmt das Argumentationsverhalten von Lehramtsstudierenden in den Blick. Ein qualitativer Zugang stellt sich sozialer Wirklichkeit und Situationen aus der Sichtweise der Akteure, hier der Studierenden (Flick et al., 2013). Durch ihre flexiblen Zugangsweisen ermöglicht es qualitative Forschung, auch wenig bekannte Wirklichkeitsbereiche zu erkunden sowie Neues und Unbekanntes zu erforschen. Da die Bedeutung von metakognitiven Aktivitäten im Bereich des Argumentierens und Beweisens kaum erforscht ist, bietet sich ein qualitativer Zugang hierfür an. Qualitative Forschung ist durch ihre offene Art näher an den „Forschungsobjekten“ und an der subjektiven Deutung von „objektiven“ Bedingungen und Situationen. Sie versucht, genau diese Deutungen zu erkunden. Qualitative Forschung beruht auf der Annahme, dass soziale Wirklichkeit durch soziale Interaktion geformt wird und diese interaktiv hergestellte Realität für jeden eine andere subjektive Bedeutung innehat (Flick et al., 2013). Durch qualitative Forschung wird der soziale Sinn der Probanden rekonstruiert und sichtbar gemacht. Dies ist auch das Ziel der vorliegenden Arbeit.

Im Gegensatz zur quantitativen Forschung gibt es in der qualitativen Forschung keine einheitlichen Gütekriterien. Steinke (2013) weist darauf hin, dass die Gütekriterien quantitativer Forschung nicht einfach übernommen werden können, die qualitative Forschung somit eigener Kriterien bedarf. Sie formuliert sieben Kernkriterien, die die Wissenschaftlichkeit, Güte und Geltung qualitativer Forschung bewertbar machen sollen. Dazu gehören die Intersubjektive Nachvollziehbarkeit der Forschung, z. B. durch die Dokumentation des eigenen Forschungsprozesses, konsensueller Validierung und die Anwendung kodifizierter Verfahren, und die Angemessenheit des Forschungsprozesses, beispielsweise bezüglich der Forschungsfragen oder der Methodenauswahl. Zudem sollten die Ergebnisse empirisch verankert, also an den Daten belegbar sein, und die Grenzen des Geltungsbereichs gebildeter Theorien durch Fallkontrastierung und die gezielte Suche nach nicht zur neuen Theorie „passenden" Fällen kritisch reflektiert werden. Auch sollten neu gebildete Theorien in sich konsistent und für den beforschten Bereich von Relevanz sein. Während des gesamten Forschungsprozesses sollten die Forschenden zudem ihre eigene Rolle reflektieren, z. B. den eigenen Einfluss auf das gewählte Vorgehen.

Diese Gütekriterien bilden die Grundlage der vorliegenden Arbeit. In ihrem Rahmen wird in diesem Kapitel die Vorbereitung der Untersuchung beschrieben (Kapitel 6), zu der die Stichprobe (Abschnitt 6.1), das Vorgehen der Datenerhebung (Abschnitt 6.2) sowie die verwendeten, zu beweisenden Aussagen (Abschnitt 6.3) gehören. Des Weiteren wird die Datenaufbereitung (Kapitel 7) erläutert, wobei Videos (Abschnitt 7.1), Transkripte (Abschnitt 7.2) und Referenzskizzen betrachtet werden (Abschnitt 7.3). Zu den Auswertungsmethoden (Kapitel 8) gehören die Rekonstruktionen von Argumentationen (Abschnitt 8.1), die Analyse globaler Argumentationsstrukturen (Abschnitt 8.2), die Untersuchung metakognitiver Aktivitäten (Abschnitt 8.3) sowie Typenbildung und Prototypen (Abschnitt 8.4).

Vorbereitung der Untersuchung 6

Die Durchführung einer Untersuchung muss gut geplant sein und den genannten Gütekriterien entsprechen. In diesem Kapitel werden dazu die Stichprobe (Abschnitt 6.1), das Vorgehen der Datenerhebung (Abschnitt 6.2) sowie die verwendeten, zu beweisenden Aussagen (Abschnitt 6.3) beschrieben.

6.1 Die Stichprobe

Gegenstand der Arbeit sind geometrische Beweisprozesse sowie die dabei stattfindenden metakognitiven Aktivitäten von Lehramtsstudierenden. Dies soll qualitativ erforscht werden. Im Selbstverständnis qualitativer Forschung wird dabei nicht versucht, die Gesamtheit einer Population zu erfassen (hier die Beweisprozesse aller Lehramtsstudierenden), sondern verschiedene Ausprägungen von Fällen zu untersuchen. Die Samplingstrategie dieser Arbeit sieht daher vor, Fälle in möglichst vielen verschiedenen Facetten zu erfassen und eine maximale Variation zu erhalten. Um Studierende fokussieren zu können, deren Handeln aussagekräftig, aber auch unterschiedlich genug ist, wurde die gesamte potentielle Gruppe von Lehramtsstudierenden zunächst auf Bremen und dort auf die Studierenden des Grundschullehramts reduziert. Eine Einschränkung für diese Arbeit betrifft

---

Ergänzende Information Die elektronische Version dieses Kapitels enthält Zusatzmaterial, auf das über folgenden Link zugegriffen werden kann https://doi.org/10.1007/978-3-658-46468-4_6.

© Der/die Autor(en) 2025
N. Abels, *Argumentation und Metakognition bei geometrischen Beweisen und Beweisprozessen*, Perspektiven der Mathematikdidaktik,
https://doi.org/10.1007/978-3-658-46468-4_6

somit den Standort und die Art des Lehramtsstudiums auf Studierende des Grundschullehramts der Universität Bremen.

Da auch diese Stichprobe noch sehr groß ist, wurde ein qualitativer Stichprobenplan erstellt (nach Kelle & Kluge, 2010), der die eigenen Vorstellungen über den zu untersuchenden Fall und die Auswahl der Probanden nachvollziehbar machen (Merkens, 2013) und die Berücksichtigung verschiedener Aspekte der Studierenden dieser Gruppe sicherstellen soll. Dies bedeutet für diese Arbeit, dass bei der Auswahl der Probanden gezielte Entscheidungen statt einer zufälligen Auswahl getroffen werden (Flick, 2012). Eigene Grundkenntnisse über den Forschungsbereich haben dabei Einfluss auf die Samplingstrategie. Die hier verwendete Samplingstrategie wird im Folgenden beschrieben. Alle Studierenden nahmen freiwillig an der Untersuchung teil.

Im Hinblick auf die gewünschte Variation wurden die Merkmale *Geschlecht*, mathematische *Leistung* und die *Zusammensetzung* der Paare für die Auswahl der Probanden ausgewählt. Aus der Gesamtgruppe wurden nach dem Stichprobenplan Studierende ausgesucht, die für die Untersuchung relevante Merkmale in unterschiedlichen Ausprägungen aufwiesen.

Geschlecht: Da in Grundschulen die Lehrkräfte überwiegend weiblich sind und die Erhöhung der Zahl männlichen Personals hier ein erklärtes Ziel ist, wurde in der Stichprobe darauf geachtet, dass männliche Studierende enthalten sind. Von vier Studierendenpaaren war ein Paar, als bewusst überdurchschnittlich abgebildet, männlich.

Leistung: Um ausschließen zu können, dass das Beweisen aufgrund von mangelndem Fach- oder Methodenwissen misslingt, wurden für die Gesamtgruppe Studierende ausgewählt, die ihr gesamtes Lehramtsstudium mit Mathematik als großem Fach, also mit einem hohen Anteil von Elementarmathematik im Studium, an der Universität Bremen gemacht haben. Damit wurde versucht, das allgemeine Vorwissen zu Mathematik und mathematischen Methoden wie Problemlösen und Beweisen vergleichbar zu machen. Voraussetzung für die Teilnahme an der Studie war zudem die aktive Teilnahme an der Vorlesung zur Elementargeometrie durch die Abgabe von Übungszetteln und die Teilnahme am Tutorium. Auf diese Weise sollte das Vorhandensein eines gewissen Maßes an Fachwissen sichergestellt werden. Die Vorlesung beschäftigt sich mit den Axiomen der euklidischen Geometrie, mit Kongruenzabbildungen und Ähnlichkeit, mit Sätzen zu Dreiecken und der Systematisierung von Vierecken, mit Parkettierungen und der Bestimmung des Flächeninhalts verschiedener Figuren sowie mit einer Einführung in die hyperbolische Geometrie. Um eine Bandbreite an Können und Wissen abzubilden und ebenfalls die Auswirkungen von Metakognition auf das Beweisen betrachten zu können, wurden für diese Arbeit Studierende ausgesucht, die in der Präsenzübung zur Elementargeometrie und in den Übungszetteln gute Leistungen zeigten, aber auch solche, deren Leistungen weniger gut waren, sowie solche im soliden Mittelfeld.

Zusammensetzung: Um den Einfluss von Rollenverteilungen und gewohnter Zusammenarbeit beim Arbeiten in Gruppen nicht außer Acht zu lassen, wurde zudem die Zusammensetzung der Studierendenpaare variiert. Eines der vier Paare hatte zuvor nicht zusammengearbeitet, die anderen drei Paare hatten bereits die Aufgaben der Übungen zusammen bearbeitet.

Die Teilnehmenden in dieser Untersuchung wurden so ausgesucht, dass sie die Heterogenität und Vielfalt der Gesamtgruppe widerspiegeln. Da die Untersuchung durch die Forschungsfragen auf Tiefe, nicht aber auf Breite angelegt ist, wurde dabei in der Stichprobe nicht jede Merkmalskombination beachtet. Die Auswahl wurde stattdessen so eingeschränkt, dass bei kleiner Teilnehmendenzahl trotzdem viele Unterschiede zwischen den Paaren auftraten. Bei der ersten Gruppe handelt es sich um zwei Studierende, Nina und Maja[1]. Beide sind weiblich, zeigten hohe Leistungen und waren eine feste Gruppe. Die zweite Gruppe besteht aus zwei männlichen Studierenden, Dennis und Julius. Ihre Leistungen waren eher schlecht, sie hatten zuvor schon zusammengearbeitet. Bei der dritten Gruppe handelt es sich um zwei weibliche Studierende, Pia und Charlotte, die zuvor nicht zusammengearbeitet hatten. Ihre Leistungen waren im guten Mittelfeld. Die vierte und letzte Gruppe besteht aus zwei weiblichen Studierenden, Daria und Leonie, die von den Leistungen her im guten Mittelfeld lagen. Sie waren eine feste Gruppe und arbeiteten für gewöhnlich zusammen. Eine Übersicht über die Verteilung der Merkmale in den Gruppen ist in der folgenden Tabelle zu finden (Tabelle 6.1).

Tabelle 6.1 Übersicht der Merkmale in den Gruppen

Merkmal	Gruppe 1 Nina und Maja	Gruppe 2 Dennis und Julius	Gruppe 3 Pia und Charlotte	Gruppe 4 Daria und Leonie
Geschlecht	w	m	w	w
Leistung	++	−	+	+
Paarzusammensetzung	fest	fest	neu	fest

[1] Bei allen Namen handelt es sich um Pseudonyme.

6.2 Die Datenerhebung

In der von mir durchgeführten Untersuchung stehen Beweisprozesse von Studierenden im Fokus. Hierbei sollten die Fähigkeiten der Studierenden ohne äußeren Einfluss (z. B. Fachbücher, Internet, andere Personen) erfasst werden. Unter anderem aus eigener (Beweis-)Erfahrung ist jedoch bekannt, dass nicht alle bei der Bearbeitung von Beweisaufgaben gedachten Schritte, Assoziationen oder Ideen auch geäußert werden. Das betrifft auch jene, die neutral betrachtet richtig sind und den Beweis voranbringen könnten. Diese nicht geäußerten Überlegungen können von außen nicht rekonstruiert werden, da es nicht möglich ist, in Köpfe zu gucken und die Gedanken zu lesen. Es ist aber wichtig, diese nicht geäußerten Gedanken zu kennen, um einen vollständig(er)en Eindruck der Fähigkeiten der Studierenden zu erhalten. Aus diesem Grund wurde darauf verzichtet, Studierende einzeln zu befragen. Stattdessen wurde eine Paarsituation gewählt, da nach Busse (2009) die Interaktion zwischen den Personen in der Befragungssituation zu mehr Äußerungsgelegenheiten führt. In Partnerarbeit ist die Kommunikation zwischen den Personen wichtig und bewirkt, dass eigene Gedanken dem anderen zugänglich gemacht werden, die in Einzelarbeit nicht verbalisiert werden würden. Da dieser Arbeit ein sozial und interaktionistisch geprägtes Beweis- und Argumentationsverständnis zugrunde liegt, hat die Paarsituation ebenfalls keine negativen Auswirkungen auf die zu erwartenden Ergebnisse.

Neben der eigentlichen Durchführung der Beweise, interessierten auch die Einstellungen der Studierenden zum Beweisen, ihr Beweisverständnis und ihr prototypisches Vorgehen zum Beweisen. Zudem sollten die Studierenden im Anschluss an ihr Beweisen zu ihrem tatsächlichen Vorgehen und ihren Überlegungen dahinter befragt werden. Dadurch wurde das Beweisen der Studierenden in ein Interview eingebettet, genauer in ein Leitfadeninterview. Leitfadeninterviews sind eine Form halbstandardisierter Interviews, d. h., dass zwar die Fragen vor dem Interview festgelegt werden, nicht aber die Antwortmöglichkeiten (Loosen, 2016). Das Gespräch wird mittels eines Leitfadens strukturiert, der die wichtigen Themenbereiche und dazugehörige Fragen enthält. Dabei sind die Fragen offen formuliert (Loosen, 2016). Durch den Leitfaden soll sichergestellt werden, dass alle für die Forschungsfragen relevanten Themen angesprochen werden, wodurch die Vergleichbarkeit zwischen mehreren Interviews ermöglicht werden soll (Friebertshäuser & Langer, 2010). Allerdings legt der Leitfaden kein Ablaufschema fest, sondern ist eher eine Erinnerungshilfe (Marotzki, 2011). Für die durchgeführten Interviews ermöglichte dieses Vorgehen, die Fragen auch frei zu formulieren und Fragen auszulassen, die nicht zutreffen oder die in der Antwort zu einer anderen Frage bereits beantwortet wurden. Da die Vergleichbarkeit der

Interviews in dieser Untersuchung wichtig war und mit allen Studierenden die gleichen Bereiche angesprochen werden sollten, war die Wahl von Leitfadeninterviews passend. Um nicht nur Vergleiche des Vorgehens und der Aktivitäten, sondern auch inhaltliche Vergleiche zu ermöglichen, wurden in den Interviews zudem in allen Gruppen dieselben Aufgaben verwendet, die in Abschnitt 6.3 samt Beweisideen dargestellt sind.

Für die Entwicklung eines Leitfadens sind gute Kenntnisse im Untersuchungsgebiet eine wichtige Voraussetzung, da nur so die relevanten Themen erkannt werden können (Marotzki, 2011). Als Grundlage für den Leitfaden des durchgeführten Interviews wurden die Interviewfragen aus der Dissertation von Ana Kuzle verwendet (2011, S. 271–275). Kuzle nutze ein Leitfadeninterview für ihre Untersuchung von Metakognition beim Problemlösen mit dynamischer Geometriesoftware. Sie erfragte dabei das Wissen der Studierenden über Problemlösen, ließ die Studierenden dann Problemlöseaufgaben bearbeiten und befragte sie im Anschluss nach ihren metakognitiven Aktivitäten. Der Leitfaden wurde für diese Arbeit adaptiert und dazu ins Deutsche übersetzt, vom Problemlöse- in den Beweiskontext übertragen und passend für die Untersuchung gekürzt und zusammengefasst. Der genutzte Leitfaden befindet sich im Anhang im elektronischen Zusatzmaterial. Um die Verständlichkeit und Reihenfolge der Fragen und die Angemessenheit des Umfangs des Interviews zu überprüfen, wurde der Leitfaden (zusammen mit den zu beweisenden Aussagen, siehe Abschnitt 6.3) mit Masterstudierenden erprobt und im Anschluss überarbeitet.

Die Interviews wurden im Februar 2018 durchgeführt und videografiert. Alle Studierenden nahmen freiwillig an der Untersuchung teil. Durch die Aufnahme von Videos anstelle rein auditiver Aufnahmen ist nicht nur die Untersuchung der Äußerungen der Studierenden während des Interviews auswertbar, sondern auch die Untersuchung weiterer wichtiger Informationen wie Gesten, aber auch die Mimik, Körperhaltung und die Position der Studierenden zueinander im Raum (Lück & Landrock, 2014). Gerade die Erfassung von Gesten ist für die Untersuchung relevant, da Studierende bei Beweisen geometrischer Aussagen in der Regel Skizzen verwenden und durch Gesten auf diese Skizzen verweisen bzw. durch Gesten in diese Skizzen spezielle Zusammenhänge herstellen. Der Aufbau der Kameras und ihre Positionen sind in Abschnitt 7.1 beschrieben. Das durchgeführte Interview ist in drei Teile gegliedert (siehe Abbildung 6.1). Diese Dreiteilung ergab sich durch die inhaltlichen Zusammenhänge zwischen den einzelnen Teilen.

Im *ersten Teil* wurden Hintergrundinformationen der Studierenden erfragt sowie ihr Beweiswissen und ihre Einstellung zu Beweisen und zum Beweisen. Auch ihre Erfahrungen zu Technologien beim Mathematiklernen standen

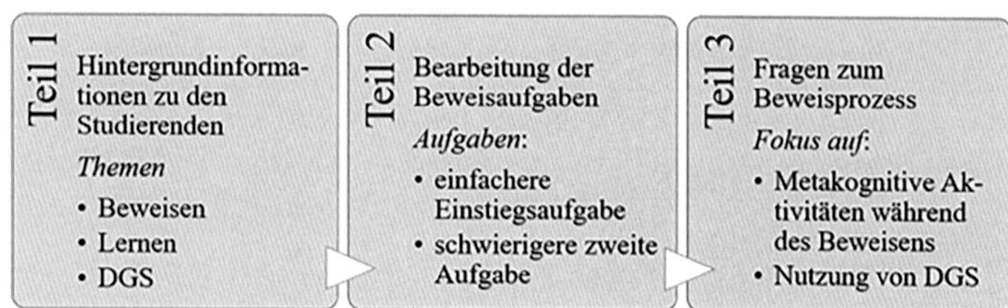

Abbildung 6.1 Ablauf des Interviews

im Fokus. Durch diesen Teil des Interviews sollte die Untersuchung des Einflusses der Vorerfahrungen der Studierenden auf ihr Beweisen ermöglicht werden. Zudem diente er als sanfter Einstieg in das Interview und zum Einstieg in die Situation.

Der *zweite Teil* umfasste die Bearbeitung der Beweisaufgaben. Die zu beweisenden Aussagen wurden nacheinander bearbeitet und der Verlauf der Beweisprozesse erfasst. Den Studierenden wurde zunächst erklärt, wie der Beweisprozess ablaufen und was er beinhalten sollte. Die Studierenden sollten zusammenarbeiten und gemeinsam einen Beweis finden. Dies beinhaltete auch nachzufragen, wenn sie einen Schritt des anderen nicht verstanden. Der gefundene Beweis sollte am Ende aufgeschrieben werden und die Studierenden sollten Bescheid geben, wenn sie meinten, mit dem Beweis fertig zu sein. Als Hilfsmittel standen den Studierenden Papier (blanko, kariert, liniert) und Stifte mit verschiedenen Farben, ein skaliertes Lineal, ein Geodreieck und ein Zirkel sowie ein Computer mit der dynamischen Geometriesoftware (DGS) GeoGebra zur Verfügung. Die Studierenden konnten frei entscheiden, ob sie eine Aussage mit DGS oder auf Papier bearbeiten. Keine der vier Gruppen entschied sich für eine Bearbeitung mit DGS. In diesem Teil des Interviews wurde von Seiten der Interviewenden so wenig wie möglich eingegriffen, um den Beweisprozess der Studierenden nicht zu verfälschen.

Im *dritten und letzten Teil* des Interviews wurden Fragen zur Reflexion des Beweisprozesses gestellt sowie Fragen über die Nutzung von DGS bzw. über die Entscheidung, DGS nicht zu nutzen. Diese Fragen zum Beweisprozess sollten helfen, die metakognitiven Aktivitäten der Studierenden während des Beweisprozesses aus ihrer Sicht zu beleuchten und diese selbst benannten Aktivitäten mit den Aktivitäten zu vergleichen, die im Beweisprozess erkennbar waren. Den Studierenden war dabei nicht bekannt, dass ein Fokus der Untersuchung auf

Metakognition lag. Zum Abschluss des dritten Teils und des gesamten Interviews wurden die Studierenden dazu aufgefordert darüber nachzudenken, was sie durch das Beweisen der Aussagen über Beweisen, mathematische Inhalte und allgemein über sich selbst gelernt haben.

Der erste und der dritte Teil des Interviews, also die Hintergrundinformationen über die Studierenden und die Fragen zum Beweisprozess, wurden in der vorliegenden Arbeit nicht ausgewertet. Der zweite Teil des Interviews mit der Bearbeitung der Beweisaufgaben verfügt über eine solche Fülle an Daten mit tiefen und komplexen Ergebnissen, dass für die vorliegende Arbeit dieser Teil des Interviews fokussiert wurde.

6.3 Die Beweisaufgaben und mögliche Beweise

Die Auswahl der in dieser Studie verwendeten Aussagen erfolgte unter Beachtung der Forschungsfragen und einiger weiterer Kriterien. Da der Fokus der Arbeit auf geometrischen Beweisprozessen liegt, wurden Aussagen aus dem Bereich der euklidischen Geometrie ausgewählt. Dabei wurde darauf geachtet, dass diese Aussagen mit dem geometrischen und methodischen Wissen aus der Vorlesung zur Elementargeometrie beweisbar sind, um Probleme beim Beweisen durch mangelndes Fachwissen zu reduzieren.

Aufgrund der zusätzlichen Betrachtung metakognitiver Aktivitäten, sollte der Beweis nicht bereits in der Vorlesung oder der angeschlossenen Übung behandelt worden sein. Ziel war zu betrachten, wie die Studierenden ihre Metakognition in einer Situation einsetzen, in der die Lösung nicht direkt und einfach erkennbar ist oder die Lösung sogar erinnert wird. Aus diesem Grund sollte die Aussage ebenfalls nicht durch den Studierenden bekannte Standardverfahren beweisbar sein und sich aus der Aussage nicht direkt der Lösungsweg ergeben. Zudem sollten metakognitive Aktivitäten beobachtet werden, die von den Studierenden selbst ausgehen und von ihnen initiiert werden, ohne dass von außen eine Aktivierung erfolgt. Deshalb wurde auf metakognitive Auslöser in der Aufgabenstellung verzichtet, jede Aussage wurde für die Studierenden mit der Aufgabenstellung „Beweisen Sie folgende Aussage“ eingeleitet. Da die Umsetzung der Aussage in eine Skizze ebenfalls metakognitive Aktivitäten erfordert, wurde auch darauf verzichtet, den Studierenden Skizzen zu den Aussagen vorzulegen.

Aus einer Liste möglicher Aufgaben wurden nach Testen der Aufgaben, unter anderem in der Arbeitsgruppe und mit Masterstudierenden, eine einfachere Einstiegsaufgabe und eine komplexere zweite Aussage ausgewählt. Die Aussagen werden im Folgenden genannt und mögliche Beweise skizziert.

6.3.1 Die einfachere Einstiegsaufgabe

Die Einstiegsaussage beinhaltet nur eine zu beweisende Richtung. Für den Beweis muss zunächst aus dem Aussagentext die Skizze rekonstruiert werden. Die Aussage ist dann mit Winkelsätzen beweisbar.

> *„Gegeben sei ein Winkel α mit den Schenkeln g und h. Zeichnet man zum Schenkel g eine Parallele k, die den Schenkel h schneidet, dann bilden h und k mit der Winkelhalbierenden von α ein gleichschenkliges Dreieck." (nach Baum et al., 2007, S. 96)*

Diese Aussage wurde als Einstiegsaufgabe ausgewählt, da alle wichtigen Angaben für die Skizze und den Beweis bereits in der Aussage vorhanden sind. Durch die Skizze sind der Fokus auf die Winkel und der Lösungsweg über Winkelsätze erkennbar, wodurch keine lange Suche nach einem Beweisansatz notwendig ist (sein sollte) und der Beweis an sich nicht zu lange dauert (dauern sollte).

Im Folgenden wird ein möglicher Beweis kurz skizziert.

Beweisskizze:
Die Winkelhalbierende teilt α in zwei gleich große Winkel $\measuredangle SAB = \frac{\alpha}{2}$ und $\measuredangle PAS = \frac{\alpha}{2}$ auf.

Da g und k parallel sind, sind $\measuredangle SAB$ und $\measuredangle ASP$ Wechselwinkel und es gilt wegen des Wechselwinkelsatzes, dass $\measuredangle SAB = \measuredangle ASP = \frac{\alpha}{2}$.

Somit hat das Dreieck ΔAPS mit Basis $\overline{AS}$ gleich große Basiswinkel $\measuredangle PAS$ und $\measuredangle ASP$. Aufgrund des Basiswinkelsatzes gilt, dass ΔAPS zwei gleich lange Seiten hat und somit ein gleichschenkliges Dreieck ist (Abbildung 6.2).

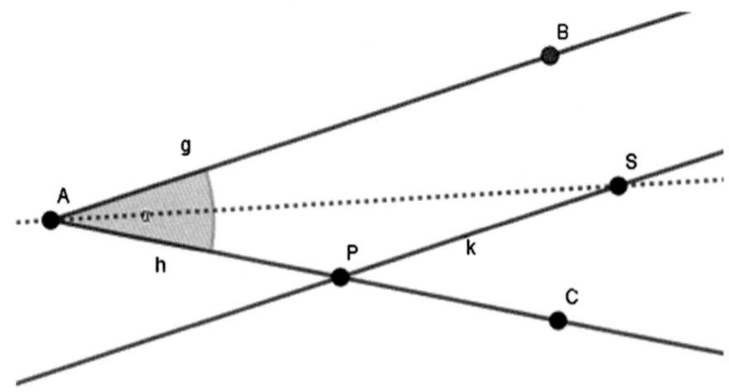

Abbildung 6.2 Skizze zur ersten Aussage

6.3.2 Die schwierigere zweite Aufgabe

Bei der zweiten Aussage handelt es sich um eine „Genau dann, wenn“-Aussage, wodurch ihre Struktur komplexer ist. Die Studierenden müssen zunächst erkennen, dass es zwei Richtungen gibt und diese aus der Aussage herausarbeiten. Für den Beweis beider Richtungen sind verschiedene Vorgehensweisen möglich, die nicht direkt aus den Skizzen erkennbar sind.

„Ein Parallelogramm ist genau dann ein Rechteck,

wenn seine Diagonalen gleich lang sind.“

Im Folgenden werden die beiden Richtungen des Beweises expliziert und mögliche Beweise kurz skizziert.

→ Beweisskizze der „Hinrichtung“
Da es sich um eine „Genau dann, wenn“-Aussage handelt, müssen zwei Aussagen bewiesen werden. Die erste Aussage ist: „*Wenn ein Parallelogramm ein Rechteck ist, dann sind die Diagonalen gleich lang.*“

Die folgenden Aussagen werden als gegeben betrachtet.

In einem Rechteck:

- sind gegenüberliegende Seiten parallel.
- sind gegenüberliegende Seiten gleich lang.
- halbieren sich die Diagonalen.
- gibt es vier rechte Winkel.

Beweis mit Kongruenz
In einem Rechteck sind alle Winkel gleich groß ($\measuredangle CBA = \measuredangle BAD = \measuredangle ADC = \measuredangle DCB = 90°$) und gegenüberliegende Seiten gleich lang ($\overline{BC} = \overline{AD}$ und $\overline{AB} = \overline{CD}$).

Durch den Kongruenzsatz SWS mit Seite $\overline{AB}$, Winkel $\measuredangle CBA$ bzw. $\measuredangle BAD$ und Seite $\overline{BC}$ bzw. $\overline{AD}$ sind die Dreiecke ΔABC und ΔABD kongruent. Damit muss auch die dritte Seite beider Dreiecke kongruent sein: $\overline{AC} = \overline{BD}$. Die Diagonalen sind also gleich lang.

Alternativer Beweis mit dem Satz des Thales:
Wir betrachten das Dreieck ΔABC mit $\beta=90°$ (Abbildung 6.3).

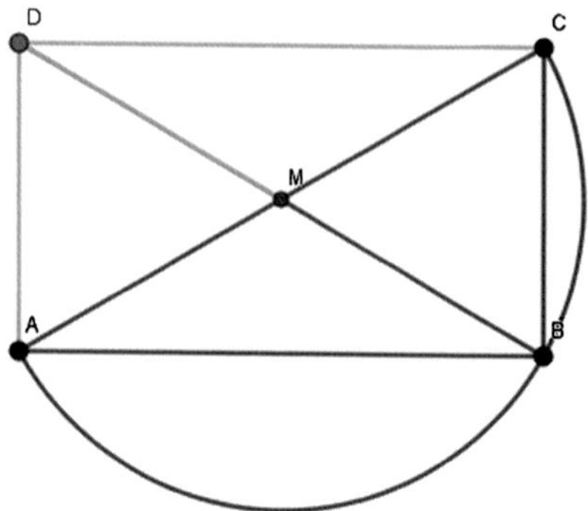

Abbildung 6.3 Skizze zum Beweis der zweiten Aussage (mit Thales)

Da sich die Diagonalen in einem Rechteck halbieren, ist der Schnittpunkt M der Diagonalen der Mittelpunkt der Strecke $\overline{AC}$. Nun kann ein Thaleskreis über $\overline{AC}$ gezeichnet werden mit M als Mittelpunkt. Auf diesem Thaleskreis liegt auch Punkt B, weil der Winkel β ein rechter Winkel ist.

Die Strecken $\overline{MA}$, $\overline{MB}$ und $\overline{MC}$ sind jeweils der Radius des Thaleskreises und daher gleich lang.

Da sich die Diagonalen gegenseitig halbieren, ist die Strecke $\overline{MD}$ genauso lang wie die Strecke $\overline{MB}$.

Da gilt $\overline{MA} = \overline{MB} = \overline{MC}$
und $\overline{MB} = \overline{MD}$
gilt auch $\overline{MA} = \overline{MB} = \overline{MC} = \overline{MD}$

Da $\overline{AC} = \overline{MA} + \overline{MC}$ und $\overline{BD} = \overline{MB} + \overline{MD}$, sind die beiden Diagonalen $\overline{AC}$ und $\overline{BD}$ gleich lang.

Alternativer Beweis mit dem Satz des Pythagoras

Wir betrachten das Dreieck ΔABC mit β=90° (Abbildung 6.4). Nach dem Satz des Pythagoras gilt:

$$\overline{AB}^2 + \overline{BC}^2 = \overline{AC}^2 \tag{6.1}$$

Als nächstes betrachten wir das Dreieck ΔABD mit α=90° (Abbildung 6.5). Nach dem Satz des Pythagoras gilt:

$$\overline{AB}^2 + \overline{AD}^2 = \overline{BD}^2 \tag{6.2}$$

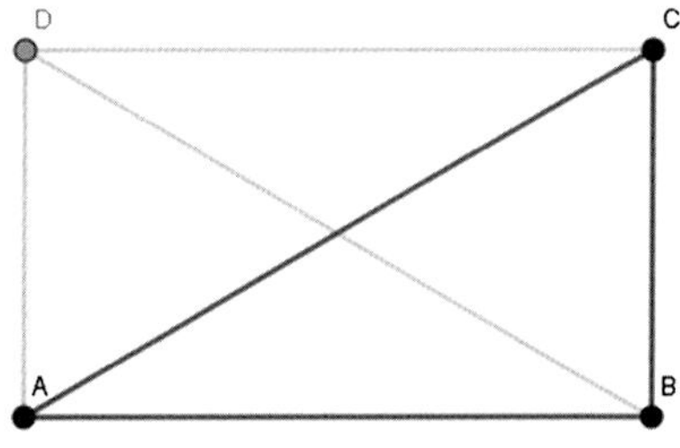

Abbildung 6.4 Skizze A zum Beweis der zweiten Aussage (mit Pythagoras)

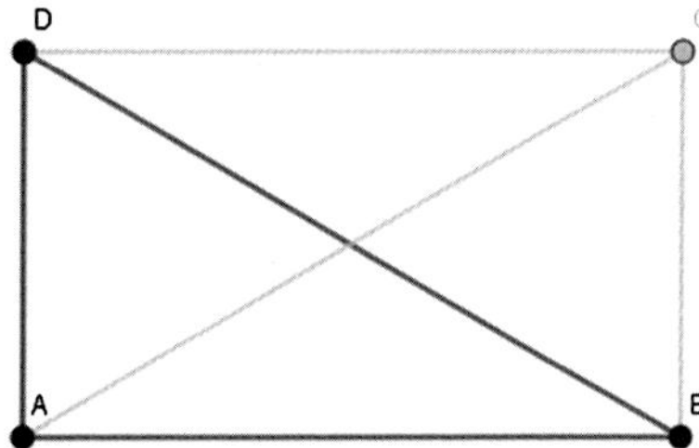

Abbildung 6.5 Skizze B zum Beweis der zweiten Aussage (mit Pythagoras)

Da ABCD ein Rechteck ist, gilt $\overline{AD} = \overline{BC}$. Damit gilt für (2), dass

$$\overline{AB}^2 + \overline{BC}^2 = \overline{BD}^2 \tag{6.2*}$$

(6.1) und (6.2*) können gleichgesetzt werden, woraus sich ergibt:

$$\overline{AC}^2 = \overline{AB}^2 + \overline{BC}^2 = \overline{BD}^2$$

Die Diagonalen des Rechtecks sind also gleich lang.

➜ Beweisskizze der „Rückrichtung"

Ebenfalls muss die zweite Richtung bewiesen werden, also die Aussage: „*Wenn in einem Parallelogramm die Diagonalen gleich lang sind, dann ist es ein Rechteck.*"

Beweis durch Kongruenz

Durch den Kongruenzsatz SSS ist das Dreieck ΔABC kongruent zu ΔBCD (Abbildung 6.6), da die Diagonalen $\overline{\text{AC}}$ und $\overline{\text{BD}}$ nach Voraussetzung gleich lang sind, ebenso wie die Seiten $\overline{\text{AB}}$ und $\overline{\text{CD}}$ sowie $\overline{\text{BC}}$ und $\overline{\text{AD}}$.

Daraus folgt, dass die Winkel ∡CBA und ∡BAD kongruent sind.

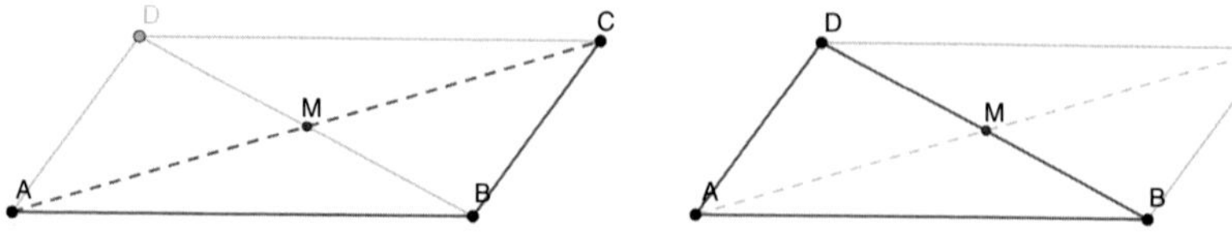

Abbildung 6.6 Skizzen zum Beweis der zweiten Aussage (mit Kongruenz)

Da in einem Parallelogramm gegenüberliegende Winkel gleich groß sind und die Winkelsumme im Viereck 360° beträgt, gilt:

$$2 \cdot \measuredangle CBA + 2 \cdot \measuredangle BAD = 360°$$

$$\measuredangle \mathrm{CBA} + \measuredangle \mathrm{BAD} = 180°$$

Und da $\measuredangle \mathrm{CBA} = \measuredangle \mathrm{BAD}$

$$\measuredangle \mathrm{CBA} = \measuredangle \mathrm{BAD} = 90°$$

Damit sind alle vier Winkel des Parallelogramms 90° und es handelt sich um ein Rechteck.

Alternativer Beweis mit dem Satz des Thales

Wir betrachten das Dreieck ΔABC (Abbildung 6.7). Da die Diagonalen gleich lang sind und sich halbieren, sind die Strecken $\overline{MA}$, $\overline{MB}$ und $\overline{MC}$ gleich lang. Zeichnet man den Thaleskreis über $\overline{AC}$, liegt der Punkt B auf dem Kreis. Daher ist ß = 90°.

Abbildung 6.7 Skizze zum Beweis der zweiten Aussage (mit Thales)

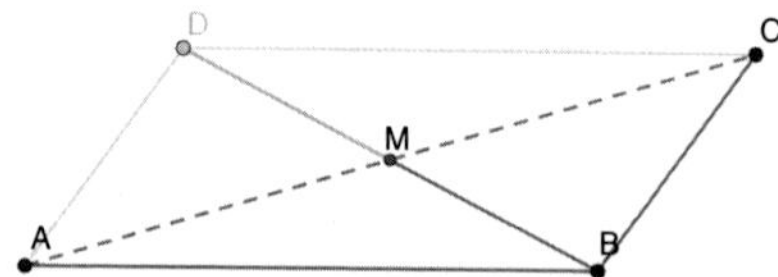

Analog für ΔBCD, ΔCDA und ΔABD.

Somit sind alle vier Winkel des Parallelogramms 90° und es handelt sich um ein Rechteck.

Open Access Dieses Kapitel wird unter der Creative Commons Namensnennung 4.0 International Lizenz (http://creativecommons.org/licenses/by/4.0/deed.de) veröffentlicht, welche die Nutzung, Vervielfältigung, Bearbeitung, Verbreitung und Wiedergabe in jeglichem Medium und Format erlaubt, sofern Sie den/die ursprünglichen Autor(en) und die Quelle ordnungsgemäß nennen, einen Link zur Creative Commons Lizenz beifügen und angeben, ob Änderungen vorgenommen wurden.

Die in diesem Kapitel enthaltenen Bilder und sonstiges Drittmaterial unterliegen ebenfalls der genannten Creative Commons Lizenz, sofern sich aus der Abbildungslegende nichts anderes ergibt. Sofern das betreffende Material nicht unter der genannten Creative Commons Lizenz steht und die betreffende Handlung nicht nach gesetzlichen Vorschriften erlaubt ist, ist für die oben aufgeführten Weiterverwendungen des Materials die Einwilligung des jeweiligen Rechteinhabers einzuholen.

7 Datenaufbereitung

Die Datenaufbereitung ist ein wichtiger Teil qualitativer Forschung. Sorgfältiges Arbeiten ist hier wichtig, da durch Fehler in der Datenaufbereitung Analysen und Ergebnisse verfälscht werden können. Für diese Arbeit standen verschiedene Daten zur Verfügung. Dazu gehören die Videos der Interviews (siehe Abschnitt 7.1), die daraus entstandenen Transkripte (siehe Abschnitt 7.2) und die Referenzskizzen für die Beweise (siehe Abschnitt 7.3). Ein großer Teil der Datenaufbereitung fällt auf die Videos der Interviews. Für die einfachere Handhabung und einen schnelleren Zugriff wurden diese transkribiert. Damit keine Informationen verloren gehen, erfolgte die Transkription für alle vorliegenden Videos, nicht nur für a priori interessant erscheinende Stellen. Die Entscheidungen über den „Detailreichtum" der Transkription und verwendeten Transkriptionsregeln sind in Abschnitt 7.2 zu finden. Die Verwendung der in den Interviews erhobenen Daten erfolgte mit dem Einverständnis der teilnehmenden Studierenden. Im Sinne des Datenschutzes wurde zudem auf die Anonymisierung und Pseudonymisierung der Daten geachtet, sowohl in den Transkripten als auch in den Mitschriften der Studierenden.

Ergänzende Information Die elektronische Version dieses Kapitels enthält Zusatzmaterial, auf das über folgenden Link zugegriffen werden kann https://doi.org/10.1007/978-3-658-46468-4_7.

© Der/die Autor(en) 2025
N. Abels, *Argumentation und Metakognition bei geometrischen Beweisen und Beweisprozessen*, Perspektiven der Mathematikdidaktik,
https://doi.org/10.1007/978-3-658-46468-4_7

7.1 Die Videos

Die Interviews der vier teilnehmenden Studierendenpaare wurden videografiert. Aufgenommen wurde mit zwei Kameras, von denen eine die Gesamtsituation aufnahm (Totale) und die zweite auf die Mitschriften und Skizzen der Studierenden fokussierte. Zur Verbesserung der Tonqualität wurden zudem Mikrofone an die Kameras angeschlossen. Die Länge der Interviews variierte aufgrund unterschiedlicher Ausführlichkeit bei der Beantwortung der Interviewfragen und verschiedener Dauer des Beweisprozesses zwischen etwa 1 Stunde und 12 Minuten und 2 Stunden und 30 Minuten. Aus technischen Gründen liegt pro Interview nicht nur ein Video vor, sondern mehrere von je etwa 16 Minuten Länge. Bei der Auswertung der Beweisprozesse wurde nur dann auf die Videos der Interviews zurückgegriffen, wenn aus dem Transkript die Bedeutung einer Aussage ohne die „Gesamtsituation" nicht eindeutig bestimmt werden konnte.

7.2 Die Transkripte

Transkriptionen sind die Verschriftlichungen von Audio- bzw. Videodaten. Durch sie werden die „flüchtigen" Daten aus Aufnahmen verstetigt (Kowal & O'Connell, 2012). Dabei beeinflusst die Art der Transkription die Möglichkeiten der Analyse, da Transkripte nicht das Aufgezeichnete direkt abbilden, sondern auf bestimmte Aspekte fokussieren und andere abschwächen (Knoblauch, 2011).

Bei der Transkription der Untersuchungsvideos wurden zunächst die Audiodaten transkribiert. Da für die anschließenden Analysen sprachliche und artikulatorische Eigenheiten (z. B. Betonungen, Akzentsetzungen, Dialekte) nicht von Bedeutung sind, wurden diese bei der Umsetzung der Sprechakte nicht berücksichtigt und stattdessen zur besseren Lesbarkeit Satzzeichen an den grammatikalisch richtigen Stellen gesetzt. Die gesagten Worte wurden hauptsächlich in Standardorthografie notiert, teilweise wurde literarische Umschrift verwendet (Kowal & O'Connell, 2012), sodass verschluckte Silben (abgesehen vom verschlucken des „e" bei Wortendungen auf „-en") und zusammengezogene Wörter als solche erkennbar sind. Beispiele hierfür sind *„sind 's"* statt *„sind es"* oder *„irgendnen"* statt *„irgendeinen"*. Sprechpausen wurden ebenfalls transkribiert. In einem zweiten Schritt wurden zum besseren inhaltlichen Verständnis die Gesten der Sprecher an den zeitlich zugehörigen Stellen eingefügt, da in dieser umgangssprachlichen Situation in den Argumentationen häufig deiktische Elemente wie „hier" oder „das und das" in Verknüpfung mit einer entsprechenden Geste verwendet wurden. Insbesondere Gesten des Zeigens sind für das Verständnis der stattfindenden Kommunikation von Bedeutung, da sie wichtige Hinweise auf die Bedeutung der deiktischen Elemente oder wenigstens Interpretationsmöglichkeiten für diese geben (Dittmar, 2004).

Für die Transkription der Videos wurde das Programm f4 verwendet. Die so erhaltenen Daten wurden in eine Tabelle überführt (siehe Beispiel in Tabelle 7.1) und die zugehörigen Skizzen und geschriebenen Beweistexte der Studierenden den Turns zugeordnet. Die Skizzen und Texte entsprechen dabei stets den Skizzen und Texten, die in den Videos zu diesem Zeitpunkt vorlagen, auch wenn sie später erweitert wurden.

Für die Transkription wurden verschiedene Abkürzungen verwendet. In der folgenden Tabelle (Tabelle 7.2) sind die verwendeten Transkriptionskonventionen aufgeführt. Hierzu gehört unter anderem die Bezeichnung der Pausen, der Umgang mit schwierig oder nicht verständlichen Aussagen sowie die Benennung von Elementen in den Skizzen. Da pro Interview mehrere Videos vorliegen, wurde auch hier eine Kennzeichnung in der Zeitmarke genutzt, die im Folgenden erklärt wird.

Tabelle 7.1 Beispiel eines Transkriptausschnitts

476	Dennis	//Weil hier *[Dennis zeigt auf das Rechteck {Beweisskizze 2}]* sind 's ja die Winkelhalbierenden und da nicht *[Dennis zeigt auf das Parallelogramm {Beweisskizze 1}]*// #V6_01:48-6#	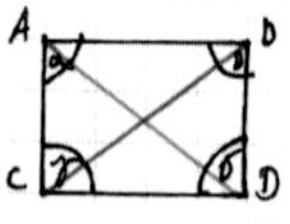 Beweisskizze 2
477	Julius	//Genau (.) genau (7) Wir schreiben das dann, versuchen das dann in, in Textform zu, zu// #V6_02:00-7#	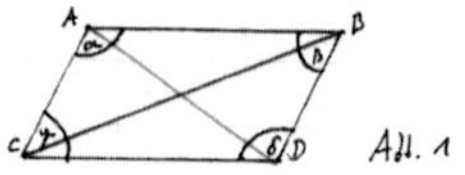
478	Dennis	//Mhm („Zuhör"-Laut).// #V6_02:02-1#	Beweisskizze 1
479	Julius	//irgendwie jetzt zu beweisen. Also zu, nicht zu beweisen, zu, immerhin zu begründen (.) -ähm- (13) #V6_02:21-9#	

(Fortsetzung)

Tabelle 7.1 (Fortsetzung)

476	Dennis	//Weil hier *[Dennis zeigt auf das Rechteck {Beweisskizze 2}]* sind 's ja die Winkelhalbierenden und da nicht *[Dennis zeigt auf das Parallelogramm {Beweisskizze 1}]*// #V6_01:48-6#	Beweisskizze 2
477	Julius	//Genau (.) genau (7) Wir schreiben das dann, versuchen das dann in, in Textform zu, zu// #V6_02:00-7#	
478	Dennis	//Mhm („Zuhör"-Laut).// #V6_02:02-1#	Beweisskizze 1
479	Julius	//irgendwie jetzt zu beweisen. Also zu, nicht zu beweisen, zu, immerhin zu begründen (.) -ähm- (13) #V6_02:21-9#	

7.3 Die Referenzskizzen

Nicht alle Gruppen nutzen dieselben Bezeichnungen in ihren Skizzen oder verwenden die durch die Aussagen vorgegebenen Bezeichnungen korrekt. Zur besseren Vergleichbarkeit der Argumentationen wurde für jede Aussage eine Referenzskizze erstellt. In den Transkripten werden bei Abweichungen diese Referenzbezeichnungen in geschweiften Klammern hinter die von den Studierenden gewählten Bezeichnungen oder Beschreibungen des Winkels geschrieben. In den Rekonstruktionen werden, wenn vorhanden, die Bezeichnungen der Studierenden verwendet. Die Referenzbezeichnungen werden dann in geschweiften Klammern hinzugefügt. Fehlen Bezeichnungen der Studierenden, werden die Referenzbezeichnungen verwendet.

Referenzskizze zu Beweis 1

Für den Beweis der ersten Aussage musste die in der Aussage gegebene Beschreibung in eine Skizze übersetzt werden. Diese Skizze inklusive weiterer durch die Studierenden eingefügter Elemente findet sich in Abbildung 7.1.

Referenzskizzen zu Beweis 2

Bei der zweiten Aussage handelt es sich um eine „Genau dann, wenn"-Aussage. Aus diesem Grund gibt es zwei mögliche Beweisskizzen. Abbildung 7.2 zeigt eine mögliche Skizze, die eines Parallelogramms.

Tabelle 7.2 Transkriptionskonventionen

Zeichen	Erklärung
[Handlung]	In eckigen Klammern werden Handlungen wiedergegeben.
(unv.)	Mit dieser Abkürzung werden Abschnitte bezeichnet, die unverständlich sind.
(Wort?)	Mit dieser Abkürzung werden Abschnitte bezeichnet, deren Transkription nicht sicher ist.
(.)	Mit dieser Abkürzung wird eine Pause von einer Sekunde bezeichnet.
(..)	Mit dieser Abkürzung wird eine Pause von zwei Sekunden bezeichnet.
(…)	Mit dieser Abkürzung wird eine Pause von drei Sekunden bezeichnet.
(Zahl)	Mit dieser Abkürzung wird eine Pause bezeichnet, die mehr als drei Sekunden lang ist. Die Anzahl der Sekunden entspricht der Zahl in der Klammer.
//	Mit zwei Schrägstrichen wird angezeigt, dass sich zwei Personen ins Wort fallen.
Wor-	Mit einem Minuszeichen wird angezeigt, dass ein Wort abgebrochen wurde.
-äh-	Denklaute werden in Bindestrichen geschrieben.
{x}	Sollte eine Bezeichnung im Beweis nicht der Bezeichnung in der Referenzskizze entsprechen, wird die Referenzangabe in geschweiften Klammern ergänzt.
§Wort§	In Paragrafenzeichen sind Aussagen, die zeitgleich gesagt werden.
35a 35b	Bei zeitgleichen Aussagen erhält der zeitlich erste Sprecher die Turnzugabe a, der zweite Sprecher die Turnzugabe b
34.1 34.2 34.3	Wurde eine Aussage nachträglich als mehrere Aussagen erkannt, wurden die nachfolgenden Aussagen wegen der bereits existierenden Analyseergebnisse nicht neu durchgezählt. Stattdessen wurde diese Bezeichnung gewählt. Ebenso ist es möglich, dass eine Turnnummer fehlt, wenn nachträglich zwei Turns als eine Aussage erkannt und zusammengefasst wurden.
#V2_ 02:04–0#	Am Ende jedes Turns ist eine Zeitmarke. Diese gibt die Nummer des Videos an, das gerade transkribiert wird, sowie den Zeitpunkt, an dem der Turn zu Ende ist. Dies entspricht hier einer Aussage, die im zweiten Video nach zwei Minuten und vier Sekunden zu Ende ist.

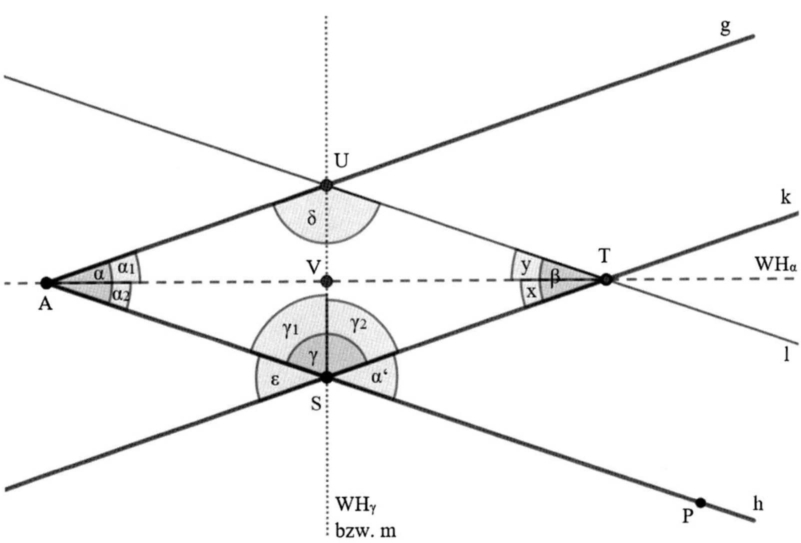

Abbildung 7.1 Referenzskizze zur ersten Aussage

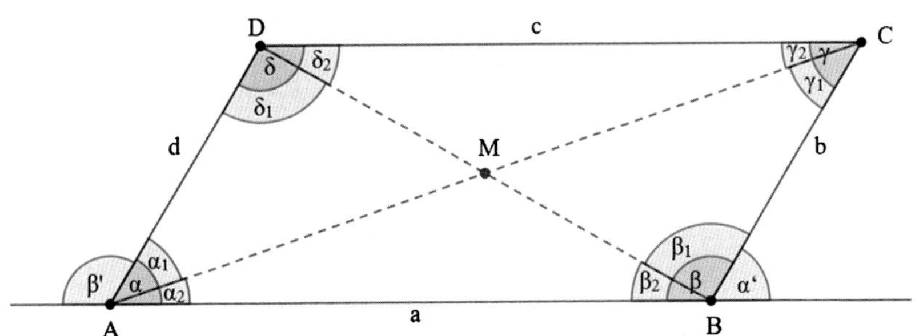

Abbildung 7.2 Referenzskizze zur zweiten Aussage – Parallelogramm

Abbildung 7.3 zeigt die zweite mögliche Skizze, die des Rechtecks.

In der zweiten Aussage gab es keine Beschreibung der Skizze, die Studierenden mussten selbst entscheiden, welche Skizze(n) sie brauchen.

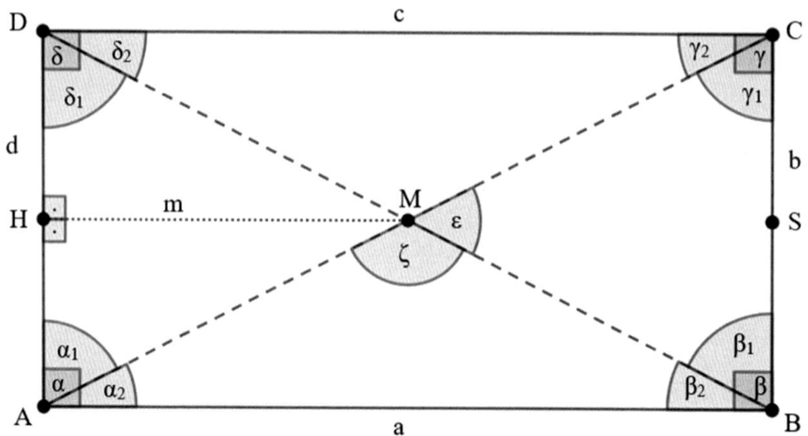

Abbildung 7.3 Referenzskizze zur zweiten Aussage – Rechteck

Open Access Dieses Kapitel wird unter der Creative Commons Namensnennung 4.0 International Lizenz (http://creativecommons.org/licenses/by/4.0/deed.de) veröffentlicht, welche die Nutzung, Vervielfältigung, Bearbeitung, Verbreitung und Wiedergabe in jeglichem Medium und Format erlaubt, sofern Sie den/die ursprünglichen Autor(en) und die Quelle ordnungsgemäß nennen, einen Link zur Creative Commons Lizenz beifügen und angeben, ob Änderungen vorgenommen wurden.

Die in diesem Kapitel enthaltenen Bilder und sonstiges Drittmaterial unterliegen ebenfalls der genannten Creative Commons Lizenz, sofern sich aus der Abbildungslegende nichts anderes ergibt. Sofern das betreffende Material nicht unter der genannten Creative Commons Lizenz steht und die betreffende Handlung nicht nach gesetzlichen Vorschriften erlaubt ist, ist für die oben aufgeführten Weiterverwendungen des Materials die Einwilligung des jeweiligen Rechteinhabers einzuholen.

Auswertungsmethoden 8

Die aufbereiteten Daten werden mit vier verschiedenen Methoden ausgewertet, die in diesem Kapitel genauer dargestellt sind. Die Argumentationen der Studierenden werden funktional nach Toulmin (1958, 1975) rekonstruiert. Das genaue Vorgehen wird in Abschnitt 8.1 beschrieben. Aufbauend auf den Argumentationsrekonstruktionen erfolgt die Analyse der globalen Argumentationsstrukturen (siehe Abschnitt 8.2). Die Untersuchung der Metakognition der Studierenden erfolgt mit dem metakognitiv-diskursiven Kategoriensystem von Cohors-Fresenborg (2012). Diese Untersuchung besteht aus vier Schritten, die in Abschnitt 8.3 beschrieben werden. Dabei wird auch die Methode der Typenbildung nach Kelle und Kluge (2010) genutzt (siehe Abschnitt 8.4).

8.1 Rekonstruktionen von Argumentationen

Für die Argumentationsanalysen wird in dieser Arbeit ein funktionales Verständnis von Argumentationen verwendet (Toulmin, 1958, 1975, siehe auch Abschnitt 2.3). Jede Äußerung erhält ihre Bedeutung in der Argumentation durch den Zusammenhang, hat also nicht ad hoc eine bestimmte Funktion. Bei der Rekonstruktion der Argumentation muss die Funktion einer Äußerung abbildbar sein. Zudem wird für die Rekonstruktion der studentischen Argumentationen ein Schema benötigt, mit dem sich abbilden lässt, was die Studierenden wirklich gemacht haben, nicht nur, was sie hätten machen sollen. Zur Rekonstruktion der

---

Ergänzende Information Die elektronische Version dieses Kapitels enthält Zusatzmaterial, auf das über folgenden Link zugegriffen werden kann https://doi.org/10.1007/978-3-658-46468-4_8.

© Der/die Autor(en) 2025

N. Abels, *Argumentation und Metakognition bei geometrischen Beweisen und Beweisprozessen*, Perspektiven der Mathematikdidaktik,
https://doi.org/10.1007/978-3-658-46468-4_8

von den Studierenden getätigten Argumentationen wurde daher in dieser Arbeit die funktionale Rekonstruktion von Argumentationen nach Toulmin verwendet (Toulmin, 1958, 1975).

Das Toulminschema (Toulmin, 1958, 1975) ermöglicht eine Rekonstruktion der Argumentation nach der Funktion der einzelnen Aussagen, statt sie nach formal logischen Gesichtspunkten zu sortieren. Sie ist damit flexibel genug, dass auch seltsame sowie logisch und inhaltlich falsche Argumentationen dargestellt werden können. Dies ist notwendig, weil nicht davon ausgegangen werden kann, dass die gegebenen Aussagen durch die Studierenden richtig und fehlerfrei bewiesen werden. Für eben solche nicht formal logischen Argumentationen wurde das Schema von Toulmin entwickelt und erfüllt somit die oben genannten Anforderungen. Toulmin (1958, 1975) unterscheidet die Funktion von Aussagen in Daten und Konklusionen, Garanten und Stützungen sowie Modaloperatoren und Ausnahmebedingungen. Knipping und Reid (2015) nennen zudem die Funktion der Widerlegung. Beachtet werden muss auch, dass sich die Funktion einer Aussage im Verlauf der Argumentation ändern kann. So kann die Konklusion eines Argumentationsstranges das Datum eines neuen Stranges sein. Eine ausführliche Beschreibung der Rekonstruktion nach Toulmin findet sich in Teilkapitel 2.3.1.

Die Rekonstruktion der Argumentation kann in einem Schema dargestellt werden (siehe Abbildung 8.1). Dies ermöglicht die Betrachtung globaler Argumentationsstrukturen, aber auch die Untersuchung lokaler Strukturen und ihrer Besonderheiten, aus der sich die globalen Strukturen zusammensetzen. Mit dem Toulminschema kann die Gesamtstruktur abgebildet werden, ohne dass die Feinstruktur der Argumentation verloren geht. Dies ist für die Bearbeitung der Forschungsfragen notwendig (siehe Kapitel 5). Im Folgenden wird das Vorgehen bei der Rekonstruktion genauer beschrieben (siehe Teilkapitel 8.1.1) und an verschiedenen Beispielen verdeutlicht (vgl. Teilkapitel 8.1.2 bis 8.1.11).

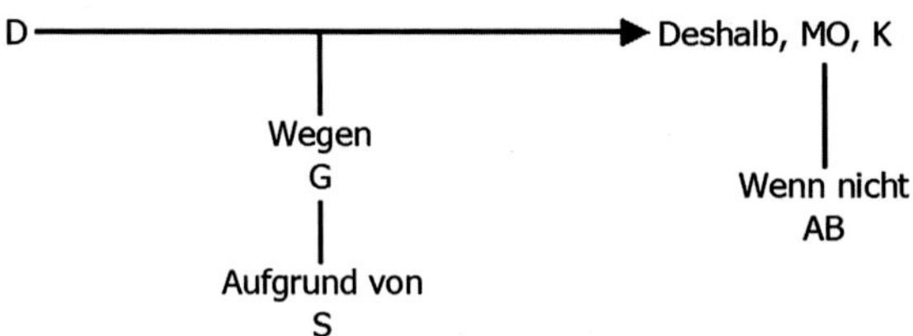

Abbildung 8.1 Toulminschema, leicht verändert nach Toulmin (1975), S. 95

8.1.1 Vorgehen bei der Rekonstruktion

Das Vorgehen während der Rekonstruktion mit dem Toulminschema muss Änderungen der Funktion von Aussagen gerecht werden. Knipping und Reid (2015) entwickelten hierfür ein mehrschrittiges Vorgehen (siehe Abbildung 8.2). Um eine Übersicht über stattfindende Argumentationen in einem Gespräch zu erhalten, wird dieses zunächst in Episoden eingeteilt, die kurz inhaltlich beschrieben werden. In den Episoden wird dann durch Turn-by-Turn-Analysen die Bedeutung der Äußerungen in den einzelnen Episoden geklärt. Im Anschluss wird die Argumentation in den Episoden funktional rekonstruiert, aus den einzelnen Rekonstruktionen wird dann die Gesamtargumentation rekonstruiert.

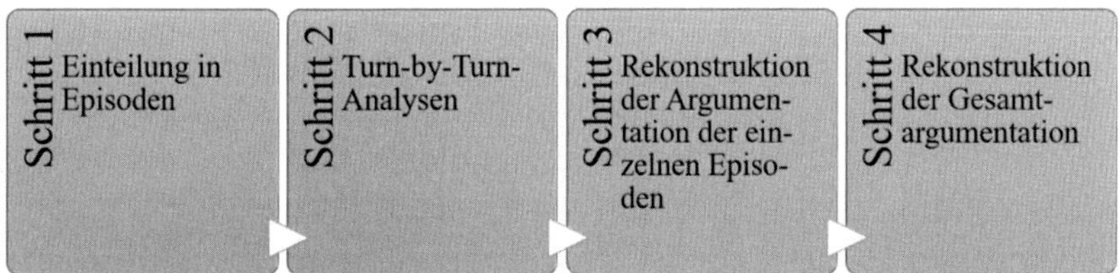

Abbildung 8.2 Vorgehen der Rekonstruktion

Um in dieser Arbeit nachvollziehen zu können, wie die Studierenden beim Beweisen vorgegangen sind, und um die logische Struktur der Argumentationen zur Beantwortung der Forschungsfragen „freizulegen“, wurden sowohl die Argumentationen der mündlichen Diskussion als auch die der schriftlichen Beweise rekonstruiert. Auf diese Weise ist es nicht nur möglich, Besonderheiten der einzelnen Argumentationsstränge zu untersuchen und zu vergleichen (siehe Kapitel 12), es kann auch die globale Struktur der Argumentation betrachtet und ausgewertet werden (siehe Kapitel 10 und 11).

Der Rekonstruktion der *mündlichen Diskussion* liegen die Transkripte der Interviews zu Grunde. Die Aussagen der Studierenden wurden auf ihre Funktion hin geprüft und im Transkript als Daten, Garanten und Konklusionen markiert. Dazu wurden in den einzelnen Episoden zuerst lokal Konklusionen, also Behauptungen der Studierenden, gesucht, danach mögliche zugehörige Daten, Garanten usw., sodass die Argumentation einer Episode rekonstruiert und schematisch dargestellt werden konnte. Die Rekonstruktion erfolgte dabei nach den funktionalen Zusammenhängen der Argumente, nicht rein nach dem zeitlichen Auftreten. So kann ein Argument, dass erst am Ende gebracht wurde, in der Rekonstruktion „vorne“ stehen, wenn es im logischen Zusammenhang dort hingehört. Je nach Person, die eine Aussage in die Argumentation das erste Mal eingebracht hat, wurde die Aussage zunächst orange oder blau eingefärbt. Dies war dazu gedacht, die Partizipation der einzelnen Studierenden an der Gesamtargumentation zu untersuchen. Die Partizipation wurde in dieser Arbeit jedoch nicht einzeln ausgewertet, in der Arbeit werden daher schwarz-weiße Abbildungen verwendet (siehe Anhang im elektronischen Zusatzmaterial). Zudem wird angegeben, in welchem Turn des Transkripts die Aussage genannt wird. Bei erneutem Auftreten wurde die Aussage nicht neu aufgenommen, sondern der bestehenden Aussage eine weitere Turnangabe zugefügt (siehe z. B. Abbildung 8.4).

Damit die von den Studierenden erstellten Argumentationen nicht nur lokal in den einzelnen Episoden, sondern auch global über die gesamte mündliche Beschäftigung mit der Aussage betrachtet und ausgewertet werden können, wurden, wenn inhaltlich und nach Logik der Studierenden möglich, die Rekonstruktionen der einzelnen Episoden miteinander verbunden. Die lokalen Argumentationen wurden dabei inhaltlich sortiert, anschließend wurde nach Konklusionen gesucht, die in anderen Argumentationen den Status eines Datums einnehmen. An diesen Stellen wurden die Rekonstruktionen der lokalen Argumentationen verbunden, um die globale Argumentation rekonstruieren zu können.

Die Rekonstruktion der *schriftlichen Argumentation* erfolgt zunächst am geschriebenen Beweistext. Wie bei der Rekonstruktion der mündlichen Argumentationen werden Aussagen nach ihrer Funktion in der Argumentation markiert, mit ihnen die Argumentation rekonstruiert und schematisch dargestellt. Anstelle von Turnnummern werden hier Zeilennummern verwendet. Des Weiteren wird auch der Prozess des Aufschreibens betrachtet und im Transkript nach Aussagen gesucht, die nicht aufgeschrieben wurden, für die Rekonstruktion jedoch beachtet werden müssen. Durch diesen weiteren Schritt wird es möglich, zu untersuchen, welche wichtigen Aussagen im Prozess des Aufschreibens verloren gehen. Einzelne nicht aufgeschriebene Aussagen, die direkt in die Rekonstruktion gehören und dort implizite Angaben „ersetzen“, werden wie bei der Rekonstruktion der mündlichen Argumentationen farblich nach Sprecher markiert und dann in die Rekonstruktion der schriftlichen Argumentation aufgenommen („ergänzende Aussagen“, siehe Teilkapitel 8.1.10, Ergebnisse in Abschnitt 9.1). Argumentationen, die nicht aufgeschrieben wurden, wurden wie im Mündlichen rekonstruiert und inhaltlich durch einen Buchstaben in die Rekonstruktion des Beweistextes aufgenommen („zusätzliche Argumentationen“, siehe Teilkapitel 8.1.10, Ergebnisse in Abschnitt 9.2).

Die rekonstruierten Argumentationen wurden **konsensuell validiert**. Nach Legewie (1987) beruht konsensuelle Validierung „auf einem Prozeß der Einigung oder *Konsensbildung aufgrund rationaler Argumente*“ (Legewie, 1987, S. 149, Hervorhebungen durch den Autor) und kann auf zwei verschiedenen Wegen durchgeführt werden. Zum einen kann die Interpretation der Daten mit den Interviewten diskutiert werden, zum anderen können die Interpretationen mit anderen Personen des Forschungsgebiets besprochen werden.

In dieser Arbeit wurde die Interpretation der Interviewdaten, also die Rekonstruktion der Argumentation der Studierenden, mit Kolleginnen und Kollegen aus der Forschungsgruppe *AG Didaktik der Mathematik – Mathematikdidaktische Unterrichtsforschung* der Universität Bremen besprochen. Dadurch war es möglich, die Rekonstruktionen zu überprüfen, aus unterschiedlichen Blickwinkeln zu betrachten und verschiedene mögliche Rekonstruktionen zu evaluieren, ohne dass die interviewten Studierenden Einfluss auf die Ergebnisse nehmen konnten, indem z. B. durch ihre Rückmeldungen zu den Interpretationen das, was die Studierenden tatsächlich gesagt bzw. getan haben, mit dem vermischt wird, was sie nun behaupten, gemeint zu haben.

Im Folgenden wird die Rekonstruktion der Argumentation unterschiedlicher Arten an verschiedenen Beispielen genauer beschrieben und in schematischen Darstellungen abgebildet.

8.1.2 Rekonstruktion einer mündlichen Argumentation

Dieser Transkriptausschnitt (siehe Transkriptausschnitt 1) ist aus der mündlichen Diskussion der ersten Gruppe zur ersten Aussage: „Gegeben sei ein Winkel α mit den Schenkeln g und h. Zeichnet man zum Schenkel g eine Parallele k, die den Schenkel h schneidet, dann bilden h und k mit der Winkelhalbierenden von α ein gleichschenkliges Dreieck.“

Nina und Maja haben die Skizze fertig gezeichnet (Abbildung 8.3) und das Ziel der Argumentation (Das Dreieck ist gleichschenklig.) für sich benannt. In Turn 216 beginnt nun die Argumentation. Zur Nachvollziehbarkeit der Rekonstruktion wurden Daten im Transkript gestrichelt, Konklusionen durchgezogen und Garanten gepunktet unterstrichen. In diesem Beispiel wurde kein Garant genannt. Bei zwei direkt aufeinanderfolgenden Aussagen einer Art, wird die zweite zusätzlich fett gedruckt, damit die Aussagen unterscheidbar sind.

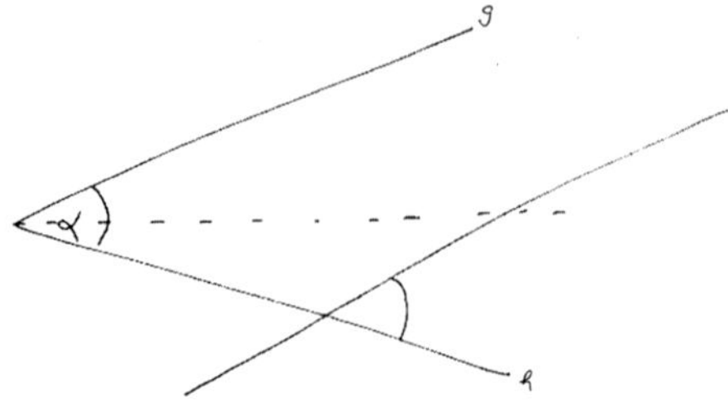

Abbildung 8.3 Skizze in Turn 216 von Nina und Maja (Gruppe 1), Beweis 1 mündlich

Transkriptausschnitt 1: Nina und Maja (Gruppe 1), Turns 216–221

216	Maja	*[Maja zeigt auf Winkel α]* Dann ist der *[Maja zeichnet Stufenwinkel zu α ein {α'}]* Winkel der gleiche *[Maja zeigt auf Winkel α]*, oder? #V2_00:01:59-9#
217	Nina	Hmm ja, das ist ja ein// #V2_00:02:01-3#
218	Maja	// *[Maja zeigt auf k]* Parallele// #V2_00:02:01-5#
219	Nina	//Stufenwinkel, nöh (fragend)? #V2_00:02:02-6#
220	Maja	Mhm (bejahend). #V2_00:02:04-4#
221	Nina	Ist also auch Alpha, **also ist das *[Nina zeigt auf den Nebenwinkel des Stufenwinkels {γ}]* hundertachtzig Grad (.) minus Alpha**. #V2_00:02:10-6#

Die Rekonstruktion dieses Transkriptausschnitts ergibt sich wie folgt (Abbildung 8.4):

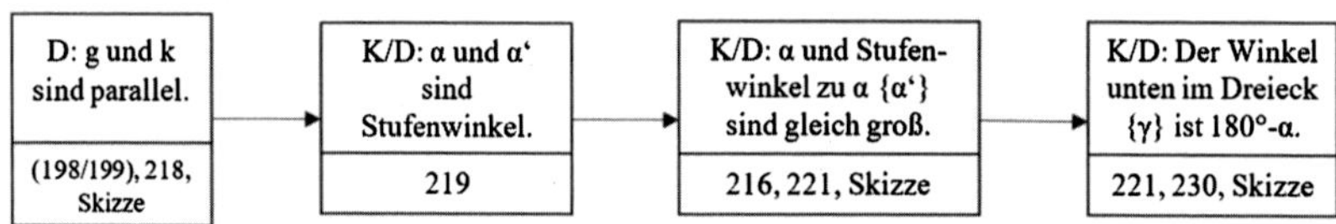

Abbildung 8.4 Ausschnitt der vorläufigen Rekonstruktion der mündlichen Argumentation von Nina und Maja (Gruppe 1) zur ersten Aussage

Nicht alle wichtigen Teile der Argumentation wurden von Nina und Maja explizit gesagt, einige Aussagen können aber implizit rekonstruiert werden. Damit ergibt sich folgende Rekonstruktion für diesen Transkriptausschnitt (Abbildung 8.5):

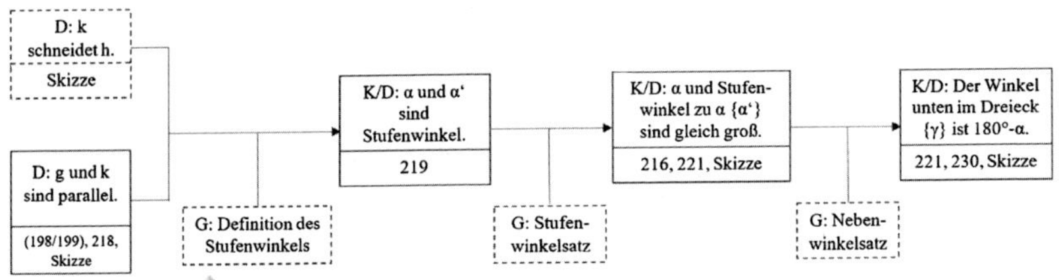

Abbildung 8.5 Ausschnitt der Rekonstruktion der mündlichen Argumentation von Nina und Maja (Gruppe 1) zur ersten Aussage

8.1.3 Rekonstruktion einer schriftlichen Argumentation

Dieses Beispiel (Abbildung 8.6) zeigt einen Ausschnitt des Beweistextes der vierten Gruppe zur zweiten Aussage: „Ein Parallelogramm ist genau dann ein Rechteck, wenn seine Diagonalen gleich lang sind.“ Daria und Leonie haben zuvor ihr Ziel formuliert und eine Skizze angefertigt (Abbildung 8.7). Der Ausschnitt ist der Beginn der eigentlichen Argumentation im Beweistext. Zur Nachvollziehbarkeit der Rekonstruktion wurden Daten im Transkript gestrichelt, Konklusionen normal und Garanten gepunktet unterstrichen.

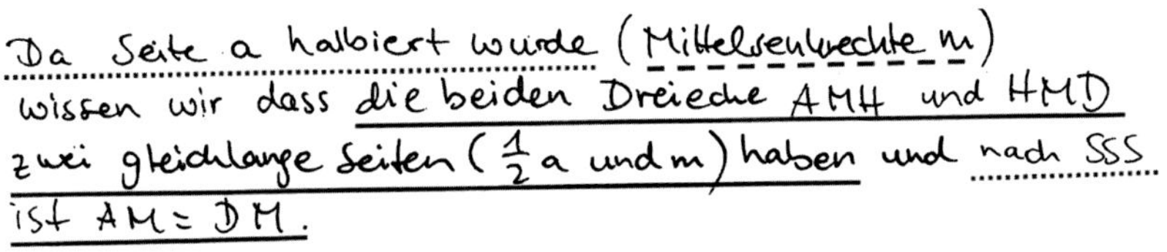

Da Seite a halbiert wurde (Mittelsenkrechte m)
wissen wir dass die beiden Dreiecke AMH und HMD
zwei gleichlange Seiten ($\frac{1}{2}$ a und m) haben und nach SSS
ist AM = DM.

Abbildung 8.6 Ausschnitt aus dem Beweistext zur zweiten Aussage (Z. 3–6) von Daria und Leonie (Gruppe 4)

Abbildung 8.7 Beweisskizze von Daria und Leonie (Gruppe 4), Beweis 2 schriftlich

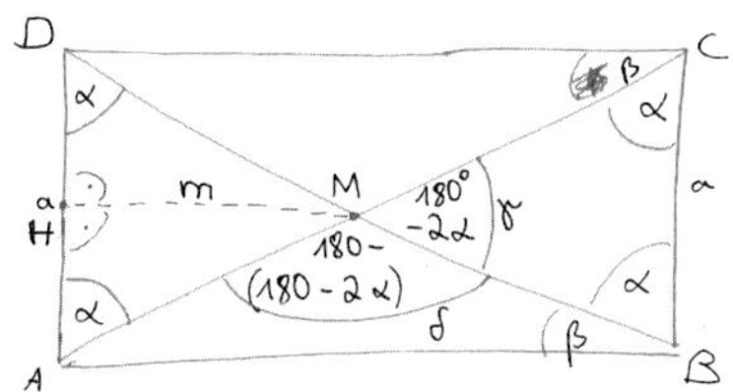

Die Argumentation kann wie folgt rekonstruiert werden (siehe Abbildung 8.8). Das erste Datum wird dabei implizit rekonstruiert, da es nicht explizit in der Funktion als Datum genannt wird.

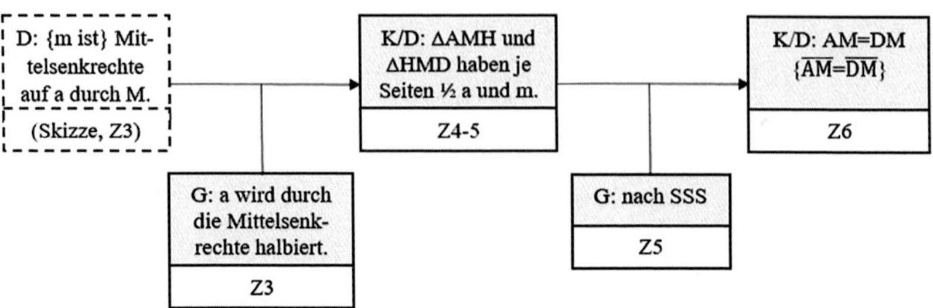

Abbildung 8.8 Ausschnitt der vorläufigen Rekonstruktion der schriftlichen Argumentation von Daria und Leonie (Gruppe 4) zur zweiten Aussage

Hierbei handelt es sich um die Rekonstruktion des schriftlichen Beweises. Teilweise nennen die Studierenden während des Aufschreibens jedoch weitere Teile der Argumentation oder argumentieren auf eine andere Art. Wie derartige „verlorene Aussagen" rekonstruiert und in die Rekonstruktion der schriftlichen Argumentation eingefügt werden, ist in Teilkapitel 8.1.10 erklärt. Für dieses Beispiel ergibt sich folgende Rekonstruktion unter Einbezug weiterer nur mündlich genannter Aussagen (Abbildung 8.9):

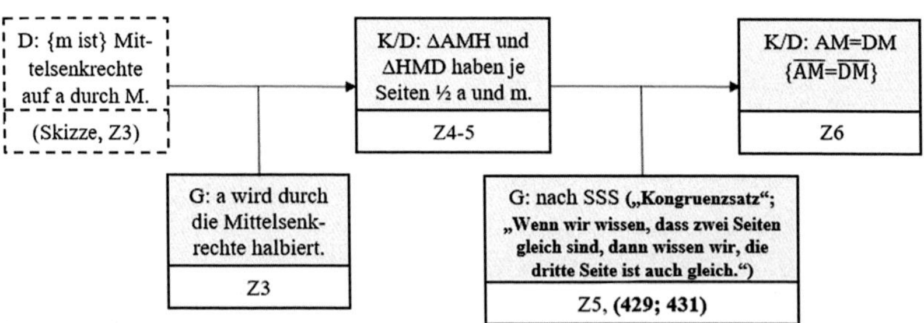

Abbildung 8.9 Ausschnitt der Rekonstruktion der schriftlichen Argumentation von Daria und Leonie (Gruppe 4) zur zweiten Aussage

8.1.4 Rekonstruktion einer abduktiven Argumentation

Dieser Transkriptausschnitt der ersten Gruppe zur ersten Aussage zeigt eine abduktive Argumentation (siehe Transkriptausschnitt 2 in Zusammenhang mit Abbildung 8.10). Im Transkript sind die Aussagen entsprechend ihrer Funktion unterstrichen. Damit deduktive und abduktive Schlüsse (siehe Teilkapitel 2.1.3) auch optisch gut unterscheidbar sind, werden Abduktionen mit rückwärts gerichteten gestrichelten Pfeilen dargestellt.

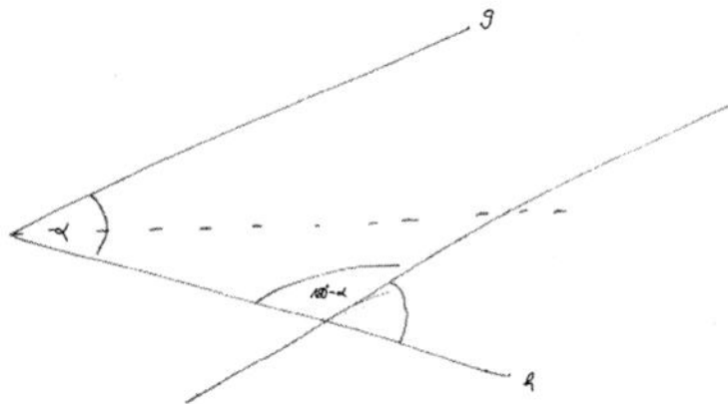

Abbildung 8.10 Skizze in Turn 225 von Nina und Maja (Gruppe 1), Beweis 1 mündlich

Transkriptausschnitt 2: Nina und Maja (Gruppe 1), Turn 225

225	Nina	Ähm- Und jetzt müssen wir ja zeigen, dass das sozusagen Alpha Halbe ist *[Nina zeigt auf den Winkel α_2]*, nöh (fragend)? Weil wenn's gleichschenklig ist, ist ja nach dem Basiswinkelsatz *[Nina zeigt auf die Winkel α_2 und x im Dreieck]*// #V2_00:02:25-0#

Die Rekonstruktion dieser abduktiven Argumentation sieht wie folgt aus (Abbildung 8.11):

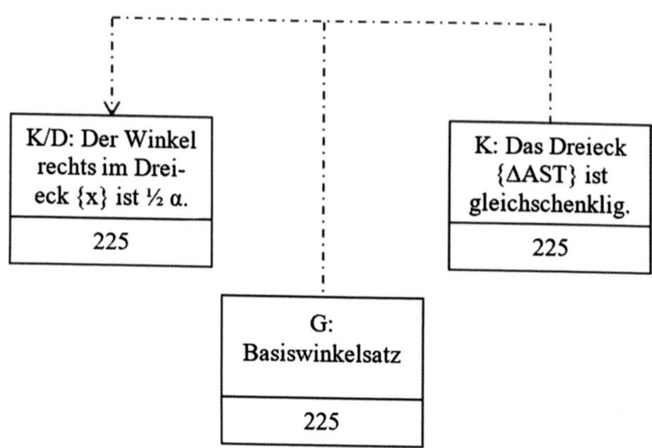

Abbildung 8.11 Ausschnitt der vorläufigen Rekonstruktion der mündlichen Argumentation von Nina und Maja (Gruppe 1) zur ersten Aussage

Im weiteren Verlauf der Argumentation wird diese Abduktion auch deduktiv argumentiert, wie der folgende Transkriptausschnitt 3 zeigt:
Transkriptausschnitt 3: Nina und Maja (Gruppe 1), Turns 231a-233

231a	Nina	//Und wir wissen, dass das einhalb Alpha ist *[Nina zeigt auf den Winkel links im Dreieck {α2}]* *§also muss das einhalb Alpha sein.§* *[Beide zeigen auf den Winkel rechts im Dreieck {x}]* #V2_00:02:34-1#
231b	Maja	*§also muss das auch einhalb.§*
232	Maja	Ja. #V2_00:02:34-9#
233	Nina	Ja, wegen der Winkelsumme (.) Ja, dann haben wir's *[Lachen]* schon und dann ist noch Basiswinkelsatz, dass die beiden dann *[Nina zeigt an h und k entlang]* gleichsch- Ja. (.) Okay. Jetzt müssen wir's nur noch aufschreiben zum Abgeben. #V2_00:02:47-3#

In der Rekonstruktion wird sowohl die abduktive als auch die deduktive Argumentation berücksichtigt (Abbildung 8.12):

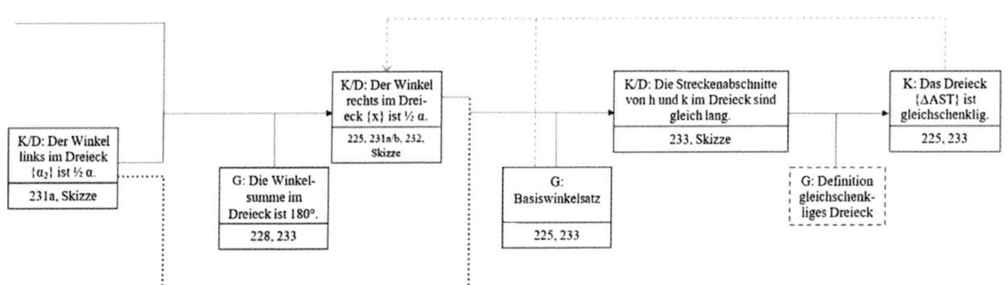

Abbildung 8.12 Ausschnitt der Rekonstruktion der mündlichen Argumentation von Nina und Maja (Gruppe 1) zur ersten Aussage

8.1.5 Rekonstruktion einer Argumentation, in der eine Konklusion als Frage formuliert wird

Dieser Transkriptausschnitt zur zweiten Aussage der dritten Gruppe (siehe Transkriptausschnitt 4 in Zusammenhang mit Abbildung 8.13) weist eine Besonderheit auf. Hier wird die Konklusion als Frage formuliert und auch als solche gemeint. In einigen anderen Fällen wurden Konklusionen ebenfalls als Frage formuliert, jedoch eher, um sich nicht zu blamieren falls es falsch ist, nicht als wirkliche Frage nach der Richtigkeit. Auch hier wurde das Transkript zur besseren Nachvollziehbarkeit der Rekonstruktion unterstrichen.

Abbildung 8.13 Beweisskizze in Turn 1044a von Pia und Charlotte (Gruppe 3), Beweis 2 schriftlich

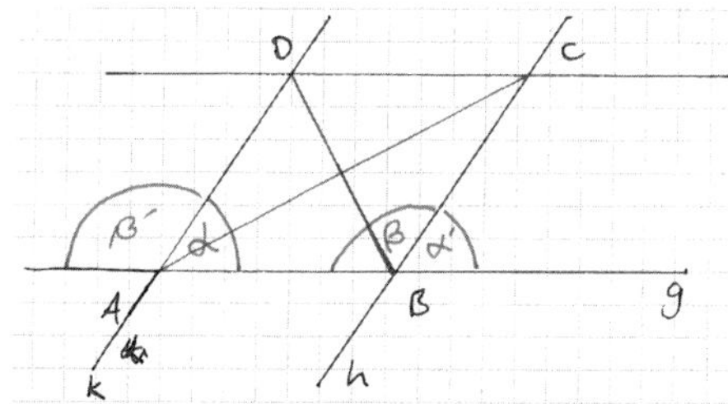

Transkriptausschnitt 4: Pia und Charlotte (Gruppe 3), Turn 1044a

1044a	Pia	Und das sagt *§uns das§* nicht, wenn man sagt, wenn die -äh- wenn wir hier die Gerade haben *[Pia zeigt in der Beweisskizze AB entlang]* und dann wissen wir, dass das hier *[Pia zeigt auf β' und α]* hundertachtzig Grad sind, wenn wir, nur wenn wir ihn halbieren, sind beide Winkel gleich groß? [...] *#V7_09:51-0#*

In der Rekonstruktion der Argumentation wurde vor die fragliche Konklusion ein Modaloperator eingefügt, der die Besonderheit der Konklusion als Frage beschreibt (Abbildung 8.14).

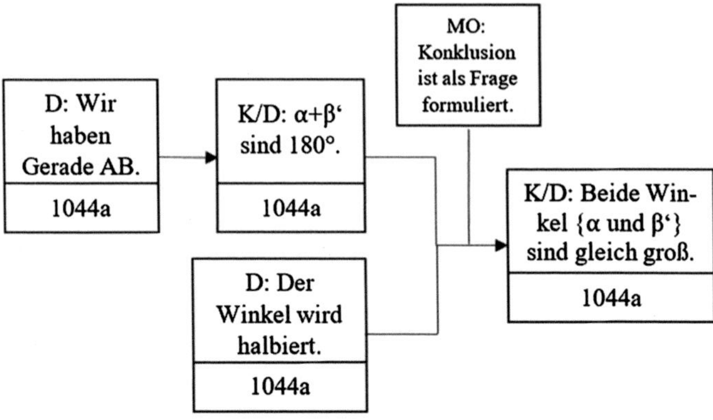

Abbildung 8.14 Ausschnitt der Rekonstruktion der zusätzlichen Argumentation H von Pia und Charlotte (Gruppe 3) zur zweiten Aussage

Die Formulierung der Konklusion als Frage bringt Schwierigkeiten mit sich. Die Frage schränkt die Funktion der Aussage als Konklusion ein und macht den Schluss zur Konklusion weniger sicher.

8.1.6 Rekonstruktion einer Argumentation mit Argumentationslücke

Auch bei inhaltlich richtigen Argumentationen können „kleinere“ Zwischenschritte fehlen. Wenn es sich bei diesen Zwischenschritten um direkt wichtige Schritte handelt, z. B. um ein fehlendes Datum für den nächsten Schritt, wurden diese „aufgefüllt“, wenn es im Transkript Anzeichen dafür gab, dass diese Schritte in der Skizze so gut erkennbar waren, dass eine Aussprache dieser Tatsachen für die Studierenden nicht notwendig erschien, also „gedacht“, aber nicht ausgesprochen wurden. Ein Beispiel hierfür ist der Ausschnitt aus dem Beweistext der vierten Gruppe zur ersten Aussage (Abbildung 8.15). Daria und Leonie lassen hier zum Verständnis wichtige Schritte aus, die zusätzlich implizit eingefügt werden. Wie schon zuvor wurden zur besseren Nachvollziehbarkeit Daten gestrichelt, Konklusionen normal und Garanten gepunktet unterstrichen.

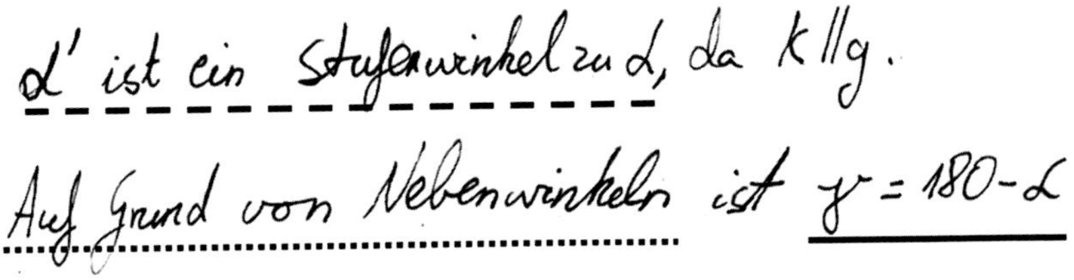

α' ist ein Stufenwinkel zu α, da k ∥ g.

Auf Grund von Nebenwinkeln ist γ = 180 - α

Abbildung 8.15 Ausschnitt aus dem Beweistext zur ersten Aussage (Z. 3–4) von Daria und Leonie (Gruppe 4)

Die Rekonstruktion mit eingefügten impliziten Zwischenschritten ergibt sich dann wie folgt (Abbildung 8.16):

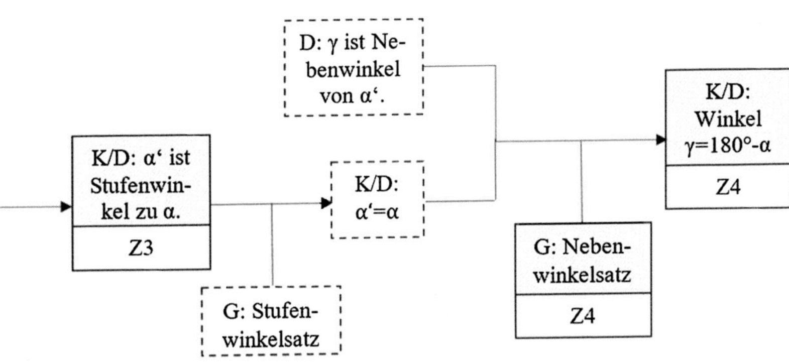

Abbildung 8.16 Ausschnitt der Rekonstruktion der schriftlichen Argumentation von Daria und Leonie (Gruppe 4) zur ersten Aussage

Dass die Studierenden wissen, dass $\alpha = \alpha'$ ist, zeigt sich beispielsweise daran, dass sie für die Bestimmung des Winkels γ als $180°-\alpha$ den Winkel α nutzen statt des Winkels α'. Sind vergleichbare Anzeichen nicht erkennbar, werden keine impliziten Zwischenschritte eingefügt.

8.1.7 Rekonstruktion einer „löchrigen" Argumentation

Nicht jede Argumentation ist so kohärent und zusammenhängend formuliert, dass sie ohne Probleme rekonstruiert werden kann. Dieser Transkriptausschnitt der vierten Gruppe zeigt eine Argumentation zur zweiten Aussage (Transkriptausschnitt 5 in Zusammenhang mit Abbildung 8.17). Die Aussagen wurden erneut ihrer Funktion nach unterstrichen.

Abbildung 8.17
Beweisskizze in Turn 385 von Daria und Leonie (Gruppe 4), Beweis 2 schriftlich

Transkriptausschnitt 5: Leonie und Daria (Gruppe 4), Turns 385–390

385	Leonie	(.) Also die Diagonalen sind gleich lang, das ist ja gegeben. Wir müssen nur sagen, dass die sich auch *[Leonie zeigt in der Beweisskizze auf den Schnittpunkt {M} der Diagonalen]* -äh- in der Hälfte schneiden. #V3_01:47-0#
386	Daria	(...) Mhm (bejahend). (.) Okay, von der Diagonalen *[Daria zeigt in der Beweisskizze entlang der Diagonale von oben links nach unten rechts {$\overline{BD}$}]* (.) sind ja auf jeden Fall die gleich weit entfernt. *[Daria zeigt auf die Eckpunkte oben rechts {C} und unten links {A}]*. #V3_01:56-6#
387	Leonie	Mhm („Zuhör"-Laut). #V3_01:57-8#
388	Daria	(.) Und von der Diagonalen *[Daria zeigt in der Beweisskizze entlang der Diagonale von unten links nach oben rechts {$\overline{AC}$}]* sind die gleich weit entfernt. *[Daria zeigt auf die Eckpunkte oben links {D} und unten rechts {B}]* #V3_02:01-0#
389	Leonie	Mhm (bejahend). #V3_02:01-5#
390	Daria	Und an dem Schnittpunkt *[Daria zeigt in der Beweisskizze auf den Schnittpunkt {M} der Diagonalen]* (..) sind alle gleich weit entfernt? (4) Ich schreib erstmal, wir wissen die ge-, die Diagonalen sind gleich lang. #V3_02:12-4#

In der Rekonstruktion der Argumentation (siehe Abbildung 8.18) wurden die Pfeile nicht durchgezogen, sondern Lücken gelassen, die darauf hindeuten sollen, dass keine deduktiven Schlüsse gezogen werden. Der Bezug der Daten zu den Konklusionen ist nicht „durchgängig".

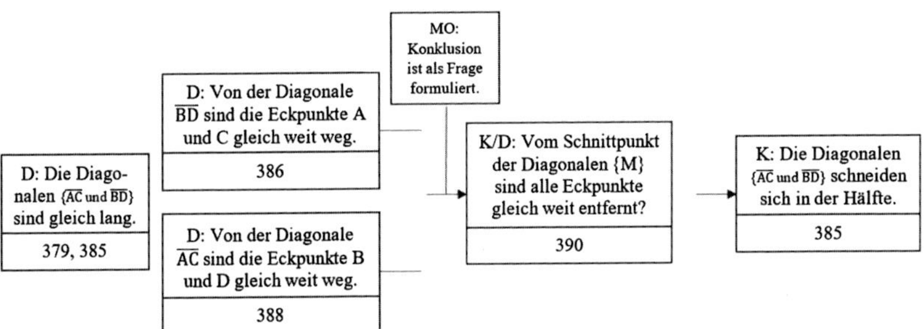

Abbildung 8.18 Ausschnitt der Rekonstruktion der zusätzlichen Argumentation C von Daria und Leonie (Gruppe 4) zur zweiten Aussage

8.1.8 Rekonstruktion einer fehlerhaften Argumentation

Argumentationen sind nicht immer zwangsläufig richtig, häufig schleichen sich inhaltliche Fehler ein. Diese wurden stets mitrekonstruiert. Ein Beispiel ist dieser Ausschnitt aus dem Beweistext der zweiten Gruppe zur ersten Aussage (siehe Abbildung 8.19). Die Argumentation hier beinhaltet unter anderem einen Zirkelschluss – die Gleichheit zweier Seiten im Dreieck wird vorausgesetzt, obwohl dies gezeigt werden soll – und eine mangelhafte Beschreibung dessen, was mit Winkel α passiert. Im Textausschnitt wurden zur besseren Nachvollziehbarkeit Daten gestrichelt und Konklusionen normal unterstrichen. Garanten nennen die Studierenden keine.

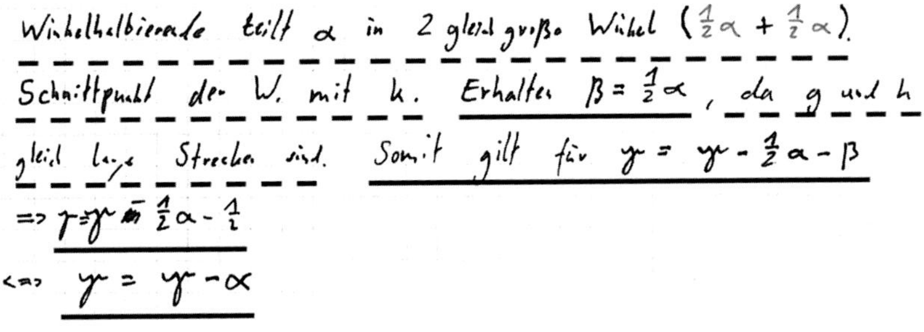

Winkelhalbierende teilt α in 2 gleich große Winkel $(\frac{1}{2}\alpha + \frac{1}{2}\alpha)$.
Schnittpunkt der W. mit h. Erhalten $\beta = \frac{1}{2}\alpha$, da g und h
gleich lange Strecken sind. Somit gilt für $\gamma = \gamma - \frac{1}{2}\alpha - \beta$
$\Rightarrow \gamma = \gamma - \frac{1}{2}\alpha - \frac{1}{2}$
$\Leftrightarrow \gamma = \gamma - \alpha$

Abbildung 8.19 Ausschnitt aus dem Beweistext (Z. 7–11) von Dennis und Julius (Gruppe 2)

Die Rekonstruktion dieser fehlerhaften Argumentation erfolgt genauso wie bei inhaltlich richtigen Argumentationen (Abbildung 8.20), die Fehler der Studierenden werden dabei unkommentiert übernommen.

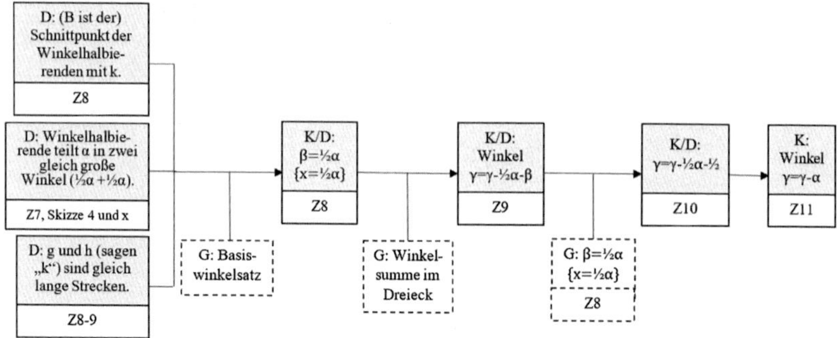

Abbildung 8.20 Ausschnitt der Rekonstruktion der schriftlichen Argumentation von Dennis und Julius (Gruppe 2) zur ersten Aussage

So wird, wie von den Studierenden aufgeschrieben, die gleiche Länge der Dreiecksseiten g und h als Datum verwendet, auch wenn sich so ein Zirkelschluss ergibt. Ebenso wird die falsche Formel $\gamma = \gamma - ½\alpha - \beta$ als Zwischenkonklusion in die Rekonstruktion eingefügt, ohne korrigiert zu werden. Diese und weitere Fehler der Studierenden wurden grundsätzlich ohne Verbesserung oder besondere Kommentierung in die Rekonstruktionen übernommen, um die Argumentationen der Studierenden darzustellen, nicht eine bereits korrigierte, „idealere" Version.

8.1.9 Rekonstruktion von Widerlegungen

Bereits gemachte Argumentationen können im weiteren Verlauf des Beweisprozesses widerlegt werden. Ein Beispiel einer Widerlegung findet sich bei Pia und Charlotte, die sich mit dem Beweis der ersten Aussage beschäftigen: „Gegeben sei ein Winkel α mit den Schenkeln g und h. Zeichnet man zum Schenkel g eine Parallele k, die den Schenkel h schneidet, dann bilden h und k mit der Winkelhalbierenden von α ein gleichschenkliges Dreieck."

Die Studierenden haben bereits ein paar Argumentationen zur Aussage gemacht, als Charlotte diese Argumentation einbringt (siehe Transkriptausschnitt 6). Auch hier wurden zur besseren Nachvollziehbarkeit der Rekonstruktion

Daten im Transkript gestrichelt, Konklusionen normal und Garanten gepunktet unterstrichen.

Transkriptausschnitt 6: Pia und Charlotte (Gruppe 3), Turn 500

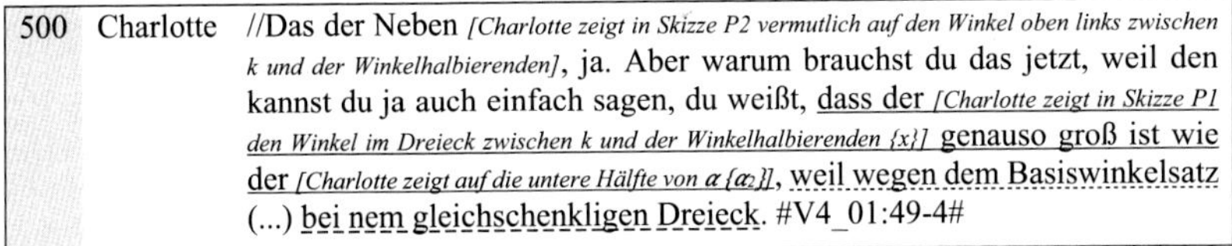

500	Charlotte	//Das der Neben *[Charlotte zeigt in Skizze P2 vermutlich auf den Winkel oben links zwischen k und der Winkelhalbierenden]*, ja. Aber warum brauchst du das jetzt, weil den kannst du ja auch einfach sagen, du weißt, dass der *[Charlotte zeigt in Skizze P1 den Winkel im Dreieck zwischen k und der Winkelhalbierenden {x}]* genauso groß ist wie der *[Charlotte zeigt auf die untere Hälfte von α {α₂}]*, weil wegen dem Basiswinkelsatz (...) bei nem gleichschenkligen Dreieck. #V4_01:49-4#

Die Argumentation wird wie folgt rekonstruiert (Abbildung 8.21):

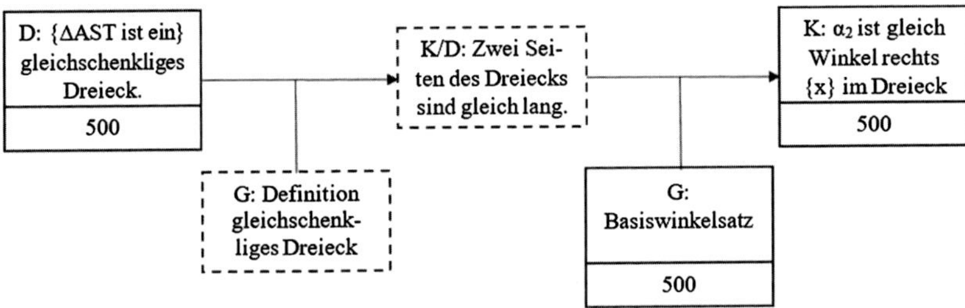

Abbildung 8.21 Ausschnitt der vorläufigen Rekonstruktion der mündlichen Argumentation von Pia und Charlotte (Gruppe 3) zur ersten Aussage

Im folgenden Turn widerlegt Pia diese Argumentation, indem sie darauf hinweist, dass es das Ziel ist, zu zeigen, dass das Dreieck gleichschenklig ist. Deswegen könne Charlotte die Gleichschenkligkeit des Dreiecks nicht als Datum nutzen (siehe Transkriptausschnitt 7):

Transkriptausschnitt 7: Pia und Charlotte (Gruppe 3), Turn 501

501	Pia	Aber dann müssen wir davon ausgehen, dass es ein (.) also, wir sollen doch zeigen, dass es ein gleichschenkliges Dreieck ist. Das heißt wir können noch nicht annehmen, dass die Winkel *[Pia zeigt in Skizze P1 abwechselnd auf die Winkel links {α₂} und rechts {x} im Dreieck]* schon gleich groß sind, sondern wir müssen doch zeigen, dass es, oder? (.) Hätt ich jetzt gesagt. (5) #V4_02:05-3#

Diese Widerlegung wird nun in die Rekonstruktion eingefügt. Die Verbindung zum widerlegten Datum wird durch einen Blitz dargestellt (siehe Abbildung 8.22):

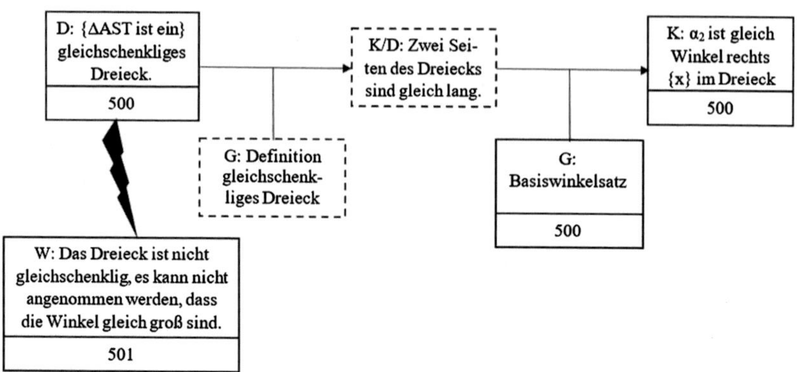

Abbildung 8.22 Ausschnitt der Rekonstruktion der mündlichen Argumentation von Pia und Charlotte (Gruppe 3) zur ersten Aussage

8.1.10 Rekonstruktion „verlorener Aussagen"

Nicht alle Aussagen, die im Prozess des Aufschreibens eines Beweises mündlich vorkommen, werden in den schriftlichen Beweistext übernommen. Hierbei zeigen sich zwei verschiedene Arten solcher „verlorenen Aussagen". *Ergänzende Aussagen* sind einzelne mündlich genannte Aussagen, die nicht aufgeschrieben werden. Sie können jedoch in die Rekonstruktion der schriftlichen Argumentation eingefügt werden, z. B. um implizite Angaben zu ersetzen. *Zusätzliche Argumentationen* werden ebenfalls nur mündlich genannt, hierbei handelt es sich aber nicht nur um einzelne Aussagen, sondern um ganze Argumentationen. Diese werden nach ihrer Rekonstruktion durch einen Kennbuchstaben markiert und dieser Buchstabe in die Rekonstruktion der schriftlichen Argumentation eingefügt. Wie die Rekonstruktionen dieser verlorenen Aussage im Detail verlaufen, wird in den folgenden Abschnitten beschrieben.

Rekonstruktion ergänzender Aussagen

Bei der Betrachtung dieses Ausschnitts (siehe Abbildung 8.23) aus dem Beweistext der dritten Gruppe zur ersten Aussage fällt auf, dass nur Datum (gestrichelt unterstrichen) und Konklusion (normal unterstrichen) genannt werden.

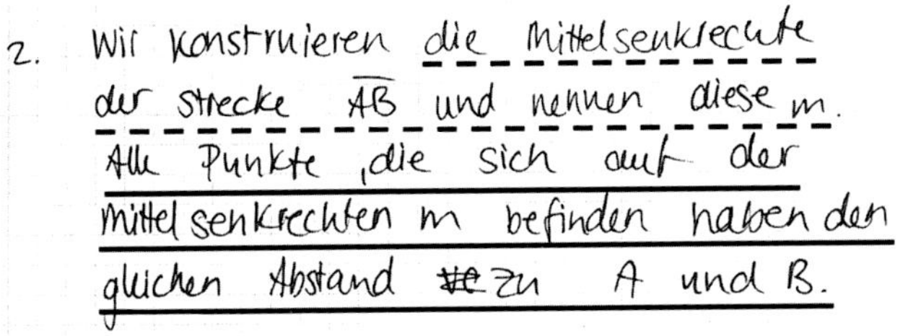

2. Wir konstruieren die Mittelsenkrechte der Strecke $\overline{AB}$ und nennen diese m. Alle Punkte, die sich auf der Mittelsenkrechten m befinden haben den gleichen Abstand zu A und B.

Abbildung 8.23 Ausschnitt aus dem Beweistext (Z. 6–10) von Pia und Charlotte (Gruppe 3)

In der Rekonstruktion wurde daher der Garant, der sich durch das Datum und die Konklusion bestimmen ließ, implizit eingefügt (Abbildung 8.24):

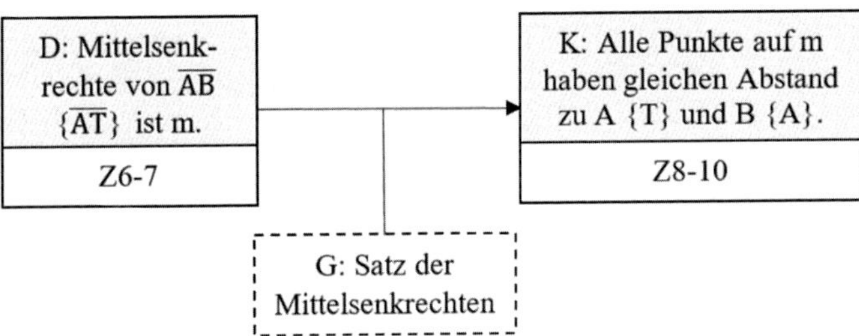

Abbildung 8.24 Ausschnitt der vorläufigen Rekonstruktion der schriftlichen Argumentation von Pia und Charlotte (Gruppe 3) zur ersten Aussage

Wird jedoch nicht nur den Beweistext betrachtet, sondern auch das Gespräch von Pia und Charlotte während des Aufschreibens (siehe Transkriptausschnitt 8), fällt auf, dass sie den Garanten nennen, ihn jedoch nicht aufschreiben.

Transkriptausschnitt 8: Pia und Charlotte (Gruppe 3), Turns 605–609

605	Charlotte	*[Charlotte schreibt, während sie spricht]* (..) Alle Punkte (..) die sich auf der (.) Geraden m *[Pia zeigt in Skizze P1 auf verschiedene Winkel und Seiten]*, der Mittel-, nah, der Mittelsenkrechte m befinden *[Pia zeichnet eine Winkelhalbierende in Skizze P2 und deutet so die Skizze neu, ca. 5 Sek]* Alle Punkte, die sich auf der Mittelsenkrechten, ey, m (.) befinden (..) haben (..) dem (.) *[Pia zeigt in Skizze P2 auf verschiedene Winkel]* Oh, was war das denn nochmal für 'n Satz? Mit dem Lot (..) und der Mittelsenkrechten. Hatten wir da nicht auch 'n Satz? #V4_14:47-3#
606	Pia	*[Pia zeigt in Skizze P2 auf verschiedene Winkel und Seiten]* Wie bitte? Entschuldigung. #V4_14:48-4#
607	Charlotte	Hatten wir da nicht auch 'n Satz für? Das mit dem Lot, dass alle Punkte auf der Mittelsenkrechten gleich lang sind? Das hatten wir doch auch bewiesen.// #V4_14:53-1#
608	Pia	//Nee, das ist die Definition von der Mittelsenkrechte, dass alle Punkte gleich weit -äh- also, dass die Punkte -äh- dass jeder Punkt auf der Mittelsenkrechte gleich weit *[Charlotte schreibt, während Pia spricht]* von A und B *{T}* entfernt ist. (.) Das ist die Definition einer Mittelsenkrechte. (.) Würd ich jetzt mal so in den Raum stellen.// #V4_15:07-9#
609	Charlotte	//Guck mal. Dann mach ich einfach *[Charlotte schreibt, während sie spricht]* -äh- Die Definition hab ich jetzt grad nochmal hingeschrieben, dann #V4_15:11-3#

Der in der Rekonstruktion des Beweistextes implizit gebliebene Garant ist nun explizit (siehe Abbildung 8.25). Er wird als direktes Zitat eingefügt.

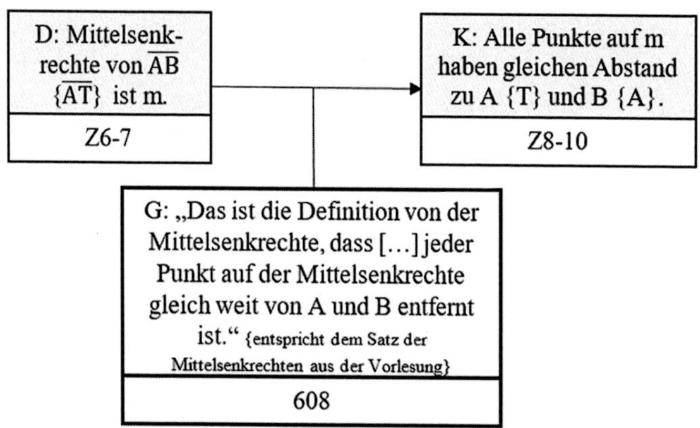

Abbildung 8.25 Ausschnitt der Rekonstruktion der schriftlichen Argumentation von Pia und Charlotte (Gruppe 3) zur ersten Aussage

Für die weiteren Auswertungen wird die Rekonstruktion nun in dieser Darstellung mit der ergänzenden Aussage verwendet. Durch den andersfarbigen Hintergrund (weiß statt grau) und die Turnangabe ist aber weiterhin erkennbar, dass die Aussage nicht zur schriftlichen Argumentation gehört, sondern im Rahmen der Rekonstruktion ergänzender Aussagen erkannt und eingefügt wurde. Eine genauere Betrachtung dieser *ergänzenden Aussagen* erfolgt in Abschnitt 9.1.

Rekonstruktion von zusätzlichen Argumentationen zum schriftlichen Beweistext
Nicht alle zusätzlichen Argumentationen sind gleich. Bei ihrer Rekonstruktion können zwei Fälle unterschieden werden. Eine Möglichkeit sind zusätzliche Argumentationen, die gar nicht in den Beweistext aufgenommen wurden (Fall a), eine andere Möglichkeit die zusätzlichen Argumentationen, die in veränderter Form in den Beweistext aufgenommen wurden (Fall b). In der Rekonstruktion der schriftlichen Argumentationen ist dieser Unterschied nicht erkennbar.

Fall a: Zusätzliche Argumentationen ohne direkten Bezug zum schriftlichen Beweistext

Ein Beispiel einer zusätzlichen Argumentation, die nicht in den Beweistext aufgenommen wurde, ist die folgende. Beim Aufschreiben des zweiten Beweises gibt es bei der vierten Gruppe diese zusätzliche Argumentation (Transkriptausschnitt 1). Zur Nachvollziehbarkeit der Rekonstruktion wurden Daten gestrichelt, Konklusionen durchgezogen und Garanten gepunktet unterstrichen.

Transkriptausschnitt 9: Daria und Leonie (Gruppe 4), Turns 382–384

382	Daria	Ja. (.) Man kann's natürlich jetzt auch mit den (.) bei nem Rechteck (..) mit den Mittelsenkrechten nochmal sagen oder ist egal? #V3_01:29-6#
383	Leonie:	Weiß ich nicht. #V3_01:31-2#
384	Daria	Also, weil von dem Punkt *[Daria zeigt in der Beweisskizze auf den Schnittpunkt {M} der Diagonalen]* (.) sind ja alle Punkte *[Daria zeigt auf die Eckpunkte des Rechtecks links unten {A} und links oben {D}]* gleich weit entfernt *[Daria zeigt entlang der Teilstücke der Diagonalen {$\overline{AM}, \overline{BM}, \overline{CM}$ und $\overline{DM}$}]*, das heißt, die Diagonalen sind gleich lang. #V3_01:38-1#

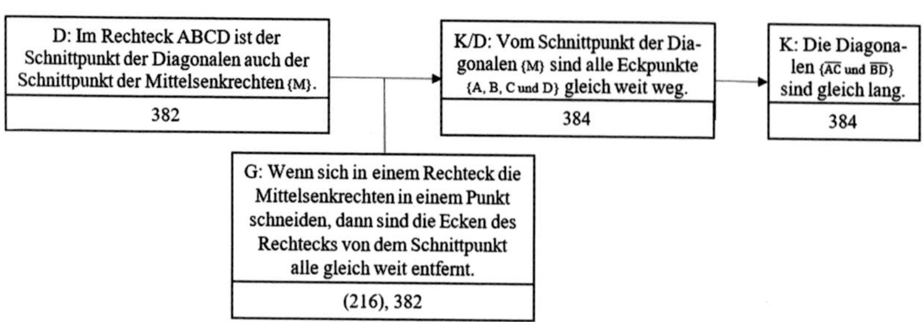

Abbildung 8.26 Rekonstruktion der zusätzlichen Argumentation B von Daria und Leonie (Gruppe 4) zur zweiten Aussage

Es ergibt sich folgende Rekonstruktion (Abbildung 8.26, inhaltlicher Rückbezug zu Turn 216):

Um einen Zusammenhang zwischen zusätzlichen Argumentationen und dem schriftlichen Beweis auch in der Rekonstruktion darstellen zu können, erhält jede zusätzliche Argumentation einen Buchstaben als Kennung (hier „B", da es sich um die chronologisch zweite zusätzliche Argumentation handelt). Zur Einordnung der zusätzlichen Argumentationen in die Rekonstruktion des schriftlichen Beweises wird nun nachgesehen, welche Stellen der Rekonstruktion den zusätzlichen Argumentationen inhaltlich am nächsten kommen und der Buchstabe dort in der Rekonstruktion der Gesamtargumentation eingefügt (Abbildung 8.27, Pfeil).

Eine inhaltliche Zuordnung wird vorgenommen, um in der Rekonstruktion des schriftlichen Beweises wenigstens grob etwas über den Inhalt der zusätzlichen Argumentationen erkennen zu können, obwohl diese nur durch einen Buchstaben dargestellt werden.

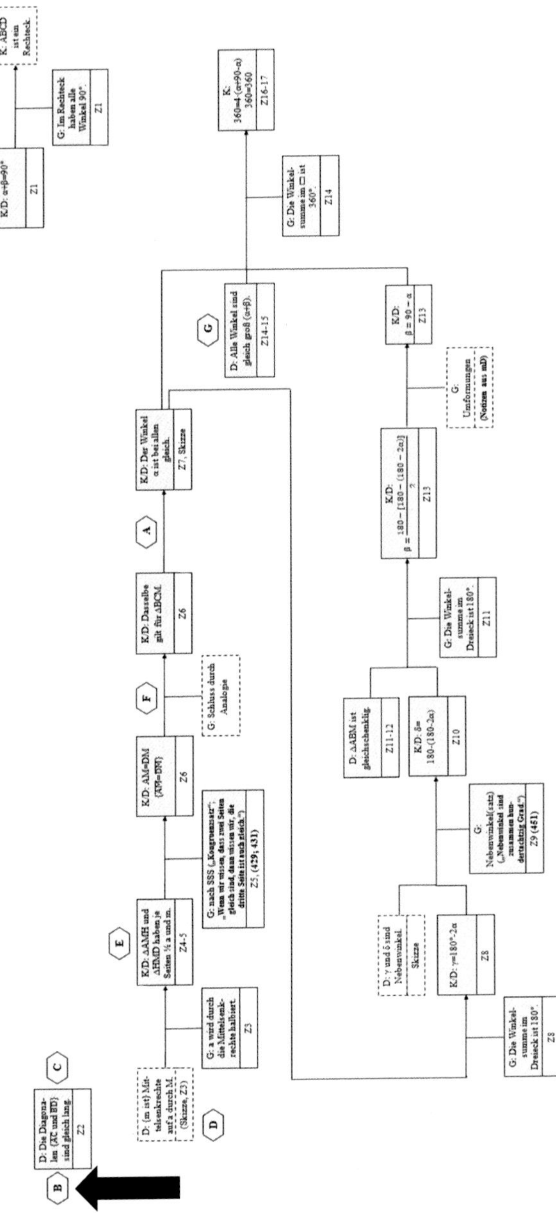

Abbildung 8.27 Rekonstruktion der schriftlichen Argumentation von Daria und Leonie (Gruppe 4) zur zweiten Aussage mit zusätzlichen Argumentationen

<u>Fall b</u>: Zusätzliche Argumentationen mit direkten Bezug zum schriftlichen Beweistext

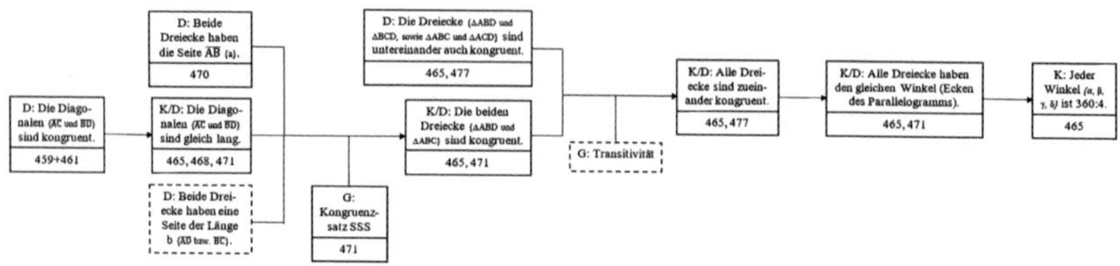

Abbildung 8.28 Rekonstruktion der zusätzlichen Argumentation A von Nina und Maja (Gruppe 1) zur zweiten Aussage

Ein Beispiel einer zusätzlichen Argumentation, die in veränderter Form in den Beweistext übernommen wurde, zeigt eine zusätzliche mündliche Argumentation der ersten Gruppe beim Aufschreiben des zweiten Beweises. Die Rekonstruktion der Argumentation der Turns 459 bis 477 ergibt folgende Rekonstruktion (Abbildung 8.28):

Diese Argumentation tritt im gesamten Beweistext in genau dieser Form nicht wieder auf. Sie erhält einen Namen (Argumentation A) und wird mit dem Buchstaben in der Rekonstruktion der Gesamtargumentation an einer Stelle eingefügt, die inhaltliche Verbindungen aufweist. Da die zusätzliche Argumentation A eine Art Planung für einen Teil des Beweistextes ist, wird sie in der Nähe ihrer schriftlichen „Umsetzung" eingetragen (siehe Abbildung 8.29, Pfeil), die nur etwas von der Planung in der zusätzlichen Argumentation A abweicht.

Eine genauere Betrachtung dieser beiden Arten von *zusätzlichen Argumentationen* erfolgt in Abschnitt 9.2.

8.1.11 Nicht rekonstruierte „Argumentationen"

An einigen Stellen finden im Beweisprozess keine richtigen Argumentationen statt, die auf den Beweis hin fokussieren, sondern z. B. Argumentationen darüber, auf welche Winkel oder Strecken man sich bezieht. Ein Beispiel findet sich im folgenden Transkriptausschnitt der dritten Gruppe zum ersten Beweis (Transkriptausschnitt 10):

Transkriptausschnitt 10: Pia und Charlotte (Gruppe 3), Turns 479–488

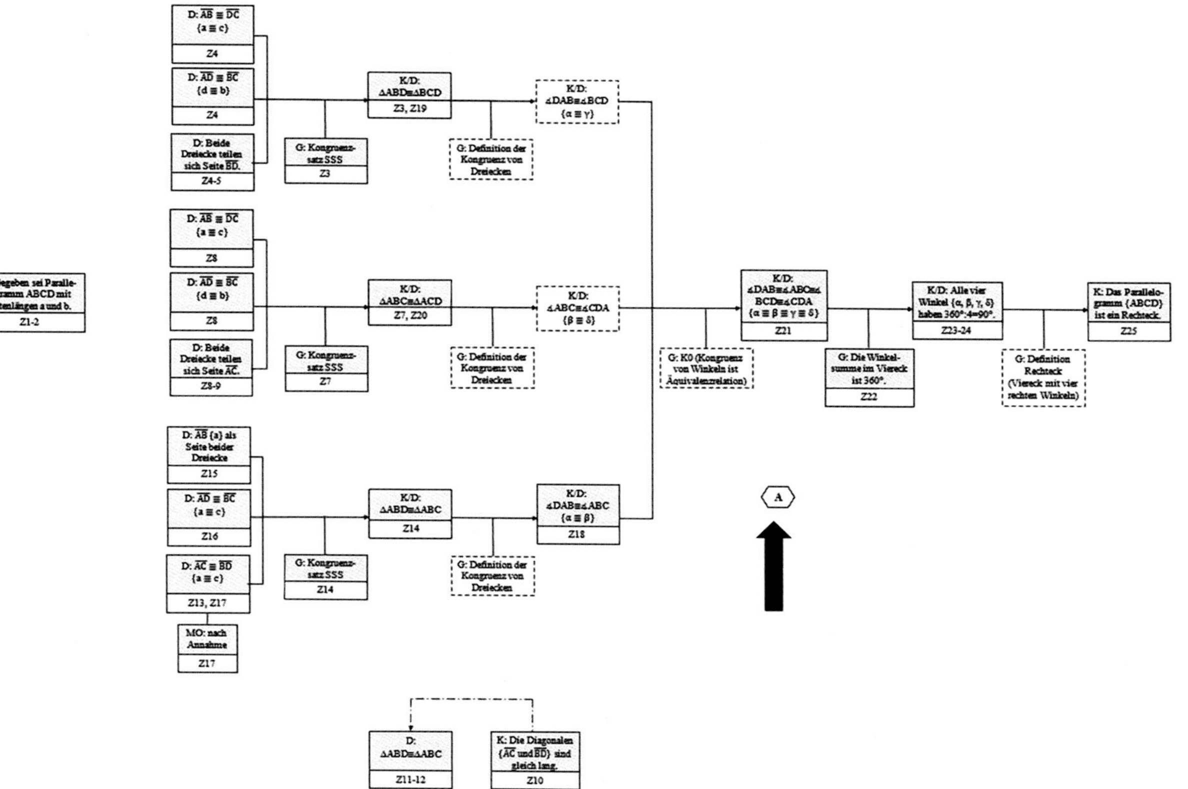

Abbildung 8.29 Rekonstruktion der schriftlichen Argumentation von Nina und Maja (Gruppe 1) zum ersten Fall der zweiten Aussage mit zusätzlichen Argumentationen

479	Pia	//das heißt wir wissen schonmal (.) dass (.) -ähm- dieser Winkel *[Pia zeichnet in der Skizze P2 den Winkel unten links zwischen der Winkelhalbierenden und k ein]* #V4_00:51-7#
480	Charlotte	Das ist Alpha. #V4_00:52-9#
481	Pia	Nee. #V4_00:54-3#
482	Charlotte	Doch. #V4_00:54-6#
483	Pia	Nein, Alpha ist ja größer. *[Pia zeigt, an welcher Stelle α in der Skizze P2 läge]* #V4_00:55-8#
484	Charlotte	Nee. #V4_00:56-8#
485	Pia	Guck mal hier *[Pia zeigt in der Skizze P1 auf α]*, der wird doch geschnitten (.) Al-, das ist der gleiche Winkel *[Pia zeigt auf die untere Hälfte von α $\{\alpha_2\}$]* wie der hier *[Pia zeigt auf die obere Hälfte von α $\{\alpha_1\}$]*. (.) #V4_01:01-6#
486a	Charlotte	Wa-, we- *§Das hier ist doch§* grade ganz Alpha oder nicht? *[Charlotte zeigt in Skizze P2 auf den Winkel zwischen g und der Winkelhalbierenden]* Was hat// #V4_01:04-2#
486b	Pia	*§wie der hier oben§*
487	Pia	//Nee. *[Pia zeichnet in Skizze P2 den Winkel oben rechts zwischen der Winkelhalbierenden und k ein $\{\alpha_1\}$]* #V4_01:04-8#
488	Charlotte	Was hast du denn jetzt grad gezeichnet? #V4_01:06-3#

Hier zeichnet Pia eine neue Skizze (P2, siehe Abbildung 8.30 rechts), bei der nicht alle Elemente der ersten Skizze (P1, siehe Abbildung 8.30 links) vorkommen. Da Charlotte nicht versteht, welche Strecken und Winkel in der Skizze P2 vorkommen, argumentieren die beiden über die Bezeichnungen. Eine derartige „Argumentation" wurde nicht rekonstruiert.

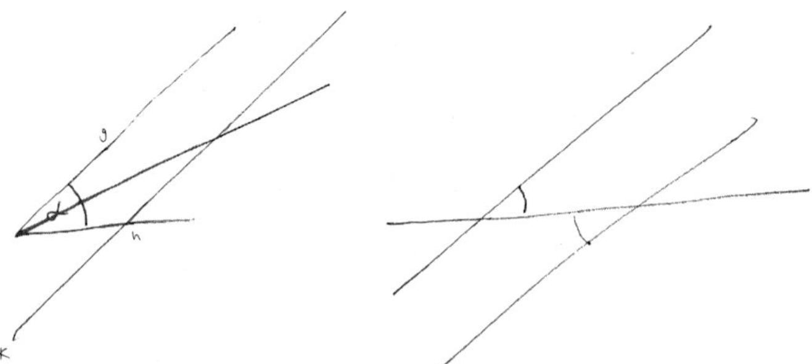

Abbildung 8.30 Skizzen von Pia und Charlotte (Gruppe 3), Beweis 1 mündlich – Skizze P1 links und Skizze P2 rechts

8.1.12 Fazit zu den Rekonstruktionen von Argumentationen

Die in den Teilkapiteln 8.1.2 bis 8.1.11 betrachteten Beispiele zeigen, dass Argumentationen viele verschiedene Eigenheiten aufweisen können, die in ihrer Rekonstruktion berücksichtigt werden müssen. Die Rekonstruktion der mündlichen und schriftlichen Argumentationen allein ist aber für die Auswertung nicht ausreichend. Im folgenden Abschnitt 8.2 wird die an die Rekonstruktion der Argumentationen anschließende Analyse globaler Argumentationsstrukturen beschrieben.

8.2 Analyse der globalen Argumentationsstrukturen

Ein Ziel dieser Arbeit ist die Bestimmung der globalen Argumentationsstrukturen (u. a. Knipping & Reid, 2019; Reid & Knipping, 2010, siehe auch Abschnitt 2.3.2) und ihre Untersuchung in Hinblick auf Unterschiede und Gemeinsamkeiten mündlicher und schriftlicher Argumentationen und die Zusammenhänge von der Komplexität der globalen Strukturen mit der inhaltlichen Güte bzw. der Schwierigkeit der zu beweisenden Aussagen.

Die in Abschnitt 8.1 beschriebene Rekonstruktion von Argumentationen und ihren Argumentationsstrukturen ist dabei die Grundlage der Auswertung, führt aber in der schematischen Darstellung zu großen Konstrukten. Das in Abbildung 8.31 gezeigte Beispiel der Rekonstruktion der mündlichen Argumentation der ersten Gruppe zur ersten Aussage ist dabei verhältnismäßig klein und kompakt. Doch schon hier ist eine gute Darstellung und Lesbarkeit schwierig, wenn das gesamte Schema gezeigt werden soll.

Für die Bestimmung der globalen Argumentationsstrukturen ist allerdings nur die Struktur der Argumentation von Bedeutung, der Inhalt wird nicht betrachtet. In dieser Arbeit wurde daher für die Bestimmung globaler Strukturen eine „symbolische Kurzschreibweise“ verwendet, in der die Struktur und die Zusammenhänge der Argumentation erhalten bleiben (Knipping, 2003). Der Inhalt einer Aussage wird nicht in diese Kurzschreibweise aufgenommen, nur die Funktion der Aussage bleibt erhalten, also ob es sich z. B. um ein Datum oder einen Garanten handelt. Wird das in Abbildung 8.31 gezeigte Beispiel in die Kurzschreibweise übertragen, ergibt sich das in Abbildung 8.32 gezeigte „Kurzschema“.

In dieser Darstellung werden Daten und als Daten weiterverwendete Konklusionen durch einen Kreis dargestellt, Garanten und Stützungen durch Rauten

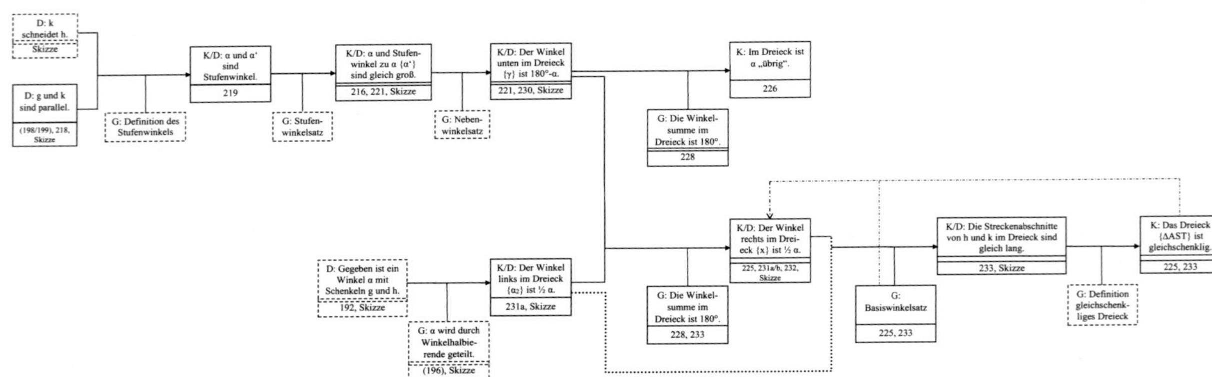

Abbildung 8.31 Rekonstruktion der mündlichen Argumentation von Nina und Maja (Gruppe 1) zur ersten Aussage

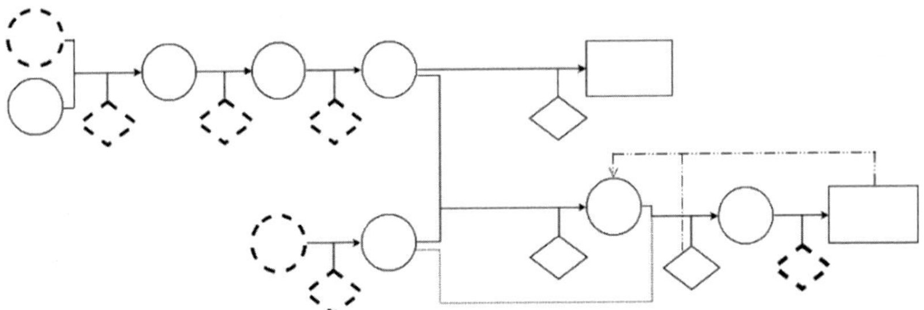

Abbildung 8.32 Rekonstruktion der mündlichen Argumentation von Nina und Maja (Gruppe 1) zur ersten Aussage – symbolische Kurzschreibweise

und Konklusionen als Rechtecke. Wie auch zuvor sind implizit rekonstruierte Aussagen gestrichelt dargestellt. Modaloperatoren werden als kleine Quadrate eingefügt, Widerlegungen durch eine gezackte Linie angezeigt. In beiden Fällen wird das Symbol mit der Aussage verbunden, auf die sie sich beziehen.

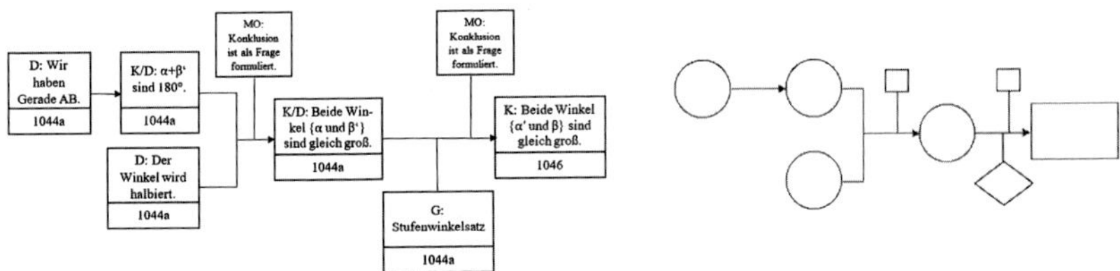

Abbildung 8.33 Rekonstruktion der zusätzlichen Argumentation H von Pia und Charlotte (Gruppe 3) zur zweiten Aussage links mit Inhalt, rechts in symbolischer Kurzschreibweise

Ein Beispiel des Kurzschemas mit Modaloperator ist in Abbildung 8.33 zu sehen, links ist die Rekonstruktion der Argumentation samt Inhalt, auf der rechten Seite die Umsetzung in symbolischer Kurzschreibweise.

Abbildung 8.34 zeigt ein Beispiel einer Rekonstruktion mit Widerlegung.

Mithilfe der Kurzschemata wurden nun die globalen Strukturen der Argumentationen bestimmt, indem die strukturellen Eigenschaften der rekonstruierten globalen Argumentationen mit den unterschiedlichen Charakteristika der literaturbekannten Strukturen verglichen wurden (Ergebnisse siehe Kapitel 10). Eine vergleichende Übersicht der globalen Argumentationsstrukturen findet sich ebenfalls in Kapitel 10 (siehe Tabelle 10.1).

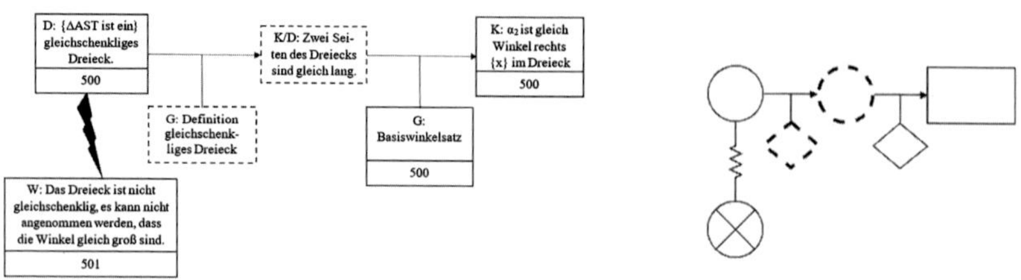

Abbildung 8.34 Ausschnitt der Rekonstruktion der mündlichen Argumentation von Pia und Charlotte (Gruppe 3) zur ersten Aussage, links mit Inhalt, rechts in symbolischer Kurzschreibweise

Nicht alle rekonstruierten Strukturen ließen sich jedoch durch die literaturbekannten globalen Argumentationsstrukturen beschreiben (u. a. Knipping & Reid, 2015, 2019). Rekonstruierte Argumentationen, die keiner bekannten Struktur zugeordnet werden konnten, wurden miteinander verglichen, um die Theorie zu erweitern, also neue globale Strukturen zu finden. Bei der Fallkontrastierung wurden Fälle betrachtet, die möglichst unterschiedlich waren, bei Fallvergleichen möglichst ähnliche Fälle (Steinke, 2013). Durch diese Quervergleiche zwischen den Fällen ist es möglich, Gemeinsamkeiten und Unterschiede zwischen Fällen bzw. Fallabschnitten zu finden und zu präzisieren. In dieser Arbeit wurden dadurch zwei neue globale Argumentationsstrukturen herausgearbeitet, die Stromstruktur und die Suchstruktur (siehe Abschnitt 10.6 und 10.7). Kelle und Kluge (2010) betonen dabei, dass bei dieser Art fallvergleichender und fallkontrastierender Analysen immer das gesamte Datenmaterial mit einbezogen werden muss. Um hier die Übersicht zu behalten ist die vorherige Aufbereitung der Daten und deren Kategorisierung notwendig. Diese erfolgte in dieser Arbeit durch die Argumentationsanalysen.

Im Anschluss an die Bestimmung aller globalen Argumentationsstrukturen wurde die Komplexität der globalen Strukturen anhand ihrer Charakteristika verglichen (siehe Abschnitt 11.1) und ihr Zusammenhang mit der inhaltlichen Güte betrachtet. Auch die Änderung der globalen Strukturen durch das Aufschreiben eines Beweises (siehe Abschnitt 11.2) und Strukturunterschiede zwischen verschieden schwierigen Beweisen (siehe Abschnitt 11.3) wurden untersucht.

8.3 Untersuchung der Metakognition

Neben den Beweisen und Beweisprozessen der Studierenden sind für diese Arbeit auch ihre metakognitiven Aktivitäten bei der Bearbeitung von geometrischen Beweisaufgaben und der Einfluss dieser Aktivitäten auf das Beweisen von Interesse. Daher wurden die metakognitiven Aktivitäten der Studierenden genauer betrachtet.

Metakognition lässt sich in zwei Bereiche unterscheiden, das Wissen über Kognition und die Regulierung von Kognition (siehe Abschnitt 3.1.1). Wissen über Kognition kann nicht beobachtet werden, bei seiner Erforschung ist man auf Selbstauskünfte der Teilnehmenden angewiesen. In dieser Arbeit wird daher die Regulierung von Kognition untersucht, die sich in konkreten Handlungen zeigt. Die Regulierung von Kognition lässt sich in drei Kategorien unterteilen: Planung, Monitoring und Reflexion. Diese Kategorien sind sehr groß und umfassen viele verschiedene Handlungen. Um die verschiedenen Aspekte dieser Kategorien erfassen und untersuchen zu können, wird in dieser Arbeit das metakognitiv-diskursive Kategoriensystem von Cohors-Fresenborg (2012) verwendet (siehe Abschnitt 3.1.2 und im Anhang im elektronischen Zusatzmaterial). Dieses Kategoriensystem spaltet jede dieser Kategorien in Unterkategorien und Teilaspekte, was das Auffinden metakognitiver Aktivitäten in Transkripten, wie sie hier verwendet werden, erleichtert und die Kategorien ausschärft.

Der metakognitive Teil des Kategoriensystems beinhaltet drei Kategorien: Planung, Monitoring und Reflexion. *Planung* umfasst Aktivitäten, bei denen „Denkprozesse oder Problemlöseprozesse geplant oder […] Debatten strukturiert werden" (Cohors-Fresenborg & Kaune, 2007, S. 20). Auch die Planung metakognitiver Aktivitäten gehört in diese Kategorie. Planung ist für das Beweisen eine wichtige Komponente. Um die Auswirkung von Planung auf die Strukturierung von Beweisprozessen der Studierenden untersuchen zu können, ist die Kodierung dieser Aktivitäten eine wesentliche Grundlage.

Monitoring beschreibt Aktivitäten, durch die etwas kontrolliert oder überwacht wird, beispielsweise fachspezifische Tätigkeiten oder eigene kognitive Prozesse (Selbstüberwachung) (Nowińska, 2018). Diese Aktivitäten scheinen häufig kognitiv, werden aber als metakognitiv klassifiziert, „weil die Intention der Ausführung einer solchen Aktivität und die Ausführung selbst auf metakognitive Überlegungen bezüglich [des] eigene[n] Verständnisses hindeuten" (Nowińska, 2016, S. 24). In dieser Arbeit interessiert der Einfluss von Fachwissen auf Monitoringaktivitäten, dafür werden als Monitoring kodierte Stellen auf diesen speziellen Zusammenhang hin untersucht.

Reflexion umfasst hier nicht nur die Reflexion eigenen Denkens und Handels, sondern auch die Reflexion über Produkte von Kognition (z. B. Skizzen oder Begriffsbestimmungen), seien es die eigenen oder die eines anderen. „Für eine Analyse von Kognition wird es als unerheblich angesehen, ob darüber reflektiert wird, was sich jemand gedacht haben könnte oder was mit einer (auch schriftlichen) Äußerung gemeint sein könnte oder welche Wirkung sie haben könnte" (Nowińska, 2016, S. 24). Beim Beweisen in der Geometrie, das in dieser Arbeit betrachtet wird, sind Darstellungsformen wie Skizzen, aber auch Formeln und die zu beweisende Aussage selbst wichtige Teile der Argumentation. Neben der Reflexion von mündlichen und schriftlichen Argumentationen kann zusätzlich mit *tra*Kat auch die Reflexion von diesen für die Argumentation wichtigen Darstellungen kodiert werden. Durch die Kodierung wird ermöglicht, auch den Effekt der Reflexion von Darstellungen auf die Argumentationen zu untersuchen.

Mit dem Kategoriensystem werden nur beobachtete Handlungen und geäußerte Wortbeiträge kodiert, also nur das, was tatsächlich gesagt und getan wurde. Ein „Hineindeuten" metakognitiver Überlegungen in Schweigen ist nicht angedacht. Ist in einer Aussage eine metakognitive Aktivität nicht direkt erkennbar, wird sie nicht kodiert, auch wenn rein theoretisch eine metakognitive Aktivität an dieser Stelle möglich gewesen wäre. Auch auf eine Selbstauskunft der Studierenden über den Umfang ihrer metakognitiven Handlungen kann hier verzichtet werden. Dadurch sind die Ergebnisse der Kategorisierung der metakognitiven Aktivitäten Planung, Monitoring und Reflexion vergleichbarer und weniger subjektiv.

Da im Kategoriensystem Äußerungen kodiert werden und diese im Miteinander mehrerer Personen erfolgen, enthält das Kategoriensystem zusätzlich einen diskursiven Teil mit zwei Kategorien: Diskursivität und negative Diskursivität. *Diskursivität* ist wichtig bei der Förderung von metakognitiven Aktivitäten (Cohors-Fresenborg & Kaune, 2007). Sie beschreibt einen geordneten und gut strukturierten Gesprächsverlauf, in dem präzise auf andere Beiträge und Ideen eingegangen wird, sich die Gesprächspartner also gezielt (und begründet) von Beiträgen abgrenzen oder ihnen zustimmen und dabei Bezugspunkte nennen. „Die Präzision ist für den Aufbau tragfähiger Vorstellungen zu fachlichen Sachinhalten notwendig und dafür muss sie sich nicht nur in einzelnen Beiträgen zeigen, sondern auch auf der Ebene des gesamten Unterrichtsgespräches, z. B. durch das Herausarbeiten von Gemeinsamkeiten und Unterschieden in den genannten Argumenten, (Fehl-)Vorstellungen, angenommenen Positionen und Perspektiven" (Nowińska, 2016, S. 30).

Negative Diskursivität beschreibt Aktivitäten, bei denen es sich um Zuwiderhandlungen gegen eine gute Gesprächskultur handelt. Durch das Aufzeigen von negativer Diskursivität soll vermieden werden, dass Scheingespräche unerkannt bleiben und evtl. als produktive und qualitativ hochwertige Gespräche gewertet werden. Da negative Diskursivität verschieden schwere Ausprägungen haben kann, ist es wichtig, die Wirkung sowohl lokal in den nächsten paar Turns, als auch global in Bezug auf die gesamte Argumentation zu betrachten (Nowińska, 2016). Zur Beantwortung der Forschungsfragen dieser Arbeit ist es ebenfalls von Bedeutung, den Einfluss negativ-diskursiver Aktivitäten auf die logische und inhaltliche Struktur einer Argumentation zu untersuchen.

Neben der erleichterten Einteilung metakognitiver Handlungen in Planung, Monitoring und Reflexion ermöglicht das Kategoriensystem zudem eine feinere Betrachtung einzelner Kategorien, was auch für diskursive Aktivitäten gilt. Statt beispielsweise die gesamte Kategorie des Monitorings als Einheit zu betrachten, können nun Unterkategorien wie die Kontrolle einer Planung oder die Kontrolle eines Werkzeugeinsatzes auch einzeln kodiert und damit einer Analyse zugänglich gemacht werden. Somit können die Auswirkungen von Metakognition auf Argumentations- und Beweisprozesse genauer auf einzelne Aktivitäten bezogen werden. Dies gilt für alle Kategorien und ist für die Beantwortung der Forschungsfragen (siehe Kapitel 5) notwendig.

In diesem Kapitel wird eine Übersicht des Vorgehens bei der Kodierung gegeben (siehe Teilkapitel 8.3.1) sowie die einzelnen Schritte der Analyse verdeutlicht:

- Kodierung am Transkript (Schritt 1, siehe Teilkapitel 8.3.2)
- Erstellung eines Analysestrahls (Schritt 2, siehe Teilkapitel 8.3.3)
- Sichtung und inhaltliche Analyse der Kodierungen (Schritt 3, siehe Teilkapitel 8.3.4)
- Charakterisierung gefundener Auffälligkeiten (Schritt 4, siehe Teilkapitel 8.3.5)

8.3.1 Vorgehen bei der Kodierung

Für die Analysen wurde das metakognitiv-diskursive Kategoriensystem für Transkripte (*tra*Kat) angewendet (Cohors-Fresenborg, 2012, siehe Anhang im elektronischen Zusatzmaterial), da es gegenüber der neueren Version für die Kodierung von Videos (*vid*Kat, Nowińska, 2016) feiner untergliedert ist und dadurch eine genauere Kodierung der metakognitiven und diskursiven Aktivitäten ermöglicht. Da auch die Argumentationen am Transkript rekonstruiert werden (siehe 8.1), gehen mit der Wahl von *tra*Kat zudem beide Untersuchungen von der gleichen Datengrundlage aus.

Bei der Klassifizierung muss zuerst entschieden werden, ob es sich um eine kognitive oder metakognitive Aktivität handelt. Kognitive Aktivitäten hängen mit der Aufnahme und Verarbeitung von Informationen zusammen, ein Beispiel hierfür ist die Durchführung einer Rechnung (Kuzle, 2015). Mithilfe von metakognitiven Aktivitäten werden kognitive Aktivitäten geplant, überwacht und reflektiert, z. B. durch die Kontrolle, ob die durchgeführte Rechnung Fehler enthält.

Bei der Kodierung metakognitiver Aktivitäten werden nicht nur Aussagen betrachtet, auch Gesten, wie z. B. das Zeigen auf etwas, können ein Grund für eine Klassifizierung sein (Cohors-Fresenborg & Kaune, 2007). Bei der Analyse metakognitiver Aktivitäten wird dann die jeweils adäquate Kategorie zugeordnet (Planung, Monitoring oder Reflexion sowie (negative) Diskursivität), gefolgt von einer angemessenen Unterkategorie und wenn zutreffend einem Teilaspekt. Dabei ist es wichtig zu beachten, dass die jeweiligen Kategorien nicht disjunkt sind (Nowińska, 2016), also Mehrfachzuordnungen theoretisch möglich sind. Das Kategorisieren ist interpretativ und mittel bis hoch inferent, d. h. dass ein hohes Maß von Schlussfolgerungen auf Seiten des Raters bzw. der Raterin gefordert und die Interratereliabilität gering ist. Dies führt dazu, dass sich der Rater bzw. die Raterin mit dem Inhalt auseinandersetzen und ihn analysieren muss (Nowińska, 2016). Der Rater bzw. die Raterin entscheidet, welche Kategorie gewählt wird, ob z. B. eine Aktivität eher mit M5a, der Durchführung einer Kontrolle der Argumentation, oder mit R5a, der Durchführung einer Strukturanalyse der Argumentation, kodiert wird. Jede Entscheidung muss allerdings begründet und alle nachfolgenden Aktivitäten dieser Art müssen konsequent und konsistent auf die gleiche Weise klassifiziert werden. Entscheidet man sich beispielsweise bei einer bestimmten Aktivität für R5a statt M5a, so wird diese Aktivität als Beispiel für R5a vermerkt und bei erneutem Auftauchen wieder als R5a kodiert. Eine Aussage bzw. ein Teil einer Aussage wird immer nur mit einer metakognitiven Kategorie klassifiziert, nicht mit mehreren. (Negative) Diskursivität hingegen kann einzeln, jedoch auch in Verbindung mit Planung, Monitoring oder Reflexion vorkommen (Cohors-Fresenborg & Kaune, 2007).

Bei der Klassifizierung werden Kurzbezeichnungen eingesetzt (Cohors-Fresenborg & Kaune, 2007, siehe auch Abbildung 8.35). Soll etwas als Monitoring gekennzeichnet werden, beispielsweise als Kontrolle der Konsistenz von Argumentationen oder Arbeitsaufträgen, genauer als Durchführung dieser Kontrolle, bei der evtl. Fehler oder Inkonsistenzen gefunden werden, wird dies abgekürzt als *M5a*. Das erste Zeichen (abgesehen von eventuellen Präfixen) ist dabei ein Großbuchstabe und gibt die Kategorie an, hier *M* für Monitoring. Das zweite Zeichen ist eine Zahl und kennzeichnet die Unterkategorie, hier *5* für

„Kontrolle der Konsistenz von Argumentation oder Arbeitsauftrag". Das dritte Zeichen, ein Kleinbuchstabe, ist die Bezeichnung für den Teilaspekt der Unterkategorie, hier *a* für „durchführen (evtl. Fehler oder Inkonsistenz finden)". Des Weiteren gibt es Präfixe, die die Klassifizierung ergänzen. Wird eine Aktivität begründet oder erläutert, wird vor die Kurzbezeichnung ein kursives *b* geschrieben, bei einer Aufforderung zu einer metakognitiven Aktivität ein kursives *f* (Cohors-Fresenborg & Kaune, 2007).

Abbildung 8.35 Beschreibung der Kurzbezeichnung

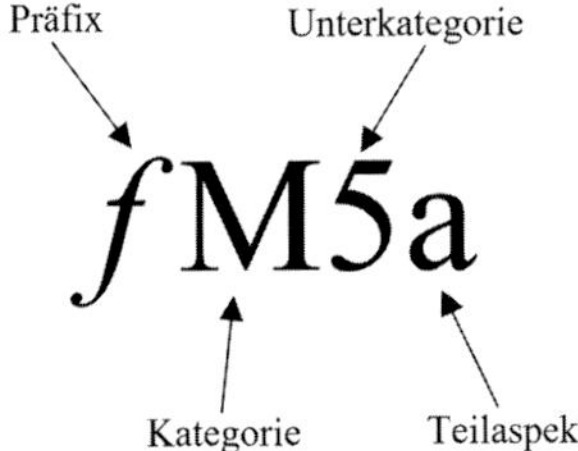

Für die Analyse der Metakognition wird in vier Schritten vorgegangen (siehe Abbildung 8.36): Kodierung am Transkript, Erstellung eines Analysestrahls, Sichtung und inhaltliche Analyse der Kodierungen sowie Charakterisierung gefundener Auffälligkeiten. Die Schritte werden in den folgenden Teilkapiteln beschrieben.

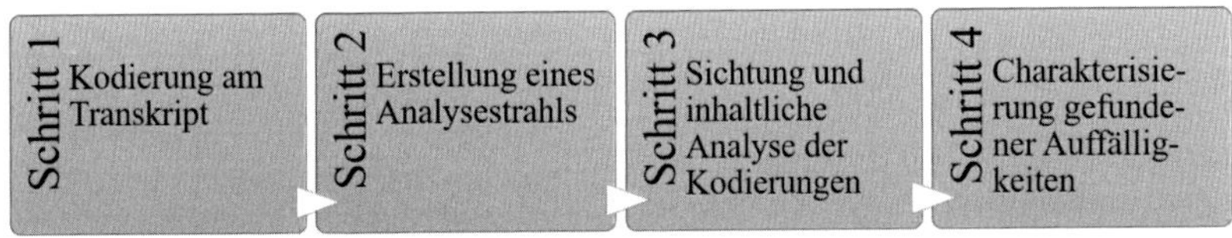

Abbildung 8.36 Schritte der Metakognitionsanalyse

8.3.2 Schritt 1: Kodierung am Transkript

Im ersten Schritt wird die Kodierung der metakognitiven Aktivitäten am Transkript durchgeführt. Um dabei erkennen zu können, welche Aussagen oder Aussagenteile wie klassifiziert wurden, wird nicht nur die Kurzbezeichnung verwendet, sondern die betroffene Textstelle entsprechend der Art der metakognitiven Aktivität eingefärbt (vgl. Nowińska, 2016). Planungsaktivitäten werden im Transkript und in der Kurzbezeichnung blau gefärbt, Monitoringaktivitäten rot und Reflexionsaktivitäten gelb. Diskursivität wird grün markiert, negative Diskursivität grau.

Der folgende Transkriptausschnitt zeigt die Klassifizierung eines Ausschnitts der Aussagen der zweiten Gruppe zum ersten Beweis (Transkriptausschnitt 11). Es wird sowohl die Kurzbezeichnung angegeben als auch die Erklärung, warum es sich um die genannte Klassifizierung handelt. Die hier gegebenen Erklärungen sind dabei etwas ausführlicher als die, die im Beispiel meiner Klassifizierungen im Anhang im elektronischen Zusatzmaterial zu finden sind, um die Wahl der Kodierung hier besser nachvollziehbar zu machen. In den Ergebniskapiteln dieser Arbeit wird auf eine umfassende Färbung der Transkripte und Beschreibung der Kodierungen allerdings verzichtet, nur die Kodierungen der Turns werden angegeben.

Transkriptausschnitt 11: Dennis und Julius (Gruppe 2), Turns 316–325

316	Julius	Hmm, hmm, ich wollt mir nochmal was aufschreiben, aber *[Julius streicht Skizze J6 durch]* (10) Hmm, also die Winkelhalbierende (..) -äh- (4) -chäm- *[Julius beginnt zu schreiben, ca. 10 Sek]* -ähm- (4) teilt Alpha in (...) #V4_01:25-6#	R4a (Julius reflektiert die Wirkung der Winkelhalbierenden, also die Wirkung des fachspezifischen Werkzeugs „Winkelhalbierende".)
317	Dennis	zwei gleich große Winkel. #V4_01:26-9#	R4a(Forts.) (Fortsetzung von 316)
318	Julius	*[Julius schreibt, während er spricht]* Zwei (..) gleich große (..) Winkel// #V4_01:34-6#	(Wiederholung von 317)
319	Dennis	//Das sind diese beiden. *[Dennis zeigt in Skizze J4 abwechselnd auf die obere {α_2} und untere {α_1} Hälfte von Alpha]* #V4_01:36-1#	D1a (Dennis nennt Bezugspunkte, also welche Winkel gemeint sind.)
320	Julius	Joa. (.) Ja, ich kann 's ja hier nochmal eben (.) damit man's in der Skizze erkennen kann, dahinter schreiben (6) *[Julius schreibt, während er spricht]* Einhalb Alpha (5) und (..) einhalb Alpha (12) -ähm- (5) #V4_02:16-1#	P1a (Julius plant den nächsten Schritt des Beweistextes, also das nächste Zwischenergebnis) +ND1c (Julius nennt keine Bezugspunkte, es bleibt unklar, welche Skizze gemeint ist.)
321	Dennis	Dann ist die Frage, ob wir 's annehmen können, dass die *[Es ist nicht genau erkennbar, ob Dennis auf die Dreiecksseiten „g" {h} und k oder die Winkel links {α_2} und rechts {x} im oberen Dreieck zeigt]* (.) gleich lang sind, also// #V4_02:20-1#	M5a (Dennis kontrolliert die Argumentation.)
322	Julius	//Ja, dann haben wir ja quasi ein (...) *[Julius schreibt, während er spricht]* Schnittpunkt *{T}* (4) der Winkelhalbierenden (.) mit (.) dem, der Parallele k. #V4_02:36-2#	ND4 (Julius ignoriert Dennis' Frage aus 321.) R1a (Julius analysiert die Skizze bezogen auf die Argumentation, führt also eine Strukturanalyse einer fachspezifischen Darstellung durch.)
323	Dennis	Mhm („Zuhör"-Laut). #V4_02:36-9#	/

324	Julius	*[Julius schreibt, während er spricht]* (..) -äh- (..) und (..) erhalten (...) mit (unv.) erhalten wir den Win- (.) Beta (..) der Winkel Beta *{x}* ist (.) einhalb Alpha (5) da (..) g *{h}* (..) und k gleich lange Strecken sind. (12) Außerdem gilt für (8) für den letzten Winkel *{γ}* (8) minus (..) einhalb a (.) minus Beta. (..) Das bedeutet (.) hmm (..) minus (...) hmm (6) einhalb Alpha minus (.) Alpha und das ist dann (...) Quatsch. *[Julius verbessert seine Formel]* (..) (unv.) (6) Ar, das ist natürlich jetzt alles etwas unschön. (..) Hmm. #V4_04:32-1#	R1a (Fortsetzung von 322) +ND3 (Julius' Argumentation hat eine falsche logische Struktur, es handelt sich um einen Zirkelschluss.) M8c (Julius überwacht seine eigene Notation.)
325	Dennis	*[flüsternd]* Aber anders geht's jetzt gar nicht. #V4_04:33-8#	R6a (Dennis zieht eine Bilanz der Argumentation.)

Durch die Kodierung der Transkripte mit dem metakognitiv-diskursiven Kategoriensystem *tra*Kat wurden einige zusätzliche Kodierungen induktiv gewonnen.

In Planungssituationen war eine direkte Unterscheidung zwischen Planung und Aufforderung zur Planung nicht immer möglich, da die Studierenden dazu tendierten, ihre Planung als Frage zu formulieren. Nach dem Kategoriensystem müssten solche als Fragen formulierten Planungen als Aufforderung zur Planung kodiert werden, da zu einer Entscheidung aufgefordert wird. Durch diese Kodierung würde allerdings die inhaltliche Komponente nicht berücksichtigt, die Studierenden machen schließlich einen konkreten Planungsvorschlag in ihrer Frage. Daher wurde die Kodierung um ein Suffix ergänzt. Wurde beispielsweise einschrittig geplant und diese Planung als Frage formuliert, wurde diese Aktivität mit P1a° kodiert, um eine Unterscheidung zwischen einer „normalen", inhaltlichen Planung (P1a), einer als Frage formulierten inhaltlichen Planung (P1a°) und einer Aufforderung zur Planung ohne eigene inhaltliche Planung (fP1a) unterscheiden zu können (siehe Beispiel in Transkriptausschnitt 12). Dieser Unterschied ist für die Betrachtung des Einflusses der Planung auf die Argumentation von Bedeutung.

Transkriptausschnitt 12: Dennis und Julius (Gruppe 2), Turn 125

125	Dennis	(unv.) Vielleicht wär's am Anfang sinnvoll, eine kurze Skizze davon zu machen, oder?// #V2_07:24-0#	P1a° (Planung einer Skizze, als Frage formuliert)

Auch die Ausführlichkeit metakognitiver Aktivitäten variierte stark. Um abbilden zu können, dass die Aktivitäten der Studierenden häufig nicht elaboriert waren und nur in wenigen Fällen komplexere Begründungen hatten, wurde ein weiteres Suffix eingeführt. Metakognitive Aktivitäten, die sich auf Zustimmung beschränken, ohne dass der Denkprozess offengelegt wird, werden mit einem Sternchen gekennzeichnet. Im Beispiel in Transkriptausschnitt 13 in Turn 210 wird die Kontrolle der Argumentation also als M5a* gekennzeichnet, da Julius der Argumentation zustimmt, ohne seine Überlegungen zu teilen, warum die Argumentation seiner Meinung nach richtig ist.

Transkriptausschnitt 13: Dennis und Julius (Gruppe 2), Turns 207–210

207	Dennis	//Das können wir// #V3_00:44-9#	R1a (Strukturanalyse einer Skizze)
208	Julius	//Richtig („Zuhör"-Laut).// #V3_00:45-6#	/
209	Dennis	//sagen, dass *[Dennis zeigt in Skizze D2 abwechselnd auf die Winkel links {α} und rechts {x} im Dreieck]* anhand, dass die beiden Winkel (.) gleich sind, weil die ja *[Dennis zeigt abwechselnd auf die Winkel links {α} und rechts {x} im Dreieck]* durch eine Winkelhalbierende (..) vollzogen wurde. #V3_00:54-0#	Forts. R1a (Fortsetzung der Strukturanalyse einer Skizze von 207) R4a (Wirkungsweise der Winkelhalbierenden) +ND1c (Argumentationslücke)
210	Julius	Hmm, genau, genau. #V3_00:56-2#	M5a* (nicht elaborierte Kontrolle der Argumentation)

Ebenfalls auffällig und mit der häufig fehlenden Elaboriertheit metakognitiver Aktivitäten verwandt, ist die Tendenz der Studierenden, unbegründete Zustimmung zu geben. Diese unbegründete Zustimmung wird mit dem Suffix „(u)" für unbegründet angegeben, als Kodierung ergibt sich damit D1c(u). Ein Beispiel hierfür findet sich in Transkriptausschnitt 14. Julius stimmt hier Dennis' Erklärung des Begriffs „Diagonalen" zu, ohne zu erklären, warum er zustimmt.

Transkriptausschnitt 14: Dennis und Julius (Gruppe 2), Turns 373–374

373	Dennis	Wenn die Diagonalen gleich lang sind. Das *[Dennis zeigt in Skizze 2 auf die obere {c} und untere {a} Seite des Parallelogramms]* sind ja nicht die Diagonalen.// #V4_12:40-0#	R2a (Begriff der Diagonalen in der Skizze zuordnen)
374	Julius	//Mhm (bejahend).// #V4_12:40-6#	D1c(u) (unbegründete Zustimmung)

Bei der Berücksichtigung der Elaboriertheit von Zustimmungen wird also bei der Kodierung D1c unterschieden zwischen „unbegründet“, „kurz“ und „begründet“. Unbegründete Zustimmung, also D1c(u), wird kodiert, wenn es sich bei der Zustimmung nur um ein „*Ja*“ oder ein „*Mhm (bejahend)*“ handelt. Die Kodierung für kurze Zustimmung, also D1c, wird verwendet, wenn mit einem ganzen Satz, beispielsweise „*Das sehe ich genauso*“ geantwortet wird. Im Unterschied zu D1c(u) wird hier auch auf den Kontext angespielt. Die Kodierung *b*D1c, also begründete Zustimmung, wird nur genutzt, wenn die Zustimmung umfassender erklärt wird und eigene Gründe eingebracht werden. Zu beachten ist bei der Betrachtung von Zustimmungen, dass die verschiedenen Abstufungen nicht voneinander unabhängig oder trennscharf sind.

Diese Kennzeichnung mit einem Sternchen oder (u) ist wichtig, da Unterschiede in der Elaboriertheit der metakognitiven Aktivitäten und auch die (fehlende) Begründung bei Zustimmungen einen Einfluss auf das Beweisen und Argumentieren haben, der sonst in den Kodierungen nicht sichtbar wäre.

In die Kategorie D1c fallen auch Zustimmungen, die durch ihre Formulierung nicht allgemein, sondern durch Zusätze wie *„denk ich“* oder *„glaub ich“* eingeschränkt sind. Hier wurde an die Kodierung das Suffix „(e)“ angehängt. Auf diese Weise schränkt Julius in Turn 236 beispielsweise seine Strukturanalyse aus Turn 234 selbst wieder ein (Transkriptausschnitt 15).

Transkriptausschnitt 15: Dennis und Julius (Gruppe 2), Turns 234–236

234	Julius	[…] Also daraus setzt sich dann ja unser, also das *[Julius zeigt auf die vierte Formel]* ist jetzt ja unser, unser Dreieck hier. *[Julius malt einen Kasten um die vierte Formel]* #V3_05:46-8#	R1a (Strukturanalyse einer Skizze zur Erstellung einer Formel) +ND3 (falsche logische Struktur)
235	Dennis	Mhm („Zuhör“-Laut). #V3_05:48-0#	/
236	Julius	(..) Denk ich (5) […] #V3_06:37-2#	D1c(e) (eingeschränkte Zustimmung zur eigenen Überlegung)

8.3.3 Schritt 2: Erstellung eines Kategorienstrahls

Zur Übersicht der Klassifizierung der metakognitiven Aktivitäten kann ein Kategorienstrahl erstellt werden (siehe Tabelle 8.1). Dieser enthält nur noch die Turnangaben, die Sprecher und die Klassifizierung, wodurch eine Übersicht über die auftretenden metakognitiven Aktivitäten und eventuelle Muster oder Regelmäßigkeiten ermöglicht wird. Das obige Beispiel aus Transkriptausschnitt 11 wird damit reduziert auf:

Um die Zugehörigkeit zu den verschiedenen Kategorien hier weiterhin einfach erkennen zu können, werden bei Auftreten metakognitiver und diskursiver Aktivitäten wieder die oben beschriebenen Farben genutzt.

Wird in einem Redebeitrag eine metakognitive Aktivität unterbrochen und in einem späteren Turn fortgeführt, wird die Klassifizierung im ersten Turn notiert. Die folgenden Turns werden mit „Forts." gekennzeichnet, um darzustellen, dass die Aktivität hier weitergeführt wird und zu verhindern, dass diese metakognitive bzw. diskursive Aktivität mehrfach gezählt wird. Ein Beispiel ist hier in Turn 322 und 324 zu sehen (Tabelle 8.1). Wird die unterbrochene Aktivität von jemand anderem weitergeführt, wird dies bei Klassifizierung der Aussage der zweiten Person mit einem tiefgestellten „$_{\text{(Forts.)}}$" gekennzeichnet, um den Zusammenhang zwischen den Aussagen und ihrer Kodierung darstellen zu können, siehe Turns 316 und 317. In einem Turn können durchaus mehrere metakognitive Aktivitäten nacheinander stattfinden. Ein Beispiel ist Turn 324. Hier wird zum einen die Reflexion aus 322 fortgesetzt, es finden aber auch negative Diskursivität und Monitoring statt. Das Pluszeichen vor der negativen Diskursivität bedeutet dabei, dass diese in Verbindung mit der fortgesetzten Reflexion stattfindet. Die Angabe aller Aktivitäten anstelle einer Reduktion auf eine „dominante" Aktivität pro Turn ist notwendig, da sonst „kleinere", aber ebenso wichtige Aktivitäten nicht berücksichtigt und damit nicht ausgewertet werden können.

8.3.4 Schritt 3: Sichtung und inhaltliche Analyse der Kodierungen

Für die Auswertung der metakognitiven Analysen reicht es nicht aus, bloß die Anzahl von metakognitiven Aktivitäten zu beachten. Auch die einzelnen Kodierungen an sich lassen kein Urteil zu. Das bloße Vorhandensein einer Kodierung sagt noch nichts darüber, ob die metakognitive Aktivität an dieser Stelle sinnvoll ist oder genutzt werden kann. Metakognitive Aktivitäten lassen sich nach ihrer Qualität unterscheiden, z. B. danach wie präzise sie sind, welche Tiefe sie haben, ob sie das „richtige" Ziel haben und es treffen (Nowińska, 2016). Zudem kommt es darauf an, ob die Aktivitäten verschiedener Personen zusammen passen und wie sie voneinander abhängen (Nowińska, 2016), ob auf eine Aufforderung zum Monitoring beispielsweise auch Monitoring folgt.

Tabelle 8.1 Ausschnitt des Kategorienstrahls der zweiten Gruppe zum ersten Beweis, vgl. Transkriptausschnitt 11

316	R4a		
		R4a(Forts.)	317
318	Wdh.		
		D1a	319
320	P1a +ND1c		
		M5a	321
322	ND4 R1a		
		/	323
324	Forts. +ND3 M8c		
		R6a	325

(Fortsetzung)

Tabelle 8.1 (Fortsetzung)

316	R4a		
		R4a(Forts.)	317
318	Wdh.		
		D1a	319
320	P1a +ND1c		
		M5a	321
322	ND4 R1a		
		/	323
324	Forts. +ND3 M8c		
		R6a	325

Im dritten Schritt der Analyse werden daher die Kategorienstrahlen betrachtet und Auffälligkeiten auch inhaltlich genauer analysiert. Die Kodierungen werden zum einen nach den einzelnen Kategorien betrachtet und auf ihre Wirkung überprüft. Zum anderen erfolgt eine kategorienübergreifende Betrachtung und Auswertung. Ausgangspunkt für detailliertere Analysen sind die gefundenen Auffälligkeiten. Daher wird nicht jede einzelne mögliche Kodierung analysiert, sondern mit Vorrang solche, die besonders ins Auge stechen bzw. bei denen nach der Sichtung ein Einfluss auf die Argumentationen der Studierenden vermutet wird.

Bei der Betrachtung der Kodierungen in den einzelnen Kategorien wurden verschiedene Auffälligkeiten gefunden und untersucht. Im Folgenden werden diese kurz beschrieben und an einem Beispiel dargestellt.

In der Kategorie *Planung* fiel bei genauerer Betrachtung beispielsweise auf, dass sich Planungsaktivitäten unter anderem in ihrer Reichweite unterscheiden. Dennis und Julius planen zu Beginn ihres Beweises zur zweiten Aussage ihr Vorgehen. Die Auswirkung ihrer Planungsaktivitäten, die in den nächsten beiden Transkriptausschnitten zu sehen sind, unterschieden sich jedoch. In Transkriptausschnitt 16 wird das allgemeine Vorgehen geplant und das Zeichnen einer Skizze festgelegt. Diese Planung der Skizze ist weitreichend (sie wird über viele Turns gezeichnet) und prägend für das gesamte weitere Vorgehen, da an ihr argumentiert wird.

Transkriptausschnitt 16: Dennis und Julius (Gruppe 2), Turns 365–366

365	Dennis	*[Beide lesen ca. 8 Sek lang die Aussage]* Erstmal wieder ne Skizze? #V4_11:42-7#	P1a° (als Frage formulierte Planung)
366	Julius	Joa. *[Julius gibt Dennis ein weißes Blatt, ca. 3 Sek]* Parallelogramm. *[Dennis beginnt mit einer Skizze {Skizze 1}, Julius nimmt sich ein kariertes Blatt, ca. 7 Sek]* #V4_11:57-7#	D1c(u) (unbegründete Zustimmung)

Transkriptausschnitt 17 zeigt auch eine Planung einer Skizze. Hier wird allerdings konkret der nächste Schritt des Zeichnens geplant. Die Wirkung ist also nicht sehr weitreichend, auf höchstens ein paar Turns beschränkt.

Transkriptausschnitt 17: Dennis und Julius (Gruppe 2), Turns 376–277

376	Julius	//Zeig mal, zeig- warte, nimm mal (.) ne andre Farbe. Zeichne mal die Diagonalen ein. #V4_12:50-8#	P1a (Planung der Skizze)
377	Dennis	*[Dennis nimmt den roten Stift, ca. 3 Sek]* Eine ist die? *[Dennis zeigt die Diagonale von links oben nach rechts unten {$\overline{BD}$}]* #V4_12:54-9#	fM1a (Aufforderung zur Kontrolle der Skizze)

In den Transkriptausschnitten handelt es sich in beiden Fällen um die Planung einer Skizze, die Kodierung allein zeigt jedoch nicht an, wie langfristig die kodierte Planung das Vorgehen leitet und vorgibt.

Bei der Kategorie *Monitoring* ließ sich erkennen, dass die Auswirkungen von Monitoringaktivitäten mit dem abrufbaren Fachwissen in Zusammenhang stehen. Das bedeutet z. B., dass auch „gutes" Monitoring ohne passendes Fachwissen seine Wirkung nicht entfalten kann, wie es in Abschnitt 3.2 bei Schoenfeld (1992) und Cohors-Fresenborg et al. (2010) angedeutet wird. Die methodische Auseinandersetzung mit diesem Zusammenhang wird im Abschnitt 8.4 betrachtet, wo dies im Zusammenhang mit Typenbildung diskutiert wird.

Die Betrachtung der Kategorie *Reflexion* zeigt, dass die Strukturanalyse fachspezifischer Darstellungen häufig kodiert wird. Da diese Arbeit das Beweisen geometrischer Aussagen untersucht, ist dies nicht verwunderlich. Skizzen sind in der Geometrie wichtige Hilfsmittel. Ein Beispiel für die Strukturanalyse einer Skizze ist in Transkriptausschnitt 18 zu sehen.

Transkriptausschnitt 18: Dennis und Julius (Gruppe 2), Turn 168

168	Dennis	Und dann ist das unser (.) Dreieck, was wir suchen. *[Dennis fährt in Skizze D2 die Seiten des Dreiecks nach]* #V2_12:03-9# Skizze D2	R1a (Strukturanalyse der Skizze D2 zurück zur gegebenen Aussage)

Dennis' Aussage in Turn 168, dass das Dreieck in der Skizze das gesuchte Dreieck ist, zeigt, dass er die Skizze, sogar auf die zu beweisende Aussage bezogen, analysiert hat (R1a).

Eine genauere Analyse weiterer mit R1 kodierter Stellen offenbart jedoch, dass es sich bei der Kodierung R1 nicht nur um die Strukturanalyse von Skizzen handelt, wie die folgenden Beispiele zeigen. Dennis und Julius analysieren zu Beginn ihres Beweises der zweiten Aussage eben diese zu beweisende Aussage genauer (siehe Transkriptausschnitt 19, Turns 379 und 381). Dadurch wird ihr Verständnis der Aussage verbessert und sie einigen sich auf das, was sie zeigen wollen.

Transkriptausschnitt 19: Dennis und Julius (Gruppe 2), Turns 379–381

379	Dennis	*[Dennis zeichnet in Skizze 2 die zweite Parallele {$\overline{AC}$} auch in Rot ein, ca. 7 Sek]* Das heißt, wenn die und die// *[Dennis fährt die Diagonalen {$\overline{AC}$ und $\overline{BD}$} entlang]* #V4_13:05-2#	R1a (Strukturanalyse der gegebenen Aussage)
380	Julius	//Mhm (bejahend).// #V4_13:05-3#	D1c(u) (unbegründete Zustimmung)
381	Dennis	//gleich lang sind, dann ist das ein Rechteck. #V4_13:07-5#	Forts. R1a (Fortsetzung von 379)

Transkriptausschnitt 20 zeigt die Strukturanalyse einer Formel. Daria und Leonie haben, um die erste Aussage beweisen zu können, eine Formel aufgestellt, die nun gelöst werden soll. Daria analysiert dafür in Turn 175 die Formel und ihre Bestandteile, um einen Weg zu finden, die Unbekannte x zu bestimmen.

Transkriptausschnitt 20: Daria und Leonie (Gruppe 4), Turn 175

175	Daria	(.) Kann man einfach (.) minus das alles? *[Daria zeigt auf einen Teil der rechten Gleichung „$\frac{1}{2}\alpha+(180-\alpha)$"]* (4) Joa, müsste man eigentlich können, oder? (.) Können natürlich auch einfach x rüberholen *[Daria bewegt den Finger von x aus auf die andere Seite der Gleichung zur 180]* und hundertachtzig Grad nochmal *[Daria bewegt den Finger von 180 aus auf die andere Seite der Gleichung zum x]* $180^{\circ} = \frac{1}{2}\alpha + (180-\alpha) + x$ (unv.) #V1_15:04-3#	fR1a (Aufforderung zur Strukturanalyse der Formel) R1a (Strukturanalyse der Formel)

Diese Beispiele machen deutlich, dass fachspezifische Darstellungen, deren Strukturanalyse mit R1 kodiert wird, viele Formen annehmen können. Sie schließen mehr ein als nur Skizzen.

Die Sichtung der *diskursiven* und *negativ diskursiven* Aktivitäten zeigt, dass die Kodierungen ND1c und ND3 besonders häufig auftreten. Die genaue Analyse von Transkriptausschnitten mit diesen Kodierungen lässt erkennen, dass die Kodierungen nicht immer und homogen den gleichen Sachverhalt beschreiben.

Der Teilaspekt ND1c bündelt mehrere Arten von Verstößen gegen die Diskursregeln des jeweiligen Unterrichts (siehe Kategoriensystem *tra*Kat im Anhang im elektronischen Zusatzmaterial). Der Transkriptausschnitt 21 zeigt ein Beispiel von Dennis und Julius, die eine neue, modifizierte Skizze für die zweite zu beweisende Aussage zeichnen. Nachdem diese Skizze eines Parallelogramms mit vier gleich langen Seiten fertig ist, fragt Julius in Turn 421, ob er das nochmal machen soll. Was er mit „das" meint, auf was er sich also bezieht, bleibt unklar.

Transkriptausschnitt 21: Dennis und Julius (Gruppe 2), Turns 418–421

418	Dennis	Mach mal alle vier Seiten gleich lang. *[Julius legt für die zweite Seite in Skizze 3 das Geodreieck ordentlich an, ca. 6 Sek]* #V5_03:48-8#	Forts. P1a (Planung einer Skizze, Fortsetzung von 416)
419	Julius	Ja, dann muss ich mir ein bisschen Mühe geben. #V5_03:51-4#	D1c(u) (unbegründete Zustimmung)
420	Dennis	Und hier einfach auch #V5_03:53-4#	Forts. P1a (Planung einer Skizze, Fortsetzung von 418)
421	Julius	*[Julius zeichnet in Skizze 3 das Parallelogramm mit 4 gleich langen Seiten fertig, ca. 20 Sek]* So. Jetzt soll ich das nochmal machen? #V5_04:16-8#	P1a° (Planung als Frage) +ND1c (Bezugspunkt nicht genannt)

Ein weiteres Beispiel zeigt, dass die Kodierung ND1c aber auch eine andere Bedeutung haben kann (Transkriptausschnitt 22). Hier argumentiert Dennis in der mündlichen Argumentation zur ersten Aussage, dass die Basiswinkel des gegebenen Dreiecks gleich groß sind. Dennis' Begründung, dass „die ja durch eine Winkelhalbierende vollzogen" wurden (Turn 209), ist nicht klar verständlich. Hier gibt es eine Lücke in der Argumentation, die nicht aus dem Zusammenhang geschlossen werden kann.

Transkriptausschnitt 22: Dennis und Julius (Gruppe 2), Turns 207–209

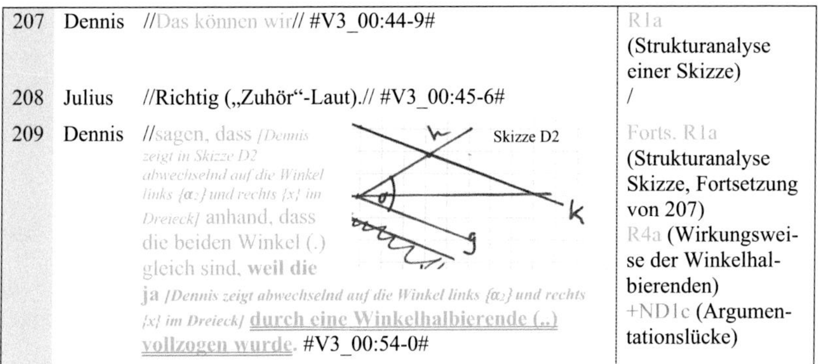

207	Dennis	//Das können wir// #V3_00:44-9#	R1a (Strukturanalyse einer Skizze)
208	Julius	//Richtig („Zuhör"-Laut).// #V3_00:45-6#	/
209	Dennis	//sagen, dass *[Dennis zeigt in Skizze D2 abwechselnd auf die Winkel links {α_2} und rechts {x} im Dreieck]* anhand, dass die beiden Winkel (.) gleich sind, **weil die ja** *[Dennis zeigt abwechselnd auf die Winkel links {α_2} und rechts {x} im Dreieck]* **durch eine Winkelhalbierende (..) vollzogen wurde**. #V3_00:54-0# Skizze D2	Forts. R1a (Strukturanalyse Skizze, Fortsetzung von 207) R4a (Wirkungsweise der Winkelhalbierenden) +ND1c (Argumentationslücke)

Der folgende Transkriptausschnitt, der bereits in den Teilkapiteln 8.3.2 und 8.3.3 behandelt wurde, zeigt die Wirkung falscher logischer Strukturen (Kodierung ND3) auf Dennis' und Julius' Beweis der ersten Aussage (Transkriptausschnitt 23). Es sollte gezeigt werden, dass das in der Aussage gegebene Dreieck gleichschenklig ist. Durch eine Strukturanalyse (Kodierung R1a) der selbst erstellten Skizze bestimmt Julius die Größe des Winkels x (bei ihnen β genannt). Auch die Begründung für die Winkelgröße gewinnt Julius aus der Skizze. Der Winkel x habe die Größe $\frac{1}{2}$ α, da zwei der Seiten des Dreiecks gleich lang seien. Diese Begründung ist allerdings logisch nicht korrekt, da es sich um einen Teil der Aussage handelt, die bewiesen werden soll. Die Kodierung ND3 bezeichnet hier also einen Zirkelschluss.

Transkriptausschnitt 23: Dennis und Julius (Gruppe 2), Turn 324

324	Julius	*[Julius schreibt, während er spricht]* (..) -äh- (..) und (..) erhalten (…) mit (unv.) erhalten wir den Win- (.) Beta (..) der Winkel Beta *[x]* ist (.) einhalb Alpha (5) da (..) g *[h]* (..) und k gleich lange Strecken sind. (12) […] #V4_04:32-1#	Forts. R1a (Forts. von 322, Strukturanalyse einer Skizze) +ND3 (falsche logische Struktur)

Ebenfalls mit der Kodierung ND3 ist die folgende Stelle markiert (Transkriptausschnitt 24). Hier handelt es sich ebenfalls um eine Aussage mit falscher logischer Struktur, allerdings anders als im letzten Beispiel nicht um einen Zirkelschluss.

Transkriptausschnitt 24: Dennis und Julius (Gruppe 2), Turn 483

483	Julius	Ähm- (..) ja (.) *[Julius schreibt, während er spricht]* da alle Winkel (..) ungleich (..) neunzig Grad sind (...) kann keine (..) Winkelhalbierende (.) gezogen (.) werden können. *[Dennis zeigt in Beweisskizze 1 auf die Ecke links unten]* -äh- kann// #V6_03:53-5#	ND3 (falsche logische Struktur)

Julius betrachtet für den Beweis der zweiten Aussage ein Parallelogramm. Aus der Tatsache, dass das Parallelogramm (in seiner Skizze) keine rechten Winkel hat, schlussfolgert er in Turn 483, dass dort keine Winkelhalbierenden eingezeichnet werden können. Hier tritt also ein inhaltlicher Fehler auf, der eine falsche logische Struktur bedingt.

Die verschiedenen Beispiele zu den Kodierungen ND1c und ND3 zeigen, dass sich negativ diskursive Aktivitäten somit ebenfalls weiter differenzieren lassen.

Auch über die verschiedenen Kategorien hinweg zeigen sich Auffälligkeiten, es gibt Unterschiede in der *Elaboriertheit* der verschiedenen Aktivitäten. Nowińska (2016) betont in ihrer Arbeit, dass metakognitive Aktivitäten nur dann wirksam sind, „wenn sie zielgerichtet und in einer präzisen, elaborierten Form ausgeführt werden, z. B. wenn sie mit einer Erläuterung oder Begründung kombiniert sind und sich präzise auf das Gefragte bzw. Gesagte beziehen" (Nowińska, 2016, S. 29). Schon während der Kodierungen in Schritt 1 hatte sich gezeigt, dass viele metakognitive und diskursive Aktivitäten nicht elaboriert oder begründet werden. Dadurch entstehen die Suffixe * und (u), die in Teilkapitel 8.3.2 genauer beschrieben wurden.

8.3.5 Schritt 4: Charakterisierung gefundener Auffälligkeiten

Im vierten Schritt werden die in Schritt 3 gefundenen Auffälligkeiten genauer beschrieben, sortiert und charakterisiert. Dazu gehört beispielsweise die Ausdifferenzierung verschiedener Teilaspekte einer Kodierung oder die Betrachtung lokaler bzw. globaler Wirkung von metakognitiven Aktivitäten.

Die Sichtung und Analyse der *Planung*saktivitäten, die die Studierenden im Verlauf des Beweisens zeigen, weisen Unterschiede in der Reichweite der Planung auf. In Schritt 3 wurden diese Unterschiede an zwei Beispielen kurz dargestellt. Die Reichweite von Planung wird nun in diesem Schritt genauer charakterisiert, wodurch sich eine Teilung der Kodierung P1a in zwei Teilbereiche ergibt (siehe Abbildung 8.37). Diese Ausdifferenzierung in lokale (auf einige Turns begrenzte) bzw. globale (die Handlungen für längere Zeit leitende) Planung ist für alle Teilaspekte der Unterkategorie P1 durchführbar, aus den Kodierungen an sich jedoch nicht ersichtlich. Die Bedeutung globaler und lokaler Planung sowie der weitere Aspekt der Kontrolle von Planungen werden im Ergebnisteil dieser Arbeit in Kapitel 13 betrachtet.

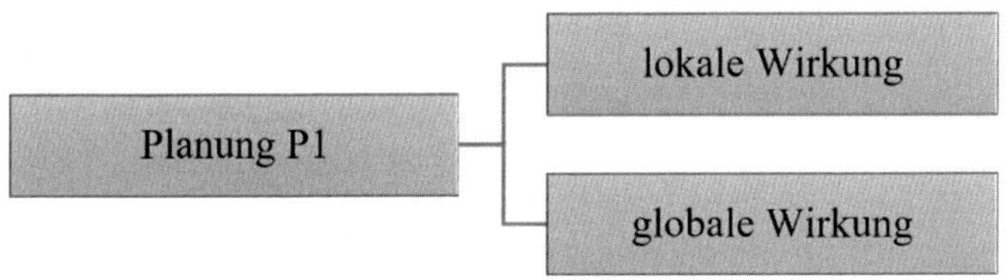

Abbildung 8.37 Ausdifferenzierung der Kodierung P1

Die Abhängigkeit von *Monitoring* und Fachwissen, die per Typenbildung weiter untersucht wird, soll im nächsten Abschnitt 8.4 beschrieben werden. Die in dieser Arbeit gewählte methodische Typenbildung wird zur Rekonstruktion von verschiedenen Prototypen genutzt. Bei der Rekonstruktion von Prototypen zeigt sich keine Abhängigkeit von spezifischen Unterkategorien. Ausschlaggebend für Prototypen können theoretisch alle Monitoringaktivitäten bzw. deren Fehlen sein. Das Zusammenspiel von Monitoring und Fachwissen kann z. B. so aussehen (Abbildung 8.38):

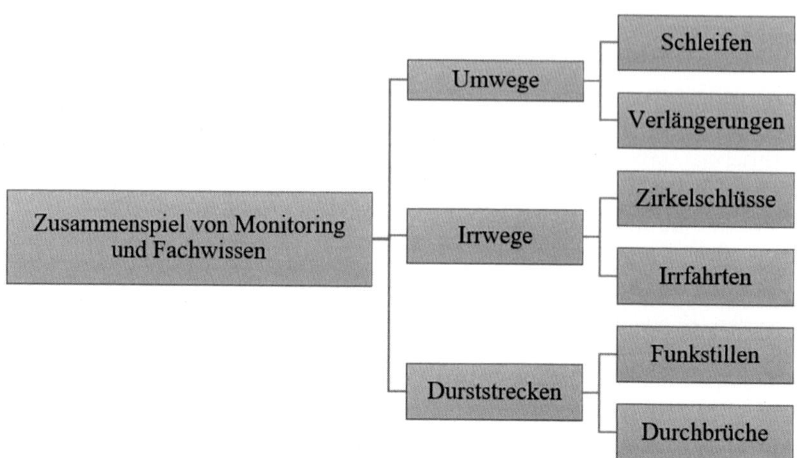

Abbildung 8.38 Ausdifferenzierung des Zusammenhangs von Monitoring und Fachwissen (Typenbildung)

Die rekonstruierten Prototypen werden im Ergebnisteil in Kapitel 14 in ihren Feinheiten beschrieben und ein Zusammenhang mit dem Niveau des stattfindenden Monitorings und der Verfügbarkeit von Fachwissen untersucht.

In Schritt 3 stellte sich bei der Sichtung von *Reflexion*saktivitäten, genauer bezüglich der fachspezifischen Darstellungen und ihrer Strukturanalyse heraus, dass beim Beweisen geometrischer Aussagen verschiedene Darstellungen eine Rolle spielen. Neben den in der Geometrie erwarteten Skizzen sind dies, wie in den Beispielen beschrieben, auch Formeln und die zu beweisende Aussage selbst. Die daraus entstehende Ausdifferenzierung der Kodierung R1 kann beispielsweise wie folgt aussehen (Abbildung 8.39) und ist auf alle Teilaspekte der Unterkategorie R1 anwendbar.

Die Auswirkungen der Strukturanalyse verschiedener fachspezifischer Darstellungen, auch in Bezug auf das Argumentieren und Beweisen, werden im Ergebnisteil in Kapitel 15 betrachtet.

Die Sichtung der *negativ-diskursiven* Kodierungen in Schritt 3 und deren Analyse ergibt ebenfalls, dass die Kodierungen nicht fein genug sind, um verschiedene „Probleme" bei Argumentationen voneinander zu unterscheiden. Der häufig vorkommende Teilaspekt ND1c kann daher in zwei Bereiche geteilt werden, nicht eindeutige Bezugspunkte und Argumentationslücken (siehe Abbildung 8.40).

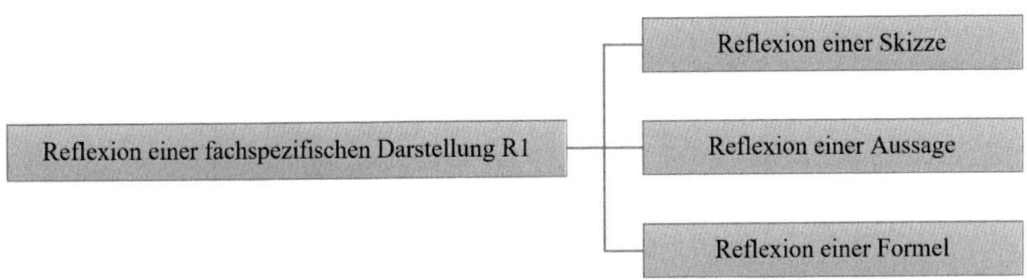

Abbildung 8.39 Ausdifferenzierung der fachspezifischen Darstellungen in Zusammenhang mit der Kodierung R1

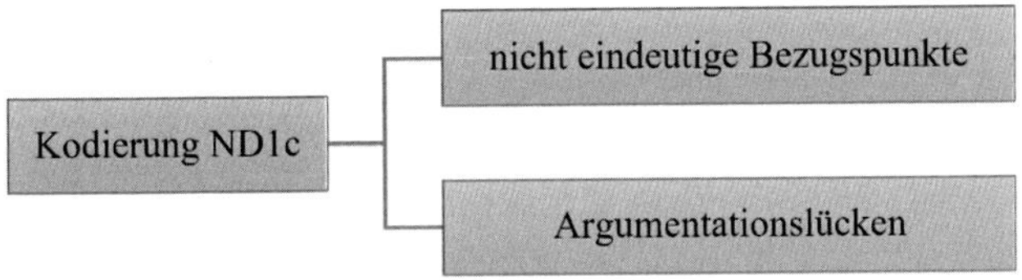

Abbildung 8.40 Ausdifferenzierung der Kodierung ND1c

Die Kodierung ND3 wird in diesem vierten Schritt der Untersuchung von Metakognition aufgetrennt in Zirkelschlüsse und andere, inhaltliche Fehler, wie in den Beispielen in Schritt 3 gezeigt. Bei den Zirkelschlüssen selbst wird eine Unterscheidung zwischen expliziten und impliziten Zirkelschlüssen deutlich, die inhaltlichen Fehler werden ebenfalls aufgespalten (siehe Abbildung 8.41). Die Transkriptausschnitte, die zu diesen weiteren Unterteilungen geführt haben, werden aus Platzgründen in diesem Teilkapitel nicht gesondert besprochen.

Die Ausdifferenzierung der Kodierungen ND1c und ND3 bewirken keine Änderung in den Kodierungen, am Kodierschema von Cohors-Fresenborg (2012) wird festgehalten. Die festgestellten Unterschiede in den einzelnen negativ-diskursiven Kategorien werden durch Anmerkungen in den Analysen (siehe Beispiel der Metakognitionsanalysen im Anhang im elektronischen Zusatzmaterial) dokumentiert. Der Zusammenhang negativ-diskursiver Aktivitäten mit Fehlern in Argumentationen und Beweisen wird im Ergebnisteil in Kapitel 17 ausführlich betrachtet. Dazu gehören beispielsweise Verständnisschwierigkeiten der Studierenden untereinander durch fehlende Bezugspunkte in ihren Argumentationen.

Auch die in Schritt 3 beschriebene variable Elaboriertheit von Aktivitäten und Aussagen, also Stellen, an denen eine Kodierung mit den Suffixen (u) und Sternchen erfolgte, führt zu einer Ausdifferenzierung der Elaboration in

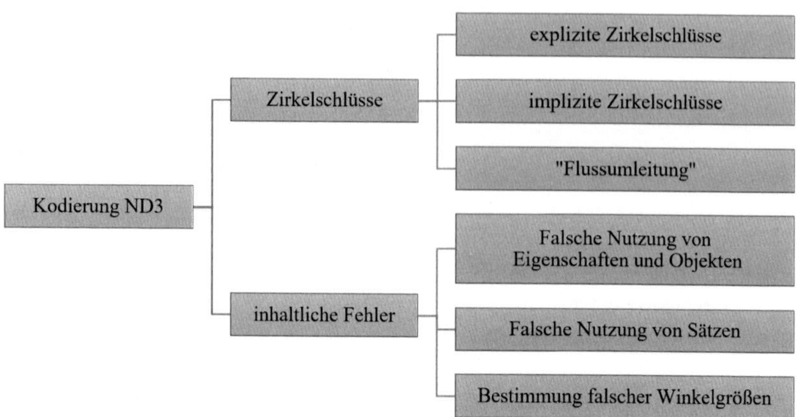

Abbildung 8.41 Ausdifferenzierung der Kodierung ND3

nicht elaborierte metakognitive Aktivitäten und unbegründete Zustimmung (siehe Abbildung 8.42).

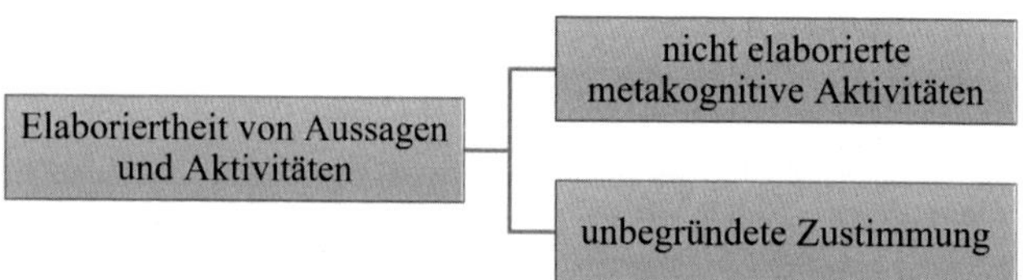

Abbildung 8.42 Ausdifferenzierung der Elaboriertheit

Im Ergebnisteil in Kapitel 16 wird genauer betrachtet, welche Auswirkungen diese fehlende Elaboriertheit auf Argumentationen hat. Auch das Ziehen einer Zwischenbilanz der eigenen Argumentation wird in diesem Rahmen betrachtet.

8.4 Typenbildung und Prototypen

Während der Rekonstruktion der Argumentationen fielen Stellen im Beweisprozess auf, an denen die Studierenden auf Schwierigkeiten, auf Hürden trafen. Diese Hürden wirkten wie Umwege, Irrwege und Durststrecken auf dem „Weg“ zum

Beweis. Ziel dieser Arbeit ist jedoch nicht das bloße Beschreiben dieser Hürden als Handlungen der Studierenden beim Beweisen, in dieser Arbeit sollen sie auch erklärt bzw. im situativen Zusammenhang verstanden werden. Daher wurde die intuitiv entwickelte Aufteilung von Hürden in drei Arten im Anschluss durch eine Typenbildung überprüft. Betrachtet wurden dabei die an den Hürden auftretenden Monitoringaktivitäten und das genutzte Fachwissen.

Zur Typenbildung neuer Theorien wurden die Stellen des Beweisprozesses, an denen Hürden vermutet wurden, verglichen und kontrastiert (Steinke, 2013), um Gemeinsamkeiten und Unterschiede zwischen ihnen zu finden und zu präzisieren. Dafür wurde das Datenmaterial vorbereitet, hier durch die Argumentations- und Metakognitionsanalysen, und in seiner Gesamtheit in die fallvergleichenden und fallkontrastierenden Analysen einbezogen (Kelle & Kluge, 2010). Die Komparation der verschiedenen Stellen ermöglichte ein Erkennen wichtiger Merkmale verschiedener Fälle und Fallabschnitte und damit eine Typenbildung. In diesem Fall die Bildung von Prototypen. Sie erlauben eine anschauliche aber vom konkreten Fall losgelöste Deutung von Vorgehensweisen, die die Studierenden in den einzelnen Fällen zeigen.

Ziel einer Typenbildung in der qualitativen Forschung ist es, „komplexe soziale Realitäten und Sinnzusammenhänge zu erfassen und möglichst weitgehend zu verstehen und zu erklären" (Kluge, 1999, S. 14). Auch in der Mathematikdidaktik wird Typenbildung schon lange genutzt (Bikner-Ahsbahs, 2015). Bikner-Ahsbahs (2003) fasst „[w]issenschaftliche Idealtypenbildung in der interpretativen mathematikdidaktischen Forschung [...] als idealisierende Deutung von Verlaufsmustern in der Mitwelt" (Bikner-Ahsbahs, 2003, S. 221). Beispiele aus der Forschung würden zeigen, „dass auf diese Weise komplexe Sachverhalte der Mitwelt begrifflich gefasst werden können." (Bikner-Ahsbahs, 2003, S. 221)

Typen werden durch einen Gruppierungsprozess gebildet, bei dem bestimmte Merkmale fokussiert werden (Kelle & Kluge, 2010). Zu einem Typus gehörende Fälle sollen einander möglichst ähnlich sein, also eine hohe interne Homogenität aufweisen. Bei verschiedenen Typen hingegen ist große externe Heterogenität erforderlich, dass sich also die Typen so weit wie möglich unterscheiden.

Nach Kelle und Kluge (2010) kann eine Typologie anhand eines Merkmals gebildet werden, sogenannte eindimensionale Typologien, oder auch mit mehreren Merkmalen, genannt mehrdimensionale Typologien. Die hier genutzte Typologie ist zweidimensional, da zwei Merkmale betrachtet wurden, Monitoring und Fachwissen. Eine Kombination von Merkmalen, wie sie für mehrdimensionale Typologien notwendig ist, lässt sich in einer Mehrfeldertafel gut visualisieren. Hierbei werden die Merkmale dimensionalisiert, was bedeutet, dass die Merkmale in verschiedene Merkmalsausprägungen unterteilt werden. Mit diesen Merkmalsausprägungen wird dann der Merkmalsraum in der Mehrfeldertafel erstellt (siehe Tabelle 8.2).

Derartige Merkmale und Merkmalsausprägungen lassen sich auch bei vorhandenen Typologien rekonstruieren, wodurch auch erst eindimensional erscheinende Typologien mehrdimensional werden können. Eine derartige *Substruktion* findet z. B. statt, wenn Typen zunächst intuitiv entstanden sind, wie hier die Typen Umweg, Irrweg und Durststrecke. Durch die Rekonstruktion kann festgestellt werden, ob eventuell Typen vergessen wurden oder Typen nicht trennscharf sind (Kluge, 1999).

Der Prozess der Typenbildung lässt sich in vier Stufen unterteilen, die logisch aufeinander aufbauen, jedoch nicht linear sind. Alle vier Stufen wurden in dieser Arbeit im Rahmen der Typenbildung durchlaufen. Das Stufenmodell ist wie folgt (Abbildung 8.43):

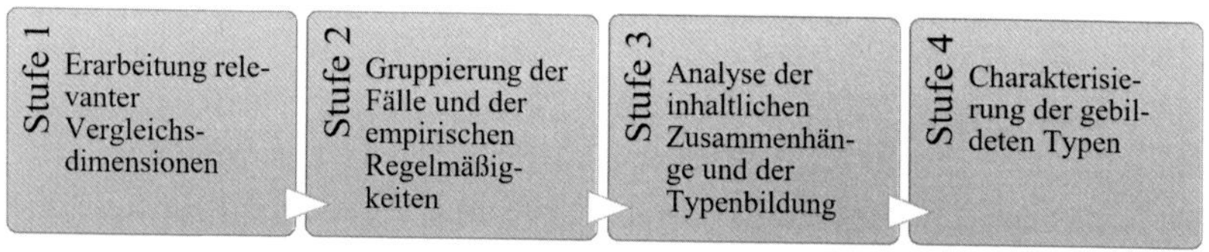

Abbildung 8.43 Stufenmodell der Typenbildung (vgl. Kluge, 1999, S. 260)

In der *ersten Stufe* müssen die Merkmale erarbeitet werden, die der Typologie zu Grunde liegen sollen. Diese Merkmale müssen sowohl die Ähnlichkeiten verschiedener Fälle in den Daten erfassen als auch Unterschiede zwischen ihnen aufzeigen können. Merkmale und Merkmalsausprägungen können selbst erstellt sein oder auch aus bereits bestehendem Forschungsergebnissen genutzt werden (Kelle & Kluge, 2010). In dieser Arbeit wurde mit Blick auf die Forschungsfragen die Merkmale Monitoring und Fachwissen ausgewählt, um Hürden im Beweisprozess zu finden. Fachwissen ist eines der Merkmale, das sich in der Rekonstruktion der Argumentationen als relevant zeigte, da es vielfach an belastbarem Fachwissen fehlte. An den schwierigen Stellen trat zudem Monitoring auf – oder auch nicht. Die Merkmale Fachwissen und Monitoringaktivitäten wurden jeweils in die Ausprägungen „vorhanden“ und „nicht vorhanden“ bzw. „findet statt“ und „findet nicht statt“ unterteilt.

Bei der Auswertung dieser Untersuchung wurde betrachtet, an welchen Stellen die Studierenden Schwierigkeiten beim Beweisen zeigten. Intuitiv wurden diese Stellen in Umwege, Irrwege und Durststrecken geteilt, also Schwierigkeiten, bei denen man am Ende trotzdem einen Beweis schafft, und solchen, bei denen dies nicht mehr möglich ist, sowie Pausen im Beweisprozess. Durch Substruktion mit den Merkmalen Monitoring und Fachwissen sollte nun die Typologie rekonstruiert werden.

In der *zweiten Stufe* werden Fälle nach den Merkmalen und ihren Ausprägungen sortiert und zusammengefasst (Kelle & Kluge, 2010). Dazu werden Merkmalsausprägungen miteinander kombiniert, hier also das (Nicht-)Vorhandensein von Fachwissen und das (Nicht-)Stattfinden von Monitoring. Alle möglichen Kombinationen lassen sich mithilfe einer Mehrfeldertafel darstellen. Sie zeigt den gesamten Merkmalsraum und verhindert, dass Kombinationen vergessen werden.

Tabelle 8.2 zeigt den Merkmalsraum einer Mehrfeldertafel mit zwei Merkmalen.

Tabelle 8.2 Merkmalsraum in einer Mehrfeldertafel (allgemein)

		Merkmal 2	
		Merkmals-ausprägung 2a	Merkmals-ausprägung 2b
Merkmal 1	Merkmals-ausprägung 1a		
	Merkmals-ausprägung 1b		

Bei der Kombination der aus der Forschungsfrage gewonnenen Merkmale Fachwissen und Monitoring und ihrer Ausprägungen ergibt sich folgender Merkmalsraum (Tabelle 8.3):

Tabelle 8.3 Merkmalsraum Fachwissen-Monitoring in einer Mehrfeldertafel

		Fachwissen	
		Fachwissen abrufbar	Fachwissen nicht abrufbar
Monitoring	Monitoring findet statt	I	II
	Monitoring findet nicht statt	III	IV

Die dadurch entstandenen Gruppen von Fällen werden auf Regelmäßigkeiten untersucht. In einer Gruppe sollten diese möglichst gleich sein (interne Homogenität), die Gruppen untereinander sollten sich hingegen größtmöglich unterscheiden (externe Heterogenität). Durch die Mehrfeldertafel allein zeigen sich vier mögliche Typen (I bis IV, Tabelle 8.3) von Hürden im Beweisprozess. Unter Berücksichtigung der internen Homogenität und der externen Heterogenität sind aber auch mehr oder weniger Typen möglich.

In der *dritten Stufe* werden die inhaltlichen Zusammenhänge analysiert. Dazu werden die Fälle einer Gruppe auch inhaltlich verglichen und gegeneinander abgegrenzt. Dasselbe geschieht zwischen den Gruppen. Dabei können Fälle anderen Gruppen zugeordnet werden. Mehrere Gruppen, die sich sehr ähnlich sind, können zusammengefasst oder eine Gruppe in mehrere geteilt werden, wenn die Fälle der Gruppe sich stark unterscheiden. (Kelle & Kluge, 2010)

Bei den Vergleichen fällt auf, dass die Gruppe von Fällen, bei der Monitoring auftritt, aber kein Fachwissen abrufbar ist, und die Gruppe von Fällen, bei der es kein Monitoring aber abrufbares Fachwissen gibt, je in zwei Gruppen geteilt werden müssen, da die Fälle der Gruppe zu unterschiedlich sind, um sie als eine Gruppe zusammenzufassen. Dadurch ergeben sich sechs verschiedene Typen von Hürden im Beweisprozess, die in Tabelle 8.4 zu sehen sind.

Tabelle 8.4 Merkmalsraum Fachwissen-Monitoring mit Gruppen/Typen

		Fachwissen	
		Fachwissen abrufbar	Fachwissen nicht abrufbar
Monitoring	Monitoring findet statt	Schleife	Zirkelschluss Irrfahrt
	Monitoring findet nicht statt	Verlängerung Durchbruch	Funkstille

Die *vierte und letzte Stufe* der Typenbildung ist die charakterisierende Beschreibung der gebildeten Typen. So ist beispielsweise für den Typ „Verlängerung" charakterisierend, dass mehrere Beweisschritte genutzt werden, wenn ein einschrittiger Beweis der (Zwischen-)Konklusion möglich gewesen wäre.

Durch die Charakterisierung der Typen können Ergebnisse einer Datenauswertung konzeptionell verdichtet werden (Bikner-Ahsbahs, 2015). Hierbei ist es wichtig, das Gemeinsame eines Typus zu erfassen, da nicht alle Fälle einer Gruppe genau gleich sind. Dies kann beispielsweise an Prototypen geschehen (Kelle & Kluge, 2010). Als Prototyp wird nach Kluge (1999) ein Beispiel für einen Typ genannt, der aus den Daten stammt und den konstruierten Typen sehr gut repräsentiert. Das Wesentliche und das Besondere des Typen können an ihm gut aufgezeigt werden. Der Prototyp einer „Verlängerung" (siehe Abschnitt 14.2) zeigt die Nutzung mehrerer Beweisschritte an einer Stelle, an der der Beweis mit einem Schritt möglich gewesen wäre, gut auf. Statt einen gesuchten Winkel über den Wechselwinkel und Wechselwinkelsatz zu bestimmen, nutzen die Studierenden Stufen- und Nebenwinkel mit den dazugehörigen Sätzen und die Winkelsumme im Dreieck. Dieses Vorgehen ist nicht falsch, „verlängert“ aber den Weg zum Beweis. Die Auswahl eines Prototyps muss sorgsam erfolgen, damit Teile des Beispiels, die nicht zum Typen gehören, diesem nicht zugeschrieben werden. Nicht passende Merkmale sollten daher explizit thematisiert werden (Kluge, 1999).

Bei sehr heterogenen Typen kann theoretisch auch ein Idealtyp aus mehreren Prototypen gebildet werden, um dem Umfang des Typs gerecht zu werden (Kelle & Kluge, 2010). In dieser Arbeit wurde auf die Erstellung von Idealtypen verzichtet, da das Ziel der Arbeit nicht eine „Gesamttheorie“, sondern die Etablierung einer lokalen Theorie ist, die nah an den tatsächlichen Daten bleiben soll.

Die Charakterisierungen der in dieser Untersuchung gefundenen Typen befinden sich im Ergebniskapitel 14, ebenso der Zusammenhang zu den intuitiv gefundenen „Ausgangstypen“.

Open Access Dieses Kapitel wird unter der Creative Commons Namensnennung 4.0 International Lizenz (http://creativecommons.org/licenses/by/4.0/deed.de) veröffentlicht, welche die Nutzung, Vervielfältigung, Bearbeitung, Verbreitung und Wiedergabe in jeglichem Medium und Format erlaubt, sofern Sie den/die ursprünglichen Autor(en) und die Quelle ordnungsgemäß nennen, einen Link zur Creative Commons Lizenz beifügen und angeben, ob Änderungen vorgenommen wurden.

Die in diesem Kapitel enthaltenen Bilder und sonstiges Drittmaterial unterliegen ebenfalls der genannten Creative Commons Lizenz, sofern sich aus der Abbildungslegende nichts anderes ergibt. Sofern das betreffende Material nicht unter der genannten Creative Commons Lizenz steht und die betreffende Handlung nicht nach gesetzlichen Vorschriften erlaubt ist, ist für die oben aufgeführten Weiterverwendungen des Materials die Einwilligung des jeweiligen Rechteinhabers einzuholen.

Teil III
Ergebnisteil Argumentationen

In diesem Teil der Dissertation werden verschiedene Teilaspekte der von den Studierenden erstellten Argumentationen und Beweise in den Blick genommen. Die Auswertung der Argumentation erfolgt auf Grundlage der Rekonstruktionen der mündlichen Argumentationen und der schriftlichen Beweise nach Toulmin (Toulmin, 1958, 1975).

- In Kapitel *9* wird der Prozess des Aufschreibens genauer betrachtet. Dieser ist die Verbindung zwischen dem Beweisprozess und dem Beweisprodukt und ausschlaggebend dafür, dass die im Prozess erarbeitete Argumentation sinnvoll in den schriftlichen Beweis umgesetzt wird. Dabei treten jedoch einige Schwierigkeiten auf, die näher beleuchtet werden.

- In Kapitel *10* werden die globalen Strukturen der rekonstruierten Argumentationen betrachtet, neu gefundene Strukturen beschrieben und charakterisiert. Das Kapitel schließt mit einer Übersicht über alle Merkmale der Strukturen, durch die deutliche Unterschiede zwischen den globalen Strukturen aufgezeigt werden.

- In Kapitel *11* werden die globalen Strukturen in ihrer Komplexität bewertet und mit der inhaltlichen Güte von Argumentationen in Zusammenhang gebracht. Außerdem werden die Unterschiede in der Komplexität mündlicher und schriftlicher Argumentationen betrachtet und die Auswirkung der unterschiedlichen Anspruchsniveaus zwischen den beiden zu beweisenden Aussagen auf die Komplexität der globalen Strukturen in den Blick genommen.

- In Kapitel *12* wird im Gegensatz zu den letzten beiden Kapiteln nicht die globale Struktur betrachtet, sondern Besonderheiten der einzelnen Argumentationsstränge, wie beispielsweise Abduktionen, Negationen oder implizite

Konklusionen. Diese liefern einen ganz eigenen Einblick in die Argumentationen und Beweise der Studierenden, der durch eine globale Sicht nicht erreicht werden kann.

„Verlorene" Aussagen durch Aufschreiben des Beweises

9

In der Literatur ist vielfach die Trennung zwischen dem Beweisprozess, also der Phase des Beweisens, in der der Beweis erarbeitet wird, und dem Beweisprodukt, dem fertig aufgeschriebenen Beweis, zu finden. Der Übergang vom Beweisprozess zum Beweisprodukt, das Aufschreiben des gefundenen Beweises als solches, wird selten betrachtet. Gerade hier zeigen sich jedoch einige Schwierigkeiten, die näher betrachtet werden sollten und Hinweise darauf liefern könnten, warum Beweisprodukte häufig „löchrig" sind. Beim Vergleich der fertigen Beweisprodukte der Studierenden mit den Transkriptausschnitten während des Aufschreibens zeigt sich, dass einige Aussagen im Prozess des Aufschreibens verloren gehen (vgl. auch Abels & Knipping, 2020). Von diesen verlorenen Aussagen konnten zwei Arten charakterisiert werden, „ergänzende" Aussagen (Abschnitt 9.1) und „zusätzliche" Argumentationen (Abschnitt 9.2). Diese werden im folgenden Kapitel genauer beschrieben und an Beispielen illustriert. Zudem werden die metakognitiven Aktivitäten an diesen Stellen und dem restlichen Beweis betrachtet, um mögliche Gründe für verlorene Aussagen und deren Zusammenhänge mit Metakognition zu ergründen.

Ergänzende Information Die elektronische Version dieses Kapitels enthält Zusatzmaterial, auf das über folgenden Link zugegriffen werden kann https://doi.org/10.1007/978-3-658-46468-4_9.

© Der/die Autor(en) 2025

N. Abels, *Argumentation und Metakognition bei geometrischen Beweisen und Beweisprozessen*, Perspektiven der Mathematikdidaktik, https://doi.org/10.1007/978-3-658-46468-4_9

9.1 Ergänzende Aussagen

Ergänzende Aussagen sind Aussagen, die mündlich beim Aufschreiben genannt, dann aber nicht so aufgeschrieben werden. Inhaltlich lassen sie sich trotzdem ins Argumentationsschema einbringen und ersetzen implizite Aussagen. In der symbolischen Kurzschreibweise der Rekonstruktion werden sie als schwarze Symbole eingefügt. In diesem Kapitel werden im Folgenden alle Fälle ergänzender Aussagen betrachtet, um alle aufgetretenen Feinheiten dieser Aussagen ihrer Gründe beschreiben zu können.

Beim Aufschreiben des ersten Beweises treten ergänzende Aussagen fast nicht auf. Bei Nina und Maja (Gruppe 1), Dennis und Julius (Gruppe 2) und Daria und Leonie (Gruppe 4) gibt es keine, bei Pia und Charlotte (Gruppe 3) nur eine ergänzende Aussage (siehe Abbildung 9.1). Diese wird als ein Beispiel ergänzender Aussagen im Folgenden genauer betrachtet und anhand eines Transkript- und Beweistextabschnittes rekonstruiert.

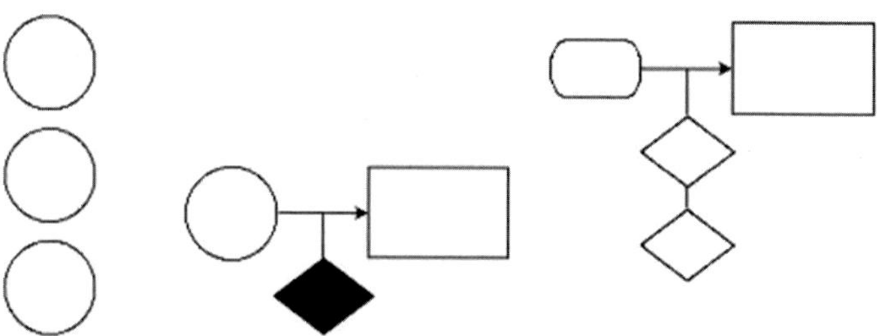

Abbildung 9.1 Argumentationsschema mit verlorenen Aussagen von Pia und Charlotte (Gruppe 3), Beweis 1

Die erste zu beweisende Aussage war: „Gegeben sei ein Winkel α mit den Schenkeln g und h. Zeichnet man zum Schenkel g eine Parallele k, die den Schenkel h schneidet, dann bilden h und k mit der Winkelhalbierenden von α ein gleichschenkliges Dreieck.“

Pia und Charlotte (Gruppe 3) versuchen, diese Aussage mithilfe von Mittelsenkrechten zu zeigen. Im ersten Abschnitt des Beweises benennen die beiden wichtige zusätzliche Punkte im gegebenen Dreieck, im zweiten Abschnitt beschäftigen sie sich mit der Mittelsenkrechten (Abbildung 9.2) und im dritten Abschnitt schließen sie auf die Gleichschenkligkeit des Dreiecks.

Beim Aufschreiben des zweiten Absatzes ihres Beweistextes geht den Studierenden eine Aussage verloren. Betrachtet man zunächst nur den Beweistext, ergibt sich folgende Rekonstruktion der Argumentation (Abbildung 9.2):

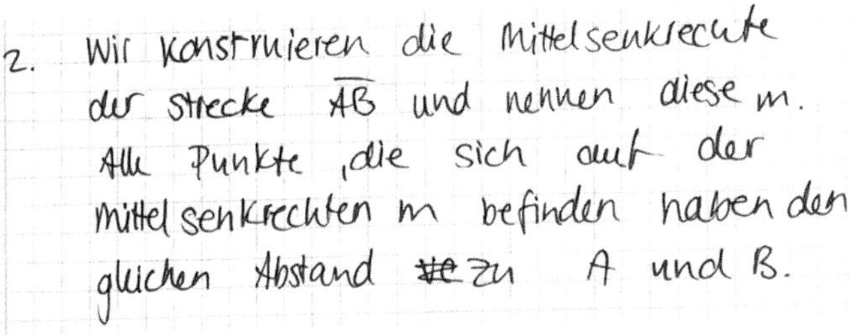

2. Wir konstruieren die Mittelsenkrechte der Strecke $\overline{AB}$ und nennen diese m. Alle Punkte, die sich auf der Mittelsenkrechten m befinden haben den gleichen Abstand zu A und B.

Abbildung 9.2 Zweiter Abschnitt des Beweistextes zur zweiten Aussage (Gruppe 3)

Wird nun das Transkript hinzugezogen und betrachtet, was die Studierenden zum Zeitpunkt des Aufschreibens des zweiten Absatzes ihres Beweistextes gesagt haben (Transkriptausschnitt 25), fällt auf, dass Pia den Satz der Mittelsenkrechten, der in der Rekonstruktion nur implizit ist, in der mündlichen Diskussion nennt. Sie bezeichnet den Satz allerdings als Definition der Mittelsenkrechten (Turn 608). Charlotte schreibt diese „Definition" dann sogar auf (Turn 609), jedoch so umformuliert, dass aus dem allgemeinen Garanten eine Konklusion wird (Abbildung 9.3, zweiter Satz).

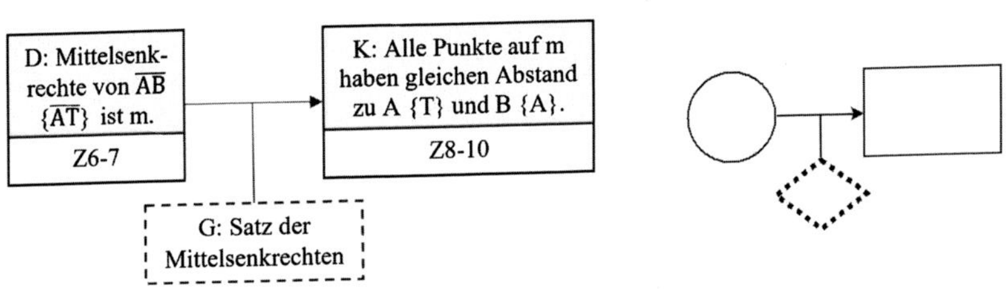

Abbildung 9.3 Argumentationsschema von Pia und Charlotte (Gruppe 3), Beweis 1 schriftlich, 2. Abschnitt, mit Inhalt (links) und als Kurzschema (rechts)

Transkriptausschnitt 25: Pia und Charlotte (Gruppe 3), Turns 608–610

608	Pia	//Nee, das ist die Definition von der Mittelsenkrechte, dass alle Punkte gleich weit -äh- also, dass die Punkte -äh- dass jeder Punkt auf der Mittelsenkrechte gleich weit *[Charlotte schreibt, während Pia spricht]* von A und B *{T}* entfernt ist. (.) Das ist die Definition einer Mittelsenkrechte. (.) Würd ich jetzt mal so in den Raum stellen.// #V4_15:07-9#
609	Charlotte	//Guck mal. Dann mach ich einfach *[Charlotte schreibt, während sie spricht]* -äh- Die Definition hab ich jetzt grad nochmal hingeschrieben, dann #V4_15:11-3#
610	Pia	Sehr gut.// #V4_15:12-3#

Unter Einbeziehung des Transkripts und der so gefundenen ergänzenden Aussage ändert sich die Rekonstruktion des zweiten Abschnitts des Beweistextes wie folgt (Abbildung 9.4).

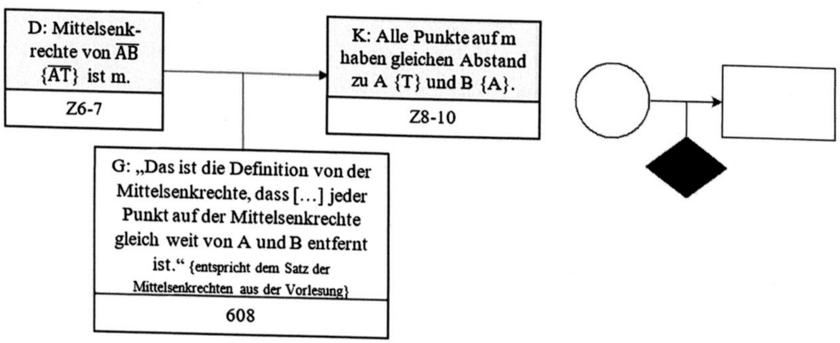

Abbildung 9.4 Argumentationsschema mit verlorener Aussage von Pia und Charlotte (Gruppe 3)

Betrachtet man die Transkriptstelle, so fällt auf, dass das Aufschreiben des Gesagten nicht kontrolliert wird. Es findet keine Überprüfung statt, ob das, was gesagt wurde, nun auch im Beweistext steht. Pia bewertet das Aufschreiben nur mit „Sehr gut“ (Turn 610). Dies scheint sich allerdings nicht auf den Inhalt des Aufgeschriebenen zu beziehen, sondern auf die Tatsache, dass es überhaupt aufgeschrieben wurde. Danach machen sie mit dem nächsten Schritt des Beweises weiter. Weder hier noch an späteren Stellen finden metakognitive Aktivitäten bezüglich der Konsistenz oder Güte des Beweises statt. Damit bleibt die Umformulierung der Aussage unerkannt und die ergänzende Aussage bleibt bestehen.

Das bedeutet, dass diese Aussage, die für den Beweis wichtig ist, nicht in den Beweistext aufgenommen wird.

Beim zweiten Beweis treten in drei der Gruppen ergänzende Aussagen auf. Diese werden hier nicht in allen Einzelheiten geschildert, wie beim ersten Beispiel geschehen, sondern kürzer besprochen. Zu beweisen war die folgende Aussage: „Ein Parallelogramm ist genau dann ein Rechteck, wenn seine Diagonalen gleich lang sind."

Nina und Maja (Gruppe 1) erkennen, dass es sich um eine Aussage mit zwei verschiedenen Richtungen handelt, wodurch die Argumentation im Beweistext in einen für Parallelogramme allgemeingültigen Teil und die zwei „Fälle" unterteilt ist. Der allgemeine Teil am Anfang des Beweistextes (Abbildung 9.5 links, gestrichelter Kasten) beinhaltet die Kongruenz der im Parallelogramm gegenüberliegenden Teildreiecke. Dies ist eine durch die Aufgabe gegebene Voraussetzung. Im ersten Fall (Abbildung 9.5 links, gepunkteter Kasten) wird von der Voraussetzung, dass die Diagonalen gleich lang sind auf das Rechteck geschlossen. Die Studierenden nutzen dabei die Kongruenz der Teildreiecke. Die Argumentation ist schlüssig, enthält aber ein paar implizite Garanten und zwei implizite „Schritte", die den Studierenden nicht auffallen. Bei der Rückrichtung (Abbildung 9.5 links, schwarzer Kasten) wird nicht „normal" von der Voraussetzung, dass es ein Rechteck ist, auf die Kongruenz der Diagonalen geschlossen, sondern die Negation der Hinrichtung genutzt, was logisch äquivalent ist. In dieser Argumentation sind alle Garanten implizit. Beide Richtungen des Beweises werden am Ende zusammengeführt.

Wie in Abbildung 9.5 (rechts) zu sehen ist, gibt es nur eine ergänzende Aussage im Argumentationsschema. Die Zielkonklusion des zweiten Falls, dass es kein Rechteck ist, wenn die Diagonalen nicht gleich lang sind, geht beim Aufschreiben verloren. Die Konklusion wird schon genannt, als noch ein „Zwischenschritt" benötigt wird. Dies ist chronologisch gesehen „zu früh". Bei diesem Zwischenschritt treten bei Nina und Maja zudem Formulierungsschwierigkeiten auf, wodurch sich wahrscheinlich ihr Fokus auf diesen Zwischenschritt verlagert. Im Anschluss wird die Konklusion erneut angesprochen, dieses Mal auch chronologisch an der richtigen Stelle. Die Konklusion wird aber nicht vollständig formuliert (Maja: „und deshalb ist es eben kein", Turn 582) und wird übergangen.

Auch hier zeigt die Metakognitionsanalyse, dass metakognitive Aktivitäten stattfinden, jedoch nicht auf die logische Konsistenz des Beweises gerichtet. Auch findet keine globale „Strukturanalyse der Argumentation" (Reflexion) statt, die diesen Missstand aufdecken könnte. Theoretisch ist es möglich, dass die verlorene Zielkonklusion im letzten Absatz des Beweisproduktes zum Ausdruck kommen sollte. Dies ist aus dem logischen Zusammenhang des Textes allerdings nicht

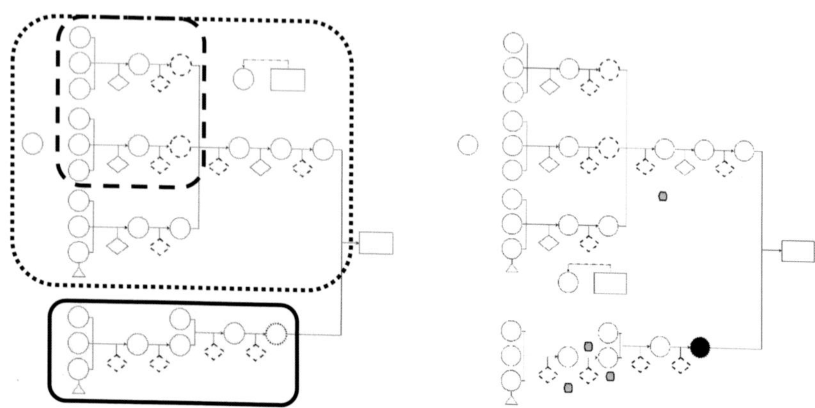

Abbildung 9.5 Argumentationsschema des schriftlichen Beweises (links) und des schriftlichen Beweises mit verlorenen Aussagen (rechts) von Nina und Maja (Gruppe 1), Beweis 2

erkennbar. Es handelt sich wahrscheinlich eher um eine Zusammenfassung des gesamten Beweises (siehe Abschnitt 12.7). Dass es bei Nina und Maja nur wenige ergänzende Aussagen gibt, liegt wahrscheinlich daran, dass sie ihren Beweis gut geplant haben und ebenfalls in der Lage waren, ihre Planung anzupassen. Auch findet an vielen Stellen Monitoring statt, Nina und Maja scheuen sich nicht, sich gegenseitig zu korrigieren, aber auch an ihrer eigenen Meinung festzuhalten.

Dennis und Julius (Gruppe 2) gehen beim Beweis der zweiten Aussagen anders vor als alle anderen Gruppen. Statt einer mündlichen Beweisfindungsphase (Beweisprozess) mit einer anschließenden Phase des Aufschreibens des Beweisprodukts führen sie beides parallel aus, sie schreiben den Beweis auf, während sie ihn finden. Ergänzende Aussagen kommen trotzdem vor. Dennis und Julius erkennen, dass es sich um eine Aussage mit zwei Fällen handelt. Der Beweis ist aufgeteilt in zwei Teile. Im ersten Teil soll gezeigt werden, dass in einem Rechteck die Diagonalen gleich lang sind, im zweiten Teil wollen die Studierenden zeigen, dass in einem Parallelogramm die Diagonalen nicht gleich lang sind. Insgesamt werden zwei Daten, zwei Zwischenschritte und zwei Garanten genannt und gehen dann verloren. Ein Beispiel einer ihrer ergänzenden Aussagen ist ein Datum, nämlich die Aufteilung des betrachteten Rechtecks in vier Teildreiecke durch die Diagonalen im ersten Teil (Abbildung 9.6 oben). Julius sagt in Turn 441: „Das heißt, wir haben wieder, wir haben wieder vier, vier Dreiecke“, schreibt dies aber nicht auf, sondern nur die Folgerungen daraus, dass es diese vier Teildreiecke gibt.

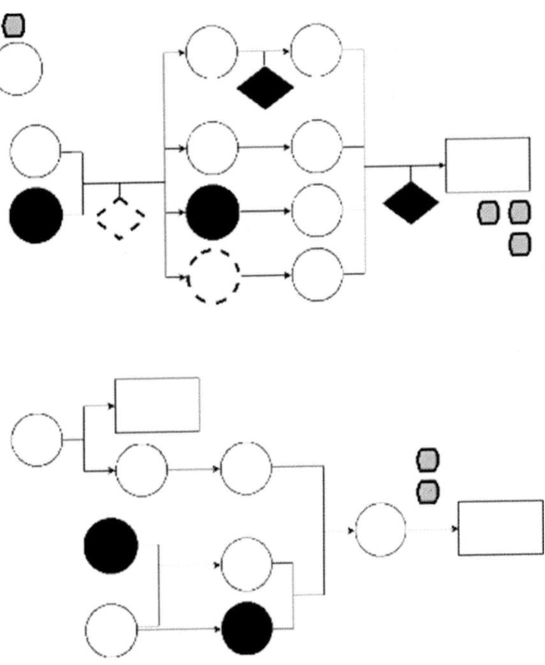

Abbildung 9.6 Argumentationsschema mit verlorenen Aussagen von Dennis und Julius (Gruppe 2), Beweis 2

Betrachtet man alle ergänzenden Aussagen genauer, fällt auf, dass alle Aussagen logisch und chronologisch gesehen an der richtigen Stelle auftauchen. Die Metakognitionsanalyse zeigt, dass die Studierenden durchaus metakognitive Aktivitäten durchführen, z. B. (Aufforderung zum) Monitoring bzgl. der inhaltlichen Richtigkeit, aber Metakognition bzgl. des Aufgeschriebenen und der logischen Konsistenz findet nicht statt.

Dennis und Julius scheinen drei große Hürden beim Aufschreiben des Beweises zu haben. Zum einen verlassen sie sich sehr auf ihre Skizze, was auch dazu führt, dass das, was in den Skizzen gesehen wird, nicht unbedingt auch noch als Datum aufgeschrieben wird. Zum anderen gibt es in ihrem Beweistext strukturgleiche, parallellaufende Argumentationen. Bei diesen parallelen Schritten mit gleicher Struktur werden spätere Schritte nicht mehr vollständig, sondern gekürzt aufgeschrieben. Des Weiteren ist auffällig, dass die Aussagen oft dadurch verloren gehen, dass sie für den Beweistext umformuliert werden und dadurch Teile ihres Inhalts verlieren, ohne dass dies bemerkt wird.

Pia und Charlotte (Gruppe 3) erkennen nicht, dass sie für den Beweis der Aussage zwei Richtungen zeigen müssen, sie zeigen nur eine. Auch wenn die Studierenden nur eine Beweisrichtung verfolgen, treten in ihren Argumentationen so einige ergänzende Aussagen auf. Drei der fünf impliziten Daten, die Stützung eines Garanten und eine weitere Konklusion gehen im Prozess des Aufschreibens verloren (siehe Abbildung 9.7). So wird der Zielkonklusion des schriftlichen Beweises, dass es sich um ein Rechteck handelt, mündlich noch eine weitere Konklusion angehängt: „Dann sind die Diagonalen also auch gleich lang in einem Rechteck." Diese neue Zielkonklusion wurde als ergänzende Aussage hinzugefügt.

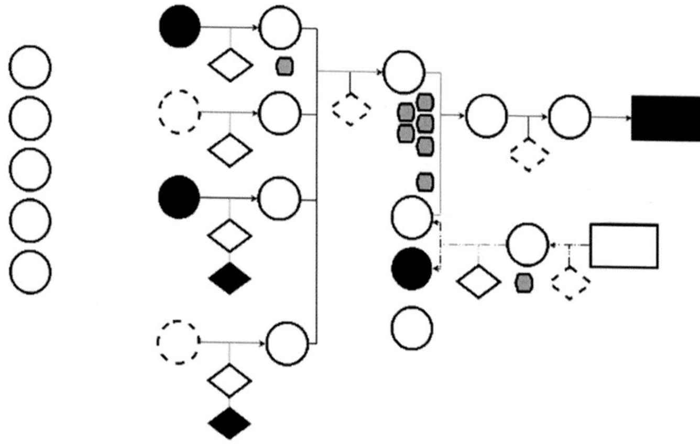

Abbildung 9.7 Argumentationsschema mit verlorenen Aussagen von Pia und Charlotte (Gruppe 3), Beweis 2

Auch hier zeigt sich wieder die Dissonanz von Logik und Chronologie. Logisch zusammenhängende Aussagen werden nicht immer an der logisch „richtigen" Stelle genannt, sondern früher oder später im Prozess des Aufschreibens, wodurch es für die Studierenden schwierig ist, sie auch logisch passend aufzuschreiben. Doch auch logisch zusammenhängende Aussagen an der logisch

„richtigen" Stelle werden nicht immer aufgeschrieben. Die Metakognitionsanalyse zeigt auch hier, dass metakognitive Aktivitäten vorkommen, aber nicht auf die logische Konsistenz hin fokussiert sind. Zum Beispiel benennen die Studierenden ein Verständnisdefizit, was zwar Monitoring ist, jedoch nicht auf die logische Struktur des Beweises gerichtet. Pia und Charlotte machen zudem auch keine „Strukturanalyse der Argumentation" (Reflexion). Wie auch in den anderen Gruppen ist ein Wille zur Überprüfung der Konsistenz des Beweisproduktes nicht erkennbar.

Des Weiteren ist bei dieser Gruppe erkennbar, dass ihnen nicht bewusst ist, wie ein Beweis aufgebaut sein sollte. Sie nutzen die gegebenen Voraussetzungen nicht für den Beweis. Viele der fehlenden Daten werden zwar genannt, aber nicht aufgeschrieben, was insbesondere problematisch ist, da Daten Startpunkte einer jeden Argumentation sind und erst deduktive Schlussfolgerungen ermöglichen. Auch das Ziel des Beweises scheint ihnen nicht bewusst zu sein. Das ursprüngliche Ziel der Argumentation (abduktiver Strang der Argumentation) wird geändert (siehe Abschnitt 12.8). Der neuen Zielkonklusion des schriftlichen Beweises wird dann, wie oben beschrieben, noch eine am Ende des Aufschreibens mündlich genannte Konklusion hinzugefügt, aber nicht aufgeschrieben.

Zusammenfassung „ergänzende Aussagen"

Ergänzende Aussagen sind Aussagen, die im Prozess des Aufschreibens zwar genannt, aber nicht in den Beweistext übernommen werden. Inhaltlich sind sie jedoch für den Beweis wichtig und „ersetzen" implizite Aussagen. Sie treten immer dann auf, wenn die Studierenden nicht in der Lage sind, Gesagtes und Geschriebenes abzugleichen und zu beurteilen. Dies kann, wie in den obigen Abschnitten beschrieben wurde, verschiedenste Ursachen haben. Als ein Grund ist die Dissonanz zwischen *Logik und Chronologie* zu nennen. Wenn wichtige Aussagen nicht an der logisch richtigen Stelle, sondern früher oder später im Aufschreibeprozess genannt werden, erschwert es den Studierenden die Zuordnung der Aussage in den Gesamtkontext des Beweises, vielleicht wird gar nicht erkannt, dass es sich um eine fehlende Angabe handelt. Eine weitere Ursache kann die *Umformulierung* von Aussagen sein. Wird eine Aussage erst mündlich genannt und dann beim Aufschreiben umformuliert, können wichtige Teile der Aussage verloren gehen. So kann z. B. aus einem allgemeinen Garanten durch eine schlechte Umformulierung eine Konklusion werden. Für die Studierenden wirkt es jedoch so, als hätten sie genau das aufgeschrieben, was vorher genannt wurde.

Weitere mögliche Gründe können das *Beweisverständnis* der Studierenden, *Strukturgleichheit* im Beweis oder auch *Skizzen* sein. Ist dem Beweistext eine

Skizze beigefügt, ist es möglich, dass in der Skizze erkennbare Daten nicht aufgeschrieben werden, eben weil diese in der Skizze klar erkennbar sind. Auch wenn es parallele Schritte gibt, deren Argumentation gleich aufgebaut ist, sodass die Daten, Garanten und Konklusionen vergleichbar sind, kann es sein, dass diese nur im ersten Fall ganz ausgeführt und in den weiteren gekürzt werden, da jeder die Lücken aufgrund der Strukturgleichheit selbst schließen kann. Schwierig wird es auch, wenn das Bewusstsein und Verständnis der Studierenden zum Aufbau von Beweisen nicht ausreicht. Wenn die Studierenden nicht um die Wichtigkeit von Daten, Garanten und (Ziel-)Konklusionen wissen, ist es für sie nicht erkenntlich, warum diese alle aufgeschrieben werden müssen.

Begünstigt werden diese vergessenen Aussagen vor allem, wenn zu den oben genannten möglichen Gründen ein „Mangel" an den hier wichtigen metakognitiven Aktivitäten kommt. So ist während des Aufschreibens eine Kontrolle der logischen Konsistenz der Argumentation und auch eine Kontrolle der Terminologie und Notation wichtig (Monitoring), um Lücken im Beweis zeitnah zu finden und Formulierungsschwierigkeiten zu erkennen. Fehlt zusätzlich eine Strukturanalyse und reflektierende Einschätzung des Beweistextes (Reflexion), können ergänzende Aussagen zurückbleiben. Die Planung des Vorgehens und der einzelnen Beweisschritte scheint zudem dabei hilfreich zu sein, ergänzenden Aussagen vorzubeugen. Dieser Zusammenhang muss jedoch noch weiter untersucht werden.

Zusammenfassend lässt sich sagen, dass ergänzende Aussagen in Argumentationen aufzeigen, dass die alleinige Untersuchung schriftlicher Argumentationen nur einen Teil der Überlegungen der Studierenden widerspiegelt. Die Betrachtung ergänzender Aussagen zeigt auch: Je weniger ergänzende Aussagen in einem Beweistext ergänzt werden können, desto besser bildet dieser Beweistext den tatsächlichen Beweis der Studierenden ab.

9.2 Zusätzliche Argumentationen

Zusätzliche Argumentationen sind Argumentationen, die nur mündlich genannt und in dieser Form nicht aufgeschrieben werden und auch nicht wie ergänzende Aussagen implizite Angaben im Schema ersetzen können. Die Argumentationen bleiben losgelöst vom aufgeschriebenen Beweis. In der symbolischen Kurzschreibweise der Rekonstruktion werden sie durch kleine graue Sechsecke dargestellt. Zusätzliche Argumentationen treten beim Beweis der ersten Aussage nicht auf, beim Beweis der zweiten Aussage („Ein Parallelogramm ist genau dann ein Rechteck, wenn seine Diagonalen gleich lang sind.") hingegen in allen

Gruppen. Um die Gründe für zusätzliche Argumentationen vielseitig betrachten zu können, werden alle auftretenden Beispiele untersucht.

Nina und Maja (Gruppe 1) haben vier Argumentationen zusätzlich zur schriftlichen Argumentation. Die Rekonstruktion einer solchen Argumentation wird im Folgenden an der zusätzlichen Argumentation A illustriert (siehe Pfeil in Abbildung 9.8). Bevor die Studierenden anfangen, den ersten Fall ihres Beweises aufzuschreiben, überlegen sie sich, was sie aufschreiben wollen. Dies tun sie in den Turns 459 bis 477, wobei im Abschnitt bis 465 die Grundidee steht (Transkriptausschnitt 26), die anschließend wiederholt und verfeinert wird.

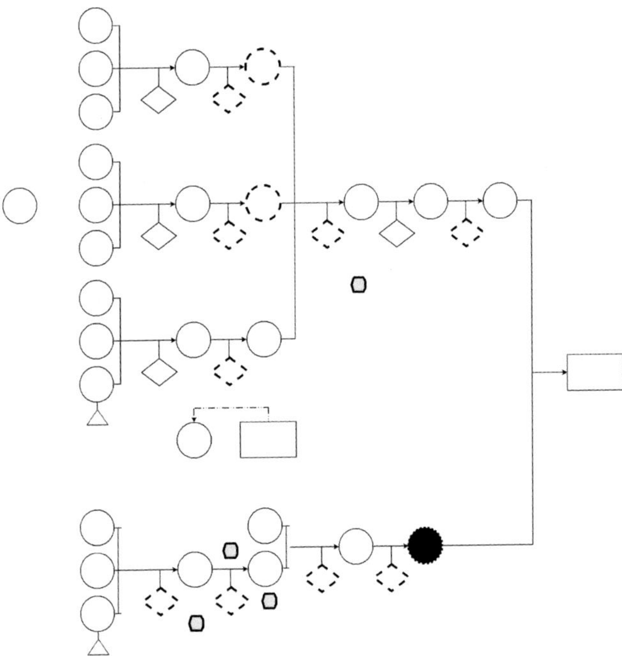

Abbildung 9.8 Argumentationsschema mit verlorenen Aussagen von Nina und Maja (Gruppe 1), Beweis 2

Transkriptausschnitt 26: Nina und Maja (Gruppe 1), Turns 459–465

459	Nina	Ja, dann sagen wir jetzt erster Fall (.) A C *[Nina zeigt auf die Punkte A und C]* (..) #V3_00:06:01-2#
460	Maja	Ist *[Nina zeigt auf die Punkte D und B]* gleich// #V3_00:06:02-1#
461	Nina	//ist kongruent zu B D. #V3_00:06:04-2#
462	Maja	Ja, gleich lang. *[Nina schreibt, ca. 3 Sek]* (8) Joa. *[Maja lacht]* (..) Die Diagonalen sind gleich lang. #V3_00:06:20-4#
463	Nina	Ja. #V3_00:06:20-8#
464	Maja	Also *[Nina schreibt, ca. 2 Sek, und dann während Maja spricht]* A C (.) zu (.) B D #V3_00:06:26- 6#
465	Nina	Ähm (.) Dann sind die Diagonalen gleich lang *[Nina zeigt auf die blaue Diagonale* $\{\overline{BD}\}$*]* (...) und dann sind die beiden kongruent *[Nina zeigt auf das blaue* $\{\Delta ABD\}$ *und auf das rote* $\{\Delta ABC\}$ *Dreieck]* und da die untereinander auch kongruent sind, müssen die alle zueinander kongruent sein *[Nina macht mit der Hand eine Kreisbewegung über der Skizze]* (..) also müssen sie alle hier den gleichen Winkel haben *[Nina zeigt auf alle vier Winkel des Parallelogramms* $\{\alpha, \beta, \gamma$ *und* $\delta\}$*]* also dreihundertsechzig durch vier. #V3_00:06:43-7#

Die Rekonstruktion der Argumentation ergibt folgendes (siehe Abbildung 9.9).

Im Beweistext (siehe Abbildung 9.10) wird die mündlich gemachte Argumentation nicht direkt, also nicht mit den gleichen Zwischenschritten, abgebildet. Während in der zusätzlichen Argumentation die Dreiecke über die Kongruenz verknüpft und damit auf die Winkelgleichheit geschlossen wird, wird im Beweistext von der Winkelgleichheit der einzelnen kongruenten Dreiecke auf die Gleichheit aller Winkel geschlossen. Da sich der Ablauf der Argumentationen in einem Schritt unterscheidet, wird die genannte Argumentation als zusätzliche Argumentation rekonstruiert und nicht ins Argumentationsschema des Beweistextes integriert.

Betrachtet man alle vorkommenden zusätzlichen Argumentationen, also auch die zusätzlichen Argumentationen B, C und D (siehe Abbildung 9.8 unten), zeigen die Metakognitions- und Argumentationsanalysen, dass drei der zusätzlichen Argumentationen als Planung des Vorgehens stattfinden. Argumentation A ist, wie oben beschrieben, die Planung für den ersten Fall und Argumentation B (um Argumentation C ergänzt) die Planung für den 2. Fall. Da die Planung jeweils leicht abgeändert aufgeschrieben wurde, sind sie als zusätzliche Argumentationen rekonstruiert worden. Die zusätzliche Argumentation D ist keine Planung, sondern besteht in der Erläuterung eines impliziten Garanten, aber an anderer Stelle, chronologisch gesehen „zu spät". Da nicht zu erkennen ist, ob an der logisch richtigen Stelle dieser Garant bereits so genutzt wurde, wurde

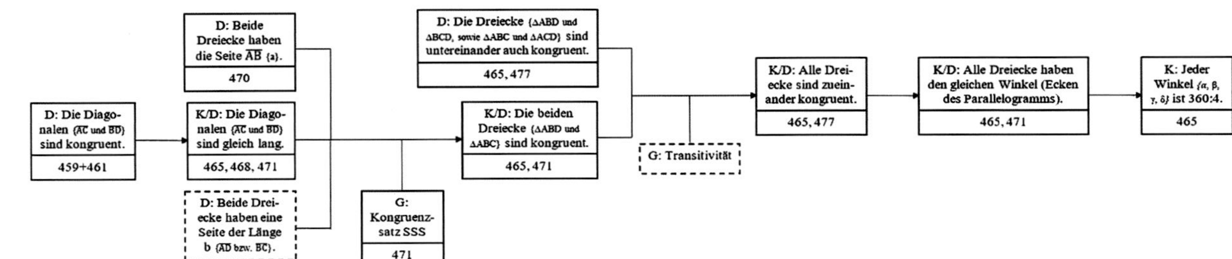

Abbildung 9.9 Argumentationsschema der zusätzlichen Argumentation A von Nina und Maja (Gruppe 1), Beweis 2

1. Fall: $\overline{AC} \equiv \overline{BD}$

Dann gilt: $\triangle ABD \equiv \triangle ABC$ nach SSS

mit $\overline{AB}$ als Seite bei den Dreiecke

$\overline{AD} \equiv \overline{BC}$

$\overline{AC} \equiv \overline{BD}$ (nach Annahme)

Dann muss auch: $\measuredangle DAB \equiv \measuredangle ABC$.

Und da, wir bereits gezeigt, $\triangle ABD \equiv \triangle BCD$

und $\triangle ABC \equiv \triangle ACD$, gilt weiterhin:

$\measuredangle DAB \equiv \measuredangle ABC \equiv \measuredangle BCD \equiv \measuredangle CDA$

Da die Winkelsumme im Viereck 360° sind,

beträgt die Winkelgröße für alle Winkel:

360° : 4 = 90°

Das Parallelogramm ist also auch ein Rechteck.

Abbildung 9.10 „1. Fall" im Beweistextes zur zweiten Aussage von Nina und Maja (Gruppe 1)

er als zusätzliche Argumentation ergänzt. Betrachtet man diese beiden Arten von zusätzlichen Argumentationen, so kann man ihnen verschiedene Funktionen zuordnen. Die ersten drei Argumentationen haben die Funktion einer Planung, die vierte Argumentation die Funktion einer Erläuterung bzw. Kommentierung.

Der Beweis von Dennis und Julius (Gruppe 2) zur zweiten Aussage verlief, wie oben beschrieben, anders als bei den anderen Gruppen. Ihre mündliche Beweisfindungsphase (Beweisprozess) läuft parallel zur Phase des Aufschreibens des Beweisprodukts (sie schreiben den Beweis auf, während sie ihn finden). Da alle zusätzlichen Argumentationen stattfinden, bevor die Studierenden anfangen, den eigentlichen Beweis aufzuschreiben, werden diese Argumentationen eher als Beweisprozess gedeutet und nicht als zusätzliche Argumentationen im hiesigen Sinn ausgewertet. Trotzdem werden sie in der Rekonstruktion, wie im Methodenteil beschrieben, mit einem kleinen Symbol eingefügt (vgl. Abbildung 9.6).

Das Argumentationsschema von Pia und Charlotte (Gruppe 3) zeigt viele zusätzliche Argumentationen (Abbildung 9.11). Sechs dieser Argumentationen sind an der gleichen Stelle, zwei sind „einzeln". Grund für die Häufung mehrerer

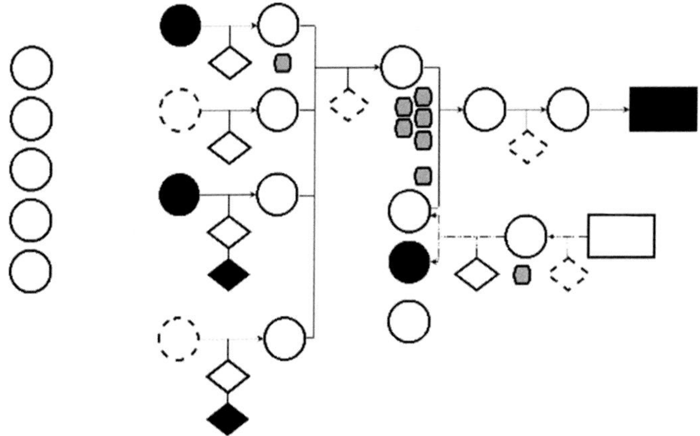

Abbildung 9.11 Argumentationsschema mit verlorenen Aussagen von Pia und Charlotte (Gruppe 3), Beweis 2

zusätzlicher Argumentationen an einer Stelle ist hier die Unsicherheit über die Notwendigkeit eines bestimmten Beweisschrittes für das Beweisprodukt. Mit den zusätzlichen Argumentationen wird eine akzeptierte Argumentation dafür ausgehandelt, dass die Winkel α und β gleich groß sind und 90° haben. Dabei werden Argumentationen nicht einfach hingenommen, sondern angezweifelt und Gegenvorschläge unterbreitet. Die Argumentationsanalyse zeigt jedoch auch, dass Pia und Charlotte nicht wirklich aufeinander eingehen. Ihre Argumentationen laufen parallel, wodurch diese Argumentationen keine wirkliche Hilfe beim Aufschreiben sind. Ihre Entscheidung für eine Argumentation, die aufgeschrieben werden soll, ist zudem nicht auf die Güte des Vorschlags zurückzuführen. Sie wählen schlicht die „kürzere" Version („Wahrscheinlich ist deins kürzer. Mach mal deins.", Turn 1051). Auch das Monitoring an dieser Stelle bleibt folgenlos. Zwar kontrollieren die Studierenden in gewissem Maße die Argumentationen, aber eine Verbesserung der kontrollierten Argumentation findet nicht statt.

Die beiden einzelnen zusätzlichen Argumentationen hingegen haben planerische Elemente. Sie liefern Ideen für das, was aufgeschrieben werden soll. Der Beweistext entspricht jedoch nur in Teilen den besprochenen Argumentationen. Offen bleibt hier, ob dies von den Studierenden so akzeptiert wird oder ob sie die Veränderung wegen unzureichender Metakognition nicht bemerken. Auch bei Pia und Charlotte scheint es somit zwei verschiedene Arten von zusätzlichen Argumentationen zu geben. Die Häufung an zusätzlichen Argumentationen ist von der Funktion eher aushandelnd, die einzelnen Argumentationen haben eine planerische Funktion.

Daria und Leonie (Gruppe 4) haben in ihrem Beweis keine ergänzenden Aussagen, dafür aber sieben zusätzliche Argumentationen. Zwei dieser Argumentationen gehören inhaltlich zur losgelösten Voraussetzung (Abbildung 9.12, oben links), vier zum logischen Anfang der Argumentation und eine zum Datum des letzten Argumentationsschrittes. Sechs der sieben zusätzlichen Argumentationen finden statt, bevor Daria und Leonie anfangen, den argumentativen Teil des Beweises aufzuschreiben. Zwei der Argumentationen sind zudem so „löchrig" und mathematisch „fragwürdig", dass die einzelnen Elemente der Argumentation nicht mit deduktiven Pfeilen verbunden werden konnten. Bei diesen sechs Argumentationen wird in den meisten Fällen von der jeweils anderen Studentin zugestimmt, ohne eine Begründung zu nennen. Metakognitive Aktivitäten bezüglich des Inhalts oder der logischen Konsistenz der zusätzlichen Argumentationen gibt es nicht. Ob es eventuell nicht geäußerte metakognitive Aktivitäten diesbezüglich gab, kann die Metakognitionsanalyse nicht zeigen.

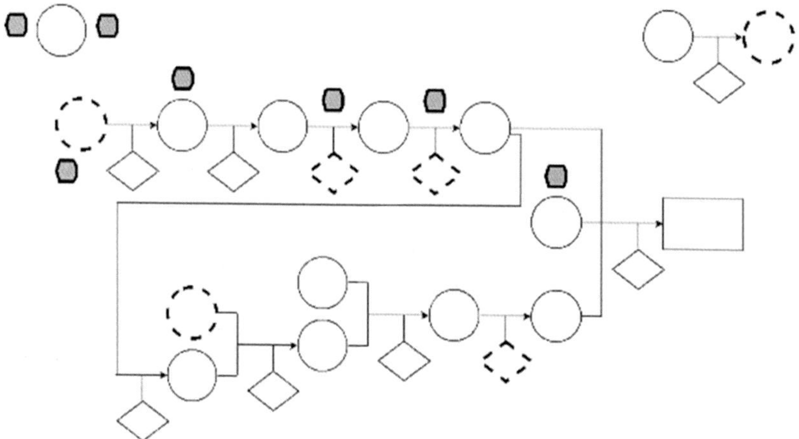

Abbildung 9.12 Argumentationsschema mit verlorenen Aussagen von Daria und Leonie (Gruppe 4), Beweis 2

Die siebte Argumentation ist logisch an der richtigen Stelle, wird beim Aufschreiben jedoch umformuliert, wodurch aus einer einschrittigen Argumentation (alle Winkel sind $\alpha + \beta$, dadurch sind die Winkel gleich groß) ein einzelnes

Datum wird („Alle Dreiecke sind gleich groß ($\alpha + \beta$)“). Die Funktion der ersten und letzten zusätzlichen Argumentation kann wieder als planerisch beschrieben werden. Die fünf weiteren Argumentationen sind eher suchend und darauf ausgerichtet, einen Anfang für den Beweistext zu generieren.

Zusammenfassung „zusätzliche Argumentationen“
Zusätzliche Argumentationen sind Argumentationen, die zusätzlich zur schriftlichen Argumentation mündlich stattfinden und nicht mit der schriftlichen Argumentation übereinstimmen. Diese Argumentationen können inhaltlich unterschiedlich nah an der Gesamtargumentation dran sein – oder auch von ihr abgelöst – und erfüllen verschiedene Funktionen. In den Schemata, die hier betrachtet wurden, zeigte sich mehrfach die Funktion der *Planung* (vgl. Schoenfeld, 1981) oder zumindest *„planerische“* Elemente. Diese zusätzlichen Argumentationen waren in der Regel inhaltlich nah am Beweistext. Ein Grund, warum sie trotzdem als zusätzliche Argumentationen rekonstruiert werden konnten/mussten, könnte sein, dass beim Aufschreiben die Argumentationen umformuliert wurden, wegen geringer inhaltlicher Änderungen (gewollte Änderungen) oder auch unbemerkt. Hier könnte – wie bei den ergänzenden Aussagen – Metakognition bezogen auf die logische Konsistenz der Argumentation, Terminologie und Notation hilfreich sein.

Weitere Funktionen sind die der *Erläuterung/Kommentierung*, *Suche* oder *Aushandlung*. Bei der Funktion der Erläuterung bzw. Kommentierung wird ein Schritt oder eine Aussage mit zeitlichem Abstand geklärt, diese Erläuterung kann aber nicht an genau einen Schritt oder eine Aussage zurückgebunden werden und wird daher nicht ins Schema eingefügt. Die Funktion der Suche zeigt sich an Stellen, an denen das weitere Vorgehen noch nicht geklärt ist und mehrere verschiedene Argumentationen „ausprobiert“ werden, um herauszufinden, wie weiter vorgegangen werden soll. Gibt es Argumentationen mit der Funktion der Aushandlung, so sind die Studierenden sich an einer Stelle des Beweises nicht einig, wie weiter vorgegangen werden soll, und handeln die nächsten Schritte des Beweises durch zusätzliche Argumentationen aus. Zusätzlich zu diesen Funktionen von zusätzlichen Argumenten sind weitere denkbar, die sich jedoch nicht in den untersuchten Beweisen zeigen.

9.3 Fazit zu den verlorenen Aussagen

Die Ergebnisse der Abschnitt 9.1 und 9.2 zeigen, dass die Phase des Aufschreibens eine große Bedeutung für das Argumentieren und Beweisen hat. Die im Mündlichen gefundene Argumentation muss (re)strukturiert und teilweise neu durchdacht werden, um sie schriftlich fixieren zu können. Das Aufschreiben einer Argumentation ist dadurch, wie die Beispiele zeigen, eine komplexe Tätigkeit, bei der das Übertragen aller Bestandteile der eigenen Argumentation ins Schriftliche nicht immer vollständig gelingt. Bestandteile einer Argumentation oder auch gesamte Argumentationen, die während der Phase des Aufschreibens (erneut) genannt, aber nicht aufgeschrieben werden, sind in dieser Arbeit unter der Bezeichnung verlorene Aussagen zusammengefasst. Verlorene Aussagen lassen sich in zwei Arten unterteilen: ergänzende Aussagen und zusätzliche Argumentationen.

Ergänzende Aussagen, also Aussagen, die im Prozess des Aufschreibens genannt, aber nicht aufgeschrieben werden, sind für Argumentationen inhaltlich wichtige Bestandteile. Solche ergänzenden Aussagen treten in schriftlichen Argumentationen dann auf, wenn das Gesagte und das Geschriebene nicht verglichen oder bewertet werden. Gründe dafür können Dissonanz zwischen *Logik und Chronologie* oder die *Umformulierung* von Aussagen sein. Auch das *Beweisverständnis* der Studierenden, *Strukturgleichheit* im Beweis oder *Skizzen* haben Einfluss auf das Auftreten von ergänzenden Aussagen. Begünstigt werden ergänzende Aussagen zudem durch einen „Mangel" an wichtigen metakognitiven Aktivitäten.

Zusätzliche Argumentationen, die beim Aufschreiben der Argumentation zusätzlich mündlich stattfinden, aber nicht mit der schriftlichen Argumentation übereinstimmen, können inhaltlich unterschiedlich nah an der eigentlichen schriftlichen Argumentation sein oder auch im Gegensatz zu ihr stehen. Sie erfüllen während des Aufschreibens verschiedene Funktionen. In den Argumentationen, die hier betrachtet wurden, tritt mehrfach die Funktion der *Planung* auf oder zumindest *„planerische"* Elemente. Ebenfalls zeigen sich die Funktionen der *Erläuterung/ Kommentierung*, *Suche* und *Aushandlung*. Weitere Funktionen von zusätzlichen Argumenten sind denkbar.

Die Gründe für diese beiden Arten verlorener Aussagen sind, wie in den Abschnitten 9.1 und 9.2 ausführlicher beschrieben, vielfältig und können (zumindest teilweise) erklären, warum fertige Beweisprodukte vielfach löchrig und unvollständig sind.

Open Access Dieses Kapitel wird unter der Creative Commons Namensnennung 4.0 International Lizenz (http://creativecommons.org/licenses/by/4.0/deed.de) veröffentlicht, welche die Nutzung, Vervielfältigung, Bearbeitung, Verbreitung und Wiedergabe in jeglichem Medium und Format erlaubt, sofern Sie den/die ursprünglichen Autor(en) und die Quelle ordnungsgemäß nennen, einen Link zur Creative Commons Lizenz beifügen und angeben, ob Änderungen vorgenommen wurden.

Die in diesem Kapitel enthaltenen Bilder und sonstiges Drittmaterial unterliegen ebenfalls der genannten Creative Commons Lizenz, sofern sich aus der Abbildungslegende nichts anderes ergibt. Sofern das betreffende Material nicht unter der genannten Creative Commons Lizenz steht und die betreffende Handlung nicht nach gesetzlichen Vorschriften erlaubt ist, ist für die oben aufgeführten Weiterverwendungen des Materials die Einwilligung des jeweiligen Rechteinhabers einzuholen.

10 Globale Strukturen von mündlichen und schriftlichen Argumentationen

In diesem Kapitel werden die rekonstruierten Argumentationsstrukturen hinsichtlich ihrer globalen Struktur untersucht. Anhand von Transkriptausschnitten und Ausschnitten aus den Beweistexten wird dies veranschaulicht und Einblicke in die Analyse gegeben. Ihre vollständige Analyse kann hier nicht dargelegt werden. In meinen Daten finden sich vier in der Forschungsliteratur bekannte Strukturen wieder (Sammelstruktur, Quellstruktur, Reservoirstruktur, Linienstruktur). Argumentationen mit Spiralstruktur und unabhängige Argumente treten nicht auf. Die sich in Shinno (2017) abzeichnende und von mir weiter ausdifferenzierte verschachtelte Struktur, die bereits im Theorieteil beschrieben wurde (siehe Teilkapitel 2.3.2), findet sich ebenfalls in meinen Daten. Außerdem findet sich eine Struktur, die der Linienstruktur ähnlich ist und als Stromstruktur bezeichnet wird, sowie eine neue globale Struktur, die Sprudelstruktur.

10.1 Argumentationen mit Sammelstruktur

Bei der Sammelstruktur entwickelt sich die Konklusion im Verlauf der Argumentation, sie ist nicht am Anfang vorgegeben oder zu Beginn genannt. Reid und Knipping (2010) beschreiben diese Struktur bildlich: „Metaphorically, the class moves along, gathering interesting information as it goes" (Reid & Knipping, 2010, S. 189).

Ergänzende Information Die elektronische Version dieses Kapitels enthält Zusatzmaterial, auf das über folgenden Link zugegriffen werden kann https://doi.org/10.1007/978-3-658-46468-4_10.

© Der/die Autor(en) 2025

N. Abels, *Argumentation und Metakognition bei geometrischen Beweisen und Beweisprozessen*, Perspektiven der Mathematikdidaktik,
https://doi.org/10.1007/978-3-658-46468-4_10

In "Reinform" lässt sich diese globale Struktur in den von mir rekonstruierten Argumentationsstrukturen nicht finden. Eine meiner rekonstruierten Strukturen (siehe Abbildung 10.1) teilt jedoch einige ihrer Charakteristika.

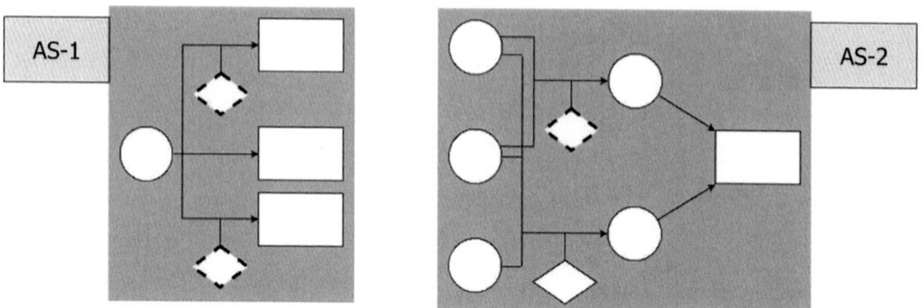

Abbildung 10.1 Argumentationsschema von Dennis und Julius (Gruppe 2), Beweis 1 (Teil 2) mündlich

Dennis und Julian (Gruppe 2) möchten im Beweis der ersten Aussage zeigen, dass die Strecken $\overline{AS}$ und $\overline{ST}$ des gegebenen Dreiecks gleich lang sind, um damit die Gleichschenkligkeit des Dreiecks zu begründen. Im ersten Teil des Beweises bestimmten sie bereits die Winkel im Dreieck. Im hier betrachteten zweiten Teil der mündlichen Argumentation sind, wie in der Sammelstruktur üblich, nicht alle Daten vorgegeben, es fehlen fast alle Garanten und Abduktionen kommen nicht vor. Die Studierenden „suchen" sich ihren Weg und die zu verwendenden Informationen, während sie beweisen. Bei dieser Suche werden Aussagen nicht immer sauber formuliert, sodass die Konklusionen in AS-1 inhaltlich zwar in etwa den Daten in AS-2 entsprechen, die Unterschiede ihrer Formulierung allerdings so groß sind, dass die beiden Argumentationen nicht als eine einzige Argumentation rekonstruiert wurden. Um ihre inhaltliche Nähe nicht zu verwerfen, wurden die Argumentationsstränge jedoch, wie in Abbildung 10.1 zu sehen, räumlich nahe beieinander gehalten.

Diese rekonstruierte Argumentation hat jedoch auch Charakteristika, die nicht zur Sammelstruktur passen. So gibt es eine parallele Argumentation (siehe auch Abschnitt 12.4): In AS-2 (siehe Abbildung 10.1) gibt es zwei parallel verlaufende Argumentationsstränge zur gleichen Konklusion, nämlich dass zwei Seiten des Dreiecks gleich lang sind. Diese Konklusion wird von den beiden Studierenden in zwei verschiedenen Argumentationen begründet. Eine zeigt Julius in den Turns 330 und 332, eine andere Dennis in den Turns 333 und 335 (Transkriptausschnitt 27).

Transkriptausschnitt 27: Dennis und Julius (Gruppe 2), Turns 330–335

330	Julius	(..) Und (.) dann wissen wir *[Julius zeigt auf die Seiten „g" {h} und k]*, dass diese beiden Seiten logischerweise auch gleich lang sein müssen. Okay? (..) #V4_05:28-4#
331	Dennis	Wegen dem? (.) #V4_05:30-9#
332	Julius	Weil, weil (.) der hier, die beiden sind gleich *[Julius zeigt auf die Winkel links {$\alpha 2$} und rechts {x} im oberen Dreieck]*, die beiden sind gleich *[Julius zeigt auf die 90°-Winkel]*, dann müssen die beiden ja auch gleich sein. *[Julius zeigt auf die beiden Teile von „γ-α" {$\gamma 1$ und $\gamma 2$}]* #V4_05:38-2#
333	Dennis	Also, können wir auch sagen, weil (.) hmm (.) Zum Beispiel mit, über nem Kongruenzsatz, wenn wir, weil wir, das *[Dennis fährt in Skizze J4 die Linie entlang]* ist ja der Schnittpunkt in der Mitte *[Dennis zeigt auf den Schnittpunkt {U} von Linie und Winkelhalbierender]* #V4_05:45-4#
334	Julius	Ja. #V4_05:46-0#
335	Dennis	dann haben wir Winkel *[Dennis zeigt im linken Teildreieck {ΔAUS} auf den Winkel „½ α" {$\alpha 2$}]*, Winkel *[Dennis zeigt im linken Teildreieck {ΔAUS} auf den 90°-Winkel]*, Seite *[Dennis zeigt auf die Seite {$\overline{AU}$} zwischen den beiden Winkeln]* und wenn ein Dreieck über (.) zwei, zwei Winkel und eine Seite gleich sind, dann ist das Dreieck kongruent *[Dennis zeigt auf das rechte Teildreieck {ΔUTS}]*. Also (.) wissen wir, dass die Seiten *[Dennis zeigt auf die Seiten „g" {h} und k]* auch gleich lang sind (..) #V4_06:00-1#

Des Weiteren fehlen in der rekonstruierten Struktur Widerlegungen. Auch ist die Zielkonklusion vorgegeben, was in der Sammelstruktur in der Regel nicht der Fall ist. Trotzdem wird diese Argumentationsstruktur von Dennis und Julius hier der Sammelstruktur zugeordnet, da trotz der nicht passenden Charakteristika die Ähnlichkeit zur Sammelstruktur am größten ist.

10.2 Argumentationen mit Linienstruktur

Die Linienstruktur wird durch ihre lineare Form gekennzeichnet, bei der die Konklusion eines Schrittes zum Datum für den nächsten Schritt wird. Losgelöste oder parallele Argumentationen sowie Abduktionen kommen nicht vor.

Diese globale Struktur zeigt sich nicht häufig in den rekonstruierten Argumentationsstrukturen und auch nicht in „Reinform". Den linearen Verlauf dieser Struktur kann man gut am schriftlichen Beweis von Dennis und Julius (Gruppe 2) zur ersten Aussage erkennen (siehe Abbildung 10.2).

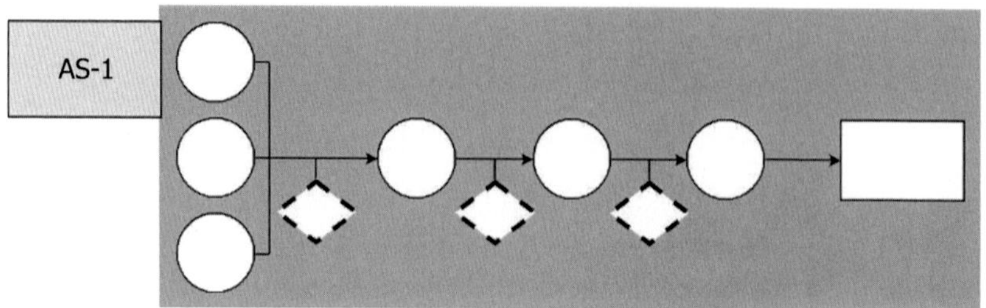

Abbildung 10.2 Argumentationsschema von Dennis und Julius (Gruppe 2), Beweis 1 (Teil 1) schriftlich

Die Studierenden möchten zeigen, dass das durch die Aussage gegebene Dreieck gleichschenklig ist, und tun dies in zwei voneinander getrennten Schritten. Im ersten Teil, der AS-1 entspricht, bestimmen sie dabei zunächst die Winkelgrößen des Dreiecks (Abbildung 10.3), um dann im zweiten Teil mit den Winkeln auf die Gleichschenkligkeit schlussfolgern zu können.

Der hier betrachtete erste Teil des Beweises startet zwar mit drei Daten, was nicht ganz zur Linienstruktur passt, verläuft dann aber weiter linear. Im Argumentationsstrang AS-1 fehlen alle Garanten, auch wenn die meisten implizit rekonstruiert werden konnten. Zudem gibt es keine Abduktionen, losgelöste oder parallele Argumentationen. Dies ist charakteristisch für die Linienstruktur.

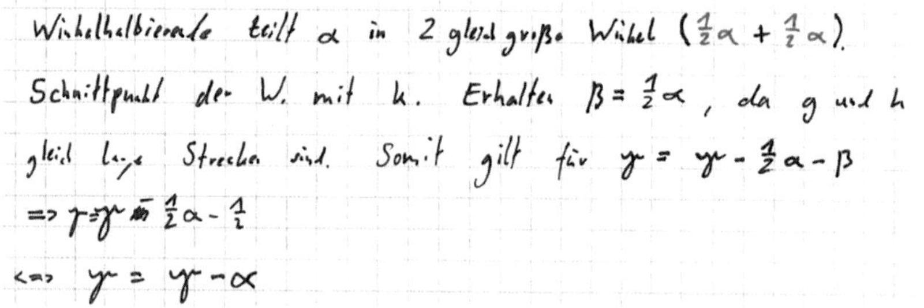

Winkelhalbierende teilt α in 2 gleich große Winkel $(\frac{1}{2}\alpha + \frac{1}{2}\alpha)$.
Schnittpunkt der W. mit h. Erhalten $\beta = \frac{1}{2}\alpha$, da g und h
gleich lange Strecken sind. Somit gilt für $\gamma = \gamma - \frac{1}{2}\alpha - \beta$
$\Rightarrow \gamma = \gamma - \frac{1}{2}\alpha - \frac{1}{2}$
$\Leftrightarrow \gamma = \gamma - \alpha$

Abbildung 10.3 Beweistext zur ersten Aussage (Teil 1) von Dennis und Julius (Gruppe 2)

Der schriftliche Beweis der ersten Aussage von Daria und Leonie (Gruppe 4) ist ebenfalls fast linear (siehe Abbildung 10.4) und wird auch der Linienstruktur zugeordnet.

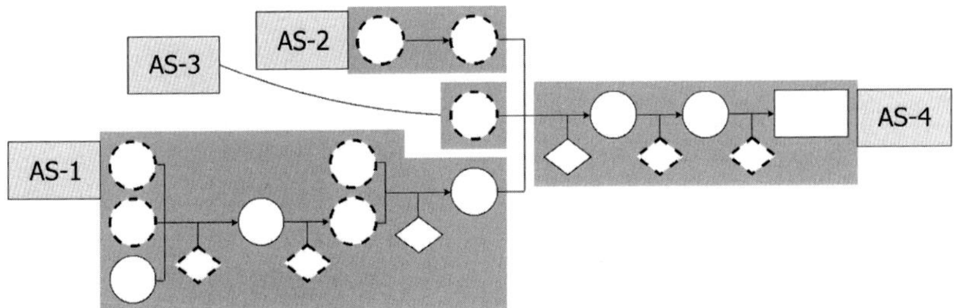

Abbildung 10.4 Argumentationsschema von Daria und Leonie (Gruppe 4), Beweis 1 schriftlich

Zuerst bestimmen die Studierenden die Größe des Winkels γ (AS-1), danach mit impliziter Nutzung des einen Basiswinkels α_2 (AS-2) den zweiten Basiswinkel x und zeigen damit die Gleichschenkligkeit des Dreiecks (AS-4). Diese implizite Nutzung des Basiswinkels α_2 zeigt sich im Beweistext durch das Aufschreiben einer Formel (Abbildung 10.5), vorher wurde der Winkel α_2 nicht erwähnt.

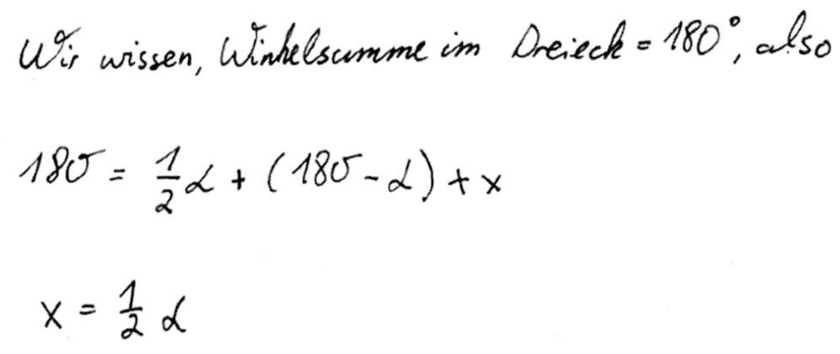

Wir wissen, Winkelsumme im Dreieck = 180°, also

$$180 = \frac{1}{2}\alpha + (180 - \alpha) + x$$

$$x = \frac{1}{2}\alpha$$

Abbildung 10.5 Ausschnitt des Beweistexts zur ersten Aussage von Daria und Leonie (Gruppe 4)

Zwar gibt es Schritte mit mehreren Daten, die zusätzlichen Daten sind jedoch alle implizit (in AS-1; AS-2 und AS-3 sind vollkommen implizit). Die explizite Struktur der Argumentation ist somit linear. Auch einige Garanten und ein Zwischenschritt fehlen und wurden implizit rekonstruiert. Abduktionen, Widerlegungen, parallele oder losgelöste Argumentationen gibt es keine. Bei dieser Struktur handelt es sich allerdings um einen Grenzfall, der, unter Berücksichtigung der impliziten Angaben, ebenfalls der Stromstruktur (siehe Abschnitt 10.6) zugeordnet werden könnte.

Zusammenfassung der Linienstruktur
Die beiden Strukturen, die in meinen Daten der Linienstruktur zugeordnet wurden, zeigen keine reine Linienstruktur. Sie sind etwas umfassender, z. B. durch mehrere „Startdaten" charakterisiert oder durch weitere Daten, die implizit verwendet werden. Der explizite Teil der Argumentationsstruktur verläuft jedoch strukturtypisch linear bis zur Zielkonklusion, Abduktionen, parallele oder losgelöste Argumentationen gibt es nicht.

10.3 Argumentationen mit Quellstruktur

Die Quellstruktur ist die bei den hier untersuchten Argumentationsstrukturen am häufigsten vorkommende Struktur. „In proving discourses with a source like argumentation structure, arguments and ideas arise from a variety of origins, like water welling up from many springs" (Knipping & Reid, 2015, S. 92). Charakteristisch sind unter anderem parallele Argumentationen für eine Konklusion zu Beginn der Argumentationsstruktur und eine Verengung der Struktur im Verlauf, bis nur noch ein Strang zur Zielkonklusion übrig bleibt. Auch die Quellstruktur kommt in den untersuchten Argumentationen nicht in vollem Umfang vor, es gibt aber wieder Argumentationen, die ihn ihrer Struktur der Quellstruktur ähneln.

Bei Daria und Leonie (Gruppe 4) haben zwei ihrer Argumentationen eine Quellstruktur. Der mündliche Beweis zur ersten Aussage gehört dazu. Hier zeigen die Studierenden die Gleichschenkligkeit des Dreiecks mithilfe von Stufenwinkeln und der Winkelsumme im Dreieck. Der trichterförmige Aufbau der Argumentation ist gut zu erkennen (siehe Abbildung 10.6).

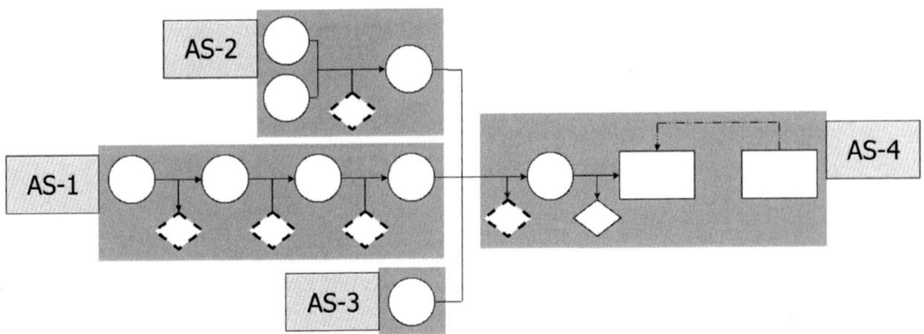

Abbildung 10.6 Argumentationsschema von Daria und Leonie (Gruppe 4), Beweis 1 mündlich

Die Argumentationsstränge AS-1, AS-2 und AS-3 verengen sich zum Argumentationsstrang AS-4. Es gibt einen Argumentationsschritt mit mehreren Daten (AS-4), wobei die Daten die Konklusionen der vorherigen Schritte AS-1, AS-2 und AS-3 sind. Die Studierenden folgern hier mit den Winkeln α_2 (AS-2) und γ (AS-1) die Größe des Winkels x (AS-4), dessen Lage in AS-3 beschrieben ist. Wie in der Quellstruktur üblich, fehlen viele Garanten (AS-1, AS-2 und AS-4), die im Schema, wenn möglich, implizit rekonstruiert wurden. Andererseits fehlen aber auch einige typische Charakteristika der Quellstruktur. In diesem Beweis gibt es keine parallelen Argumentationen, keine Widerlegungen und ebenfalls keine von der Hauptargumentation losgelösten Argumentationsstränge. Auffällig an diesem Schema ist hingegen, dass die Zielkonklusion, dass das Dreieck gleichschenklig ist, nur abduktiv an die Argumentation gebunden ist (vgl. Transkriptausschnitt 28, siehe auch Abschnitt 12.1). Eine deduktive Schlussfolgerung erfolgt nicht.

Transkriptausschnitt 28: Daria und Leonie (Gruppe 4), Turns 143 + 144

143	Daria	//Was wollen wir denn machen jetzt? #V1_12:44-7#
144	Leonie	Zeigen, dass das wirklich gleichschenklig ist, nöh (fragend)? *[Leonie zeigt abwechselnd auf die Basiswinkel rechts {x} und links {α_2} im Dreieck]* Das *[Leonie zeigt auf den Winkel rechts im Dreieck {x}]* ist deu-, ja was wir (..) beweisen müssen, dass das hier das ist. (..) Oder? *[Leonie schreibt an den Winkel rechts {x} mit einem Pfeil „zu beweisen" ran, ca. 8 Sek]* (..) So. Ja. (...) Hach, was wissen wir denn? #V1_13:11-1#

Auch Darias und Leonies schriftlicher Beweis zur zweiten Aussage kann der Quellstruktur zugeordnet werden (siehe Abbildung 10.7). Die Studierenden möchten zeigen, dass es sich bei dem Parallelogramm ABCD um ein Rechteck handelt, dazu benötigen sie rechte Winkel im Parallelogramm (AS-1). Voraussetzen können sie, dass die Diagonalen im Parallelogramm gleich lang sind (AS-2). Diese beiden wichtigen Bestandteile des Beweises sind allerdings losgelöst von der Hauptargumentation, was zeigt, dass sie die eigentliche Zielkonklusion nicht erreichen und die Voraussetzung nicht verwenden.

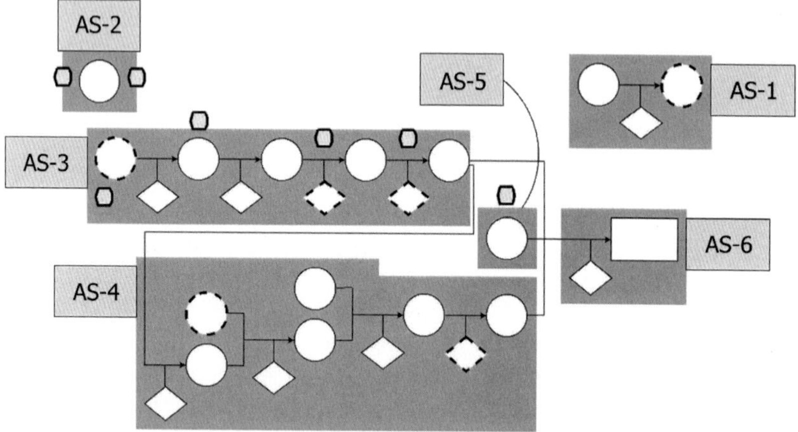

Abbildung 10.7 Argumentationsschema von Daria und Leonie (Gruppe 4), Beweis 2 schriftlich

Die Hauptargumentation zeigt jedoch die für die Quellstruktur typische „Trichterform". Die Argumentationsstränge AS-3, AS-4 und AS-5 verengen sich zu AS-6. Auch hier gibt es einen Argumentationsschritt mit mehreren Daten (AS-6, mit den Formeln „$360 = 4 \cdot (\alpha + 90\text{-}\alpha), 360 = 360$" als neuer Zielkonklusion), bei dem Daten die Konklusionen vorheriger Schritte sind (AS-3 „*Der Winkel α ist bei allen gleich.*" und AS-4 „$\beta = 90\text{-}\alpha$"). Im Beweis gibt es wieder fehlende Garanten und ebenfalls fehlende Daten (AS-3 und AS-4), die implizit rekonstruiert wurden. Auch die ursprüngliche Zielkonklusion in AS-1, dass es ein Rechteck ist, bleibt implizit (siehe Abschnitt 12.3), sie wird weder am Anfang noch am Ende expliziert (siehe Abbildung 10.8).

In diesem Argumentationsschema tauchen wieder einige Charakteristika der Quellstruktur nicht auf. Es gibt keine parallelen Argumentationen und auch keine Widerlegungen.

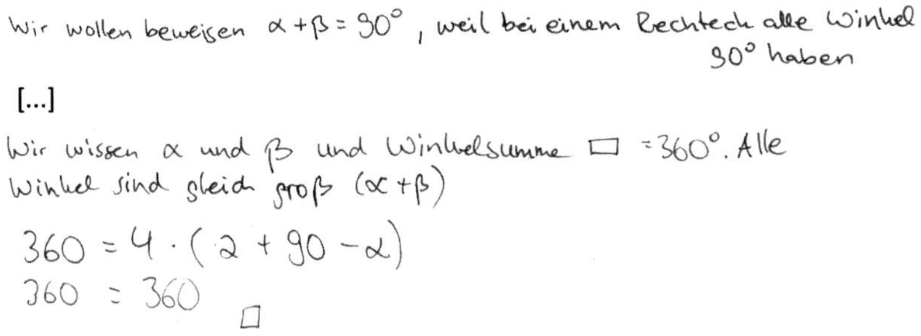

Wir wollen beweisen $\alpha + \beta = 90°$, weil bei einem Rechteck alle Winkel 90° haben

[...]

Wir wissen α und β und Winkelsumme □ $= 360°$. Alle Winkel sind gleich groß $(\alpha + \beta)$

$360 = 4 \cdot (\alpha + 90 - \alpha)$

$360 = 360$ □

Abbildung 10.8 Anfang und Ende des Beweistexts zur zweiten Aussage von Daria und Leonie (Gruppe 4)

Bei einer der Rekonstruktionen der Argumentationen von Dennis und Julius handelt es sich ebenfalls um eine Quellstruktur (siehe Abbildung 10.9). Ihr zweiter Beweis, den sie aufschreiben, während sie ihn entwickeln, besteht aus zwei Teilen. Der zweite Teil, bei dem sie zeigen wollen, dass in einem Parallelogramm die Diagonalen nicht gleich lang sind, hat eine trichterartige Form.

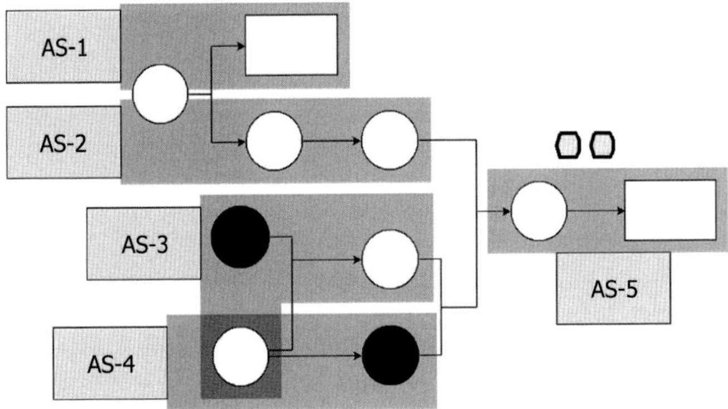

Abbildung 10.9 Argumentationsschema von Dennis und Julius (Gruppe 2), Beweis 2 (Teil 2)

Die Argumentationsstränge AS-2, AS-3 und AS-4 verengen sich zu AS-5. An dieser Stelle, wie auch schon in den oben beschriebenen Beispielen, gibt es einen Argumentationsschritt (zu AS-5), bei dem die verwendeten Daten Konklusionen der vorherigen Schritte sind (AS-2, AS-3 und AS-4). So könne laut der Studierenden im Parallelogramm keine Winkelhalbierende gezogen werden (AS-2, siehe auch Abbildung 10.10) und die Winkelsumme der jeweils gegenüberliegenden Teildreiecke im Parallelogramm, die durch das Einzeichnen der Diagonalen entstanden sind, sei gleich (AS-3 und AS-4). Daraus folgern sie, dass die Winkelsumme der Teildreiecke insgesamt nicht immer identisch ist.

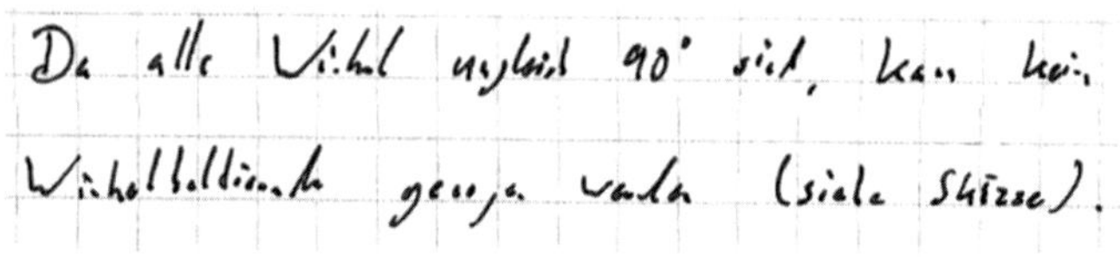

Abbildung 10.10 Ausschnitt des Beweistexts zur zweiten Aussage von Dennis und Julius (Gruppe 2)

Sämtliche Garanten dieser Argumentation fehlen und können aufgrund der mathematischen Schwierigkeiten der Studierenden nicht sinnvoll rekonstruiert werden. Einige der impliziten Daten wurden jedoch mündlich genannt und in die Rekonstruktion eingefügt (siehe Abschnitt 9.1, ergänzende Aussagen). Auch in dieser Argumentation fehlen jedoch typische Merkmale der Quellstruktur, nämlich parallele Argumentationen, Widerlegungen und losgelöste Argumentationen. Zusätzlich beinhaltet die Argumentation jedoch noch ein „totes Ende" (AS-1), eine Konklusion, die nicht die Zielkonklusion ist, aber auch nicht weiterverwendet wird.

Der schriftliche Beweis von Pia und Charlotte zur zweiten Aussage kann ebenfalls der Quellstruktur zugeordnet werden (siehe Abbildung 10.11). Typisch für die Quellstruktur ist hier wieder die trichterartige Form der Argumentation, wenn auch nicht durchgängig ausgeprägt. Die Argumentationsstränge AS-4 bis AS-7 verengen sich zu AS-8. Inhaltlich nutzen die Studierenden, dass Nebenwinkel zusammen 180° ergeben ($\alpha + \beta' = 180°$ in AS-4 und $\beta + \alpha' = 180°$ in AS-5) und dass die Stufenwinkel gleich groß sind ($\alpha = \alpha'$ in AS-6 und in $\beta = \beta'$ AS-7), um daraus zu schlussfolgern, dass $\alpha + \beta = 180°$ (AS-8). Dies ist zugleich der Schritt in der Argumentation, in dem mehrere Daten genutzt werden, die selbst Konklusionen vorheriger Schritte sind.

Auch in dieser Argumentation fehlen wieder Garanten (AS-3, AS-8 und AS-9) und Daten (AS-3, AS-4, AS-5, AS-6 und AS-7). Die fehlenden Angaben

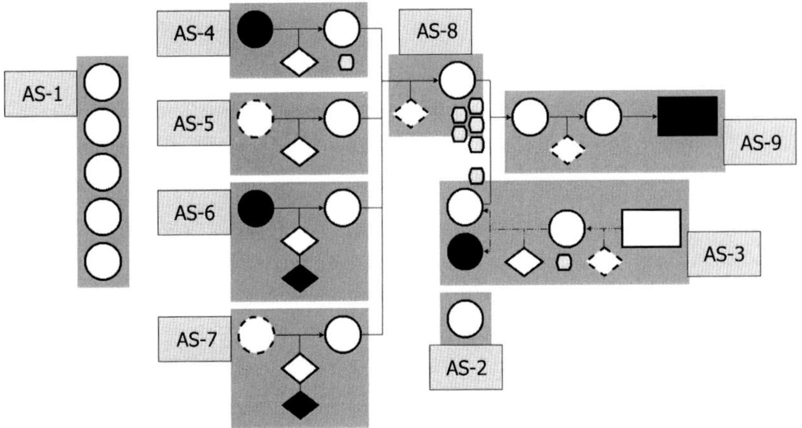

Abbildung 10.11 Argumentationsschema von Pia und Charlotte (Gruppe 3), Beweis 2 schriftlich

wurden implizit rekonstruiert, einige Angaben tauchten während des Aufschreibens bereits mündlich auf (schwarze Kreise in AS-3, AS-4 und AS-6). In AS-9 wird zudem eine weitere Konklusion mündlich genannt (schwarzes Rechteck: „Dann sind die Diagonalen also auch gleich lang in einem Rechteck."), die damit Zielkonklusion der Gesamtargumentation ist. Diese mündlich genannte Zielkonklusion steht jedoch im Gegensatz zur Zielkonklusion des schriftlichen Beweises („Das Parallelogramm ist ein Rechteck"). Parallele Argumentationen, Widerlegungen und losgelöste Argumentationen sind erneut nicht in der Argumentation enthalten, allerdings gibt es viele Daten, die nicht verwendet werden (AS-1 und AS-2).

Das Argumentationsschema von Pia und Charlotte weist allerdings noch eine Besonderheit auf: im Verlauf der Argumentation geht das ursprüngliche Ziel der Argumentation verloren. Von der ursprünglichen Zielkonklusion, dass die Diagonalen gleich lang sind (weißes Rechteck), gelangen die beiden Studierenden abduktiv auf das Datum, dass die Winkel α und β gleich groß sein müssen (AS-3, siehe Beweistext in Abbildung 10.12).

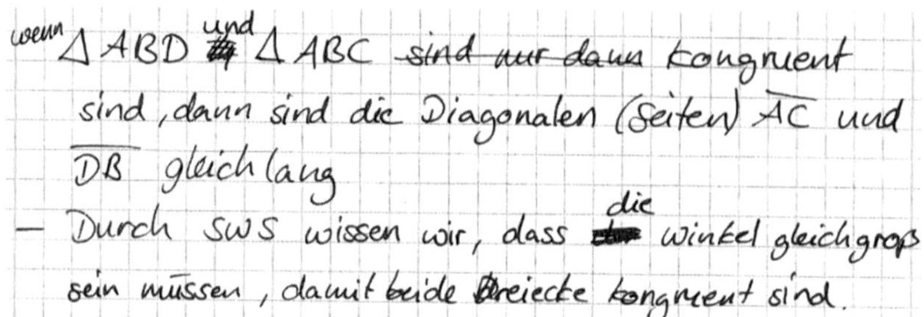

wenn Δ ABD und Δ ABC ~~sind nur dann~~ kongruent sind, dann sind die Diagonalen (Seiten) $\overline{AC}$ und $\overline{DB}$ gleich lang

– Durch SWS wissen wir, dass die Winkel gleichgroß sein müssen, damit beide Dreiecke kongruent sind.

Abbildung 10.12 Ausschnitt des Beweistexts zur zweiten Aussage von Pia und Charlotte (Gruppe 3)

Dieses Datum verwenden sie dann als gegeben, um zu zeigen, dass es sich bei dem Parallelogramm um ein Rechteck handelt (schriftliche Argumentation) bzw. dass in einem Rechteck die Diagonalen gleich lang sind (mündliche Ergänzung, schwarzes Rechteck). Es wurde also nicht der abduktive Weg deduktiv umgesetzt, sondern deduktiv auf eine neue Zielkonklusion geschlossen. Dies könnte man eventuell in dem Begriff Quellstruktur mit „Flussumleitung" zusammenfassen (siehe Abschnitt 12.1). Theoretisch verengen sich also auch AS-8 und das abduktiv gewonnene Datum aus AS-3 zu AS-9. Dadurch, dass AS-3 jedoch abduktiv ist, kann hier jedoch nicht wirklich von einer Verengung gesprochen werden. In Hinblick auf die „Genau dann, wenn"-Struktur der Aussage wäre auch eine Verengung von AS-3 und AS-9 sinnvoll gewesen, die hier ebenfalls nicht stattfindet, da die Studierenden nicht erkannt haben, dass die Aussage zwei zu beweisende Richtungen besitzt.

Die Rekonstruktion der Argumentationen von Nina und Maja zeigen in vielen Fällen eine Quellstruktur, wenn auch wieder nicht in „Reinform". Betrachtet man die Verschriftlichung der mündlichen Argumentation zur ersten Aussage, lässt diese sich als Quellstruktur mit Reservoirstruktur-Anteilen beschreiben (siehe Abbildung 10.13).

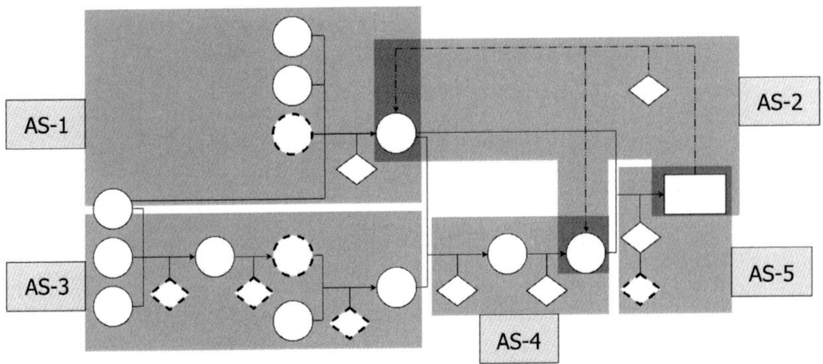

Abbildung 10.13 Argumentationsschema von Nina und Maja (Gruppe 1), Beweis 1 schriftlich

Die Studierenden zeigen, dass es sich bei dem durch die Aussage gegebenen Dreieck um ein gleichschenkliges Dreieck handelt, und nutzen dabei die Winkel im Dreieck. Die „Trichterform" ist gut erkennbar. Die Argumentationsstränge AS-1 (Basiswinkel $\alpha_2 = \frac{\alpha}{2}$) und AS-3 (Winkel $\gamma = 180°\text{-}\alpha$) verengen sich zu AS-4, wo eine Formel für den zweiten Basiswinkel x aufgestellt wird, mit der sie dann $x = \frac{\alpha}{2}$ schlussfolgern. Danach verengen sich die Argumentationsstränge AS-1 ($\alpha_2 = \frac{\alpha}{2}$) und AS-4 ($x = \frac{\alpha}{2}$) zu AS-5 (Das Dreieck ist gleichschenklig). Bei beiden Verengungen handelt es sich ebenfalls um Argumentationsschritte, in denen Daten verwendet werden, die Konklusionen vorheriger Schritte sind. Ein Merkmal der Quellstruktur, das Fehlen von wichtigen Angaben, tritt auch hier auf. In AS-1 fehlt ein Datum, in AS-3 alle Garanten. Alle wurden implizit rekonstruiert. Andere Charakteristika der Struktur, wie parallele Argumentationen, Widerlegungen oder losgelöste Argumentationen, tauchen nicht auf.

In AS-2 zeigt sich zudem, dass diese Argumentation auch einen Anteil von Reservoirstruktur aufweist. Die Studierenden gehen von der Gleichschenkligkeit des Dreiecks aus und schließen dann abduktiv dass sie den Basiswinkelsatz und die Basiswinkel α_2 und x brauchen (vgl. Abbildung10.4). Die Abduktion wird zum Teil deduktiv umgesetzt (siehe Abschnitt 12.1). Die Nutzung des Basiswinkelsatzes wird allerdings nicht erneut erwähnt, sodass dieser mathematische Satz im letzten Schritt nur als implizite Stützung vorkommt.

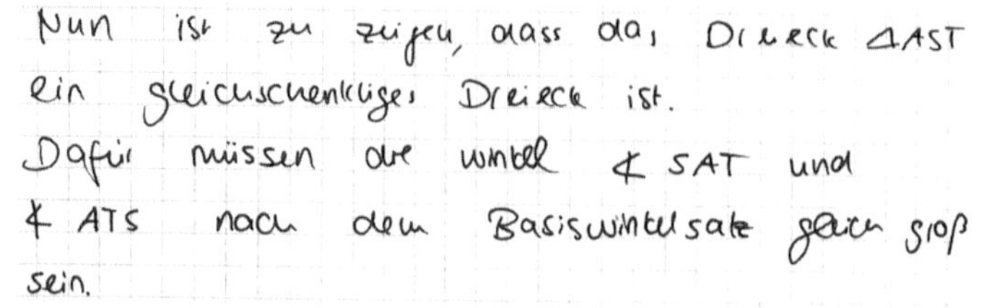

Nun ist zu zeigen, dass das Dreieck $\triangle AST$ ein gleichschenkliges Dreieck ist.
Dafür müssen die Winkel $\sphericalangle$ SAT und $\sphericalangle$ ATS nach dem Basiswinkelsatz gleich groß sein.

Abbildung 10.14 Ausschnitt des Beweistexts zur ersten Aussage von Nina und Maja (Gruppe 1)

Die Verschriftlichung des zweiten Beweises von Nina und Maja geht strukturtechnisch noch einen Schritt weiter (siehe Abbildung 10.15). Hier handelt es sich nicht mehr richtig um eine Quellstruktur, aber auch noch nicht um eine Reservoirstruktur.

Die Studierenden erkennen die „Genau dann, wenn"-Struktur der Aussage (vgl. Transkriptausschnitt 29) und zeigen zum einen, dass ein Parallelogramm mit gleich langen Diagonalen ein Rechteck ist (AS-2, AS-3, AS-5 und AS-6), und zum anderen, dass ein Parallelogramm mit verschieden langen Diagonalen kein Rechteck ist (AS-7). In AS-7 wird dabei die Zielkonklusion nur mündlich genannt (siehe schwarzer Kreis in Abbildung 10.15). Beide Teile des Beweises führen die Studierenden anschließend zusammen (AS-8). Zur Quellstruktur passt die trichterartige Form (AS-2, AS-3 und AS-5 verengen sich zu AS-6; AS-6 und AS-7 verengen sich zu AS-8), die Vielzahl fehlender Garanten (AS-5, AS-6 und AS-7), die losgelöste Argumentation (AS-4) und dass es Argumentationsschritte im Verlauf gibt, deren Daten die Konklusionen vorheriger Schritte sind (AS-6 und AS-8). Die vier, in der Rekonstruktion durch kleine Sechsecke markierten, zusätzlichen Argumentation aus der mündlichen Kommentierung beim Aufschreiben haben keinen Einfluss auf die rekonstruierte Struktur und werden hier nicht betrachtet. Es fehlen in dieser Struktur jedoch, wie in den anderen von mir untersuchten Beispielen, parallele Argumentationen wie auch Widerlegungen.

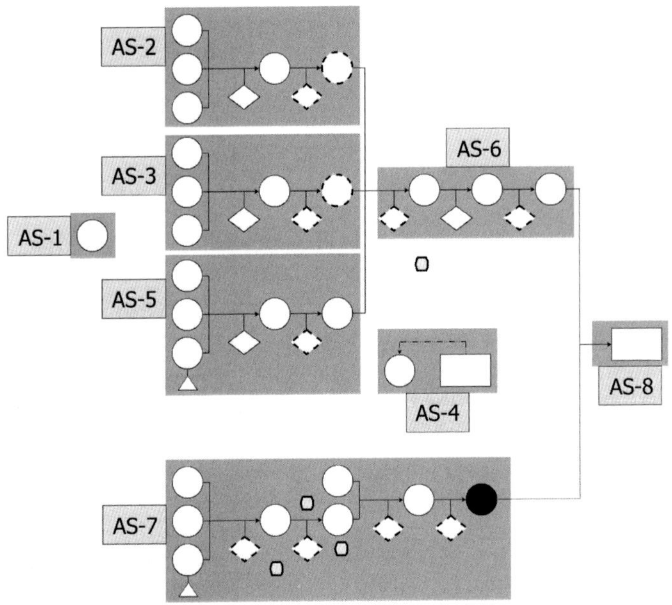

Abbildung 10.15 Argumentationsschema von Nina und Maja (Gruppe 1), Beweis 2 schriftlich

Transkriptausschnitt 29: Nina und Maja (Gruppe 1), Turns 452–456

452	Maja	Das heißt, wir können ja (.) annehmen *[Maja zeigt auf die Aussage]*, dass die Diagonalen gleich lang sind, nöh (fragend)? *[Maja zeigt auf die Diagonalen {$\overline{AC}$ und $\overline{BD}$}]* (..) Weil das wollen wir ja #V3_00:05:30-4#
453	Nina	Nee, das sollen wir zeigen. #V3_00:05:31-6#
454	Maja	Nee, wir sollen zeigen, dass es dann ein Rechteck ist. *[Maja zeigt auf das Wort „Rechteck" in der Aussage]* (.) Ein Parallelogramm ist dann ein Rechteck, wenn die Diagonalen gleich lang sind. Das heißt, wir tun so, als wenn die Diagonalen gleich lang sind *[Maja zeigt auf die Diagonalen {$\overline{AC}$ und $\overline{BD}$}]* und müssen dann zeigen, dass es rechte Winkel sind. *[Maja zeigt in einer kreisenden Geste auf die Winkel {α, β, γ und δ}]* #V3_00:05:43-6#
455	Nina	Und dann müssen wir aber zeigen (.) wenn die Diagonalen nicht gleich sind, dass es dann nicht rechte Winkel sind (.) nöh (fragend)? (.) Oder? (.) #V3_00:05:52-2#
456	Maja	Ja. #V3_00:05:52-9#

Für die Reservoirstruktur würde sprechen, dass die Konklusionen aus AS-6 und AS-7 die Reservoire der Argumentation sind. Allerdings sind bei dieser Struktur Abduktionen wichtig, die hier in der Hauptargumentation gar nicht auftauchen und in der losgelösten Argumentation nicht deduktiv umgesetzt werden. Daher ist dieses Beispiel von Nina und Maja noch keine Reservoirstruktur, aber auch nicht mehr nur eine Quellstruktur.

Zusammenfassung zur Quellstruktur
Betrachtet man die untersuchten Argumentationsschemata, die der Quellstruktur zugeordnet wurden, so fällt auf, dass es Charakteristika der Struktur gibt, die in allen Beispielen vorkommen, und solche, die selten oder gar nicht auftreten. Jedes Beispiel weist die charakteristische trichterartige Form auf, mehrere Argumentationsstränge verengen sich zu einem Strang. In Verbindung mit dieser Verengung treten auch Argumentationsschritte auf, deren Daten die Konklusionen vorheriger Schritte sind. Auch fehlende Daten und / oder Garanten sind die Regel. Von der Hauptargumentation losgelöste Argumentationen kommen hingegen selten vor, parallele Argumentationen zu einer Konklusion oder Widerlegungen sind nicht zu finden.

Die hier gefundenen Quellstrukturen sind also untereinander ähnlich, wenn auch nicht ganz der „Reinform" der Quellstruktur zuzuordnen. Das Fehlen paralleler Argumentationen und Widerlegungen kann in der Situation begründet sein, da die Studierenden in Paaren gemeinsam an einem Beweis arbeiten sollten. Dadurch wird es weniger wahrscheinlich, dass parallele Argumentationen auftreten, da die Studierenden dann erstmal für sich überlegen müssen, was dem Zusammenarbeiten entgegensteht. Auch Widerlegungen treten so weniger häufig auf, da für diese ebenfalls ein gewisses Gegeneinander stattfinden muss. Die studentische Paarsituation zeigt einfach eine andere Dynamik als die in der Literatur untersuchten Klassengespräche.

10.4 Weitere literaturbekannte Strukturen

Die weiteren in der Literatur beschriebenen Strukturen (Reservoirstruktur, Spiralstruktur und unabhängige Argumente) konnten bei den untersuchten Argumentationen nicht oder nur in Anteilen gefunden werden. Dies ist in vielen Fällen nicht verwunderlich und der Situation und Aufgabenstellung geschuldet. So wurde mit der Formulierung „Beweisen Sie" nach einem Beweis der Aussage verlangt und nicht explizit nach mehreren. Dass die Studierenden in der Erhebungssituation nur einen Beweis machen und statt weiterer Beweise derselben Aussage zur nächsten

Aussage übergehen, ist verständlich. Es war daher erwartet, die Spiralstruktur in den rekonstruierten Argumentationsstrukturen nicht zu finden. Zudem war durch die Aussage das Ziel des Beweises vorgegeben und alle Argumente und Argumentationen auf dieses Endziel hin ausgerichtet. Unabhängige Argumente konnten deshalb, wie erwartet, ebenfalls nicht gefunden werden.

Lediglich die Reservoirstruktur kam mit verschiedenen Anteilen erkennbar in anderen globalen Argumentationsstrukturen vor, insbesondere als Abduktion (aber ohne die „Reservoir-Konklusionen“, siehe z. B. Abbildung 10.13) oder als „Reservoir-Konklusionen“ (dann aber ohne Abduktion, siehe z. B. Abbildung 10.15). Hier scheinen die Studierenden noch nicht weit genug fortgeschritten, um beides zu vereinen und eine Reservoirstruktur zu erreichen.

10.5 Argumentationen mit verschachtelter Struktur

Die von Shinno (2017) erkannte und von mir weiter ausdifferenzierte *verschachtelte Struktur* kam in den untersuchten Argumentationen ebenfalls nicht vor, zumindest nicht in der erwarteten Form. Dies ist nicht überraschend. Die zu beweisenden Aussagen waren so gewählt, dass sie mit dem Wissen aus der Vorlesung beweisbar waren. Die notwendigen Garanten waren den Studierenden damit schon bekannt und mussten nicht selbst noch von ihnen gezeigt werden, sodass keine Konklusionen anderer Argumentationen als Garanten verwendet werden mussten. An Stellen, an denen den Studierenden die Garanten nicht bekannt waren, wurden diese ebenfalls nicht bewiesen, sondern in den meisten Fällen einfach angenommen oder nicht angegeben. Die verschachtelte Struktur kam also (wahrscheinlich) nicht vor, weil die Garanten entweder schon bekannt waren oder das mathematische Wissen der Studierenden nicht ausreichte, um fehlende Garanten zu beweisen.

Ein Beispiel (siehe Abbildung 10.16) kam dieser Struktur (je nach Lesart) nahe, zeigt aber noch keine „verschachtelte“ Struktur. In der schriftlichen Argumentation zur ersten Aussage wollten Pia und Charlotte (Gruppe 3) mithilfe der Mittelsenkrechten zeigen, dass das in der Aussage gegebene Dreieck gleichschenklig ist.

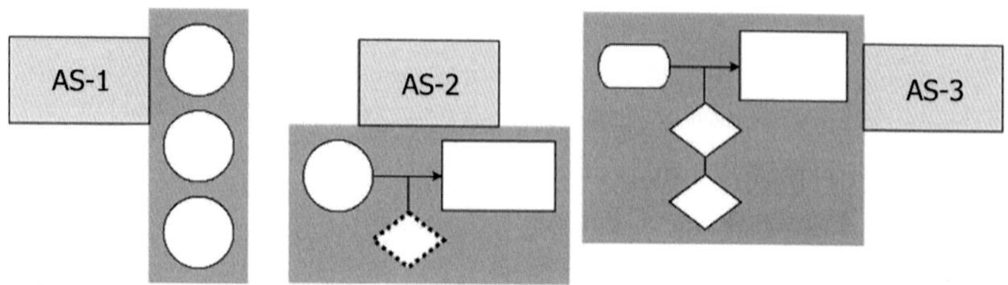

Abbildung 10.16 Argumentationsschema von Pia und Charlotte (Gruppe 3), Beweis 1 schriftlich

In dieser Argumentation könnte die Konklusion des Argumentationsstrangs AS-2 (*Alle Punkte auf m haben gleichen Abstand zu A {T} und B {A}*) mit der Stützung von AS-3 (*Punkte A {T} und B {A} haben gleichen Abstand zu C {S}*) gleichbedeutend gemeint gewesen sein, wodurch eine Verschachtelung hätte stattfinden können. Diese ist sprachlich aber nicht feststellbar. In anderer Lesart könnte AS-2 zudem einfach als Garant gemeint gewesen sein, der umständlich aufgeschrieben wurde (siehe Abbildung 10.17 oben für AS-2 und unten für AS-3; siehe auch Kapitel 9). Diese Argumentation wird aus diesen Gründen nicht als „verschachtelte" Struktur gewertet, sondern als potentielle Vorstufe.

10.6 Argumentationen mit Stromstruktur

Nicht alle der rekonstruierten Argumentationsstrukturen konnten einer bereits in der Literatur diskutierten globalen Argumentationsstruktur zugeordnet werden. Bei der Betrachtung der übrig gebliebenen Schemata haben sich jedoch zwei neue Strukturen ergeben, die Stromstruktur und die Sprudelstruktur.

Die *Stromstruktur* ist dadurch gekennzeichnet, dass sie fast linear verläuft. Gibt es Schritte mit mehr als einem Datum, so sind diese nicht Konklusionen vorheriger Schritte oder die Schritte sind nur implizit rekonstruierbar. Im Gegensatz zur Linienstruktur kommen hier jedoch Schritte mit mehreren Daten vor. Zudem sind Abduktionen, tote Enden und auch losgelöste oder parallele Argumentationen ebenfalls möglich.

Gut erkennen kann man die Stromstruktur am schriftlichen Beweis von Dennis und Julius (Gruppe 2) zur ersten Aussage (siehe Abbildung 10.18).

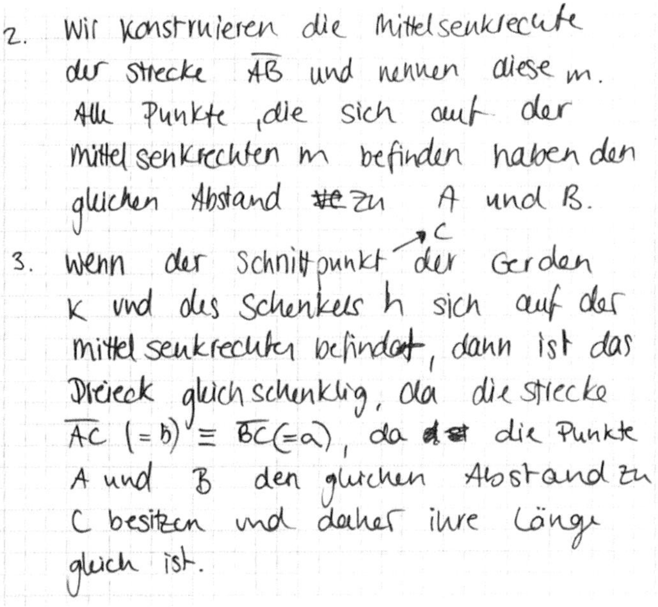

2. Wir konstruieren die Mittelsenkrechte der Strecke $\overline{AB}$ und nennen diese m. Alle Punkte, die sich auf der Mittelsenkrechten m befinden haben den gleichen Abstand zu A und B.

3. Wenn der Schnittpunkt C der Gerden k und des Schenkels h sich auf der mittelsenkrechten befindet, dann ist das Dreieck gleichschenklig, da die Strecke $\overline{AC}$ $(=b) \equiv \overline{BC}(=a)$, da die Punkte A und B den gleichen Abstand zu C besitzen und daher ihre Länge gleich ist.

Abbildung 10.17 Ausschnitt des Beweistexts zur ersten Aussage von Pia und Charlotte (Gruppe 3)

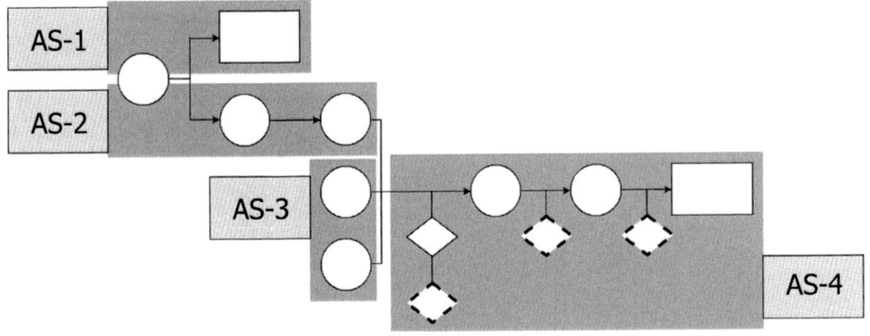

Abbildung 10.18 Argumentationsschema von Dennis und Julius (Gruppe 2), Beweis 1 (Teil 2) schriftlich

Die beiden Studierenden möchten zeigen, dass das durch die Aussage gegebene Dreieck gleichschenklig ist und tun dies in zwei voneinander getrennten Schritten. In Teil 1 bestimmen sie dabei zunächst die Winkelgrößen des Dreiecks (siehe Abbildung 10.2, Linienstruktur), um dann in Teil 2 auf die Gleichschenkligkeit schlussfolgern zu können.

Der zweite Teil des Beweises verläuft nur fast linear (AS-2 und AS-4). Zum einen gibt es dabei ein „totes Ende" gleich am Anfang (AS-1: „Es gibt Winkel $\frac{1}{2}\gamma$."), zum anderen werden beim dritten Schritt, dem Schluss auf die Kongruenz zweier Teildreiecke, zwei weitere Daten (AS-3) verwendet. Diese sind jedoch nicht Konklusionen vorheriger Argumentationsschritte. Auch hier fehlen fast alle Garanten, nicht alle konnten implizit rekonstruiert werden. Der einzige explizite Garant ist zudem mathematisch falsch, da Dennis und Julius kongruente Winkel der Teildreiecke als Begründung für die Kongruenz dieser Teildreiecke nehmen (siehe Abbildung 10.19). In der gesamten Argumentation gibt es weder Widerlegungen noch Abduktionen. Auch parallele Argumentationen gibt es nicht. Aufgrund des toten Endes und der zusätzlichen Daten im dritten Schritt wird diese rekonstruierte Argumentationsstruktur nicht als Linienstruktur, sondern als Stromstruktur verstanden.

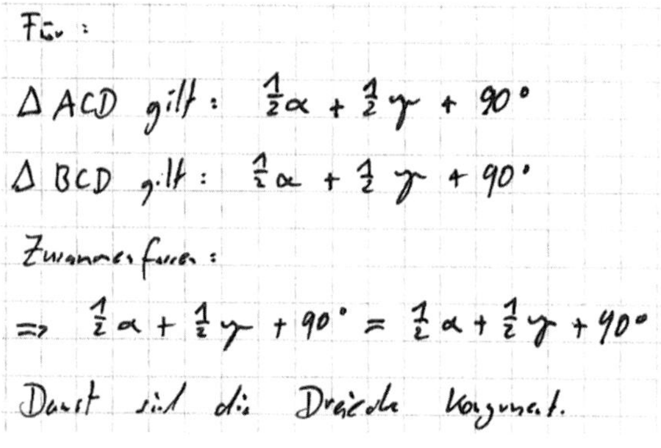
Für:

ΔACD gilt: $\frac{1}{2}\alpha + \frac{1}{2}\gamma + 90°$

ΔBCD gilt: $\frac{1}{2}\alpha + \frac{1}{2}\gamma + 90°$

Zusammenfassen:

$\Rightarrow \frac{1}{2}\alpha + \frac{1}{2}\gamma + 90° = \frac{1}{2}\alpha + \frac{1}{2}\gamma + 90°$

Damit sind die Dreiecke kongruent.

Abbildung 10.19 Ausschnitt des Beweistexts zur ersten Aussage von Dennis und Julius (Gruppe 2)

Die Rekonstruktion einer der Argumentationen von Nina und Maja zeigt erneut die Stromstruktur. Beim Beweis der ersten Aussage wollen sie zeigen, dass das Dreieck, dass durch die Aussage gegeben ist, gleichschenkelig ist. Betrachtet man ihre mündliche Argumentation zu dieser Aussage, ist erkennbar, dass der Verlauf fast linear ist (AS-3 und AS-4, siehe Abbildung 10.20).

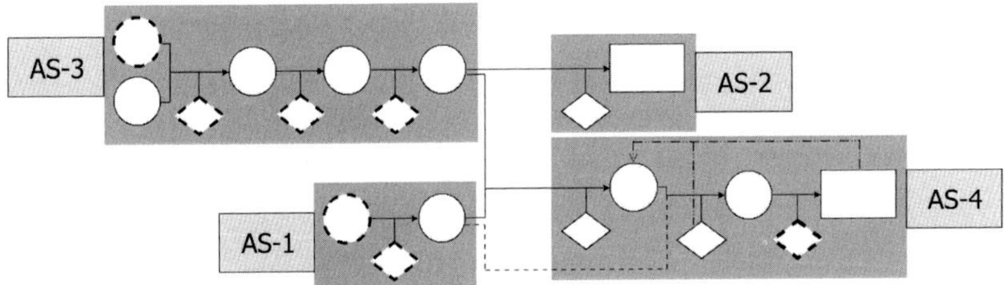

Abbildung 10.20 Argumentationsschema von Nina und Maja (Gruppe 1), Beweis 1 mündlich

Um von AS-3 zu AS-4 zu schließen, brauchen die Studierenden jedoch noch ein weiteres Datum (AS-1). In AS-3 zeigen die Studierenden, dass der Winkel γ eine Größe von 180°-α hat, und in AS-1 implizit, dass der Winkel α_2 die Größe ½ α hat. Damit schließen sie im ersten Schritt von AS-4, dass der Winkel x ebenfalls ½ α groß ist. In der Argumentation fehlen auch hier einige Daten (AS-1 und AS-3) und Garanten (AS-1, AS-3 und AS-4), die implizit rekonstruiert wurden; es gibt keine parallelen Argumentationen, keine Widerlegungen und keine losgelösten Argumentationen. Allerdings zeigt sich auch in diesem Schema ein „totes Ende" (AS-2), eine Argumentation, die nicht weiterverfolgt wird (vgl. Transkriptausschnitt 30). Maja erkennt, dass im Dreieck insgesamt noch α „über" ist (siehe Transkriptausschnitt 30, Turn 226), da der eine bestimmte Winkel im Dreieck γ = 180°-α und die Winkelsumme 180° ist (Turn 228). Mit dieser Schlussfolgerung wird jedoch nicht weitergearbeitet, stattdessen wird mit dem weiteren Datum, dass einer der beiden anderen Winkel α_2 = ½ α ist, der letzte Winkel x bestimmt.

Transkriptausschnitt 30: Nina und Maja (Gruppe 1), Turns 226–230

226	Maja	//Ja, wir haben ja nur noch Alpha über. *[Maja zeigt auf das „α" in der Beschriftung des Winkels „180°-α" {γ}]* (.) #V2_00:02:27-2#
227	Nina	Ja.// #V2_00:02:27-5#
228	Maja	//Wir haben ja hundertachtzig Grad// *[Maja fährt mit dem Stift schnell die Seiten des Dreiecks entlang]* #V2_00:02:28-5#
229	Nina	//Ah. Ja.// *[Nina zeigt auf den Winkel α_2]* #V2_00:02:29-5#
230	Maja	//und wir wissen, dass der hundertachtzig Grad minus Alpha ist.// *[Maja zeigt auf Winkel „180°-α" {γ}]* #V2_00:02:31-9#

Auffällig ist hier jedoch, dass diese Argumentation Anteile einer Reservoirstruktur aufweist. In AS-4 wurde zuerst abduktiv ein notwendiges Datum für die Zielkonklusion ermittelt, nämlich, dass der zweite Basiswinkel x auch ½ α sein muss, damit es ein gleichschenkliges Dreieck ist, wegen des Basiswinkelsatzes. Dieses Datum wurde dann geschlussfolgert, wodurch der abduktive Teil der Argumentation auch deduktiv durchlaufen werden konnte. Insgesamt handelt es sich bei dieser Argumentation also eher um eine Stromstruktur mit Resevoirstruktur-Anteilen als um eine reine Stromstruktur.

Bei dem Argumentationsschema von Nina und Maja (Gruppe 1) zur mündlichen Argumentation der zweiten Aussage zeigt sich ebenfalls die Stromstruktur, allerdings etwas komplexer als die vorherigen Beispiele.

Im ersten Teil der Argumentation wollen die Studierenden zeigen, dass ein Parallelogramm mit gleich langen Diagonalen ein Rechteck ist. Dieser Teil der Argumentation verläuft fast linear (siehe Abbildung 10.21), es gibt jedoch zwei Schritte mit mehr als einem Datum. So beginnt die Argumentation in AS-3 mit zwei Daten. Des Weiteren beginnt AS-4 mit der (abduktiven) Konklusion von AS-3 („*Beide Winkel {α und β} gleich groß.*") und der Konklusion von AS-2 („*Die Dreiecke {ΔABD und ΔABC} haben zwei kongruente Seiten.*") als Daten. Die Konklusion in AS-2 ist allerdings nicht Konklusion eines vollständigen deduktiven Argumentationsschrittes, das Datum dieses Schrittes fehlt.

Diese Rekonstruktion weist zudem eine Besonderheit auf. Es gibt verschiedene Arten von Abduktionen. Zum einen eine Abduktion in AS-4, die an der Argumentation „dranhängt" und von der gleichen Länge der Diagonalen abduktiv auf die Kongruenz der Dreiecke ΔABD und ΔABC verweist sowie eine Abduktion in dem losgelösten Strang AS-1, die von der eigentlichen Zielkonklusion, dass es sich um ein Rechteck handelt, auf die notwendigen rechten Winkel verweist

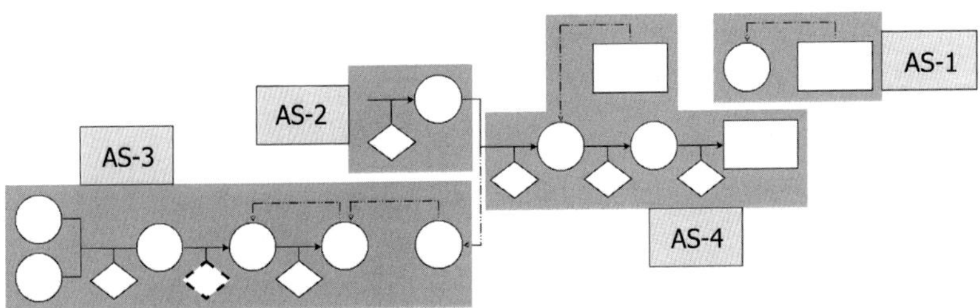

Abbildung 10.21 Argumentationsschema von Nina und Maja (Gruppe 1), Beweis 2 (Teil 1) mündlich

(siehe auch Abschnitt 12.1). Beide werden nicht deduktiv umgesetzt. Zum anderen gibt es Abduktionen in AS-3. Eine dieser Abduktionen wird auch deduktiv gefolgert, eine weitere und der Übergang von AS-3 zu AS-4 bleiben abduktiv (siehe Transkriptausschnitt 31, Turn 389). Diese rein abduktiven Schritte mitten in der Argumentation werden als „Stromschnellen" bezeichnet.

Transkriptausschnitt 31: Nina und Maja (Gruppe 1), Turns 386a–391a

386a	Maja	Ja, *§dann brauchen wir jetzt irgendnen§* #V3_00:00:16-7#
386b	Nina	*§und das ist nach dem§*
387	Nina	Kongruenzsatz Swin- Seite, Winkel, Seite. #V3_00:00:18-2#
388	Maja	Ja. #V3_00:00:18-4#
389	Nina	Sprich, die beiden Winkel *[Nina zeigt auf die Winkel unten links {α und unten rechts {β}]* müssen gleich groß sein (..) und das sind sie nur, wenn sie neunzig Grad sind, oder? Man muss sagen, warum sie nun- dann gleich groß sind (..) weil die gegenüberliegenden// *[Nina zeigt auf die Winkel unten rechts {β} und oben links {δ}]* #V3_00:00:28-1#
390	Maja	//parallel sind.// #V3_00:00:28-4#
391a	Nina	//Ja, *§denn§* es muss ja dreihundertsechzig durch vier sein, weil die gegenüberliegenden müssen ja auch gleich, sind ja auch gleich groß. *[Nina zeigt auf die Winkel unten rechts {β} und oben links {δ}]* #V3_00:00:33-6#

Auch der zweite Teil der Argumentation ist fast linear (siehe Abbildung 10.22). Hier versuchen Nina und Maja zu zeigen, dass es kein Rechteck ist, wenn die Diagonalen nicht gleich lang sind (AS-1) bzw. dass die Winkel nicht alle gleich groß sind (AS-3).

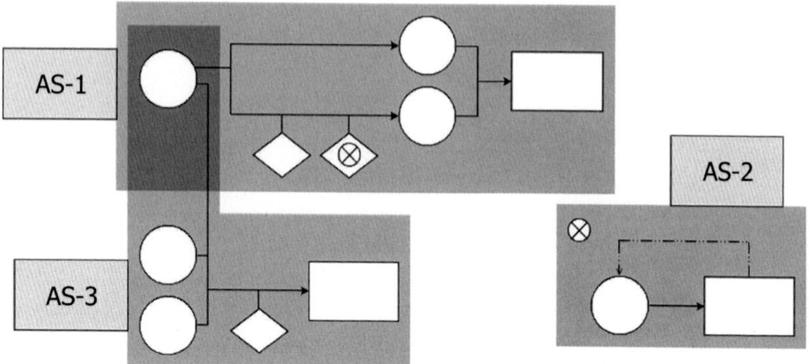

Abbildung 10.22 Argumentationsschema von Nina und Maja (Gruppe 1), Beweis 2 (Teil 2) mündlich

In dieser Stromstruktur gibt es jedoch zusätzlich eine „Flussgabelung", d. h. ein Datum wurde genutzt, um zu verschiedenen Zielkonklusionen zu gelangen (AS-1 und AS-3). In AS-1 gibt es außerdem parallele Ströme von den gleichen Daten zur gleichen Konklusion. Im Verlauf der Argumentation fehlen einige Garanten. Ein explizit genannter Garant (AS-2) ist zudem eine eigene kleine Argumentation (vgl. Transkriptausschnitt 32).

Transkriptausschnitt 32: Nina und Maja (Gruppe 1), Turns 508–512

508	Maja	Ja, aber wenn sie 's nicht sind? Also die müssen, die müssen kongruent zueinander sein *[Maja zeigt auf die Diagonalen {$\overline{AC}$ und $\overline{BD}$}]* damit die Dreiecke *[Maja zeigt auf das blaue Dreieck {ΔABD} und das rote Dreieck {ΔABC}]* kongruent sind. #V3_00:11:20-6#
509	Nina	Genau. Wir müssen ja jetzt zeigen, dass nur dan- Wir müssen ja- *[Nina zeigt auf den Aussagentext]* Also ein Parallelo ist genau dann ein Rechteck, wenn seine Diagonalen gleich lang sind. Jetzt müssen wir zeigen, wenn seine Diagonalen nicht gleich sind, dass es dann kein Rechteck ist. Es könnte ja auch sein, dass es sozusagen// #V3_00:11:31-1#
510	Maja	//Aber, wenn die nicht gleich lang sind, dann ist ja A C *[Maja zeigt auf die Punkte A und C]* nicht kongruent zu D B. *[Maja zeigt die blaue Diagonale entlang {$\overline{BD}$}]* #V3_00:11:36-5#
511	Nina	Genau. #V3_00:11:37-2#
512	Maja	Aber das ist die Voraussetzung, damit die beiden Dreiecke *[Maja zeigt auf das blaue Dreieck {ΔABD} und das rote Dreieck {ΔABC}]* kongruent sind. #V3_00:11:40-9#

Der Garant wird erst abduktiv (Turn 508), dann deduktiv (Turn 512) argumentiert. Dies ist eine Besonderheit, die nur in dieser Argumentation der Untersuchung aufgetreten ist.

Der erste Teil der Argumentation von Dennis und Julius (Gruppe 2) zur zweiten Aussage ist ebenfalls eine Stromstruktur (siehe Abbildung 10.23). Die Studierenden möchten zeigen, dass die Diagonalen in einem Rechteck gleich lang sind. Dazu nutzen sie Teildreiecke des Rechtecks und deren Winkel, um (mathematisch nicht korrekt) über die Winkelsummen der Dreiecke folgern zu können.

Die Argumentation verläuft fast linear, hat zwei Daten am Anfang (AS-2) und eine losgelöste Aussage (AS-1). Abduktionen oder tote Enden gibt es nicht. Auffällig ist jedoch der Argumentationsstrang AS-3, in dem vier Schritte parallel ablaufen (inhaltlich vgl. Abbildung 10.24). Diese Besonderheit macht die Struktur zu einer Stromstruktur, durch den sonst linearen Verlauf wäre sie ohne diese parallelen Anteile in der Argumentation eher eine Linienstruktur als eine Stromstruktur. Dabei handelt es sich bei diesen parallelen Schritten, wie in Abschnitt 12.4 beschrieben, nicht um „richtige" parallele Argumentationen, die einzeln zur gleichen Konklusion führen, sondern um parallele Anteile, die aus den gleichen Daten entspringen und gemeinsam benötigt werden, um die Konklusion (AS-4) zu zeigen.

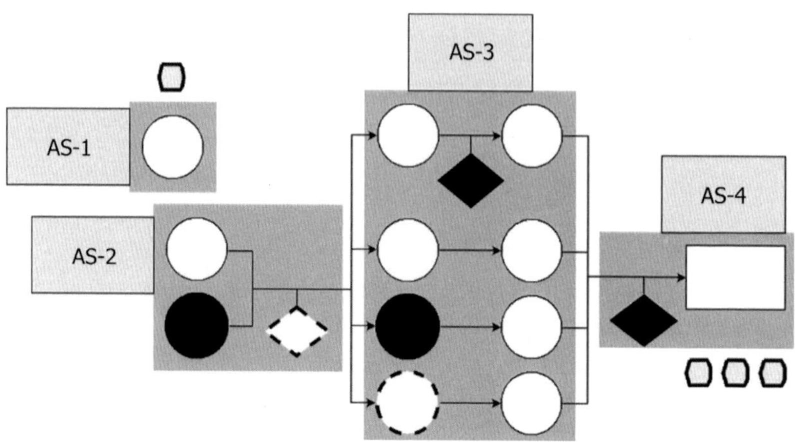

Abbildung 10.23 Argumentationsschema von Dennis und Julius (Gruppe 2), Beweis 2 (Teil 1)

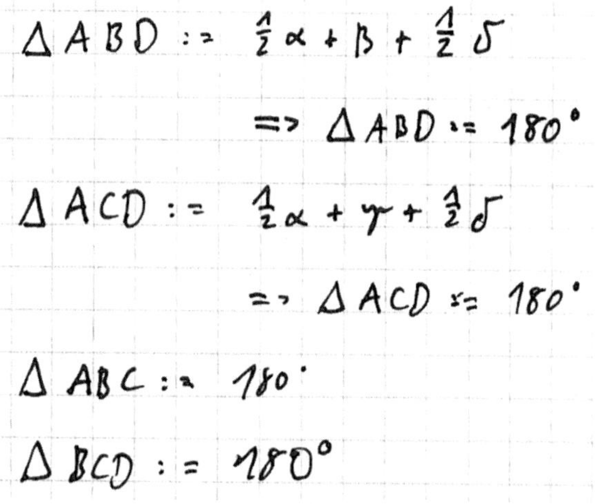

$\Delta ABD := \frac{1}{2}\alpha + \beta + \frac{1}{2}\delta$

$\Rightarrow \Delta ABD := 180°$

$\Delta ACD := \frac{1}{2}\alpha + \gamma + \frac{1}{2}\delta$

$\Rightarrow \Delta ACD := 180°$

$\Delta ABC := 180°$

$\Delta BCD := 180°$

Abbildung 10.24 Ausschnitt des ersten Teils des Beweistexts zur zweiten Aussage von Dennis und Julius (Gruppe 2)

Das Argumentationsschema der vierten Gruppe (Daria und Leonie) zur mündlichen Argumentation der zweiten Aussage zeigt eine Mischform, schwerpunktmäßig handelt es sich aber um eine Stromstruktur (siehe Abbildung 10.25).

Die Hauptargumentation, in der die Studierenden zeigen, dass aus der gleichen Länge der Diagonalen folgt, dass es sich bei dem Parallelogramm um ein Rechteck handelt, ist der Argumentationsstrang AS-5. Wichtig sind dabei die Schlussfolgerungen, dass alle Eckwinkel des Parallelogramms aus einem α- und einem β-Winkel zusammengesetzt sind (in AS-5k), wobei die Winkel α_1, β_1, γ_1, δ_1 alle α-Winkel (in AS-5f) und α_2, β_2, γ_2, δ_2 alle β-Winkel (Datum in AS-5 g) sind. Zusätzlich bestimmen sie die Größe von β in Abhängigkeit von α (AS-5j: „$\beta = 90° - \alpha$“), wodurch sie sagen können, dass jeder Eckwinkel 90° hat (in AS-5k).

Der Argumentationsstrang AS-5 ist fast linear, nur die Übergänge von AS-5b, AS-5c und AS-5d zu AS-5e sowie von AS-5a und AS-5e zu AS-5f sind nicht ganz konform, da die verwendeten Daten aus AS-5a, AS-5b und AS-5c selbst auch (einschrittige) Konklusionen sind. Die Verbindung von AS-5a zur restlichen Hauptargumentation ist allerdings nur implizit (siehe Abschnitt 12.3). Im weiteren Verlauf gibt es weitere Schritte mit mehreren Daten, beim Übergang von AS-5f und AS-5h zu AS-5i handelt es sich bei der Konklusion aus AS-5h aber nur um eine Konklusion, deren Argumentationsschritt implizit rekonstruiert ist. In AS-5i und AS-5j sind die zweiten Daten jeweils implizit rekonstruiert worden. Das Schema zeigt in vielen Strängen fehlende Daten (AS-5h, AS-5i und AS-5j) und fehlende Garanten in allen Teilsträngen von AS-5. Der Argumentationsstrang AS-5 hat zusätzlich auch ein „totes Ende" (AS-5 g). Die übrigen Stränge der Argumentation sind losgelöst. AS-2 und AS-4 sind einschrittig. Die Argumentationsstränge AS-1 und AS-3 sind Linienstrukturen. Da die Argumentationsstränge AS-1 bis AS-4 jedoch alle zeitlich von AS-5 kommen und AS-1 und AS-2 inhaltlich nicht zu AS-5 passen, könnte man am Anfang dieses Schemas auch einen Sprudelstruktur-Anteil vermuten. Die Sprudelstruktur wird im nächsten Kapitel genauer erläutert.

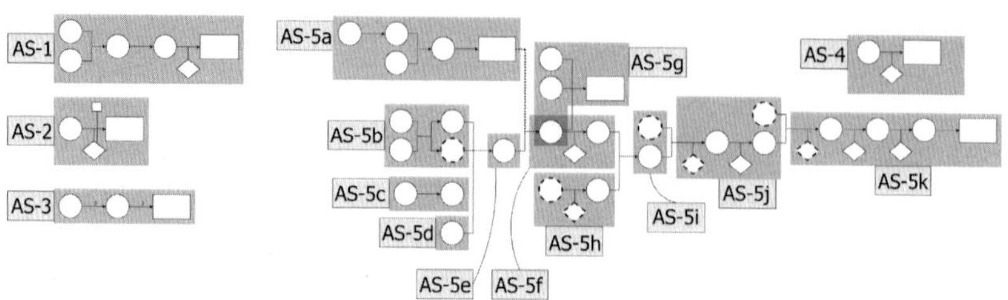

Abbildung 10.25 Argumentationsschema von Daria und Leonie (Gruppe 4), Beweis 2 mündlich

Zusammenfassung zur Stromstruktur

Betrachtet man die untersuchten Argumentationsschemata, die der Stromstruktur zugeordnet wurden, so fällt auf, dass das Charakteristikum der Struktur, der fast lineare Verlauf, in allen Beispielen vorkommt. Trotzdem können sich die Strukturen sehr unterscheiden. So sind Abduktionen, losgelöste und parallele Argumentationen oder auch fehlende (implizit rekonstruierte) Angaben möglich und grenzen die Stromstruktur (zusätzlich zu den Zwischenschritten mit mehreren expliziten Daten) von der Linienstruktur ab. Auch Mischformen mit anderen Strukturen sind vorhanden, hier mit der Sprudelstruktur und mit der Reservoirstruktur.

Bildlich gesprochen strömt die Argumentation in der Stromstruktur von der Quelle bis zur Mündung wie ein großer, ruhiger Fluss, in den der ein oder andere Bach mündet, also weitere Daten im Verlauf der Argumentation eingebracht werden. Die Beispiele zeigen jedoch auch zusätzliche Eigenheiten wie „Stromschnellen" (Abduktionen, die nicht deduktiv werden) und „Flussgabelungen" (von einem Datum wird parallel zu verschiedenen (Ziel-)Konklusionen geschlussfolgert), die den ruhigen Fluss der Argumentation etwas aufrütteln.

10.7 Argumentationen mit Sprudelstruktur

Die Sprudelstruktur ist davon gekennzeichnet, dass viele verschiedene Argumentationen in verschiedenen Themenbereichen angerissen werden, die jedoch alle auf die gleiche (Ziel-)Konklusion hinzielen. Hierin besteht auch der Unterschied zu den unabhängigen Argumenten. Bei den einzelnen Argumentationssträngen handelt es sich häufig um einschrittige Argumentationen, kurze Linien- oder Stromstrukturen, aber auch andere Strukturen können begrenzt auftauchen.

Ein Beispiel für diese Struktur ist der erste Teil der mündlichen Argumentation von Dennis und Julius (Gruppe 2) zur ersten Aussage (siehe Abbildung 10.26). Gezeigt werden sollte, dass das durch die Aussage gegebene Dreieck gleichschenklig ist. Hier im ersten Teil der Argumentation versuchen die Studierenden auf vielfältige Weise, die Winkel im Dreieck zu bestimmen und von da aus zum gleichschenkligen Dreieck zu kommen. Bei den insgesamt 15 Argumentationssträngen sind sieben Stränge *einschrittig* (AS-2, AS-3, AS-6, AS-8, AS-11 und AS-13 sowie AS-14), weitere 5 Stränge haben eine *Stromstruktur* (AS-4, AS-7, AS-9, AS-10 und AS-15), zwei eine Linienstruktur (AS-5 und AS-12) und ein Strang (AS-1) besteht nur aus nicht verwendeten Daten. Nur in AS-5 gibt es eine Abduktion, die jedoch nicht deduktiv umgesetzt wird. Außerdem fehlen viele Garanten (AS-2, AS-4, AS-5, AS-6, AS-8, AS-9, AS-10, AS-12, AS-14 und AS-15), es fehlen auch Daten (AS-4, AS-5, AS-7 und AS-12) und Konklusionen (AS-7). Diesem Schema kann man gut ansehen, dass die Studierenden nicht wissen, wie sie zur Zielkonklusion gelangen, sondern ihren Weg dorthin suchen. Dies gelingt ihnen zudem nur selten mathematisch korrekt.

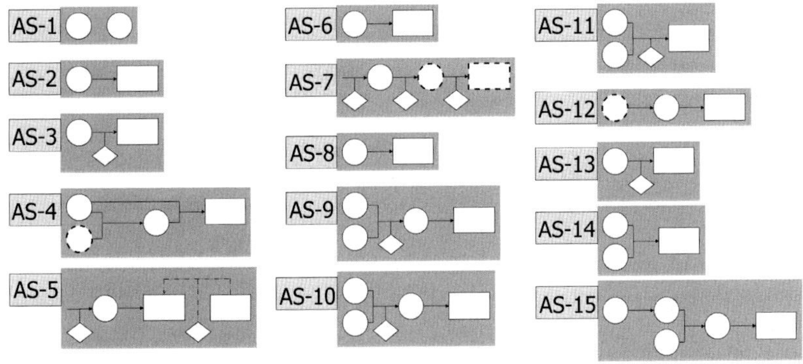

Abbildung 10.26 Argumentationsschema von Dennis und Julius (Gruppe 2), Beweis 1 (Teil 1) mündlich

Auch bei Pia und Charlotte (Gruppe 3) hat die mündliche Argumentation zur ersten Aussage eine Sprudelstruktur (siehe Abbildung 10.27). Zu zeigen war, dass das durch die Aussage gegebene Dreieck gleichschenklig ist. Wie schon Dennis und Julius (Gruppe 2) im Beispiel oben versuchen Pia und Charlotte auf vielen Wegen aus verschiedenen Blickwinkeln, die Aussage zu beweisen. Dabei lassen sich ihre Argumentationsstränge nicht so einfach einteilen. Drei Stränge sind *einschrittig* (AS-5 und AS-9). Bei AS-9 bleibt dabei die Konklusion implizit. Zwei Stränge haben eine *Linienstruktur*, AS-2 und AS-4. AS-2 hat zusätzlich einen abduktiven Schritt, der nicht deduktiv gefolgert wird, und bei AS-4 gibt es eine Widerlegung. Drei weitere Stränge sind *unverbunden*, es handelt sich um eine Konklusion (AS-6), drei Garanten (AS-8) und eine Argumentation (AS-1), die löchrig ist und daher nicht verbunden wurde (siehe Abschnitt 12.5). Des Weiteren gibt es einen Argumentationsstrang mit *Quellstruktur* (AS-3) mit unverbundenen Anteilen und einen Strang mit *Stromstruktur* (AS-7), der zu einer Quellstruktur hätte werden können, wenn aus AS-7b und AS-7c eine Schlussfolgerung geschlossen worden wäre. Auch in diesem Beispiel suchen die Studierenden ihren Weg zur Zielkonklusion, jedoch mit anspruchsvolleren Argumentationssträngen als im obigen Beispiel von Dennis und Julius (Gruppe 2). Hier in der Argumentation von Pia und Charlotte gibt es Abduktionen, Widerlegungen und komplexere Argumentationsstrukturen wie die Quellstruktur.

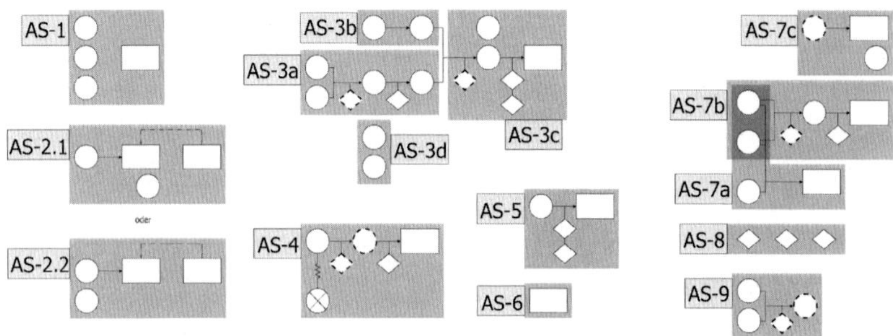

Abbildung 10.27 Argumentationsschema von Pia und Charlotte (Gruppe 3), Beweis 1 mündlich

Ein drittes Beispiel der Sprudelstruktur ist die mündliche Argumentation von Pia und Charlotte (Gruppe 3) zur zweiten Aussage, die in Abbildung 10.28 zu sehen ist.

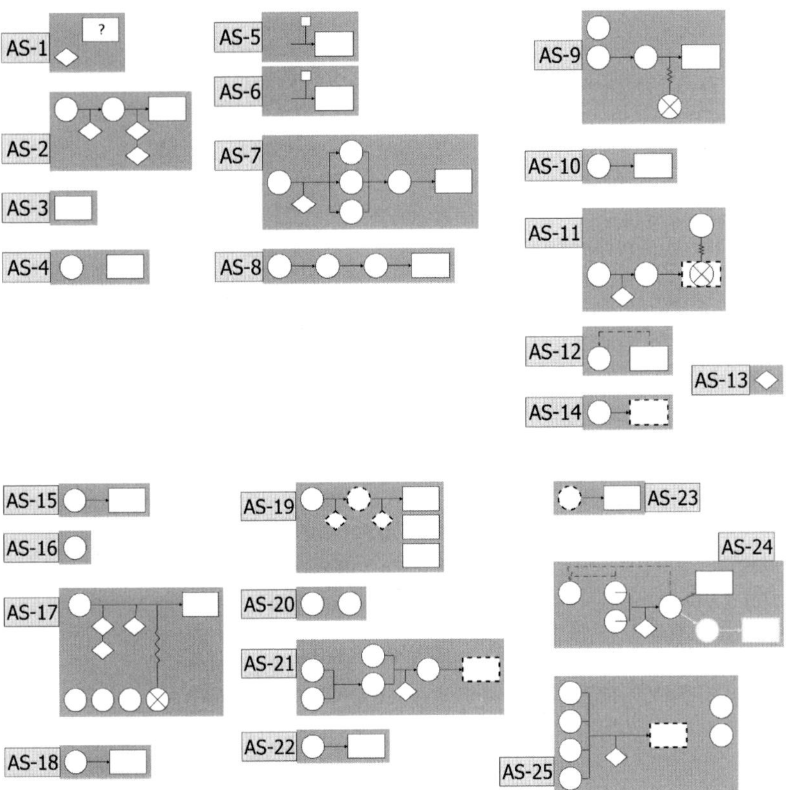

Abbildung 10.28 Argumentationsschema von Pia und Charlotte (Gruppe 3), Beweis 2 mündlich

Zu zeigen war eine „Genau dann, wenn"- Aussage. Die Studierenden mussten zeigen, dass in einem Rechteck die Diagonalen gleich lang sind und dass ein Parallelogramm mit gleich langen Diagonalen ein Rechteck ist. Dies zeigen Pia und Charlotte auf vielen Wegen, aus verschiedenen Blickwinkeln und wechseln dabei auch zwischen den zu zeigenden Richtungen. Dabei kommen Argumentationsstränge verschiedenster Art vor. Neun Stränge sind *einschrittig* (AS-5, AS-6, AS-10, AS-12, AS-14, AS-15, AS-18, AS-22 und AS-23). Von diesen Strängen ist AS-12 abduktiv, die Stränge AS-5 und AS-6 haben kein Datum, AS-14 nur eine implizite Konklusion und AS-23 ein implizites Datum. Sieben Stränge haben eine *Linienstruktur* (AS-2, AS-8, AS-9, AS-11, AS-17, AS-19 und AS-25), wobei AS-9, AS-17, AS-19 und AS-23 unverbundene Daten und Konklusionen enthalten. Zudem gibt es in AS-9, AS-11 und AS-17 Widerlegungen. Sechs weitere Stränge sind *unverbunden*, es handelt sich um AS-1, AS-3, AS-4, AS-13, AS-16 und AS-20. Bei AS-16 und AS-20 handelt es sich um Daten und bei AS-3 um eine Konklusion. AS-13 ist ein unverbundener Garant. AS-1 und AS-4 sind unverbundene Argumentationen. Des Weiteren gibt es drei Stränge mit *Stromstruktur* (AS-7, AS-21 und AS-24). Dabei weist AS-7 eine „Auffächerung" in der Mitte der Argumentation auf und in AS-24 lassen sich Abduktionen und zwei mögliche Verläufe der Argumentation rekonstruieren. In dieser Argumentation von Pia und Charlotte gibt es wie in ihrem ersten Beweis Abduktionen und Widerlegungen, aber keine komplexeren Strukturen wie die Quellstruktur. Die Komplexität der einzelnen Stränge ist im Vergleich zur ersten Aussage geringer.

Zusammenfassung zur Sprudelstruktur
Betrachtet man die untersuchten Argumentationsrekonstruktionen, die der Sprudelstruktur zugeordnet wurden, kann man sich die Struktur, bildlich gesprochen, so vorstellen, dass Ideen für die Argumentation hervorsprudeln wie aus einem Springbrunnen. Diese Ideen sind aber nicht sortiert oder wohlüberlegt, sie werden umgesetzt, sobald die Idee da ist. Im Unterschied zu den unabhängigen Argumenten haben alle diese Argumentationsideen die gleiche (Ziel-)Konklusion, auch wenn sie aus verschiedenen Themenbereichen kommen. Die Beispiele zeigen aber auch, dass es in der Sprudelstruktur durchaus feinstrukturelle und inhaltliche Qualitätsunterschiede geben kann.

10.8 Fazit zu den globalen Argumentationsstrukturen

In diesem Kapitel wurde sehr ausführlich dargestellt, welche globalen Strukturen in den untersuchten Argumentationen auftreten, welche der jeweiligen Charakteristika der Strukturen zu finden sind und welche nicht. Tabelle 10.1 zeigt eine Übersicht aller globalen Argumentationsstrukturen und ihrer Charakteristika. Im Vergleich zur Tabelle 2.2 wurde die Übersicht um die Stromstruktur und die Sprudelstruktur erweitert. Die ausführliche Darstellung der globalen Argumentationsstrukturen liegt zum einen an meinem genuinen akademischen Interesse an der Grundlagenforschung, aufbauend auf der Arbeit von Knipping (2003). In dieser Arbeit wurden verschiedene globale Strukturen zusammengetragen und auf ihre Charakteristika untersucht. Neue Strukturen wurden entwickelt, die das Erkennen weiterer Besonderheiten, Eigenschaften und Zusammenhänge und eine passgenauere Einteilung von Argumentationen nach ihrer globalen Argumentationsstruktur ermöglichen.

Dies führt zu einem weiteren Interesse, warum die globalen Strukturen in diesem Kapitel so ausführlich dargestellt wurden. Das Konzept globaler Argumentationsstrukturen wurde durch die mathematikdidaktische Gemeinschaft vielfach rezipiert. In der internationalen Forschung zeigt sich somit ein Interesse an Zusammenhängen von globalen Strukturen mit verschiedenen anderen Komponenten. Globale Strukturen von Argumentationen, in denen Schülerinnen und Schüler zusammen mit ihrer Lehrkraft eine Aussage im Unterricht beweisen, wurden ursprünglich von Knipping (2003) und im weiteren Verlauf auch von Reid und Knipping (2010) rekonstruiert und charakterisiert. Im Gegensatz zu Knipping und Reid betrachtet Shinno (2017) nicht die globale Struktur eines einzelnen Beweises, sondern die globale (und auch lokale) Struktur einer ganzen Unterrichtseinheit, somit den Zusammenhang zwischen verschiedenen einzelnen Argumentationen bei der Einführung irrationaler Zahlen in Jahrgang 9. Bei Erkek und Işıksal Bostan (2019) werden nicht „analog“ erstellte Beweise und deren globale Strukturen untersucht, sondern die Auswirkungen von Technologie, hier dynamischer Geometriesoftware, auf globale Argumentationsstrukturen in den Blick genommen. Sie betrachteten dabei keine Klassen, stattdessen Paare von Lehramtsstudierenden.

In dieser Arbeit werden wie bei Erkek und Işıksal Bostan (2019) Paare von Lehramtsstudierenden in den Blick genommen, allerdings ohne die technische Komponente. Alle Argumentationen und Beweise wurden „analog“ erstellt. Hier interessiert die Untersuchung der globalen Strukturen verschiedener Studierendenpaare über mehrere unterschiedliche Beweise. Die ausführliche Darstellung der auftretenden globalen Strukturen in diesem Kapitel dient in diesem Sinne der Vorbereitung und Motivation für das folgende Kapitel 11, in dem der Zusammenhang von globalen Strukturen mit weiteren Komponenten betrachtet wird. In Kapitel 11 wird die Komplexität und Qualität der verschiedenen globalen Strukturen untersucht. Globale Strukturen werden dort im Zusammenhang mit der Komplexität der Struktur, der inhaltlichen Güte, der Schwierigkeit der zu beweisenden Aussage und der Art der Argumentation gestellt.

Tabelle 10.1 Erweiterte vergleichende Übersicht der globalen Argumentationsstrukturen

	Globale Strukturen								
Charakteristikum	**Quellstruktur** (erstmals erwähnt in Knipping, 2003)	**Reservoirstruktur** (erstmals erwähnt in Knipping, 2003)	**Spiralstruktur** (erstmals erwähnt in Reid & Knipping, 2010)	**Sammelstruktur** (erstmals erwähnt in Reid & Knipping, 2010)	**Verschachtelte Struktur** (entwickelt nach Meyer, 2007a; Shinno, 2017)	**Linienstruktur** (erstmals erwähnt in Erkek & Işıksal Bostan, 2019)	**unabhängige Argumente** (erstmals erwähnt in Erkek & Işıksal Bostan, 2019)	**Stromstruktur**	**Sprudelstruktur**
Losgelöste Argumentationen	ja		ja	nein		nein	„ja“, aber inhaltlich nicht verbunden	möglich	ja
Parallele Argumentationen (zur gleichen Konklusion)	ja, am Anfang		ja, gegen Ende	nein		nein	(nein)	möglich	möglich
Konklusionen im Verlauf mit mehreren Daten, die wiederum Konklusionen vorheriger Schritte sind	ja	ja	ja	(möglich)		nein	(nein)	nein	
Widerlegungen	ja		ja	ja			möglich	möglich	

(Fortsetzung)

Tabelle 10.1 (Fortsetzung)

	Globale Strukturen								
Charakteristikum	**Quellstruktur** (erstmals erwähnt in Knipping, 2003)	**Reservoirstruktur** (erstmals erwähnt in Knipping, 2003)	**Spiralstruktur** (erstmals erwähnt in Reid & Knipping, 2010)	**Sammelstruktur** (erstmals erwähnt in Reid & Knipping, 2010)	**Verschachtelte Struktur** (entwickelt nach Meyer, 2007a; Shinno, 2017)	**Linienstruktur** (erstmals erwähnt in Erkek & Işıksal Bostan, 2019)	**unabhängige Argumente** (erstmals erwähnt in Erkek & Işıksal Bostan, 2019)	**Stromstruktur**	**Sprudelstruktur**
Implizite Daten und Garanten	häufig	seltener als bei Quellstruktur	seltener als bei Quellstruktur	häufig				ja	ja
Abduktion		ja		nein		nein		möglich	
Konklusion vorgegeben	(ja)	(ja)	(ja)	nein		(ja)	(ja)	ja	ja
Daten vorgegeben				nein					
Konklusionen weiterverwendet, aber nicht als Daten					ja				

Open Access Dieses Kapitel wird unter der Creative Commons Namensnennung 4.0 International Lizenz (http://creativecommons.org/licenses/by/4.0/deed.de) veröffentlicht, welche die Nutzung, Vervielfältigung, Bearbeitung, Verbreitung und Wiedergabe in jeglichem Medium und Format erlaubt, sofern Sie den/die ursprünglichen Autor(en) und die Quelle ordnungsgemäß nennen, einen Link zur Creative Commons Lizenz beifügen und angeben, ob Änderungen vorgenommen wurden.

Die in diesem Kapitel enthaltenen Bilder und sonstiges Drittmaterial unterliegen ebenfalls der genannten Creative Commons Lizenz, sofern sich aus der Abbildungslegende nichts anderes ergibt. Sofern das betreffende Material nicht unter der genannten Creative Commons Lizenz steht und die betreffende Handlung nicht nach gesetzlichen Vorschriften erlaubt ist, ist für die oben aufgeführten Weiterverwendungen des Materials die Einwilligung des jeweiligen Rechteinhabers einzuholen.

11 Vergleich globaler Argumentationsstrukturen

Dieses Kapitel beschäftigt sich intensiver mit den globalen Strukturen von Argumentationen und ihrem Zusammenhang mit weiteren Komponenten und Einflüssen. Im letzten Kapitel wurden alle rekonstruierten Argumentationen der Studierenden auf ihre globale Struktur hin untersucht und einer Struktur zugeordnet. Zusätzlich zu den aus der Forschungsliteratur bekannten Strukturen der Quellstruktur, Reservoirstruktur, Sammelstruktur und Spiralstruktur sowie Linienstruktur und unabhängigen Argumenten wurden in Anlehnung an Shinno (2017) die verschachtelte Struktur und aus den Daten die Stromstruktur und die Sprudelstruktur entwickelt. Bis auf die unabhängigen Argumente und die Spiralstruktur konnten alle Strukturen auch in den untersuchten Rekonstruktionen gefunden werden.

In diesem Kapitel wird nun die Komplexität der verschiedenen globalen Argumentationsstrukturen in den Blick genommen. In Bezug auf die Forschungsfragen wird untersucht, inwiefern ein Zusammenhang zwischen der Komplexität von globalen Strukturen und der inhaltlichen Güte der Argumentation besteht (siehe Abschnitt 11.1), wie die globalen Strukturen der mündlichen und schriftlichen Argumentationen in Verbindung stehen (siehe Abschnitt 11.2) und inwiefern die globale Argumentationsstruktur einer Argumentation von der Schwierigkeit der zu beweisenden Aussage abhängt (siehe Abschnitt 11.3).

Ergänzende Information Die elektronische Version dieses Kapitels enthält Zusatzmaterial, auf das über folgenden Link zugegriffen werden kann https://doi.org/10.1007/978-3-658-46468-4_11.

© Der/die Autor(en) 2025

N. Abels, *Argumentation und Metakognition bei geometrischen Beweisen und Beweisprozessen*, Perspektiven der Mathematikdidaktik,
https://doi.org/10.1007/978-3-658-46468-4_11

11.1 Die Komplexität globaler Argumentationsstrukturen

Globale Argumentationsstrukturen weisen viele Unterschiede aber auch Gemeinsamkeiten auf. Um einen Vergleich zwischen und eine „Bewertung" von den Strukturen vornehmen zu können, welcher neue Einblicke in die Argumentationstätigkeiten und -fähigkeiten der Studierenden – und perspektivisch auch von Schülerinnen und Schülern und weiteren Zielgruppen – ermöglicht, wird hier nicht nur der mathematische Inhalt der Argumentationen, sondern auch die Komplexität ihrer globalen Strukturen ausgewertet.

Zur Beurteilung der Komplexität globaler Argumentationsstrukturen wird in diesem Kapitel die gesamte Struktur in den Blick genommen. Die mögliche Komplexität einzelner Argumentationsstränge wird nicht betrachtet, stattdessen zeichnet sich Komplexität dadurch aus, wie viele verschiedene (explizite) Stränge vorhanden sind, wie sie miteinander zusammenhängen und wie sie aufeinander wirken. Zur Untersuchung der Komplexität werden die globalen Argumentationsstrukturen in ihrer „Reinform" betrachtet. Das bedeutet, dass nicht an den rekonstruierten Argumentationen der Studierenden die Komplexität untersucht wird, sondern an der idealisierten Form der globalen Strukturen, die durch ihre Charakteristika (siehe Tabelle 10.1) festgelegt ist.

Betrachtet man die verschiedenen globalen Argumentationsstrukturen in ihrer „Reinform", fällt auf, dass sie sich in ihrer Komplexität stark unterscheiden. Dabei lässt sich eine Reihenfolge erstellen, die die Komplexität von wenig bis höher komplex darstellt (siehe Tabelle 11.1). Im Folgenden wird nun die Komplexität der verschiedenen Strukturen im Einzelnen kurz dargelegt und anschließend der Zusammenhang zwischen der Komplexität der Struktur und der inhaltlichen Güte betrachtet.

Die erste Struktur, die hierfür betrachtet wird, ist die Struktur der *unabhängigen Argumente*. Diese Struktur wird ausgewählt, wenn sich keine „richtigen" Argumentationen finden lassen, sondern nur einschrittige Argumentationsfragmente, die inhaltlich nicht zusammenhängen und nicht das gleiche Ziel haben. Diese Struktur scheint einen sehr geringen Grad an Komplexität aufzuweisen, da die einzelnen Argumentationsstränge nicht miteinander zusammenhängen und keinen Einfluss aufeinander haben.

Tabelle 11.1 Komplexität der globalen Argumentationsstrukturen

- -	Komplexität						+ +
unabhängige Argumente	Sprudelstruktur	Sammelstruktur	Linienstruktur	Stromstruktur	Quellstruktur	Reservoirstruktur	verschachtelte Struktur

Ein wenig komplexer ist die *Sprudelstruktur*, die zwar auch von Argumentationsfragmenten geprägt ist, diese aber nicht nur einschrittig sind, sondern auch einen komplexeren Aufbau haben können. Das Vorgehen ist auch hier eher ein Stochern im Trüben mit der Hoffnung, dass die Argumentationen einem etwas bringen, doch ist die Sprudelstruktur auf eine Zielkonklusion hin ausgerichtet. Zudem besteht im Gegensatz zu den unabhängigen Argumenten zwischen den einzelnen Argumentationssträngen zumindest ein inhaltlicher Zusammenhang.

Die *Sammelstruktur* ist eine Struktur, die mehrschrittig ist. Sie ist allerdings in der Regel nicht von Anfang an auf eine Zielkonklusion hin fokussiert, sondern läuft zufällig in verschiedene Richtungen. Hier handelt es sich allerdings nicht mehr nur um Argumentationsfragmente, sondern um eine Argumentation. Dadurch ist diese Struktur wieder etwas komplexer als die beiden vorherigen. Durch den zufälligen Verlauf der Argumentation ist der Zusammenhang zwischen den einzelnen Argumentationssträngen jedoch nicht sehr ausgeprägt oder zielgerichtet.

Ebenfalls mehrschrittig und zudem auf eine Zielkonklusion fokussiert ist die *Linienstruktur*, die allerdings nicht immer ausreichend ist, um umfassendere Beweise formulieren zu können. Durch die Zielausrichtung dieser Struktur wird ihre Komplexität höher als die der vorherigen Strukturen bewertet. Allerdings ist sie weniger komplex als die nachfolgenden globalen Strukturen, da die Linienstruktur nur aus einem Argumentationsstrang besteht. Ein Beispiel hierfür ist in Abbildung 11.1 zu sehen.

Abbildung 11.1 Theoretisches Beispiel einer Linienstruktur mit Argumentationsstrang

Globale Strukturen, bei denen mehrere Argumentationsstränge zielgerichtet zusammenkommen, werden als komplexer beurteilt, da dort die Beziehung zwischen den Strängen größer ist. Dass es nur einen Argumentationsstrang in der hier betrachteten Linienstruktur gibt, schließt jedoch nicht aus, dass es wichtige inhaltliche Zwischenkonklusionen gibt. Es muss berücksichtigt werden, dass die Argumentationsstränge nach der Struktur, nicht aber nach dem inhaltlichen Verlauf erstellt werden. Deswegen bedeutet eine weniger komplexe Struktur nicht, dass die Argumentation auch inhaltlich „schlecht" ist.

Die *Stromstruktur* ist der Linienstruktur sehr ähnlich, aber komplexer durch weitere mögliche Anteile wie Abduktionen oder parallele Argumentationen. Sie besteht aus mehreren Argumentationssträngen, die miteinander zusammenhängen. Die Stränge an sich sind aber in der Regel kurz, es gibt auch keine Konklusionen mit mehreren Daten, die wiederum Konklusionen vorheriger Schritte sind.

Im Grad der Komplexität höher ist die *Quellstruktur*. Durch parallele Argumentationen zu Beginn der Argumentationsstruktur, Widerlegungen und Schritte mit mehreren Daten, die ihrerseits Konklusionen vorheriger Schritte sind, ist der Zusammenhang der verschiedenen Argumentationsstränge hoch und die Auswirkungen eines Stranges auf andere gegeben, wodurch die Quellstruktur komplexer als die Linienstruktur oder die Stromstruktur ist.

Die nächst komplexere Struktur ist die *Reservoirstruktur*. Bei ihr zeigt sich der Zusammenhang der Argumentationsstränge unter anderem durch Zwischenzielkonklusionen (Reservoire), die Argumentationsstränge zusammenführen, und durch das Wirken der Stränge aufeinander beispielsweise durch Abduktionen, die mehrere Stränge miteinander verbinden können.

Von den hier betrachteten globalen Strukturen scheint die *verschachtelte Struktur* die höchste Komplexität zu haben. Dies zeigt sich unter anderem darin, dass auch die in der Argumentation verwendeten Garanten bzw. Stützungen zum Teil eigene Argumentationen haben, also Konklusionen eigener Argumentationen sind. Die Wirkung einzelner Stränge auf andere Stränge ist damit sehr hoch.

Die Spiralstruktur wurde in dieser Betrachtung der Komplexität nicht berücksichtigt. Dies liegt daran, dass sie aus mehreren Beweisen für die Zielkonklusion besteht, eine Beurteilung der globalen Strukturen der einzelnen Beweise muss daher gesondert erfolgen. So ist es möglich, dass die verschiedenen Beweise, die in der Spiralstruktur zusammengeführt werden, globale Strukturen von geringerer Komplexität aufweisen oder aber von hoher Komplexität. Dies kann sich auch zwischen den einzelnen Beweisen für eine Zielkonklusion unterscheiden. Argumentationen mit Spiralstruktur sind somit nicht allgemein in ihrer Komplexität bewertbar.

Diese Betrachtung der globalen Strukturen bezüglich ihrer Komplexität zeigt, dass es rein strukturell große Unterschiede zwischen den Argumentationsstrukturen gibt. Die Bedeutung dieser unterschiedlichen Komplexität und ihre Auswirkung kann in vielen verschiedenen Richtungen untersucht werden, beispielsweise Logik, Gruppendynamik, Sprecheranteile oder auch Inhalt. Da in dieser Arbeit Argumentationen und Beweise ein Schwerpunkt sind, wird in diesem Kapitel die inhaltliche Güte, also die Korrektheit und fachliche Tragfähigkeit, in den Blick genommen. Denn bei Beweisen ist nicht nur die Struktur wichtig, sondern auch der Inhalt. Untersucht wird im Folgenden, inwiefern zwischen der Komplexität der Struktur als empirischem Ergebnis und der normativen inhaltlichen Güte ein direkter Zusammenhang oder eine Diskrepanz besteht.

Die Komplexität globaler Argumentationsstrukturen und ihre inhaltliche Güte
Die Komplexität einer globalen Argumentationsstruktur sagt nichts über die inhaltliche Güte der Argumentation aus. Dies lässt sich mithilfe zweier Vergleiche zeigen. Im Folgenden werden dafür Beispiele aus den Argumentationen der Studierenden gegeben, bei denen sich zum einen bei gleicher Struktur unterschiedliche inhaltliche Güte zeigt, zum anderen bei einer weniger komplexen Struktur höhere inhaltliche Güte als bei einer komplexeren Struktur.

Beim Vergleich von Beispielen rekonstruierter Argumentationsstrukturen, die der gleichen globalen Argumentationsstruktur zugeordnet werden, können trotz gleicher Komplexität der Struktur Unterschiede in der inhaltlichen Qualität auftreten. Zur Verdeutlichung dieses Zusammenhangs wurden aus den in dieser Arbeit rekonstruierten Argumentationen zwei Argumentationen mit Quellstruktur ausgewählt, da sich die Unterschiede der inhaltlichen Güte an diesen Beispielen besonders gut zeigen lassen. Die Quellstruktur steht dabei stellvertretend für alle anderen Strukturen, in denen dieses Phänomen ebenso auftreten kann.

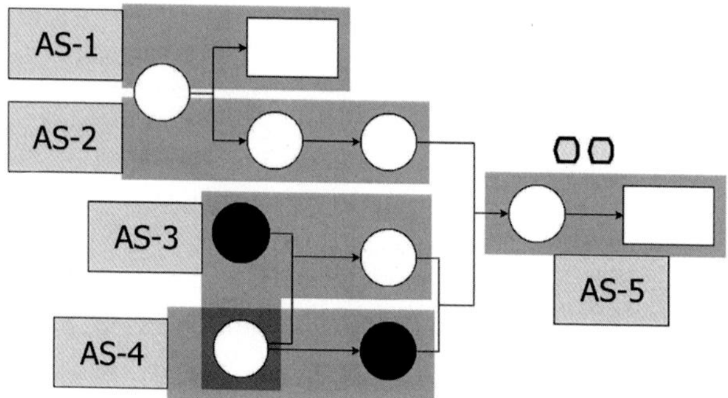

Abbildung 11.2 Argumentationsschema von Dennis und Julius (Gruppe 2), Beweis 2 (Teil 2)

Das erste Beispiel einer Argumentation mit Quellstruktur ist in Abbildung 11.2 zu sehen. Im zweiten Teil des schriftlichen Beweises zur zweiten Aussage versuchen Dennis und Julius zu zeigen, dass die Diagonalen in einem Parallelogramm nicht gleich lang sind. Ihre Schlussfolgerungen sind dabei aber häufig mathematisch nicht korrekt. In AS-2 folgern sie beispielsweise aus der Tatsache, dass in einem Parallelogramm kein Winkel 90° hat, dass im Parallelogramm keine Winkelhalbierenden gezogen werden können (vgl. Beweistextausschnitt in Abbildung 10.10). Die erste Konklusion in AS-5 ist die, dass die durch Einzeichnen der Diagonalen entstandenen Teildreiecke im Parallelogramm nicht alle die gleiche Winkelsumme haben. Im Kontext der euklidischen Geometrie ist diese Konklusion falsch. Bei diesem Beispiel handelt es sich also um eine Quellstruktur mit geringer inhaltlicher Güte.

Das zweite Beispiel einer Argumentation, ebenfalls mit Quellstruktur, ist in Abbildung 11.3 zu sehen. Die Rekonstruktion der mündlichen Argumentation von Daria und Leonie zur ersten Aussage ist im Gegensatz zum obigen Beispiel von Dennis und Julius mathematisch korrekt, eventuelle implizite Aussagen können problemlos ergänzt werden. Die Studierenden wollen zeigen, dass das in der ersten Aussage gegebene Dreieck gleichschenklig ist. Sie bestimmen dazu einen Basiswinkel und den Winkel in der Spitze des Dreiecks, um dann in AS-4 den zweiten Basiswinkel zu bestimmen. Ihr Schluss auf die Gleichschenkligkeit des Dreiecks bleibt zwar implizit, doch ist die „Lücke" auch deduktiv einfach zu schließen. Hier hat die Argumentation, obwohl es sich wie im obigen Beispiel um eine Quellstruktur handelt, eine höhere inhaltliche Güte.

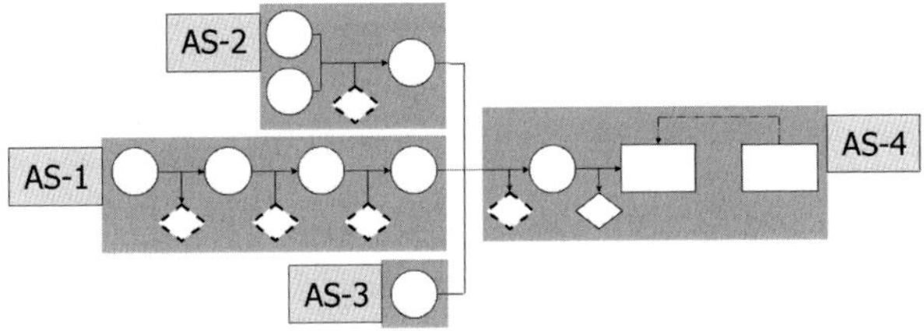

Abbildung 11.3 Argumentationsschema von Daria und Leonie (Gruppe 4), Beweis 1 mündlich

Bei beiden Strukturen dieses ersten Vergleichs handelt es sich um Quellstrukturen, doch eine ist mathematisch nachvollziehbar, die andere ist nicht korrekt. Dies zeigt, dass die gleiche Struktur nicht unbedingt gleiche inhaltliche Qualität bedeutet.

Dass die Komplexität der globalen Argumentationsstruktur nicht die inhaltliche Güte vorhersagt, zeigt sich noch besser mit den folgenden Beispielen. Hier wird ein Beispiel einer Argumentation mit geringer Komplexität mit dem ersten

Beispiel von Dennis und Julius aus dem obigen Vergleich verglichen. Beim zweiten Teil des schriftlichen Beweises zur zweiten Aussage von Dennis und Julius handelt es sich um eine Quellstruktur (siehe Abbildung 11.2), beim schriftlichen Beweis zur ersten Aussage von Daria und Leonie um eine Linienstruktur (siehe Abbildung 11.4). Die Rekonstruktion der Argumentation von Dennis und Julius zu Diagonalen im Parallelogramm wurde im letzten Abschnitt bereits geschrieben. Es handelt sich um eine Quellstruktur, bei der die Argumentation mathematisch nicht korrekt ist. Das „zeitsparende" Vorgehen von Dennis und Julius, die Beweisfindung und das Aufschreiben des Beweises miteinander zu verbinden, scheint für die inhaltliche Güte des Beweises nicht hilfreich gewesen zu sein.

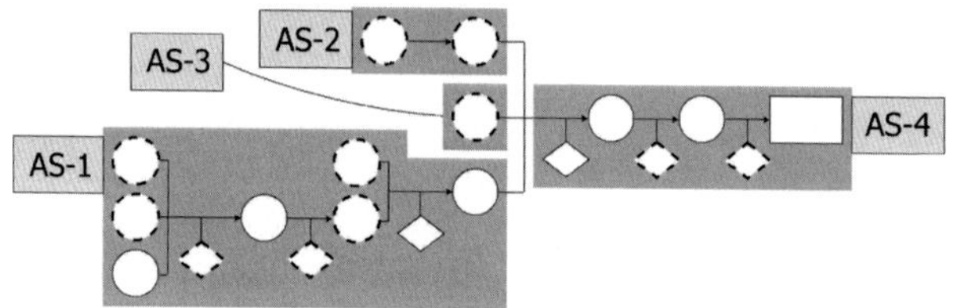

Abbildung 11.4 Argumentationsschema von Daria und Leonie (Gruppe 4), Beweis 1 schriftlich

Daria und Leonies Argumentation hingegen ist mathematisch „richtig", wenn auch etwas löchrig. Die Studierenden zeigen die Gleichschenkligkeit des in der Aussage gegebenen Dreiecks, indem sie den Winkel in der Spitze des Dreiecks bestimmen (AS-1) und nutzen implizit die Größe eines der Basiswinkel (AS-2), um dann in AS-4 den zweiten Basiswinkel zu bestimmen. Die impliziten Angaben und „Löcher" können jedoch mathematisch problemlos gefüllt werden. Für alle impliziten Angaben gab es Hinweise in Äußerungen, Mitschriften oder Gesten, dass den Studierenden diese Aussagen bekannt sind und sie diese nutzen. Die rekonstruierte Argumentationsstruktur hier ist eine Linienstruktur (vgl. Abschnitt 10.2).

Vergleicht man beide Beispiele, fällt auf, dass in der komplexeren Quellstruktur die inhaltliche Qualität des Beweises geringer ist als in der weniger komplexen Linienstruktur. Hier zeigt sich noch deutlicher als beim obigen Vergleich zweier gleicher Strukturen, dass die Komplexität der Struktur nicht gleichzusetzen ist mit der mathematischen Qualität.

Die Beispiele in diesem Kapitel zeigen eindrücklich, dass von der Komplexität der Struktur nicht auf die inhaltliche, mathematische Güte geschlossen werden kann. Beide Bereiche müssen unabhängig voneinander untersucht und bewertet werden.

11.2 Änderung der globalen Strukturen durch das Aufschreiben eines Beweises

Beim Vergleich der globalen Argumentationsstrukturen fällt auf, dass sich die globale Struktur zwischen der mündlichen und schriftlichen Argumentation unterscheiden kann (siehe Tabelle 11.2). Die Struktur kann theoretisch gleich bleiben, aber auch in der Komplexität steigen oder sinken. Bei der Betrachtung der sieben Beweise, bei denen es eine mündliche und eine schriftliche Argumentation gibt, zeigt sich, dass bei sechs Beispielen die globale Struktur vom Mündlichen zum Schriftlichen komplexer wird, nur bei einem ist die mündliche Argumentation komplexer als die schriftliche. Der Beweis von Dennis und Julius (Gruppe 2) zur zweiten Aussage, bei dem es keine Trennung von mündlicher und schriftlicher Argumentation gibt, wird an dieser Stelle nicht ausgewertet.

Im Folgenden werden alle Fälle betrachtet, bei denen die Komplexität der globalen Struktur im Schriftlichen steigt, und ebenso der Fall, in dem die Komplexität sinkt. Durch erklärende Beschreibungen und Vergleiche der mündlichen und schriftlichen Argumentationen der einzelnen Gruppen zu den beiden zu beweisenden Aussagen sollen Gründe für die Änderung der Komplexität gefunden werden. Zusammenhänge von der Komplexität und der Art der Argumentation (mündlich/schriftlich) könnten interessante Auswirkungen auf Mathematikunterricht zum Beweisen haben.

Zur Untersuchung dieser Zusammenhänge werden zunächst die Argumentationsstrukturen des Mündlichen und Schriftlichen strukturell (und eingeschränkt auch inhaltlich) betrachtet und verglichen. Die inhaltliche Ebene ist wichtig, da die Betrachtung der Struktur allein nicht die Frage beantworten kann, *warum* sich die Struktur ändert. Nach der Beschreibung der mündlichen und schriftlichen Argumentation einer Gruppe zu einer Aussage folgt ein Vergleich. Damit möglichst viele Gründe und Facetten dieses Phänomens aufgezeigt werden können und auch ein Eindruck davon entsteht, wie häufig diese in diesen Daten auftreten, werden alle betrachteten Beispiele beschrieben. Zunächst werden nun die Fälle betrachtet, bei denen die Komplexität der globalen Struktur bei der schriftlichen Argumentation höher ist als bei der mündlichen Argumentation. Dies trat bei sechs von sieben Fällen auf.

Tabelle 11.2 Übersicht der zugeordneten Strukturen nach Beweis und Gruppe

	Beweis 1		Beweis 2	
	mündlich	schriftlich	mündlich	schriftlich
Nina und Maja (Gruppe 1)	Stromstruktur mit Resevoirstruktur-Anteilen	Quellstruktur mit Resevoirstruktur-Anteilen	Teil 1: Stromstruktur Teil 2: Stromstruktur	Nicht mehr Quellstruktur aber noch nicht Reservoirstruktur
Dennis und Julius (Gruppe 2)	Teil 1: Sprudelstruktur Teil 2: Sammelstruktur	Teil 1: Linienstruktur Teil 2: Stromstruktur	Teil 1: Stromstruktur Teil 2: Quellstruktur	
Pia und Charlotte (Gruppe 3)	Sprudelstruktur	Vorstufe zu verschachtelter Struktur	Sprudelstruktur	Quellstruktur
Daria und Leonie (Gruppe 4)	Quellstruktur	Linienstruktur	Stromstruktur mit Sprudelstruktur -Anteilen	Quellstruktur

Beispiele von Argumentationen, bei denen die Komplexität der globalen Strukturen im Schriftlichen höher ist als im Mündlichen
Bei Nina und Maja ist die schriftliche Argumentation in beiden Beweisen von komplexerer globaler Struktur. Die Studierenden zeigen im Beweis der ersten Aussage, dass das gegebene Dreieck gleichschenklig ist. Der grundlegende inhaltliche Aufbau der mündlichen und schriftlichen Argumentation ist ähnlich und wird im Folgenden genauer beschrieben. Zwei Argumentationsstränge (AS-3 zu γ und AS-1 zu α_2) werden zusammengeführt und ermöglichen den Schluss, dass der Winkel x eine Größe von $\frac{\alpha}{2}$ hat (AS-4). Von dieser Konklusion aus wird im Mündlichen (siehe Abbildung 11.5) in AS-4 jedoch quasi linear auf die Gleichschenkligkeit des Dreiecks geschlossen (α_2 wird implizit genutzt), im Schriftlichen (siehe Abbildung 11.6) erfolgt die Verwendung der Konklusion von Strang 1 ($\alpha_2 = \frac{\alpha}{2}$) als Datum explizit, weshalb hier die Stränge AS-4 zu x und AS-5 zur Gleichschenkligkeit getrennt werden. Auch unterscheiden sich die expliziten Zwischenschritte beim Schluss auf die Gleichschenkligkeit, die im Schriftlichen in AS-5 etwas kürzer ausfällt als im Mündlichen in AS-4. Der Zwischenschritt über die Existenz von zwei gleich langen Seiten im Dreieck wird ausgelassen. Der Argumentationsstrang AS-1 zu α_2 ist im Mündlichen implizit, im Schriftlichen sind der Garant und einige der Daten explizit. Der Strang AS-3 zu γ nutzt in beiden Fällen Stufen- und Nebenwinkel, im Schriftlichen ist die Argumentation allerdings etwas präziser und besitzt in einem Zwischenschritt noch ein weiteres Datum. Das „tote Ende" der mündlichen Argumentation (AS-2) wurde im Schriftlichen nicht wieder aufgegriffen, die Studierenden scheinen erkannt zu haben, dass es für die gewählte Argumentation nicht von Bedeutung ist. Trotz kleinerer Unterschiede ist die inhaltliche Nähe der mündlichen und schriftlichen Argumentation klar erkennbar.

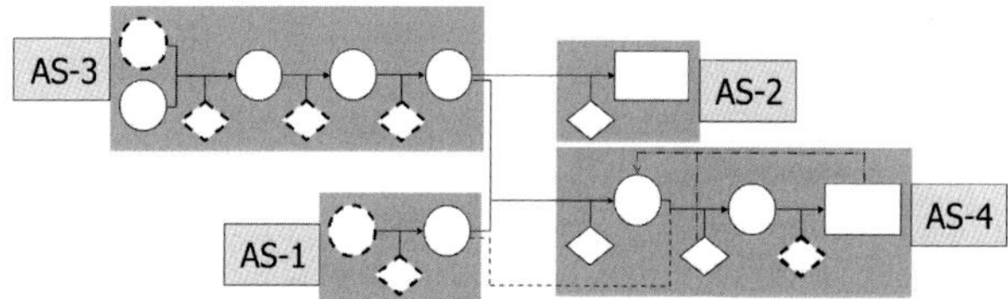

Abbildung 11.5 Argumentationsschema von Nina und Maja (Gruppe 1), Beweis 1 mündlich

Woran kann es nun liegen, dass bei inhaltlicher Nähe der Argumentationen trotzdem unterschiedliche globale Strukturen rekonstruiert wurden? Aufgrund des

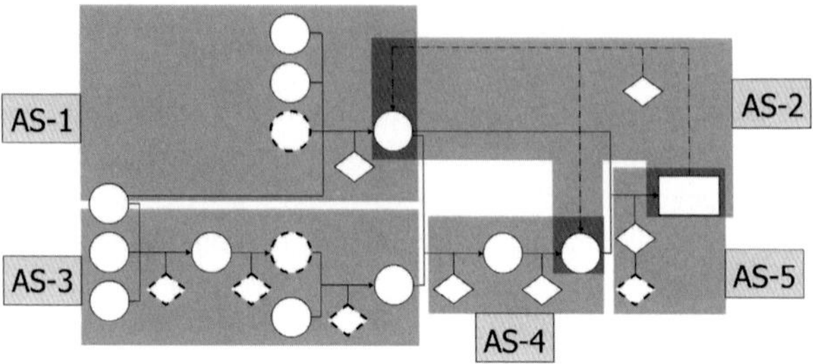

Abbildung 11.6 Argumentationsschema von Nina und Maja (Gruppe 1), Beweis 1 schriftlich

fast linearen Argumentationsverlaufs und der Tatsache, dass AS-1 bis auf die Konklusion implizit ist, handelt es sich bei der mündlichen Argumentation von der globalen Struktur her um eine *Stromstruktur*. In der schriftlichen Argumentation ist AS-1 explizit, die Gesamtstruktur verengt sich an zwei Stellen und weist damit die typische Trichterform einer *Quellstruktur* auf. Die Quellstruktur des Schriftlichen ist von der globalen Struktur her komplexer als die Stromstruktur des Mündlichen. In beiden Argumentationen gibt es zudem je eine Abduktion, in der von der Zielkonklusion der Gleichschenkligkeit mit Basiswinkelsatz im Mündlichen auf x (in AS-4) und im Schriftlichen auf x und α_2 gefolgert wird (AS-2). Daher weisen beide Strukturen Anteile der Reservoirstruktur auf. Trotz der Ähnlichkeit beider Argumentationen in Inhalt und Verbindungen zeigt sich hier eine höhere Komplexität der globalen Struktur der schriftlichen Argumentation. Diese höhere Komplexität im Schriftlichen beruht unter anderem darauf, dass einige Argumentationsschritte und Verbindungen *explizit* gemacht wurden. Dies zeigte die inhaltliche Betrachtung der Argumentationen.

Wie sehen die Argumentationen von Nina und Maja bei der zweiten Aussage aus? Für den Beweis der zweiten Aussage mussten zwei Richtungen erkannt und bewiesen werden. Nina und Maja bemerken dies und zeigen sowohl in der mündlichen als auch in der schriftlichen Argumentation beide Richtungen, die sie in der schriftlichen sogar noch zusammenführen.

Die erste Richtung des Beweises hat im Mündlichen und im Schriftlichen die gleiche Grundidee, die im Folgenden näher betrachtet und auf Unterschiede untersucht wird. Die Studierenden möchten beweisen, dass ein Parallelogramm mit gleich langen Diagonalen ein Rechteck ist. Dazu nutzen sie kongruente Dreiecke. Die schriftliche Argumentation wird dabei gegenüber der mündlichen

Argumentation ausführlicher und inhaltliche Fehler und Lücken werden behoben. Im Mündlichen (siehe Abbildung 11.7) folgern die Studierenden abduktiv, dass es im Rechteck 90°-Winkel geben muss (AS-1). Sie betrachten ein Paar von Dreiecken (ΔABC und ΔABD) und zeigen, dass der Winkel β die Größe 90° hat (AS-4). Dabei nutzen sie den Kongruenzsatz SWS, was mathematisch falsch, für sie jedoch aufgrund abduktiv gebliebener Schritte möglich ist (AS-3). Diesen Fehler erkennen sie nicht. Auch einen deduktiven Schritt zur Zielkonklusion, dass es sich um ein Rechteck handelt, gibt es nicht. Im Schriftlichen (siehe Abbildung 11.8) erfolgt die Argumentation umfangreicher. Es werden weitere Dreiecke betrachtet (AS-2 und AS-3) und die Kongruenz von ΔABC und ΔABD mathematisch korrekt mit dem Kongruenzsatz SSS bewiesen (AS-5). Zudem gibt es im Mündlichen wie im Schriftlichen einen abduktiven Schritt (in beiden Argumentationen in AS-4), der nicht weiter aufgegriffen wird, aber zeigt, dass die zu beweisende Aussage zwei Richtungen hat, da die Konklusion dieses Schrittes die gleiche Länge der Diagonalen ist. Die zweite Richtung des Beweises wird also angedeutet. Insgesamt wirkt hier die schriftliche Argumentation wie eine gute Überarbeitung des Mündlichen.

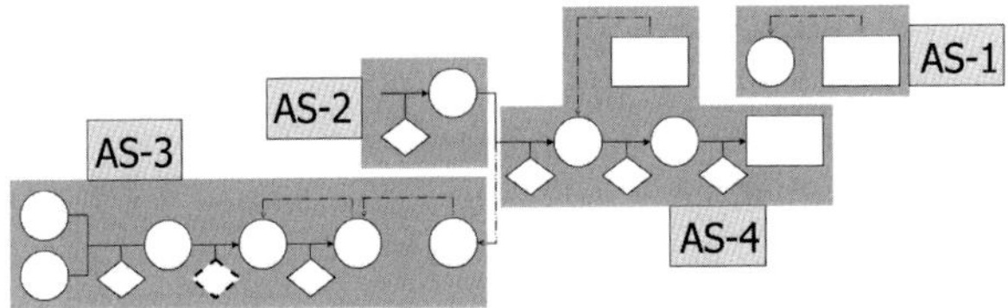

Abbildung 11.7 Argumentationsschema von Nina und Maja (Gruppe 1), Beweis 2 (Teil 1) mündlich

In der zweiten Richtung des Beweises wollen Nina und Maja nun zeigen, dass es sich nicht um ein Rechteck handelt, wenn die Diagonalen nicht gleich lang sind. Hier zeigen sich in der inhaltlichen Betrachtung trotz erkennbarer Zusammenhänge große Unterschiede. Im Mündlichen (siehe Abbildung 11.9) ist die Argumentation eher wirr und nicht gut durchdacht. Zwar sind schon die wichtigen Schritte enthalten, die Ideen „*nicht kongruente Diagonalen → nicht kongruente Dreiecke → kein Rechteck*" (AS-1) und „*nicht kongruente Diagonalen + zwei kongruente Seitenpaare → eingeschlossene Winkel nicht kongruent*" (AS-3) stehen jedoch nicht in direktem Zusammenhang. Im Schriftlichen (siehe Abbildung 10.15) vereinen die Studierenden ihre Ideen zum Verlauf „*nicht kongruente*

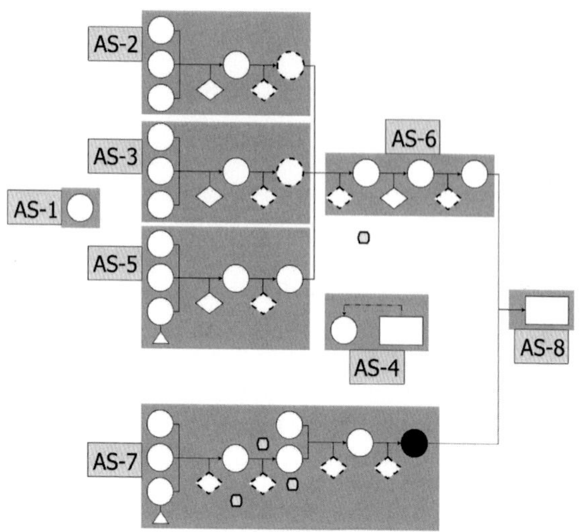

Abbildung 11.8 Argumentationsschema von Nina und Maja (Gruppe 1), Beweis 2 schriftlich

Diagonalen + zwei kongruente Seitenpaare → SSS gilt nicht → Dreiecke nicht kongruent → eingeschlossene Winkel nicht kongruent → (kein Rechteck)“ (AS-7). Die Argumentation ist zusammengesetzt aus den Brocken der mündlichen Diskussion. Alle Garanten sind implizit, im Gegensatz zur mündlichen Argumentation, in der sie die notwendigen Garanten für ihre Argumentation nennen. Im Schriftlichen werden die beiden Fälle des Beweises noch zusammengeführt (AS-8). Wie genau diese Zusammenführung von den Studierenden gemeint war, ist aufgrund der schlechten Formulierung nicht genau erkennbar (siehe Auseinandersetzung in Abschnitt 12.7).

Abbildung 11.9 Argumentationsschema von Nina und Maja (Gruppe 1), Beweis 2 (Teil 2) mündlich

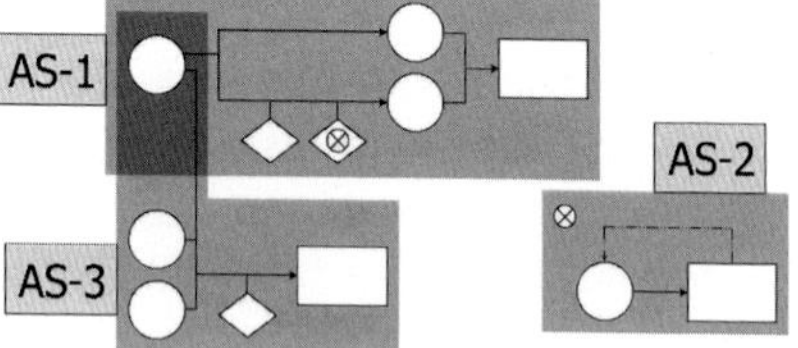

Der inhaltliche Unterschied spiegelt sich in den globalen Argumentationsstrukturen wider. Aufgrund der größeren *expliziten* Ausführlichkeit und der Zusammenführung der Fälle handelt es sich bei der Argumentationsstruktur des Schriftlichen um eine Mischung aus Quell- und Reservoirstruktur mit den Konklusionen der Fälle als Reservoiren. Im Mündlichen sind die Fälle getrennt und verlaufen recht linear, daher wurden beide der weniger komplexen Stromstruktur zugeordnet. Im Vergleich besitzt der schriftliche Beweis demnach eine komplexere globale Argumentationsstruktur als die mündliche Argumentation durch eine *höhere Komplexität in der Bearbeitung* (z. B. die Zusammenführung der beiden Fälle). Im Mündlichen ist die Bearbeitung flacher, vermutlich, weil die Studierenden nicht alle Feinheiten gleichzeitig bedenken konnten. Das unterscheidet die Argumentation zur zweiten Aussage von der oben beschriebenen Argumentation zur ersten Aussage, bei der Inhalt und Verbindungen vergleichbar sind und sich nur durch den Grad der Explizitheit unterscheiden.

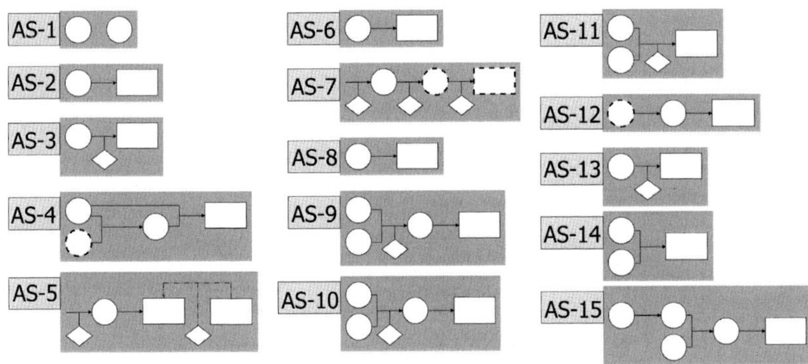

Abbildung 11.10 Argumentationsschema von Dennis und Julius (Gruppe 2), Beweis 1 (Teil 1) mündlich

Bei Dennis und Julius wird für die Beantwortung der Forschungsfrage nur der erste Beweis ausgewertet, da sie beim zweiten Beweis mündliche und schriftliche Argumentation nicht trennen. Im ersten Teil der mündlichen Argumentation zur ersten Aussage (siehe Abbildung 11.10) werden die Winkel im Dreieck bestimmt. Dazu gibt es verschiedene Ideen und Ansätze, die mal mehr, mal weniger mathematisch korrekt sind und hier nicht näher beschrieben werden. Bei dieser mündlichen Struktur handelt es sich um eine Sprudelstruktur. Beim Aufschreiben dieses ersten Teils geht die Zielkonklusion, dass das Dreieck gleichschenklig ist, allerdings verloren. Dennis und Julius bestimmen in der schriftlichen Argumentation (siehe Abbildung 11.11) stattdessen alle Winkelgrößen im Dreieck (AS-1), wobei bei der Aussage, dass x = ½α, nicht sicher ist, ob sie die Größe des Winkels x meinen oder die beiden Winkel gleichsetzen. Zudem unterläuft den Studierenden bei der Bestimmung des Winkels γ ein Denkfehler, sodass sie $\gamma = \gamma$-α anstelle von $\gamma =$ 180°-α schreiben. Des Weiteren verwenden die Studierenden als ein Datum genau das, was gezeigt werden muss (Streckenabschnitte von h und k im Dreieck sind gleich lange Strecken), wodurch sie hier in einen Zirkelschluss geraten, ohne dies zu bemerken. Trotz der mathematischen Schwierigkeiten handelt es sich bei der globalen Argumentationsstruktur des schriftlichen Beweises um eine Linienstruktur, die etwas komplexer ist als die Sprudelstruktur des Mündlichen. Die Steigerung der Komplexität der globalen Struktur scheint darauf zurückzuführen zu sein, dass die Studierenden im Schriftlichen nicht mehr nach einer Argumentation suchen (wie im Mündlichen), sondern sich stattdessen auf eine Argumentation festgelegt haben.

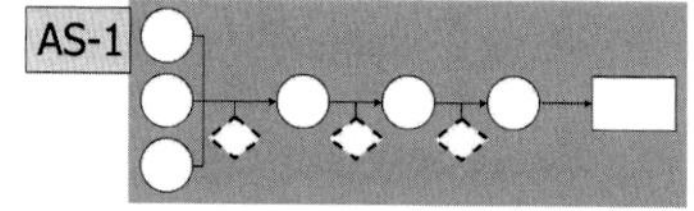

Abbildung 11.11 Argumentationsschema von Dennis und Julius (Gruppe 2), Beweis 1 (Teil 1) schriftlich

Der zweite Teil der Argumentation zur ersten Aussage, der im Folgenden inhaltlich beschrieben wird, soll zeigen, dass zwei Seiten („g" und k) des Dreiecks gleich lang sind. Er besteht im Mündlichen (siehe Abbildung 11.12) aus zwei Argumentationen (AS-1 und AS-2), die nicht direkt verbunden sind. Zuerst wird eine Linie auf $\overline{AB}$ durch C eingezeichnet, die die Studierenden sowohl als Winkelhalbierende als auch als Mittelsenkrechte verwenden, und damit fast alle Winkel der beiden entstandenen Teildreiecke bestimmt(AS-1). Im Argumentationsstrang AS-2 werden einige der Winkel wieder aufgegriffen und mithilfe der Winkelsumme im Dreieck der dritte Winkel beider Teildreiecke bestimmt. Da diese auch gleich sind, sind folglich die Seiten „g" und k im Dreieck gleich lang. In einer parallelen Argumentation zeigen sie die gleiche Länge der zwei Dreiecksseiten mithilfe der Kongruenz der zwei Teildreiecke, da Winkel und eine Seite (die Linie als Mittelsenkrechte halbiert $\overline{AB}$) der Teildreiecke bekannt sind und der Kongruenzsatz WSW genutzt werden kann. Dadurch, dass die Studierenden die eingezeichnete Linie sowohl als Mittelsenkrechte als auch als Winkelhalbierende nutzen, begeben sie sich, ohne es zu bemerken, in einen Zirkelschluss, da die Linie nur Mittelsenkrechte *und* Winkelhalbierende sein kann, wenn das Dreieck gleichschenklig ist. Die Studierenden haben also vorausgesetzt, was sie zeigen wollten. Insgesamt sind beide Argumentationsstränge mathematisch schwach und ergeben zusammen eine Sammelstruktur, da die Studierenden zusammensammeln, was sie haben.

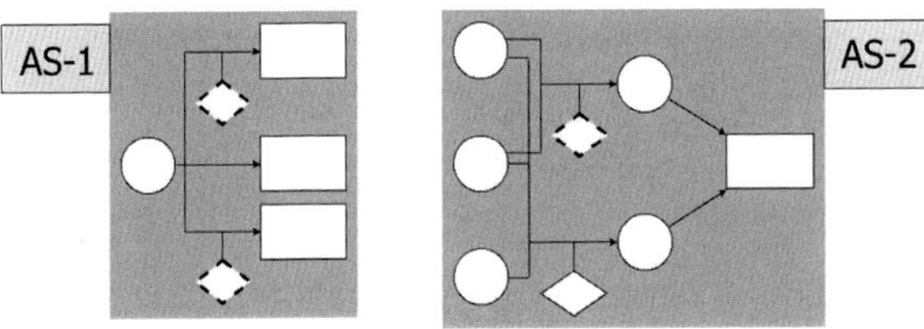

Abbildung 11.12 Argumentationsschema von Dennis und Julius (Gruppe 2), Beweis 1 (Teil 2) mündlich

Im Schriftlichen (siehe Abbildung 11.13) verfolgen Dennis und Julius die Idee der Kongruenz weiter, die sie im Mündlichen entwickelt haben. Allerdings wird in der schriftlichen Argumentation die Winkelhalbierende ebenfalls als Mittelsenkrechte verwendet (AS-2), was wieder zu einem Zirkelschluss führt. Die Kongruenz der Teildreiecke des betrachteten Dreiecks wird zudem nicht wie im Mündlichen mit dem Kongruenzsatz WSW, sondern mit dem Satz WWW begründet, der allerdings kein Kongruenz-, sondern ein Ähnlichkeitssatz ist. Für die schriftliche Argumentation ergibt sich hier die globale Argumentationsstruktur der Stromstruktur. Die Steigerung der Komplexität von der Sammelstruktur zur Stromstruktur scheint in diesem Fall wie im vorherigen Beispiel darin begründet, dass sich die Studierenden auf eine Argumentation fokussieren.

Abbildung 11.13 Argumentationsschema von Dennis und Julius (Gruppe 2), Beweis 1 (Teil 2) schriftlich

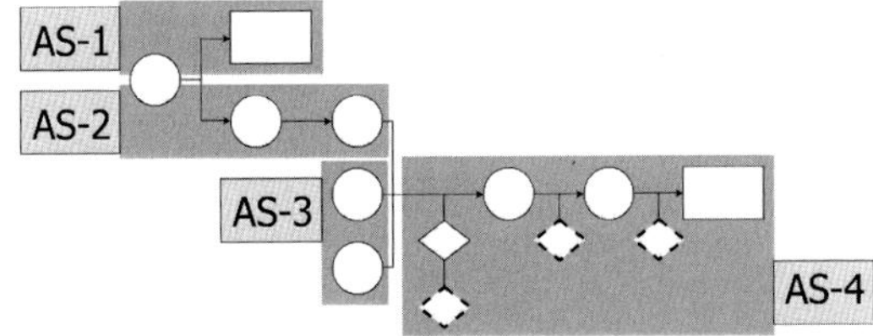

Der Vergleich zwischen der Rekonstruktion der mündlichen und schriftlichen Argumentation von Dennis und Julius zur ersten Aussage zeigt, dass die Komplexität im Schriftlichen steigt, von der Sprudelstruktur zur Linienstruktur und von der Sammelstruktur zur Stromstruktur. Bei Dennis und Julius scheint für die

Steigerung der Komplexität der globalen Strukturen die Tatsache ausschlaggebend zu sein, dass sie im Mündlichen noch nach einer Argumentation *suchen* und verschiedenes ausprobieren, sich dann aber im Schriftlichen auf eine Idee festlegen.

Auch die Argumentationen von Pia und Charlotte steigern ihre Komplexität von der mündlichen zur schriftlichen Argumentation bei beiden Aussagen. Die inhaltliche Betrachtung ihrer Argumentation weist dabei auf ähnliche Zusammenhänge wie schon bei Dennis und Julius hin.

Bei Pia und Charlotte (Gruppe 3) zeigt sich bei den globalen Strukturen zur ersten Aussage ein Anstieg der Komplexität von der Sprudelstruktur im Mündlichen zu einer Vorstufe der verschachtelten Struktur im Schriftlichen. Wird nicht nur die globale Struktur, sondern auch der Inhalt der Argumentation betrachtet, zeigt sich in der mündlichen Argumentation (siehe Abbildung 11.14), dass die Studierenden verschiedene Ansätze nutzen, um zu beweisen, dass das gegebene Dreieck gleichschenklig ist. Sie argumentieren über Stufen- und Nebenwinkel, Basiswinkel und Seitenlängen, erweitern das Dreieck zu einem Parallelogramm und argumentieren mit den Eigenschaften von Parallelogrammen und versuchen es auch unter Nutzung der Mittelsenkrechten im Dreieck. Eine ihrer Argumentationen (AS-3) ist dabei ausführlich und mathematisch tragfähig. Diese verwerfen sie jedoch und probieren weitere Argumentationen. Bei der globalen Struktur handelt es sich aufgrund der vielen Ansätze und ausprobierten Ideen um eine Sprudelstruktur.

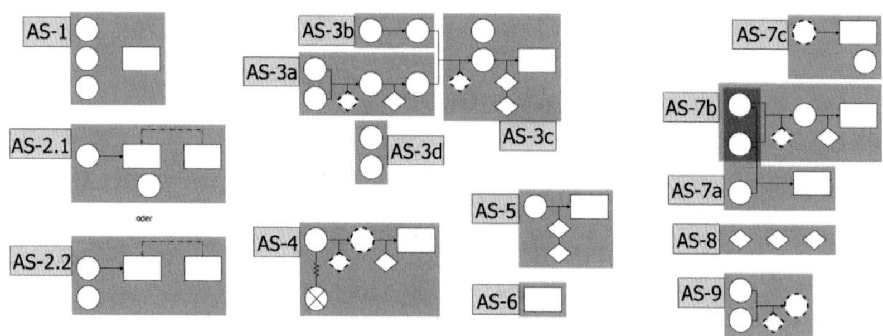

Abbildung 11.14 Argumentationsschema von Pia und Charlotte (Gruppe 3), Beweis 1 mündlich

Im Schriftlichen (siehe Abbildung 11.15) nutzen die Studierenden ihre Idee mit der Mittelsenkrechten auf der Grundseite des Dreiecks, die sie zuvor im

Mündlichen entwickelt haben. Geht die Mittelsenkrechte durch die gegenüberliegende Spitze des Dreiecks, ist das Dreieck gleichschenklig. Diese Voraussetzung für den Schluss zeigen die Studierenden jedoch nicht, sondern nehmen ihn als Hypothese an. Des Weiteren ist der Argumentationsstrang AS-2 zu beachten, der von der eigentlichen Argumentation (AS-3) losgelöst ist. Inhaltlich besteht jedoch eine Verbindung zur Stützung von AS-3. Daher wird für die globale Struktur des Schriftlichen eine Vorstufe der verschachtelten Struktur angenommen (siehe Abschnitt 10.5).

Abbildung 11.15 Argumentationsschema von Pia und Charlotte (Gruppe 3), Beweis 1 schriftlich

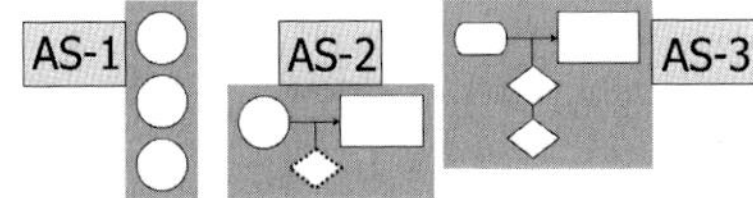

Wie hängten diese inhaltlichen Aspekte nun mit den Strukturen zusammen? Auch dieser Vergleich zeigt eine Steigerung der Komplexität vom Mündlichen zum Schriftlichen. Die weniger komplexe Sprudelstruktur im Mündlichen wird im Schriftlichen zu einer Vorstufe der verschachtelten Struktur. Zwar handelt es sich nur um eine Vorstufe, die Komplexität ist dennoch größer als bei der Sprudelstruktur. Betrachtet man hier wieder die inhaltlichen Aspekte, scheint die Steigerung der Komplexität der globalen Struktur wie bei Dennis und Julius daran zu liegen, dass im Schriftlichen eine Idee fokussiert, im Mündlichen zuvor noch nach Ansätzen und Ideen *gesucht* wird. Durch die Fokussierung einer Argumentationsidee kann deren Struktur komplexer ausgearbeitet werden als in der mündlichen Argumentation, in der viele Ideen eher kurz angeschnitten werden.

Die globalen Strukturen des Mündlichen und Schriftlichen von Pia und Charlotte (Gruppe 3) zur zweiten Aussage sind vergleichbar mit denen zur ersten Aussage. Auch hier handelt es sich beim Mündlichen um eine Sprudelstruktur (siehe Abbildung 11.16). Die Studierenden versuchen die Aussage mit verschiedenen Ansätzen wie der Nutzung von Mittelsenkrechten, Winkelsätzen oder Kongruenz zu zeigen und überlegen sogar, die Aussage zu ändern und diese neue Aussage zu beweisen. Ihre Argumentationen sind dabei in der Regel recht kurz und nicht sehr komplex. Da die Studierenden viele kleine Argumentationen „ausprobieren“ und viele verschiedene Ansätze verfolgen, handelt es sich um eine Sprudelstruktur.

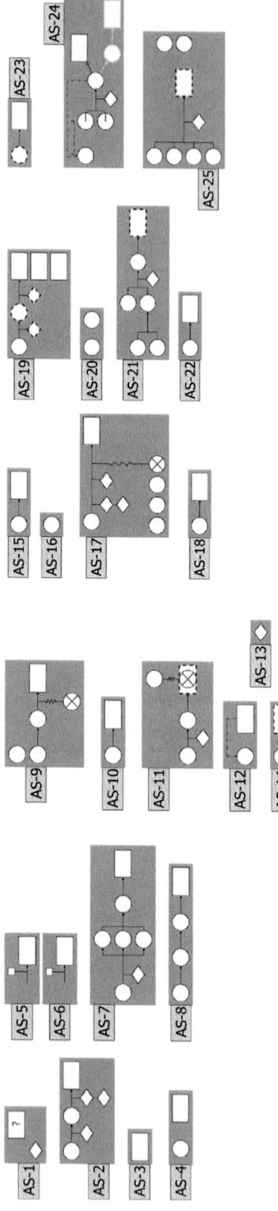

Abbildung 11.16 Argumentationsschema von Pia und Charlotte (Gruppe 3), Beweis 2 mündlich

Im Schriftlichen (siehe Abbildung 11.17) einigen sich Pia und Charlotte auf eine Beweisidee und zeigen, dass es sich bei dem Parallelogramm aus der Aussage um ein Rechteck handelt. Dafür nutzen sie Neben- und Stufenwinkel, mit denen sie folgern, dass die Winkel in den Ecken des Parallelogramms 90° haben. Allerdings schaffen es Pia und Charlotte nicht, alle Fäden des Beweises zusammen zu halten. Die Voraussetzung, dass die Diagonalen gleich lang sind, wird von den Studierenden zwar in AS-3 erwähnt, war aber die ursprüngliche Zielkonklusion der Argumentation, die im Verlauf verloren ging (siehe Abschnitt 12.8) und wird bei den Schlussfolgerungen zu der Zielkonklusion, dass es sich um ein Rechteck handelt, nicht genutzt. Auch die zweite Richtung der „Genau dann, wenn"-Aussage wird weder erkannt noch genutzt. Die globale Struktur der schriftlichen Argumentation ist eine Quellstruktur, die Argumentation ist jedoch inhaltlich trotz der etwas komplexeren Struktur nicht korrekt.

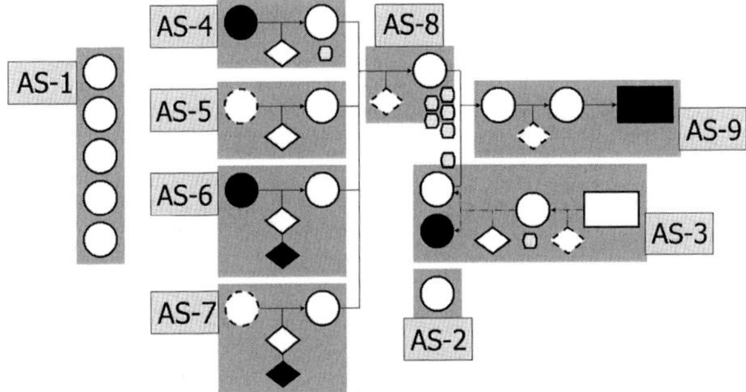

Abbildung 11.17 Argumentationsschema von Pia und Charlotte (Gruppe 3), Beweis 2 schriftlich

Der Vergleich zeigt, dass die Struktur des Mündlichen (Sprudelstruktur) weniger komplex ist als die Struktur des Schriftlichen (Quellstruktur). Die Struktur wird im Schriftlichen komplexer (von Sprudelstruktur zu Quellstruktur), da die Studierenden dort ihre Argumentation mehr ausführen und zielgerichteter argumentieren. Es wird nicht mehr „wahllos" nach Ansätzen *gesucht*. Darin sind die Argumentationen von Pia und Charlotte zur zweiten Aussage denen zur ersten gleich.

In noch einem weiteren Fall ist die globale Struktur der schriftlichen Argumentation komplexer als die der mündlichen Argumentation. Bei Daria und Leonie wird die globale Argumentationsstruktur allerdings nur beim Beweis der zweiten

Aussage komplexer. Dies unterscheidet diese Gruppe von den zuvor betrachteten, bei denen die globale Struktur der Argumentation im Schriftlichen stets komplexer war als im Mündlichen. Daria und Leonie erkennen bei ihrem Beweis zur zweiten Aussage nicht, dass sie zwei Richtungen beweisen müssen und zeigen nur die Richtung, dass ein Parallelogramm mit gleich langen Diagonalen ein Rechteck ist. Im Mündlichen (siehe Abbildung 11.18) versuchen sie dies zuerst kurz mit den Mittelsenkrechten, bevor sie es mit rechten Winkeln zeigen wollen. Wird dieser Ansatz genauer betrachtet, um inhaltliche Einflüsse auf die globale Struktur untersuchen zu können, fällt auf, dass die Studierenden in der Hauptargumentation (AS-5) zunächst über Teildreiecke bestimmen, dass die Winkel α_1, β_1, γ_1, δ_1 alle die gleiche Größe α haben (AS-5a bis 5f). Im Anschluss zeigen sie, dass der Winkel β die Größe 90°- α hat (bis AS-5j). Damit bestimmen sie, dass die Winkel des Parallelogramms jeweils 90° haben und es sich um ein Rechteck handelt. Diese Hauptargumentation verläuft fast linear, AS-5a ist nur implizit mit der Hauptargumentation verbunden. Die globale Argumentationsstruktur ist für die Hauptargumentation daher die Stromstruktur.

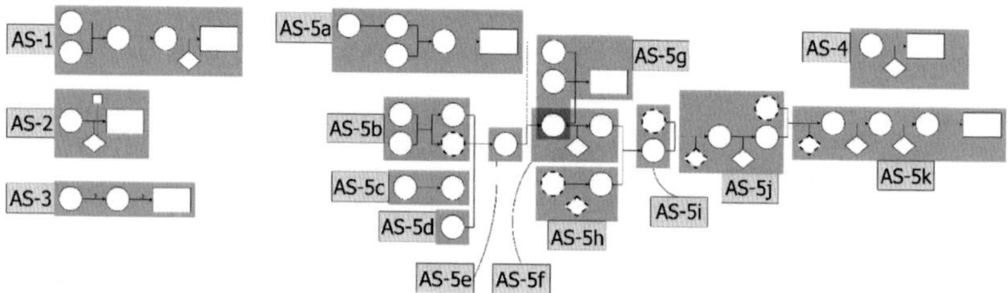

Abbildung 11.18 Argumentationsschema von Daria und Leonie (Gruppe 4), Beweis 2 mündlich

Die Idee des schriftlichen Beweises (siehe Abbildung 11.19) ist inhaltlich die gleiche. Die Studierenden zeigen zuerst, dass alle mit α gekennzeichneten Winkel gleich groß sind (AS-3). Im Anschluss bestimmen sie die Winkel γ (durch Winkelsumme im Dreieck) und δ (Nebenwinkel zu γ), um die mit β bezeichneten Winkel zu bestimmen (AS-4). Da in den Ecken des Vierecks immer ein α- und ein β-Winkel sind, ist jede Ecke $\alpha + \beta$ und damit gleich groß (AS-5). Mit der Winkelsumme im Viereck wird eine Formel aufgestellt, die nach Umformung Gleichheit zeigt (AS-6). Die Voraussetzung, dass die Diagonalen gleich lang sind, wird hier von Daria und Leonie nicht mehr genutzt. Es wird nicht auf das Rechteck geschlossen, zudem gibt es einen Zirkelschluss im Beweis.

Trotz der größeren inhaltlichen Schwächen ist die globale Argumentationsstruktur komplexer, es handelt sich um eine Quellstruktur.

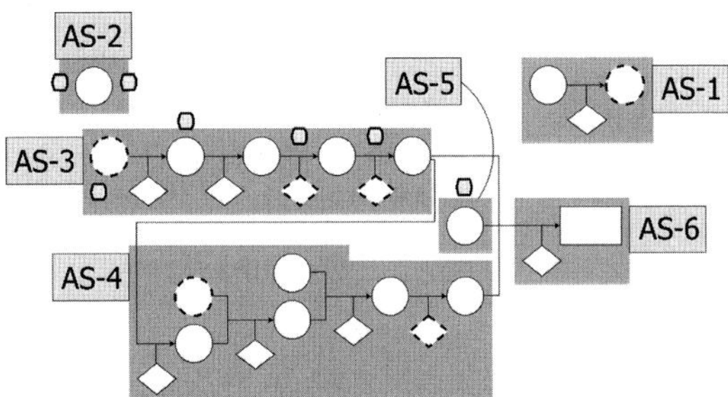

Abbildung 11.19 Argumentationsschema von Daria und Leonie (Gruppe 4), Beweis 2 schriftlich

Im Vergleich zeigt sich, dass die globale Argumentationsstruktur des Schriftlichen (Quellstruktur) komplexer ist als die des Mündlichen (Stromstruktur). Die inhaltliche Betrachtung der Argumentationen zeigt, dass sich die komplexere Struktur des Schriftlichen dadurch ergibt, dass die Studierenden die Zusammenhänge der Winkel und der „Schlussformel" *explizit* machen. Dadurch kann die typische Trichterform der Quellstruktur entstehen, die durch die rein implizite Anwendung im Mündlichen nicht gegeben ist. Die Explizitheit der Ausführung ist hier, wie schon bei Nina und Maja (Gruppe 1) ausschlaggebend für die Steigerung der Komplexität der globalen Struktur von der mündlichen zur schriftlichen Argumentation.

Beispiele von Argumentationen, bei denen die Komplexität der globalen Strukturen im Schriftlichen niedriger ist als im Mündlichen

Wie in den letzten sechs Beispielen beschrieben, sind die globalen Argumentationsstrukturen der meisten in dieser Arbeit rekonstruierten Argumentationen im Schriftlichen komplexer als im Mündlichen. Es gibt jedoch auch ein Beispiel dafür, dass die Komplexität der Struktur abnehmen kann, wenn der Beweis aufgeschrieben wird. Im Folgenden wird wie bei den vorherigen Beispielen zunächst die globale Struktur der mündlichen und schriftlichen Argumentationen strukturell und in Teilen inhaltlich beschrieben und verglichen, um dann auf die Gründe für eine abnehmende Komplexität schließen zu können.

Daria und Leonie (Gruppe 4) zeigen in ihren Argumentationen zur ersten Aussage, dass das gegebene Dreieck gleichschenklig ist. In der mündlichen und schriftlichen Argumentation gibt es trotz inhaltlicher Nähe Unterschiede (siehe Abbildung 11.20 und Abbildung 11.21). Grundsätzlich haben die mündliche

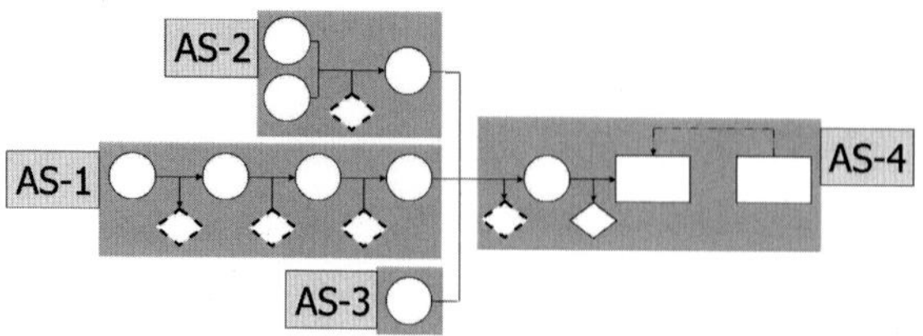

Abbildung 11.20 Argumentationsschema von Daria und Leonie (Gruppe 4), Beweis 1 mündlich

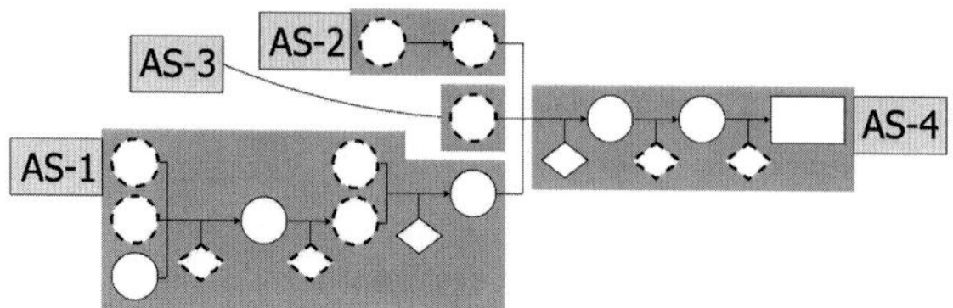

Abbildung 11.21 Argumentationsschema von Daria und Leonie (Gruppe 4), Beweis 1 schriftlich

und schriftliche Argumentation einen ähnlichen Aufbau. In beiden Fällen gibt es Argumentationsstränge, deren Zielkonklusion die Größe der Winkel γ und α_2 ist. Der Strang AS-2 zu α_2 ist im Mündlichen explizit, im Schriftlichen jedoch implizit. Der Strang AS-1 zu γ ist in beiden Argumentationen explizit und nutzt Stufen- und Nebenwinkel. Der Strang AS-3, der die Lage von Winkel x beschreibt, ist im Mündlichen explizit und im Schriftlichen nur implizit enthalten. Die Zusammenführung der Stränge ermöglicht in beiden Argumentationen mithilfe der Winkelsumme im Dreieck den Schluss, dass „$x = ½\ \alpha$". Weder im Mündlichen noch im Schriftlichen ist jedoch erkennbar, ob diese Gleichung die Größe von x oder die Größengleichheit mit ½ α, also α_2, beschreibt. Aus dem „$x = ½\ \alpha$" wird im Anschluss die Gleichschenkligkeit des Dreiecks geschlossen, im Mündlichen abduktiv, im Schriftlichen explizit, jedoch mit implizitem Garanten. Die Definition eines gleichschenkligen Dreiecks („*Ein gleichschenkliges Dreieck hat zwei gleich große Winkel.*") stimmt jedoch nicht mit der Definition der Vorlesung überein („*Ein gleichschenkliges Dreieck hat zwei gleich lange Seiten.*").

Im Vergleich fällt auf, dass in der mündlichen Diskussion (siehe Abbildung 11.20) inhaltlich expliziter argumentiert wurde als im aufgeschriebenen

Beweis (siehe Abbildung 11.21). Auch die Komplexität der globalen Argumentationsstruktur ist im Mündlichen höher. Grund für die Verringerung der Komplexität der globalen Struktur sind die Stränge AS-2 und AS-3, die im mündlichen explizit sind, wodurch sich die Quellstruktur ergibt, und im schriftlichen implizit, wodurch das gleiche „Grundgerüst" jetzt nur noch eine Linienstruktur ergibt. Dass die Stränge AS-2 und AS-3 implizit werden, könnte daran liegen, dass die Inhalte dieser Stränge aufgrund der mündlichen Diskussion inzwischen geteiltes Wissen sind und für die Studierenden quasi als Hintergrundwissen fungieren, das man nicht noch einmal erwähnen muss. In der schriftlichen Argumentation werden diese Inhalte dann einfach genutzt, aber nicht mehr gezeigt oder gar explizit benannt. Es könnte jedoch auch Einfluss gehabt haben, dass der Beweis nicht sofort aufgeschrieben wurde. Nach der mündlichen Beweisfindung beschäftigten sich die Studierenden zunächst mit dem Beweis der zweiten Aussage (mündlich und schriftlich), bevor sie sich wieder der ersten Aussage zuwandten, um den Beweis aufzuschreiben.

Fazit der Untersuchung von Zusammenhängen globaler Strukturen mündlicher und schriftlicher Argumentationen

Die globale Struktur von mündlichen und schriftlichen Argumentationen zu einer gegebenen Aussage kann die gleiche sein, sie kann sich aber auch unterscheiden. Die globale Struktur kann komplexer werden oder sich in ihrer Komplexität verringern. Die oben betrachteten Beispiele bieten einen Einblick in verschiedene Gründe, die ein Wechsel der globalen Struktur haben kann. In sechs der hier betrachteten sieben Fälle wurde die Struktur im Schriftlichen komplexer als im Mündlichen. In der Hälfte dieser Fälle beruht die Erhöhung der Komplexität darauf, dass im Mündlichen häufig noch nach einer Idee gesucht wird. Dadurch entstehen viele Sprudelstrukturen mit geringerer Komplexität. Im Schriftlichen wird dann (in der Regel) nur noch eine Idee der Beweisfindung umgesetzt, wodurch keine Sprudelstruktur mehr entsteht. Da fast alle Strukturen komplexer als die Sprudelstruktur sind, erhöht sich damit auch die Komplexität.

Als ein weiterer möglicher Grund dafür, dass globale Argumentationsstrukturen im Schriftlichen komplexer sind als im Mündlichen, zeigt sich in den obigen Beispielen auch, dass die Studierenden im Schriftlichen mehr explizit aufschreiben, was im Mündlichen noch implizit mitschwingt. In den Rekonstruktionen zeigen sich in den schriftlichen Argumentationen in vielen Fällen weniger gestrichelte implizite Symbole als in den mündlichen Argumentationen. Im Mündlichen sind Argumente flüchtig, sie sind nach der Aussprache nicht mehr greifbar. Mündliche Aussagen können zudem vergessen oder falsch erinnert werden, wodurch tote Enden entstehen. Sie können schlecht formuliert sein oder der Gesprächspartner kann eine Aussage missverstehen. Bereits genannte Aussagen oder Aussagen, die in einer Skizze klar erkennbar sind, werden von den Studierenden häufig als vorhandenes und geteiltes Wissen vorausgesetzt und bei erneuter Benutzung nicht wieder explizit genannt. Dies zeigt sich in den untersuchten Rekonstruktionen häufig. Im Schriftlichen hingegen gibt es eine festgeschriebene Version, beide Studierende sehen das gleiche, was Missverständnisse reduziert und Vergessen verhindert. Wie es bei der Betrachtung der schriftlichen Argumentationen scheint, werden in einem schriftlichen Beweis Details von den Studierenden für wichtiger gehalten bzw. sie können besser erkennen, wo sie fehlen. Ausführlichere und explizitere Argumentationen führen dann zu komplexeren globalen Strukturen der schriftlichen Argumentation.

Das Explizieren von Aussagen kann aber auch ein Grund dafür sein, dass die Komplexität der Struktur in der schriftlichen Argumentation niedriger ist als in der mündlichen. In dem einen betrachteten Fall, in dem die Komplexität der globalen Struktur abnahm, blieben Aussagen implizit. Dies könnte daran liegen, dass Aussagen nach der Nennung während der mündlichen Argumentation als geteiltes Wissen vorliegen und nicht mehr aufgeschrieben werden, weil es nicht mehr als notwendig erachtet wird, die Aussagen erneut explizit zu machen. Konzeptionelle Mündlichkeit und Schriftlichkeit scheinen somit einen Einfluss darauf zu haben, ob bzw. wie sich die Komplexität der globalen Strukturen verändert. Dies wird im Diskussionskapitel 18 näher beleuchtet.

Die in dieser Arbeit betrachteten Argumentationen scheinen darauf hinzuweisen, dass die Komplexität globaler Strukturen von der mündlichen zur schriftlichen Argumentation in der Regel zunimmt. Es zeigt sich aber schon bei der geringen Anzahl teilnehmender Studierender, dass dies nicht immer der Fall ist. Weitere Untersuchungen zur Änderung der Komplexität globaler Strukturen und ihrer Gründe sind notwendig, auch mit anderen Probandengruppen wie beispielsweise Schülerinnen und Schülern.

11.3 Strukturunterschiede zwischen verschiedenen Beweisen

Im vorherigen Abschnitt 11.2 wurde der strukturelle Unterschied zwischen der mündlichen und der schriftlichen Argumentation innerhalb der Aussagen beleuchtet. Doch wie verhält es sich mit den globalen Strukturen zwischen verschiedenen Beweisen? Im Folgenden wird untersucht, wie sich die globalen Strukturen der mündlichen bzw. schriftlichen Argumentationen zwischen einfacheren und schwierigeren zu beweisenden Aussagen unterscheiden. Durch die Betrachtung dieser Unterschiede sollen Gründe dafür gefunden werden, ob bzw. warum sich die Komplexität der globalen Strukturen verändert. Eventuelle Zusammenhänge der Schwierigkeit einer zu beweisenden Aussage mit der Komplexität der globalen Strukturen könnten auf lange Sicht auch den Mathematikunterricht zum Argumentieren und Beweisen beeinflussen, z. B. im Bereich der Inklusion und Differenzierung.

Die Schwierigkeit eines Beweises zu bewerten, ist nicht einfach. Um den ersten und zweiten Beweis trotzdem einschätzen zu können, wurden verschiedene Kriterien genutzt. Die erste zu beweisende Aussage wird als einfacher eingestuft, da nur eine, in der Aussage explizit gegebene Richtung bewiesen werden muss. Zudem ist die Skizze durch den Aussagentext gegeben und dadurch auch ein Beweisansatz. Die zweite zu beweisende Aussage wird als schwieriger eingestuft, da hier die zwei Richtungen aus der „genau dann, wenn"-Aussage ausgepackt und anschließend gezeigt werden müssen. Auch hilfreiche Skizzen und Beweisideen müssen selbst gefunden werden.

In diesem Kapitel werden somit zwei Aussagen mit unterschiedlichem Schwierigkeitsgrad betrachtet. Daher wird kein direkter inhaltlicher oder feinstruktureller Vergleich durchgeführt, wie es ihn in Abschnitt 11.2 gegeben hat. Stattdessen werden nur die globalen Strukturen untersucht. Verglichen werden dabei jeweils die mündlichen und die schriftlichen Argumentationen einer Gruppe (siehe Tabelle 11.3).

Bei den *mündlichen Argumentationen* wird die Struktur vom ersten zum zweiten Beweis bei zwei Gruppen weniger komplex. Nina und Maja (Gruppe 1) haben beim ersten Beweis eine Stromstruktur mit Reservoirstruktur-Anteilen, beim zweiten Beweis nur noch die Stromstruktur. Bei Daria und Leonie (Gruppe 4) ist der Unterschied noch größer, bei ihnen geht es von einer Quellstruktur im ersten Beweis zu einer Stromstruktur mit Sprudelstruktur -Anteilen im zweiten Beweis. Bei Pia und Charlotte (Gruppe 3) bleibt die globale Struktur gleich, allerdings handelt es sich in beiden Fällen um die Sprudelstruktur, also eine globale Struktur mit sehr geringer Komplexität. Bei Dennis und Julius (Gruppe 2) ist kein Vergleich des Mündlichen möglich, da der zweite Beweis gleich aufgeschrieben wurde. Zusammenfassend scheint es hier, als würde mit steigender Schwierigkeit des Beweises die Komplexität der globalen Argumentationsstruktur von mündlichen Argumentationen *nicht* ebenfalls steigen.

Tabelle 11.3 Übersicht der zugeordneten Strukturen nach Mündlich/Schriftlich und Gruppe

	mündlich		**schriftlich**	
	Beweis 1	Beweis 2	Beweis 1	Beweis 2
Nina und Maja (Gruppe 1)	Stromstruktur mit Resevoirstruktur-Anteilen	Teil 1: Stromstruktur Teil 2: Stromstruktur	Quellstruktur mit Resevoirstruktur-Anteilen	Nicht mehr Quellstruktur aber noch nicht Reservoirstruktur
Dennis und Julius (Gruppe 2)	Teil 1: Sprudelstruktur Teil 2: Sammelstruktur	X	Teil 1: Linienstruktur Teil 2: Stromstruktur	Teil 1: Stromstruktur Teil 2: Quellstruktur
Pia und Charlotte (Gruppe 4)	Sprudelstruktur	Sprudelstruktur	Vorstufe zu „verschachtelter“ Struktur	Quellstruktur
Daria und Leonie (Gruppe 4)	Quellstruktur	Stromstruktur mit Sprudelstruktur -Anteilen	Linienstruktur	Quellstruktur

In *schriftlichen Argumentationen* scheint genau dies jedoch der Fall zu sein. Bei fast allen Gruppen wurde die globale Struktur im Schriftlichen beim zweiten Beweis komplexer als beim ersten Beweis. Hatten Nina und Maja (Gruppe 1) beim ersten Beweis noch eine Quellstruktur mit Reservoirstruktur-Anteilen, so wurde die Struktur beim zweiten Beweis komplexer und ist nun nicht mehr nur eine Quell-, wenn auch noch nicht ganz eine Reservoirstruktur. Die Linien- und Stromstrukturen des ersten Beweises wurden bei Dennis und Julius (Gruppe 2) zu Strom- und Quellstruktur. Auch bei Daria und Leonie (Gruppe 4) war die Linienstruktur des ersten Beweises weniger komplex als die Quellstruktur des zweiten Beweises. Bei Pia und Charlotte (Gruppe 3) ist im Schriftlichen ein Vergleich der globalen Strukturen schwierig. Die Struktur des ersten Beweises ist potentiell höher, da die „verschachtelte“ Struktur eine hohe Komplexität aufweist. Es handelt sich jedoch noch nicht ganz um eine solche Struktur, sondern eher um eine Vorstufe, was aber von der Lesart abhängt (siehe Abschnitt 10.5). Daher scheint der zweite Beweis mit seiner Quellstruktur komplexer und besser ausgearbeitet, eine endgültige Einschätzung ist jedoch nicht möglich.

Zwar ist diese Stichprobe sehr klein, allgemeine Schlüsse sind daher nicht möglich, trotzdem lassen sich diese Ergebnisse plausibilisieren. Es scheint, als habe die *mündliche Argumentation* beim schwierigeren Beweis eher eine weniger komplexe Struktur als bei einfacheren. Bei den hier betrachteten Argumentationen wird die Komplexität der globalen Struktur in zwei von drei Fällen geringer, in einem Fall bleibt sie gleich. Diese Abnahme der Komplexität könnte daran liegen, dass beim schwierigeren Beweis wesentlich mehr Details behalten werden müssen und die benötigte Argumentation an sich umfassender ist. Beim schwierigeren Beweis könnte es dadurch komplizierter sein, sich alle Einzelheiten und ihre Verbindungen zu merken und auch sprachlich auszudrücken. Diese mentale Belastung könnte dazu führen, dass in der mündlichen Argumentation zur Entlastung vieles nicht extra angesprochen wird, wenn es nicht sein muss, und dadurch auch die globale Struktur vereinfacht wird.

Im *Schriftlichen* wiederum zeigt sich das Gegenteil. Die Argumentation zur schwierigeren Aussage scheint hier in der Regel eine komplexere globale Struktur als bei der einfacheren Aussage zu haben. Hier zeigt sich in vier von fünf Fällen bei der schriftlichen Argumentation zur schwierigeren zweiten Aussage eine höhere Komplexität der globalen Struktur. Dies könnte daran liegen, dass durch das Aufschreiben die mentale Belastung geringer wird. Auch sind im Schriftlichen alle Angaben für alle sichtbar, sodass Lücken und Formulierungsschwierigkeiten leichter entdeckt und gefüllt werden können als im Mündlichen. Durch die höhere inhaltliche Komplexität der benötigten Argumentation für den

Beweis einer schwierigeren Aussage entsteht dann auch eine komplexere globale Argumentationsstruktur.

11.4 Fazit zum Vergleich und der Komplexität globaler Strukturen

Die Bestimmung globaler Strukturen ermöglicht die Betrachtung von Argumentationen in verschiedenen Facetten. In dieser Arbeit wurde die Komplexität der Strukturen und ihr Zusammenhang mit der inhaltlichen Güte, dem Medium (mündlich/schriftlich) und der Schwierigkeit der zu beweisenden Aussage betrachtet.

Globale Strukturen können in ihrer Komplexität unterschieden und bewertet werden, wie in Abschnitt 11.1 gezeigt wurde. Dabei gibt es eine große Spannbreite von wenig komplexen Strukturen (z. B. unabhängige Argumente) bis zu höher komplexen Strukturen (z. B. verschachtelte Struktur). Die Komplexität der globalen Struktur an sich sagt jedoch nichts über die inhaltliche Güte der Argumentation aus. Komplexere Strukturen können inhaltlich falsch sein, wenig komplexe Strukturen wiederum inhaltlich richtig. Zur Einschätzung der inhaltlichen Güte bedarf es neben der strukturellen ebenfalls einer inhaltlichen Betrachtung.

Auch im Zusammenhang mit dem Medium von Argumentationen können Unterschiede in der Komplexität der globalen Argumentationsstrukturen festgestellt werden. In den meisten der hier untersuchten Fälle ist die globale Struktur der schriftlichen Argumentation komplexer als die der mündlichen. Ein Grund dafür könnte die höhere Explizitheit der schriftlichen Argumentation sein. Auch gibt es Suchprozesse für Argumentationsansätze, die in der Rekonstruktion wenig komplexe Strukturen ergeben, in der Regel nur in der mündlichen Argumentation.

Die globalen Strukturen der mündlichen bzw. schriftlichen Argumentationen unterscheiden sich auch bei unterschiedlichen Aussagen, je nach Schwierigkeit der Aussage. Wenn die zu beweisende Aussage schwieriger wird, wird die Komplexität der mündlichen Argumentation geringer. Dies könnte geschehen, um durch die Beschränkung auf das Allerwesentlichste die mentale Belastung zu reduzieren. Bei der schriftlichen Argumentation wird die Komplexität der globalen Struktur höher. Hier kann die mentale Belastung durch die schriftliche Fixierung der Gedanken reduziert werden. Die höheren inhaltlichen Anforderungen an Argumentation bei schwierigeren Aussagen haben ebenfalls einen Einfluss auf die Komplexität der Struktur.

Die Ergebnisse zeigen, dass die Betrachtung der globalen Argumentationsstrukturen und ihrer Komplexität zu weiteren Informationen führt – über die eigentliche Argumentation hinaus – und Untersuchungen in einem größeren Rahmen zulässt. Ermöglicht werden Vergleiche zwischen Argumentationen über unterschiedliche Gruppen und Aussagen hinweg.

Open Access Dieses Kapitel wird unter der Creative Commons Namensnennung 4.0 International Lizenz (http://creativecommons.org/licenses/by/4.0/deed.de) veröffentlicht, welche die Nutzung, Vervielfältigung, Bearbeitung, Verbreitung und Wiedergabe in jeglichem Medium und Format erlaubt, sofern Sie den/die ursprünglichen Autor(en) und die Quelle ordnungsgemäß nennen, einen Link zur Creative Commons Lizenz beifügen und angeben, ob Änderungen vorgenommen wurden.

Die in diesem Kapitel enthaltenen Bilder und sonstiges Drittmaterial unterliegen ebenfalls der genannten Creative Commons Lizenz, sofern sich aus der Abbildungslegende nichts anderes ergibt. Sofern das betreffende Material nicht unter der genannten Creative Commons Lizenz steht und die betreffende Handlung nicht nach gesetzlichen Vorschriften erlaubt ist, ist für die oben aufgeführten Weiterverwendungen des Materials die Einwilligung des jeweiligen Rechteinhabers einzuholen.

Besonderheiten einzelner Argumentationsstränge

12

Die durch die Rekonstruktionen gewonnenen Argumentationsstrukturen weisen sowohl in einzelnen Strängen als auch in der globalen Struktur Unterschiede und Besonderheiten auf. In diesem Kapitel liegt der Fokus auf Besonderheiten in einzelnen Argumentationssträngen der Argumentationen. Einzelne Stränge erweisen sich unabhängig von der globalen Struktur als interessant. In den Argumentationssträngen werden Abduktionen verschiedenster Art und unterschiedliche implizite Anteile in Argumentationen betrachtet, des Weiteren Argumentationen, die abbrechen, parallel verlaufen oder löchrig sind, sowie Widerlegungen, Negationen und Kontrapositionen. Auch wird auf Schwierigkeiten bei Rekonstruktionen, auf bestimmte inhaltliche Probleme und auf Besonderheiten bei den Funktionen von Aussagen eingegangen.

Eine genauere, lokalere Betrachtung der einzelnen Argumentationen bzw. Argumentationsstränge erlaubt einen Einblick in die Schwierigkeiten der Studierenden, der über eine reine Bewertung von richtig bzw. falsch hinausgeht und beispielsweise eine Identifizierung struktureller oder spezifischer inhaltlicher Probleme ermöglicht. Dies kann dabei helfen, das Argumentieren und Beweisen der Studierenden längerfristig zu verbessern, aber auch das von Schülerinnen und Schülern. Es wird dafür in diesem Kapitel nicht Gruppe für Gruppe und Beweis für Beweis betrachtet, sondern nach Besonderheiten gruppiert und diese an den zugehörigen Argumentationssträngen illustriert. Um alle Feinheiten darstellen zu können, wird zudem auf eine Darstellung der Besonderheiten an nur einem prototypischen Beispiel verzichtet und jedes auftretende Beispiel

---

Ergänzende Information Die elektronische Version dieses Kapitels enthält Zusatzmaterial, auf das über folgenden Link zugegriffen werden kann https://doi.org/10.1007/978-3-658-46468-4_12.

© Der/die Autor(en) 2025

N. Abels, *Argumentation und Metakognition bei geometrischen Beweisen und Beweisprozessen*, Perspektiven der Mathematikdidaktik,
https://doi.org/10.1007/978-3-658-46468-4_12

betrachtet. Eine Übersicht, welche Besonderheiten in welchem Beweis auftreten, und eine Übersicht über die globalen Argumentationsstrukturen und die Aufteilung in Argumentationsstränge (AS) finden sich im Anhang im elektronischen Zusatzmaterial.

12.1 Abduktionen in Argumentationen

Abduktionen sind ein wichtiger Teil von Argumentationen. Durch Abduktionen kann man von einer gewünschten Konklusion zurückdenken und herausfinden, welche Daten und Garanten benötigt werden, um die Konklusion zeigen zu können. Sie helfen Argumentationsprozesse zu beginnen und zu strukturieren, auch wenn die Argumentationen eigentlich deduktiv sein sollen.

Abduktionen mit deduktiver Folge
Ein wirklicher Gewinn für mathematische Beweise sind Abduktionen nur, wenn sie auch umgekehrt und dadurch deduktiv gefolgert werden. Hier werden Argumentationen betrachtet (siehe Abbildung 12.1), bei denen von einer Konklusion durch Abduktion auf notwendige Daten zurückgeschlossen wird (I) und diese Daten dann sowohl deduktiv gefolgert werden (II) als auch von den Daten deduktiv auf die Konklusion geschlossen wird (III).

Abbildung 12.1 Schematische Darstellung einer Abduktion mit deduktiver Folge

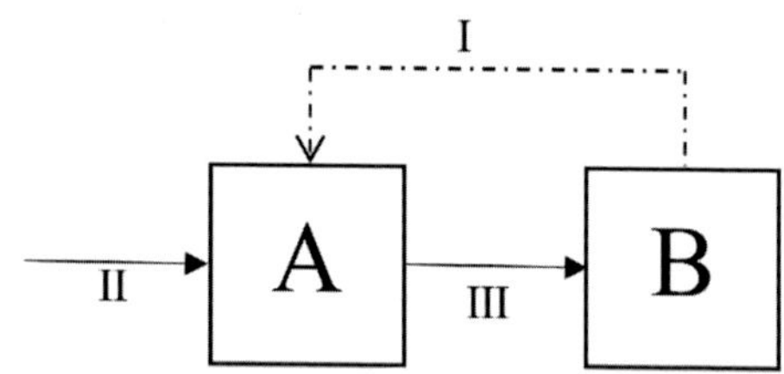

Bei Nina und Maja (Gruppe 1) zeigt sich diese Kombination aus erst Abduktion und danach gefolgerter Deduktion in der mündlichen und schriftlichen Argumentation zur ersten Aussage (AS-4 bzw. AS-2, siehe Kurzschema im Anhang im elektronischen Zusatzmaterial). In der ersten Aussage sollte gezeigt werden, dass das gegebene Dreieck gleichschenklig ist. Im Mündlichen haben die Studierenden bereits die Winkel α_2 und γ im Dreieck bestimmt und überlegen jetzt, was sie brauchen, um die Gleichschenkligkeit des Dreiecks zeigen zu können. Dies formuliert Nina in Turn 225 abduktiv (Transkriptausschnitt 33):

Transkriptausschnitt 33: Nina und Maja (Gruppe 1), Turn 225

225	Nina	Ähm- Und jetzt müssen wir ja zeigen, dass das sozusagen Alpha Halbe ist *[Nina zeigt auf den Winkel x]*, nöh (fragend)? Weil wenn's gleichschenklig ist, ist ja nach dem Basiswinkelsatz// *[Nina zeigt auf die Winkel α_2 und x im Dreieck]* #V2_00:02:25-0#

Sie folgert aus der zu zeigenden Konklusion, der Gleichschenkligkeit des Dreiecks (Zeile 2), abduktiv zurück auf ein benötigtes Datum, nämlich dass $x = ½\ \alpha$ (Zeile 1). Die abduktive Folgerung wird mit dem Basiswinkelsatz gerechtfertigt (Zeile 3). Dieses Datum folgern die Studierenden im Anschluss an die Abduktion deduktiv und nutzen das gesicherte Datum dann, um deduktiv zu zeigen, dass das Dreieck wirklich gleichschenklig ist. Dieser Argumentationsstrang AS-4 ist in Abbildung 12.2 zu sehen. Der gestrichelte Pfeil oberhalb der rekonstruierten Aussagen beschreibt dabei die Abduktion, die durchgezogenen Pfeile zwischen den Aussagen die Deduktion.

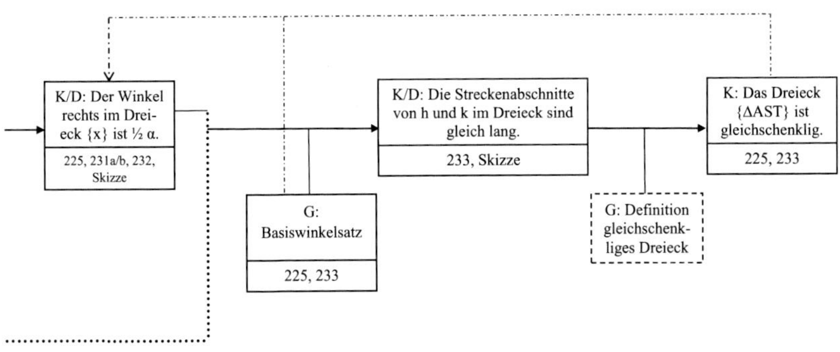

Abbildung 12.2 Ausschnitt aus der Rekonstruktion der mündlichen Argumentationen von Nina und Maja (Gruppe 1) zur ersten Aussage (AS-4)

Im Schriftlichen erfolgt die Abduktion am Anfang des Beweistextes direkt nach der Beschreibung der Skizze (siehe Abbildung 12.3 oben und AS-2 (siehe Kurzschema im Anhang im elektronischen Zusatzmaterial)). Im Schriftlichen ist sie etwas „vollständiger", sie umfasst beide Basiswinkel und nicht nur einen wie im Mündlichen.

Die Zeilen 1 bis 5 in Abbildung 12.3 beschreiben die Abduktion. Zuerst wird die Gleichschenkligkeit des Dreiecks als zu erreichende Konklusion genannt (Zeile 1–2), danach abduktiv zurück auf zwei benötigte Daten geschlossen und ein Garant für diesen Schluss genannt (Zeilen 3–5). Die gefolgerten Daten werden wieder deduktiv gesichert und dann als Daten für eine deduktive Schlussfolgerung der Gleichschenkligkeit des Dreiecks genutzt (Zeilen 6–8). Der Basiswinkelsatz wird hierbei jedoch nicht genutzt und bleibt in der deduktiven Folgerung implizit (siehe Abbildung 12.4).

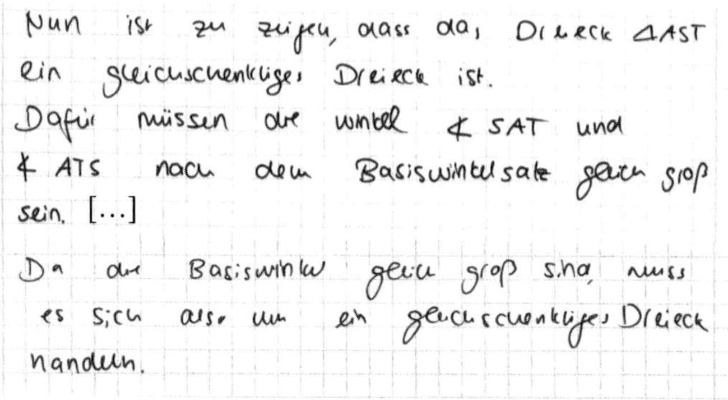

Nun ist zu zeigen, dass das Dreieck ΔAST
ein gleichschenkliges Dreieck ist.
Dafür müssen die Winkel $\sphericalangle SAT$ und
$\sphericalangle ATS$ nach dem Basiswinkelsatz gleich groß
sein. [...]
Da die Basiswinkel gleich groß sind, muss
es sich also um ein gleichschenkliges Dreieck
handeln.

Abbildung 12.3 Ausschnitt des Beweistexts zur ersten Aussage von Nina und Maja (Gruppe 1)

In beiden Fällen, der mündlichen wie auch der schriftlichen Argumentation, wurde die Abduktion gewinnbringend genutzt, um wichtige Daten zu finden und die Argumentation dann auch deduktiv umsetzen zu können. In den Rekonstruktionen zeigen sich jedoch auch viele Abduktionen, die nicht weiter deduktiv fortgesetzt werden. So gibt es rein abduktive Argumentationen, abduktive Schlüsse, die an einer Argumentation „angehängt" sind, oder Konklusionen, die zwar die Funktion einer Konklusion haben, aber nicht deduktiv erschlossen werden, sondern „nur" Ausgangspunkt einer Abduktion sind. Auch können abduktive Argumentationen stattfinden, denen quasi unterstellt wird, dass sie auch deduktiv hergeleitet worden seien. Faktisch sind die Konklusionen aber lediglich Aufhängungspunkt einer Abduktion und nicht Folgerung einer Deduktion. Dies kann bei Betrachtung von Rekonstruktionen zu *Flussumleitungen* oder *Stromschnellen* führen. Auf all diese Fälle wird im Folgenden eingegangen.

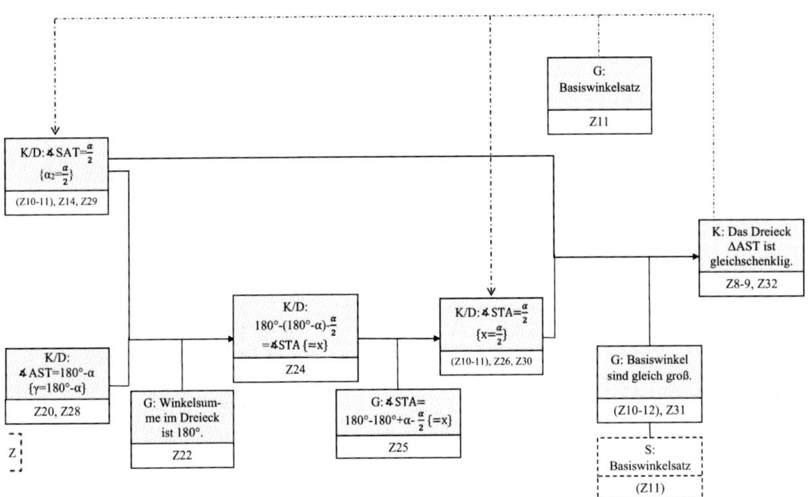

Abbildung 12.4 Ausschnitt aus der Rekonstruktion der schriftlichen Argumentationen von Nina und Maja (Gruppe 1) zur ersten Aussage (AS-2,4 und 5)

„Abduktive" Enden

„Abduktive" Enden (siehe Abbildung 12.5) treten auf, wenn die Zielkonklusion einer Argumentation nicht durch eine Deduktion geschlussfolgert wird (bei III fehlt der Pfeil), sondern nur durch einer Abduktion (I) mit der Hauptargumentation verbunden ist. Das durch die Abduktion gefundene Datum ist jedoch durch deduktive Schritte gesichert worden (II).

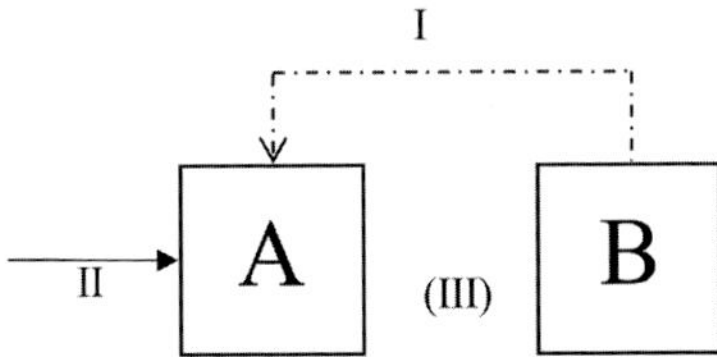

Abbildung 12.5 Schematische Darstellung eines „abduktiven" Endes

Bei Daria und Leonie (Gruppe 4) zeigt sich ein solches abduktives Ende in der mündlichen Argumentation zur ersten Aussage (AS-4, siehe Kurzschema im Anhang im elektronischen Zusatzmaterial). Die Studierenden haben bereits eine

Skizze zur Aussage gezeichnet und die Größe des Winkels α_2 bestimmt. Jetzt fragen sie sich, wie sie weiter vorgehen (Transkriptausschnitt 34, Turn 143). Leonie legt daraufhin fest, dass sie die Gleichschenkligkeit des gegebenen Dreiecks zeigen müssen (Turn 144, Zeile 1). Von dieser Konklusion schließt sie nun abduktiv, dass der Winkel x die gleiche Größe wie α_2 haben muss (Turn 144, Zeile 2–4). Die Kongruenz der beiden Winkel zeigen sie im Folgenden, den deduktiven Schluss zur Gleichschenkligkeit des Dreiecks machen sie nicht mehr (Leonie: „Ein halbes Alpha. Fertig.“, Turn 190). Für die Studierenden ist der Beweis damit beendet, dass sie gezeigt haben, was sie sich vorgenommen hatten. Die Konklusion bleibt also ausschließlich durch eine Abduktion mit der Hauptargumentation verbunden (siehe Abbildung 12.6). Dies könnte daran liegen, dass den Studierenden nicht bewusst ist, dass dieser Schluss noch einmal deduktiv gemacht werden muss.

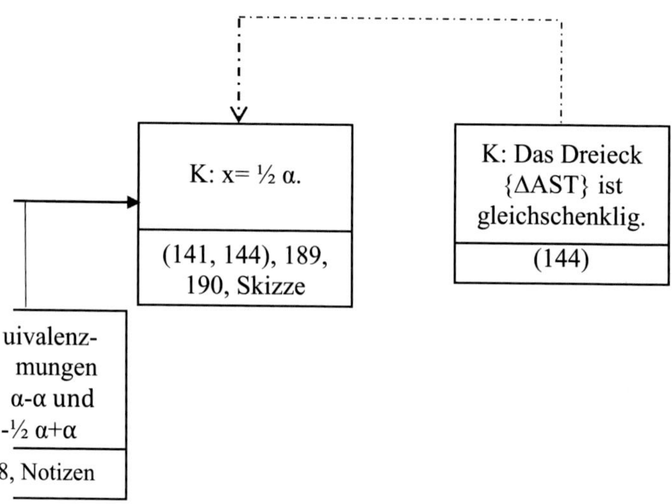

Abbildung 12.6 Ausschnitt aus der Rekonstruktion der mündlichen Argumentation von Daria und Leonie (Gruppe 4) zur ersten Aussage (Teil von AS-4)

Transkriptausschnitt 34: Daria und Leonie (Gruppe 4), Turns 143 + 144

143	Daria	//Was wollen wir denn machen jetzt? #V1_12:44-7#
144	Leonie	Zeigen, dass das wirklich gleichschenklig ist, nöh (fragend)? *[Leonie zeigt abwechselnd auf die Basiswinkel rechts {x} und links {α_2} im Dreieck]* Das *[Leonie zeigt auf den Winkel rechts im Dreieck {x}]* ist deu-, ja was wir (..) beweisen müssen, dass das hier das ist. (..) Oder? *[Leonie schreibt an den Winkel rechts {x} mit einem Pfeil „zu beweisen" ran, ca. 8 Sek]* (..) So. Ja. (...) Hach, was wissen wir denn? #V1_13:11-1#

Auch Pia und Charlotte haben eine Argumentation mit einem abduktiven Ende. In ihren zusätzlichen Argumentationen zum zweiten schriftlichen Beweis sind sie dabei zu beweisen, dass die Winkel im Parallelogramm alle gleich groß sind. In Pias Argumentation F ist dieser Schritt jedoch nur durch eine Abduktion verbunden mit der vorherigen Konklusion, dass beide Winkel 90° haben (siehe Abbildung 12.7). Dies liegt wahrscheinlich daran, dass sich die beiden Studierenden an dieser Stelle in einem Aushandlungsprozess befinden (siehe auch Kapitel 9), sich gegenseitig unterbrechen und neue Vorschläge machen, bevor eine Argumentation wirklich ausgearbeitet werden kann.

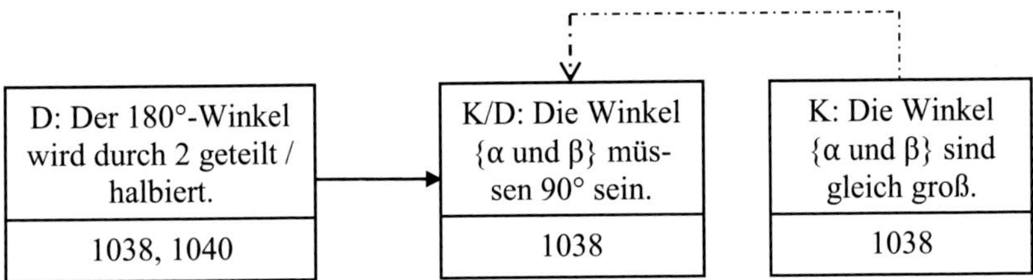

Abbildung 12.7 Rekonstruktion der zusätzlichen Argumentation F von Pia und Charlotte (Gruppe 3) zur zweiten Aussage

In einer anderen zusätzlichen Argumentation von Pia und Charlotte zeigt sich ein abduktiver Anfang (Argumentation B, siehe Abbildung 12.8). Das bedeutet, dass der erste Schritt der Argumentation eine Abduktion ist und der Schritt nicht ebenfalls deduktiv gefolgert wurde. Um zu zeigen, dass die Diagonalen gleich lang sind (Transkriptausschnitt 35, Turn 979, Zeile 6–7), nutzen die Studierenden hier die Kongruenz der Teildreiecke (Turn 979, Zeile 4–6). Von der Kongruenz der Dreiecke folgern sie mithilfe einer Abduktion die benötigten Daten, dass die Winkel α und β gleich sind (Turn 979, Zeile 2–4). Auch in der schriftlichen Umsetzung dieser Idee erfolgt keine deduktive Folgerung, dort ist die gesamte Argumentation durch Abduktionen verbunden. Dieser Teil der schriftlichen Argumentation wird im Abschnitt „Stromschnellen“ genauer beschrieben. Im Mündlichen wie im Schriftlichen fällt den Studierenden nicht auf, dass einige Schlüsse nur abduktiv und nicht deduktiv sind.

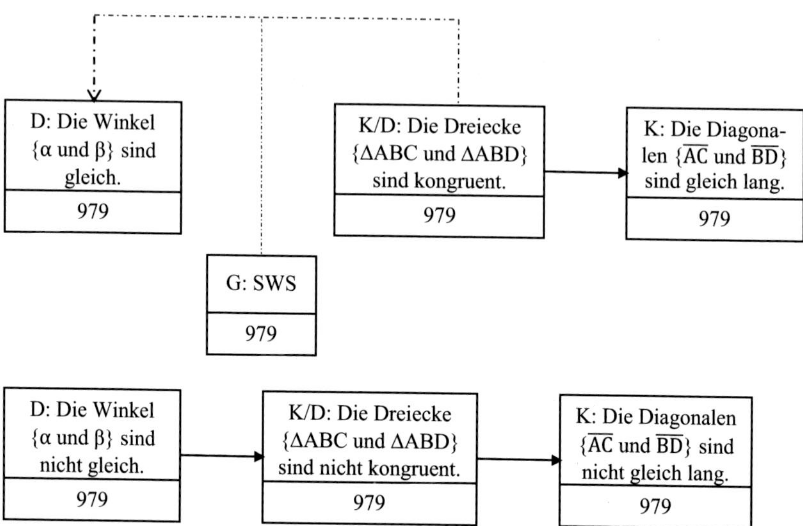

Abbildung 12.8 Rekonstruktion der zusätzlichen Argumentation B von Pia und Charlotte (Gruppe 3) zur zweiten Aussage

Transkriptausschnitt 35: Pia und Charlotte (Gruppe 3), Turn 979

979	Charlotte	//Nee, das reicht e- Nee, aber die Frage ist, warum gucken wir uns das *[Charlotte zeigt auf die Formel {Formeln A} unter der Skizze]* denn an, warum ist das denn wichtig, dass die Winkel *[Charlotte zeigt in Skizze 3 auf α und β]* gleich sind? Das ist ja nur wichtig, weil wir sagen, wir wollen kongruente Dreiecke haben. Und kongruente Dreiecke haben wir ja zum Beispiel bei S W S *[Charlotte zeigt auf die Buchstaben]*, dann wissen wir, dass diese beiden *[Charlotte zeigt die Diagonalen entlang]* Diagonalen gleich lang sind. Und wenn wir wissen, dass der Winkel *[Charlotte zeigt auf das „W“ in „SWS“]* nicht gleich ist *[Charlotte zeigt auf α und β]*, können wir auch sagen, dass die Seite nicht gleich lang ist *[Charlotte zeigt die Diagonalen entlang]*, weil es sich dann nicht um kongruente Dreiecke handelt. #V7_02:45-4#

Eine (mögliche) „Doppelabduktion“ gibt es in der mündlichen Argumentation von Pia und Charlotte (Gruppe 3) zur zweiten Aussage. Pia und Charlotte versuchen zu zeigen, dass die Winkel α und β gleich groß sind, um damit zeigen zu können, dass es sich um ein Rechteck handelt. In Turn 853a stellt Charlotte die Größe der Winkel in Formeln da: α = 180-β und β = 180-α (siehe Transkriptausschnitt 36). Ihr Ziel ist es zu zeigen, dass α und β gleich groß sind. Abduktiv schließt sie darauf zurück, dass beide Winkel dafür 90° groß sein müssen (AS-24, siehe Kurzschema im Anhang im elektronischen Zusatzmaterial).

Transkriptausschnitt 36: Pia und Charlotte (Gruppe 3), Turn 853a

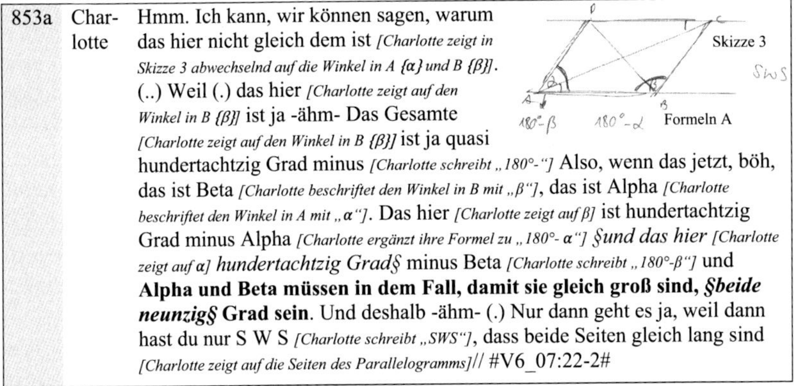

853a	Charlotte	Hmm. Ich kann, wir können sagen, warum das hier nicht gleich dem ist *[Charlotte zeigt in Skizze 3 abwechselnd auf die Winkel in A {α} und B {β}]*. (..) Weil (.) das hier *[Charlotte zeigt auf den Winkel in B {β}]* ist ja -ähm- Das Gesamte *[Charlotte zeigt auf den Winkel in B {β}]* ist ja quasi hundertachtzig Grad minus *[Charlotte schreibt „180°-“]* Also, wenn das jetzt, böh, das ist Beta *[Charlotte beschriftet den Winkel in B mit „β“]*, das ist Alpha *[Charlotte beschriftet den Winkel in A mit „α“]*. Das hier *[Charlotte zeigt auf β]* ist hundertachtzig Grad minus Alpha *[Charlotte ergänzt ihre Formel zu „180°- α“]* §*und das hier* *[Charlotte zeigt auf α]* *hundertachtzig Grad*§ minus Beta *[Charlotte schreibt „180°-β“]* und **Alpha und Beta müssen in dem Fall, damit sie gleich groß sind, §*beide neunzig*§ Grad sein**. Und deshalb -ähm- (.) Nur dann geht es ja, weil dann hast du nur S W S *[Charlotte schreibt „SWS“]*, dass beide Seiten gleich lang sind *[Charlotte zeigt auf die Seiten des Parallelogramms]*// #V6_07:22-2#

Diese Abduktion ist der eigentlichen, deduktiven Argumentation vorgelagert und ihre Konklusion wird im Folgenden als gegeben angenommen (siehe Abbildung 12.9).

Im weiteren Verlauf der Argumentation (Turn 857, siehe Transkriptausschnitt 37) wird von Charlotte auf das Datum der Abduktion wieder Bezug genommen.

Transkriptausschnitt 37: Pia und Charlotte (Gruppe 3), Turn 857

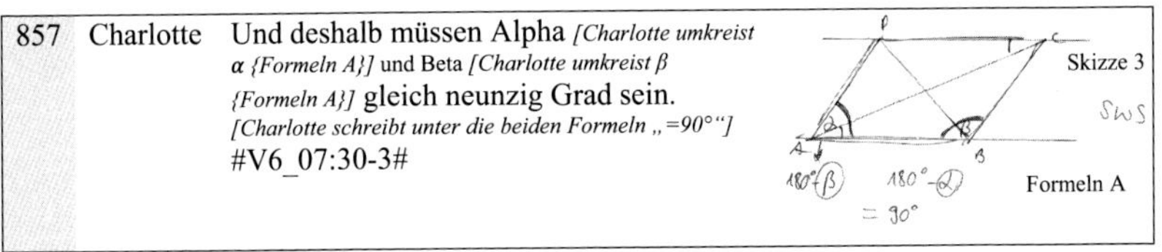

857	Charlotte	Und deshalb müssen Alpha *[Charlotte umkreist α {Formeln A}]* und Beta *[Charlotte umkreist β {Formeln A}]* gleich neunzig Grad sein. *[Charlotte schreibt unter die beiden Formeln „=90°“]* #V6_07:30-3#

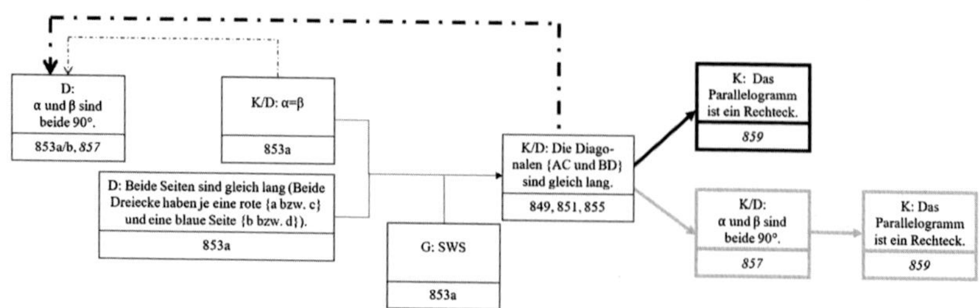

Abbildung 12.9 Ausschnitt aus der Rekonstruktion der mündlichen Argumentation von Pia und Maja (Gruppe 3) zur zweiten Aussage (AS-24)

Da hier jedoch der Bezug nicht eindeutig zu rekonstruieren ist, ist nicht gesichert, dass Charlotte abduktiv schlussfolgert (siehe Abbildung 12.9, obere schwarze Verbindung) oder deduktiv. Diese Unsicherheit in der Rekonstruktion wird in Abschnitt 12.7 genauer betrachtet.

Das abduktive Ende in einem Teil der mündlichen Argumentation von Dennis und Julius ist noch etwas komplexer. Eine der Argumentationen im ersten Teil (AS-5, siehe Kurzschema im Anhang im elektronischen Zusatzmaterial) hat nicht nur ein abduktives Ende, sondern zusätzlich für diesen Schritt einen Garanten, der diese Abduktion trägt (siehe Abbildung 12.10). Wahrscheinlich bleibt der Schritt abduktiv, da die Studierenden hier nach einer Beweisidee suchen, diese jedoch nicht noch einmal durchdenken und stattdessen im Anschluss eine neue Idee ausprobieren.

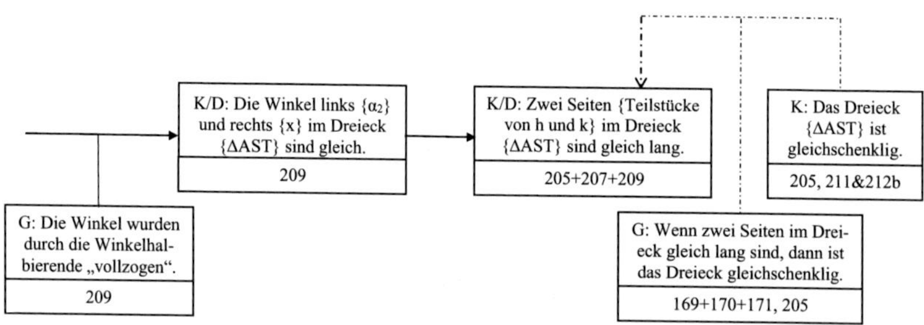

Abbildung 12.10 Ausschnitt aus der Rekonstruktion der Mündlichen Argumentation von Dennis und Julius (Gruppe 2) zur ersten Aussage (AS-5)

„Angehängte" Abduktionen
Manchmal können abduktive Argumentationen an einer anderen Argumentation „angehängt" sein (siehe Abbildung 12.11). Sie sind dann nicht der Hauptarm der Argumentation, sondern eher ein „Nebengedanke". Im Folgenden werden also Argumentationen betrachtet, bei denen von einer Konklusion durch Abduktion auf notwendige Daten zurückgeschlossen wird (I) und diese Daten dann auch deduktiv gefolgert werden (II). Ein deduktiver Schluss auf die in der Abduktion verwendete Konklusion erfolgt jedoch nicht. Stattdessen wird von den Daten deduktiv auf eine andere Konklusion geschlossen (III).

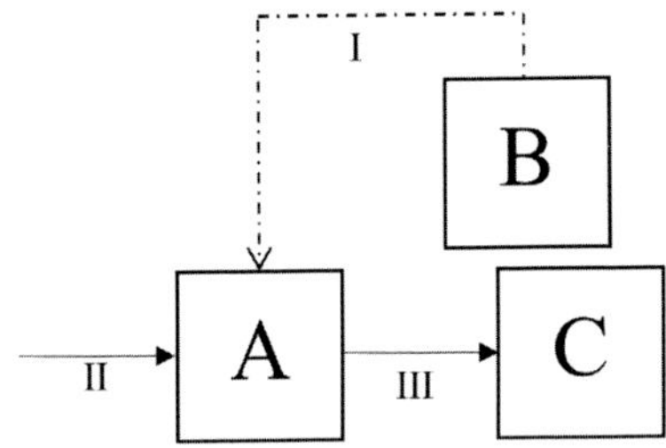

Abbildung 12.11 Schematische Darstellung einer „angehängten" Abduktion

Nina und Maja (Gruppe 1) haben in ihrer mündlichen Argumentation zur zweiten Aussage einen solchen abduktiv angehängten Schritt (in AS-4, siehe Kurzschema im Anhang im elektronischen Zusatzmaterial). Sie wollen zeigen, dass die Diagonalen gleich lang sind (Turns 372–374, siehe Transkriptausschnitt 38), und schließen von dieser Konklusion abduktiv zurück auf das Datum, dass die Dreiecke ΔABD und ΔABC kongruent sein müssen (Turns 376–380). Dieser abduktive Schritt der Argumentation wird nicht weiterverfolgt (siehe Abbildung 12.12) und entspricht nicht dem Ziel der Hauptargumentation, das gerade zuvor festgelegt wurde, nämlich zu zeigen, dass es sich um ein Rechteck handelt. In diesem Zusammenhang ist es nicht klar, ob den Studierenden aufgefallen ist, dass sie abduktiv oder überhaupt rückwärts schließen (siehe Transkriptausschnitt 38). Die Diagonalen kommen in der eigentlichen Argumentation nicht vor.

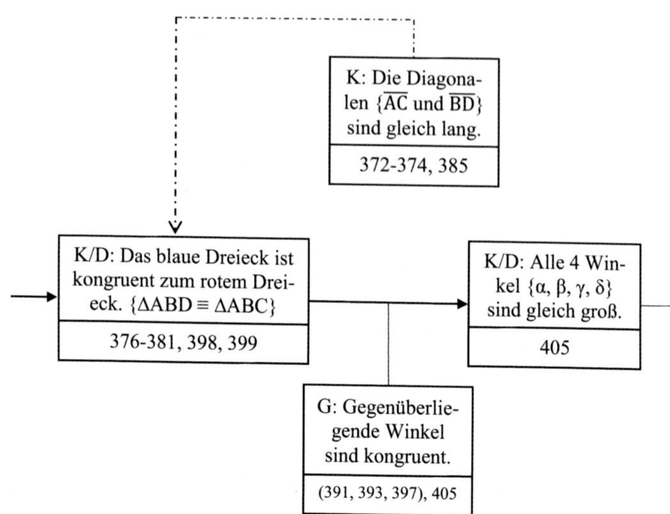

Abbildung 12.12 Ausschnitt aus der Rekonstruktion der mündlichen Argumentation von Nina und Maja (Gruppe 1) zur zweiten Aussage (AS-4)

Transkriptausschnitt 38: Nina und Maja (Gruppe 1), Turns 372–380

372	Nina	Ja, wir wollen ja, dass sozusagen diese Seite// *[Nina zeichnet längere Diagonale rot nach {$\overline{AC}$}]* #V2_00:15:52-4#
373	Maja	//die genauso lang ist wie die #V2_00:15:53-4#
374	Nina	genauso lang ist wie diese hier. *[Nina zeichnet kürzere Diagonale blau nach {$\overline{BD}$}]* #V2_00:15:57-3#
375	Maja	Ja. #V2_00:15:57-9#
376	Nina	Sprich, so ein Dreieck *[Nina zeigt linke {d} und untere {a} Seite des Parallelogramms]* also ein blaues *[Nina malt diese Seiten blau nach]* #V2_00:16:02-6#
377	Maja	Ja, das soll genauso groß sein. #V2_00:16:04-7#
378	Nina	Muss kongruent sein. #V2_00:16:06-1#
379	Maja	Zu dem andern. #V2_00:16:06-8#
380	Nina	Zu dem roten. #V2_00:16:07-7#

Auch Pia und Charlotte (Gruppe 3) haben eine Argumentation mit angehängter Abduktion. Die zusätzliche Argumentation G ist eine von sechs zusätzlichen

Argumentationen, in denen Pia und Charlotte einen Schritt ihres Beweises aushandeln, um letztendlich zeigen zu können, dass es sich bei dem Parallelogramm in der zweiten Aussage um ein Rechteck handelt. Charlotte stellt bereits bestehende Formeln nach α und β um und formuliert als Zielkonklusion, dass α und β gleich groß sein sollen. Abduktiv schließt sie danach auf das Datum zurück, dass die Formeln für α und für β gleich sein sollen (180°- β' = 180°- α'). Aus diesem Datum folgert sie deduktiv jedoch nur, dass α und β beide 90° haben, nicht aber, dass α und β damit auch gleich groß sind. In Abbildung 12.13 kann man dies daran erkennen, dass zwischen den beiden Aussagen rechts kein deduktiver Pfeil eingezeichnet ist.

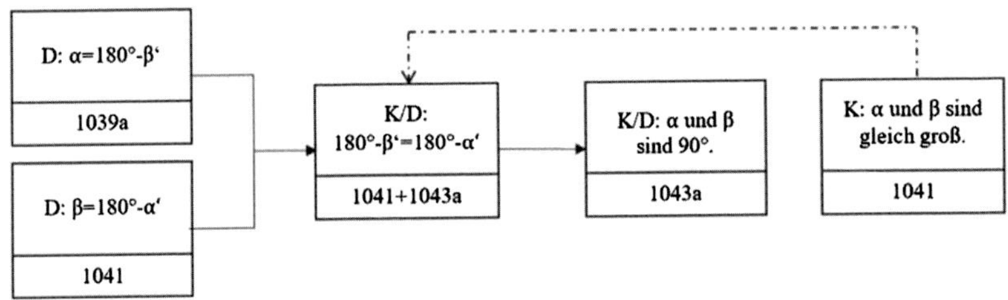

Abbildung 12.13 Rekonstruktion der zusätzlichen Argumentation G von Pia und Charlotte (Gruppe 3) zur zweiten Aussage

Nach diesem Verständnis würde es sich bei dieser Abduktion um ein abduktives Ende handeln, da die Zielkonklusion nur durch eine Abduktion mit der restlichen Argumentation verbunden ist. Betrachtet man dieses Beispiel anders, könnte es sich auch um eine angehängte Abduktion handeln, da nicht klar ist, ob die Platzierung der Konklusion am Ende der Argumentation dem entspricht, was die Studierende gemeint hat. Es ist auch möglich, dass die Konklusion, dass beide Winkel 90° haben, die neue Zielkonklusion ist und die Konklusion der Abduktion, daher nur als Nebengedanke an der eigentlichen Argumentation angehängt ist. Von den Studierenden wird die Abduktion und auch die ganze Argumentation nicht weiter thematisiert, von Pia wird sofort eine neue Argumentation vorgeschlagen.

„Flussumleitung"

Probleme kann es geben, wenn Daten aus Abduktionen weiterverwendet werden, ohne selbst deduktiv gesichert zu sein. Bei der Flussumleitung (siehe Abbildung 12.14) passiert dies, da die Daten, die aus einer Konklusion abduktiv gefolgert wurden (I), im Gegensatz zu den „angehängten" Abduktionen nicht noch einmal deduktiv geschlussfolgert werden (II), aber trotzdem als gesicherte Daten zum deduktiven Schluss auf eine andere Konklusion verwendet werden (III).

Abbildung 12.14 Schematische Darstellung einer „Flussumleitung"

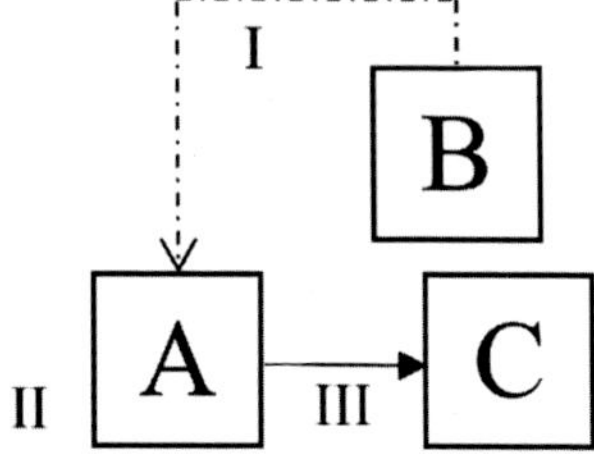

Ein Beispiel für eine solche *Flussumleitung* ist der schriftliche Beweis von Pia und Charlotte (Gruppe 3) zur zweiten Aussage. In AS-3 (siehe Kurzschema im Anhang im elektronischen Zusatzmaterial) schließen die Studierenden von der Zielkonklusion, dass die Diagonalen gleich lang sind, abduktiv zurück auf die Kongruenz der Teildreiecke ΔABD und ΔABC und von da aus mit dem Kongruenzsatz SWS als Garanten abduktiv auf die Daten zurück, dass die Winkel α und β gleich groß sein müssen (siehe Abbildung 12.15).

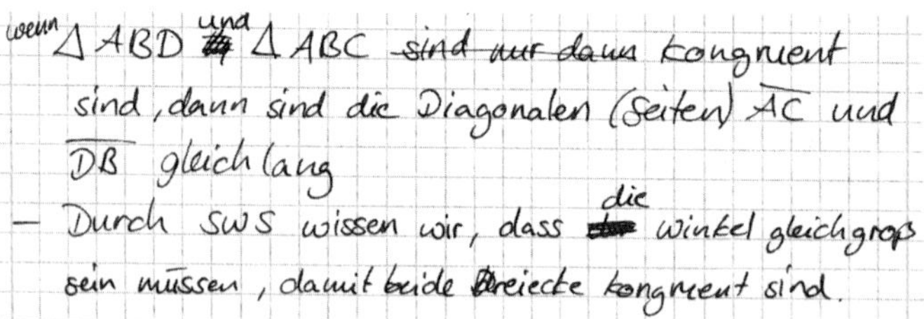

wenn ΔABD und ΔABC ~~sind nur dann~~ kongruent sind, dann sind die Diagonalen (Seiten) $\overline{AC}$ und $\overline{DB}$ gleich lang

– Durch SWS wissen wir, dass die Winkel gleichgroß sein müssen, damit beide Dreiecke kongruent sind.

Abbildung 12.15 Ausschnitt des Beweistexts zur zweiten Aussage von Pia und Charlotte (Gruppe 3)

Aus diesen Daten folgern sie jedoch nicht noch einmal deduktiv die Zielkonklusion, auch die Daten an sich sichern sie nicht durch deduktive Schüsse zu den Daten. Stattdessen nutzen sie das durch die Abduktion gefundene Datum in einer anderen Argumentation als gesichertes Datum, um zu zeigen, dass es sich bei dem Parallelogramm um ein Rechteck handelt (siehe Abbildung 12.16). Die darauffolgende Argumentation ist jedoch nicht korrekt, da das Datum nicht stimmt.

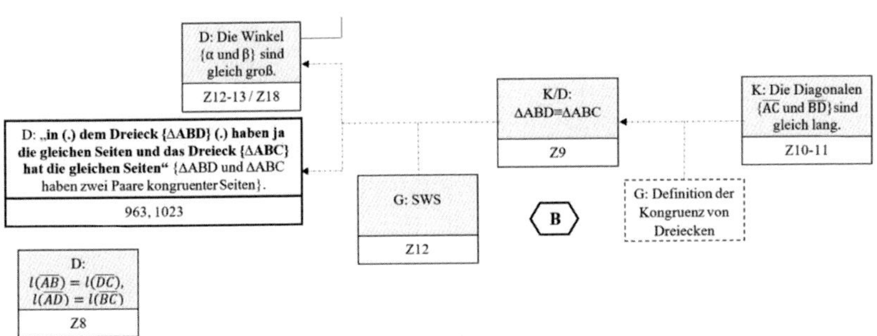

Abbildung 12.16 Ausschnitt aus der Rekonstruktion des ersten Teils der schriftlichen Argumentation von Pia und Charlotte (Gruppe 3) zur zweiten Aussage (AS-3)

„Reine“ Abduktionen

Sowohl im Mündlichen als auch im Schriftlichen kann es vorkommen, dass kurze Argumentationen rein abduktiv bleiben (siehe Abbildung 12.17). Von einer Konklusion wird durch Abduktion auf notwendige Daten zurückgeschlossen (I), deduktive Schlüsse erfolgen nicht.

Abbildung 12.17 Schematische Darstellung einer „reinen“ Abduktion

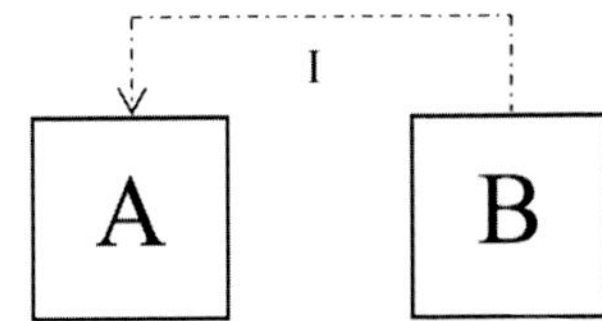

Dennis und Julius (Gruppe 2) beschäftigen sich mit dem Beweis der zweiten Aussage. Sie erkennen am Anfang nicht, dass sie eine Fallunterscheidung machen müssen und wechseln zwischen Argumentationen in beide Richtungen, ohne dies zu bemerken. Die Argumentation B ist eine Argumentation der Richtung „Wenn es ein Rechteck ist, dann sind die Diagonalen gleich lang“ in Form einer Abduktion (siehe Abbildung 12.18). Von der Konklusion, dass die Diagonalen gleich lang sind (Turn 396, Zeile 1, Transkriptausschnitt 39), schließen sie durch Abduktion zurück auf das Datum, dass es ein Rechteck sein muss und kein Parallelogramm (Turn 396, Zeile 1–2). Ihnen fällt nicht auf, dass sie dies deduktiv nicht zeigen, die Argumentation wird danach jedoch auch nicht weiter benutzt.

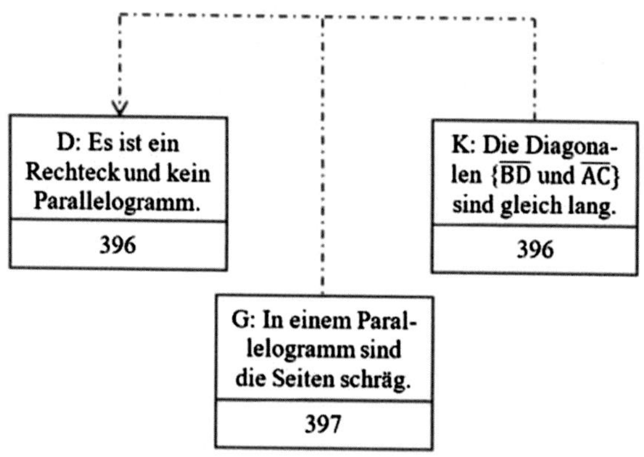

Abbildung 12.18 Rekonstruktion der zusätzlichen Argumentation B von Dennis und Julius (Gruppe 2) zur zweiten Aussage

Transkriptausschnitt 39: Dennis und Julius (Gruppe 2), Turns 396 + 397

396	Julius	Ja. *[Lachen]* -ähm- (..) Aber die sind doch nur gleich, wenn (...) *[lachend]* das ein Rechteck ist und kein (..) -äh- kein Parallelogramm, weil dann hast du doch// #V4_15:34-4#
397	Dennis	//die schräg. *[Dennis zeigt in Beweisskizze 1 auf die linke {d} und rechte {b} Seite des Parallelogramms]* #V4_15:34-9#

Bei Nina und Maja (Gruppe 1) finden sich diese rein abduktiven Argumentationen im Mündlichen und im Schriftlichen des zweiten Beweises. Im Mündlichen ist die die Konklusion der abduktiven Argumentation (AS-1, siehe Kurzschema im Anhang im elektronischen Zusatzmaterial) das Ziel der Argumentation. Dieses Ziel ist jedoch nicht mit der Hauptargumentation verbunden.

Zu Anfang ihrer Diskussion legten die Studierenden fest, dass sie zeigen wollen, dass es sich um ein Rechteck handelt und schlossen abduktiv auf das nötige Datum, dass alle Winkel rechte Winkel sein müssen (siehe Abbildung 12.19). Diese Argumentation bleibt eine Abduktion. Vom Datum wird nicht deduktiv auf die Konklusion geschlossen. Das Datum sichern sie auch nicht durch deduktive Schlüsse, es wirkt jedoch so, als ob sie es versucht hätten. In der Hauptargumentation zeigen Nina und Maja, dass einer der Winkel ein rechter Winkel ist. Die danach eingeleitete Deduktion bleibt dort stecken, sie schlussfolgern nicht mehr, dass alle Winkel rechte Winkel sind, was dem durch die Abduktion gefundenen Datum entspräche. Daher handelt es sich bei dieser abduktiven Argumentation um eine eigene, losgelöste Abduktion, auch wenn sie Anteile eines abduktiven Endes aufweist.

Abbildung 12.19
Ausschnitt aus der Rekonstruktion der mündlichen Argumentation von Nina und Maja (Gruppe 1) zur zweiten Aussage (AS-1 und Teil von AS-4)

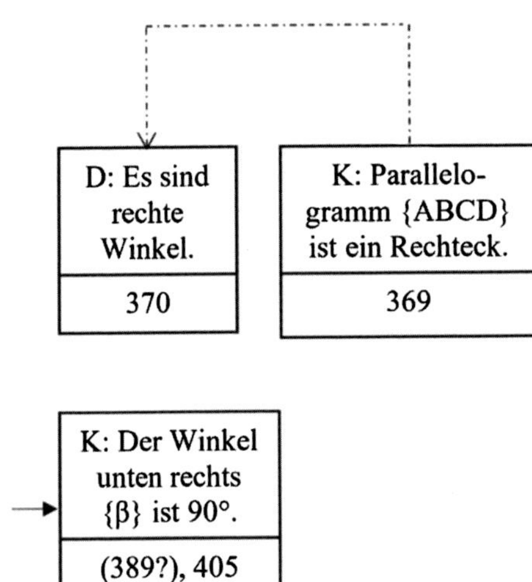

Im schriftlichen Beweis der zweiten Aussage von Nina und Maja (Gruppe 1) zeigt sich ebenfalls eine rein abduktive Argumentation, losgelöst von der Hauptargumentation (AS-4, siehe Kurzschema im Anhang im elektronischen Zusatzmaterial). Die Studierenden schreiben zunächst auf, welche Teildreiecke bereits im Parallelogramm kongruent sind, bevor sie die Abduktion niederschreiben (siehe Abbildung 12.20). Von der Zielkonklusion der Argumentation, der gleichen Länge der Diagonalen (Zeile 1), wird auf die Voraussetzung geschlossen, dass die Dreiecke ΔABD und ΔABC kongruent sein müssen (Zeile 2–3).

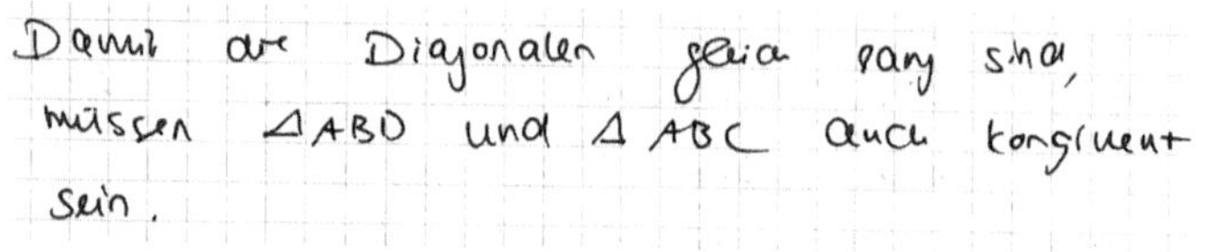

Damit die Diagonalen gleich lang sind,
müssen ΔABD und ΔABC auch kongruent
sein.

Abbildung 12.20 Ausschnitt aus dem schriftlichen Beweis von Nina und Maja (Gruppe 1) zur zweiten Aussage

Die dafür notwendige Argumentation findet so nie statt. Die Abduktion lässt die Studierenden jedoch erkennen, dass sie eine Fallunterscheidung machen müssen, da Maja die aufgeschriebene Abduktion so versteht, dass die gleich langen Diagonalen angenommen werden können (Turn 452), während Nina meint, dies müssten sie zeigen (Turn 453). Daraus entwickeln sie dann die Fallunterscheidung. Die Studierenden zeigen zuerst, dass durch die Voraussetzung, dass die Diagonalen gleich lang sind, folgt, dass es sich um ein Rechteck handelt. Im Anschluss zeigen sie dann die Negation, dass unter der Voraussetzung, dass die Diagonalen nicht gleich lang sind, folgt, dass es kein Rechteck ist. Dies ist zwar logisch äquivalent zur Rückrichtung des Beweises („Wenn das Parallelogramm ein Rechteck ist, dann sind die Diagonalen gleich lang"), stimmt inhaltlich aber nicht mit der Abduktion überein, die einem Teil der Rückrichtung entspricht (Abbildung 12.21). Zudem fällt den Studierenden nicht auf, dass ihnen die Umsetzung der Abduktion in eine Deduktion beim Aufschreiben nicht gelingt.

Pia und Charlotte beschäftigen sich mit dem Beweis der zweiten Aussage. In der mündlichen Argumentation möchte Pia zeigen, dass die Diagonalen in einem Rechteck gleich lang sind und nutzt dabei den Schnittpunkt der Mittelsenkrechten des Rechtecks. Zudem argumentiert sie, dass in einem Parallelogramm die Diagonalen nicht gleich lang sein können, weil es dort diesen Schnittpunkt nicht gibt. Charlotte versteht nicht, warum diese Argumentation für ihre Beweisführung wichtig ist. In Turn 781 versucht ihr Pia den Zusammenhang mithilfe einer Abduktion (AS-12, siehe Kurzschema im Anhang im elektronischen Zusatzmaterial) zu erklären.

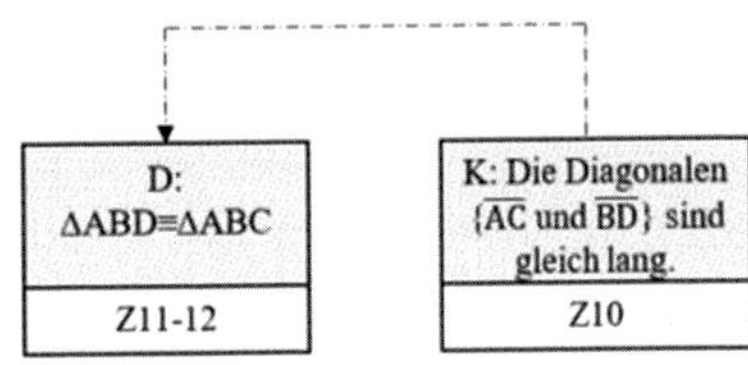

Abbildung 12.21
Ausschnitt aus der Rekonstruktion der schriftlichen Argumentation von Nina und Maja (Gruppe 1) zur zweiten Aussage (AS-4)

Transkriptausschnitt 40: Pia und Charlotte (Gruppe 3), Turn 781

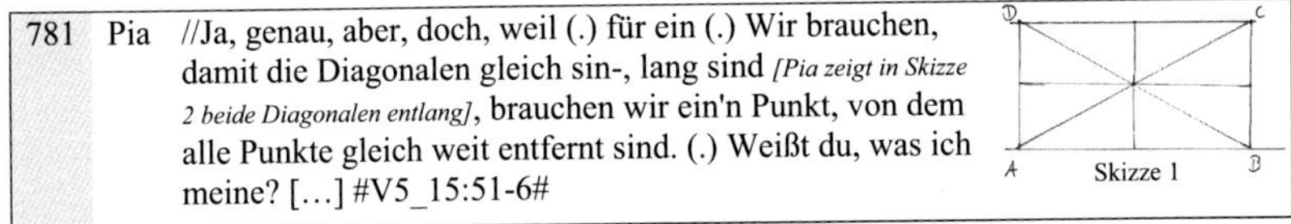

781	Pia	//Ja, genau, aber, doch, weil (.) für ein (.) Wir brauchen, damit die Diagonalen gleich sin-, lang sind *[Pia zeigt in Skizze 2 beide Diagonalen entlang]*, brauchen wir ein'n Punkt, von dem alle Punkte gleich weit entfernt sind. (.) Weißt du, was ich meine? […] #V5_15:51-6#

Dabei nennt Pia das Ziel ihrer Argumentation (siehe Transkriptausschnitt 40), dass die Diagonalen gleich lang sein sollen. Von dieser Aussage schließt sie abduktiv darauf zurück, was dafür benötigt wird: ein Punkt, von dem die Endpunkte der Diagonalen gleich weit entfernt sind (siehe Abbildung 12.22). Die Abduktion scheint ihr nicht bewusst zu sein, denn Pia erklärt ihre Gedanken danach noch etwas weiter, bis Charlotte schließlich eine neue Beweisidee einbringt.

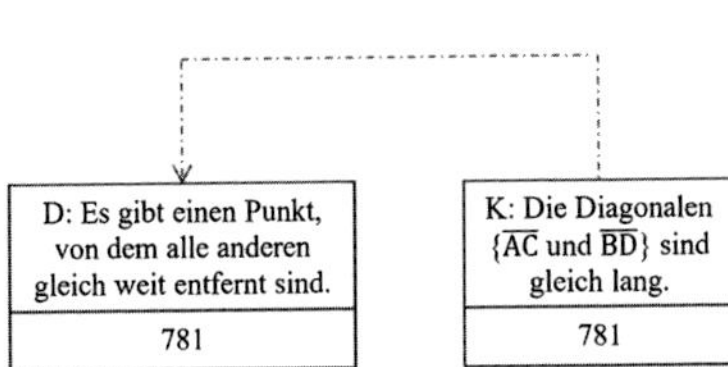

Abbildung 12.22
Rekonstruktion der mündlichen Argumentation von Pia und Charlotte (Gruppe 3) zur zweiten Aussage (AS-12)

„Stromschnellen"

Abduktionen können in Beweisen zu Problemen führen, wenn z. B. in Abduktionen verwendete Konklusionen als hergeleitet betrachtet werden und als somit sicher erschlossene Aussagen weiterverwendet werden (siehe Abbildung 12.23). Dabei wird durch Abduktion von einer Konklusion auf die notwendigen Daten geschlossen (I). Diese Daten werden zudem durch deduktive Schlüsse gesichert (II). Es erfolgt dann aber kein deduktiver Schluss von diesem Datum zur Konklusion der Abduktion (III). Stattdessen wird diese Konklusion genutzt, als wäre sie auch deduktiv geschlossen, um weitere deduktive Schlüsse zu machen (IV). Dies passiert beispielsweise bei *„Stromschnellen"*. Hier wird nicht beachtet, dass nur deduktive Schlüsse sicher sind, nicht aber abduktive Schlüsse.

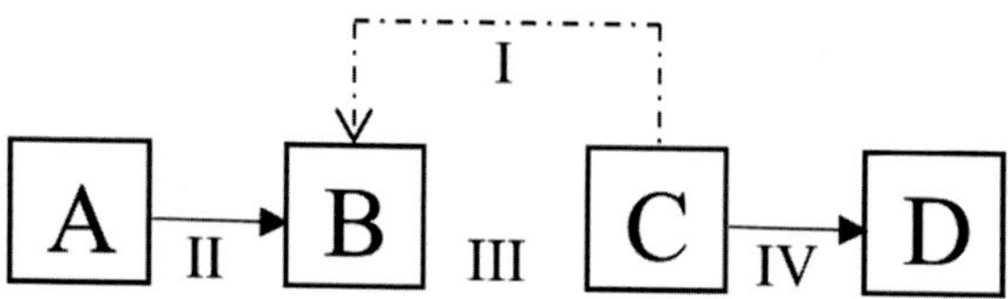

Abbildung 12.23 Schematische Darstellung von „Stromschnellen"

In der mündlichen Argumentation von Nina und Maja (Gruppe 1) zur zweiten Aussage gibt es solche Stromschnellen in AS-3 (siehe Kurzschema im Anhang im elektronischen Zusatzmaterial). Die Studierenden möchten zeigen, dass es sich bei dem in der Aussage gegebenen Parallelogramm ABCD um ein Rechteck handelt. Dazu wollen sie nutzen, dass die zwei Teildreiecke ΔABD und ΔABC kongruent und dadurch alle Winkel im Parallelogramm gleich groß sind. Um die Kongruenz zu zeigen, nutzen sie den Kongruenzsatz SWS. Zwei kongruente Seitenpaare sind bereits durch das Parallelogramm gegeben, den Winkel müssen sie erst schlussfolgern. Hier passieren die Stromschnellen. Die Studierenden zeigen (abduktiv und deduktiv), dass die gegenüberliegenden Winkel β und δ beide $90°$ haben. Die nächste Konklusion, dass auch die Winkel α und β gleich groß sind, ist wieder Ausgangspunkt einer Abduktion, kann also nicht ohne weiteres verwendet werden. Diese somit nicht deduktiv abgesicherte Konklusion wird dann jedoch genutzt, um den Kongruenzsatz SWS verwenden zu können. Zwei rein abduktive Schritte werden genutzt, als ob sie deduktiv geschlussfolgert seien (siehe Abbildung 12.24). Dies fällt den Studierenden nicht auf. In ihrem darauffolgenden schriftlichen Beweis gibt es diese Stromschnellen jedoch nicht mehr, die Argumentation dort ist deduktiv.

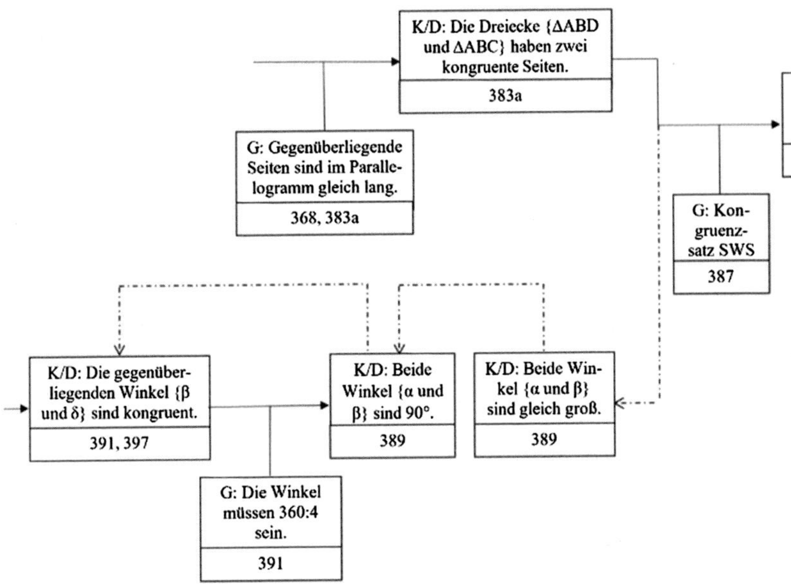

Abbildung 12.24 Ausschnitt aus der Rekonstruktion des ersten Teils der mündlichen Argumentation von Nina und Maja (Gruppe 1) zur zweiten Aussage (AS-3)

Zusammenfassung Abduktionen

Abduktionen kommen in vielen verschiedenen Formen in Aufgaben vor, in denen es eigentlich um deduktive Beweise geht. Nur, wenn sie auch deduktiv umgesetzt werden (wie im ersten Teil dieses Kapitels), sind sie jedoch vollumfassend gewinnbringend für den Beweis. Reine Abduktionen können hilfreich sein, zeugen aber teilweise auch davon, dass die Argumentationen nicht noch einmal überprüft werden, wie beispielsweise bei abduktiven Enden. Die Studierenden müssen sich zudem auch bewusst sein, dass sie abduktiv argumentieren. Sonst können abduktiv gefundene Daten eventuell trotzdem als gegeben genutzt werden, wodurch Argumentationen fehlerhaft werden, wie bei Stromschnellen oder Flussumleitungen. Nicht ausgeschlossen werden kann jedoch ein sprachliches Problem. In einigen Fällen, in denen die Studierenden abduktiv argumentieren, könnte es sein, dass sie sich schlecht ausgedrückt haben und die Argumentation gar nicht abduktiv gemeint ist. Dies lässt sich aus den Transkripten allein allerdings nicht bestimmen.

12.2 Tote Enden in Argumentationen

Manchmal kommt es in Argumentationen vor, dass Argumentationsstränge abgebrochen werden. Stattdessen geht die Argumentation an anderer Stelle weiter. Diese Stränge, bei denen eine Argumentation nicht weitergeführt wird, werden von mir als „tote Enden" bezeichnet.

Ein Beispiel eines toten Endes zeigt sich im zweiten Beweis von Dennis und Julius (Gruppe 2) im Argumentationsstrang AS-1 (siehe Kurzschema im Anhang im elektronischen Zusatzmaterial). Im zweiten Teil des Beweises möchten die beiden zeigen, dass in einem Parallelogramm die Diagonalen nicht gleich lang sind. Sie beginnen damit, Eigenschaften des Parallelogramms aufzuführen (siehe Abbildung 12.26). Diese Eigenschaften folgen dabei der Logik der Studierenden und ihrem Verständnis von Parallelogramm, das vom in der Vorlesung verwendeten Verständnis abweicht. Zum einen nennen sie, dass die Winkel alle ungleich 90° sind ($\gamma = 90°$ ist ein Schreibfehler, Julius sagt in Turn 451: *„kennzeichnet ein Parallelogramm dann ja ein Viereck aus* […] *das erkennt man dadurch, dass* […] *die Winkel (…) -ähm- immer ungleich neunzig Grad sind.*"). Zum anderen halten sie fest, dass gegenüberliegende Winkel gleich groß sind, nebeneinanderliegende Winkel jedoch nicht. Diese zweite Aussage wird im Folgenden in der Argumentation nicht weiter verwendet (siehe Abbildung 12.25), während aus der ersten Aussage geschlussfolgert wird, dass keine Winkelhalbierenden gezogen werden können. Mit dieser Schlussfolgerung wird bis zur Zielkonklusion weiterargumentiert.

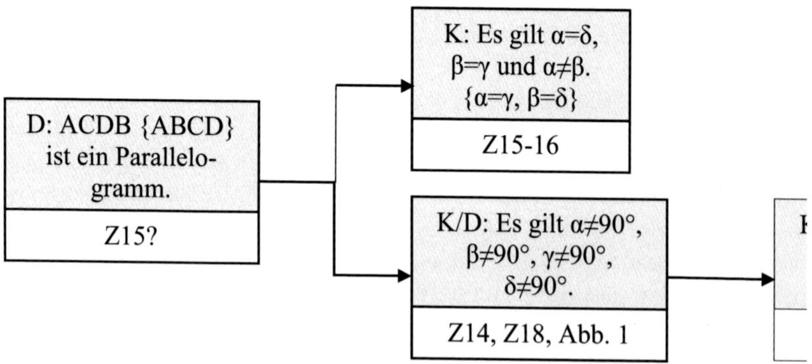

Abbildung 12.25 Ausschnitt der Rekonstruktion der schriftlichen Argumentation von Dennis und Julius (Gruppe 2) zur zweiten Aussage (Teil 2, AS-1)

Ein totes Ende ist gegeben, wenn an einer Stelle die Argumentation abrupt aufhört, während sie an anderer Stelle weiter geht. Hier bricht sie nach der ersten Aussage über die Winkel ab. Aus ihnen wird in der Argumentation nichts gefolgert. Dennis und Julius brechen die Argumentation jedoch nicht ganz ab, aus der zweiten Aussage schlussfolgern sie und erreichen die Zielkonklusion. Deswegen handelt es sich hier um ein totes Ende. Das tote Ende wird in der rekonstruierten Argumentationsstruktur einfach als einzelner Strang stehen gelassen, wie in Abbildung 12.25 zu sehen.

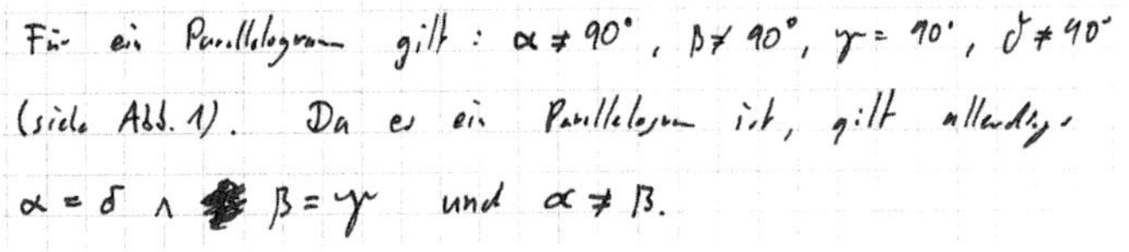

Für ein Parallelogramm gilt: $\alpha \neq 90°$, $\beta \neq 90°$, $\gamma = 90°$, $\delta \neq 90°$
(siehe Abb. 1). Da es ein Parallelogramm ist, gilt allerdings:
$\alpha = \delta \wedge \beta = \gamma$ und $\alpha \neq \beta$.

Abbildung 12.26 Ausschnitt aus dem Beweistext von Dennis und Julius (Gruppe 2) zur zweiten Aussage

Woran liegt es, dass hier in der Argumentation ein totes Ende entsteht? Der Transkriptausschnitt 41 zeigt diese Stelle. In Turns 457 bis 459 entsteht die Argumentation von AS-1 und der in Abbildung 12.26 zu sehende Beweistext wird aufgeschrieben. Direkt in Anschluss daran in Turn 460 scheint Dennis daraus etwas schlussfolgern zu wollen, formuliert dies jedoch nicht aus. Er macht nur eine Geste zu einem anderen Teil des Beweistextes, vermutlich auf „$\overline{AD} \neq \overline{BC}$“, scheint sich nicht sicher zu sein („eigentlich“) und kommt auch im Folgenden nicht erkennbar auf diesen Gedanken zurück. Die Studierenden wissen nun nicht genau, wie sie mit dem Beweis weitermachen sollen. Dies formuliert Julius in Turn 461/462. Der neue Anlauf einige Turns später bezieht sich dann nur noch darauf, dass die Winkel nicht 90° haben.

Transkriptausschnitt 41: Dennis und Julius (Gruppe 2), Turns 457–462

457	Julius	//Mhm (bejahend). Da die- Moment, die sind ja aber parallel (8) *[Julius schreibt, während er spricht]* Da (4) Ich schreib mal. Da es ein Parallelogramm ist (…) gilt allerdingst (4) Alpha *{δ}* (.) ist genauso wie (..) genauso groß wie Delta *{β}* (..) und (.) Gamma *{α}* (.) Ach, Quatsch. #V5_15:24-9#
458	Dennis	Beta *{γ}* #V5_15:25-6#
459	Julius	*[Julius streicht etwas falsches weg]* auch richtig machen (.) *[Julius schreibt, während er spricht]* ist genauso, da (8) und (4) Alpha *{δ}* ist ungleich Beta *{γ}*. (10) #V5_15:56-4#
460	Dennis	Und daraus *[Dennis zeigt auf den Beweistext zum Parallelogramm]* folgt eigentlich, dass die *[Dennis zeigt weiter oben auf den Beweistext, vermutlich auf „$\overline{AD} \neq \overline{BC}$“]* #V5_15:58-2#
461	Julius	Genau, wie er, genau, aber wie schreiben wir das jetzt au-, also, wie können wir jetzt beweisen, dass das -ähm- (...) dass es nicht, weil wir, wir können jetzt ja hier *[Julius zeigt auf das Parallelogramm {Beweisskizze 1}]* wieder nicht -äh- *(Ende des 5. Videos, #V5_16:11-4#)* Da nutzen uns zum Beispiel diese Winkelhalbierenden ja überhaupt nichts, weil (4) weil man das ja sieht. (..) Oh Mann. (4) #V6_00:15-9#

Das tote Ende scheint hier dadurch begünstigt zu sein, dass die Studierenden in den Turns 457 bis 459 nicht bewusst ausgewählte Aussagen aufschreiben, sondern erst einmal Eigenschaften von Parallelogrammen sammeln. Nicht alle dieser Eigenschaften benötigen sie im Anschluss für ihren Beweis. Auch wird nicht direkt im Anschluss an das Aufschreiben der Eigenschaften weiterargumentiert, sodass diese zeitliche Lücke ebenfalls ein Vergessen einzelner Eigenschaften wahrscheinlicher macht.

Dennis und Julius haben auch im ersten schriftlichen Beweis ein totes Ende, ebenfalls im zweiten Teil der Argumentation (AS-1, siehe Kurzschema im Anhang im elektronischen Zusatzmaterial). Im zweiten Teil, in dem sie zeigen wollen, dass das gegebene Dreieck zwei gleich lange Seiten hat, zeichnen sie eine Winkelhalbierende durch den Winkel γ ein und sagen zum einen, dass daraus ½γ folgt, zum anderen, dass die Winkelhalbierende die gegenüberliegende Seite halbiert (also auch Mittelsenkrechte ist). Mit der ersten Konklusion (½γ) arbeiten sie nicht weiter, sie wird ein totes Ende. Mit der zweiten Konklusion (Mittelsenkrechte) folgen zwei Dreiecke, mit denen weiter argumentiert wird (siehe Abbildung 12.27).

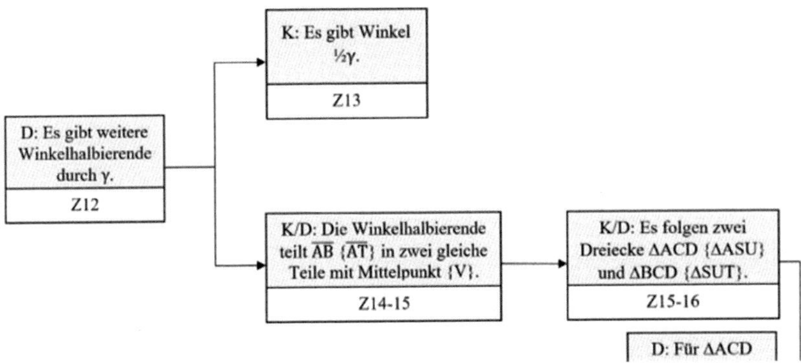

Abbildung 12.27 Ausschnitt der Rekonstruktion der schriftlichen Argumentation von Dennis und Julius (Gruppe 2) zur ersten Aussage (Teil 1, AS-1 und AS-2)

Im Gegensatz zum obigen Beispiel wird hier die Konklusion (es gibt Winkel $\frac{1}{2}\ \gamma$) der Argumentation, die ich als totes Ende beschreibe, zwar wieder aufgegriffen, jedoch nicht in einer Weise, dass eine direkte Verbindung der beiden Aussagen rekonstruierbar ist (siehe Abbildung 12.28). Der Winkel $\frac{1}{2}\ \gamma$ wird benutzt, um die Winkel der beiden Dreiecke anzugeben, es wird aber nicht gesagt, auf welche Winkel genau Bezug genommen wird oder warum es plötzlich $\frac{1}{2}\ \gamma$ zweimal gibt, wodurch eine direkte Verbindung Zusammenhänge suggerieren würde, die dem Beweistext und dem Transkript nicht entnommen werden können. Ein Grund für das tote Ende könnte hier sein, dass die Studierenden ihre Gedanken weder ordentlich aussprechen noch sie strukturiert aufschreiben, es fehlt ihnen an Präzision. Dadurch stehen viele Verbindungen nicht im Beweis und Begründungen für Schritte fehlen. Obwohl die Studierenden vom Medium her grafisch sind, die Argumentation also verschriftlicht ist, schreiben sie, wie sie sprechen, sind also konzeptionell mündlich.

Ein weiteres totes Ende ist in der mündlichen Argumentation von Nina und Maja (Gruppe 1) zur ersten Aussage zu finden (AS-2, siehe Kurzschema im Anhang im elektronischen Zusatzmaterial), in der sie die Gleichschenkligkeit des gegebenen Dreiecks zeigen sollen. Sie kommentieren, dass sie zwei gleich große Basiswinkel brauchen, um die Gleichschenkligkeit des Dreiecks zeigen zu können (Transkriptausschnitt 42, Turn 225). Den Winkel γ haben sie bereits bestimmt. Maja schlussfolgert daraus mit der Winkelsumme im Dreieck, dass noch „α" im

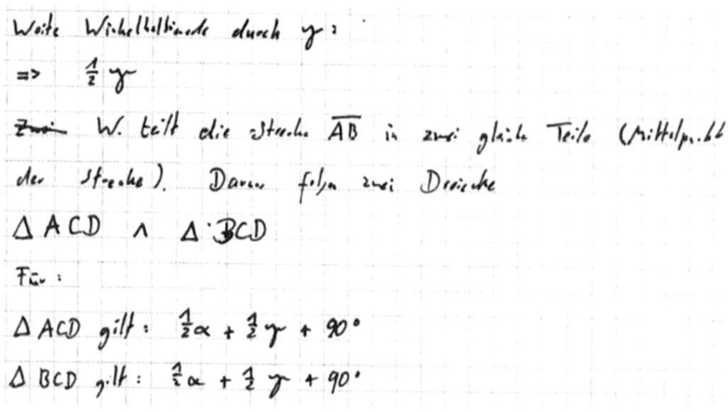

Weite Winkelhalbierende durch γ:
=> ½ γ
W. teilt die Strecke AB in zwei gleiche Teile (Mittelpunkt der Strecke). Daraus folgen zwei Dreiecke
Δ ACD ∧ Δ BCD
Für:
Δ ACD gilt: ½α + ½γ + 90°
Δ BCD gilt: ½α + ½γ + 90°

Abbildung 12.28 Ausschnitt aus dem Beweistext von Dennis und Julius (Gruppe 2) zur ersten Aussage (Teil 1)

Dreieck übrig ist (Turns 226–230, siehe auch Abbildung 12.29). Nina greift den Gedanken auf, schließt aber aus dem Winkel γ und dem Basiswinkel α_2 auf die Größe des zweiten Basiswinkels (Turns 230–231).

K/D: Der Winkel unten im Dreieck {γ} ist 180°-α.
221, 230, Skizze
K: Im Dreieck ist α „übrig“.
226
G: Die Winkelsumme im Dreieck ist 180°.
228

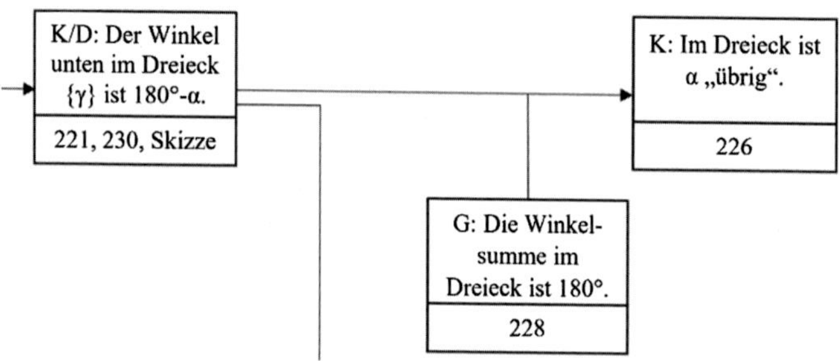

Abbildung 12.29 Ausschnitt der Rekonstruktion der mündlichen Argumentation von Nina und Maja (Gruppe 1) zur ersten Aussage (AS-2)

Transkriptausschnitt 42: Nina und Maja (Gruppe 1), Turns 225–232

225	Nina	Ähm- Und jetzt müssen wir ja zeigen, dass das sozusagen Alpha Halbe ist *[Nina zeigt auf den Winkel α_2]*, nöh (fragend)? Weil wenn's gleichschenklig ist, ist ja nach dem Basiswinkelsatz// *[Nina zeigt auf die Winkel α_2 und x im Dreieck]* #V2_00:02:25-0#
226	Maja	//Ja, wir haben ja nur noch Alpha über. *[Maja zeigt auf das „α“ in der Beschriftung des Winkels „180°-α“ {γ}]* (.)#V2_00:02:27-2#
227	Nina	Ja.// #V2_00:02:27-5#
228	Maja	//Wir haben ja hundertachtzig Grad// *[Maja fährt mit dem Stift schnell die Seiten des Dreiecks entlang]* #V2_00:02:28-5#
229	Nina	//Ah. Ja.// *[Nina zeigt auf den Winkel α_2]* #V2_00:02:29-5#
230	Maja	//und wir wissen, dass der hundertachtzig Grad minus Alpha ist.// *[Maja zeigt auf Winkel „180°-α“ {γ}]* #V2_00:02:31-9#
231a	Nina	//Und wir wissen, dass das einhalb Alpha ist *[Nina zeigt auf den Winkel links im Dreieck {α_2}]* *§also muss das einhalb Alpha sein.§* *[Beide zeigen auf den Winkel rechts im Dreieck {x}]* #V2_00:02:34-1#
231b	Maja	*§also muss das auch einhalb.§*
232	Maja	Ja. #V2_00:02:34-9#

Nina und Maja arbeiten somit mit der Aussage, dass noch „α“ im Dreieck übrig ist, nicht mehr weiter. Dadurch entsteht ein totes Ende. Dieses tote Ende ist wahrscheinlich entstanden, weil beide Studierende mit den gleichen Ausgangsdaten leicht unterschiedlich weiterarbeiteten. Die Argumentation des toten Endes ging hier nicht „verloren“, sondern wurde „umgestrickt“ bzw. umformuliert verwendet. Trotzdem handelt es sich um ein totes Ende, da aus der ursprünglichen Konklusion von Maja nichts mehr geschlussfolgert wird. Ein solches totes Ende fällt im Gesprächsverlauf kaum auf, da es keinen inhaltlichen Bruch oder zeitlichen Abstand gibt, wie in den vorherigen Beispielen.

In der mündlichen Argumentation zur zweiten Aussage von Daria und Leonie (Gruppe 4) gibt es ein weiteres totes Ende (AS-5g, siehe Kurzschema im Anhang im elektronischen Zusatzmaterial). Die Studierenden wollen zeigen, dass es sich bei dem betrachteten Parallelogramm mit gleich langen Diagonalen um ein Rechteck handelt. Sie haben bereits begründet, dass alle α-Winkel gleich groß sind, und überlegen nun, wie sie weiter vorgehen können (siehe Transkriptausschnitt 43). Leonie meint, dass die übriggebliebenen Teilwinkel alle β-Winkel sind (Turns 277 + 279) und schließt mit der Formel $\frac{360°}{4} = 90°$ darauf, dass dann $360 = 4 \cdot \alpha + 4 \cdot \beta$ sei (Turn 279). Die Rekonstruktion dieser Aussagen ist in Abbildung 12.30 zu sehen. Daria wendet jedoch ein, dass sie nun zwei Unbekannte haben und möchte lieber β in Abhängigkeit von α bestimmen und damit weiterarbeiten (Turn 282).

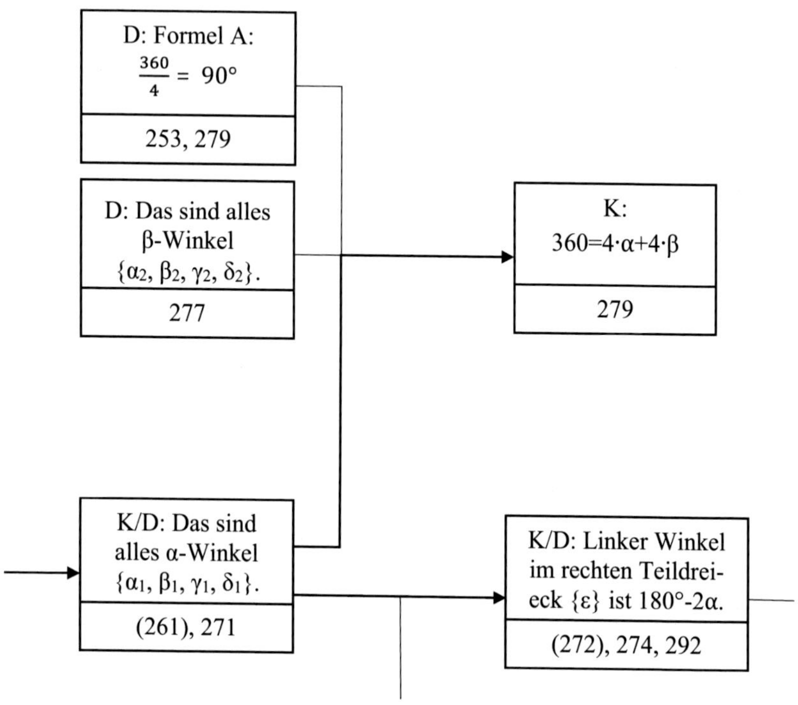

Abbildung 12.30 Ausschnitt der Rekonstruktion der mündlichen Argumentation von Daria und Leonie (Gruppe 4) zur zweiten Aussage (AS-5 g)

Transkriptausschnitt 43: Daria und Leonie (Gruppe 4), Turns 277–282

277	Leonie	Und wenn wir dann- Bei dem können wir's genau sagen, das ist alles Beta (4) und dann (.) haben wir alles Beta. *[Leonie beschriftet in Skizze 2 den Winkel {α2} links im unteren Teildreieck mit „β"]* #V2_08:38-7# (Skizze 2)
278	Daria	Joa. Bringt uns jetzt was, wenn wir ne zweite Unbekannte nehmen? #V2_08:42- 2#
279	Leonie	Ja. *[Leonie beschriftet in Skizze 2 den Winkel {δ2} links im oberen Teildreieck ebenfalls mit „β"]* Oder? *[Leonie beschriftet den Winkel {γ2} rechts im oberen Teildreieck ebenfalls mit „β"]* Dann können wir doch das *[Leonie beschriftet den Winkel {β2} rechts im unteren Teildreieck ebenfalls mit „β"]* das hier benutzen. *[Leonie zeigt auf die Formel „360° 4 = 90° " {Formel A}]* Dreihundertsechzig gleich vier mal Alpha plu- und plus vier mal Beta. #V2_08:54-3# (Skizze 2)
280	Daria	(9) Und dann? Haben wir zwei Unbekannte ja da drinne.// #V2_09:06-2#
281	Leonie	//Und weil Alpha und Beta (9) #V2_09:17-3#
282	Daria	Nicht irgendwie sowas irgendwie aufschreiben *[Daria zeigt in Skizze 2 auf die β-Winkel des Rechtecks rechts oben {γ2} und rechts unten {β2}]*, wie der Winkel heißen würde, in Abhängigkeit von a irgendwie? #V2_09:23-4#

Im weiteren Verlauf der Argumentation bestimmen Daria und Leonie nun β in Abhängigkeit von α (bis Turn 339). Leonies Argumentation aus den Turns 277 und 279 wird nicht weiterverwendet, aus ihrer Konklusion wird nichts geschlussfolgert. Daher ist dies ein totes Ende. Ab Turn 345 nutzen Daria und Leonie jedoch eine ähnliche Formel [$360 = 4 \cdot (\alpha + 90 - \alpha)$], wobei sie $90 - \alpha$ für β einsetzen und anders klammern. Durch diese Unterschiede gibt es keine direkte Verbindung zwischen dem toten Ende und der dann verwendeten Formel, auch mündlich erfolgt kein Rückbezug auf das tote Ende. Grund für dieses tote Ende ist Darias Einwand, diese Argumentation wurde also „bewusst" abgebrochen. Der grundsätzliche Gedanke, die Winkelsumme im Viereck und die Winkel zu nutzen, wurde jedoch beibehalten.

Zusammenfassung „Tote Enden"

Tote Enden sind abgebrochene Argumentationsstränge in Argumentationen, diese können vielfältige Gründe haben. Sie können entstehen, wenn auffällt, dass eine Argumentation nicht zielführend ist und sie daher beendet wird, damit an einer anderen Stelle weiterargumentiert werden kann. Dies machen Daria und Leonie (Gruppe 4), ihr Vorhaben scheint ihnen bewusst. Tote Enden kann es aber auch unbemerkt geben. Dies passiert z. B., wenn eine Argumentation von einer weiteren Person wiederholt und dabei umformuliert wird, ohne dass dies von den Beteiligten bemerkt wird, wie hier bei Nina und Maja. Dabei bleibt die Grundidee der Argumentation die gleiche, die genaue Umsetzung ändert sich jedoch leicht. Auch wenn erstmal alles genannt wird, was einem zum Thema der Argumentation einfällt, wie bei Dennis und Julius, kann eine Argumentation abbrechen. Dies könnte daran liegen, dass sich die Studierenden nicht erinnern, etwas genannt zu haben, oder es im Verlauf nicht mehr brauchen, obwohl sie es zunächst gesagt haben. Eine Argumentation kann ebenfalls „abbrechen", wie in dem anderen Beispiel von Dennis und Julius, wenn eine Argumentation zwar angedeutet wird, beispielsweise durch Gesten, aber nicht formuliert wird. Hier kann die Argumentation nicht aufeinander bezogen rekonstruiert werden, sie „hängt" und wird somit auch zum toten Ende. Diese Form der Unverbundenheit ist bei mündlichen Argumentationen rekonstruierbar.

12.3 Implizit Gebliebenes in Argumentationen

Während der Rekonstruktionen wurden, wo möglich und durch Äußerungen in den Transkripten angezeigt, implizite Daten, Garanten und Zwischenschritte ergänzt. Diese kontinuierlichen regelhaften Ergänzungen spielen in sämtlichen Analysen und Interpretationen meiner Arbeit eine Rolle. In diesem Kapitel werden darüber hinaus eher ungewöhnliche Verwendungen von impliziten Aussagen in den Blick genommen. Dies sind zum einen in wenigen Situationen *Konklusionen*, die in der Regel explizit gemacht werden, und zum anderen *Daten*, die bei der Wiederverwendung bisweilen implizit bleiben.

Implizite Enden

Interessant sind Argumentationen, in denen die Konklusion implizit bleibt. Sie werden hier *implizite Enden* genannt. Der schriftliche Beweis von Daria und Leonie (Gruppe 4) der zweiten Aussage zeigt so ein Argumentationsende. In AS-1 (siehe Kurzschema im Anhang im elektronischen Zusatzmaterial) schreiben die beiden das Ziel der Argumentation auf (siehe Abbildung 12.31). Dabei explizieren sie das Datum ($\alpha + \beta = 90°$) und den Garanten (Im Rechteck haben alle Winkel 90°), schreiben aber die Konklusion nicht auf (siehe Abbildung 12.31). Auch mündlich wird die Konklusion nicht genannt (siehe Abbildung 12.32). Es scheint, als sei diese Konklusion für sie durch die Nennung des Garanten explizit genug.

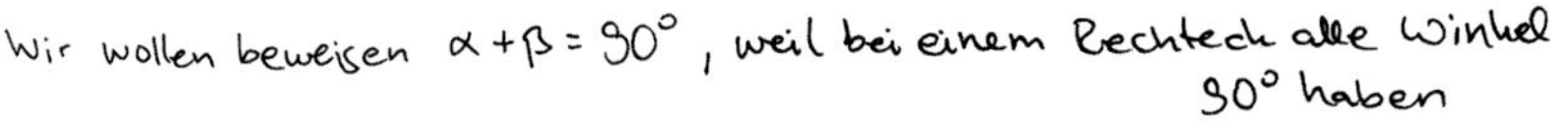

Wir wollen beweisen $\alpha+\beta=90^\circ$, weil bei einem Rechteck alle Winkel 90° haben

Abbildung 12.31 Ausschnitt aus dem Beweistext von Daria und Leonie (Gruppe 4) zur zweiten Aussage

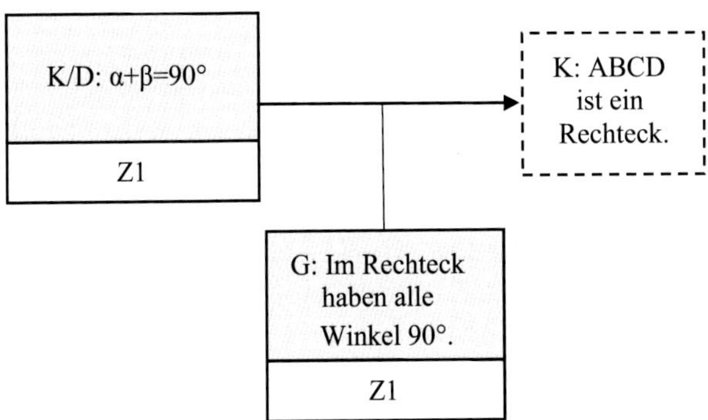

Abbildung 12.32 Ausschnitt der Rekonstruktion der schriftlichen Argumentation von Daria und Leonie (Gruppe 4) zur zweiten Aussage (AS-1)

Da die Konklusion, dass es sich dann um ein Rechteck handelt, durch die zu beweisende Aussage bereits vorgegeben ist und der Garant sich ebenfalls auf Rechtecke bezieht, kann hier davon ausgegangen werden, das Daria und Leonie ebenfalls diese Konklusion zeigen wollen. Da diese Konklusion aber implizit bleibt und die Argumentation nicht weiter fortgesetzt wird, handelt es sich hier um ein implizites Ende.

Die mündliche Argumentation von Dennis und Julius (Gruppe 2) zur ersten Aussage zeigt solche impliziten Konklusionen noch deutlicher. Der Argumentationsstrang AS-7 (siehe Kurzschema im Anhang im elektronischen Zusatzmaterial) besteht explizit nur aus einem Datum und zwei Garanten (Abbildung 12.33). Die Konklusionen der einzelnen Schritte werden nicht ausformuliert und bleiben somit implizit. Es ist sehr selten, dass Konklusionen nicht genannt, Garanten aber gegeben werden. In den meisten Fällen bleiben die Garanten implizit, die Konklusionen über mehrere Argumentationsschritte hinweg jedoch nicht. Den beiden Studierenden fällt dies nicht auf. Ihr Fokus scheint darauf zu liegen, irgendwie überhaupt eine Argumentation hervorzubringen, sodass sie etwas aufschreiben können.

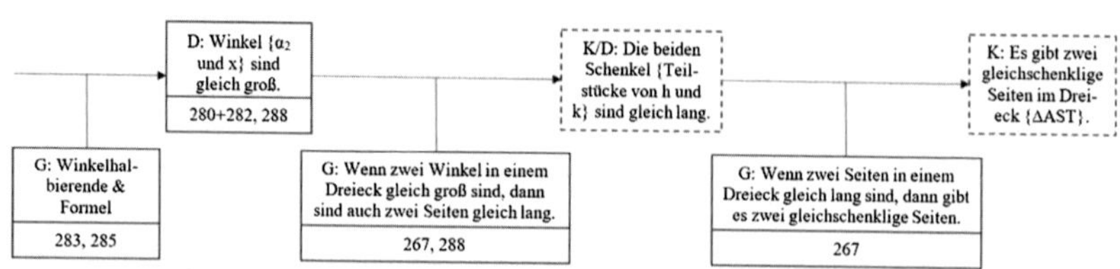

Abbildung 12.33 Ausschnitt der Rekonstruktion der mündlichen Argumentation von Dennis und Julius (Gruppe 2) zur ersten Aussage (Teil 1, AS-7)

Weitere implizite Enden zeigen sich bei Pia und Charlotte in der mündlichen Argumentation der zweiten Aussage. In Argumentationsstrang AS-9 (siehe Kurzschema im Anhang im elektronischen Zusatzmaterial) möchte Charlotte zeigen, dass Pias Argumentation über den Schnittpunkt der Mittelsenkrechten nicht ausreicht, um zu zeigen, dass die Diagonalen eines Rechtecks gleich lang sind, die eines Parallelogramms aber nicht. In Turn 767 betrachtet Charlotte dafür verschiedene mögliche Schnittpunkte der Mittelsenkrechten eines Parallelogramms (siehe Transkriptausschnitt 44).

Transkriptausschnitt 44: Pia und Charlotte (Gruppe 3), Turn 767

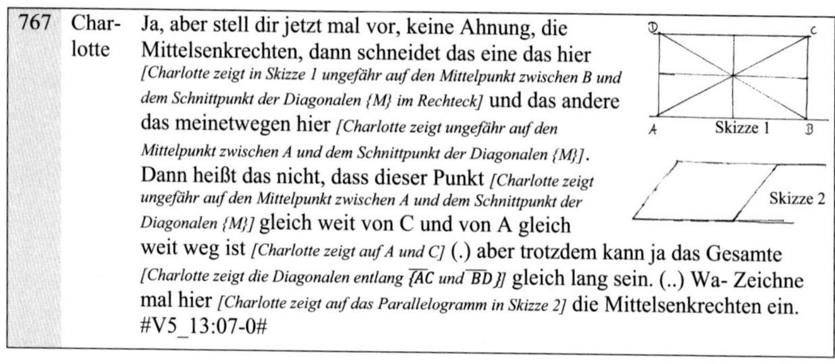

767	Charlotte	Ja, aber stell dir jetzt mal vor, keine Ahnung, die Mittelsenkrechten, dann schneidet das eine das hier *[Charlotte zeigt in Skizze 1 ungefähr auf den Mittelpunkt zwischen B und dem Schnittpunkt der Diagonalen {M} im Rechteck]* und das andere das meinetwegen hier *[Charlotte zeigt ungefähr auf den Mittelpunkt zwischen A und dem Schnittpunkt der Diagonalen {M}]*. Dann heißt das nicht, dass dieser Punkt *[Charlotte zeigt ungefähr auf den Mittelpunkt zwischen A und dem Schnittpunkt der Diagonalen {M}]* gleich weit von C und von A gleich weit weg ist *[Charlotte zeigt auf A und C]* (.) aber trotzdem kann ja das Gesamte *[Charlotte zeigt die Diagonalen entlang {$\overline{AC}$ und $\overline{BD}$}]* gleich lang sein. (..) Wa- Zeichne mal hier *[Charlotte zeigt auf das Parallelogramm in Skizze 2]* die Mittelsenkrechten ein. #V5_13:07-0#

Die potentielle Konklusion der Argumentation, dass die Diagonalen nicht gleich lang sind, die Pia vorher verwendet hat, formuliert Charlotte hier nicht mehr, sondern widerlegt sie (siehe Abschnitt 12.10). Die Konklusion bleibt implizit. Da die Argumentation nach dieser impliziten Konklusion nicht weitergeführt wird (siehe Abbildung 12.34), handelt es sich hier um ein implizites Ende.

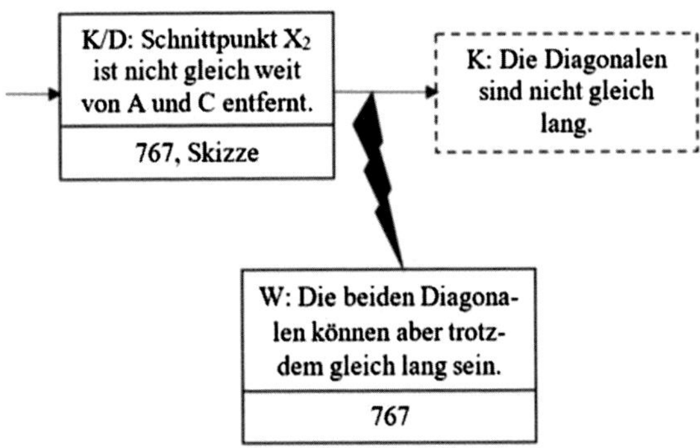

Abbildung 12.34 Ausschnitt aus der Rekonstruktion der mündlichen Argumentation von Pia und Maja (Gruppe 3) zur zweiten Aussage (AS-9)

Im folgenden Transkriptausschnitt 45 gibt es gleich zwei Argumentationen mit impliziten Enden. Pia argumentiert in Turn 779 und 781 (AS-11, siehe Kurzschema im Anhang im elektronischen Zusatzmaterial), dass es in einem Parallelogramm keinen Umkreis gibt, weil es keinen Punkt gibt, der von den Endpunkten der Diagonalen gleich weit weg ist. Die Konklusion, dass dadurch auch die Diagonalen nicht gleich lang sein können, formuliert sie nicht explizit (siehe Abbildung 12.35), obgleich sie als Widerlegung einer vorherigen Behauptung Charlottes dient (siehe Abschnitt 12.10).

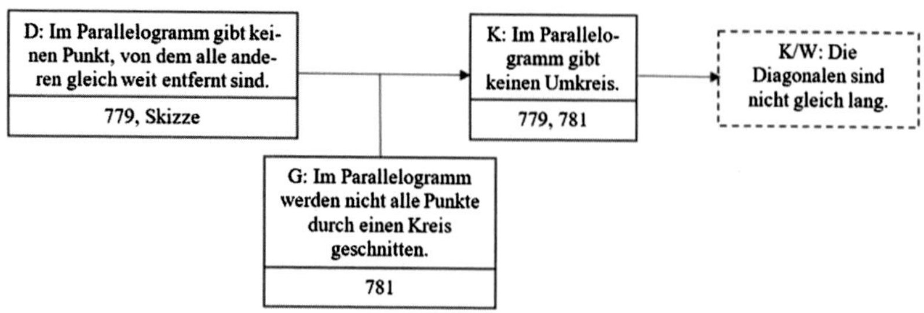

Abbildung 12.35 Ausschnitt aus der Rekonstruktion der mündlichen Argumentation von Pia und Maja (Gruppe 3) zur zweiten Aussage (AS-11)

Transkriptausschnitt 45: Pia und Charlotte (Gruppe 3), Turns 779–781

779	Pia	Hmm. (.) Meines Erachtens schon, weil wir, weil es in diesem *[Pia tippt in Skizze 2 auf den Schnittpunkt der Diagonalen {M} und macht eine umkreisende Geste um das Parallelogramm]* (..) keinen Punkt gibt, von den allen, alle Punkte gleich weit entfernt sind. Dann gibt es ja auch keinen (..) Umkreis quasi. #V5_15:16-9# (Skizze 2)
780	Charlotte	Ja, genau. Aber das ist ja auch alles gar nicht gefragt. (.) Deshalb// #V5_15:19-3#
781	Pia	//Ja, genau, aber, doch, weil (.) für ein (.) Wir brauchen, damit die Diagonalen gleich sin-, lang sind *[Pia zeigt in Skizze 2 beide Diagonalen entlang]*, brauchen wir ein'n Punkt, von dem alle Punkte gleich weit entfernt sind. (.) Weißt du, was ich meine? Wenn es keinen Punkt in diesem *[Pia macht eine umkreisende Geste um das Parallelogramm]* (.) in diesem Gebilde gibt, wo *[Pia zeigt zu den Punkten A, C, D und B]* alle Punkte gleich weit voneinander entfernt sind (.) können die Diagonalen auch nicht gleich lang sein. (.) Hier haben wir diesen Punkt. *[Pia zeigt in Skizze 1 auf den Schnittpunkt {M} der Mittelsenkrechten im Rechteck]* (..) Was ja auch ein Grund dafür ist, dass man zum Beispiel keinen Umkreis dafür finden kann *[Pia zeigt in Skizze 2 auf das Parallelogramm]* von dem a-, weil nicht alle Punkte geschnitten werden.// #V5_15:51-6# (Skizze 1)

In Turn 781 weist Pia noch einmal darauf hin, dass im Rechteck ein Punkt existiert, von dem die Endpunkte der Diagonalen gleich weit entfernt sind (AS-14, siehe Kurzschema im Anhang im elektronischen Zusatzmaterial). Hier formuliert sie die Konklusion, dass die Diagonalen damit gleich lang sind, ebenfalls nicht (siehe Abbildung 12.36). Beide Konklusionen scheinen für Pia gegeben, sodass sie sie nicht erneut formulieren muss. Da in beiden Fällen die Argumentation mit den impliziten Konklusionen endet, handelt es sich um implizite Enden.

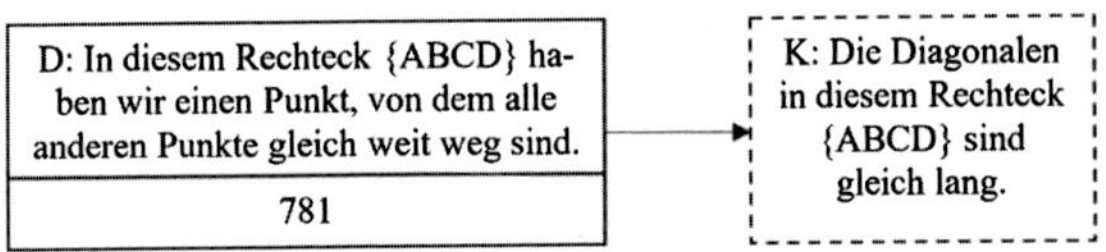

Abbildung 12.36 Ausschnitt aus der Rekonstruktion der mündlichen Argumentation von Pia und Charlotte (Gruppe 3) zur zweiten Aussage (AS-14)

Aus gleichem Grund scheint auch die Konklusion des Argumentationsstranges AS-21 implizit zu bleiben (siehe Kurzschema im Anhang im elektronischen Zusatzmaterial). Da sich die Argumentation über sehr viele Turns erstreckt (Turns 831 bis 847a), wird auf eine Darstellung am Transkript verzichtet. Auch hier wird von Pia und Charlotte ein Parallelogramm betrachtet. Mithilfe von Kongruenz zeigen sie, dass die Diagonalen nicht gleich lang sind, sagen dies aber nicht explizit (siehe Abbildung 12.37).

Den Studierenden scheint diese Konklusion, die durch die Aussage gegeben ist, so als Ziel vorgegeben. Eine weitere Nennung scheint ihnen redundant. Da dieses Wissen geteilt ist, erscheint es ihnen nicht notwendig, dass dieses immer wieder gesagt werden muss. Das führt hier zu einem weiteren impliziten Ende.

Eine weitere implizite Konklusion findet sich in der nachgelieferten Argumentation einer bereits gegebenen Formel. In Turn 853a bestimmt Charlotte die Größe des Winkels β als 180°- α. Dies wollen Pia und Charlotte nun auch zeigen (AS-25, siehe Kurzschema im Anhang im elektronischen Zusatzmaterial). Dazu weist Pia in Turn 862 (Transkriptausschnitt 46) darauf hin, dass am Punkt A des Parallelogramms der Winkel β *„ja quasi plus Alpha ist"* und Charlotte beginnt mithilfe des Stufenwinkelsatzes zu folgern (Turn 865).

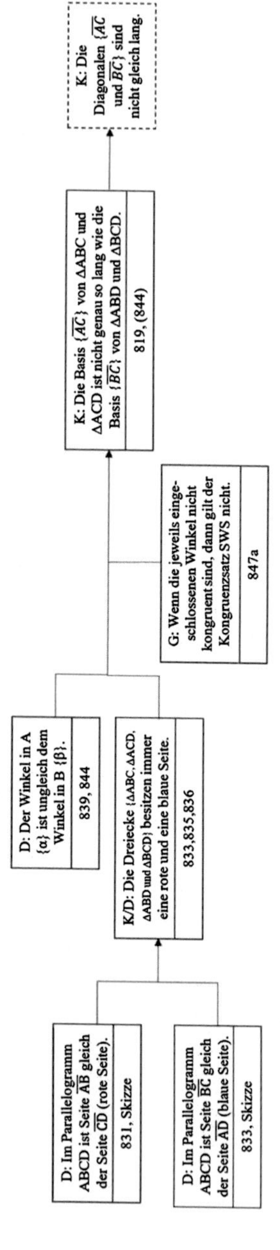

Abbildung 12.37 Ausschnitt aus der Rekonstruktion der mündlichen Argumentation von Pia und Charlotte (Gruppe 3) zur zweiten Aussage (AS-21)

Transkriptausschnitt 46: Pia und Charlotte (Gruppe 3), Turns 862–867

862	Pia	Ja. Können wir uns drauf einigen. Seh ich -äh- genauso. Also das ist ja genau das, was wir hier *[Pia zeigt auf Skizze 3]* -äh- haben, dass -ähm- weil wir wissen *[Pia zeigt Seite $\overline{BC}$ {b} entlang, ca. 2 Sek]* da durch die Schnittpunkt, dass das hier *[Pia zeigt auf den Nebenwinkel zu β an Gerade AB]* ja quasi plus Alpha ist. #V6_07:47-8#
863	Charlotte	Ja. #V6_07:48-1#
864	Pia	Ja. #V6_07:48-4#
865	Charlotte	Aufgrund des Stufenwinkelsatzes, wenn wir uns die Parallelen angucken *[Charlotte zeigt in Skizze 3 auf die Seiten $\overline{BC}$ {b} und $\overline{AD}$ {d}]* und// #V6_07:51-8#
866	Pia	//Ja.// #V6_07:51-9#
867	Charlotte	//die schneidet *[Charlotte zeigt in Skizze 3 auf $\overline{AB}$ {a}]*. Mhm (bejahend). Ja. (..) #V6_07:54-7#

Die Konklusion ihrer Schlussfolgerung spricht Charlotte jedoch nicht aus, auch Pia tut dies nicht expliziter als ihre Andeutung in Turn 862. Damit bleibt implizit, dass der Nebenwinkel zu β ebenfalls die Größe α hat. Da hier aus der impliziten Konklusion auch nichts mehr geschlussfolgert wird, ist auch dies ein implizites Ende (Abbildung 12.38).

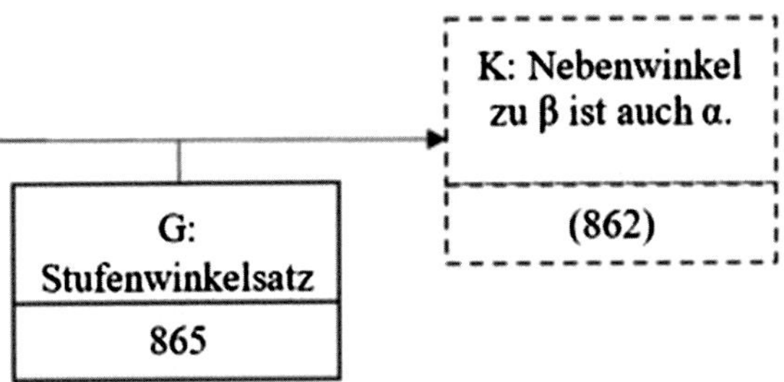

Abbildung 12.38 Ausschnitt aus der Rekonstruktion der mündlichen Argumentation von Pia und Charlotte (Gruppe 3) zur zweiten Aussage (AS-25)

Implizite Verbindungen

Des Weiteren gibt es Stellen in Rekonstruktionen, wo erkennbar ist, dass Aussagen verwendet wurden, die nicht explizit an dieser Stelle genannt wurden. Wurde diese Aussage jedoch vorher schon getätigt und ein Bezug auf diese vorherige Aussage ist klar erkennbar, dann wird diese implizite Verbindung in der Rekonstruktion deutlich gemacht. Ein Beispiel dieser impliziten Verbindungen ist in der mündlichen Argumentation von Nina und Maja zur ersten Aussage zu finden (AS-4, siehe Kurzschema im Anhang im elektronischen Zusatzmaterial).

Die Studierenden wollen die Gleichschenkligkeit des in der Aussage gegebenen Dreiecks zeigen und bestimmen dafür zunächst die Größe der Winkel im Dreieck (Transkriptausschnitt 47). In Turn 231a bestimmen sie zuerst die Größe von γ und α_2 und aus diesen den Winkel x (Turns 231a&b). Vom Winkel x schließen sie in Turn 233 dann mittels Basiswinkelsatz auf die Gleichschenkligkeit.

Transkriptausschnitt 47: Nina und Maja (Gruppe 1), Turns 203–233

230	Maja	//und wir wissen, dass der hundertachtzig Grad minus Alpha ist.// *[Maja zeigt auf Winkel „180°-α“ {γ}]* #V2_00:02:31-9#
231a	Nina	//Und wir wissen, dass das einhalb Alpha ist *[Nina zeigt auf den Winkel links im Dreieck {α_2}]* *§also muss das einhalb Alpha sein.§* *[Beide zeigen auf den Winkel rechts im Dreieck {x}]* #V2_00:02:34-1#
231b	Maja	*§also muss das auch einhalb.§*
232	Maja	Ja. #V2_00:02:34-9#
233	Nina	Ja, wegen der Winkelsumme (.) Ja, dann haben wir's *[Lachen]* schon und dann ist noch Basiswinkelsatz, dass die beiden dann *[Nina zeigt an h und k entlang]* gleichsch- Ja. (.) Okay. Jetzt müssen wir's nur noch aufschreiben zum Abgeben. #V2_00:02:47-3#

Für diesen Schluss auf die Gleichschenkligkeit des Dreiecks brauchen sie jedoch nicht nur den Winkel x, sondern auch den Winkel α_2, da dies die beiden Basiswinkel des Dreiecks sind. Das wird von ihnen nicht mehr direkt formuliert, dennoch ist eine Verbindung von Konklusion, Garant und Daten logisch und chronologisch rekonstruierbar. Dies wird dann als implizite Verbindung (gepunktet) rekonstruiert (siehe Abbildung 12.39).

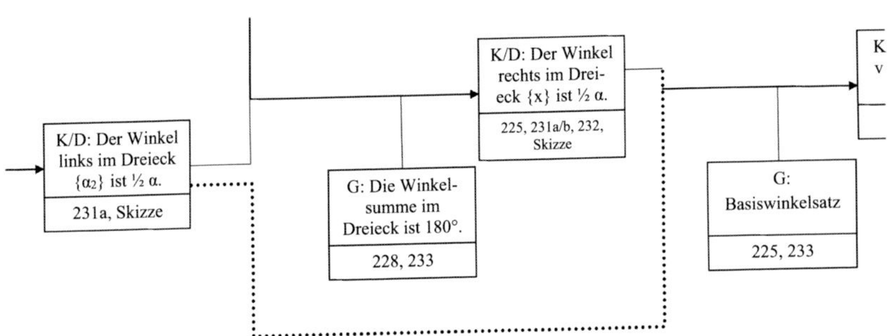

Abbildung 12.39 Ausschnitt der Rekonstruktion der mündlichen Argumentation von Nina und Maja (Gruppe 1) zur ersten Aussage (Anfang von AS-4)

Eine weitere implizite Verbindung zeigt sich in der Rekonstruktion der mündlichen Argumentation von Daria und Leonie zur zweiten Aussage. Die Studierenden wollen begründen, dass es sich bei dem Parallelogramm um ein Rechteck handelt. Dafür betrachten sie die Winkel in den Ecken, die durch die eingezeichneten Diagonalen in zwei Teilwinkel geteilt sind. Zwei der Winkel (α_1 und γ_1) erkennen sie als gleich groß, da es sich um Wechselwinkel handelt (siehe Abbildung 12.40). Nun wollen sie begründen, dass auch die beiden anderen „größeren" Teilwinkel (β_1 und δ_1) die Größe α haben. Dafür wollen sie zeigen, dass die beiden Teildreiecke links und rechts gleichschenklig sind (Turn 264, Transkriptausschnitt 48).

Abbildung 12.40 Beweisskizze von Daria und Leonie (Gruppe 4) zur zweiten Aussage, Turn 255

Transkriptausschnitt 48: Daria und Leonie (Gruppe 4), Turns 264–271

264	Daria	Es ist doch (.) auf jeden Fall eindeutig 'n gleichschenkliges Dreieck, oder? *[Daria fährt in Skizze 2 die Seiten des rechten Teildreiecks {ΔBCM} entlang]*// #V2_07:47-3#
265	Leonie	//Ja. Müssen wir das auch beweisen, ist die Frage, oder dürfen wir das annehmen? #V2_07:51-3#
266	Daria	Ich glaub, wir dürfen 's annehmen, weil die ja parallel sind *[Daria fährt in Skizze 2 entlang der rechten {b} und linken {d} Seite des Rechtecks]* und *[Daria zeigt auf den Schnittpunkt {M} der Diagonalen]* den gemeinsamen Punkt hier, Schnittpunkt haben? #V2_07:57-3#
267	Leonie	(..) Und weil die gleich lang sind.// #V2_08:00-9#
268	Daria	//Wir, wir wissen ja von dem *[Daria zeigt in Skizze 2 auf den Schnittpunkt {M} der Diagonalen]* #V2_08:01-7#
269	Leonie	Wir wissen, dass das *[Leonie zeigt in Skizze 2 auf das Teilstück der Diagonale von der unteren linken Ecke zum Schnittpunkt der Diagonalen {$\overline{AM}$}]* gleich lang ist wie das *[Leonie zeigt auf das Teilstück der Diagonale vom Schnittpunkt der Diagonalen zur oberen rechten Ecke {$\overline{CM}$}]* und das *[Leonie zeigt auf das Teilstück der Diagonale vom Schnittpunkt der Diagonalen zur unteren rechten Ecke {$\overline{BM}$}]* wie das *[Leonie zeigt auf das Teilstück der Diagonale vom Schnittpunkt der Diagonalen zur oberen linken Ecke {$\overline{DM}$}]*. (.) Oder? #V2_08:06-9#
270	Daria	Ja. Und damit wissen wir auch, dass das *[Daria zeigt in Skizze 2 auf das Teilstück der Diagonale vom Schnittpunkt der Diagonalen zur unteren rechten Ecke {$\overline{BM}$}]* und das *[Daria zeigt auf die Teilstücke der Diagonale vom Schnittpunkt der Diagonalen zur oberen rechten Ecke {$\overline{CM}$}]* gleich lang ist. #V2_08:09-3#
271	Leonie	Ja, dann dürfen wir's annehmen. *[Leonie beschriftet in Skizze 2 den Winkel {β_1} unten im rechten Teildreieck und den Winkel {δ_1} oben im linken Teildreieck mit „α", ca. 3 Sek]* Okay. #V2_08:14-4# Skizze 2

In den Turns 266 bis 270 zeigen die Studierenden, dass die Teildreiecke gleichschenklig sind, was Leonie in Turn 271 mit den Worten „*Ja, dann dürfen wir's annehmen*" noch einmal bestätigt. Daraufhin bezeichnet Leonie die beiden anderen Winkel (β_1 und δ_1) in der Skizze auch mit α (siehe Turn 271). Hierbei greift sie implizit auf die Konklusion aus Turn 255 zurück, dass die Winkel α_1 und γ_1 beide die Größe α haben. Ein direkter, expliziter Rückbezug auf Turn 255 findet nicht statt. Dies zeigt sich in der Rekonstruktion der Argumentation dadurch, dass die Verbindung der Konklusion aus Turn 255 zur neuen Konklusion aus Turn 271 gepunktet eingezeichnet ist (siehe Abbildung 12.41).

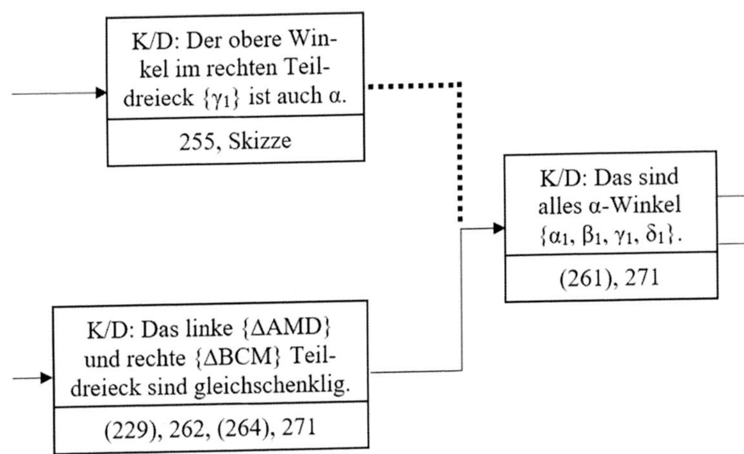

Abbildung 12.41 Ausschnitt der Rekonstruktion der mündlichen Argumentation von Daria und Leonie (Gruppe 4) zur zweiten Aussage (AS-5e sowie Ausschnitte aus AS-5a und AS-5f)

Zusammenfassung Implizites

Implizite Anteile in Argumentationen kommen häufig vor. Die Argumentationsgespräche stocken jedoch, wenn zu viele Daten implizit bleiben, da diese der Startpunkt einer Argumentation sind. Holperig wird es auch, wenn (wie hier besprochen) eine implizite Zielkonklusion vorliegt. Gerade die Zielkonklusion ist entscheidend und damit gewissermaßen charakterisierend für eine Argumentation. Sie nicht zu benennen, kann dazu führen, dass man selbst dieses Ziel aus den Augen verliert oder dass die Argumentation für Außenstehende nicht nachvollziehbar ist. Auch Verbindungen, so zeigen die Analysen meiner Transkripte, sind für die Teilnehmenden wichtig, um Zusammenhänge erkennen zu können. Wird etwas implizit verwendet, beispielsweise in einer Formel, ist es einfacher für diejenigen, die die Argumentationen rekonstruieren, implizite Verbindungen einzuzeichnen, da es einen Hinweis auf die Verbindungen gibt. Sonst, so belegen meine Analysen, ist das Einzeichnen impliziter Verbindung kaum oder gar nicht möglich.

12.4 Parallele Argumentationen

Parallele Argumentationen führen mit unterschiedlichen Argumentationssträngen zur gleichen Konklusion. Dabei können die verwendeten Daten unterschiedlich sein (kam hier nicht vor) oder auch teilweise oder ganz übereinstimmen.

Ein Beispiel für eine parallele Argumentation ist der zweite Teil der mündlichen Argumentation von Dennis und Julius (Gruppe 2) zur ersten Aussage (AS-2, siehe Kurzschema im Anhang im elektronischen Zusatzmaterial). Sie wollen zeigen, dass zwei Seiten im gegebenen Dreieck gleich lang sind (siehe Abbildung 12.42). Julius zeigt dies, indem er die zwei Teildreiecke betrachtet (Abbildung 12.43, oberer Weg). Zwei der Winkel sind bereits bestimmt (je 90° und ½ α), mit der Winkelsumme folgert er, dass die Größe der dritten Winkel in den Teildreiecken auch gleich ist. Somit sind auch zwei Seiten des gegebenen Dreiecks gleich lang. Dennis hingegen nutzt zwar auch die beiden Winkel der Teildreiecke, aber zusätzlich noch, dass die Teildreiecke auch eine gleich lange Seite haben, sodass er durch den Kongruenzsatz WSW zeigen kann, dass die Teildreiecke kongruent sind (Abbildung 12.43, unterer Weg). Daraus folgert er dann ebenfalls, dass zwei Seiten des gegebenen Dreiecks gleich lang sind. Die Konklusion beider Argumentationen ist gleich, sogar die Daten stimmen zum Teil überein, die Argumentationen verlaufen also parallel, sind allerdings inhaltlich-mathematisch problematisch.

In der mündlichen Argumentation von Nina und Maja (Gruppe 1) zur zweiten Aussage gibt es eine parallele Argumentation, die vom gleichen Datum zur gleichen Konklusion verläuft (AS-1, siehe Kurzschema im Anhang im elektronischen Zusatzmaterial). Vom Datum, dass die Diagonalen nicht gleich lang sind, folgern sie die Zielkonklusion, dass es sich nicht um ein Rechteck handelt, dabei gehen sie zwei unterschiedliche Wege. Zum einen nutzen sie die Zwischenkonklusion, dass die Diagonalen nicht kongruent sind, um die Zielkonklusion zu zeigen, zum anderen gehen sie über die Nicht-Kongruenz zweier Teildreiecke (siehe Abbildung 12.44). Beide parallelen Argumentationen sind jedoch inhaltlich nicht ausgearbeitet und viele Zwischenschritte fehlen. Zudem finden sie nicht klar voneinander getrennt statt, wie man an den Turnnummern erkennen kann.

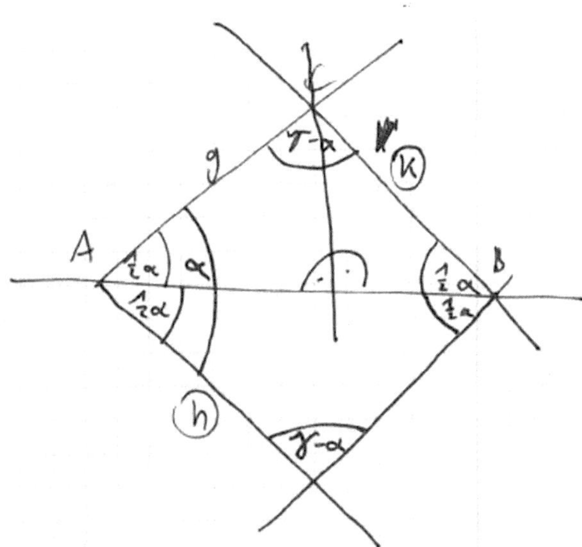

Abbildung 12.42 Skizze J4 von Dennis und Julius (Gruppe 2) zur ersten Aussage

In Ergänzung zu parallelen Argumentationen gibt es zudem *Argumentationen mit parallelen Anteilen*, die nicht einzeln auf die gleiche Zielkonklusion schließen. Ein Beispiel ist der erste Teil des zweiten Beweises von Dennis und Julius (Gruppe 2). Hier folgern die Studierenden in AS-3 (siehe Kurzschema im Anhang im elektronischen Zusatzmaterial) aus zwei Daten vier parallele Stränge, in denen je eines der Teildreiecke betrachtet und seine Winkelsumme bestimmt wird. Die Konklusionen der vier parallelen Stränge zusammen erlauben dann den Schluss auf die Zielkonklusion (siehe Abbildung 12.45). Daher handelt es sich nicht um eine parallele Argumentation wie oben beschrieben. Interessant ist diese Struktur trotzdem. In diesem Fall könnte man theoretisch alle vier parallelen Stränge auch in einem zusammenfassen, der aussagt, dass alle Teildreiecke zwei halbe und einen ganzen Winkel haben und daraus folgt, dass alle Teildreiecke die Winkelsumme 180° haben. Dies passierte hier nicht, da die Argumentation der Studierenden rekonstruiert wurde, wie diese sie aufschrieben. Zudem wurde eine Zusammenfassung der Teilstränge nicht von Dennis und Julius angedeutet. Die vier parallel verlaufenden Teilstränge werden daher einzeln aufgeführt.

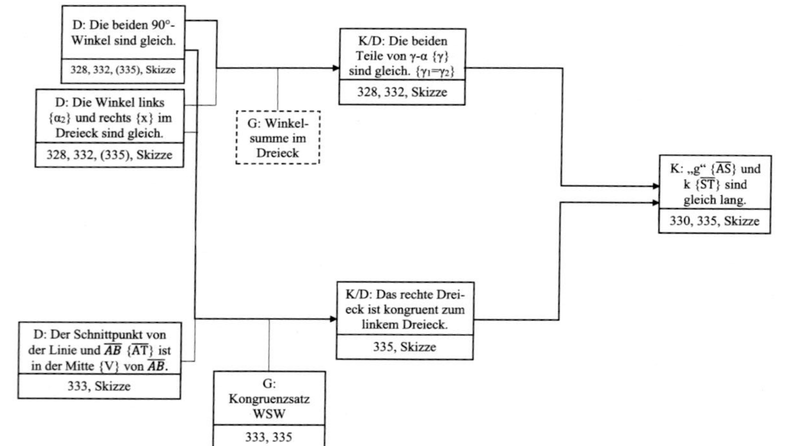

Abbildung 12.43 Ausschnitt der Rekonstruktion der mündlichen Argumentation von Dennis und Julius (Gruppe 2) zur ersten Aussage (Teil 2, AS-2)

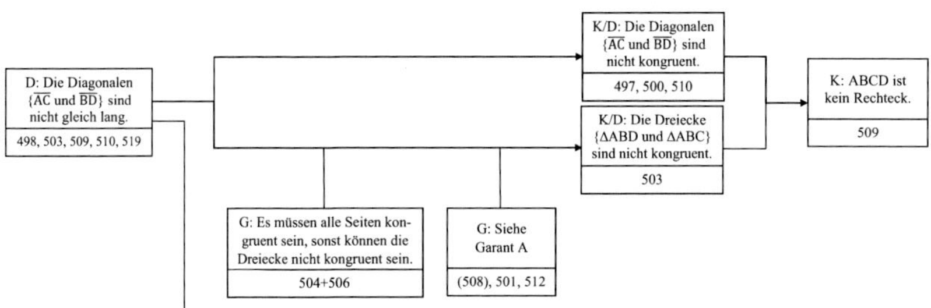

Abbildung 12.44 Ausschnitt der Rekonstruktion der mündlichen Argumentation von Nina und Maja (Gruppe 1) zur zweiten Aussage (Teil 2, AS-1)

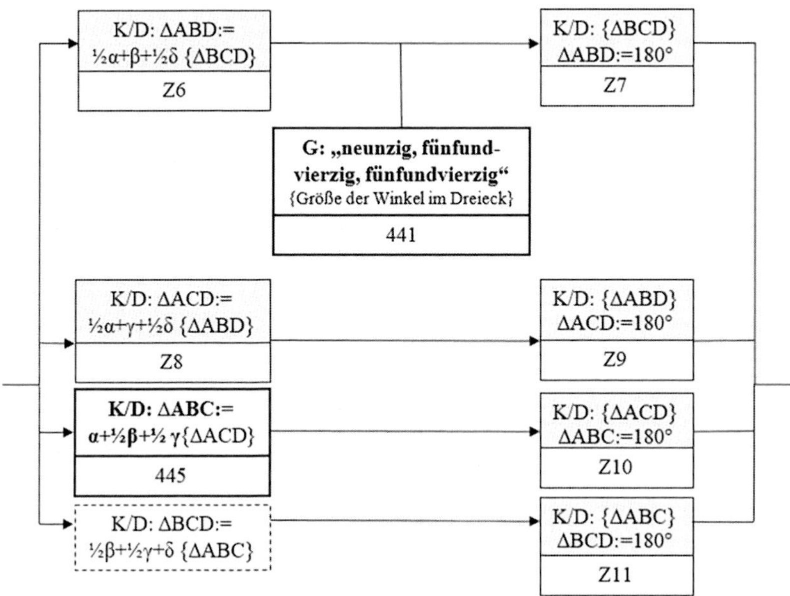

Abbildung 12.45 Ausschnitt der Rekonstruktion der Argumentation von Dennis und Julius (Gruppe 2) zur zweiten Aussage (Teil 1, AS-3)

Auch der Argumentationsstrang AS-7 aus der mündlichen Argumentation von Pia und Charlotte zur zweiten Aussage, weist parallele Anteile auf. Pia erklärt Charlotte ihre Argumentation, warum in einem Rechteck die Diagonalen gleich lang sind. Sie nutzt dafür die Mittelsenkrechten, die sich im Rechteck in einem Punkt schneiden. In einem Zwischenschritt entstehen dabei drei parallele Konklusionen, die alle zusammen die Daten des nächsten Argumentationsschrittes sind (Abbildung 12.46). Anders als beim obigen Beispiel von Dennis und Julius lassen sich die parallelen Anteile hier nicht so einfach zusammenfassen. Auch hier wurden, wie durch die Argumentation der Studierenden vorgegeben, diese Teile der Argumentation parallel rekonstruiert.

Es gibt Argumentationen, bei denen die Entscheidung, ob es sich um eine parallele Argumentation oder eine Argumentation mit parallelen Anteilen handelt, nicht einfach zu treffen ist. Ein solches Beispiel findet sich in der mündlichen Argumentation zur zweiten Aussage (AS-5b, siehe Kurzschema im Anhang im elektronischen Zusatzmaterial) von Daria und Leonie (Gruppe 4). Hier gibt es zwei Daten aus denen zwei verschiedene Konklusionen gefolgert werden. Diese Konklusion führen dann aber nicht einzeln weiter, sondern zusammen (auch mit weiteren Daten) zur nächsten Konklusion (siehe Abbildung 12.47).

Hier ist eine Einschätzung schwierig. Für eine Bewertung als parallele Argumentation spricht, dass aus den Daten zwei unabhängige Konklusionen folgen. Allerdings ist nur eine Konklusion explizit (die andere ist implizit rekonstruiert) und beide Konklusionen zusammen mit weiteren Daten führen zur nächsten Konklusion. Das spricht gegen eine Bewertung als parallele Argumentation, da die Argumentationen nicht unabhängig voneinander sind und die zweite Konklusion nicht von den Studierenden genannt wurde.

Zusammenfassung parallele Argumentationen

„Richtige“ *parallele Argumentationen* zeigen sich dadurch, dass es verschiedene Wege zum Ziel (einer Konklusion) gibt. Diese alternativen Begründungen können vollständig durchargumentiert sein (wie bei Dennis und Julius, siehe Abbildung 12.43) oder auch nur aus angerissenen Beweisideen bestehen (wie bei Nina und Maja, siehe Abbildung 12.44). Zudem kann es Schritte in Argumentationen geben, die erst parallel aussehen, es aber nach dieser Definition nicht sind. Dazu gehört das Beispiel von Dennis und Julius (siehe Abbildung 12.45), bei dem sich aus einem Datum vier parallele Stränge ergeben, die allerdings nicht alle einzeln, sondern nur zusammen den nächsten Schluss ermöglichen und auch das Beispiel von Pia und Charlotte (siehe Abbildung 12.46). Hier handelt es sich um *Argumentationen mit parallelen Anteilen.* Andere Fälle, wie das Beispiel von Daria und Leonie (siehe Abbildung 12.47), lassen sich nicht direkt einteilen und bedürfen einer inhaltlichen und strukturellen Diskussion und Interpretation.

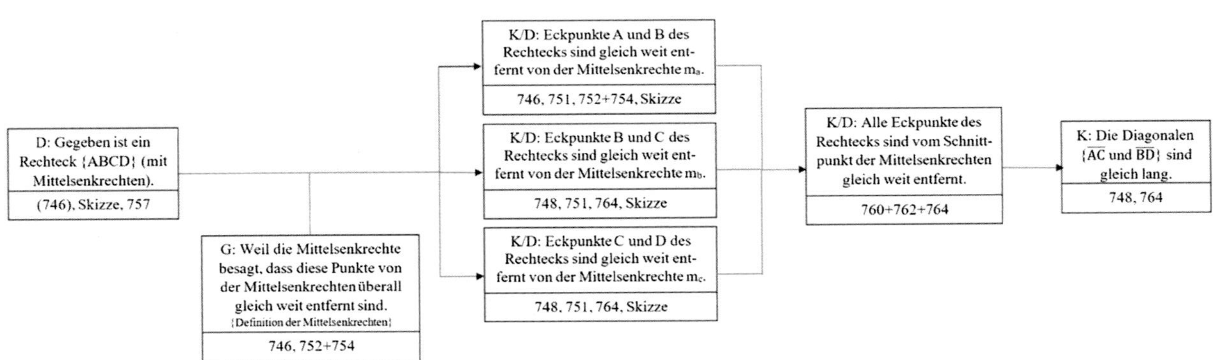

Abbildung 12.46 Ausschnitt der Rekonstruktion der mündlichen Argumentation von Pia und Charlotte (Gruppe 3) zur zweiten Aussage (AS-7)

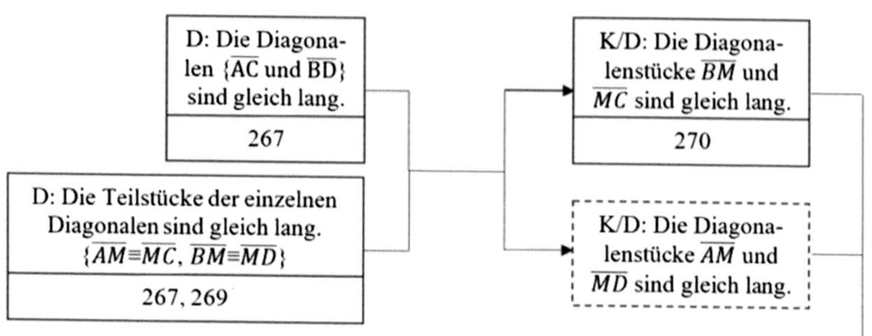

Abbildung 12.47 Ausschnitt der Rekonstruktion der mündlichen Argumentation von Daria und Leonie (Gruppe 4) zur zweiten Aussage (AS-5b)

12.5 „Löchrige" Argumentationen

Gerade in mündlichen Argumentationen kommt es häufiger vor, dass Argumentationen nicht vollständig „geschlussfolgert", sondern stattdessen „löchrig" sind. In den Rekonstruktionen konnten zwei Arten von „Löchern" in Argumentationen gefunden werden.

„Löchrige Argumentationen" erster Art
Eine Art, die rekonstruiert werden konnte, besteht aus verschiedenen Daten und Konklusionen, die zwar theoretisch eine Argumentation oder einen Teil einer Argumentation bilden können, dies im mündlichen Gespräch jedoch nicht so ausgesprochen wird. Die Daten und die Konklusion(en) bleiben stattdessen unverbunden stehen.

Ein Beispiel für diese erste Art „löchriger" Argumentationen zeigt sich in der mündlichen Argumentation von Pia und Charlotte (Gruppe 3) zur ersten Aussage (AS-1, siehe Kurzschema im Anhang im elektronischen Zusatzmaterial). Die Studierenden erkennen alle wichtigen Daten aus der gegebenen Aussage und formulieren ebenfalls die Zielkonklusion. Diese Daten und die Konklusion bringen sie jedoch nicht miteinander in Verbindung. Daher werden diese in der Rekonstruktion auch nicht durch Pfeile verbunden (siehe Abbildung 12.48).

In AS-8 (siehe Kurzschema im Anhang im elektronischen Zusatzmaterial) gibt es wieder eine „löchrige" Argumentation erster Art. Pia und Charlotte schlussfolgern in einer „ganz normalen" Argumentation, dass die durch die Aussage

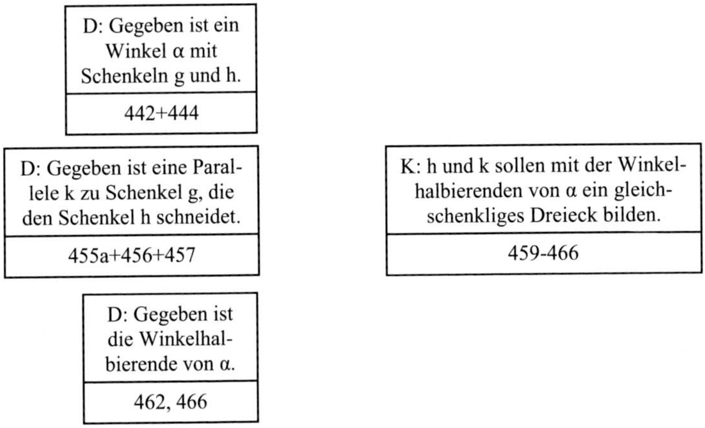

D: Gegeben ist ein Winkel α mit Schenkeln g und h.

442+444

D: Gegeben ist eine Parallele k zu Schenkel g, die den Schenkel h schneidet.

455a+456+457

K: h und k sollen mit der Winkelhalbierenden von α ein gleichschenkliges Dreieck bilden.

459-466

D: Gegeben ist die Winkelhalbierende von α.

462, 466

Abbildung 12.48 Ausschnitt der Rekonstruktion der mündlichen Argumentation von Pia und Charlotte (Gruppe 3) zur ersten Aussage (AS-1)

gegebene Winkelhalbierende von α die Diagonale des neu gebildeten Parallelogramms ist. Nach dieser Konklusion werden noch zwei weitere neue Daten genannt (in Transkriptausschnitt 49 fett markiert). Eine Folgerung aus diesen drei Aussagen scheitert aber daran, dass Charlotte nicht mehr genau weiß, was sie daraus folgern wollte. Die weiteren Daten werden daher räumlich zur Konklusion der Argumentation angeordnet, es gibt jedoch keine Verbindungslinien (siehe Abbildung 12.49), da dieser Argumentationsschritt nicht stattfand.

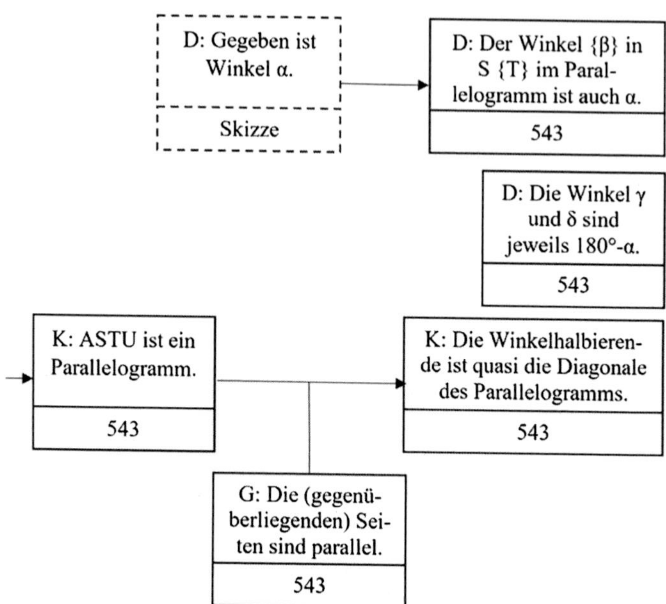

Abbildung 12.49 Ausschnitt der Rekonstruktion der mündlichen Argumentation von Pia und Charlotte (Gruppe 3) zur ersten Aussage (AS-8)

Transkriptausschnitt 49: Pia und Charlotte (Gruppe 3), Turn 543a

<table>
<tr><td>543a</td><td>Charlotte</td><td>//Nee, ne Parallele zu h, die durch S verläuft [Charlotte zeichnet in Skizze C3 Parallele {l} zu h durch S] (..) So. Dann haben wir 'n Parallelogramm, weil §h, a b c d e f g h§, pfff, hmm m. [Charlotte beschriftet neue Parallele {l} mit „m“] So -äh- weil m und h (..) m und h [Charlotte scheibt „m||h“ {l||h}] und g und k [Charlotte scheibt „g||k“] und da jeweils die Seiten parallel (.) -ähm- ist dies [Charlotte zeigt auf die Winkelhalbierende] ja quasi die Diagonale (.) die Diagonale des Parallelogramms. (..) Und dadurch, dass (.) hier ist Alpha [Charlotte zeichnet im Parallelogramm den Winkel {β} in S {T} ein und beschriftet ihn mit „ α“] (.) -öhm- und das hier [Charlotte zeichnet die beiden anderen Winkel {γ und δ} im Parallelogramm ein] ist jeweils hundertachtzig Grad minus Alpha [Charlotte beschriftet den Winkel unten {γ} mit „180°-α“, ca. 3 Sek] Genau. [Charlotte beschriftet den Winkel oben {δ} mit „180°-α“] Wegen dem Nebels- Nebenwinkelsatz (..) Und dann können wir doch irgendwie (..) -ähm- (.) Oh, wie hatten wir das denn? (..) Können wir da nicht noch irgendwas machen mit dem (4) #V4_07:53-7#</td></tr>
</table>

Die mündliche Argumentation von Pia und Charlotte zur zweiten Aussage weist ebenfalls eine löchrige Argumentation erster Art auf (AS-25, siehe Kurzschema im Anhang im elektronischen Zusatzmaterial). Charlotte bestimmte bereits in Turn 853a, dass die Größe des Winkels β gleich 180°-α ist. In den Turns 862, 865 und 867 wird dann eine Argumentation aufgebaut, die diese Aussage zeigen könnte. Pia macht in Turn 862 darauf aufmerksam, dass am Eckpunkt A des Parallelogramms einmal Winkel β und einmal ein weiterer Winkel α zu finden ist. Wahrscheinlich um dies zu zeigen, nutzt Charlotte in Turn 865 den Stufenwinkelsatz. Sie spricht die Konklusion, dass der Nebenwinkel von β die Größe α hat, jedoch nicht aus. Auch Pia formuliert dies nicht noch einmal expliziter als in Turn 862. Der jetzt noch fehlende Schluss zur zu beweisenden Aussage, dass $\beta = 180° - \alpha$ ist, wird nicht mehr getätigt oder auch nur angedeutet. Durch die inhaltliche Nähe und diese potentiell mögliche Schlussfolgerung wird die Aussage in der Rekonstruktion trotzdem nahe an die rekonstruierte Argumentation angeordnet (siehe Abbildung 12.50).

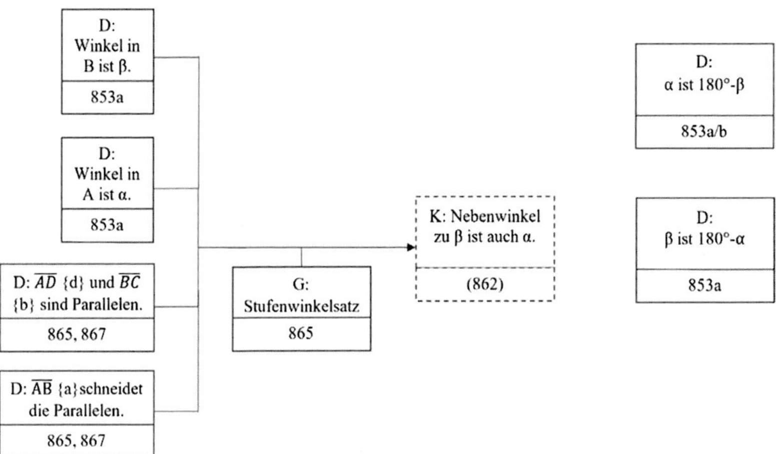

Abbildung 12.50 Ausschnitt aus der Rekonstruktion der mündlichen Argumentation von Pia und Charlotte (Gruppe 3) zur zweiten Aussage (AS-25)

„Löchrige Argumentationen" zweiter Art

Bei der zweiten Art „löchriger" Argumentationen ist durchaus eine Argumentation in der Rekonstruktion sichtbar. Die inhaltliche Lücke im Beweis ist aber so groß und unklar, dass die Verbindungspfeile in der Rekonstruktion nur angedeutet und nicht durchgezogen werden (vgl. Abbildung 12.51).

Diese zweite Art tritt in der zusätzlichen Argumentation D von Pia und Charlotte (Gruppe 3) zum zweiten Beweis auf (Abbildung 12.51). Sie wollen zeigen, dass ein Parallelogramm mit gleich langen Diagonalen ein Rechteck ist. Ein wichtiger Zwischenschritt ist für sie zu zeigen, dass die Winkel 90° haben. In Turn 1023 (Transkriptausschnitt 50) macht Charlotte einen Vorschlag für eine Argumentation. Sie betrachtet die Dreiecke ABC und ABD, die jeweils zwei Paare kongruenter Seiten haben, im eingeschlossenen Winkel jedoch nicht übereinstimmen. Daraus schlussfolgern sie, dass die Winkel 90° haben müssen.

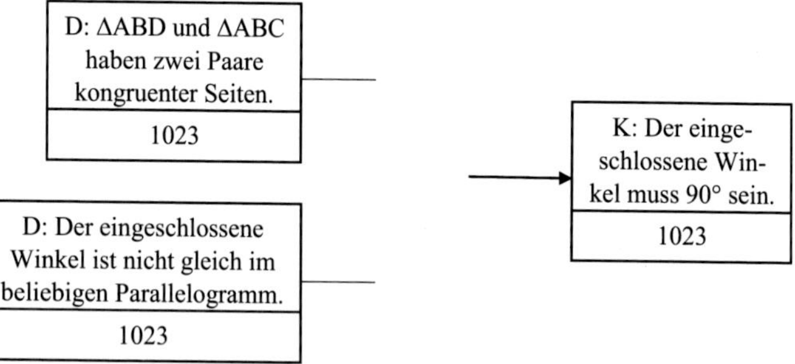

Abbildung 12.51 Rekonstruktion der zusätzlichen Argumentation D von Pia und Charlotte (Gruppe 3) zum zweiten Beweis

Transkriptausschnitt 50: Pia und Charlotte (Gruppe 3), Turn 1023

1023	Charlotte	Ja, genau. Und da können wir sagen, dass die Seiten zwar gleich lang sind *[Charlotte zeigt abwechselnd auf beide „S" in „SWS"]*, also die beiden Seiten *[Charlotte zeigt abwechselnd auf beide „S" in „SWS"]* (..) sind zwar jeweils gleich *[Charlotte zeigt in Skizze 3 die Seiten $\overline{BC}$ {b} und $\overline{AB}$ {a} sowie $\overline{AD}$ {d} und $\overline{AB}$ {a} entlang]*, der beiden Dreiecke *[Charlotte zeigt erst auf ΔABD, dann auf ΔABC]* (.) aber der einschließende Winkel ist nicht gleich groß *[Charlotte zeigt auf α und β]* (.) in einem beliebigen Parallelogramm, sondern der muss neunzig Grad sein *[Charlotte zeigt von α auf die zugehörige Formel und von β auf die zugehörige Formel {Formeln A}]*. #V7_06:48-8# Skizze 3 Formeln A

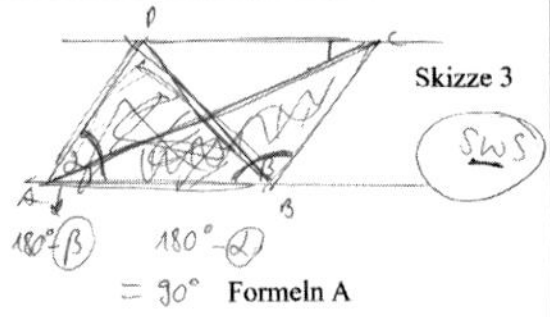

Diese Folgerung, dass beide Winkel 90° haben, ist so inhaltlich nicht tragfähig, was aber trotzdem zu einem Verbindungspfeil geführt hätte, da die Argumentation so von den Studierenden kommt. Allerdings ist die Formulierung zu beachten. Charlotte sagt nicht etwa „daraus folgt" oder „somit", sondern formuliert die Konklusion mit einem „Sondern". Durch diese Formulierung und das „Muss" ist der Schluss schwer zu erkennen. Ansätze einer Argumentation sind jedoch da, sodass die Pfeile unterbrochen eingezeichnet werden.

Daria und Leonie zeigen in ihren zusätzlichen Argumentationen zum zweiten Beweis ebenfalls „löchrige" Argumentationen zweiter Art. In der zusätzlichen Argumentation C gehen sie davon aus, dass die Diagonalen gleich lang sind und wollen zeigen, dass diese sich halbieren. Die genannten Zwischenschritte werden sprachlich jedoch nicht mit der Voraussetzung oder der Konklusion verknüpft und auch die Daten in Turns 386 und 388 und die Konklusion in Turn 390 sind nur mit einem „Und" aneinandergereiht (siehe Transkriptausschnitt 51).

Transkriptausschnitt 51: Daria und Leonie (Gruppe 4), Turns 385–390

385	Leonie	(.) Also die Diagonalen sind gleich lang, das ist ja gegeben. Wir müssen nur sagen, dass die sich auch *[Leonie zeigt in der Beweisskizze auf den Schnittpunkt {M} der Diagonalen]* -äh- in der Hälfte schneiden. #V3_01:47-0#
386	Daria	(...) Mhm (bejahend). (.) Okay, von der Diagonalen *[Daria zeigt in der Beweisskizze entlang der Diagonale von oben links nach unten rechts {$\overline{BD}$}]* (.) sind ja auf jeden Fall die gleich weit entfernt. *[Daria zeigt auf die Eckpunkte oben rechts {C} und unten links {A}]* #V3_01:56-6#
387	Leonie	Mhm („Zuhör"-Laut). #V3_01:57-8#
388	Daria	(.) Und von der Diagonalen *[Daria zeigt in der Beweisskizze entlang der Diagonale von unten links nach oben rechts {$\overline{AC}$}]* sind die gleich weit entfernt. *[Daria zeigt auf die Eckpunkte oben links {D} und unten rechts {B}]* #V3_02:01-0#
389	Leonie	Mhm (bejahend). #V3_02:01-5#
390	Daria	Und an dem Schnittpunkt *[Daria zeigt in der Beweisskizze auf den Schnittpunkt {M} der Diagonalen]* (..) sind alle gleich weit entfernt? (4) Ich schreib erstmal, wir wissen die ge-, die Diagonalen sind gleich lang. #V3_02:12-4#

Durch die sprachlichen Probleme werden die Verbindungspfeile in der Rekonstruktion nicht durchgezogen, aber angedeutet (siehe Abbildung 12.52), da die Idee der Argumentation erkennbar ist.

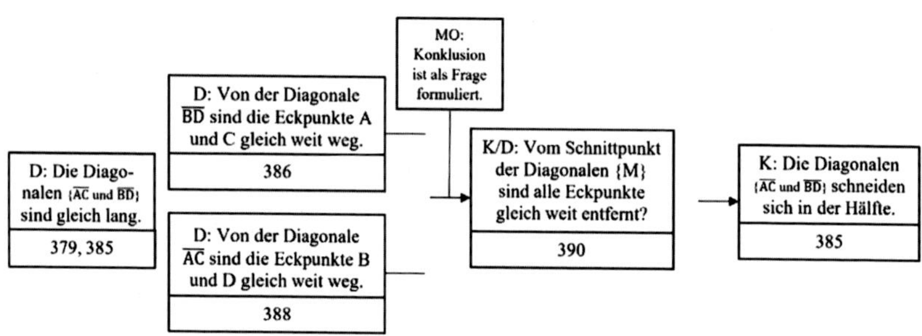

Abbildung 12.52 Rekonstruktion der zusätzlichen Argumentation C von Daria und Leonie (Gruppe 4) zum zweiten Beweis

Zusammenfassung „löchrige" Argumentationen

Löchrige Argumentationen unterscheiden sich in der Ausprägung ihrer „Löchrigkeit". Bei löchrigen Argumentationen der ersten Art zeigt sich in den Äußerungen der Studierenden, dass viele für die Argumentation wichtigen Aussagen genannt, aber nicht verbunden werden. Die der zweiten Art sind hingegen als Argumentationen rekonstruierbar. Um vollständige oder auch implizite Argumentationen rekonstruieren zu können, sind hier allerdings die Lücken in der Argumentation zu groß und die Äußerungen der Studierenden geben nicht ausreichend Hinweise darauf, dass sie wirklich eine explizite oder auch implizite Argumentation hervorbringen. Dennoch bringen sie alle für die Argumentation notwendigen Aussagen als solche hervor und erheben damit auch Geltungsansprüche, die auf einen Argumentationsanspruch hinweisen. In beiden Fällen sind die Argumentationen und die damit verbundenen nötigen Übergänge von Aussagen jedoch nicht hinreichend explizit gemacht. Daher bezeichne ich diese Argumentationen als löchrige Argumentationen.

12.6 Negation und Kontraposition

Beweise von „Genau dann, wenn“-Aussagen sind häufig kompliziert, da zwei verschiedene Richtungen erkannt und bewiesen werden müssen. Die zweite Aussage, die die Studierenden beweisen sollten, war eine solche „Genau dann, wenn“-Aussage. Bei dieser Aussage „Ein Parallelogramm ist genau dann ein Rechteck, wenn seine Diagonalen gleich lang sind“ mussten die beiden Teilaussagen „Wenn die Diagonalen im Parallelogramm gleich lang sind, dann ist es ein Rechteck“ (Richtung a) und „Wenn das Parallelogramm ein Rechteck ist, dann sind die Diagonalen gleich lang“ (Richtung b) gezeigt werden. Nur zwei der vier Gruppen haben erkannt, dass es zwei unterschiedliche Richtungen gibt, und versucht, diese zu beweisen. In beiden Gruppen haben die Studierenden zunächst eine Richtung (z. B. $A \to B$) bewiesen und danach die Negation dieser Richtung ($\neg B \to \neg A$). Letzteres ist mit der jeweiligen „Rück“-Richtung ($B \to A$) logisch äquivalent, die Nutzung der Negation ist jedoch ungewöhnlich.

Nina und Maja (Gruppe 1) beweisen zuerst Richtung a. Die Argumentation war im Mündlichen allerdings noch fehlerhaft, im Schriftlichen dagegen richtig. Im Anschluss zeigen sie nicht wie erwartet Richtung b, sondern die Negation von Richtung a, also „Wenn die Diagonalen nicht gleich lang sind, dann ist es kein Rechteck“. Auch hier ist die Argumentation im Mündlichen noch nicht ganz ausgereift, im Schriftlichen dagegen wieder richtig. Die schriftliche Argumentation wird hier näher betrachtet (siehe Abbildung 12.53). Die Diagonalen sind nach Voraussetzung nicht gleich lang, argumentieren die Studierenden. Daher sind die Teildreiecke ΔABD und ΔABC nicht kongruent, weil der Kongruenzsatz SSS nicht erfüllt ist, so ihre Logik. Jedes Dreieck hat je eine „kurze“ und eine „lange“ Seite des Parallelogramms, aber die dritte Seite (die Diagonale) ist nach Voraussetzung nicht gleich lang. Da die Teildreiecke nicht kongruent sind, gilt $\measuredangle DAB \not\equiv \measuredangle ABC$. Mündlich ergänzen Nina und Maja noch, dass es sich damit nicht um ein Rechteck, sondern um ein Parallelogramm handelt.

Der Aufbau der Argumentation folgt dabei dem Vorgehen der ersten Richtung. Dort wird über die Kongruenz der Teildreiecke die Kongruenz der Winkel gefolgert. Wegen der Winkelsumme im Viereck haben alle diesen kongruenten Winkel 90°. Daher handelt es sich um ein Rechteck. Im zweiten Teil des Beweises (AS-7, siehe Kurzschema im Anhang im elektronischen Zusatzmaterial) zeigen die Studierenden nun, dass die Teildreiecke nicht kongruent sind. Sie schlussfolgern, dass auch die Winkel nicht kongruent sein können, es also kein Rechteck ist. In ihrer Argumentation fehlen alle Garanten, diese können jedoch implizit rekonstruiert werden. Dabei fällt auf, dass Kontrapositionen (wie $\neg SSS \rightarrow \neg Kongruenz$) als Garanten verwendet werden. Nina und Maja zeigen in diesem Teil des Beweises einen korrekten Umgang mit Kontraposition. Dieser ist nicht einfach. Dass es den Studierenden gelingt, Kontraposition erfolgreich einzusetzen, zeigt ihr hohes mathematisches Verständnis.

Auch von einer weiteren Gruppe wird die Negation beim Beweis der „Genau dann, wenn“-Aussage verwendet. Dennis und Julius (Gruppe 3) zeigen zuerst Richtung b, dass also im Rechteck die Diagonalen gleich lang sind. Ihre Argumentation ist jedoch mathematisch falsch. Sie betrachten die Diagonalen als Winkelhalbierende des Rechtecks, was im Fall des Quadrats richtig, allgemein jedoch nicht korrekt ist. Von dieser übergeneralisierten Annahme ausgehend bestimmen sie dann die Winkelsumme, die bei jedem Teildreieck 180° beträgt, da diese jeweils zwei halbe und einen ganzen Winkel haben (45°, 45° und 90°). Da die Winkelsumme immer gleich ist, müssen die Diagonalen gleich lang sein.

Dennis und Julius zeigen im Anschluss nicht Richtung a, wie erwartet. Sie versuchen zu zeigen, dass in einem Parallelogramm, das kein Rechteck ist, die Diagonalen nicht gleich lang sind (siehe Abbildung 12.54). Sie orientieren sich dabei an ihrem Vorgehen aus dem ersten Teil. Da die Diagonalen in diesem Fall aber auch keine Winkelhalbierenden sind, erweist sich in ihrer Logik die Winkelsumme der Teildreiecke als nicht gleich. Somit sind die Diagonalen in ihrer Logik auch nicht gleich lang.

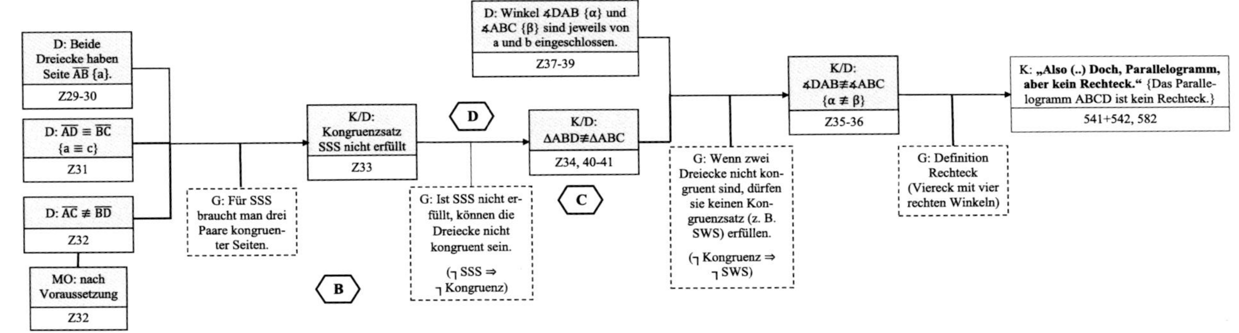

Abbildung 12.53 Ausschnitt der Rekonstruktion der schriftlichen Argumentation von Nina und Maja (Gruppe 1) zur zweiten Aussage (Fall 2, AS-7)

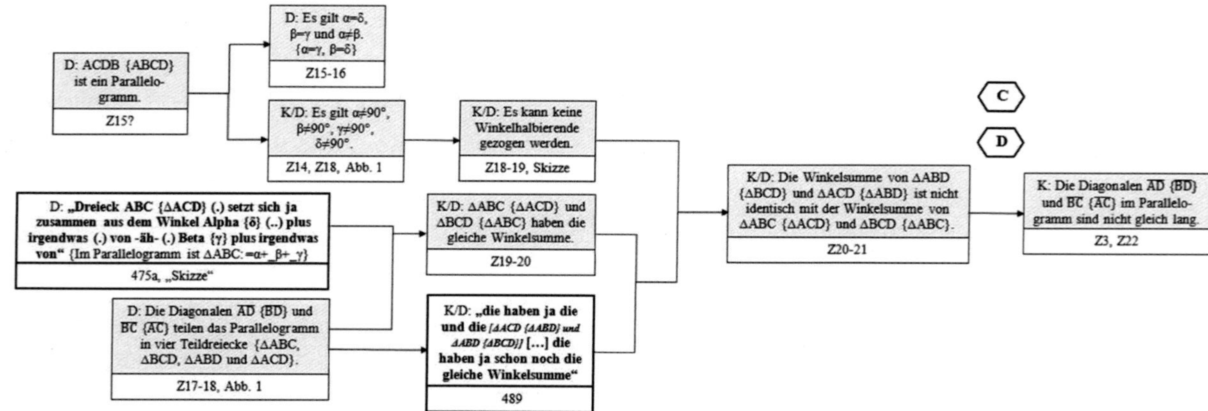

Abbildung 12.54 Ausschnitt der Rekonstruktion der Argumentation von Dennis und Julius (Gruppe 2) zur zweiten Aussage (Teil 2)

In dieser Argumentation werden keine Garanten genannt und durch die inhaltlichen Probleme der Argumentation lassen sich auch keine impliziten Garanten rekonstruieren. Im Gegensatz zum Beweis von Nina und Maja zeigt sich bei Dennis und Julius keine erkennbare Nutzung von Kontrapositionen als Garanten. Auch das mathematische Verständnis und Fachwissen scheint eher gering ausgeprägt.

Zusammenfassung
Zweimal wurde die Negation ($\neg B \rightarrow \neg A$) der zuerst bewiesenen Richtung ($A \rightarrow B$) als zweite Richtung genutzt. In einem der Beispiele verläuft die Nutzung von Negation und Kontraposition erfolgreich, im anderen Beispiel ist dies nicht der Fall. Dies zeigt, dass von der Form des Beweises nicht auf den Inhalt und die Korrektheit der Schlussfolgerungen geschlossen werden kann. Zudem scheint nicht klar, ob die Studierenden die Negation bewusst als zweite Richtung auswählten und wussten, dass es sich um eine logisch äquivalente Aussage zur Rückrichtung handelte, oder ob sie dies eher aus einem Bauchgefühl heraus oder in Erinnerung an Vorlesungen taten und kein eigenes Verständnis dazu hatten.

12.7 Rekonstruktionsprobleme durch Verständnisschwierigkeiten

Die Rekonstruktion von Argumentationen ist nicht immer einfach. In einigen Fällen konnte auch durch die konsensuelle Validierung nicht geklärt werden, wie eine Aussage gedeutet werden sollte. Zwei Beispiele, bei denen dies der Fall ist, werden im Folgenden betrachtet.

Zusammenführung zweier Fälle
Der schriftliche Beweis von Nina und Maja zur zweiten Aussage beinhaltet nicht nur beide Richtungen des Beweises (und das mathematisch korrekt), sondern weist eine weitere Besonderheit auf, eine Art Zusammenfassung am Ende (siehe Abbildung 12.55). Die genaue Bedeutung der Zusammenfassung ist jedoch nicht ganz einfach zu entschlüsseln, zwei verschiedene Lesarten sind möglich.

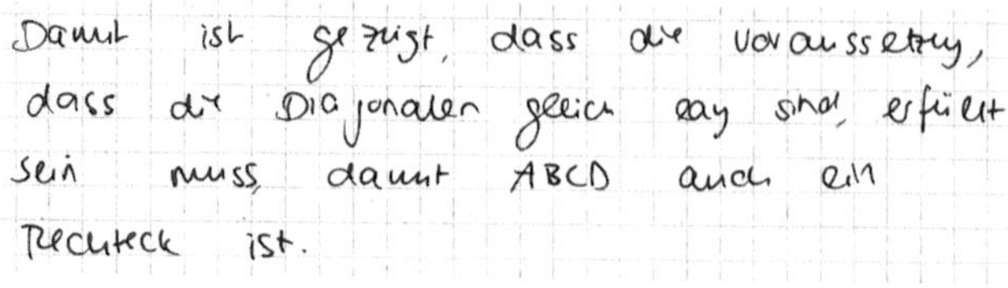

Damit ist gezeigt, dass die Voraussetzung, dass die Diagonalen gleich lang sind, erfüllt sein muss, damit ABCD auch ein Rechteck ist.

Abbildung 12.55 Ausschnitt aus dem Beweistext von Nina und Maja (Gruppe 1) zur zweiten Aussage

Eine mögliche Lesart sieht diesen Abschnitt des Beweistextes als Zusammenfassung der Fälle (AS-8, siehe Kurzschema im Anhang im elektronischen Zusatzmaterial). Ihre zusammenfassende Konklusion, dass das Parallelogramm nur ein Rechteck ist, wenn die Diagonalen gleich lang sind, ist korrekt und eine richtige Schlussfolgerung aus den vorherigen Beweisteilen (siehe Abbildung 12.56). Sie betont jedoch eine Richtung des Beweises und blendet den Teil aus, dass die Diagonalen gleich lang sind, wenn das Parallelogramm ein Rechteck ist. Ihre abschließende Bemerkung könnte somit darauf hinweisen, dass Nina und Maja nicht wirklich verstanden haben, was es bedeutet, als Rückrichtung des Beweises die Negation der Hinrichtung zu verwenden. Dies ist zwar logisch äquivalent, scheint den Blick der Studierenden jedoch auf die Hinrichtung zu fokussieren, was sich dann in der Zusammenfassung widerspiegelt.

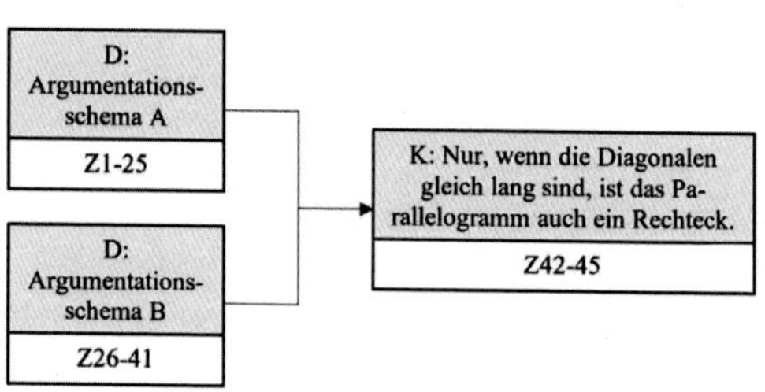

Abbildung 12.56 Zusammenfassung der Rekonstruktion der schriftlichen Argumentation von Nina und Maja (Gruppe 1) zur zweiten Aussage

Eine weitere mögliche Lesart, die hier nicht verwendet wird, ist die, dass dieser Textabschnitt eigentlich die Zielkonklusion des zweiten Beweisteils sein soll. Die Zielkonklusion, dass es sich nicht um ein Rechteck handelt, wurde nicht aufgeschrieben und mündlich nur an anderer Stelle ganz formuliert und am Ende abgebrochen (Maja in Turn 582: „*Ja (…) und deshalb ist es dann kein*"). Bei dem Textabschnitt könnte es sich also um eine Umschreibung dieser Zielkonklusion handeln, sie steht dazu im Beweistext an der richtigen Stelle. Dagegen spricht allerdings, dass der Text ein eigener Absatz und im Vergleich zum vorherigen Absatz etwas nach links verrückt, also optisch abgegrenzt ist. Zudem beginnt der Absatz mit den Worten „Damit ist gezeigt, dass", bezieht sich aber inhaltlich eher auf den ersten Teil des Beweises, wodurch auch inhaltlich die Nähe zum zweiten Teil nicht groß genug scheint, um als dessen Zielkonklusion gelten zu können.

Diese Bedenken gegenüber der zweiten Lesart führen dazu, dass hier die erste Lesart verwendet wird (siehe Abbildung 12.56). Der letzte Abschnitt des Beweistextes wird also als Zusammenfassung des Beweises verstanden, auch wenn hierdurch das Verständnis der Studierenden über „Genau dann, wenn"-Aussagen eventuell etwas einschränkt wird.

Kontingente Argumentation

Eine andere Art von Beispielen, bei denen die Rekonstruktion nicht zu klären war, wird als kontingente Argumentation bezeichnet und im Folgenden vorgestellt.

Ein Teil der mündlichen Argumentation von Pia und Charlotte (Gruppe 3) zur ersten Aussage (AS-2, siehe Kurzschema im Anhang im elektronischen Zusatzmaterial) ist nicht eindeutig rekonstruierbar. Während durch die kommunikative Validierung bei allen anderen Stellen in den Argumentationen eine gemeinsame Rekonstruktion gefunden werden konnte, war dies hier nicht möglich. Grund dafür ist das „Dann" in Turn 472 (siehe Transkriptausschnitt 52 Aussage [b]), das sowohl temporal als auch implikativ gedeutet werden kann. Eine *implikative* Deutung des Wortes führt zur oberen Rekonstruktion (Abbildung 12.57), in der die Kongruenz der Basiswinkel [b] aus der Längengleichheit der Streckenabschnitte [a] folgt. Die Konklusion [d] der schon in den Turns 466–468 erfolgten Abduktion könnte dann hinter [b] positioniert werden. Jedoch kann kein Verbindungspfeil von [b] zu [d] gezogen werden, da dies zwar die Zielkonklusion ist, eine solche Verbindung sprachlich jedoch nicht erfolgt.

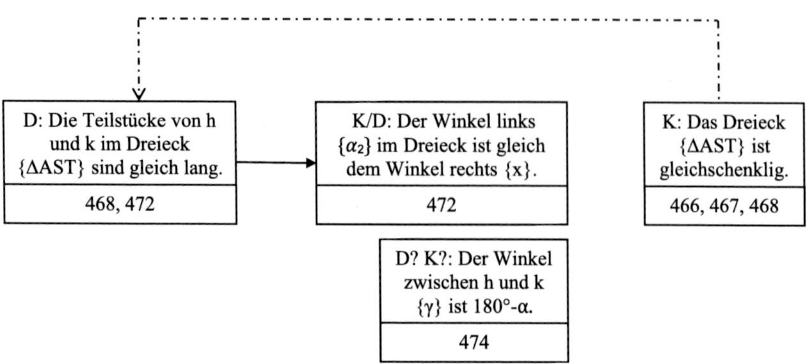

Abbildung 12.57 Implikative Deutung des Argumentationsstranges AS-2 von Pia und Charlotte (Gruppe 3) zur ersten Aussage

Bei einer rein temporalen Deutung des Wortes „Dann" würde eine andere Anordnung erfolgen (siehe Abbildung 12.58). Hier folgt aus der Kongruenz der Basiswinkel [b] die Längengleichheit der Streckenabschnitte [a]. Die abduktive Konklusion [d] steht wieder am Ende, ohne eine deduktive Verbindung, die sprachlich nicht erfolgte. Dieser Schritt könnte nun jedoch durch die Definition gleichschenkliger Dreiecke erfolgen.

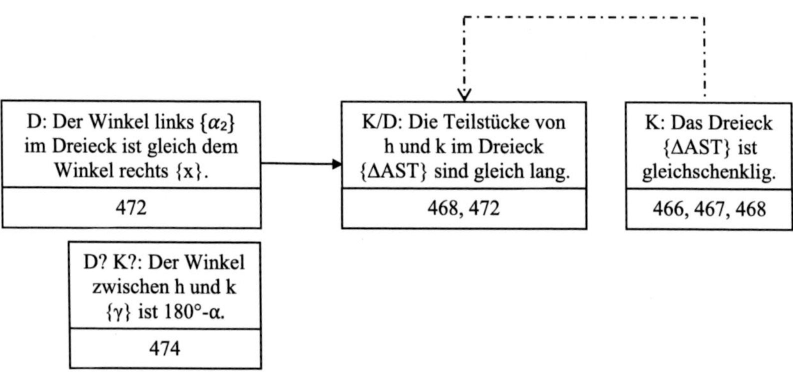

Abbildung 12.58 Temporale Deutung des Argumentationsstranges AS-2 von Pia und Charlotte (Gruppe 3) zur ersten Aussage

Transkriptausschnitt 52: Pia und Charlotte (Gruppe 3), Turns 472–474

472	Charlotte	Ja, aber, wenn wir jetzt zum Beispiel sagen, die Winkelhalbierende kriegst du, indem du (.) hier *[Charlotte zeigt in Skizze C1 auf den Schnittpunkt der „Verbindungslinie" mit der Winkelhalbierenden]* irgendwie die Hälfte hast von g *[Charlotte zeigt auf den Schnittpunkt der „Verbindungslinie" mit g]* zu h *[Charlotte zeigt auf den Schnittpunkt der „Verbindungslinie" mit h]* und wenn du das jetzt meinetwegen hier machst *[Charlotte zeichnet eine weitere Verbindungslinie durch den Schnittpunkt {S} von k und der Winkelhalbierenden links der ersten Verbindungslinie]*, wo (.) g und k und irgendwie so darüber (.) weil du willst ja, **du willst ja, dass diese Strecke hier** *[Charlotte zeichnet auf den Abschnitt von h zwischen g und k nach]* **gleich dieser Strecke ist** *[Charlotte zeichnet auf den Abschnitt von k zwischen g und der Winkelhalbierenden nach]* und die Frage ist, was der Winkel damit zu tun hat, weil du dann beim, **dann ist der Winkel** *[Charlotte zeichnet im Dreieck den Winkel zwischen k und der Winkelhalbierenden ein {x}]* **ja gleich dem Winkel** *[Charlotte zeigt im Dreieck auf den Winkel zwischen h und der Winkelhalbierenden {α_2}]*, und der Winkel *[Charlotte zeichnet im Dreieck den Winkel zwischen h und k ein {γ}]*// #V4_00:32-6#	[a] [b]
473	Pia	//Also wir wissen doch eigentlich, dass, guck mal, wenn man das hier jetzt -ähm- // #V4_00:35-7#	
474	Charlotte	//**Das hier** *[Charlotte zeigt in Skizze P1 im Dreieck auf den Winkel zwischen h und k {γ}]* **ist doch hundertachtzig Grad minus Alpha, der Winkel hier** *[Charlotte zeigt in Skizze P1 im Dreieck auf den Winkel zwischen h und k {γ}]*. Wie ne-, wollen wir den denn nennen? #V4_00:40-6#	[c]

Welche der Deutungen „richtig" ist, bleibt offen. In beiden Versionen bleibt die Aussage [c] unverbunden mit der Argumentation, da sprachlich keine Verbindung außer eines „Und" in Turn 472 besteht. Durch das „Und" wird [c] in der Nähe von [b] platziert.

Auch die Rekonstruktion des Argumentationsstranges AS-24 in Pias und Charlottes mündlicher Argumentation zur zweiten Aussage ist nicht eindeutig (siehe Transkriptausschnitt 53). Die Studierenden wollen zeigen, dass es sich bei dem Parallelogramm um ein Rechteck handelt. Dafür betrachten sie die Winkel α und β. Charlotte schließt in Turn 853a zunächst durch Abduktion von der Konklusion, dass die Winkel α und β gleich groß sind, auf das Datum zurück, dass beide Winkel 90° haben. Im Anschluss nimmt sie in ihrer Argumentation an, dass die Winkel α und β gleich groß sind und nutzt dies zusammen mit den kongruenten Seitenpaaren, um mit dem Kongruenzsatz SWS auf die gleiche Länge der Diagonalen zu schließen (Turn 855). Dieser Teil von AS-24 kann eindeutig rekonstruiert werden (siehe Abbildung 12.59).

Transkriptausschnitt 53: Pia und Charlotte (Gruppe 3), Turns 855a-859

855a	Charlotte	//und nur dann *§sind die Seiten§* auch gleich lang *[Charlotte zeigt in Skizze 3 die Diagonalen entlang]//* #V6_07:25-4#	Skizze 3
855b	Pia	*§haben wir den Winkel auch§*	Formeln A
856	Pia	//Ja. #V6_07:25-5#	
857	Charlotte	Und deshalb müssen Alpha *[Charlotte umkreist α {Formeln A}]* und Beta *[Charlotte umkreist β {Formeln A}]* gleich neunzig Grad sein. *[Charlotte schreibt unter die beiden Formeln „=90°"]* #V6_07:30-3#	
858	Pia	Das ist korrekt.// #V6_07:30-8#	
859	Charlotte	//Und deshalb sind wir da. *[Charlotte malt einen großen Pfeil von Skizze 3 (Parallelogramm) zurück zu Skizze 1 (Rechteck)]* #V6_07:32-1#	

In Turn 857 sagt Charlotte dann: „*Und deshalb müssen Alpha und Beta gleich neunzig Grad sein*". Hier ist nicht erkennbar, worauf sich das „Deshalb" bezieht. Zum einen kann es sich um einen Rückbezug auf Turn 853a und die dortige Abduktion handeln. Die Formulierung mit „müssen" im Konjunktiv würde in dieser Deutung auf eine erneute Abduktion auf das bereits abduktiv geschlossene Datum sein (siehe Abbildung 12.59, schwarzer Verlauf). Es könnte aber auch eine direkte Schlussfolgerung aus der Konklusion sein. Aus der gleichen Länge der Diagonalen würde dann folgen, dass die Winkel 90° haben (siehe Abbildung 12.59, grauer Verlauf).

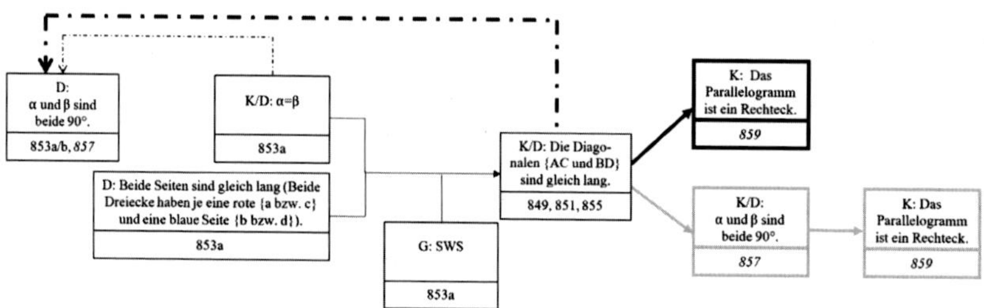

Abbildung 12.59 Ausschnitt aus der Rekonstruktion der mündlichen Argumentation von Pia und Charlotte (Gruppe 3) zur zweiten Aussage (AS-24)

Auch in den nächstens Turns wird diese Unsicherheit nicht aufgeklärt. In Turn 859 zieht Charlotte eine weitere Konklusion. Deren Bezug auf das Vorherige

(„deshalb“) lässt beide Möglichkeiten zu. Für die erste Version (schwarz) hieße das, dass direkt aus der gleichen Länge der Diagonalen folgt, dass es sich bei dem Parallelogramm um ein Rechteck handelt. Bei der zweiten Version (grau) käme dieser Schluss aus den beiden 90°-Winkeln. Durch die uneindeutige Formulierung der Schlussfolgerungen ist eine Klärung der Rekonstruktion nicht möglich.

Zusammenfassung
Die Deutung der Studierendenaussagen und ihrer Beweistexte ist nicht immer einfach und eindeutig. Selbst durch konsensuelle Validierung kann nicht immer geklärt werden, welche Bedeutung eine Aussage hat. Wichtig ist dann die Auseinandersetzung mit verschiedenen Lesarten, wie hier geschehen, und auch das Eingeständnis, wenn keine Entscheidung getroffen werden kann.

12.8 Probleme mit Inhalt und Ziel der Argumentationen

In Argumentationen gibt es für Studierende vielfach Schwierigkeiten damit, was genau das Ziel einer Argumentation ist, häufig treten auch inhaltliche Schwierigkeiten auf. Einige werden im Folgenden betrachtet.

Verlorenes Ziel
Während es in mündlichen Argumentationen häufiger passiert, dass man das Ziel aus den Augen verliert (die Argumentation ist flüchtig und gerade bei längeren Argumentationen schwierig zu überblicken), sollte dies in schriftlichen Beweisen nicht vorkommen. Bei diesen ist die Argumentation fixiert und einfacher überschau- und kontrollierbar. Trotzdem fällt auf, dass bei einigen schriftlichen Beweisen der Studierenden am Ende nicht das bewiesen wurde, was im Verlauf des Beweises angedeutet wurde, oder im Beweis Argumentationsstränge weitergeführt wurden, die das Ziel eigentlich schon erreicht hatten.

Letzteres passiert Dennis und Julius im ersten Teil ihres schriftlichen Beweises der ersten Aussage. Die Studierenden sollen zeigen, dass das in der Aussage gegebene Dreieck gleichschenklig ist. Dazu wollen sie im ersten Teil zeigen, dass zwei Winkel des Dreiecks gleich groß sind. Dies machen sie im ersten Schritt der Argumentation (wenn auch mathematisch nicht korrekt). Eigentlich haben sie ihr Ziel hier erreicht, folgern dann aber noch zusätzlich die Größe des dritten Winkels im Dreieck (siehe Abbildung 12.60), die sie im zweiten Teil des Beweises nicht verwenden. Sie sind quasi über das Ziel hinausgeschossen und haben etwas Irrelevantes bewiesen, ohne dies zu merken.

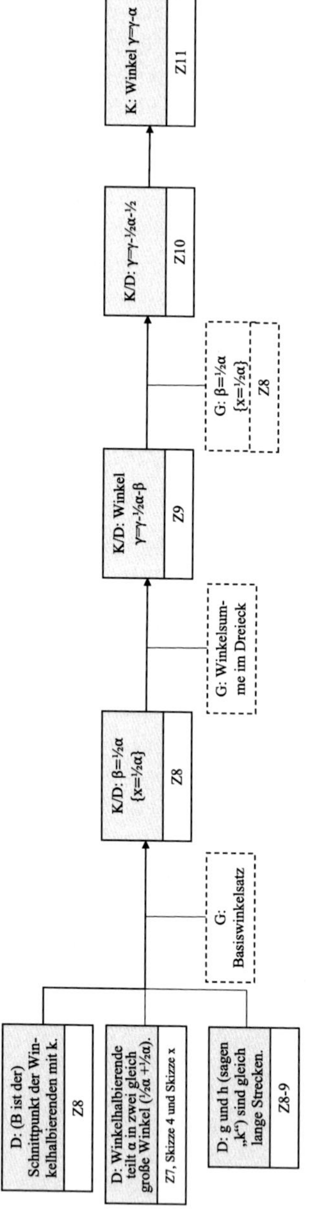

Abbildung 12.60 Rekonstruktion der schriftlichen Argumentation von Dennis und Julius (Gruppe 2) zur ersten Aussage (Teil 1)

Beim zweiten schriftlichen Beweis von Pia und Charlotte (Gruppe 3) geht nicht nur ein Zwischenziel verloren, sondern die Zielkonklusion der gesamten Argumentation und das sogar mehrfach (siehe Abbildung 12.61). Die erste im Beweistext erwähnte Zielkonklusion ist, dass die Diagonalen gleich lang sind. Von dieser Konklusion schließen die Studierenden abduktiv zurück auf die benötigten Daten, wie im Abschnitt 12.1 zu Abduktionen beschrieben. Eins der abduktiv gefundenen Daten wird dann als gegeben angesehen und für eine andere Argumentation genutzt. Hier ändert sich auch das Ziel der Argumentation, die Zielkonklusion ist nun, dass das Parallelogramm ein Rechteck ist. Dies ist allerdings die andere Richtung des Beweises und wird gezeigt, ohne die Voraussetzung für diese Richtung zu nutzen, dass die Diagonalen gleich lang sind. Zudem nutzen die Studierenden ein Datum, das nicht gilt, weil es nur abduktiv gefunden wurde.

Doch dieses neue Ziel ist noch nicht das endgültige Ziel der Argumentation, wenn auch das „schriftliche“ Ziel. Im Mündlichen wird noch eine Konklusion angehängt, die nicht aufgeschrieben wird: „Dann sind die Diagonalen also auch gleich lang in einem Rechteck“ (Turn 1072a, siehe auch Kapitel 9). Dies könnte als eine Art Rückbezug auf das erste Ziel der Argumentation verstanden werden. Insgesamt ändert die Argumentation so zwei Mal die Zielausrichtung, beim ersten Wechsel ist dies besonders bemerkbar, der zweite ist eher angehängt.

Beim schriftlichen Beweis von Daria und Leonie (Gruppe 4) zur zweiten Aussage geht das Ziel nicht wirklich verloren, die Studierenden „verheddern“ sich eher in der Nähe des Ziels (AS-1 und AS-6, siehe Kurzschema im Anhang im elektronischen Zusatzmaterial). Am Anfang ihres Beweistextes schreiben sie, was Ziel ihrer Argumentation ist, auch wenn die Konklusion nicht explizit genannt wird. Das Ziel ist es zu begründen, dass das Parallelogramm ein Rechteck ist. Dafür wollen sie zeigen, dass alle Winkel ($\alpha + \beta$) eine Größe von 90° haben. Sie bestimmen den Winkel β in Abhängigkeit von α, betrachten dann aber nicht den gesamten Winkel, um zu zeigen, dass er 90° hat $\{\alpha + \beta = \alpha + (90°\text{-}\alpha) = 90°\}$, sondern überprüfen, ob alle vier Winkel zusammen die Winkelsumme von 360° ergeben. Damit ist der Beweis dann für sie abgeschlossen. Sie haben also ihr Ziel nicht wirklich verändert, sondern den letzten Schritt zum Ziel nicht geschafft (siehe Abbildung 12.62).

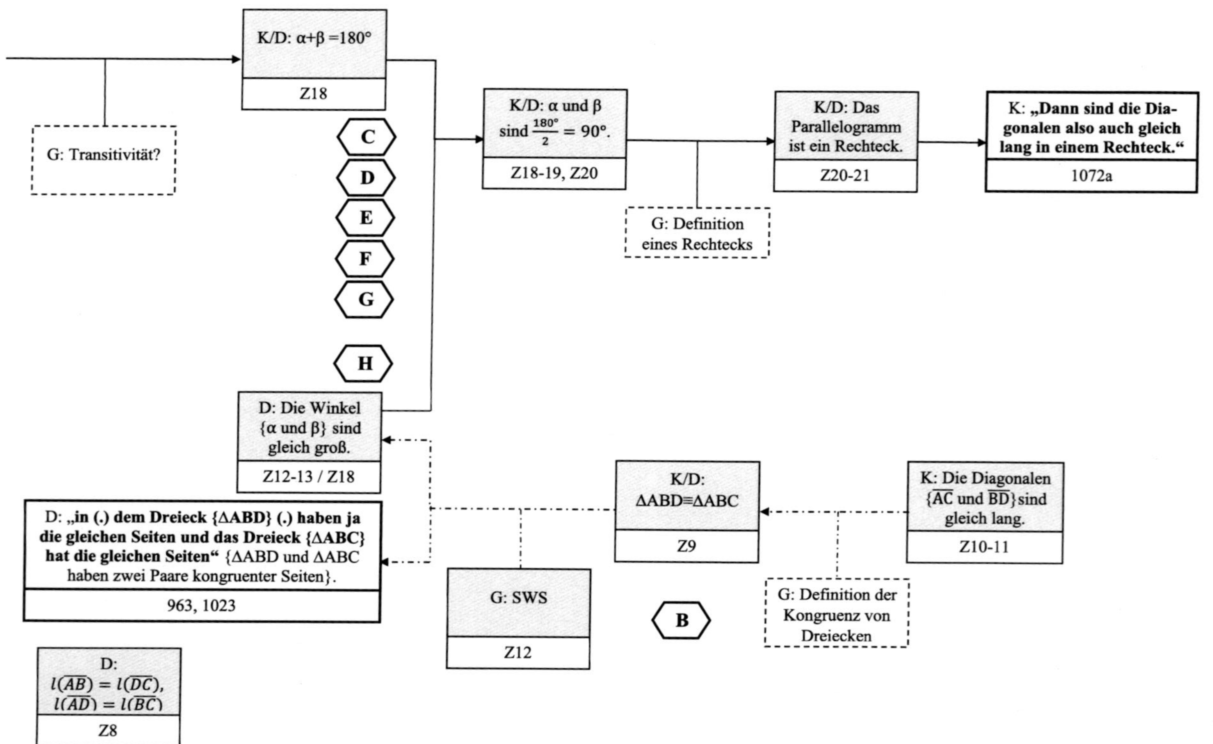

Abbildung 12.61 Ausschnitt der Rekonstruktion der schriftlichen Argumentation von Pia und Charlotte (Gruppe 3) zur zweiten Aussage (AS-2,3,8 und 9)

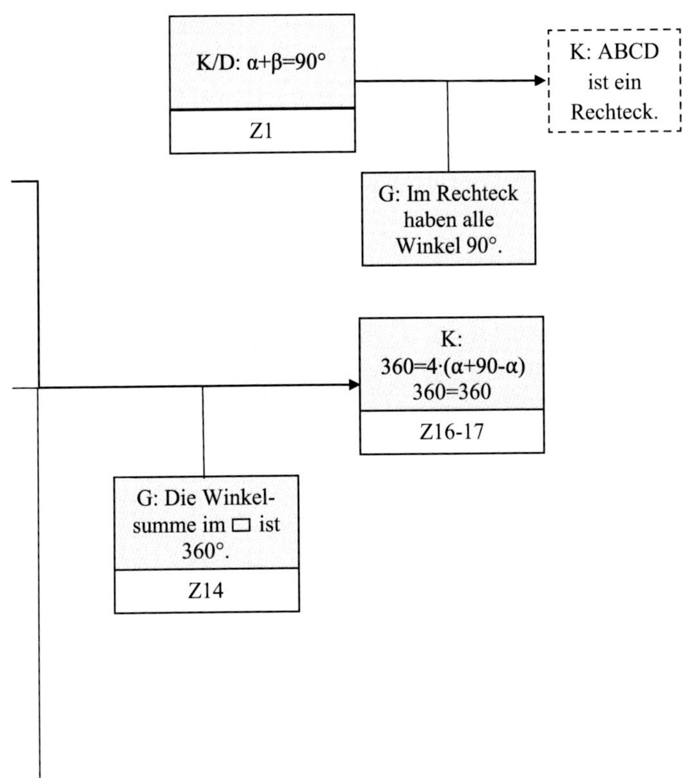

Abbildung 12.62 Ausschnitt der Rekonstruktion der schriftlichen Argumentation von Daria und Leonie (Gruppe 4) zur zweiten Aussage (AS-1 und AS-6)

Die Betrachtung der ersten beiden Beispiele, bei denen (Zwischen-)Ziele wirklich verloren gehen, führte zu einer Betrachtung der schriftlichen Beweise, die auf Spur bleiben. Im Allgemeinen lässt sich sagen, dass schriftliche Beweise, bei denen das Ziel der Argumentation am Anfang aufgeschrieben wird, das Ziel beibehalten, wenn dies auch nicht immer erreicht wird. In zwei von drei Beweisen, in denen das Ziel nicht benannt wurde, ging dies verloren oder wurde verändert. Es scheint also hilfreich für einen schriftlichen Beweis zu sein, wenn das Ziel zu Beginn schriftlich fixiert wird.

Inhaltliche Probleme

Neben den „normalen“ inhaltlichen Problemen, die sich in den Rekonstruktionen gezeigt haben, gibt es zwei Stellen, an denen in eigentlich richtigen Argumentationen inhaltliche Probleme auffielen. Beide Fälle betreffen die Argumentationen von Daria und Leonie (Gruppe 4).

In ihrem schriftlichen Beweis zur ersten Aussage zeigen die Studierenden ein anderes Verständnis von Gleichschenkligkeit, als es in der Vorlesung vermittelt und von allen anderen Studierenden verwendet wurde. In der mündlichen Argumentation hatte sich dieses Begriffsverständnis bereits angedeutet, wegen des abduktiven Endes allerdings nicht so offensichtlich wie im Schriftlichen. Daria und Leonie definieren ein gleichschenkliges Dreieck über zwei gleiche Basiswinkel statt über zwei gleich lange Seiten. Dies machen sie jedoch nicht explizit (siehe Abbildung 12.63). Erst auf Nachfrage im dritten Teil des Interviews, als das Vorgehen beim Beweisen besprochen wurde, wurde dieses Verständnis eines gleichschenkligen Dreiecks ausgesprochen.

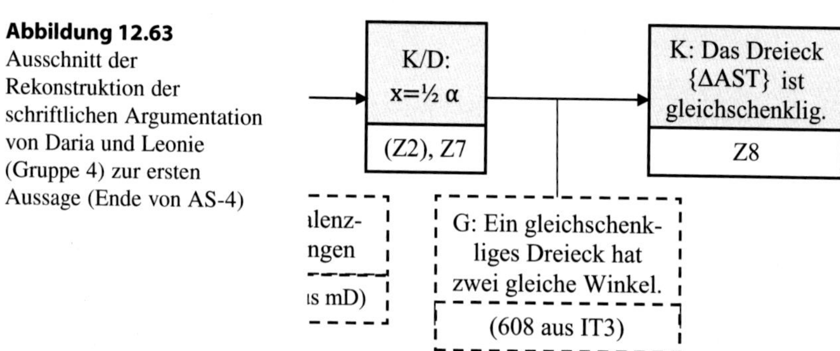

Abbildung 12.63 Ausschnitt der Rekonstruktion der schriftlichen Argumentation von Daria und Leonie (Gruppe 4) zur ersten Aussage (Ende von AS-4)

Im zweiten Beweis nutzen Daria und Leonie den Kongruenzsatz SSS, um einen Schritt zu legitimieren (siehe Abbildung 12.64). Inhaltlich ist ihre Argumentation jedoch nicht richtig, denn es sind nur zwei Seiten gegeben (m und ½ a) nicht drei. Betrachtet man aber das, was sie beim Aufschreiben sagen, fällt auf, dass sie den Kongruenzsatz nicht wirklich benutzen bzw. ihn falsch reformulieren. So sagt Leonie in Turn 431: „*Seite Seite Seite, weil wenn wir wissen, dass zwei Seiten gleich sind, dann wissen wir, die dritte Seite ist auch gleich*“. Daria stimmt ihrer Erklärung zu. So wie Daria und Leonie den Kongruenzsatz SSS verstehen, ergibt es Sinn diesen als Garant zu verwenden, auch wenn dies mathematisch nicht korrekt ist.

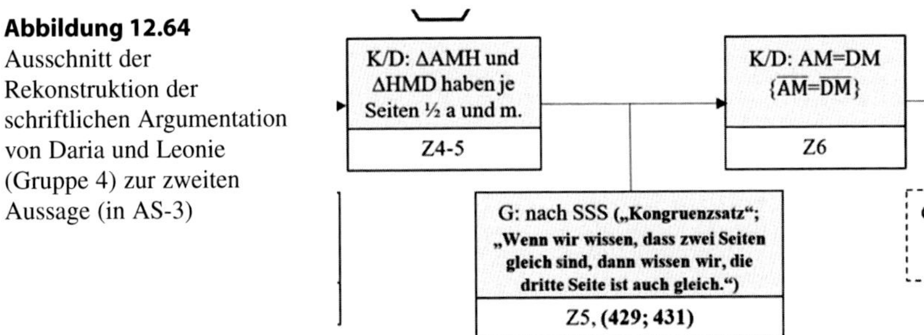

Abbildung 12.64 Ausschnitt der Rekonstruktion der schriftlichen Argumentation von Daria und Leonie (Gruppe 4) zur zweiten Aussage (in AS-3)

Zusammenfassung

Das Ziel einer Argumentation ist wichtig und ausschlaggebend dafür, ob eine Argumentation in die richtige Richtung läuft. Es strukturiert und setzt den Endpunkt. In Argumentationen, in denen das Ziel aus dem Blick gerät, ist es nicht möglich, die eigentliche Aussage zu zeigen. Auch inhaltliche Schwierigkeiten erschweren eine Argumentation. Neben Nicht-Wissen wichtiger Sätze und Voraussetzungen ist ein Falsch-Erinnern ein großes Problem. Dadurch werden im Prinzip richtige Argumentationen untergraben, ein Erkennen dieser Fehlnutzungen ist für die Studierenden so aber schwierig, weil sie in ihrem Verständnis keinen Fehler begangen haben.

12.9 Idiosynkratische Besonderheiten bei Argumentationen

Nicht immer werden Aussagen so verwendet, wie erwartet. So können Daten und Garanten aus der Reihe tanzen. Einige Beispiele zeigt dieses Kapitel.

Eine Hypothese als Datum

Der erste schriftliche Beweis von Pia und Charlotte (Gruppe 3) zeigt etwas für einen Beweis sehr Ungewöhnliches – die Argumentation AS-3 (siehe Kurzschema im Anhang im elektronischen Zusatzmaterial) beginnt mit einer Hypothese anstelle eines Datums. Die Formulierung des Beweistextes (siehe Abbildung 12.66) liest sich eher wie ein allgemeiner Garant, wird hier aber als Argumentation verstanden. Daher beginnt die Argumentation mit der Hypothese, dass der Punkt C auf der Mittelsenkrechten liegt (siehe Abbildung 12.65), dies wird jedoch nicht gezeigt. Für einen Beweis ist dies problematisch, da die Argumentation nicht mit gesichertem Wissen anfängt und daher nicht tragfähig ist.

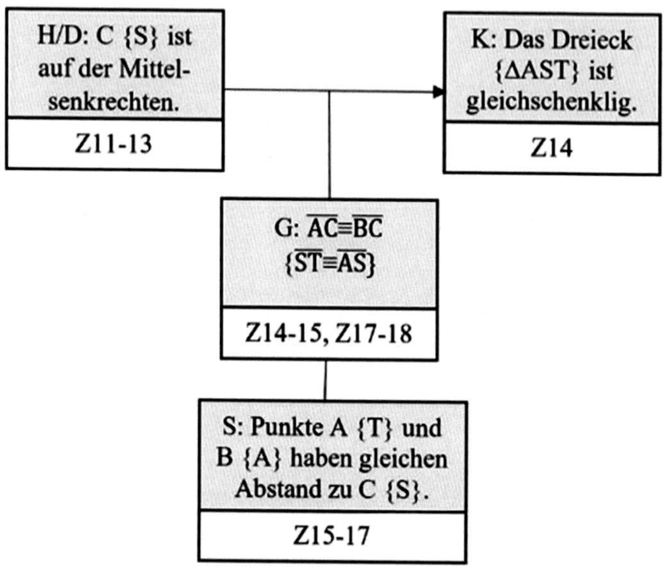

Abbildung 12.65 Ausschnitt der Rekonstruktion der schriftlichen Argumentation von Pia und Charlotte (Gruppe 3) zur ersten Aussage (AS-3)

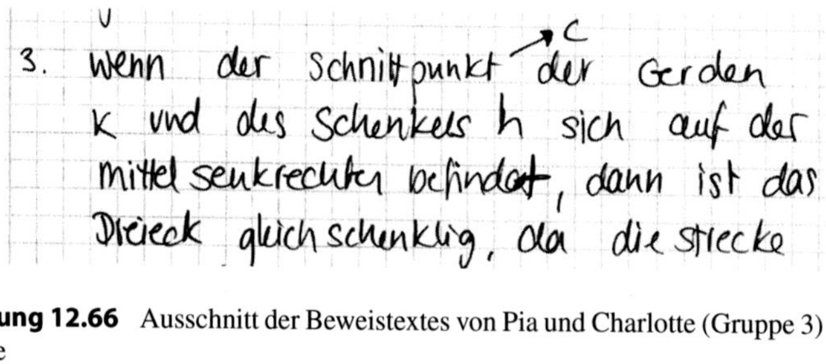

3. wenn der Schnittpunkt C der Gerden k und des Schenkels h sich auf der mittelsenkrechten befindet, dann ist das Dreieck gleichschenklig, da die Strecke

Abbildung 12.66 Ausschnitt der Beweistextes von Pia und Charlotte (Gruppe 3) zur ersten Aussage

Eine Argumentation als Garant

In der Regel sind Garanten allgemeingültige Aussagen, die die Legitimierung eines Schrittes sind. In der mündlichen Argumentation von Nina und Maja zur zweiten Aussage gibt es einen Garanten, der selbst eine kleine Argumentation ist (AS-2, siehe Kurzschema im Anhang im elektronischen Zusatzmaterial). Dies kommt in allen Rekonstruktionen nur hier vor.

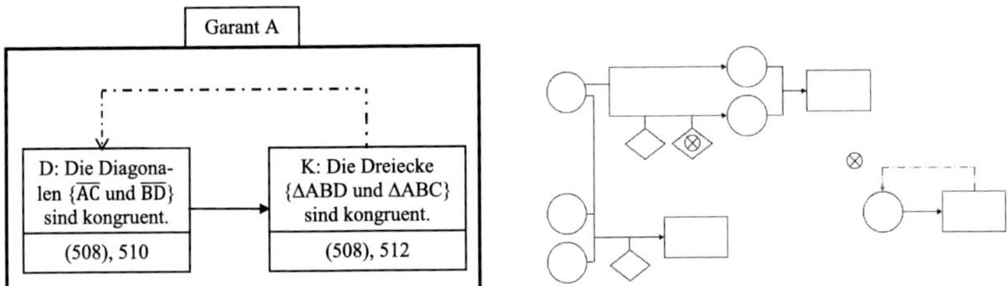

Abbildung 12.67 Rekonstruktion des Garanten A der mündlichen Argumentation von Nina und Maja (Gruppe 1) zur zweiten Aussage (links) und Einordnung des Garanten in die Rekonstruktion der Argumentation des zweiten Teils der zweiten Aussage (rechts)

Dieser Garant A soll im zweiten Fall begründen, warum die Dreiecke ΔABD und ΔABC nicht kongruent sein können, wenn die Diagonalen $\overline{AC}$ und $\overline{BD}$ nicht gleich lang sind (siehe Abbildung 12.67). Dafür nutzen sie die Aussage, dass die Dreiecke kongruent sind, wenn die Diagonalen kongruent sind. Dies haben sie bereits im ersten Fall des Beweises „gezeigt“. Den Garanten A formulieren sie erst abduktiv (Transkriptausschnitt 54, Turn 508) und anschließend auch deduktiv (Turns 510 + 512).

Transkriptausschnitt 54: Nina und Maja (Gruppe 1), Turns 508–512

508	Maja	Ja, aber wenn sie 's nicht sind? Also die müssen, die müssen kongruent zueinander sein *[Maja zeigt auf die Diagonalen {$\overline{AC}$ und $\overline{BD}$}]* damit die Dreiecke *[Maja zeigt auf das blaue Dreieck {ΔABD} und das rote Dreieck {ΔABC}]* kongruent sind. #V3_00:11:20-6#
509	Nina	Genau. Wir müssen ja jetzt zeigen, dass nur dan- Wir müssen ja- *[Nina zeigt auf den Aussagentext]* Also ein Parallelo ist genau dann ein Rechteck, wenn seine Diagonalen gleich lang sind. Jetzt müssen wir zeigen, wenn seine Diagonalen nicht gleich sind, dass es dann kein Rechteck ist. Es könnte ja auch sein, dass es sozusagen// #V3_00:11:31-1#
510	Maja	//Aber, wenn die nicht gleich lang sind, dann ist ja A C *[Maja zeigt auf die Punkte A und C]* nicht kongruent zu D B. *[Maja zeigt die blaue Diagonale entlang {$\overline{BD}$}]* #V3_00:11:36-5#
511	Nina	Genau. #V3_00:11:37-2#
512	Maja	Aber das ist die Voraussetzung, damit die beiden Dreiecke *[Maja zeigt auf das blaue Dreieck {ΔABD} und das rote Dreieck {ΔABC}]* kongruent sind. #V3_00:11:40-9#

Besonders ist hierbei, dass die ganze Argumentation der Garant ist, nicht nur ihre Konklusion.

„Man sieht das"

Eine Auffälligkeit gab es bei Dennis und Julius (Gruppe 2). Sie sind in ihren Beweisen sehr auf die Skizzen und das, was sie sehen, bezogen (siehe Transkriptausschnitt 55).

Transkriptausschnitt 55: Dennis und Julius (Gruppe 2), Turn 464

464	Julius	Ja, man möchte am liebsten aufhören und sagen, das ist so, nöh (fragend), und man sieht das doch und das ist alles ganz deutlich. (20) #V6_00:47-1#

In einigen „Argumentationen" nutzten sie nicht nur das, was sie sehen, sogar direkt als Garanten, sondern versprachlichen dies genauso, wie hier in den zusätzlichen Argumentationen C und E zum zweiten Beweis (siehe Abbildung 12.68).

In anderen Fällen, wie beispielsweise in der zusätzlichen Argumentation D zum zweiten Beweis beschreiben sie als Garanten, was sie sehen (siehe Abbildung 12.69). Hier sagen sie also nicht bloß, dass sie das, was sie zeigen wollen, in der Skizze sehen, Dennis beschreibt genau, was er sieht, nämlich dass die *„definitiv wieder länger"* sind.

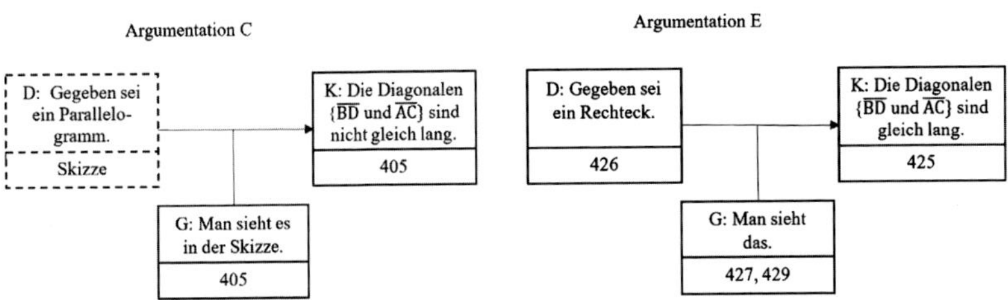

Abbildung 12.68 Rekonstruktion der zusätzlichen Argumentationen C (links) und E (rechts) von Dennis und Julius (Gruppe 2) zur zweiten Aussage

Eine Nutzung derartiger visueller Garanten ist problematisch denn inhaltliche und strukturelle Bezüge werden in dieser Art der Argumentation nicht herausgestellt und fehlen. Es zeigt auch, dass die Studierenden nicht über ausreichend fachliches Wissen verfügen, um mathematische Garanten verwenden zu können. Sie wissen jedoch auch, dass eine Begründung à la „Das sieht man doch" nicht ausreicht und versuchen, die Argumentationen anders zu begründen, was ihnen in vielen Fällen leider nicht gelingt.

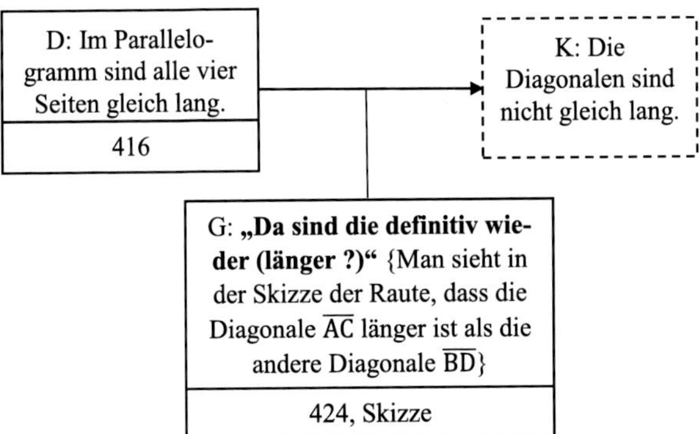

Abbildung 12.69 Rekonstruktion der zusätzlichen Argumentation D von Dennis und Julius (Gruppe 2) zur zweiten Aussage

Genau dann, wenn

In genau einer Argumentation wurde eine „Genau dann, wenn"-Struktur rekonstruiert. Diese wurde genauso gesagt (siehe Transkriptausschnitt 56) und war die einzige ihrer Art, die nicht die zweite zu beweisende Aussage bzw. eine Version von dieser war. Sie wurde mit einem Doppelpfeil rekonstruiert (siehe Abbildung 12.70). Mit dieser Argumentation, die von Pia als zusätzliche Argumentation C zum zweiten Beweis eingebracht wurde, arbeiteten Pia und Charlotte (Gruppe 3) jedoch nicht weiter.

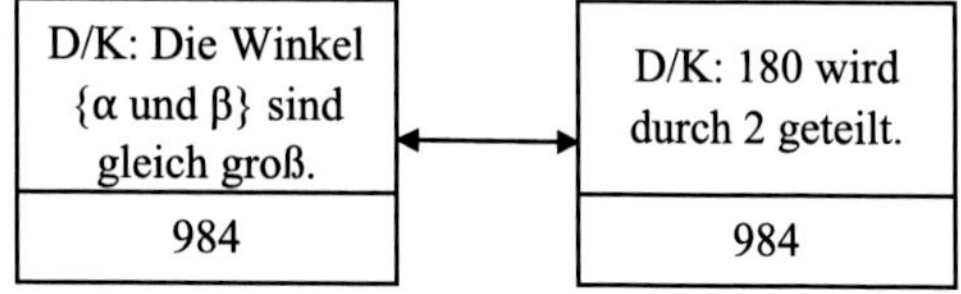

Abbildung 12.70 Rekonstruktion der zusätzlichen Argumentation C von Pia und Charlotte (Gruppe 3) zur zweiten Aussage

Transkriptausschnitt 56: Pia und Charlotte (Gruppe 3), Turn 984

984	Pia	Ja, wir müssen doch auch nur sagen, dass (.) -ähm- die Winkel genau dann gleich groß sind, wenn hundertachtzig durch zwei geteilt ist, quasi. *[Pia zeigt in Skizze 3 auf β und seinen Nebenwinkel {α'}]* #V7_03:11-4#

Losgelöste Daten

In schriftlichen Beweisen ist es zudem auffällig, dass immer wieder Daten genannt und dann nicht in der Argumentation genutzt werden. Bei genauerer Betrachtung können diese losgelösten Daten in zwei Gruppen unterschieden werden, solche, die indirekt in der Argumentation wiederverwendet werden, und solche, die nicht verwendet werden.

Diese *erste Gruppe losgelöster Daten* gibt es z. B. beim schriftlichen Beweis von Nina und Maja (Gruppe 1) zur zweiten Aussage (AS-1, siehe Kurzschema im Anhang im elektronischen Zusatzmaterial). Das Datum lautet: „Gegeben sei das Parallelogramm ABCD mit Seitenlängen a und b". Auf diese Tatsache wird im Beweis immer wieder zurückgegriffen, jedoch nicht so direkt, dass das Datum verbunden wird, weshalb es ganz links „vor" der gesamten Argumentation steht (siehe Abbildung 12.71).

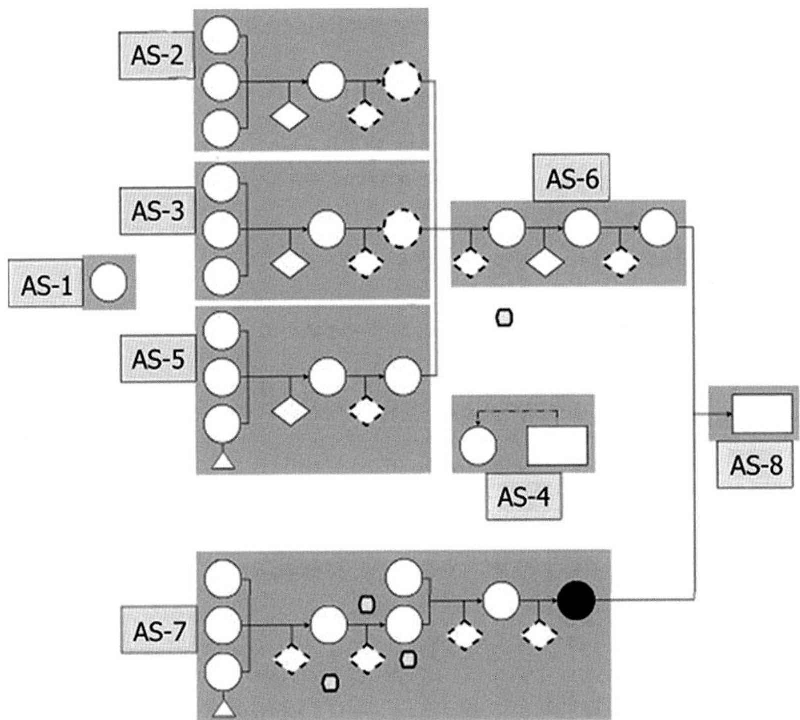

Abbildung 12.71 Rekonstruktion der schriftlichen Argumentation von Nina und Maja (Gruppe 1) zur zweiten Aussage

Auch die sechs losgelösten Daten des zweiten Beweises von Pia und Charlotte (Gruppe 3) gehören zu dieser Gruppe (AS-1 und AS-2, siehe Kurzschema im Anhang im elektronischen Zusatzmaterial). Hier handelt es sich um die Existenz des Parallelogramms, die Benennung und Lagebeschreibung von Punkten und Geraden sowie die Längengleichheit gegenüberliegender Seiten im Parallelogramm. Diese Daten werden genutzt, aber nur indirekt und deshalb nicht an die Argumentation angeknüpft (siehe Abbildung 12.72).

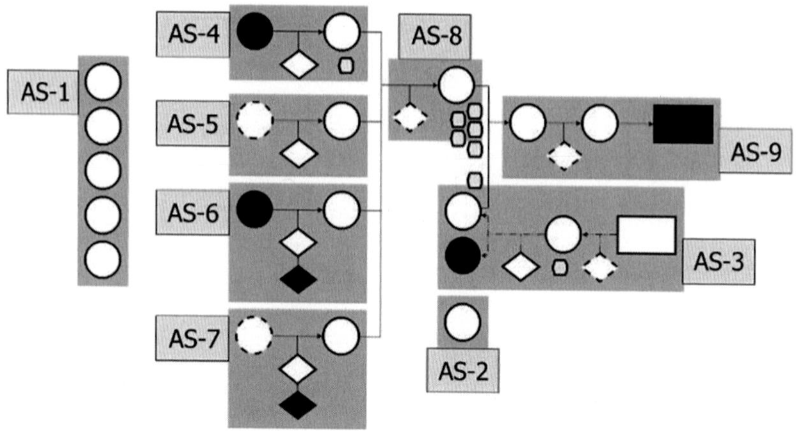

Abbildung 12.72 Rekonstruktion der schriftlichen Argumentation von Pia und Charlotte (Gruppe 3) zur zweiten Aussage

Im ersten Beweis von Pia und Charlotte (Gruppe 3) handelt es sich bei den losgelösten Daten (AS-1, siehe Kurzschema im Anhang im elektronischen Zusatzmaterial) ebenfalls um Lagebeschreibungen und Benennungen von Punkten, die später indirekt genutzt werden. Aus den Daten selbst wird aber nicht geschlussfolgert, weshalb sie losgelöst sind vom Rest der Argumentation (siehe Abbildung 12.73).

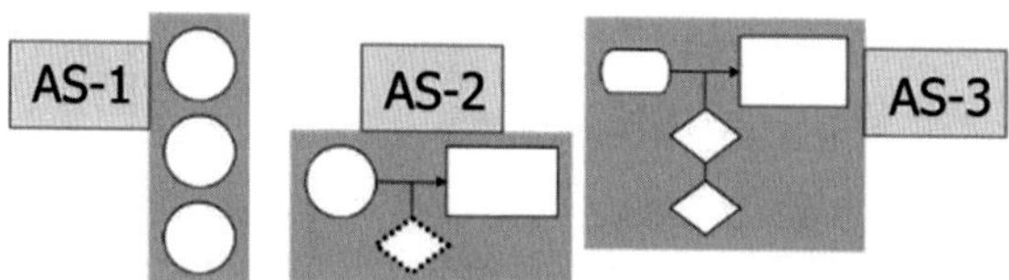

Abbildung 12.73 Rekonstruktion der schriftlichen Argumentation von Pia und Charlotte (Gruppe 3) zur ersten Aussage

Die zweite Gruppe losgelöster Daten ist problematischer. Hier handelt es sich in den gefundenen Beispielen um wichtige Voraussetzungen, die am Startpunkt der Argumentation stehen sollten. Sowohl Dennis und Julius (Gruppe 2), als auch Daria und Leonie (Gruppe 4) wollen bei der zweiten Aussage zeigen, dass ein

Parallelogramm mit gleich langen Diagonalen ein Rechteck ist (AS-1 bzw. AS-2, siehe Kurzschema im Anhang im elektronischen Zusatzmaterial). Beide Gruppen benennen die gleiche Länge der Diagonale als Datum – und nutzen es dann nicht in der Argumentation, die dadurch inhaltlich falsch ist. Beiden Gruppen fällt dies nicht auf. Diese Art von losgelösten Daten ist schlecht für den Beweisprozess, da Argumentationen nicht durchlaufen werden können, wenn nicht von der gegebenen Voraussetzung ausgegangen wird.

Zusammenfassung
Die argumentative Funktion verwendeter Aussagen ist wichtig für die Argumentation. „Abweichungen" von der „Norm" können daher große Auswirkungen haben. Die Verwendung von Hypothesen als Daten ist problematisch, da Daten der Ausgangspunkt einer Argumentation sind. Sind Daten nicht sicher, sondern nur eine Hypothese, so kann man aus ihnen kein gesichertes Wissen folgern. Auch Daten, die genannt, aber nicht genutzt werden, haben diese Problematik. Garanten sind ebenfalls wichtige Teile der Argumentation, die einen Argumentationsschritt legitimieren. Sind diese Garanten selbst kleine Argumentationen, so ist dies für den Beweis nicht von Nachteil. Sind Garanten jedoch inhaltlich nicht gefüllt, z. T. dadurch, dass ausschließlich visuelle Eindrücke genutzt werden, so ist eine Legitimierung von Argumentationsschritten nicht möglich.

12.10 Widerlegungen in Argumentationen

Widerlegungen kommen in den untersuchen Argumentation nicht häufig vor, insgesamt gibt es vier, alle von Pia und Charlotte. Widerlegt werden können theoretisch alle Elemente einer Argumentation. Bei den vier gefundenen Widerlegungen handelt es sich um zwei Widerlegungen von Daten und zwei Widerlegungen von Schlüssen.

In der mündlichen Argumentation zur ersten Aussage zeigt Charlotte in Turn 500 (siehe Transkriptausschnitt 57), dass in einem gleichschenkligen Dreieck die Basiswinkel gleich groß sind (AS-4, siehe Kurzschema im Anhang im elektronischen Zusatzmaterial). Diese Argumentation ist an sich richtig, auch, wenn ein Zwischenschritt implizit bleibt. Pia ist damit jedoch nicht einverstanden.

Transkriptausschnitt 57: Pia und Charlotte (Gruppe 3), Turns 500 + 501

500	Charlotte	//Das der Neben *[Charlotte zeigt in Skizze P2 vermutlich auf den Winkel oben links zwischen k und der Winkelhalbierenden]*, ja. Aber warum brauchst du das jetzt, weil den kannst du ja auch einfach sagen, du weißt, dass der *[Charlotte zeigt in Skizze P1 den Winkel im Dreieck zwischen k und der Winkelhalbierenden {x}]* genauso groß ist wie der *[Charlotte zeigt auf die untere Hälfte von α {α_2}]*, weil wegen dem Basiswinkelsatz (...) bei nem gleichschenkligen Dreieck. #V4_01:49-4# (Skizze P1)
501	Pia	Aber dann müssen wir davon ausgehen, dass es ein (.) also, wir sollen doch zeigen, dass es ein gleichschenkliges Dreieck ist. Das heißt wir können noch nicht annehmen, dass die Winkel *[Pia zeigt in Skizze P1 abwechselnd auf die Winkel links {α_2} und rechts {x} im Dreieck]* schon gleich groß sind, sondern wir müssen doch zeigen, dass es, oder? (.) Hätt ich jetzt gesagt. (5) #V4_02:05-3#

Pia widerspricht in Turn 501 Charlottes Argumentation. Sie meint, nicht von einem gleichschenkligen Dreieck ausgehen zu können. Stattdessen sei dies das, was gezeigt werden müsse. Damit ist Charlottes Argumentation widerlegt, genauer gesagt, das Datum ihrer Argumentation (siehe Abbildung 12.74).

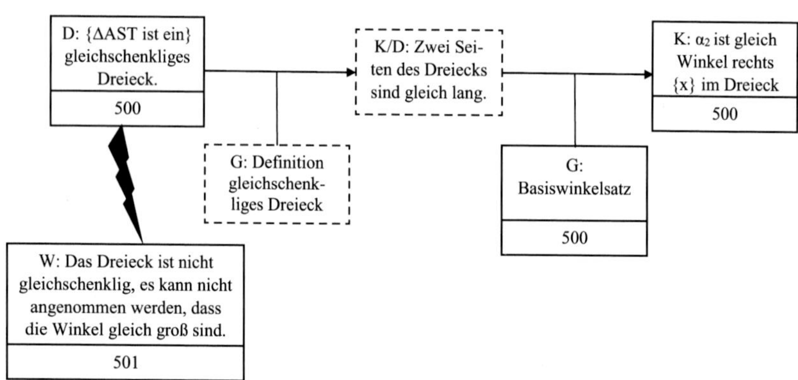

Abbildung 12.74 Ausschnitt aus der Rekonstruktion der mündlichen Argumentation von Pia und Charlotte (Gruppe 3) zur ersten Aussage (AS-4)

Die Widerlegung ist in der Rekonstruktion durch einen Blitz gekennzeichnet. In diesem Fall findet die Widerlegung des Datums statt, nachdem die ursprüngliche Argumentation abgeschlossen ist.

Das Beispiel (AS-11, siehe Kurzschema im Anhang im elektronischen Zusatzmaterial) einer Widerlegung eines Datums in der mündlichen Argumentation zur zweiten Aussage zeigt einen anderen Ablauf (siehe Transkriptausschnitt 58). Hier ist das widerlegte Datum, dass die Diagonalen in einem Parallelogramm auch gleich lang sein können, nicht Teil einer Argumentation, sondern wird in Turn 778 von Charlotte einfach angenommen. Pia widerspricht in Turn 779 und argumentiert damit, dass ein Parallelogramm keinen Umkreis besitzt. Auf Nachfrage von Charlotte erweitert Pia ihre Argumentation in Turn 781 noch etwas.

Transkriptausschnitt 58: Pia und Charlotte (Gruppe 3), Turns 778–781

778	Charlotte	[…] also (..) Ich find, man hat trotzdem nicht das Gegenbeispiel bewiesen. (.) Nur weil wir sagen, dass es hier funktioniert *[Charlotte zeigt auf das Rechteck in Skizze 1]*, heißt es ja nicht, das es hier nicht funktionieren. *[Charlotte zeigt auf das Parallelogramm in Skizze 2]* (5) #V5_15:03-2#
779	Pia	Hmm. (.) Meines Erachtens schon, weil wir, weil es in diesem *[Pia tippt in Skizze 2 auf den Schnittpunkt der Diagonalen {M} und macht eine umkreisende Geste um das Parallelogramm]* (..) keinen Punkt gibt, von den allen, alle Punkte gleich weit entfernt sind. Dann gibt es ja auch keinen (..) Umkreis quasi. #V5_15:16-9#
780	Charlotte	Ja, genau. Aber das ist ja auch alles gar nicht gefragt. (.) Deshalb// #V5_15:19-3#
781	Pia	//Ja, genau, aber, doch, weil (.) für ein (.) Wir brauchen, damit die Diagonalen gleich sin-, lang sind *[Pia zeigt in Skizze 2 beide Diagonalen entlang]*, brauchen wir ein'n Punkt, von dem alle Punkte gleich weit entfernt sind. (.) Weißt du, was ich meine? Wenn es keinen Punkt in diesem *[Pia macht eine umkreisende Geste um das Parallelogramm]* (.) in diesem Gebilde gibt, wo *[Pia zeigt zu den Punkten A, C, D und B]* alle Punkte gleich weit voneinander entfernt sind (.) können die Diagonalen auch nicht gleich lang sein. (.) Hier haben wir diesen Punkt. *[Pia zeigt in Skizze 1 auf den Schnittpunkt {M} der Mittelsenkrechten im Rechteck]* (..) Was ja auch ein Grund dafür ist, dass man zum Beispiel keinen Umkreis dafür finden kann *[Pia zeigt in Skizze 2 auf das Parallelogramm]* von dem a-, weil nicht alle Punkte geschnitten werden.// #V5_15:51-6#

Bei dieser Widerlegung wird also nicht das Datum einer Argumentation widerlegt, sondern ein im Folgenden nicht weiter verwendetes Datum bei seiner Nennung sofort mit einer Argumentation widerlegt (siehe Abbildung 12.75). Zu beachten ist bei diesem Beispiel auch, dass die Konklusion, die letztendlich das Datum widerlegt, implizit bleibt (siehe Abschnitt 12.3).

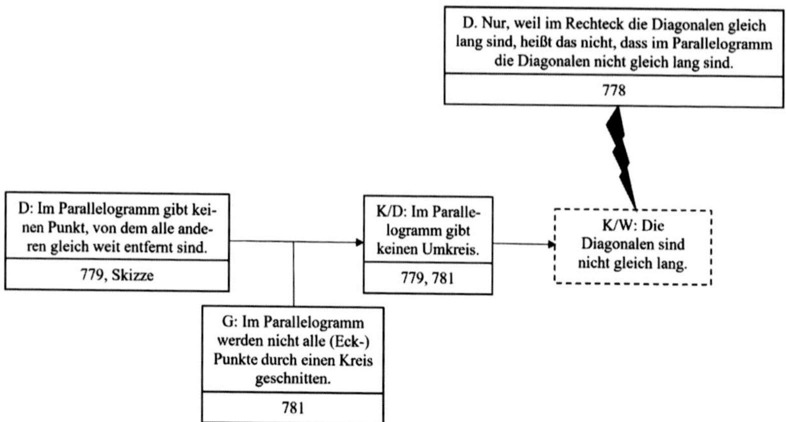

Abbildung 12.75 Ausschnitt aus der Rekonstruktion der mündlichen Argumentation von Pia und Charlotte (Gruppe 3) zur zweiten Aussage (AS-11)

Ein Beispiel einer Widerlegung eines Schlusses ist in AS-17 zu sehen (siehe Kurzschema im Anhang im elektronischen Zusatzmaterial). Charlotte argumentiert in Turn 791 (Transkriptausschnitt 59), dass statt zu zeigen, dass ein Parallelogramm genau dann ein Rechteck ist, wenn seine Diagonalen gleich lang sind, in der Aussage das Rechteck durch ein Quadrat ersetzt werden könnte. Pia stimmt dieser neuen Aussage nicht zu und versucht in den Turns 792 bis 798 durch die Nennung von Beziehungen unter Rechtecken, Quadraten und Parallelogramm zu erklären, warum sie die Aussage nicht wie vorgeschlagen verändern können. Charlotte greift die Argumentation in Turns 801 und 803 auf und nennt hier den Zusammenhang zwischen Quadrat und Rechteck, der ihre Idee aus Turn 791 widerlegt.

Transkriptausschnitt 59: Pia und Charlotte (Gruppe 3), Turns 791–803

791	Charlotte	Ja. Aber warum *[Charlotte zeigt im Aussagentext auf die Wörter]*: Ein Parallelogramm ist genau dann ein Rechteck (.) wenn seine Diagonalen gleich lang sind? (..) Könnte man auch sagen, ein Parallelogramm ist genau dann ein Quadrat, wenn seine Diagonalen gleich lang sind? (10) Oder sagen wir, komm, zu Rechtecken packen wir das Quadrat dazu. Weil, haben ja alle rechte Winkel. (..) Und deshalb ist 'n Quadrat nochmal auch wie 'n Rechteck und wir differenzieren da einfach nicht. #V6_00:48-7#
792	Pia	Also (.) ein (..) hmm (..) Vierec- -äh- ein Quadrat ist ein Parallelogramm, aber ein Parallelogramm ist nicht zwangsweise ein (.) Re- -äh- Quadrat. (..) Oder? Ist das so rum gewesen? #V6_01:05-9#
793	Charlotte	Nochmal. #V6_01:06-6#
794	Pia	Ein (..) Quadrat (.) ist ein Parallelogramm. #V6_01:12-0#
795	Charlotte	Ja. #V6_01:13-5#
796	Pia	Aber ein Parallelogramm ist nicht zwangsweise ein Quadrat. #V6_01:16-8#
797	Charlotte	Si. #V6_01:17-4#
798	Pia	(...) Das ist doch richtig, nöh (fragend)? #V6_01:21-2#
799	Charlotte	Ja, ja. Mhm (bejahend). #V6_01:22-0#
800	Pia	Ähm- (..) #V6_01:25-5#
801	Charlotte	Und 'n Quadrat ist auch ein Rechteck// #V6_01:27-1#
802	Pia	//Du// #V6_01:27-2#
803	Charlotte	//aber nicht jedes Rechteck ist ein Quadrat. #V6_01:28-6#

Damit widerlegt Charlotte mit Pias Unterstützung den Schluss von der Originalaussage, bei der es sich um ein Rechteck handelt, zur veränderten Version, bei der das Rechteck durch ein Quadrat ersetzt wurde (siehe Abbildung 12.76). Durch die Widerlegung ist die Grundlage ihres zunächst vorschnell getroffenen Schlusses, dass zwischen Rechtecken und Quadraten kein Unterschied besteht, nicht mehr nutzbar.

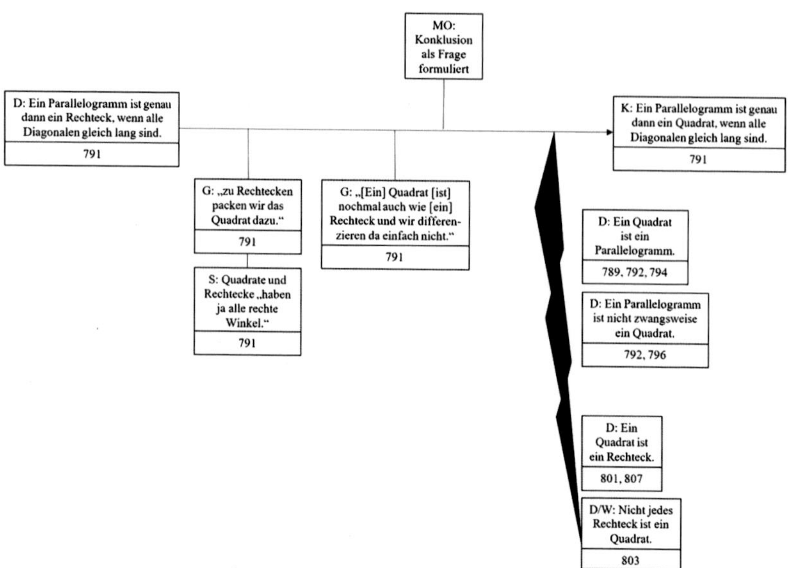

Abbildung 12.76 Ausschnitt aus der Rekonstruktion der mündlichen Argumentation von Pia und Charlotte (Gruppe 3) zur zweiten Aussage (AS-17)

Die letzte Widerlegung, die sich ebenfalls auf einen Schluss bezieht, hat einen anderen Hintergrund (AS-9, siehe Kurzschema im Anhang im elektronischen Zusatzmaterial). Mit dieser Argumentation mit Widerlegung möchte Charlotte zeigen, dass Pias Argumentation nicht ausreichend ist (Transkriptausschnitt 60). Pia argumentiert mit dem Schnittpunkt der Mittelsenkrechten, dass im Rechteck die Diagonalen gleich lang sind. Im Parallelogramm, das keinen Schnittpunkt der Mittelsenkrechten aufweist, sind die Diagonalen hingegen nicht gleich lang. Charlotte überlegt nun in Turn 767, wie die Mittelsenkrechten in einem Parallelogramm verlaufen würden und welche Schnittpunkte sie haben.

Transkriptausschnitt 60: Pia und Charlotte (Gruppe 3), Turn 767

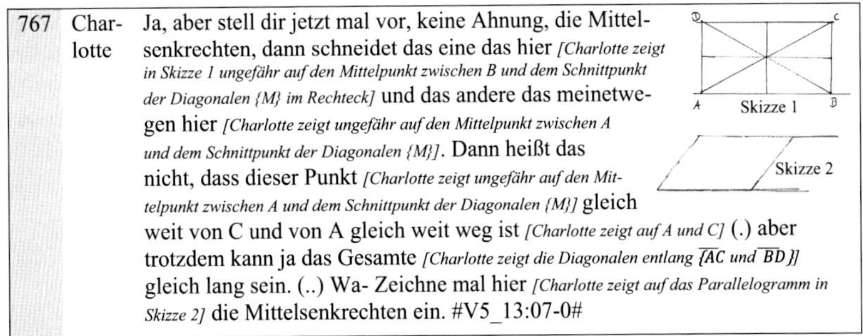

767	Charlotte	Ja, aber stell dir jetzt mal vor, keine Ahnung, die Mittelsenkrechten, dann schneidet das eine das hier *[Charlotte zeigt in Skizze 1 ungefähr auf den Mittelpunkt zwischen B und dem Schnittpunkt der Diagonalen {M} im Rechteck]* und das andere das meinetwegen hier *[Charlotte zeigt ungefähr auf den Mittelpunkt zwischen A und dem Schnittpunkt der Diagonalen {M}]*. Dann heißt das nicht, dass dieser Punkt *[Charlotte zeigt ungefähr auf den Mittelpunkt zwischen A und dem Schnittpunkt der Diagonalen {M}]* gleich weit von C und von A gleich weit weg ist *[Charlotte zeigt auf A und C]* (.) aber trotzdem kann ja das Gesamte *[Charlotte zeigt die Diagonalen entlang {$\overline{AC}$ und $\overline{BD}$}]* gleich lang sein. (..) Wa- Zeichne mal hier *[Charlotte zeigt auf das Parallelogramm in Skizze 2]* die Mittelsenkrechten ein. #V5_13:07-0#

Dabei nimmt Charlotte erst einmal an, dass Pias Argumentation stimmt, um dann aufzuzeigen, dass die Diagonalen des Parallelogramms gleich lang sein können, auch wenn der Schnittpunkt der Mittelsenkrechten anders liegt als im Rechteck. Die Konklusion der Argumentation, die Charlotte für ihre Widerlegung nutzt, bleibt dabei implizit, da Charlotte den Schluss widerlegt, der zu der Konklusion führen würde (siehe Abbildung 12.77).

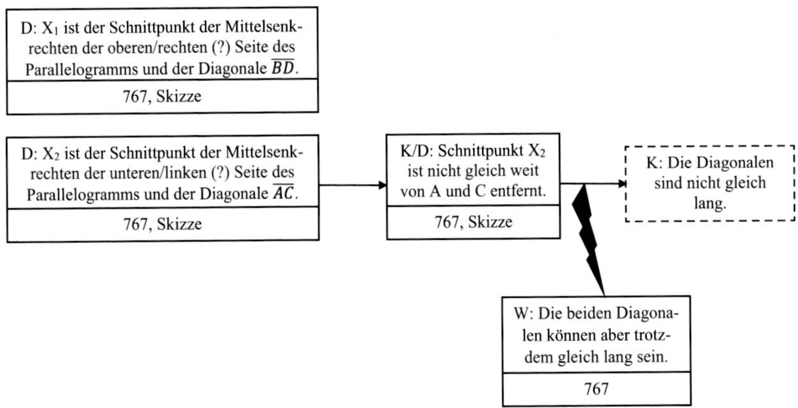

Abbildung 12.77 Ausschnitt aus der Rekonstruktion der mündlichen Argumentation von Pia und Charlotte (Gruppe 3) zur zweiten Aussage (AS-9)

Zusammenfassung Widerlegungen
Widerlegungen kommen in den untersuchten Argumentationen nicht häufig vor, trotzdem finden sich zwei verschiedene Arten von Widerlegungen. Eine Art sind Widerlegungen, die ein Datum widerlegen. Hierbei ist es möglich, dass das Datum Teil einer Argumentation ist. Das Datum kann aber auch unverbunden und nicht in einer Argumentation verwendet sein. Eine zweite Art Widerlegung ist die Widerlegung von Schlüssen. Hier ist nicht eine Aussage an sich Ziel der Widerlegung, sondern die Verbindung zwischen Aussagen der Argumentation. Möglich sind auch weitere Arten von Widerlegungen, z. B. Widerlegungen von Konklusionen, diese treten hier jedoch nicht auf.

12.11 Fazit zu den Besonderheiten in einzelnen Argumentationssträngen

Besonderheiten in den Argumentationen gibt es viele. Es zeigen sich viele unterschiedliche Merkmale, die die logische Stringenz der Argumentation beeinflussen, wie Flussumleitungen oder Stromschnellen, aber auch losgelöste Daten und implizite oder abduktive Zielkonklusionen. Auffällig sind auch logische bzw. inhaltliche Schwierigkeiten wie löchrige Argumentationen, falsch verstandene mathematische Sätze oder das Verlassen auf visuelle Informationen. Anderseits gibt es ebenfalls Aspekte, die ein höheres Verständnis der Geometrie und des Beweisens zeigen (können). Dazu gehört beispielsweise die Verwendung von Negationen und Kontrapositionen, aber auch parallele Argumentationen oder Widerlegungen.

Diese vielfältigen Herausforderungen mathematischen Argumentierens ergeben sich nicht nur für die Studierenden als Einzelpersonen und Lernende, sondern auch für sie als zukünftige Lehrkräfte. Wie sie darin unterstützt werden könnten, ihre Fähigkeiten im mathematischen Argumentieren zu verbessern und mathematisches Argumentieren ihren Schülerinnen und Schülern im Unterricht erfolgreich zu vermitteln, werde ich in Kapitel 19 kurz darlegen.

All diese Besonderheiten zeigen, dass es sich lohnt, zusätzlich zu den globalen Strukturen auch lokale Argumentationsstränge zu analysieren. Sie geben einen tieferen Einblick in die Fähigkeiten der Studierenden und in ihre Schwierigkeiten. Sie lassen Feinheiten erkennen, die bei rein globaler Betrachtung der Strukturen untergehen. Dies wird in Abschnitt 18.1 näher diskutiert.

Open Access Dieses Kapitel wird unter der Creative Commons Namensnennung 4.0 International Lizenz (http://creativecommons.org/licenses/by/4.0/deed.de) veröffentlicht, welche die Nutzung, Vervielfältigung, Bearbeitung, Verbreitung und Wiedergabe in jeglichem Medium und Format erlaubt, sofern Sie den/die ursprünglichen Autor(en) und die Quelle ordnungsgemäß nennen, einen Link zur Creative Commons Lizenz beifügen und angeben, ob Änderungen vorgenommen wurden.

Die in diesem Kapitel enthaltenen Bilder und sonstiges Drittmaterial unterliegen ebenfalls der genannten Creative Commons Lizenz, sofern sich aus der Abbildungslegende nichts anderes ergibt. Sofern das betreffende Material nicht unter der genannten Creative Commons Lizenz steht und die betreffende Handlung nicht nach gesetzlichen Vorschriften erlaubt ist, ist für die oben aufgeführten Weiterverwendungen des Materials die Einwilligung des jeweiligen Rechteinhabers einzuholen.

Teil IV
Ergebnisteil Metakognition

In diesem Teil der Dissertation werden verschiedene metakognitive Aktivitäten der Studierenden betrachtet und ihre Wirkung auf Argumentationen und Beweise untersucht.

- In *Kapitel 13* wird der Unterschied zwischen lokaler und globaler Planung dargestellt und dessen Einfluss auf das Vorgehen der Studierenden betrachtet. Auch die Kontrolle von Planung und ihre Folgen werden in den Blick genommen.

- In *Kapitel 14* wird die metakognitive Aktivität des Monitorings untersucht und ihre Interaktion mit Fachwissen in sechs verschiedenen Prototypen von Hürden im Beweisprozess verdeutlicht. Dabei wird auch das Niveau von Monitoringaktivitäten miteinbezogen.

- In *Kapitel 15* wird die Strukturanalyse fachspezifischer Darstellungen betrachtet, eine Aktivität der Reflexion. Formeln und natürlich die zu beweisende Aussage selbst sind bedeutsam für das Beweisen - gerade in Geometrie aber sind auch Skizzen wichtige Elemente. Daher ist zu erwarten, dass dem Umgang mit fachspezifischen Darstellungen eine besondere Bedeutung zukommt.

- In *Kapitel 16* werden verschiedene Monitoring- und Reflexionsaktivitäten genauer untersucht. Es werden Unterschiede in der Elaboriertheit dieser Tätigkeiten und ihre (möglichen) Auswirkungen betrachtet.

- *Kapitel 17* behandelt die Auswirkungen negativer Diskursivität auf das Argumentieren und Beweisen. Durch negative Diskursivität werden u. a. Fehler in Inhalt und logischem Aufbau von Beweisen gefasst.

13 Der Effekt von Planung bei Argumentationen

Die Planung des eigenen Vorgehens ist eine wichtige metakognitive Aktivität, die das Vorgehen strukturiert und zielgerichtet hält. Planungen können auf unterschiedliche Weise ausgedrückt werden. Zum einen kann zu einer Planung aufgefordert werden. Das kann durch Fragen wie *„Was machen wir jetzt?"* oder *„Was sollen wir zeigen?"* geschehen, aber auch durch kurze Fragmente wie *„Und jetzt?"* oder *„Wie?"*. Diese Stellen werden mit dem Kürzel „*f* P1x" kodiert. Dabei steht, wie in Teilkapitel 8.3.1 beschrieben, das Präfix *f* für eine Aufforderung, P1 für die erste Unterkategorie der Kategorie Planung und x ist in diesem Zusammenhang ein Platzhalter für die möglichen Teilaspekte. Häufig werden Planungen zwar als Frage formuliert, enthalten aber schon eine konkrete Planung. Ein Beispiel hierfür ist *„Wollen wir eine Skizze machen?"* oder auch *„Jetzt kommt die Parallele, nöh (fragend)?"*. Auch wenn diese Planungen eine Aufforderung enthalten, indem die Verantwortung an eine andere Person weitergegeben wird, sind sie zusätzlich auch konkrete Planungen. Daher werden sie als „P1x°" kodiert, wobei das Gradsymbol die Frage markiert. Planungen, die als normale Aussagen formuliert werden (z. B. *„Ich mache eine Skizze."*), werden ohne Markierung als „P1x" kodiert. Doch neben der Art der Formulierung der Planung gibt es weitere Unterschiede im Umfang und der Reichweite. Planungen können langfristig angelegt sein (globale Planung, Abschnitt 13.1) oder eine eher kurze Reichweite haben (lokale Planung, Abschnitt 13.2). Auch die Kontrolle von Planung (Abschnitt 13.3) beeinflusst die Effektivität von Planungen.

Ergänzende Information Die elektronische Version dieses Kapitels enthält Zusatzmaterial, auf das über folgenden Link zugegriffen werden kann https://doi.org/10.1007/978-3-658-46468-4_13.

© Der/die Autor(en) 2025

N. Abels, *Argumentation und Metakognition bei geometrischen Beweisen und Beweisprozessen*, Perspektiven der Mathematikdidaktik,
https://doi.org/10.1007/978-3-658-46468-4_13

13.1 Globale Planung

Planungen, die das gesamte Vorgehen betreffen – beispielsweise die Planung einer Skizze, die Planung eines Ziels oder die Planung von Zwischenschritten und Abschnitten – hat eine große Reichweite und wird als globale Planung bezeichnet. Diese Planungen geben die Grobstruktur und die Richtung vor und halten alles zusammen.

Bei Beweisen in der Geometrie ist eine wichtige globale Planung die, ob eine Skizze erforderlich ist oder nicht und wie sie gezeichnet werden soll. Nachdem Dennis und Julius die erste Aussage gelesen haben, schlägt Dennis vor, eine Skizze zu zeichnen, um die Ausgangslage zu erkennen (Turns 125 + 127). Er nennt auch ein mögliches Werkzeug (GeoGebra), um die Skizze zeichnen zu können. Julius entscheidet sich in Turn 128 dafür, dass sie die Skizze besser per Hand zeichnen (siehe Transkriptausschnitt 61).

Transkriptausschnitt 61: Dennis und Julius (Gruppe 2), Turns 125–128

125	Dennis	(unv.) Vielleicht wär's am Anfang sinnvoll, eine kurze Skizze davon zu machen, oder?// #V2_07:24-0#	Pla°
126	Julius	*[Julius nimmt ein Blatt und gibt es Dennis]* //Ja, ich brauche das.// #V2_07:24-5#	Dlc(u)
127	Dennis	//was die Ausgangslage ist. Willst du GeoGebra? #V2_07:27-5#	Forts. Pla° Pla°
128	Julius	*[Julius gibt Dennis das Geodreieck]* Also, ich dachte, wir versuchen das erstmal ganz klassisch. So, wie das ja auch in den Klausuren so ist. *[Dennis nimmt einen Stift]* (6) #V2_07:39-3#	Pla

Diese globale Planung ist sehr offen und bezieht sich auf Skizzen zur Aussage im Allgemeinen. Dadurch wird sie zur Vorgabe für die gesamte Argumentation zur ersten Aussage und für alle gezeichneten Skizzen.

Die globale Planung einer Skizze kann jedoch auch konkreter sein, wie das Beispiel von Daria und Leonie zeigt (Transkriptausschnitt 62). Sie haben gerade die zweite Aussage gelesen (Turn 202). Daria fragt dann in Turn 204, ob sie ein Parallelogramm zeichnen soll.

Transkriptausschnitt 62: Daria und Leonie (Gruppe 4), Turns 202–205

202	Daria	Oh, danke. Ein Parallelogramm ist genau dann ein Rechteck (.) wenn seine Diagonalen gleich lang sind. *(Ende des 1. Videos)* #V1_16:23-2#	/
203	Leonie	(.) Och, ja (.) #V2_00:03-9#	/
204	Daria	Soll ich ein Parallelogramm malen? #V2_00:04-7#	P1a°
205	Leonie	Mhm (bejahend). #V2_00:05-7#	D1c(u)

Diese Planung ist nicht allgemein auf *eine* Skizze bezogen, sondern konkret auf die Skizze eines Parallelogramms. Sie gibt aber trotzdem das weitere Vorgehen durch die Erstellung der Skizze vor.

Nicht immer jedoch wird die Planung einer Skizze angenommen. Pia und Charlotte haben gerade die zweite Aussage gelesen. Pia schlägt daraufhin vor, wie bei der ersten Aussage eine Skizze zu zeichnen (Turn 690). Sie scheint zu erwarten, dass sie diesen Plan umsetzen, nimmt sogar schon Stift und Geodreieck zur Hand, gibt Charlotte dann aber die Möglichkeit, die Aussage auch ohne Skizze zu beweisen. Charlotte nimmt in Turn 691 die Möglichkeit an, es wird erstmal keine Skizze gezeichnet (siehe Transkriptausschnitt 63).

Transkriptausschnitt 63: Pia und Charlotte (Gruppe 3), Turns 690 + 691

690	Pia	*[Pia und Charlotte lesen still die Aussage, ca. 16 Sek]* Machen wir doch mal ne Skizze. *[Pia lacht und nimmt Stift und Geodreieck, ca. 2 Sek]* Oder *[legt Stift und Geodreieck wieder weg]* kannst du das so beantworten? #V5_05:32-7#	P1a fP1c
691	Charlotte	(9) Ja. #V5_05:41-6#	D1c(u)

Diesen Verlauf hat Pia so nicht erwartet. Doch auch die Entscheidung/Planung, ohne Skizze weiter zu machen, prägt und lenkt das weitere Vorgehen.

Auch andere Darstellungen, die nicht durch die Aussage gegeben sind, sollten geplant werden. Ein Beispiel hierfür sind Formeln. Daria und Leonie wollen in der Argumentation zur ersten Aussage zeigen, dass das gegebene Dreieck gleichschenklig ist. Dafür müssen sie noch den zweiten Basiswinkel x des Dreiecks bestimmen. Um dies zu können, schlägt Leonie in Turn 164 vor, eine Formel aufzustellen. Daria ergänzt diese Planung in Turn 165 und 167 um weitere Details (siehe Transkriptausschnitt 64).

Transkriptausschnitt 64: Daria und Leonie (Gruppe 4), Turns 164–167

164	Leonie	//(Wollen wir?) ne Formel? #V1_14:10-8#	Pla°
165	Daria	(..) Ja, ne Formel, dass das *[Daria zeigt an den Seiten des Dreiecks entlang]* zusammen (.) hundertachtzig Grad ergibt irgendwie. Hundertachtzig Grad gleich// #V1_14:16-9#	Pla
166	Leonie	//Mhm (bejahend).// #V1_14:17-3#	Dlc(u)
167	Daria	//die plus alle zusammen? *[Daria zeigt auf die Winkel im Dreieck {γ, x, α_2}]* #V1_14:18-3#	Forts. Pla

Diese globale Planung einer Methode / eines Werkzeugs, nämlich das Aufstellen einer Formel, lenkt ihr gesamtes weiteres Vorgehen in diesem Beweis.

Um beim Beweisen erfolgreich sein zu können, ist es ebenso wichtig, die Argumentation und das Ziel dieser Argumentation zu planen. Das Ziel einer Argumentation gibt die Richtung des Beweises vor, hilft Zwischenschritte und Fehlschritte zu erkennen. Häufig wird das Ziel einfach genannt, so z. B. bei Nina und Maja in der Argumentation zur zweiten Aussage (Transkriptausschnitt 65). Die Studierenden haben bereits gezeigt, dass in einem Parallelogramm die Diagonalen gleich lang sind. Nun wollen sie die Rückrichtung zeigen. Diese formuliert Nina in Turn 509:

Transkriptausschnitt 65: Nina und Maja (Gruppe 1), Turn 509

509	Nina	Genau. Wir müssen ja jetzt zeigen, dass nur dan- Wir müssen ja- *[Nina zeigt auf den Aussagentext]* Also ein Parallelo ist genau dann ein Rechteck, wenn seine Diagonalen gleich lang sind. Jetzt müssen wir zeigen, wenn seine Diagonalen nicht gleich sind, dass es dann kein Rechteck ist. Es könnte ja auch sein, dass es sozusagen// #V3_00:11:31-1#	Dlc(u) Pla

Durch die Formulierung des Ziels des Beweises wissen nun beide Studierende, was sie zeigen wollen und argumentieren zum gleichen Ziel hin.

Einige Zielplanungen werden durch eine Aufforderung angestoßen. Dies passiert bei Daria und Leonie. Die beiden Studierenden haben bereits die Skizze zur ersten Aussage gezeichnet. Daria fragt nun in Turn 143 nach dem weiteren Vorgehen, welches Leonie in Turn 144 erklärt (Transkriptausschnitt 66).

Transkriptausschnitt 66: Daria und Leonie (Gruppe 4), Turns 143 + 144

143	Daria	//Was wollen wir denn machen jetzt? #V1_12:44-7#	fP1a
144	Leonie	Zeigen, dass das wirklich gleichschenklig ist, nöh (fragend)? *[Leonie zeigt abwechselnd auf die Basiswinkel rechts {x} und links {α_2} im Dreieck]* Das *[Leonie zeigt auf den Winkel rechts im Dreieck {x}]* ist deu-, ja was wir (..) beweisen müssen, dass das hier das ist. (..) Oder? *[Leonie schreibt an den Winkel rechts {x} mit einem Pfeil „zu beweisen" ran, ca. 8 Sek]* (..) So. Ja. (...) Hach, was wissen wir denn? #V1_13:11-1# 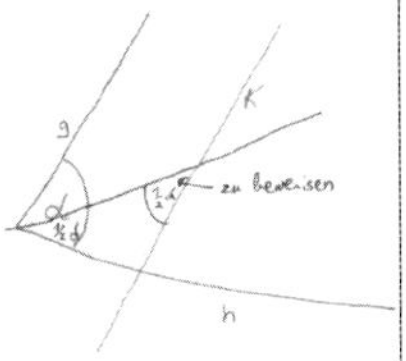	P1a fM6b fR1a

Auch hier ist damit die Richtung der Argumentation gegeben. In diesem Fall ist sogar die Gefahr eines Zirkelschlusses (die Annahme gleich großer Basiswinkel) reduziert, da das Ziel auch in die Skizze eingetragen wird.

Doch nicht nur das Ziel der Argumentation, sondern auch die Struktur der Argumentation kann geplant werden. Nina und Maja zeigen dies sehr konkret bei der zweiten Aussage (siehe Transkriptausschnitt 67). Nach dem Lesen der Aussage und dem Zeichnen einer Skizze stellt Maja in Turn 365 fest, dass die Aussage stimmt, Nina schlägt gleich im Anschluss in Turn 366 vor, Kongruenzsätze für den Beweis zu nutzen. Danach planen sie, wie sie die Aussage zeigen wollen (Turns 369 bis 380):

Transkriptausschnitt 67: Nina und Maja (Gruppe 1), Turns 365–381

365	Maja	Und (.) der. *[Maja zeichnet die zweite Diagonale {BD}]* (…) Warte mal. (7) Das stimmt. *[Maja zeigt auf den Aussagentext]* Und wie, wie zeigen wir das? #V2_00:15:27-3#	Forts. R1a R6a fP1a
366	Nina	Kann man das nicht irgendwie mit den Kongruenzsätzen zeigen? (..) Also du kannst ja, tschuldigung #V2_00:15:33-3#	R4a
367	Maja	Alles gut. #V2_00:15:34-3#	/
368	Nina	Ähm- (.) Die Seiten *[Nina zeigt die untere, linke, rechte und obere Seite des Parallelogramms {a, b, c und d}]* die Seiten sind ja jeweils gleich, also wenn du dir jetzt #V2_00:15:39-1#	R1a
369	Maja	Ja. Wann, wir müssen sagen, wann ist ein Parallelogramm ein Rechteck. Das ist doch ein Rechteck, wenn die Winkel// *[Maja zeigt linken unteren Winkel {α}]* #V2_00:15:44-8#	P1a R2a
370	Nina	//die rechte, wenn's rechte Winkel sind. #V2_00:15:47-0#	R2a(Forts.)
371	Maja	Dann müssen wir ja rechte Winkel zeigen. #V2_00:15:48-9#	P1a
372	Nina	Ja, wir wollen ja, dass sozusagen diese Seite// *[Nina zeichnet längere Diagonale rot nach {AC}]* #V2_00:15:52-4#	P1a
373	Maja	//die genauso lang ist wie die #V2_00:15:53-4#	P1a(Forts.)
374	Nina	genauso lang ist wie diese hier. *[Nina zeichnet kürzere Diagonale blau nach {BD}]* #V2_00:15:57-3#	Forts. P1a
375	Maja	Ja. #V2_00:15:57-9#	D1c(u)
376	Nina	Sprich, so ein Dreieck *[Nina zeigt linke {d} und untere {a} Seite des Parallelogramms]* also ein blaues *[Nina malt diese Seiten blau nach]* #V2_00:16:02-6#	P1a
377	Maja	Ja, das soll genauso groß sein. #V2_00:16:04-7#	P1a(Forts.)
378	Nina	Muss kongruent sein. #V2_00:16:06-1#	Forts. P1a
379	Maja	Zu dem andern. #V2_00:16:06-8#	Forts. P1a
380	Nina	Zu dem roten. #V2_00:16:07-7#	Forts. P1a
381	Maja	Ja. *[Nina malt untere {a} und rechte {b} Seite des Parallelogramms rot nach, ca. 2 Sek]* #V2_00:16:10-0#	D1c(u)

Im Anschluss an diese Planung führen sie den Beweis aus und füllen viele der Argumentationslücken. In der späteren schriftlichen Version, ist die Argumentation dann vollständig richtig.

Das Aufschreiben gefundener Argumentationen ist eine besondere Schwierigkeit, die nicht unterschätzt werden darf (siehe Kapitel 9). Die globale Planung des Beweises hat hier eine wichtige Bedeutung, ist aber nicht immer einfach oder konkret genug. Dennis und Julius versuchen die erste Aussage zu beweisen, dass das gegebene Dreieck gleichschenklig ist. Die Studierenden haben inzwischen eine Idee für den Beweis und Dennis erinnert sie daran, dass der Beweis auch aufgeschrieben werden muss (Turn 213). Daraus ergibt sich dann die entscheidende Frage „Wie?“ (Turn 215).

Transkriptausschnitt 68: Dennis und Julius (Gruppe 2), Turns 213–215

213	Dennis	Müssen wir halt nur noch verschriftlichen können. #V3_01:15-4#	P1a
214	Julius	Ja, klar.// #V3_01:16-3#	D1c(u)
215	Dennis	//Wie? #V3_01:17-1#	fP1a

Dieses Beispiel (Transkriptausschnitt 68) zeigt, dass das Aufschreiben nicht so einfach ist, wie gedacht. Es ergibt sich eine Aufforderung zur Planung, die zu einer neuen Argumentation führt, aber nicht zum Aufschreiben des Beweises, da dies trotz Aufforderung nicht geplant wird. Erst einige Zeit später und nach Aufforderung durch die Interviewerin beschäftigen sich Dennis und Julius wieder damit, was sie aufschreiben (können). Dennis macht dazu in Turn 302 eine konkrete Angabe (Transkriptausschnitt 69):

Transkriptausschnitt 69: Dennis und Julius (Gruppe 2), Turn 302

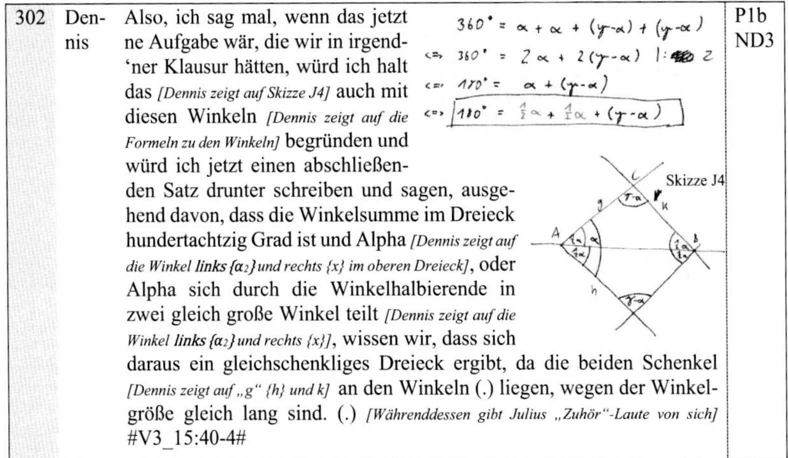

302	Dennis	Also, ich sag mal, wenn das jetzt ne Aufgabe wär, die wir in irgend'ner Klausur hätten, würd ich halt das *[Dennis zeigt auf Skizze J4]* auch mit diesen Winkeln *[Dennis zeigt auf die Formeln zu den Winkeln]* begründen und würd ich jetzt einen abschließenden Satz drunter schreiben und sagen, ausgehend davon, dass die Winkelsumme im Dreieck hundertachtzig Grad ist und Alpha *[Dennis zeigt auf die Winkel links {α₂} und rechts {x} im oberen Dreieck]*, oder Alpha sich durch die Winkelhalbierende in zwei gleich große Winkel teilt *[Dennis zeigt auf die Winkel links {α₂} und rechts {x}]*, wissen wir, dass sich daraus ein gleichschenkliges Dreieck ergibt, da die beiden Schenkel *[Dennis zeigt auf „g“ {h} und k]* an den Winkeln (.) liegen, wegen der Winkelgröße gleich lang sind. (.) *[Währenddessen gibt Julius „Zuhör“-Laute von sich]* #V3_15:40-4#	P1b ND3

Entlang dieser Planung wird der erste Teil des Beweises aufgeschrieben. Die Planung sortiert für die Studierenden ihre Argumentation soweit, dass sie den ersten Teil des Beweises schriftlich umsetzen konnten. Da die Planung jedoch inhaltlich falsch und lückenhaft ist, übernehmen sie die Fehler und Argumentationslücken auch in den Beweistext.

Eher auf die Struktur des Beweistextes fokussiert ist die Planung von Nina und Maja beim Aufschreiben des zweiten Beweises (siehe Transkriptausschnitt 70). Maja plant in Turn 454 die eine Richtung des Beweises, dass ein Parallelogramm mit gleich langen Diagonalen ein Rechteck ist. Im nächsten Turn 455 ergänzt Nina dies um die zweite Richtung des Beweises, hier gefasst als Aussage, dass ein Parallelogramm, in dem die Diagonalen nicht gleich lang sind, kein Rechteck ist.

Transkriptausschnitt 70: Nina und Maja (Gruppe 1), Turns 454–456

454	Maja	Nee, wir sollen zeigen, dass es dann ein Rechteck ist. *[Maja zeigt auf das Wort „Rechteck" in der Aussage]* (.) Ein Parallelogramm ist dann ein Rechteck, wenn die Diagonalen gleich lang sind. Das heißt, wir tun so, als wenn die Diagonalen gleich 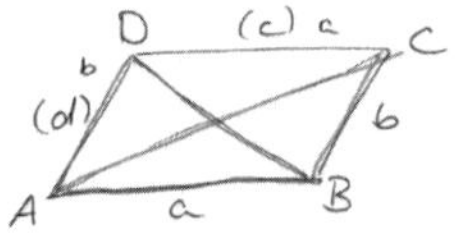 lang sind *[Maja zeigt auf die Diagonalen {$\overline{AC}$ und $\overline{BD}$}]* und müssen dann zeigen, dass es rechte Winkel sind. *[Maja zeigt in einer kreisenden Geste auf die Winkel {α, β, γ und δ}]* #V3_00:05:43-6#	D1c R1a P1a
455	Nina	Und dann müssen wir aber zeigen (.) wenn die Diagonalen nicht gleich sind, dass es dann nicht rechte Winkel sind (.) nöh (fragend)? (.) Oder? (.)#V3_00:05:52-2#	P1a fM6b
456	Maja	Ja. #V3_00:05:52-9#	M6b*

Diese Strukturierung lenkt ihren Beweis und hilft ihnen, beide Fälle des Beweises im Blick zu behalten.

Zusammenfassung

All diese Beispiele globaler Planung zeigen, dass mangelnde globale Planung den Beweisprozess erschwert und sich negativ auf das Aufschreiben und den schriftlichen Beweis auswirken kann. Globale Planung ist wichtig für eine Übersicht über das eigene Handeln und den Erfolg. Nicht jede stattfindende Planung ist jedoch global ausgerichtet. Planungsaktivitäten können auch lokal ausgerichtet sein.

13.2 Lokale Planung

Häufig findet Planung lokal statt und bezieht sich auf den nächsten Schritt der Bearbeitung. Lokale Planung kann dabei als „Verfeinerung" globaler Planung fungieren. Wurde als globale Planung die Erstellung einer Skizze bestimmt, kann lokale Planung z. B. die Planung eines Elements der Skizze sein. Nina und Maja zeichnen zu Beginn ihrer Argumentation zur ersten Aussage auch eine Skizze. Dafür setzen sie die gegebene Aussage Stück für Stück um. In ihrer Skizze ist bereits der Winkel α mit den Schenkeln g und h vorhanden, Nina und Maja zeichnen gerade die Winkelhalbierende von α ein. Als nächstes planen sie, die Parallele k zu g einzuzeichnen (Transkriptausschnitt 71).

Transkriptausschnitt 71: Nina und Maja (Gruppe 1), Turn 198

198	Maja	*[Maja zeichnet die Winkelhalbierende ein]* Damit wir den gleich vielleicht sinnvoller malen. Wir machen jetzt ne Parallele zu g. *[Maja zeigt den Verlauf der Parallelen in der Skizze mit dem Stift]* #V2_00:01:20-0#	Forts. M6b Pla

Auf diese Weise können Nina und Maja die Angaben der Aussage Stück für Stück abarbeiten und umsetzen und behalten den Überblick über den Zusammenhang von Aussage und Skizze (siehe auch Abschnitt 15.1).

Die Planung muss dabei nicht immer so explizit formuliert sein wie in diesem Fall. Auch Dennis und Julius planen lokal den nächsten Schritt ihrer Skizze (siehe Transkriptausschnitt 72). In Turn 421 zeichnet Julius ein Parallelogramm mit vier gleich langen Seiten (also eine Raute). Die Planung des nächsten Schritts formuliert er als Planung und spricht davon, „das" nochmal zu machen, ohne genauere Beschreibung, um was es sich handelt. Dennis scheint ihn trotzdem zu verstehen und stimmt zu (Turn 422), woraufhin Julius in die Skizze die Diagonalen einzeichnet.

Transkriptausschnitt 72: Dennis und Julius (Gruppe 2), Turns 421–423

421	Julius	*[Julius zeichnet in Skizze 3 das Parallelogramm mit 4 gleich langen Seiten fertig, ca. 20 Sek]* So. Jetzt soll ich das nochmal machen? #V5_04:16-8#	Pla° +NDlc
422	Dennis	*[Julius legt das Geodreieck an, um Diagonale $\overline{BC}$ {$\overline{AC}$} einzeichnen zu können, ca. 3 Sek]* Nochmal (unv.) #V5_04:21-4#	Dlc(u)
423	Julius	Hm? *[zustimmender Laut von Dennis; Julius zeichnet in Skizze 3 die Diagonale von links unten nach rechts oben {$\overline{AC}$} rot ein, ca. 6 Sek]* #V5_04:28-6#	/

Lokale Planung ist, wie in diesem Beispiel zu sehen, ebenfalls bei Skizzen notwendig, die sich nicht direkt aus einer gegebenen Aussage ergeben, z. B. wenn wie hier eine alternative Idee ausprobiert wird.

Planung umfasst nicht nur die Planung von Skizzen, Zielen und Zwischenzielen, sondern auch die Planung von Werkzeugen bzw. Methoden, die einem helfen, die Ziele zu erreichen. Pia und Charlotte sind gerade dabei, die zweite Aussage zu beweisen und wollen zeigen, dass es sich um ein Rechteck handelt. In Turn 813 schlägt Charlotte vor, dies über Winkel zu zeigen, da rechte Winkel ein Rechteck ausmachen (Transkriptausschnitt 73).

Transkriptausschnitt 73: Pia und Charlotte (Gruppe 3), Turn 813

813	Charlotte	Können wir nicht irgendwie mit den Winkeln was machen? (.) Dass das hier neunzig Grad Winkel sind *[Charlotte zeichnet in Skizze 1 im Rechteck oben rechts {γ} den rechten Winkel ein]* und das hier nicht? *[Charlotte zeichnet in Skizze 2 im Parallelogramm unten links {α} den Winkel ein]* (.) Weil das macht ja ein Rechteck aus? #V6_02:09-8#	P1c°

Mit der Nennung der Winkel gibt Charlotte ein lokales Werkzeug an, dass die Studierenden verwenden können, um ihr Ziel zu erreichen.

Wie Skizzen und Methoden bzw. Werkzeuge lokal geplant werden, so geschieht dies auch bei Argumentationen. Die hier untersuchten Argumentationen beziehen sich in der Regel auf die gezeichneten Skizzen oder Formeln und deren Strukturanalysen (siehe auch Kapitel 15). Strukturiert wird das Ganze ab und zu durch lokale Planungen, häufig, wenn sich (kleinere) Schwierigkeiten im Vorgehen ergeben. Daria und Leonie versuchen in ihrer Argumentation zur zweiten Aussage zu zeigen, dass alle Winkel des Parallelogramm 90° haben, dann wäre es ein Rechteck. Sie haben zwei verschiedene Teilwinkel α und β bestimmt und Leonie möchte mit ihnen zeigen, dass es sich um ein Rechteck handelt. Daria wendet in Turn 280 dagegen ein, dass sie nun zwei Unbekannte haben, mit denen sie arbeiten müssen, und schlägt in Turn 282 vor, einen Winkel in Abhängigkeit des anderen zu bestimmen (Transkriptausschnitt 74).

Transkriptausschnitt 74: Daria und Leonie (Gruppe 4), Turns 280–282

280	Daria	(9) Und dann? Haben wir zwei Unbekannte ja da drinne.// #V2_09:06-2#	R1a
281	Leonie	//Und weil Alpha und Beta (9) #V2_09:17-3#	/
282	Daria	Nicht irgendwie sowas irgendwie aufschreiben *[Daria zeigt in Skizze 2 auf die β-Winkel des Rechtecks rechts oben {γ2} und rechts unten {β2}]*, wie der Winkel heißen würde, in Abhängigkeit von a irgendwie? #V2_09:23-4#	P1a° +ND2

Diese lokale Planung des weiteren Vorgehens vereinfacht den Beweis durch die Reduktion der Unbekannten auf eine und hilft somit, das Ziel nicht aus dem Blick zu verlieren.

Gerade beim Aufschreiben des Beweistextes gibt es viele lokale Planungen. Vielfach wird dabei der nächste Schritt des Beweistextes geplant, weniger häufig, beispielsweise, was in den Beweis soll oder nicht oder in welcher Reihenfolge. Letzteres zeigt sich bei Daria und Leonie beim Aufschreiben des zweiten Beweises. Während Leonie gleich „inhaltlich" in den Beweis einsteigen will, bremst Daria in Turn 361 und schlägt stattdessen vor, zuerst das Beweisziel aufzuschreiben (Transkriptausschnitt 75).

Transkriptausschnitt 75: Daria und Leonie (Gruppe 4), Turn 361

361	Daria	//Oder erstmal noch aufschreiben (..) was wir beweisen wollen einfach? Also was wir machen? (.) Noch vorher? #V2_16:00-2#	Plc°

In diesem Fall plant Daria nicht das Ziel der Argumentation – das wäre globale Planung und steht außerdem schon fest – sondern die Stelle im Beweistext, an der das Ziel aufgeschrieben werden sollte: ganz am Anfang, bevor die eigentliche Argumentation beginnt.

Der nächste inhaltliche Schritt eines Beweistextes wird beim Aufschreiben häufig derartig geplant, dass vor dem Inhalt eine Floskel wie „dann schreiben wir jetzt" oder „Als nächstes brauchen wir" kommt. Ein Beispiel hierfür findet sich während des Aufschreibens des ersten Beweises bei Nina und Maja (siehe Transkriptausschnitt 76). In Turn 356a plant Nina explizit das, was als nächstes aufgeschrieben werden soll.

Transkriptausschnitt 76: Nina und Maja (Gruppe 1), Turn 356

356a	Nina	*[Nina dreht das Blatt wieder um]* -ähm- und jetzt, also schreiben wir noch zusammenfassend auf, dass im Dreieck *[Nina zeigt auf das Dreieck AST]*. Das Dreieck A S T *[Nina zeigt auf die Punkte A, S und T]* hat nun die Winkel hundertachtzig minus Alpha, *§Alpha halbe und Alpha Halbe [Nina zeigt auf die Winkel γ, α2 und x] ist deswegen§* ein gleichschenkliges Dreieck (..) #V2_00:13:40-9# 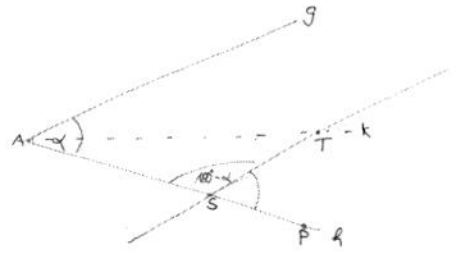	Pla
356b	Maja	*§Alpha halbe und Alpha Halbe und ist deshalb§*	Pla(Forts.)

Dies ist charakteristisch für das Vorgehen während des Aufschreibens des Beweises, teilweise wird die Floskel am Anfang sogar noch weggelassen und nur der Inhalt des nächsten Argumentationsschrittes wiedergegeben.

Wesentlich seltener gibt es Planungen, die den Umfang des Beweises betreffen, wie hier bei Pia und Charlotte, die gerade dabei sind, den zweiten Beweis aufzuschreiben. Pia empfindet die von Charlotte als notwendig vorgeschlagenen „Grundlagen“ als zu umfangreich und schlägt stattdessen eine Fokussierung vor (Transkriptausschnitt 77).

Transkriptausschnitt 77: Pia und Charlotte (Gruppe 3), Turn 978

978	Pia	Aber holen wir nicht gerade zu weit aus? Reicht es nicht, dass wir -ähm- uns quasi das hier angucken? *[Pia zeigt in Skizze 3 grob auf die Gerade AB]* Das hier? *[Pia zeigt auf AB und die Winkel β', α, β und α']*// #V7_02:24-6#	P1c°

Diese alternative lokale Planung hilft den Studierenden, das Ziel im Blick zu behalten, und eventuell überflüssige Argumentationsteile zu entdecken.

Zusammenfassung
All diese Beispiele geben einen Einblick darein, dass lokale Planungen von Bedeutung sind und nicht außer Acht gelassen werden dürfen. Lokale Planungen strukturieren das Vorgehen sowohl beim Erstellen von Skizzen als auch beim Argumentieren und beim Aufschreiben der Argumentation. Damit sie aber zielführend sind, ist es wichtig, dass auch globale Planung stattfindet, beispielsweise das Ziel einer Argumentation mit Zwischenzielen festgelegt wird. Sonst droht die Gefahr, sich von lokaler Planung zu lokaler Planung zu hangeln, ohne zu wissen, wohin die Argumentation führen soll.

13.3 Die Kontrolle von Planungen

Ebenfalls wichtig für die Planung ist deren Kontrolle, da nicht jeder Plan, ob global oder lokal, zielführend oder gewinnbringend ist. Die Transkripte zeigen dabei, dass die meisten Pläne nicht explizit kontrolliert werden. Häufig wird eine Planung durch Stillschweigen und Weitermachen akzeptiert. In einigen Fällen wird eine Kontrolle der Planung eingefordert, z. B. durch Nachfragen wie „Oder?“ oder durch die Formulierung der Planung als Frage. Die Antworten darauf können unterschiedlich elaboriert sein (siehe auch Kapitel 16).

Ein Beispiel einer als Frage formulierten Planung findet sich beim Aufschreiben des zweiten Beweises von Daria und Leonie (siehe Transkriptausschnitt 78). Leonie plant in Turn 515 die Benennung eines Winkels in der Beweisskizze, formuliert dies jedoch als Frage, wodurch eine Kontrolle implizit gefordert wird. Daria führt diese Kontrolle scheinbar aus und bestätigt die Benennung des Winkels mit α‘, ohne eine Begründung zu geben.

Transkriptausschnitt 78: Daria und Leonie (Gruppe 4), Turns 515 + 516

515	Leonie	*[Leonie beschriftet den Stufenwinkel zu α {α'} mit „α'"]* Wollen wir den einfach Alpha Strich nennen? (unv.) #V3_15:19-7#	P1a°
516	Daria	Jo. #V3_15:20-4#	D1c(u)

Auch bei Dennis und Julius zeigt sich eine ähnliche Situation (siehe Transkriptausschnitt 79). Beim Beweis der zweiten Aussage haben sie bereits gezeigt, dass die Diagonalen im Rechteck gleich lang sind. Dennis fragt sich nun, ob das für den Beweis ausreicht oder ob sie auch etwas mit dem Parallelogramm zeigen müssen (Turn 472). In den Turns 473 und 474 verfeinern Julius und Dennis diese Planung, wobei Dennis in Turn 474 durch sein „Oder?“ zur Kontrolle dieses Plans auffordert. Julius stimmt der Planung in Turn 475 zu, jedoch nur mit einem „Genau“, nicht begründet.

Transkriptausschnitt 79: Dennis und Julius (Gruppe 2), Turns 472-475a

472	Dennis	Ist die Frage, reicht das *[Dennis zeigt auf das Rechteck {Beweisskizze 2}]*, nöh (fragend), oder willst du jetzt da *[Dennis zeigt auf das Parallelogramm {Beweisskizze 1}]* noch sagen, dass das// #V6_01:05-1#	fR6a P1c
473	Julius	// Ja, genau, genau. Also wir müssen jetzt ja quasi einmal zeigen (..) dass (.) die (.) -äh- #V6_01:13-6#	P1c(Forts.)
474	Dennis	Diagonalen dort nicht gleich lang sind, oder? *[Dennis zeigt auf das Parallelogramm {Beweisskizze 1}]* #V6_01:15-0#	Forts. P1c fM6b
475a	Julius	Genau (.) Genau [...]	M6b* [...]

Beide Beispiele zeigen Kontrollen von Planungsaktivitäten, die kurz, knapp und unbegründet sind. Die Gedanken der Studierenden können nicht rekonstruiert werden, ihre Gründe sind ihrem Gesprächspartner nicht bekannt.

Ausführlicher wird die Kontrolle der Planung in der Regel, wenn der Gesprächspartner annimmt, dass die Planung nicht stimmt oder nicht alles beachtet. Pia und Charlotte können sich nicht einigen, ob sie beim Beweis der zweiten Aussage von einem Rechteck oder einem Parallelogramm ausgehen müssen. Sie haben nicht bemerkt, dass es sich um eine „Genau dann, wenn"-Aussage handelt und beide Ansätze ein Teil des Beweises sind. Pia möchte zeigen, dass bei einem Rechteck die Diagonalen gleich lang sind, fragt aber auch Charlotte nach ihrer Meinung für diese Planung (Turn 734). Charlottes Antwort ist hier (Turn 735) etwas ausführlicher als die Reaktionen der obigen Beispiele. Sie lehnt das von Pia geplante Vorgehen mit der Begründung ab, dass dies genau der Umkehrschluss dessen sei, was sie zeigen müssten (Transkriptausschnitt 80).

Transkriptausschnitt 80: Pia und Charlotte (Gruppe 3), Turns 734 + 735

734	Pia	Aber trotzdem können wir doch zeigen *[Pia zeigt auf Skizze 1]*, jetzt können wir doch trotzdem zeigen, dass es für 's, für das Rechteck auf jeden Fall gilt. Oder ist das deiner Meinung nach -ähm- ein sinnfreier Schritt? #V5_09:41-9#	P1c fM6b
735	Charlotte	Das wäre ja wieder der Umkehrschluss. #V5_09:44-4#	M6b

Leonies Planung während der mündlichen Argumentation zur zweiten Aussage wird ebenfalls etwas wortreicher kontrolliert. Daria und Leonie wollen zeigen, dass die Winkel des Vierecks alle 90° haben und es sich damit um ein Rechteck handelt. Sie haben bereits mehrere Teilwinkel bestimmt. Leonie plant nun, mit den bekannten Winkeln eine Formel aufzustellen (Turn 301). Daria kontrolliert diesen Plan und wendet in Turn 302 ein, dass sie erst noch die Größe von Winkel β bestimmen müssen (siehe Transkriptausschnitt 81).

Transkriptausschnitt 81: Daria und Leonie (Gruppe 4), Turns 301 + 302

301	Leonie	Ja. *[Leonie beschriftet in Skizze 2 den oberen Winkel {ζ} im unteren Teildreieck mit „180-(180-2α)", ca. 6 Sek]* Okay, dann stellen wir jetzt was auf. #V2_10:24-8# 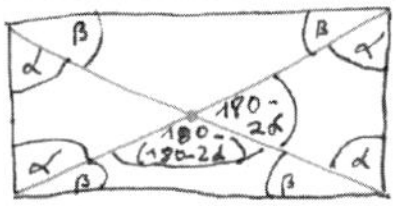	M3 Pla
302	Daria	Warte, jetzt müssen wir das ja noch auf die hier bringen. *[Daria zeigt in Skizze 2 im unteren Teildreieck auf beide β-Winkel {α_2 und β_2}]//* #V2_10:27-6#	M6b

Nicht jede Kontrolle einer Planung verbessert jedoch die Planung oder ist inhaltlich richtig. Daria und Leonie sind dabei, den ersten Beweis aufzuschreiben. Sie haben bereits eine Beweisskizze angefertigt und aufgeschrieben, dass sie zeigen wollen, dass $x = \frac{1}{2}\alpha$. Daria möchte nun noch hinzufügen, dass die Behauptung ist, dass das gegebene Dreieck gleichschenklig ist (Turn 506). Leonie lehnt dies in Turn 507 ab mit der Begründung, dass das nicht die Behauptung sei, sondern das, was sie zeigen wollen (Transkriptausschnitt 82).

Transkriptausschnitt 82: Daria und Leonie (Gruppe 4), Turns 506 + 507

506	Daria	Mhm (bejahend). *[Leonie schreibt, ca. 10 Sek]* Wir können ja noch hier schreiben *[Daria zeigt hinter die zweite Zeile des Beweistextes „zu zeigen: x=½α"]* hier: Behauptung (.) Wir benennen die mal mit Punkten. *[Daria zeigt abwechselnd auf die Ecken des Dreiecks]* Dass das 'n gleichschenkliges Dreieck ist, oder?// #V3_14:38-2# 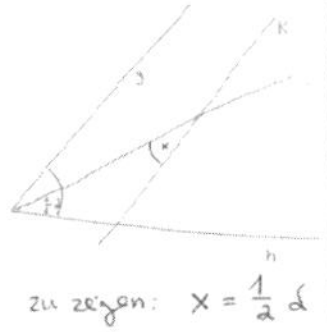	D1c(u) Pla fM6b
507	Leonie	//Nee, das ist ja nicht die Behauptung. Das wollen wir ja zeigen. *[Leonie zeichnet die Ecken des Dreiecks schwarz nach]* #V3_14:40-8#	M6b

Leonie hat nicht verstanden, dass die Behauptung genau das ist, was durch einen Beweis zu zeigen ist. Deswegen weist sie die Planung ab. Diese Planung an sich ist aber nicht falsch.

Diese Beispiele zeigen, dass die „ausgesprochene" Kontrolle wortreicher und inhaltlich gefüllter wird, wenn eine Planung abgelehnt wird – ob nun richtig oder fälschlicherweise. Die Studierenden bringen hier in der Regel nicht nur ihre Ablehnung ein (z. B. durch ein „Nein" oder ein „So nicht"), sondern auch eine kurze Erklärung.

Zusammenfassung
Damit globale und lokale Planungsaktivitäten ihre Wirkung entfalten können, bedarf es im Allgemeinen ihrer Überprüfung. Denkbar ist allerdings auch, dass eine gute Planung auch ohne Kontrolle zum Erfolg beim Beweisen führen kann. Zustimmung zu einem kontrollierten Plan wird häufig stillschweigend gegeben oder durch kurze Aussagen wie „Ja". Wird bei der Kontrolle einer Planung jedoch ein (vermeintlicher) Fehler oder eine „Lücke" festgestellt, wird die Ablehnung ausführlicher versprachlicht.

13.4 Fazit zum Effekt von Planung

Planung ist eine wichtige metakognitive Aktivität. Sie bewirkt eine Strukturierung des Vorgehens und erleichtert die Zielorientierung. Die Reichweite verschiedener Planungsaktivitäten unterscheidet sich jedoch, wie die obigen Beispiele aufzeigen. Die Aktivitäten können unterteilt werden in global und lokal wirkende Planungen.

Globale Planungen (Abschnitt 13.1) sind auf das gesamte Vorgehen bezogen, z. B. die Planung einer Skizze oder die Planung von Zwischenschritten. Sie wirkt längerfristig und beeinflusst die Grobstruktur und die Richtung des Handelns. Globale Planungen sind wichtig, um eine Übersicht über das eigene Handeln und die Erfolgsaussichten eines Vorgehens zu erhalten. Findet globale Planung nicht (ausreichend) statt, wird der Beweisprozess schwieriger, ebenso gibt es negative Effekte auf das Aufschreiben und den schriftlichen Beweis.

Lokale Planungen (Abschnitt 13.2) sind auf den jeweils nächsten Schritt bezogen und wirken kurzfristig. Teilweise sind diese lokalen Planungen Verfeinerungen globaler Planung, beispielsweise die Planung eines Elements einer Skizze, deren Erstellung bereits global geplant wurde. Lokale Planungen schaffen die Feinstruktur des eigenen Vorgehens. Eine übergeordnete globale Planung ist dabei hilfreich, damit das Ziel des eigenen Handelns, in dieser Arbeit der Beweis der gegebenen Aussagen, nicht aus dem Blick gerät.

Da nicht jede Planung, ob global oder lokal, immer richtig und zielgerichtet ist, ist die Kontrolle von Planungen von Bedeutung (Abschnitt 13.3). Häufig bleiben diese Kontrollen allerdings implizit, gerade bei Zustimmungen. Kritik an Planungen wird in der Regel expliziter und ausführlicher versprachlicht.

Zusammenfassend kann gesagt werden, dass die Planung des eigenen Vorgehens und deren Kontrolle wichtige Elemente für erfolgreiches Argumentieren sind.

Open Access Dieses Kapitel wird unter der Creative Commons Namensnennung 4.0 International Lizenz (http://creativecommons.org/licenses/by/4.0/deed.de) veröffentlicht, welche die Nutzung, Vervielfältigung, Bearbeitung, Verbreitung und Wiedergabe in jeglichem Medium und Format erlaubt, sofern Sie den/die ursprünglichen Autor(en) und die Quelle ordnungsgemäß nennen, einen Link zur Creative Commons Lizenz beifügen und angeben, ob Änderungen vorgenommen wurden.

Die in diesem Kapitel enthaltenen Bilder und sonstiges Drittmaterial unterliegen ebenfalls der genannten Creative Commons Lizenz, sofern sich aus der Abbildungslegende nichts anderes ergibt. Sofern das betreffende Material nicht unter der genannten Creative Commons Lizenz steht und die betreffende Handlung nicht nach gesetzlichen Vorschriften erlaubt ist, ist für die oben aufgeführten Weiterverwendungen des Materials die Einwilligung des jeweiligen Rechteinhabers einzuholen.

Prototypen von Hürden im Beweisprozess

14

Im Beweisprozess gibt es viele Schwierigkeiten. Es ist nicht einfach, den Beweis zu finden, gute von nicht so guten Beweisideen zu unterscheiden und bis zum Ende durchzuhalten. Sechs Hürden, die sich aus den vorliegenden Daten ergeben haben, sind Schleifen (Abschnitt 14.1), Verlängerungen (Abschnitt 14.2), Zirkelschlüsse (Abschnitt 14.3), Irrfahrten (Abschnitt 14.4), Funkstillen (Abschnitt 14.5) und Durchbrüche (Abschnitt 14.6). Diese Hürden werden im Folgenden mithilfe der vorliegenden Daten charakterisiert und der Einfluss von Monitoring und Fachwissen auf die Hürden betrachtet (Abschnitt 14.7). Schleifen, Verlängerungen, Zirkelschlüsse und Irrfahrten wurden von mir bereits in Stubbemann (2019) sowie Stubbemann und Knipping (2019) vorgestellt.

14.1 Schleifen

Eine Art von Hürde im Beweisprozess sind Schleifen. Schleifen sind Nebendiskussionen im Beweisprozess, die zwar zum Beweis gehören können, für das Beweisen aber nicht nachhaltig sind. Um eine Schleife zu beenden, muss diese Diskussion erkannt und zum „Beweisweg“ zurückgeführt werden.

Eine solche Schleife zeigt sich bei Pia und Charlotte (Gruppe 3). Während sie sich mit dem Beweisen der zweiten Aussage „Ein Parallelogramm ist genau dann ein Rechteck, wenn seine Diagonalen gleich lang sind“ beschäftigen, gehen sie sowohl vom Rechteck als auch vom Parallelogramm aus. Sie diskutieren gerade,

Ergänzende Information Die elektronische Version dieses Kapitels enthält Zusatzmaterial, auf das über folgenden Link zugegriffen werden kann https://doi.org/10.1007/978-3-658-46468-4_14.

© Der/die Autor(en) 2025

N. Abels, *Argumentation und Metakognition bei geometrischen Beweisen und Beweisprozessen*, Perspektiven der Mathematikdidaktik,
https://doi.org/10.1007/978-3-658-46468-4_14

welche Skizze (Rechteck oder Parallelogramm, siehe Abbildung 14.1) sie für den Beweis nutzen sollen, als Charlotte eine neue Idee hat (Transkriptausschnitt 83).

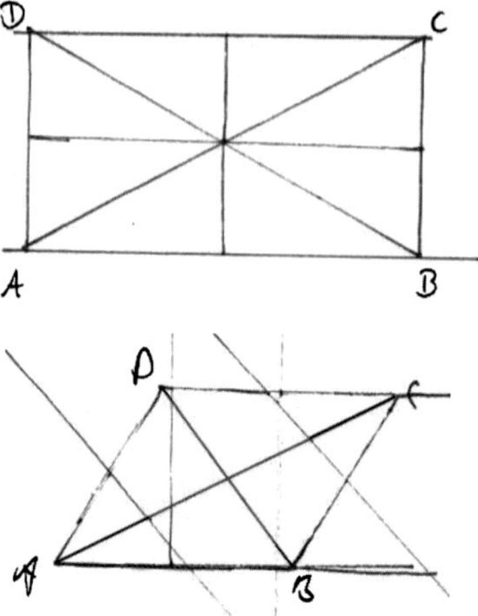

Abbildung 14.1 Skizze des Rechtecks und des Parallelogramms (Gruppe 3)

Transkriptausschnitt 83: Pia und Charlotte (Gruppe 3), Turns 782–786

782	Charlotte	//Aber nehmen wir doch mal ein Quadrat, 'n funk-, im Quadrat funktioniert's doch auch. #V5_15:54-4#	P1a
783	Pia	Es geht ja auch nur darum, dass wir zeigen müssen, dass es nicht im Parallelogramm funktioniert. *[Pia zeigt auf den Aussagentext]* #V5_15:57-8#	M6c
784	Charlotte	(.) Nee, aber hier steht *[Charlotte zeigt beim Sprechen mit dem Stift auf jedes Wort]* Ein Parallelogramm ist genau dann ein Rechteck. (..) Könnste auch sagen, Parallelogramm ist genau dann 'n Quadrat.// #V5_16:06-7#	D1c D1a P1a
785	Pia	//Naja, ich -ähm- 'n Parallelogramm// #V5_16:09-0#	{M5a}
786	Charlotte	//(Dat ist da ja?) das gleiche. #V5_16:10-0#	R1a

Statt Rechtecke zu betrachten, möchte Charlotte nun Quadrate nehmen und die zu beweisende Aussage in „Ein Parallelogramm ist genau dann ein Quadrat, wenn seine Diagonalen gleich lang sind“ ändern (Turn 784 + 786, auch 791). Pia ist mit der neuen Idee nicht einverstanden (siehe Transkriptausschnitt 84).

Transkriptausschnitt 84: Pia und Charlotte (Gruppe 3), Turns 787–800

787	Pia	Das Rechteck *[Pia zeigt in Skizze 1 auf das Rechteck]* ist halt *(Ende des 5. Videos, #V5_16:10-9#)* die *[Pia zeigt in Skizze 1 auf den Schnittpunkt der Diagonalen {M} im Rechteck]* (.) Variante von einem Parallelogramm, also das *[Pia zeigt auf das Rechteck]* ist ja auch 'n Parallelogramm. #V6_00:05-3# Skizze 1	R2b
789	Charlotte	Ja, ja. Aber 'n Quadrat ja auch. #V6_00:07-0#	D1c(u) R2b
790	Pia	(6) Bei nem Quadrat funktioniert's ja auch. #V6_00:16-2#	D1c
791	Charlotte	Ja. Aber warum *[Charlotte zeigt im Aussagentext auf die Wörter]*: Ein Parallelogramm ist genau dann ein Rechteck (.) wenn seine Diagonalen gleich lang sind? (..) Könnte man auch sagen, ein Parallelogramm ist genau dann ein Quadrat, wenn seine Diagonalen gleich lang sind? (10) Oder sagen wir, komm, zu Rechtecken packen wir das Quadrat dazu. Weil, haben ja alle rechte Winkel. (..) Und deshalb ist 'n Quadrat nochmal auch wie 'n Rechteck und wir differenzieren da einfach nicht. #V6_00:48-7#	P1a R2a
792	Pia	Also (.) ein (..) hmm (..) Vierec- -äh- ein Quadrat ist ein Parallelogramm, aber ein Parallelogramm ist nicht zwangsweise ein (.) Re- -äh- Quadrat. (..) Oder? Ist das so rum gewesen? #V6_01:05-9#	R2b fM2
793	Charlotte	Nochmal. #V6_01:06-6#	R6c*
794	Pia	Ein (..) Quadrat (.) ist ein Parallelogramm. #V6_01:12-0#	Wdh. 792
795	Charlotte	Ja. #V6_01:13-5#	D1c(u)
796	Pia	Aber ein Parallelogramm ist nicht zwangsweise ein Quadrat. #V6_01:16-8#	Wdh. 792
797	Charlotte	Si. #V6_01:17-4#	D1c(u)
798	Pia	(...) Das ist doch richtig, nöh (fragend)? #V6_01:21-2#	fR2b
799	Charlotte	Ja, ja. Mhm (bejahend). #V6_01:22-0#	R2b*
800	Pia	Ähm- (..) #V6_01:25-5#	/

Pia nutzt die Definitionen und Zusammenhänge zwischen Quadraten und Parallelogrammen (jedes Quadrat ist ein Parallelogramm, aber nicht jedes Parallelogramm ist ein Quadrat; Turn 792 und 794 + 796), um Charlotte verständlich zu machen, dass ihre umformulierte Aussage nicht mehr mit der zu beweisenden Aussage übereinstimmt. Dieses Verhalten ist eine Reaktion auf eine Monitoringaktivität, die im Hintergrund abgelaufen ist. Dies zeigt sich teils schon in den Turns 785 + 787 + 788, spezifisch formuliert wird die Überlegung jedoch erst in Turn 792. Pia hat Charlottes Verständnis betrachtet und eine Fehlvorstellung bzw. ein Missverständnis aufgedeckt, nämlich, dass man Rechteck und Quadrat füreinander einsetzen kann. Gemäß dem metakognitiven Kategoriensystem von Cohors-Fresenborg (2012) kann diese Monitoringaktivität als M5a: „Kontrolle: Konsistenz von Argumentation – durchführen (evtl. Fehler oder Inkonsistenz finden)" kategorisiert werden. Durch Pias Monitoring kann nun auch Charlotte ihre geänderte zu beweisende Aussage evaluieren (Transkriptausschnitt 85).

Transkriptausschnitt 85: Pia und Charlotte (Gruppe 3), Turns 801–811

801	Charlotte	Und 'n Quadrat ist auch ein Rechteck// #V6_01:27-1#	R2b
802	Pia	//Du// #V6_01:27-2#	/
803	Charlotte	//aber nicht jedes Rechteck ist ein Quadrat. #V6_01:28-6#	R2b
804	Pia	Ja, genau, aber (.) #V6_01:31-1#	D1c(ue)
805	Charlotte	Ja, okay, dann können wir sagen// #V6_01:32-6#	D1c
806a	Pia	//Können *[Pia zeigt auf den Aussagentext]* *§wir es aber sagen, weil§* #V6_01:33-9#	D1c(Forts.)
806b	Charlotte	*§(unv.)§*	/
807a 807b	Charlotte Pia	weil *§Quadrat ist auch ein Rechteck.§* #V6_01:35-4# *§Es geht ja beim§*	Forts. D1c /
808	Pia	Genau. #V6_01:36-0#	D1c(u)
809	Charlotte	Ja, okay. Mhm (bejahend). #V6_01:37-0#	D1c(u)
810	Pia	Das war meine Überlegung dahinter. #V6_01:38-6#	R6a
811	Charlotte	Ja. Aber ich glaube trotzdem, dass wir nicht erst 'n Rechteck zeichnen dürfen und das dann einzeichnen und sagen, das funktioniert hier, sondern// #V6_01:45-2#	D1c(u) R6a

Durch Pias Erklärung zum Zusammenhang von Parallelogramm und Quadrat kann Charlotte dies auch für Quadrate und Rechtecke umsetzen (jedes Quadrat ist ein Rechteck, aber nicht jedes Rechteck ist ein Quadrat; Turn 801 + 803) und erkennt, dass ihre umformulierte Aussage für den Beweis der ursprünglichen Aussage nicht zielführend ist. Die Schleife schließt sich, da die Nebendiskussion endet. Die beiden Studierenden sind somit wieder bei ihrer Ausgangssituation angelangt und diskutieren, welche Skizze sie für den Beweis nehmen wollen (Turn 811).

In diesem Beispiel ist es eine Monitoringaktivität, die das Schließen der Schleife einleitet. Pias Monitoring ist dabei präzise. Sie erkennt genau, welches Defizit Charlotte hat, und ermöglicht es, etwas dagegen zu tun. Hier spielt das Fachwissen eine große Rolle. Pia kann nur die Beziehung der mathematischen Objekte nutzen, um Charlotte zu zeigen, dass ihre Idee nicht zielführend ist, wenn sie diese Beziehungen kennt und formulieren kann. Während das Monitoring das Schließen der Schleife einleitet, ist es das Fachwissen, das die Umsetzung des Monitorings ermöglicht und die Schleife schließt.

14.2 Verlängerungen

Verlängerungen sind Abschnitte im Beweisprozess, in denen ein Teil des Beweises in einem Schritt möglich wäre, dieser jedoch in mehreren Teilschritten erfolgt. Diese Hürde ist nicht einfach zu finden, da zuerst ein „kürzester" Weg definiert werden muss, damit Abweichungen von diesem festgestellt werden können. Für die Definition des kürzesten Weges muss das (theoretisch) vorhandene Wissen beachtet werden, das sich zwischen verschiedenen Personen und verschiedenen Zeitpunkten unterscheiden kann. Bei Schülerinnen und Schülern der fünften Klasse ist der kürzeste Weg in einem Beweis anders als bei Studierenden, anders als bei Mathematikprofessoerinnen und -professoren; der erste Beweis eines neuen Satzes könnte später Verlängerungen enthalten, wenn kürzere Beweise gefunden werden.

Ein Beispiel für eine Verlängerung lässt sich bei den Beweisen zur ersten Aussage finden. Die erste zu beweisende Aussage war: „Gegeben sei ein Winkel α mit den Schenkeln g und h. Zeichnet man zum Schenkel g eine Parallele k, die den Schenkel h schneidet, dann bilden h und k mit der Winkelhalbierenden von α ein gleichschenkliges Dreieck." Beim Beweis dieser Aussage muss zuerst gezeigt werden, dass die Basiswinkel des Dreiecks gleich groß sind, um dann mit dem Basiswinkelsatz zu zeigen, dass zwei Seiten des Dreiecks gleich lang sind, da dies die Definition eines gleichschenkligen Dreiecks ist. Der „kürzeste" Weg, um die Gleichheit der Basiswinkel zu zeigen, ist die Nutzung des Wechselwinkelsatzes, wie es Pia und Charlotte (Gruppe 3) taten. Der rote Winkel im Dreieck ist der Wechselwinkel des roten Winkels, der wegen der Winkelhalbierenden die Hälfte von Alpha ist (Abbildung 14.2).

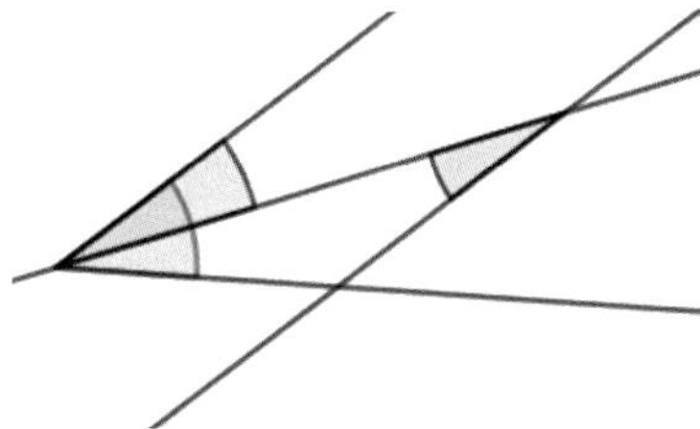

Abbildung 14.2 Skizze zum „kürzesten" Weg

Zwei Gruppen, Nina und Maja (Gruppe 1) sowie Daria und Leonie (Gruppe 4), sind jedoch einen anderen Weg gegangen, um die Gleichheit der Basiswinkel zu zeigen (Abbildung 14.3). Dieser wird im Folgenden am Beispiel von Nina und Maja (Gruppe 1) dargestellt. Die Studierenden hatten zunächst eine Skizze erstellt und die Aufgabe anhand ihrer Skizze nachvollzogen. Nun beginnen sie mit dem Beweis (Transkriptausschnitt 86).

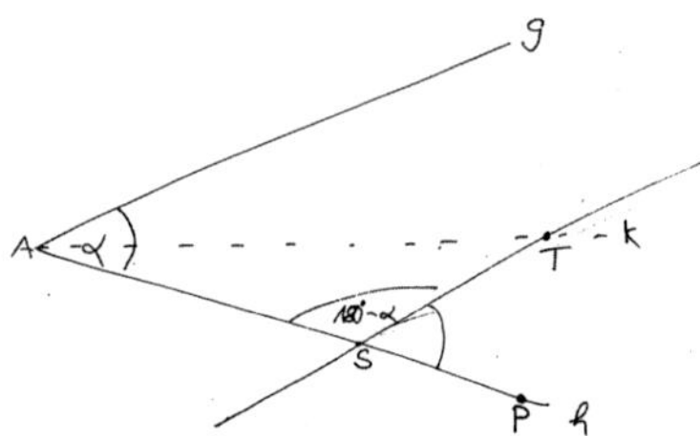

Abbildung 14.3 Skizze zur ersten Aussage (Gruppe 1)

Transkriptausschnitt 86: Nina und Maja (Gruppe 1), Turns 215–224

215	Nina	Also dieses Dreieck *[Nina zeigt auf h, k und die Winkelhalbierende]* soll gleichschenklig sein. #V2_00:01:54-1#	R1a
216	Maja	*[Maja zeigt auf Winkel α]* Dann ist der *[Maja zeichnet Stufenwinkel zu α ein {α'}]* Winkel der gleiche *[Maja zeigt auf Winkel α]*, oder? #V2_00:01:59-9#	R1a fM5a
217	Nina	Hmm ja, das ist ja ein// #V2_00:02:01-3#	M5a
218	Maja	//*[Maja zeigt auf k]* Parallele// #V2_00:02:01-5#	M5a(Forts.)
219	Nina	//Stufenwinkel, nöh (fragend)? #V2_00:02:02-6#	Forts.M5a fM5a
220	Maja	Mhm (bejahend). #V2_00:02:04-4#	M5a*
221	Nina	Ist also auch Alpha, also ist das *[Nina zeigt auf den Nebenwinkel des Stufenwinkels {γ}]* hundertachtzig Grad (.) minus Alpha. #V2_00:02:10-6#	R1a
222	Maja	Ja, der hier nöh (fragend)?// *[Maja zeichnet den Winkel γ ein und beschriftet ihn mit „180°-α"]* #V2_00:02:11-6#	D1c(u) fD1a
223	Nina	//Ich weiß nicht, ob wir das brauchen. *[Nina lacht]* #V2_00:02:12-2#	R6a +ND4
224	Maja	Ich schreib mal (...) minus Alpha. #V2_00:02:17-8#	P1a +ND4

Das Ziel der Studierenden ist, zu zeigen, dass das Dreieck gleichschenklig ist. Hierfür bestimmen sie als erstes den Stufenwinkel (Turn 216, 219) zum gegebenen Winkel α und dessen Nebenwinkel (Turn 221), der einer der drei Winkel im Dreieck ist. Um ihr Ziel zu erreichen, konzentrieren sie sich nun auf die weiteren Winkel im Dreieck (siehe Transkriptausschnitt 87).

Transkriptausschnitt 87: Nina und Maja (Gruppe 1), Turns 225–233

225	Nina	Ähm- Und jetzt müssen wir ja zeigen, dass das sozusagen Alpha Halbe ist *[Nina zeigt auf den Winkel α_2]*, nöh (fragend)? Weil wenn's gleichschenklig ist, ist ja nach dem Basiswinkelsatz// *[Nina zeigt auf die Winkel α_2 und x im Dreieck]* #V2_00:02:25-0#	P1a R4a
226	Maja	//Ja, wir haben ja nur noch Alpha über. *[Maja zeigt auf das „α" in der Beschriftung des Winkels „180°-α" {γ}]* (.) #V2_00:02:27-2#	D1c +R1a
227	Nina	Ja.// #V2_00:02:27-5#	D1c(u)
228	Maja	//Wir haben ja hundertachtzig Grad// *[Maja fährt mit dem Stift schnell die Seiten des Dreiecks entlang]* #V2_00:02:28-5#	R1a
229	Nina	//Ah. Ja.// *[Nina zeigt auf den Winkel α_2]* #V2_00:02:29-5#	D1c(u)
230	Maja	//und wir wissen, dass der hundertachtzig Grad minus Alpha ist.// *[Maja zeigt auf Winkel „180°-α" {γ}]* #V2_00:02:31-9#	Forts. R1a
231a	Nina	//Und wir wissen, dass das einhalb Alpha ist *[Nina zeigt auf den Winkel links im Dreieck {α_2}]* *§also muss das einhalb Alpha sein.§* *[Beide zeigen auf den Winkel rechts im Dreieck {x}]* #V2_00:02:34-1#	R1a
231b	Maja	*§also muss das auch einhalb.§*	R1a
232	Maja	Ja. #V2_00:02:34-9#	D1c(u)
233	Nina	Ja, wegen der Winkelsumme (.) Ja, dann haben wir's *[Lachen]* schon und dann ist noch Basiswinkelsatz, dass die beiden dann *[Nina zeigt an h und k entlang]* gleichsch- Ja. (.) Okay. Jetzt müssen wir's nur noch aufschreiben zum Abgeben. #V2_00:02:47-3#	D1c +R4a R4a P1a

Sie berechnen mit der Winkelsumme im Dreieck (Turn 228), wie groß der zweite Basiswinkel (Turn 231a) sein muss. Den ersten Basiswinkel (Turn 231a) kennen sie bereits wegen der Winkelhalbierenden. Die Grundidee dieses Beweises, Winkel an parallelen Geraden zu betrachten, war die gleiche wie die des kürzesten Weges. Die Fokussierung auf α statt $\frac{\alpha}{2}$ macht diesen Beweisteil jedoch etwas länger, wodurch es sich um eine Verlängerung handelt.

Weder in Gruppe 1 noch in Gruppe 4 (Turns 143–192, siehe Anhang im elektronischen Zusatzmaterial) lässt sich eine Monitoringaktivität feststellen, die die Verlängerung erklären kann. Es ist nicht festzustellen, warum sich zwei Gruppen auf α fokussierten, eine andere auf $\frac{\alpha}{2}$. Fachwissen ist hier allerdings reichlich vorhanden und scheint der Grund zu sein, warum die Beweise trotzdem erfolgreich verlaufen. Da immer das passende Fachwissen abrufbar ist, kommt es zu keiner Situation, in der Monitoring notwendig gewesen wäre, um erfolgreich zu sein.

14.3 Zirkelschlüsse

Im Beweisprozess sind Zirkelschlüsse für die Studierenden schwierig zu erkennen. Bei Zirkelschlüssen wird im Beweis bereits das genutzt, was eigentlich zu beweisen war, wodurch es unmöglich ist, einen korrekten Beweis zu erhalten.

Im Beweis der ersten Aussage zeigt sich bei Dennis und Julius (Gruppe 2) dieses Problem (siehe Transkriptausschnitt 88). Für die Aussage „Gegeben sei ein Winkel α mit den Schenkeln g und h. Zeichnet man zum Schenkel g eine Parallele k, die den Schenkel h schneidet, dann bilden h und k mit der Winkelhalbierenden von α ein gleichschenkliges Dreieck.“ zeichnen die Studierenden zunächst mehrere Skizzen und versuchen mehrere Beweisansätze. Nun sind sie in der Phase des Aufschreibens und wollen zeigen, dass die Basiswinkel des Dreiecks gleich groß sind.

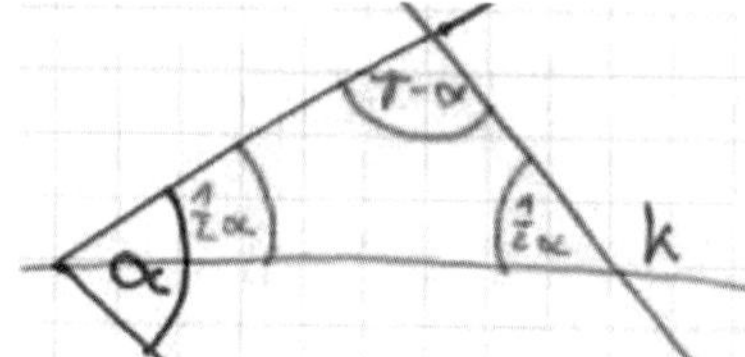

Abbildung 14.4 Skizze zur ersten Aussage (Gruppe 2)

Transkriptausschnitt 88: Dennis und Julius (Gruppe 2), Turns 316–320

316	Julius	[…] (10) Hmm, also die Winkelhalbierende (..) -äh- (4) -chäm- *[Julius beginnt zu schreiben, ca. 10 Sek]* -ähm- (4) teilt Alpha in (...) #V4_01:25-6#	R4a
317	Dennis	zwei gleich große Winkel. #V4_01:26-9#	R4a(Forts.)
318	Julius	*[Julius schreibt, während er spricht]* Zwei (..) gleich große (..) Winkel// #V4_01:34-6#  Winkelhalbierende teilt α in 2 gleich große Winkel	Wdh. 317
319	Dennis	//Das sind diese beiden. *[Dennis zeigt in Skizze J4 abwechselnd auf die obere {α_2} und untere {α_1} Hälfte von Alpha]* #V4_01:36-1#	D1a
320	Julius	Joa. (.) Ja, ich kann 's ja hier nochmal eben (.) damit man 's in der Skizze erkennen kann, dahinter schreiben (6) *[Julius schreibt, während er spricht]* Einhalb Alpha (5) und (..) einhalb Alpha (12) -ähm- (5) #V4_02:16-1# 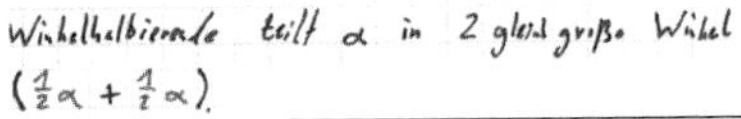 Winkelhalbierende teilt α in 2 gleich große Winkel ($\frac{1}{2}\alpha + \frac{1}{2}\alpha$).	P1a +ND1c

Julius nutzt, dass die Winkelhalbierende den Winkel α in zwei gleich große Winkel $\frac{\alpha}{2}$ und $\frac{\alpha}{2}$ teilt (Turn 316–318). Damit man in der Skizze (Abbildung 14.4) erkennen kann, welche Winkel er meint, schreibt er diese Winkel extra in Rot (Abbildung 14.5, Turn 320), da die Winkel in der Skizze ebenfalls rot eingezeichnet sind. Statt der beiden Hälften des Winkels α weist er damit jedoch auf die Basiswinkel des Dreiecks.

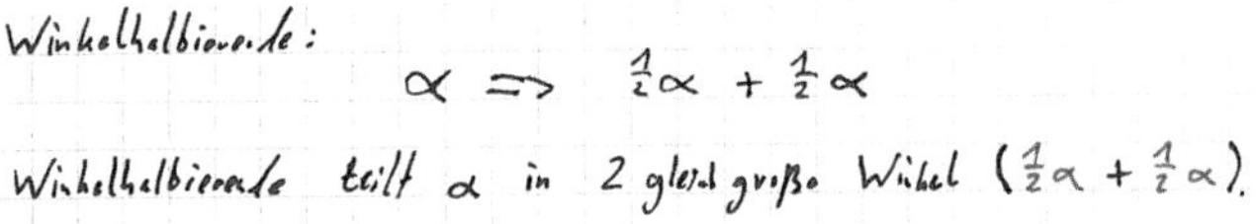

Winkelhalbierende: $\alpha \Rightarrow \frac{1}{2}\alpha + \frac{1}{2}\alpha$

Winkelhalbierende teilt α in 2 gleich große Winkel ($\frac{1}{2}\alpha + \frac{1}{2}\alpha$).

Abbildung 14.5 Anfang des Beweistextes zur ersten Aussage (Gruppe 2)

Dennis hinterfragt diese Begründung gleich nach dem Aufschreiben des Satzes (Transkriptausschnitt 89).

Transkriptausschnitt 89: Dennis und Julius (Gruppe 2), Turns 312–325

321	Dennis	Dann ist die Frage, ob wir 's annehmen können, dass die *[Es ist nicht genau erkennbar, ob Dennis auf die Dreiecksseiten „g" {h} und k oder die Winkel links {α2} und rechts {x} im oberen Dreieck zeigt]* (.) gleich lang sind, also// #V4_02:20-1#	M5a
322	Julius	//Ja, dann haben wir ja quasi ein (...) *[Julius schreibt, während er spricht]* Schnittpunkt *{T}* (4) der Winkelhalbierenden (.) mit (.) dem, der Parallele k. #V4_02:36-2# Schnittpunkt der W. mit k.	ND4 R1a
323	Dennis	Mhm („Zuhör"-Laut). #V4_02:36-9#	/
324	Julius	*[Julius schreibt, während er spricht]* (..) -äh- (..) und (..) erhalten (…) mit (unv.) erhalten wir den Win- (.) Beta (..) der Winkel Beta *{x}* ist (.) einhalb Alpha (5) da (..) g *{h}* (..) und k gleich lange Strecken sind. Erhalten $\beta = \frac{1}{2}\alpha$, da g und h gleich lange Strecken sind. Somit gilt für $\gamma = \gamma - \frac{1}{2}\alpha - \beta$ $\Rightarrow \gamma = \gamma - \frac{1}{2}\alpha - \frac{1}{2}$ $\Leftrightarrow \gamma = \gamma - \alpha$ (12) Außerdem gilt für (8) für den letzten Winkel *{γ}* (8) minus (..) einhalb a (.) minus Beta. (..) Das bedeutet (.) hmm (..) minus (...) hmm (6) einhalb Alpha minus (.) Alpha und das ist dann (...) Quatsch. *[Julius verbessert seine Formel]* (..) (unv.) (6) Ar, das ist natürlich jetzt alles etwas unschön. (..) Hmm. #V4_04:32-1#	Forts. R1a +ND3 R1a
325	Dennis	*[flüsternd]* Aber anders geht's jetzt gar nicht. #V4_04:33-8#	R6a

Dennis' Frage in Turn 321 („*Dann ist die Frage, ob wir 's annehmen können, dass die [Es ist nicht genau erkennbar, ob Dennis auf die Dreiecksseiten „g" {h} und k oder die Winkel links {α_2} und rechts {x} im oberen Dreieck zeigt] (.) gleich lang sind.*") ist eine Monitoringaktivität, da Dennis im Prozess überprüft, was sie machen und ob dies sinnvoll ist. Sie entspricht M5a: „Kontrolle: Konsistenz von Argumentation – durchführen (evtl. Fehler oder Inkonsistenz finden)" (Cohors-Fresenborg, 2012). Julius schreibt daraufhin eine weitere Begründung für die Gleichheit der Basiswinkel auf, ohne Dennis zu fragen. Er schreibt, dass die Basiswinkel gleich groß seien, da zwei der Seiten des Dreiecks gleich lang sind (Turn 324). Genau das sollen die Studierenden aber eigentlich zeigen, um zu beweisen, dass es sich um ein gleichschenkliges Dreieck handelt. Bei dieser neuen Begründung liegt demnach ein Zirkelschluss vor.

Hier beeinflusst die Monitoringaktivität den Beweisprozess anders als in der Schleife. Das Monitoring ist der Auslöser dafür, dass sie in einen Zirkelschluss geraten und ein Beweis der Aussage nicht mehr möglich ist. In der Schleife kehren die Studierenden durch Monitoring wieder zum „richtigen“ Beweisweg zurück. Das Monitoring von Dennis ist zudem eher unpräzise, mehr ein Bauchgefühl als ein begründeter Verdacht. Aus seiner Aussage und seiner Geste kann nicht genau entnommen werden, worüber er spricht. Julius interpretiert Dennis' Aussage und seine Geste jedoch als Hinterfragen der Begründung der Gleichheit der Basiswinkel. Das fehlende Fachwissen der Studierenden macht es ihnen nicht möglich, dieses Bauchgefühl, dass etwas nicht stimmt, zu nutzen. Stattdessen geraten sie in einen Zirkelschluss, was ebenfalls ihr fehlendes Wissen im Bereich der Logik und der Struktur von Beweisen aufzeigt.

14.4 Irrfahrten

Wenn man gute Beweisideen aufgibt und einer nicht zielführenden Idee folgt, begibt man sich auf eine Irrfahrt.

Ein Beispiel einer Irrfahrt zeigt sich bei den Beweisen der ersten Aussage: „Gegeben sei ein Winkel α mit den Schenkeln g und h. Zeichnet man zum Schenkel g eine Parallele k, die den Schenkel h schneidet, dann bilden h und k mit der Winkelhalbierenden von α ein gleichschenkliges Dreieck.“ Pia und Charlotte (Gruppe 3) haben zuerst eine „richtige“ Idee, um die Aussage zu beweisen. Sie nutzen den Wechselwinkel, um die Gleichheit der Basiswinkel zu zeigen, und wollen den Basiswinkelsatz nutzen, um zu zeigen, dass zwei Seiten des Dreiecks gleich lang sind. Sie sind sich allerdings nicht sicher, was genau der Basiswinkelsatz aussagt. Pia versucht daraufhin eine neue Idee, die sie aber aufgibt, ohne sie auszuformulieren, Charlotte möchte die Innenwinkelsumme nutzen, verwirft diese Idee aber ebenfalls und kommt auf den Basiswinkelsatz zurück.

Transkriptausschnitt 90: Pia und Charlotte (Gruppe 3), Turns 524–531

524	Charlotte	(.) Nee, aber können wir nicht, können wir nicht den Basiswinkelsatz umsen-, umwenden, indem man sagt (.) Da die beiden, da zwei der drei Winkel gleich groß sind und diese beiden Winkel an einer gemeinsamen Seite liegen (.) müssen die andern beiden Seiten des Dreiecks gleich lang sein auf Grund des Basiswinkelsatzes? (...) Da der Basiswinkelsatz sagt, in einem gleichschenkligen Dreieck sind die beiden// #V4_05:14-1#	D1c(u) bR4a
525	Pia	//Also du meinst quasi// #V4_05:15-7# 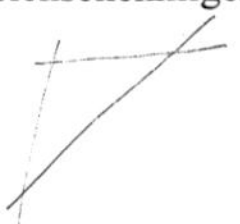	R6c
526	Charlotte	//anliegenden Winkel #V4_05:16-5#	Forts. bR4a
527	Pia	Wenn wir ne Strecke haben *[Pia zeichnet in neue Skizze P3 ein Dreieck]*// #V4_05:18-2#	Forts. R6c
528	Charlotte	//gleich groß.// #V4_05:18-4#	Forts. bR4a
529	Pia	//und wir wissen, dass diese beiden Winkel gleich groß sind *[Pia zeigt in Skizze P3 auf die Basiswinkel des Dreiecks]* #V4_05:20-1#	Forts. R6c
530	Charlotte	Ja. #V4_05:21-1#	D1c(u)
531	Pia	dass dann (.) *[Pia zeigt in Skizze P3 eine Linie, die in etwa der Höhe im Dreieck entspricht]* die Seiten lang, gleich lang sein- Kann man das so sagen? #V4_05:25-3#	Forts.R6c fM5a

Charlotte formuliert in Turn 524 noch einmal, wie sie den Satz versteht, den sie hier als Umkehrung des Basiswinkelsatzes bezeichnet (siehe Transkriptausschnitt 90). Pia versucht, ihn mit einer Skizze nachzuvollziehen (Turn 527 + 529 + 531). Pia ist aber in ihrem Verständnis unsicher und fragt, ob man den Basiswinkelsatz wirklich in beide Richtungen verwenden kann („Kann man das so sagen?", Turn 531). Dieses Erkennen der eigenen Unsicherheit ist eine Monitoringaktivität, da Pia im Prozess ihr Verständnis überprüft. Laut Cohors-Fresenborg (2012) entspricht dies fM5a: der Aufforderung zur „Kontrolle: Konsistenz von Argumentation – durchführen (evtl. Fehler oder Inkonsistenz finden)". Das Benennen des eigenen Verständnisproblems ist eine wichtige Monitoringaktivität, da Pia der Argumentation nur folgen und an ihr mitwirken kann, wenn sie die Inhalte, Konzepte und Verbindungen versteht. Charlotte reagiert wie folgt auf die Nachfrage (Transkriptausschnitt 91):

Transkriptausschnitt 91: Pia und Charlotte (Gruppe 3), Turns 532a-534

532a	Charlotte	(.) Ich würd jetzt sagen, ja. Aber da sind wir wieder bei (.) Weiß nicht, ob man jetzt zu Ende ist? Ob man das so annehmen darf oder nicht? (.) Weil das ja ein Rückkehrschluss des Basiswinkelsatzes ist. *[Pia zeichnet in Skizze P3 die Basiswinkel ein]* 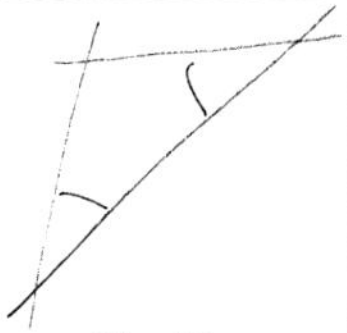 (.) Skizze P3 Und ob wir den- Also (.) ich find das plausibel, aber (.) das bin ja auch ich. Also (.) weiß ich nicht. (..) Weil du könnst ja quasi auch, du könnst ja *§auch hier [Charlotte zeichnet in Skizze P1 eine Parallele {l} zu h ein] ne Parallele machen und§* wir können ja auch hier ne Parallele rein machen *[Charlotte zeichnet Parallele {l} zu h durch Schnittpunkt {T} von k mit der Winkelhalbierenden, sodass ein Viereck entsteht]* und dann sagen (.) da, *§§das hier [Charlotte zeigt auf das obere Dreieck] ist gleich dem [Charlotte zeigt auf das untere Dreieck] (.) Und wenn§§* das *[Charlotte zeigt auf das obere Dreieck]* gleich dem *[Charlotte zeigt auf das untere Dreieck]* ist, weil die sind parallel *[Charlotte zeigt auf h und die Parallele {l} zu h]* und die sind parallel *[Charlotte zeigt auf g und k]* und wenn du die in der Mitte halbierst *[Charlotte zeigt auf die Winkelhalbierenden]* (.) dann #V4_06:04-0# 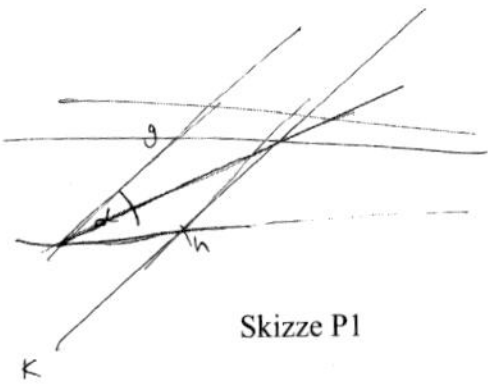 Skizze P1	M5a* R6b R1a +ND1c
532b	Pia	*§Wenn die Seite gleich ist zu den beiden [Pia zeigt auf dem Tisch die Seiten des Dreiecks]§* *§§Ja, aber, nee, du hast aber auch recht, nee ich§§*	D1c(u)
533	Pia	Ich -äh- würde dir durchaus folgen, dass wenn wir wissen, dass die Seite -ähm- da ist *[Pia zeigt in Skizze P3 die Grundseite des Dreiecks]* und die beiden Winkel *[Pia zeigt auf die Basiswinkel des Dreiecks]* auf beiden Seiten gleich abgetragen sind, der Schnittpunkt *[Pia zeigt auf die „Spitze" des Dreiecks]* -äh- (.) also, dass die Seiten dann gleich lang sind. #V4_06:15-5#	D1c
534	Charlotte	Was wäre denn (.) wenn wir- *[Charlotte hebt ihr Skizzenblatt an]* Neues Blatt oder Rückseite? #V4_06:19-5#	/

In diesem Fall ist Pias Aufforderung zum Monitoring in Turn 531 zusammen mit dem nicht elaborierten Monitoring (M5a*) von Charlotte in Turn 532a der Anfangspunkt der Irrfahrt. Charlotte ist durch diese Nachfrage verunsichert in ihrem Verständnis des Basiswinkelsatzes und gibt diese Beweisidee auf, auch wenn Pia nun meint, dass der Basiswinkelsatz in beide Richtungen gilt. Die neue Beweisidee der Studierenden (Turn 532a) ist nicht zielführend und gleicht mehr einem Konstruktionsprotokoll mit Beweisidee. Da die Studierenden zuerst eine tragfähige Beweisidee haben, diese jedoch verwerfen und eine nicht zielführende Idee weiterverfolgen, befinden sie sich nun auf einer Irrfahrt.

Genauso wie in dem Beispiel einer Schleife und im Gegensatz zum Beispiel eines Zirkelschlusses, ist das Monitoring hier ziemlich präzise, es bezieht sich auf Pias Verständnis eines spezifischen Theorems, des Basiswinkelsatzes, das für den Beweis eine entscheidende Rolle hat. Leider hilft das Monitoring aber nicht, den Beweis erfolgreich zu Ende zu führen. Die Nachfrage wirkt sogar verunsichernd auf die Studierende, die sich vorher noch sicher war, den Satz nutzen zu können (Turn 532a). Den beiden Studierenden fehlt das notwendige Fachwissen, hier der genaue Inhalt des Basiswinkelsatzes, um das Monitoring gewinnbringend nutzen zu können.

14.5 Funkstillen

Manchmal gibt es Stellen im Beweisprozess, an denen man festhängt und nicht weiterkommt. Funkstillen werden in dieser Arbeit die Situationen genannt, in denen man solange schweigend dasitzt, bis jemand irgendetwas sagt. Dieses Gesagte ist in der Regel kein richtiger Plan, wie es weitergehen soll, kein Monitoring von oder *spezifische* Reflexion über das schon vorhandene, sondern häufig ein Schlagwort oder eine allgemeine Reflexionsanregung.

Ein Beispiel für eine Funkstille zeigt sich bei Daria und Leonie (Gruppe 4). Sie wollen die zweite Aussage „Ein Parallelogramm ist genau dann ein Rechteck, wenn seine Diagonalen gleich lang sind" zeigen und haben bereits zwei Skizzen gezeichnet, die eines Parallelogramms und die eines Rechtecks. Ihre momentane Beweisidee ist, dass sie im Rechteck mit den Mittelsenkrechten zeigen können, dass die Diagonalen gleich lang sind (Transkriptausschnitt 92).

Transkriptausschnitt 92: Daria und Leonie (Gruppe 4), Turns 223a-227

223a	Leonie	Warte mal, jetzt *[Leonie beginnt in schwarz ein Rechteck zu zeichnen {Skizze 2}]* (.) So. (..) Rechteck haben *[Leonie zeichnet das Rechteck zu Ende, ca. 1 Sek]* So, dann sind ja die Diagonalen gleich lang *[Daria zeichnet in die Diagonalen des Rechtecks {$\overline{AC}$ und $\overline{BD}$} rot ein, ca. 5 Sek]* weil *[Daria zeichnet den Schnittpunkt {M} der Diagonalen ein, ca. 2 Sek]* von dem Schnittpunkt *[Leonie zeichnet in Skizze 1 den Schnittpunkt {M} der Diagonalen rot im Parallelogramm ein]* (.) Ja, doch, irgendwie schon, nöh (fragend)? Man, man muss ja zeigen, dass das hier *[Leonie zeigt im Parallelogramm vom Schnittpunkt {M} der Diagonalen zur unteren linken Ecke {A}]* §gleich§ weit entfernt ist wie das hier *[Leonie zeigt von der oberen linken Ecke {D} zum Schnittpunkt {M} der Diagonalen]*. #V2_02:16-8#	R1a P1a
223b	Daria	*§Genauso§*	/
224	Daria	Ja. #V2_02:17-3#	D1c(u)
225a	Leonie	(.) Und, aber, *§nee§* (.) #V2_02:20-0#	/
225b	Daria	*§aber§*	/
226	Daria	Und ich hätte halt gedacht, man zeigt ja *[Daria zeigt in Skizze 1 auf den Schnittpunkt {M} der Diagonalen]* von einem Punkt, dass die gleich weit zu den Punkten entfernt sind (.) mit den Mittelsenkrechten, oder? #V2_02:27-2#	R4a fM4a
227	Leonie	(6) -ähm- (8) Oder irgendwas mit den Mittelparallelen? (..) das (..) #V2_02:49-1#	P1c°

Leonies Vorschlag in Turn 223a, die Gleichheit der Diagonalen zu zeigen, wird von Daria in Turn 226 um die Idee der Mittelsenkrechten, mit der sie sich vorher schon beschäftigten, ergänzt. Es handelt sich jedoch nicht um eine fertige Argumentation, sondern um eine Planung (Turn 223a) des weiteren Vorgehens und die Nennung eines möglichen Werkzeugs (Turn 226). Das können sie nicht direkt umsetzen, wodurch sie (mit Ausnahme eines „ähm " s) in Schweigen verfallen und ca. 15 Sekunden nichts sagen (Turn 227). Das Schweigen wird nicht mithilfe von Monitoring gebrochen, sondern dadurch, dass Leonie einen neuen Begriff in die Diskussion einbringt, den der Mittelparallelen. Dieser Begriff ist neu und nicht Teil der vorherigen Diskussion oder mit ihr verbunden (P1a°, Vorschlag alternativer Werkzeugnutzung). Er wird als Schlagwort bzw. neue Idee verwendet, um die Pause zu überwinden, was in diesem Fall funktioniert, auch wenn der Begriff an sich keinen neuen Beweisansatz liefert.

Ein anderes Beispiel einer Funkstille zeigt sich im Beweis von Dennis und Julius (Gruppe 2) zur ersten Aussage „Gegeben sei ein Winkel α mit den Schenkeln g und h. Zeichnet man zum Schenkel g eine Parallele k, die den Schenkel h schneidet, dann bilden h und k mit der Winkelhalbierenden von α ein gleichschenkliges Dreieck." Beim Beweis der ersten Aussage hatten die Studierenden einige Probleme, eine korrekte Skizze zu erstellen, und haben nun die „Ausgangslage" (siehe Abbildung 14.6) gefunden.

Abbildung 14.6
"Ausgangslage" des ersten Beweises von Dennis und Julius (Gruppe 2, Turn 175)

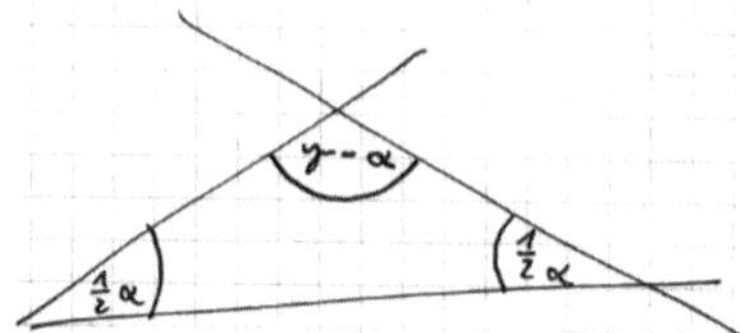

Transkriptausschnitt 93: Dennis und Julius (Gruppe 2), Turns 180–182

180	Dennis	Und das ist unser Ausgangslage. #V2_13:10-5#		R6a
181	Julius	Hoff ich *[Julius lacht]* (..) Ich bin so frei. *[Julius nimmt ein zweites Blatt Papier]* Okay. Ich weiß, dass das ein bisschen Papierverschwendung ist. Okay (.) das heißt -ähm- (..) das müssen wir jetzt beweisen. Wenn- also müssen *[Julius zeigt auf Skizze J1]* ja in der Hoffnung, dass das richtig ist. *[Dennis zeigt nachdenklich auf verschiedene Stellen in seiner Skizze D2, ca. 15 Sek]* Ja, wie gehen wir da jetzt vor? *[Julius zeichnet noch auf dem ersten Blatt eine neue Skizze J3 mit Winkel und Schenkeln, ca. 2 Sek]* #V2_13:51-7#	Skizze J1 Skizze J3	D1c(ue) P1a fP1a
182	Dennis	Das sind jetzt wieder die Problematik. Wie fängt man an beim Beweis? #V2_13:55-9#		fR4a

Julius benennt die Ausgangslage als das, was sie nun beweisen müssen (Turn 181, Transkriptausschnitt 93), doch er ist sich nicht sicher, ob dies stimmt. Sie wissen nun nicht, wie sie weitermachen sollen. Auch hier verfallen die Studierenden in Schweigen (Turn 181), dieses Schweigen unterscheidet sich aber vom vorherigen Beispiel. Während dort die Studierenden schwiegen und nichts Weiteres taten, zeigt Dennis hier für ca. 15 Sekunden stillschweigend in seiner Skizze zur Aussage umher und versucht aktiv neue Ansätze zu finden. Auch hier wird die Funkstille nicht durch Monitoring beendet, sondern durch eine Aufforderung zur Planung („Ja, wie gehen wir da jetzt vor?", fP1a) von Julius in Turn 181, der mit einer neuen Skizze beginnt, die bei Dennis eine Aufforderung zur Reflexion auslöst (Turn 182). Mit seiner Frage „Wie fängt man an beim Beweis?" fordert er zur Suche nach Methoden oder Werkzeugen (fR4a), die in dieser Situation weiterhelfen könnten.

Fehlendes Monitoring kann hier als ein Grund angesehen werden, warum die Studierenden in beiden Beispielen in Schweigen verfallen, da sie ihren momentanen Stand nicht überwachen, um Fehler oder lose Enden zu finden. Dabei macht es keinen Unterschied, ob das Schweigen „abgesessen" oder zusätzlich stumm in einer Skizze gezeigt oder eine neue Skizze erstellt wird. Ebenfalls fehlt das Fachwissen, um ohne Monitoring weiterarbeiten zu können. Der Ausstieg aus der Funkstille erfolgt daher unpräzise und ohne konkretes Ziel, beispielsweise durch Schlagwörter, die sich nicht auf die vorherige Argumentation beziehen (wie im ersten Beispiel „Mittelparallelen"), oder durch allgemeine Planung oder Reflexion oder (wie im zweiten Beispiel) Aufforderungen dazu, wobei kein direkter fachlicher Zusammenhang mit dem erkennbar ist, was vor der Funkstille passierte.

14.6 Durchbrüche

Stellen im Beweisprozess, an denen man nicht weiterkommt, aber nach einer gewissen „Inkubationszeit" dank Fachwissen mit einem neuen Ansatz weiterarbeiten kann, werden in dieser Arbeit Durchbrüche genannt.

Ein Beispiel eines Durchbruchs zeigt sich bei Dennis und Julius (Gruppe 2) im Beweis zur ersten Aussage „Gegeben sei ein Winkel α mit den Schenkeln g und h. Zeichnet man zum Schenkel g eine Parallele k, die den Schenkel h schneidet, dann bilden h und k mit der Winkelhalbierenden von α ein gleichschenkliges Dreieck.“ Sie haben nach einiger Zeit festgelegt, was sie beweisen wollen, sie wissen jedoch nicht, wie sie dies tun sollen (Transkriptausschnitt 94).

Transkriptausschnitt 94: Dennis und Julius (Gruppe 2), Turns 194,201

194	Dennis	Also, wenn ich ehrlich bin, ich bin jetzt wieder an nem Punkt, wo ich zwar weiß, was ich beweisen soll, aber #V2_15:41-9#	R6b
195	Julius	Da fehlt jetzt// #V2_15:43-4#	R4a
196	Dennis	//Da// #V2_15:43-6#	Forts. R6b
197a	Julius	//da fehlt jetzt der Ansatz, *§nöh (fragend)§ #V2_15:45-1#*	Forts. R4a
197b	Dennis	*§Da wollst du den§*	/
198	Dennis	Der Ansatz fehlt// #V2_15:46-0#	/
199	Julius	//Wie// #V2_15:46-4#	R1a
200	Dennis	//mit welchen #V2_15:47-4#	/
201	Julius	macht man's (4) Also, wir wissen ja, dass, quasi, wir haben diese Winkelhal(.)bierende (..) -äh- die wir ja brauchen, um (...) um quasi erst unser Dreieck bilden zu können. *(Ende des 2. Videos, #V2_16:10-9#)* Und, jetzt haben wir (7) Ja *[Julius lacht]* also #V3_00:12-1#	Forts.R1a

Dennis und Julius stellen beide fest, dass ihnen für den Beweis der Ansatz fehlt, auch wenn sie wissen, was sie beweisen möchten (Turn 194 bis 201). In Turn 201 versucht Julius, auf eine Idee zu kommen, indem er eine der Bedingungen für die Existenz des Dreiecks betrachtet, kommt damit jedoch auch nicht weiter. Im Folgenden zeigt sich der Durchbruch (Transkriptausschnitt 95).

Transkriptausschnitt 95: Dennis und Julius (Gruppe 2), Turns 202–209

203	Dennis	*[Dennis zeigt schweigend in seiner Skizze D2 herum, ca. 14 Sek]* (unv.) sagen, wie kann man beweisen, was das hier, das gleichschenklige *[Dennis zeigt an den Seiten des Dreiecks entlang]* (..) Ja, ich glaub aber, mit dem *[Dennis zeigt abwechselnd auf die Winkel links {α₂} und rechts {x} im Dreieck]* #V3_00:35-8# (Skizze D2)	R4a
204	Julius	Erzähl mal. #V3_00:37-1#	/
205	Dennis	(.) Was ist denn ein gleichschenkliges Dreieck? *[Julius zeichnet in seiner Skizze J1 eine Verbindungslinie zwischen den Schenkeln g und h durch den Schnittpunkt der Winkelhalbierenden mit der Parallelen k {T} ein]* Wenn die beiden Seiten gleich lang sind. Die Schenkel *[Dennis zeigt in seiner Skizze D2 auf h und k]* #V3_00:43-5# (Skizze J1)	R2a
206	Julius	Richtig („Zuhör"-Laut).// #V3_00:44-5#	/
207	Dennis	//Das können wir// #V3_00:44-9#	R1a
208	Julius	//Richtig („Zuhör"-Laut).// #V3_00:45-6#	/
209	Dennis	//sagen, dass *[Dennis zeigt in Skizze D2 abwechselnd auf die Winkel links {α₂} und rechts {x} im Dreieck]* anhand, dass die beiden Winkel (.) gleich sind, weil die ja *[Dennis zeigt abwechselnd auf die Winkel links {α₂} und rechts {x} im Dreieck]* durch eine Winkelhalbierende (..) vollzogen wurde. #V3_00:54-0#	Forts. R1a R4a +ND1c

In Turn 201 beginnt bereits die „Inkubation". Zuerst gibt es sieben Sekunden Schweigen und dann „Füllworte" („*Ja [Julius lacht] also*", Turn 201), dann weitere 14 Sekunden Schweigen (Turn 203). Bei diesem zweiten Schweigen zeigt Dennis jedoch in seiner Skizze herum und scheint aktiv nach einer Methode für den Beweis zu suchen. Das Ende der Inkubation, also der Durchbruch, wird hier nicht durch Monitoring hervorgerufen, sondern durch eine Reflexion (R4a: Angabe eines Werkzeugs, mit dem vorgegebenes Ergebnis erzeugt werden kann – durchführen). Dennis schlägt ein „Werkzeug" vor (Basiswinkel), mit dem sie mit dem Beweis vorankommen könnten. Dies tut er zunächst grob, indem er auf die Basiswinkel α_2 und x zeigt, dann führt er seine Idee weiter aus (Turn 205 bis 209).

Auch bei Durchbrüchen fehlt Monitoring und die Studierenden landen in dieser Hürde, weil sie nicht wissen, wie sie vorgehen sollen. Im Gegensatz zur Funkstille ist hier jedoch ausreichend Fachwissen vorhanden, um das Schweigen zu überwinden und fachlich weiterarbeiten zu können. Der Ausstieg aus dem Schweigen erfolgt fachlich und kann erklärt und erweitert werden.

14.7 Ergebnisse und Fazit zu Hürden im Beweisprozess

Die gefundenen Hürden werfen die Frage auf, inwiefern metakognitive Aktivitäten, insbesondere Monitoringaktivitäten, Studierenden helfen, Schwierigkeiten in ihren Beweisprozessen zu verhindern. Theoretisch soll die Überwachung der eigenen Handlungen und des eigenen Fortschritts dafür sorgen, dass Probleme erkannt und Fehler verhindert werden.

Die Hürden lassen sich gut in einer Vierfeldertafel mit den Dimensionen Monitoring und Fachwissen darstellen (siehe Tabelle 14.1). Schleifen befinden sich in dem Feld mit Fachwissen und Monitoring, Verlängerungen und Durchbrüche im Feld mit Fachwissen aber ohne Monitoring. Zirkelschlüsse und Irrfahrten sind im Feld mit Monitoring, ohne Fachwissen. Im Feld ohne Fachwissen und ohne Monitoring befindet sich die Funkstille. Betrachtet man den Erfolg, also das Weiterkommen im Beweisprozess, fällt auf, dass die sechs Hürden zusammengefasst werden können. Schleifen und Verlängerungen sind Hürden im Beweisprozess, die trotzdem zu einem Beweis führen. Der Weg dorthin ist allerdings länger und schwieriger als notwendig. Diese Hürden werden *Umwege* genannt. Bei Zirkelschlüssen und Irrfahrten hingegen ist es nicht möglich, den Beweis richtig zu beenden. Sie werden als *Irrwege* im Beweisprozess betrachtet. Funkstillen und Durchbrüche sind *Durststrecken* im Beweisprozess, also Stellen, an denen es zeitweise nicht weitergeht.

Ob man im Beweisprozess auf Umwege, Irrwege oder Durststrecken gerät, scheint vom *Monitoring* abhängig. An den Beispielen oben kann man sehen, dass Monitoring viele verschiedene Facetten aufweist, dazu gehört unter anderem die Kontrolle von Argumenten, das Erkennen von Verständnisproblemen sowie das Benennen von Schwierigkeiten im Verstehen von Argumenten in der Beweiskette und deren Zusammenhänge. Es zeigt sich jedoch auch, dass das alleinige Auftreten von Monitoringaktivitäten nicht ausreicht, um erfolgreich zu beweisen.

Es scheint Unterschiede darin zu geben, wie Monitoring ausgedrückt wird. Wird Monitoring in einer eher allgemeinen Form geäußert, wie z. B. „Kann das sein?“ oder „Ist das richtig?“, scheint es sich eher um ein Gefühl zu handeln, dass etwas nicht stimmt, ohne zu wissen, was genau es ist. Diese Art von Monitoring ist nicht spezifisch genug, um Fehler direkt zu benennen, damit sie behoben werden können. Dies kann man am Beispiel von Dennis und Julius (Gruppe 2) sehen. Bei Dennis‘ Frage „Dann ist die Frage, ob wir 's annehmen können, dass die *[Es ist nicht genau erkennbar, ob Dennis auf die Dreiecksseiten „g“ {h} und k oder die Winkel links {x} und rechts {α_2} im oberen Dreieck zeigt]* (.) gleich lang sind" handelt es sich um recht unspezifisches Monitoring. Diese Art von Monitoringaktivität wird in dieser Arbeit *„schlichteres" Monitoring* genannt.

Bei *„differenzierterem" Monitoring* hingegen ist die Monitoringaktivität präziser und zielt auf einen bestimmten Teil einer Erklärung oder Argumentation, beispielsweise ob ein Theorem so eingesetzt werden kann wie in der Argumentation geschehen oder ob das eigene Verständnis eines geometrischen Objekts richtig ist. In beiden Beispielen von Pia und Charlotte (Gruppe 3), der Schleife und der Irrfahrt, zeigt sich differenzierteres Monitoring. In einem Fall hinterfragt Pia gezielt die Nutzung des Basiswinkelsatzes an einem spezifischen Punkt der Argumentation. Im anderen Fall überwacht Pia Charlottes Verständnis der Definitionen und der Zusammenhänge zwischen Quadraten, Rechtecken und Parallelogrammen. Beide Interventionen waren präzise und spezifisch und daher differenzierteres Monitoring. Das Niveau des Monitorings scheint allerdings nicht von der Art der Hürde abhängig zu sein, sondern mehr von den Personen, die das Monitoring durchführen.

Auch kann das Niveau des Monitorings nicht der einzige Einflussfaktor für die Qualität eines Beweises sein, da man nach einer differenzierteren Monitoringaktivität durchaus auf einen Irrweg geraten kann. Wenn Monitoring nicht gewinnbringend genutzt werden kann, scheint es einen negativen Einfluss auf den Beweisprozess zu haben. Betrachtet man die beiden Beispiele von Irrwegen, so fällt auf, dass Dennis und Julius (Gruppe 2) schlichteres Monitoring zeigen, Pia und Charlotte (Gruppe 3) jedoch differenzierteres Monitoring. Trotzdem enden beide Gruppen auf einem Irrweg.

Fachwissen ist ein weiterer Faktor, der den Erfolg im Beweisprozess beeinflusst. Der Zirkelschluss in Dennis' und Julius' Beweis der ersten Aussage geschieht, da beide nicht wissen, wie man die Gleichheit der Basiswinkel eines Dreiecks zeigen kann (und ihnen das logische und methodologische Bewusstsein dafür fehlt, dass man das, was man beweisen möchte, nicht im Beweis verwenden darf). Pia und Charlotte geraten nach Pias Monitoringaktivität auf eine Irrfahrt, da sie sich nicht mehr an den genauen Inhalt des Basiswinkelsatzes erinnern können und daher ihre erfolgversprechende Beweisidee verwerfen. Betrachtet man andere Hürden, so zeigt sich, dass Monitoringaktivitäten auch positive Effekte auslösen können. Bei Schleifen setzen das Monitoring und das daraufhin eingesetzte Fachwissen der Nebendiskussion ein Ende, führen die Studierenden zurück zu ihrer ursprünglichen Beweisidee und helfen ihnen, durch die Nebendiskussion nicht auf einen Irrweg zu geraten.

Diese Beispiele zeigen auf, dass hier Fachwissen der Faktor ist, der es ermöglicht, durch Monitoring aufgedeckte Schwierigkeiten zu lösen. Man kann nur von seinen Monitoringaktivitäten profitieren, wenn man das notwendige Fachwissen

Tabelle 14.1 Übersicht über Hürden im Beweisprozess und ihr Zusammenhang mit Monitoring und Fachwissen

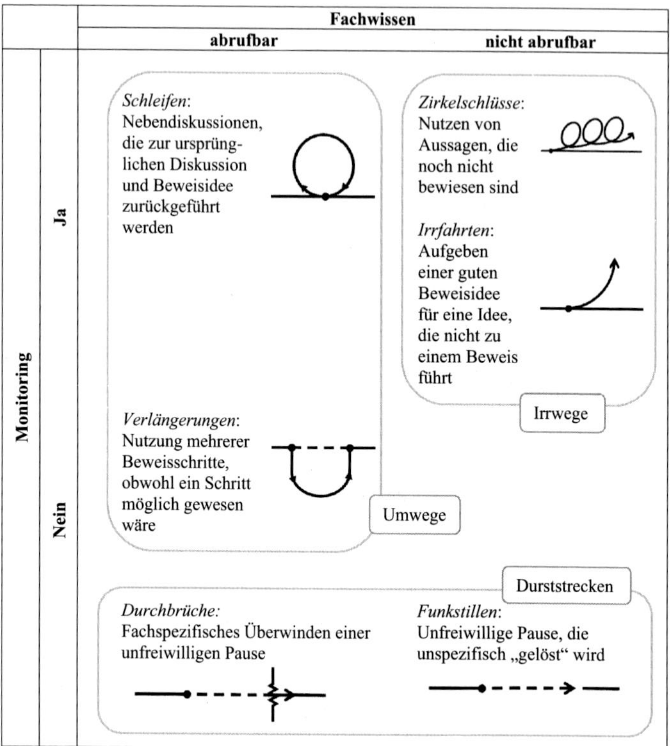

(Fortsetzung)

Tabelle 14.1 (Fortsetzung)

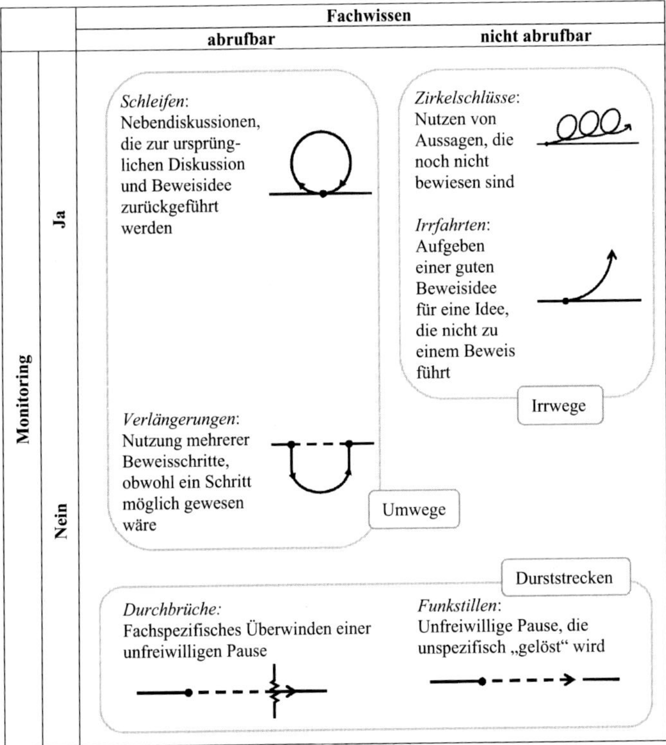

hat und abrufen kann, um „die Probleme zu lösen“, um z. B. problematische Teile zu erkennen, zu durchschauen, was falsch ist oder fehlt und mögliche Verbesserungen zu sehen. Ohne abrufbares Fachwissen ist es schwieriger, Fehler, Verständnisschwierigkeiten oder Irrtümer durch Monitoring zu finden und zu verbessern.

Fazit

Monitoring, als eine metakognitive Aktivität, ist in der Mathematik und auch in mathematischen Lernprozessen wichtig, insbesondere auch beim Argumentieren und Beweisen. Es ermöglicht, die eigene Leistung und das eigene Verständnis im Prozess zu kontrollieren und zu bewerten. In Beweisprozessen von Studierenden können drei unterschiedliche Hürden auftreten, die mit Monitoring im Zusammenhang stehen: Umwege, Irrwege und Durststrecken. Die Interviews mit den Studierenden des Grundschullehramts zeigen, dass Monitoringaktivitäten einen relevanten Einfluss auf Beweisprozesse haben und Monitoring als metakognitive Aktivität wichtig und zentral ist für erfolgreiches Argumentieren und Beweisen. Nicht jede Monitoringaktivität hat jedoch den gleichen Einfluss. Man kann unterscheiden zwischen „differenzierterem" und „schlichterem" Monitoring. Ob eine Monitoringaktivität zudem den Beweisprozess unterstützt oder hemmt, hängt zu großen Teilen vom abrufbaren Fachwissen ab. Dieser Zusammenhang mit Fachwissen zeigt sich auch bei anderen Aktivitäten. In Kapitel 17 wird beispielsweise der Zusammenhang von Fachwissen und negativer Diskursivität untersucht.

Open Access Dieses Kapitel wird unter der Creative Commons Namensnennung 4.0 International Lizenz (http://creativecommons.org/licenses/by/4.0/deed.de) veröffentlicht, welche die Nutzung, Vervielfältigung, Bearbeitung, Verbreitung und Wiedergabe in jeglichem Medium und Format erlaubt, sofern Sie den/die ursprünglichen Autor(en) und die Quelle ordnungsgemäß nennen, einen Link zur Creative Commons Lizenz beifügen und angeben, ob Änderungen vorgenommen wurden.

Die in diesem Kapitel enthaltenen Bilder und sonstiges Drittmaterial unterliegen ebenfalls der genannten Creative Commons Lizenz, sofern sich aus der Abbildungslegende nichts anderes ergibt. Sofern das betreffende Material nicht unter der genannten Creative Commons Lizenz steht und die betreffende Handlung nicht nach gesetzlichen Vorschriften erlaubt ist, ist für die oben aufgeführten Weiterverwendungen des Materials die Einwilligung des jeweiligen Rechteinhabers einzuholen.

Der Einfluss von Strukturanalysen auf die Argumentation

15

Eine wichtige metakognitive Aktivität bei geometrischen Beweisen ist die Strukturanalyse einer fachspezifischen Darstellung (Kodierung R1a). Bei diesen fachspezifischen Darstellungen handelt es sich bei den beiden hier betrachteten Beweisen um die gegebene, zu beweisende *Aussage*, die selbst erstellten *Skizzen* sowie um selbst aufgestellte *Formeln*. Ihre Analyse ermöglicht den Studierenden ein tieferes Verständnis der betrachteten Objekte sowie ihrer Eigenschaften und Beziehungen untereinander und hilft somit dem Auffinden wichtiger Teile der Argumentation. In diesem Kapitel wird die Wirkung dieser Strukturanalysen an Transkriptausschnitten beispielhaft dargestellt. Strukturanalysen mit Fokus auf Aussagen und Skizzen (15.1) bedienen sich Ausschnitten aus den Argumentationen von Nina und Maja sowie Dennis und Julius. Bei der Strukturanalyse von Formeln (15.2) gibt es Beispiele von Daria und Leonie sowie Pia und Charlotte.

Ergänzende Information Die elektronische Version dieses Kapitels enthält Zusatzmaterial, auf das über folgenden Link zugegriffen werden kann https://doi.org/10.1007/978-3-658-46468-4_15.

© Der/die Autor(en) 2025

N. Abels, *Argumentation und Metakognition bei geometrischen Beweisen und Beweisprozessen*, Perspektiven der Mathematikdidaktik,
https://doi.org/10.1007/978-3-658-46468-4_15

15.1 Strukturanalysen von Skizzen und Aussagen

Strukturanalysen sind wichtige Bestandteile von Argumentationsprozessen. Gerade in der Geometrie sind nicht nur Strukturanalysen von zu beweisenden Aussagen, sondern auch Strukturanalysen von Skizzen relevant. Die Strukturanalysen von Aussagen wie auch Skizzen führen jedoch nicht immer automatisch zu fachlich richtigen Ergebnissen. In diesem Kapitel wird zuerst ein Beispiel mit „erfolgreichen" Strukturanalysen gezeigt. Im Anschluss wird an einem weiteren Beispiel verdeutlicht, dass Strukturanalysen den Beweisprozess auch negativ beeinflussen können.

Gelungene Strukturanalysen von Aussagen und Skizzen
Die Wichtigkeit der Strukturanalyse mit Bezug auf die zu beweisende Aussage und die Beweisskizze für den Verlauf einer Argumentation zeigt sich gut in diesem Beispiel von Nina und Maja (Turns 192 bis 222). Die Studierenden haben gerade die erste Aussage gelesen und sich entschlossen, eine Skizze zu zeichnen. Um die gegebene Aussage nun in eine Skizze umsetzen zu können, bedarf es einer Strukturanalyse der Aussage, die auf die Erstellung einer Skizze ausgerichtet ist. Diese findet in den Turns 192 und 193 statt (Transkriptausschnitt 96), wodurch eine Skizze mit den in der Aussage gegebenen Schenkeln g und h und dem Winkel α entsteht. In Turn 195 wird das nächste Element der Skizze aus der Aussage gelesen, die Parallele. Diese wird jedoch nicht direkt eingezeichnet, stattdessen findet eine Kontrolle des Modellierungsansatzes ihrer Skizze statt (Turns 196 und 198), sodass Nina und Maja zuerst die Winkelhalbierende in die Skizze einzeichnen. Im Anschluss wird über die Lage der Parallelen nachgedacht, was in Turn 199 mit einer Strukturanalyse der Aussage in Bezug auf die Skizze unterstützt wird.

Transkriptausschnitt 96: Nina und Maja (Gruppe 1), Turns 192–199

192	Maja	*[Maja zeichnet zwei Schenkel]* Da ist der Winkel. *[Maja zeichnet Winkel α ein]* #V2_00:00:59-9#	R1a
193	Nina	Mhm (bejahend). Da 's dann g *[Nina zeigt auf den oberen Schenkel, Maja beschriftet ihn mit „g"]* und h. #V2_00:01:04-4# 	D1c(u) R1a
194	Maja	Und h. *[Maja beschriftet den unteren Winkel mit „h"]* #V2_00:01:05-7#	Wdh. 193
195	Nina	Jetzt haben wir ne Parallele zu g. *[Nina zeigt auf den Aufgabentext]* #V2_00:01:09-9#	R1a
196	Maja	Warte mal, erstmal die Winkelhalbierende, okay? #V2_00:01:12-3#	M6b
197	Nina	Mhm (bejahend). #V2_00:01:13-9#	D1c(u)
198	Maja	*[Maja zeichnet die Winkelhalbierende ein]* Damit wir den gleich vielleicht sinnvoller malen. Wir machen jetzt ne Parallele zu g. *[Maja zeigt den Verlauf der Parallelen in der Skizze mit dem Stift]* #V2_00:01:20-0# 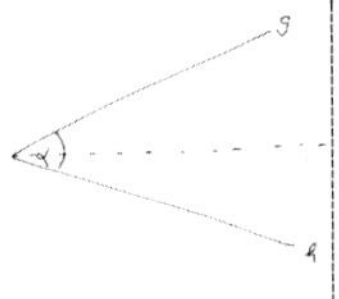	Forts. M6b P1a
199	Nina	Und ja, und ich glaub, das ist beliebig, die halt h schneidet. *[Nina zeigt mit dem Finger, wie die Parallele verlaufen soll]* #V2_00:01:22-9#	R1a

Dieser Transkriptausschnitt zeigt, dass die Strukturanalyse wichtig ist, damit die Studierenden die Aussage aufschlüsseln und in eine Skizze umsetzen können.

Direkt im Anschluss, noch bevor die Parallele eingezeichnet wird, analysieren Nina und Maja die Aussage an sich, nicht für die Skizze, sondern um die Struktur der Aussage zu erfassen, damit sie wissen, was sich durch das Einzeichnen der Parallele ergeben sollte (Transkriptausschnitt 97). In Turn 200 fordert Maja zu dieser Strukturanalyse der Aussage auf, die Nina und Maja in den Turns 201, 202, 204 und 206 durchführen, bis sie sich sicher fühlen, die Parallele einzuzeichnen (Turn 208).

Transkriptausschnitt 97: Nina und Maja (Gruppe 1), Turns 200–208

200	Maja	Und dann ist was? #V2_00:01:25-7#	fR1a
201	Nina	Dann bilden// #V2_00:01:26-5#	R1a
202	Maja	//h// *[Maja zeigt auf Schenkel h]* #V2_00:01:26-5#	R1a(Forts.)
203	Nina	//h *[Nina zeigt auf Schenkel h]* #V2_00:01:27-8#	Wdh. 202
204	Maja	k *[Maja zeigt, wie die Parallele verlaufen soll]* #V2_00:01:28-5#	Forts. R1a
205	Nina	k #V2_00:01:29-6#	Wdh. 204
206	Maja	und die Winkelhalbierende// *[Maja zeigt mit dem Stift auf die Winkelhalbierende]* #V2_00:01:30-3#	Forts. R1a
207	Nina	Ja, genau. #V2_00:01:30-9#	D1c(u)
208	Maja	Dann kann ich die ja hier hinmalen. Und jetzt irgendwie *[Maja zeichnet Parallele k zu g ein]* Ja, naja. #V2_00:01:36-8#	R3a

In den Turns 210a und 210b setzen sie die Strukturanalyse der Aussage fort, um erfassen zu können, was laut Aussage gezeigt werden soll, nämlich, dass das Dreieck, das in ihrer Skizze entstanden ist, ein gleichschenkliges Dreieck ist (Transkriptausschnitt 98). In Turn 212 schließen sie das Zeichnen ihrer Skizze mit einer Zwischenbilanz ab. Maja sagt, dass die Skizze und die Aussage zusammenpassen und sie keine Diskrepanz feststellen kann („Also, es passte.“). Nina stimmt ihr zu (Turn 213), Maja selbst schränkt ihre Aussage danach aber wieder ein („Vielleicht“, Turn 214).

Transkriptausschnitt 98: Nina und Maja (Gruppe 1), Turns 209–214

209	Nina	h, k// #V2_00:01:39-4#	/
210a	Maja	//Und die sind jetzt was? Ein *§gleichschenklig§* (..) Theoretisch. Ja gut, die ist darauf ein bisschen enger geworden.// #V2_00:01:46-6#	R1a M1a
210b	Nina	*§gleichschenklig§*	R1a
211	Nina	//Ja.// #V2_00:01:46-7#	D1c(u)
212	Maja	//Also es passte. *[Maja fährt mit dem Stift an der Parallelen entlang]* #V2_00:01:48-9#	R6a
213	Nina	Okay. #V2_00:01:49-6#	D1c(u)
214	Maja	Vielleicht. #V2_00:01:51-0#	D1c(ue)

Die Turns 200 bis 214 zeigen, dass es nicht ausreichend ist, aus der Aussage nur eine Skizze zu zeichnen, auch die Aussage an sich muss nachvollzogen und verstanden werden. Auf diese Weise lassen sich Unterschiede zwischen der Aussage und der daraus entstandenen Skizze mit geringerem Aufwand finden und die Passung der Skizze in Bezug auf die zu beweisende Aussage einschätzen.

Diese Passung wird weiterhin überprüft, wenn eine Strukturanalyse der Skizze mit Rückbezug auf die Aussage stattfindet, wie hier in Turn 215 (Transkriptausschnitt 99). Durch die Strukturanalyse der Aussage haben Nina und Maja bereits bestimmt, dass das Dreieck in ihrer Skizze gleichschenklig sein soll. In diesem Turn 215 bezieht Nina nun die Skizze zurück auf die Aussage, indem sie auf die Seiten des Dreiecks in der Skizze zeigt und sagt, dass dieses (in ihrer Skizze konkret vorliegende) Dreieck gleichschenklig sein soll.

Transkriptausschnitt 99: Nina und Maja (Gruppe 1), Turn 215

215	Nina	Also dieses Dreieck *[Nina zeigt auf h, k und die Winkelhalbierende]* soll gleichschenklig sein. #V2_00:01:54-1#	R1a

Mit diesem Rückbezug von der Skizze auf die Aussage, bei dem eine Verbindung hergestellt werden konnte und keine Fehler auffielen, ist der erste, vorbereitende Teil von Ninas und Majas Beweisfindung abgeschlossen. Die Skizze ist fertig (Turn 208), stimmt mit der Aussage überein (Turn 212) und das Ziel der Argumentation ist bekannt (Turn 215).

Im Folgenden beginnt die eigentliche Argumentation, die die Wahrheit der Aussage zeigen soll (Transkriptausschnitt 100). Auch hier ist die Strukturanalyse wieder von Bedeutung. Maja betrachtet in Turn 216 die Skizze und zeichnet einen weiteren Winkel ein, von dem sie behauptet, dass er so groß wie der gegebene Winkel α sei. Hierbei handelt es sich um eine Strukturanalyse der Skizze. Maja hat die verschiedenen Elemente der Skizze und ihre Beziehungen untereinander analysiert (g und k sind parallel, h schneidet g und k), wodurch sie den Stufenwinkel zu α bestimmen konnte. Nur die Eigenschaft der Stufenwinkel, dass sie „gleich" sind, spricht sie jedoch auch aus. Ihre Analyse und Argumentation wird im Anschluss von Nina und Maja selbst kontrolliert (Turns 217 bis 220).

Transkriptausschnitt 100: Nina und Maja (Gruppe 1), Turns 216–220

216	Maja	*[Maja zeigt auf Winkel α]* Dann ist der *[Maja zeichnet Stufenwinkel zu α ein {α'}]* Winkel der gleiche *[Maja zeigt auf Winkel α]*, oder? #V2_00:01:59-9#	R1a fM5a
217	Nina	Hmm ja, das ist ja ein// #V2_00:02:01-3#	M5a
218	Maja	//*[Maja zeigt auf k]* Parallele// #V2_00:02:01-5#	M5a(Forts.)
219	Nina	//Stufenwinkel, nöh (fragend)? #V2_00:02:02-6#	Forts. M5a fM5a
220	Maja	Mhm (bejahend). #V2_00:02:04-4#	M5a*

Der nächste Schritt der Argumentation geht von Nina aus und wird auch hier mit R1a für Strukturanalyse kodiert (siehe Transkriptausschnitt 101). Nina analysiert in Turn 221 ebenfalls die Skizze und erkennt, dass sie auch die Größe des Winkels in der Spitze des Dreiecks bestimmen können, jetzt, da sie den Stufenwinkel zu α bestimmt haben. Sie erkennt die beiden Winkel als Nebenwinkel und berechnet die Größe des neuen Winkels als 180°-α. Dies wird von Maja bestätigt und in Turn 222 in die Skizze eingetragen.

Transkriptausschnitt 101: Nina und Maja (Gruppe 1), Turns 221–222

221	Nina	Ist also auch Alpha, also ist das *[Nina zeigt auf den Nebenwinkel des Stufenwinkels {γ}]* hundertachtzig Grad (.) minus Alpha. #V2_00:02:10-6#	R1a
222	Maja	Ja, der hier nöh (fragend)?// *[Maja zeichnet den Winkel γ ein und beschriftet ihn mit „180°-α"]* #V2_00:02:11-6#	D1c(u) fD1a

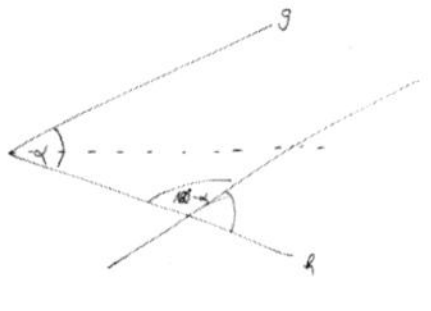

Dieser Transkriptausschnitt zeigt, dass die Strukturanalyse der Skizze einen großen Stellenwert bei der Argumentation hat. Auch im weiteren Verlauf der Argumentation dieser ersten Aussage finden noch einige Strukturanalysen der Skizze statt. Sie sind ein wichtiges Hilfsmittel, gerade in der Geometrie, in der Skizzen ein Hauptgegenstand der Untersuchungen sind.

Fehlerhafte Strukturanalysen von Aussagen und Skizzen

Doch nicht alle Strukturanalysen, egal, ob von einer Skizze oder Aussage, sind erfolgreich und damit direkt gewinnbringend für die Argumentation. Dennis und Julius sind ebenfalls mit der ersten Aussage beschäftigt (Transkriptausschnitt 102). Sie haben bisher die Schenkel g und h sowie den eingeschlossenen Winkel α gezeichnet. Dennis analysiert in Turn 142 die Skizze und bezieht sie zurück auf die Aussage. Im Anschluss suchen beide Studierende nach dem nächsten Schritt. Dennis zeichnet dafür in Turn 146 die Skizze nochmal neu und ergänzt die Parallele. Hierbei findet verdeckt eine Strukturanalyse der Aussage zur Skizze statt, da Dennis den nächsten Teil der Skizze aus der Aussage herausliest, also eine Strukturanalyse der Aussage für die Skizze macht. Da er dies jedoch nicht verbalisiert, sondern die Auswirkung nur durch das Einzeichnen der Parallelen zu sehen ist, wird hier nicht kodiert. Seine Aussage „dann ist das die Parallele" im gleichen Turn, die auf das Einzeichnen folgt, ist dann eine Strukturanalyse der Skizze selbst.

Transkriptausschnitt 102: Dennis und Julius (Gruppe 2), Turns 142–146

142	Dennis	Ja, wir haben den Winkel und die beiden Schenkel h und g und jetzt sollen wir natürlich an- #V2_08:23-4#  Skizze D1	R1a
143	Julius	Zeichnet man zum Schenkel -äh- g eine Parallele (.) k #V2_08:31-1#	/
144	Dennis	*[Dennis legt das Geodreieck an seine Skizze D1, um die Parallele zu zeichnen, und sagt leise zu sich]* Das habe ich schlecht gezeichnet. Das muss ich nochmal neu zeichnen. #V2_08:33-8#	M8d
145	Julius	*[Julius murmelt]* die den Schenkel h schneidet #V2_08:35-6#	/
146	Dennis	*[Dennis zeichnet neue Skizze D2 mit Geodreieck, Winkel mit Schenkeln, beschriftet Winkel α und Schenkel h und zeichnet eine Parallele zu g, die h nicht schneidet, ca. 23 Sek]* Gut, dann ist das die Parallele. *[Dennis beschriftet die Parallele mit k, danach den zweiten Schenkel mit g]* #V2_09:02-5#  Skizze D2	R1a

Dieses Beispiel zeigt, dass Strukturanalysen allein nicht grundsätzlich zu richtigen Ergebnissen führen. Hier hat Dennis die Angabe der Aussage, dass die Parallele den Schenkel h schneiden soll, nicht berücksichtig. Dadurch kommt er mit seiner Strukturanalyse auf ein falsches Ergebnis. Im nächsten Turn 147 fällt Julius allerdings auf, dass an der Skizze etwas nicht stimmt (Transkriptausschnitt 103).

Transkriptausschnitt 103: Dennis und Julius (Gruppe 2), Turns 147-149a

147	Julius	(Warte. Ich glaube, das haben wir irgendwie?) falsch verstanden. (.) #V2_09:06-9#	M6b&c +ND1c
148	Dennis	Hmm? #V2_09:07-7#	fD1a
149a	Julius	Äh- *§eine§* Parallele k, die den Schenkel h schneidet. Irgendwas haben wir falsch verstanden. Ah, ist das peinlich (.) #V2_09:14-8#	M6b&c +D1a

Julius weist darauf hin, dass die Parallele h schneiden soll und sie etwas nicht richtig verstanden haben. Dadurch haben Dennis und Julius jetzt die Möglichkeit, ihre Skizze zu verbessern. In Turn 159 zeichnet Dennis die Diagonale richtig ein auf Grundlage einer erneuten Strukturanalyse der Aussage für die Skizze (Turn 156).

Ein Beispiel, bei dem die Strukturanalyse der Skizze zu Fehlern in der Argumentation führt, zeigt sich ebenfalls bei Dennis und Julius (Transkriptausschnitt 104). Bei der Argumentation zur zweiten Aussage wollen die Studierenden zeigen, dass in einem Rechteck die Diagonalen gleich lang sind. Dazu schreibt Julius zunächst auf, dass alle Winkel im Rechteck 90° groß sind. In Turn 441 zeichnet er eine Skizze des Rechtecks mit den beiden Diagonalen, deren Struktur er im Anschluss analysiert. Er erkennt vier Teildreiecke im Rechteck, die jeweils zwei Seiten des Rechtecks und eine Diagonale als Seiten haben. Julius betrachtet zuerst das Dreieck ΔABD und bestimmt dessen Winkel als „*einhalb Alpha (..) plus Beta (.) plus (4) -äh- einhalb (..) Delta*“.

Transkriptausschnitt 104: Dennis und Julius (Gruppe 2), Turn 441

441	Julius	(..) Und (6) -ähm- (..) dann- Warte, ich füg hier nochmal eben (..) eine Skizze hinzu. *[Julius zeichnet mit Geodreieck ein Rechteck {Beweisskizze 2}, ca. 21 Sek]* Wir haben jetzt hier wieder A B C und D *[Julius beschriftet die Ecken des Rechtecks wie beim Parallelogramm mit A, B, C und D]* (.) und *[Julius zeichnet die Diagonale $\overline{AD}$ {BD} rot und die Diagonale $\overline{BC}$ {AC} blau ein, ca. 24 Sek]* Das heißt, wir haben wieder, wir haben wieder vier, vier Dreiecke *[Julius schreibt, während er spricht]* (..) wir haben -ähm- (.) A B und D *{ΔBCD}* (...) und die setzen sich zusammen aus *[Julius hört auf zu schreiben]* -äh- (..) -ähm- Alpha, Beta *[Julius beschriftet die Winkel des Rechtecks entsprechend der Ecken, ca. 8 Sek]* Gamma und Delta und das heißt -ähm- *[Julius schreibt, während er spricht]* (...) einhalb Alpha *{≈δ₂}* (..) plus Beta *{γ}* (.) plus (4) -äh- einhalb (..) Delta *{≈β₁}*, ja? (.) Und daraus folgt (...) -ähm- (...) hat -äh- hundertachtzig Grad (.) neunzig, fünfundvierzig, fünfundvierzig. *[Julius zeigt auf β {γ}, den oberen Teil von α {δ₂} und den oberen Teil von δ {β₁}]* Richtig? (.) Richtig. (..) #V5_10:25-9# $\Delta ABD := \frac{1}{2}\alpha + \beta + \frac{1}{2}\delta$ $\Rightarrow \Delta ABD := 180°$	Pla Rla +ND3 fM5a

Diese Strukturanalyse beinhaltet implizit, dass die Diagonalen im Rechteck gleichzeitig auch die Winkelhalbierenden sind. In den folgenden Turns nutzt er dies auch zur Bestimmung der Winkel und der Winkelsumme der drei weiteren Dreiecke. Weder hier noch im späteren Verlauf der Argumentation merken Dennis oder Julius, dass die Winkel so nicht stimmen. Durch die Strukturanalyse der Skizze hat Julius hier also Eigenschaften in der Skizze gefunden, die nicht stimmen, und sie für seine Argumentation genutzt.

Zusammenfassung

Strukturanalysen von Aussage und Skizzen sind wichtig (vgl. auch Jones & Tzekaki, 2016) und treten in vielfältiger Weise auf: als Strukturanalyse von Aussagen bzw. Skizzen selbst, aber auch als Strukturanalyse einer Aussage, um eine Skizze zu erstellen, sowie als Strukturanalyse einer Skizze, um sie auf die Aussage zurückbeziehen zu können. Jede dieser Strukturanalysen hat ihren eigenen Nutzen beim Beweisen. Nicht alle Strukturanalysen sind jedoch korrekt, auch sie können Fehler enthalten. Wird die Argumentation (und auch die Skizze) nicht ausreichend kontrolliert, können fehlerhafte Strukturanalysen einen negativen Effekt haben.

15.2 Strukturanalysen von Formeln

Formeln sind wie Skizzen wichtige Elemente von Argumentationen und Beweisen und wurden auch in den betrachteten Beweisen genutzt. Die Durchführung einer Strukturanalyse von Formeln an sich garantiert aber – ebenso wie zuvor bei den Aussagen und Skizzen – nicht, dass fachlich richtige Ergebnisse erzielt werden. Dies ist zwar möglich und natürlich wünschenswert, wie das erste Beispiel zeigt. Das zweite Beispiel zeigt jedoch, dass die Strukturanalyse von Formeln auch zu falschen Ergebnissen führen kann.

Gelungene Strukturanalysen von Formeln

Daria und Leonie nutzen Formeln erfolgreich in ihrer Argumentation zur ersten Aussage, dass das gegebene Dreieck gleichschenklig ist. Die Studierenden haben bereits aus der Aussage eine Skizze erstellt und zwei der drei Winkel im Dreieck bestimmt. Um den noch fehlenden Winkel zu bestimmen, möchten sie eine Formel nutzen (Turn 164 und 165 + 167, Transkriptausschnitt 105). Nach einer Strukturanalyse der Skizze in Turn 168a, die darauf ausgerichtet ist, eine Formel zu erstellen, ist die Formel in Turn 173 fertig aufgeschrieben („$180 = \frac{1}{2}\alpha + (180 - \alpha) + x$").

Transkriptausschnitt 105: Daria und Leonie (Gruppe 4), Turns 164–168b

164	Leonie	//(Wollen wir?) ne Formel? #V1_14:10-8#	P1a°
165	Daria	(..) Ja, ne Formel, dass das *[Daria zeigt an den Seiten des Dreiecks entlang]* zusammen (.) hundertachtzig Grad ergibt irgendwie. Hundertachtzig Grad gleich// #V1_14:16-9#	P1a
166	Leonie	//Mhm (bejahend).// #V1_14:17-3#	D1c(u)
167	Daria	//die plus alle zusammen? *[Daria zeigt auf die Winkel im Dreieck {γ, x, α_2}]* #V1_14:18-3#	Forts. P1a
168a	Leonie	*[Leonie schreibt Formel „180=" auf, ca. 4 Sek]* Also, oder hundertachtzig gleich das *[Leonie zeigt auf den Winkel links im Dreieck {α_2}]* plus das *[Leonie zeigt auf den dritten Winkel im Dreieck {γ}]* plus *[Leonie zeigt auf den Winkel rechts im Dreieck {x}]* (.) wenn *§wir das§* hier *[Leonie zeigt auf den Winkel rechts im Dreieck {x}]* be- zeigen wollen (...) also (4) *[Leonie schreibt, während sie spricht]* Einhalb Alpha (..) plus hundertachtzig Grad// #V1_14:42-3#	R1a
168b	Daria	*§Mhm (bejahend).§*	D1c(u)

Die Studierenden überlegen nun, wie sie den fehlenden Winkel x aus der Formel bestimmen können und wollen die Formel nach x umstellen (Turn 169 und 172). Für das Umstellen der Formel beginnt Daria in Turn 175 mit einer Strukturanalyse der Formel, die sich in den Turns 177a bis 184 fortsetzt, bis die Formel die Form „$-x = \frac{1}{2}\alpha - \alpha$" hat (Transkriptausschnitt 106).

Transkriptausschnitt 106: Daria und Leonie (Gruppe 4), Turns 175–185

175	Daria	(.) Kann man einfach (.) minus das alles? *[Daria zeigt auf einen Teil der rechten Gleichung „$\frac{1}{2}\alpha+(180-\alpha)$"]* (4) Joa, müsste man eigentlich können, oder? (.) Können natürlich auch einfach x rüberholen *[Daria bewegt den Finger von x aus auf die andere Seite der Gleichung zur 180]* und hundertachtzig Grad nochmal *[Daria bewegt den Finger von 180 aus auf die andere Seite der Gleichung zum x]* $180° = \frac{1}{2}\alpha + (180-\alpha) + x$ (unv.) #V1_15:04-3#	fR1a R1a
176	Leonie	Ja, vielleicht besser. #V1_15:06-2#	D1c(u)
177a	Daria	Können ja dann (.) *§minus x und minus§* hundertachtzig Grad. Kannst ja machen. #V1_15:10-1#	R1a.
177b	Leonie	*[Leonie schreibt, während sie spricht] §Erstmal minus x.§*	R1a(Forts.)
178	Leonie	(..) *[Leonie schreibt, während sie spricht]* Minus x hier. #V1_15:14-1# $180° = \frac{1}{2}\alpha + (180-\alpha) + x \quad \vert -x \ ; -180$	Wdh. 177b
179	Daria	*[Leonie schreibt, während Daria spricht]* (.) Mhm (bejahend). #V1_15:15-4#	D1c(u)
180	Leonie	*[Leonie schreibt, während sie spricht]* Einhalb Alpha (.) plus (...) Dat ist ja minus. *[Leonie zeigt auf die Klammer in der rechten Gleichung „(180-α)"]* #V1_15:22-1# $-x = \frac{1}{2}\alpha$	R1a
181	Daria	Plus hundertachtzig. *[Daria zeigt auf die 180 auf der rechten Seite der Formel]* #V1_15:24-1#	R1a
182	Leonie	Minus hundertachtzig *[Leonie zeigt auf die Umformungsanweisung „-180"]* ist Null. #V1_15:25-7#	R1a(Forts.)
183	Daria	(..) Jo. #V1_15:27-8#	D1c(u)
184	Leonie	Und dann minus Alpha. #V1_15:29-2#	R1a
185	Daria	*[Leonie schreibt, während Daria spricht]* Ja. #V1_15:30-1# $-x = \frac{1}{2}\alpha - \alpha$	D1c(u)

Im Anschluss erfolgt eine weitere Strukturanalyse der Formel (Turns 186, 188 und 189, Transkriptausschnitt 107), um x zu bestimmen. Dazu wird die Formel mit „-1“ multipliziert und der rechte Term ausgerechnet. Die Studierenden erhalten somit als Ergebnis „$x = \frac{1}{2}\alpha$“.

Transkriptausschnitt 107: Daria und Leonie (Gruppe 4), Turns 186–190

186	Leonie	*[Leonie schreibt, während sie spricht]* (.) Und dann mal minus Eins. #V1_15:32-5# $-x = \frac{1}{2}\alpha - \alpha \quad \| \cdot (-1)$	R1a
187	Daria	Mhm (bejahend). #V1_15:33-5#	D1c(u)
188	Leonie	*[Leonie schreibt, ca. 8 Sek]* Und (.) minus ein halbes Alpha plus ein Alpha sind (.) #V1_15:46-9# $x = -\frac{1}{2}\alpha + \alpha$	R1a
189	Daria	'n halbes Alpha.// #V1_15:48-2#	R1a(Forts.)
190	Leonie	//Ein halbes Alpha. *[Leonie schreibt, ca. 3 Sek]* Fertig. #V1_15:53-9# $x = \frac{1}{2}\alpha$	Wdh. 189 R6a

Dieses Beispiel zeigt, wie wichtig die Strukturanalyse auch bei Formeln ist, sowohl zum Erstellen einer Formel (hier aus einer Skizze) als auch bei der zielführenden Umformung einer Formel. Doch bei Formeln, wie auch bei Skizzen, sind nicht alle Strukturanalysen erfolgreich und für die Argumentation gewinnbringend.

Fehlerhafte Strukturanalysen von Formeln

Charlotte und Pia beschäftigen sich mit der zweiten Aussage. Aus dem Transkript ist jedoch nicht direkt ersichtlich, ob sie zeigen wollen, dass die Diagonalen im Rechteck gleich groß sind oder dass es sich um ein Rechteck handelt. Zu Beginn versuchen die beiden zu zeigen, dass es sich um rechte Winkel handelt (Transkriptausschnitt 108). Charlotte stellt in Turn 853a Formeln für die beiden Winkel α und β auf, dazu nutzt sie eine Strukturanalyse der Skizze, deren Ziel die Formeln sind. Die Formeln an sich sind richtig. Aus ihnen schlussfolgert Charlotte nun, dass α und β beide 90° haben müssen, damit sie gleich groß sind und im Kongruenzsatz SWS verwendet werden können, um zu zeigen, dass die Diagonalen gleich groß sind (Turn 855a).

Transkriptausschnitt 108: Pia und Charlotte (Gruppe 3), Turns 853a-856

853a	Char-lotte	Hmm. Ich kann, wir können sagen, warum das hier nicht gleich dem ist *[Charlotte zeigt in Skizze 3 abwechselnd auf die Winkel in A {α} und B {β}]*. (..) Weil (.) das hier *[Charlotte zeigt auf den Winkel in B {β}]* ist ja -ähm- Das Gesamte *[Charlotte zeigt auf den Winkel in B {β}]* ist ja quasi hundertachtzig Grad minus *[Charlotte schreibt „180°-"]* Also, wenn das jetzt, böh, das ist Beta *[Charlotte beschriftet den Winkel in B mit „β"]*, das ist Alpha *[Charlotte beschriftet den Winkel in A mit „α"]*. Das hier *[Charlotte zeigt auf β]* ist hundertachtzig Grad minus Alpha *[Charlotte ergänzt ihre Formel zu „180°- α"]* *§und das hier [Charlotte zeigt auf α] hundertachtzig Grad§* minus Beta *[Charlotte schreibt „180°-β"]* und Alpha und Beta müssen in dem Fall, damit sie gleich groß sind, *§§beide neunzig§§* Grad sein. Und deshalb -ähm- (.) Nur dann geht es ja, weil dann hast du nur S W S *[Charlotte schreibt „SWS"]*, dass beide Seiten gleich lang sind *[Charlotte zeigt auf die Seiten des Parallelogramms]*// #V6_07:22-2# 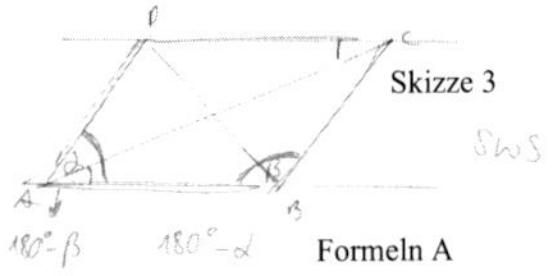 Skizze 3 Formeln A	R1a
853b	Pia	*§Das ist hundert Grad, achtzig Grad minus Beta§ / §§Neunzig Grad sein§§*	R1a(Forts.)
854	Pia	//Ja.// #V6_07:22-3#	D1c(u)
855a	Char-lotte	//und nur dann *§sind die Seiten§* auch gleich lang *[Charlotte zeigt in Skizze 3 die Diagonalen entlang]*// #V6_07:25-4#	Forts. R1a
855b	Pia	*§haben wir den Winkel auch§*	R1a(Forts.)
856	Pia	//Ja. #V6_07:25-5#	D1c(u)

Charlotte scheint nun aber in Turn 857 aus der Folgerung und den Formeln (Strukturanalyse der Formel) zu schließen, dass die Winkel α und β wirklich 90° haben (Transkriptausschnitt 109). Für eine genauere Analyse dieser Stelle im Hinblick auf die logischen Zusammenhänge siehe Abschnitt 17.1.

Transkriptausschnitt 109: Pia und Charlotte (Gruppe 3), Turns 857 + 858

857	Char-lotte	Und deshalb müssen Alpha *[Charlotte umkreist α {Formeln A}]* und Beta *[Charlotte umkreist β {Formeln A}]* gleich neunzig Grad sein. *[Charlotte schreibt unter die beiden Formeln „=90°"]* #V6_07:30-3# 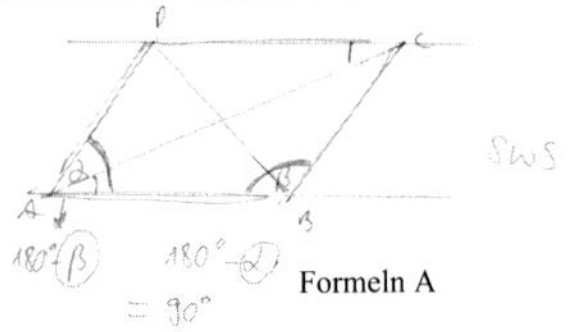 Formeln A	R1a +ND1c
858	Pia	Das ist korrekt.// #V6_07:30-8#	D1c(u)

Hier hilft die Strukturanalyse der Formel nicht, wirklich zu beweisen, dass die Winkel α und β gleich groß sind. Sie verschleiert eher, dass dies eben noch nicht bewiesen ist.

Zusammenfassung
Formeln können in Beweisen eine wichtige Rolle einnehmen und die Argumentation stützen und voranbringen. Um Formeln gut nutzen und mit ihnen arbeiten zu können, sind auch hier Strukturanalysen äußerst wertvoll. Dies zeigt das Beispiel von Daria und Leonie, die mithilfe von Strukturanalysen ihre Formel nach der gesuchten Unbekannten umstellen konnten. Nicht jede Strukturanalyse ist jedoch richtig, wie das Beispiel von Pia und Charlotte zeigt. Die Durchführung kann fachlich falsch sein, es können Eigenschaften und Zusammenhänge in eine Formel interpretiert werden, die nicht stimmen. Daher ist auch hier die Kontrolle des Vorgehens wichtig, um einen negativen Effekt auf die Argumentation zu verhindern.

15.3 Fazit zu Strukturanalysen fachspezifischer Darstellungen

Die Strukturanalyse fachspezifischer Darstellungen ist eine metakognitive Aktivität, die große Auswirkungen auf den Argumentations- und Beweisprozess haben kann. Unter fachspezifischen Darstellungen werden im Zusammenhang dieser Arbeit selbsterstellte Skizzen und Formeln sowie die zu beweisenden Aussagen verstanden. Die Strukturanalysen von Aussagen und Skizzen erweisen sich als vielfältig. Es können sowohl die Aussagen und Skizzen selbst analysiert als auch eine Verbindung zwischen ihnen hergestellt werden. Beispielsweise ist eine Strukturanalyse einer Aussage wertvoll mit der Absicht, aus ihr eine Skizze zu erstellen, oder eine Analyse einer Skizze, um sie auf die zu beweisende Aussage zurück zu beziehen. Diese verschiedenen Arten von Strukturanalysen zeigen sich im Beispiel von Nina und Maja (siehe Abschnitt 15.1). Auch die Strukturanalyse von Formeln ist wichtig für den Argumentations- und Beweisprozess, da ihre Analyse ermöglicht, Formeln gewinnbringend in der Argumentation einsetzen zu können. Dies ist im Beispiel von Daria und Leonie (siehe Abschnitt 15.2) gut zu erkennen.

Im Allgemeinen vertieft die Strukturanalyse von Aussagen, Skizzen und Formeln das Verständnis der jeweiligen Darstellung sowie ihrer Eigenschaften und erlaubt es, Beziehungen der Darstellungen untereinander zu erkennen. Dies ermöglicht das Finden und Erkennen wichtiger Bestandteile der Argumentation.

Nicht jede Strukturanalyse führt jedoch zu einem fachlich tragfähigen Ergebnis. Fehler sind bei einer Strukturanalyse durchaus möglich, wie die Beispiele von Dennis und Julius in Abschnitt 15.1 und von Pia und Charlotte in Abschnitt 15.2 zeigen. Daher ist die metakognitive Aktivität der Kontrolle von Strukturanalysen ein weiteres wichtiges Werkzeug beim Argumentieren und Beweisen, um negative Auswirkungen auf die Argumentationen und Beweise zu vermeiden.

Open Access Dieses Kapitel wird unter der Creative Commons Namensnennung 4.0 International Lizenz (http://creativecommons.org/licenses/by/4.0/deed.de) veröffentlicht, welche die Nutzung, Vervielfältigung, Bearbeitung, Verbreitung und Wiedergabe in jeglichem Medium und Format erlaubt, sofern Sie den/die ursprünglichen Autor(en) und die Quelle ordnungsgemäß nennen, einen Link zur Creative Commons Lizenz beifügen und angeben, ob Änderungen vorgenommen wurden.

Die in diesem Kapitel enthaltenen Bilder und sonstiges Drittmaterial unterliegen ebenfalls der genannten Creative Commons Lizenz, sofern sich aus der Abbildungslegende nichts anderes ergibt. Sofern das betreffende Material nicht unter der genannten Creative Commons Lizenz steht und die betreffende Handlung nicht nach gesetzlichen Vorschriften erlaubt ist, ist für die oben aufgeführten Weiterverwendungen des Materials die Einwilligung des jeweiligen Rechteinhabers einzuholen.

Die (fehlende) Tiefe metakognitiver Aktivitäten

16

Gemeinsames Argumentieren und Beweisen ist eine komplexe Aufgabe, die auch darauf beruht, auf die Ideen, Argumentationen und Pläne des anderen einzugehen, diese zu prüfen und zu bewerten. Das passiert an vielen Stellen in den rekonstruierten Beweisprozessen der Studierenden allerdings nicht so ausführlich, wie es für die Argumentation förderlich wäre. In den Transkripten finden sich viele Stellen, an denen Argumentationen und Pläne, aber auch Aufforderungen zur Kontrolle und Reflexion nur sehr knapp, in vielen Fällen mit einem Ja oder Nein kommentiert oder beantwortet werden. Unbegründete Zustimmungen kommen so häufig vor, dass eine Kennzeichnung an die normale Kodierung „D1c" angehängt wurde, die anzeigt, dass die Zustimmung unbegründet ist. Derartige Stellen werden mit „D1c(u)" kodiert. Kontroll- und Reflexionsaktivitäten, die nicht weiter ausgeführt werden, wurden mit einem Sternchen als „MXx*" bzw. „RXx*" kodiert. Dieses Kapitel befasst sich mit den rekonstruierten Auswirkungen dieser knappen Antworten (Abschnitt 16.1) und insbesondere mit (nicht) elaborierten (Zwischen-)Bilanzen der Studierenden (Abschnitt 16.2).

Ergänzende Information Die elektronische Version dieses Kapitels enthält Zusatzmaterial, auf das über folgenden Link zugegriffen werden kann https://doi.org/10.1007/978-3-658-46468-4_16.

© Der/die Autor(en) 2025

N. Abels, *Argumentation und Metakognition bei geometrischen Beweisen und Beweisprozessen*, Perspektiven der Mathematikdidaktik,
https://doi.org/10.1007/978-3-658-46468-4_16

16.1 Positive und negative Auswirkungen knapper Antworten

Nicht grundsätzlich bedeutet eine knappe Antwort, dass die Studierenden nicht nachgedacht haben. In vielen Fällen kann davon ausgegangen werden, dass die Studierenden mitdenken und überlegt antworten, auch wenn sie ihre Gedanken nicht in Worte fassen. Jedoch kann nur das Gesprochene kodiert werden, auch die Gesprächspartner können nur die Worte, nicht aber die Gedanken nachvollziehen. Knappe Antworten erschweren es somit dem Partner, die Kontrolle der anderen mit ihren eigenen Entscheidungen und Gedankengängen zusammen zu bringen. Dies hat in vielen Situationen allerdings keine negativen Auswirkungen, wie die folgenden Beispiele zeigen.

Knappe Antworten ohne negative Auswirkungen
Pia und Charlotte beschäftigen sich mit dem Beweis der zweiten Aussage. Pia hat bereits mithilfe der Mittelsenkrechten gezeigt, dass die Diagonalen im Rechteck gleich lang sind und möchte diese Argumentation nun auf das Parallelogramm übertragen. Sie merkt an, dass es im Parallelogramm keinen Schnittpunkt der Mittelsenkrechten gibt, wodurch die Diagonalen nicht gleich lang sein können. Charlotte hinterfragt diese Argumentation in Turn 759 (Transkriptausschnitt 110). Pia erklärt ihr daraufhin die Argumentation erneut (Turns 760, 762, 764 und 766). Charlotte stimmt den einzelnen Abschnitten der Argumentation zu (Turns 761, 763 und 765).

Transkriptausschnitt 110: Pia und Charlotte (Gruppe 3), Turns 759–766

759	Charlotte	//Ja, du-, du argumentierst ja mit den Mittelsenkrechten, deshalb können die Diagonalen immer noch gleich lang sein. (..) Geht ja nur um die Diagonalen// #V5_12:14-3#	M5a
760	Pia	//Aber es geht doch darum, genau. Es geht darum, dass wir hier *[Pia zeigt in Skizze 1 auf den Schnittpunkt der Diagonalen {M} im Rechteck]* einen Punkt haben, von den die Diagonalen alle gleich, also, weil das, die *[Pia zeigt von Punkt A zum Schnittpunkt der Diagonalen {M}]* dieser Schnittpunkt *[Pia zeigt auf den Schnittpunkt der Diagonalen {M}]* be-// #V5_12:22-6# 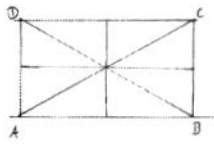	R5a
761	Charlotte	//Ja. #V5_12:23-1#	D1c(u)
762	Pia	sagt #V5_12:23-6#	Forts. R5a
763	Charlotte	Ja. #V5_12:24-3#	D1c(u)
764	Pia	dass alle Punkte gleich weit von diesem Schnittpunkt entfernt sind *[Pia zeigt in Skizze 1 von Punkt C zum Schnittpunkt der Diagonalen {M}, von Punkt B zum Schnittpunkt {M}, von Punkt A zum Schnittpunkt {M} und von Punkt D zum Schnittpunkt {M}]* und damit wissen wir auch, dass diese Diagonalen alle gleich lang sind. *[Pia zeigt von Punkten C, B, A und D zum Schnittpunkt der Diagonalen {M}]* #V5_12:30-8#	Forts. R5a
765	Charlotte	(.) Ja. #V5_12:31-9#	D1c(u)
766	Pia	Und wenn, und da bei einem Parallelogramm sich die Mittelsenkrechten nicht schneiden und auch die Diagonale *[Pia zeigt in Skizze 1 die Diagonalen entlang]* (.) nicht durch den (.) nicht durch einen Schnittpunkt verlaufen kann, weil's diesen Schnittpunkt nicht gibt (.) können nicht alle Punkte gleich weit voneinander entfernt sein und dadurch auch nicht gleich lang sein. #V5_12:49-3#	R5a

Charlotte scheint hier mit ihrer unbegründeten Zustimmung zum Ausdruck bringen zu wollen, dass sie diesen Teilen der Argumentation folgen kann und sie für richtig erhält. Da ihre Zustimmung jedoch nicht begründet ist, kann dies nicht genau geklärt werden. In dieser Situation folgt durch die unbegründete Zustimmung auch kein Schaden, da Pias Argumentation nicht falsch ist.

In einigen Situationen ist in einer Aufforderung zur Kontrolle oder Reflektion bereits die „Lösung" enthalten, wodurch die Antwort des Gegenübers kürzer ausfällt. Daria ist dabei, den zweiten Beweis aufzuschreiben. Einen Winkel haben die Studierenden „Gamma" genannt. Daria ist sich mit der Schreibweise des griechischen Buchstabens unsicher und zeichnet ihn einmal in die Luft, mit der

Rückfrage an Leonie, ob die Schreibweise so richtig ist (Turn 446, Transkriptausschnitt 111). Diese Rückfrage wird als Aufforderung zur Kontrolle der Notation „fM3“ kodiert. Leonie stimmt in Turn 447 der gezeigten Schreibweise zu.

Transkriptausschnitt 111: Daria und Leonie (Gruppe 4), Turns 446 + 447

446	Daria	(..) Nee, ich kann's machen. *[Daria zeichnet ein „γ“ in die Luft]* Gamma ist so, nöh (fragend)? #V3_08:10-7#	fM3
447	Leonie	Mhm (bejahend). *[Daria beschriftet in der Beweisskizze den Winkel {ε} mit „γ“ und schreibt, ca. 22 Sek]* Gamma gleich *[Daria schreibt, ca. 6 Sek]* So. (unv.)// #V3_08:43-2#	M3*

Da diese Kontrolle der Notation nur einen Laut der Zustimmung enthält, ist er mit „M3*“ kodiert. Trotzdem sind in Leonies Antwort alle notwendigen Informationen darüber enthalten, was γ ist. Die Antwort ist zudem inhaltlich richtig und die knappe Form hat keine negativen Auswirkungen.

Nicht elaborierte Antworten gibt es auch in Bezug auf die Argumentation. Dennis und Julius versuchen die erste Aussage zu beweisen, dass das gegebene Dreieck gleichschenklig ist. Julius argumentiert in Turn 268 mithilfe eines Parallelogramms (Transkriptausschnitt 112). Dennis kann seiner Argumentation jedoch nicht ganz folgen und bittet um etwas Zeit, darüber nachzudenken (Turn 269).

Transkriptausschnitt 112: Dennis und Julius (Gruppe 2), Turns 268 + 269

268	Julius	Mhm (bejahend), mhm (bejahend). *[Julius zeichnet in Skizze J5 die Parallele {l} zu h ein]* (8) Also, da das halt ne, ne Parallele ist -ähm- (..) hmm, (.) ja, das ist jetzt auch wieder so, so schwierig, das, das in Worte zu packen. Also, wenn man das jetzt halt, das ist so ne, ne Parallele *[Julius zeigt auf k]* das heißt, dass der (.) -ähm- Wenn ich jetzt zum Beispiel zu, zu h auch noch ne Parallele ziehen würde, dann weiß ich, dass dieser Winkel *[Julius zeigt auf den Winkel rechts im Viereck {β}]* (.) genauso ist wie dieser hier. *[Julius zeigt im Viereck auf den Winkel links {α} und beschriftet den Winkel rechts {β} mit „α“]* #V3_12:04-9#	D1c(u) R6b R1a
269	Dennis	Warte mal. *[Dennis lehnt seinen Kopf nach unten, Julius nimmt seine Hand weg, damit er Dennis die Sicht auf die Skizze nicht verdeckt]* Stimmt. Passt. Ja. #V3_12:08-3#	M5a*

Dennis stimmt dann der Argumentation zu. Er erklärt nicht, worüber er nachdachte oder was ihn vorher verwirrte. An dieser Stelle kann davon ausgegangen werden, dass Dennis nachgedacht hat. Doch da er seine Gedanken nicht ausspricht, bleibt die Kodierung „M5a*". Die Argumentation ist allerdings richtig, wodurch wegen der knappen Kontrolle kein Nachteil entsteht.

Manchmal ist eine nicht elaborierte Kontrolle auch einfach das Ende einer ganzen Reihe von Kontrollaktivitäten, wie das folgende Beispiel zeigt (Transkriptausschnitt 113). Nina und Maja wollen zeigen, dass das in der ersten Aussage gegebene Dreieck gleichschenklig ist. Dazu bestimmt Maja zunächst den Stufenwinkel zum gegebenen Winkel α (Turn 216). Diese Argumentation wird in den folgenden Turns kontrolliert (Turns 217 bis 219) und diese Kontrolle wiederum kontrolliert (Turn 220).

Transkriptausschnitt 113: Nina und Maja (Gruppe 1), Turns 216–220

216	Maja	*[Maja zeigt auf Winkel α]* Dann ist der *[Maja zeichnet Stufenwinkel zu α ein {α'}]* Winkel der gleiche *[Maja zeigt auf Winkel α]*, oder? #V2_00:01:59-9#	R1a fM5a
217	Nina	Hmm ja, das ist ja ein// #V2_00:02:01-3#	M5a
218	Maja	//*[Maja zeigt auf k]* Parallele// #V2_00:02:01-5#	M5a(Forts.)
219	Nina	//Stufenwinkel, nöh (fragend)? #V2_00:02:02-6#	Forts. M5a fM5a
220	Maja	Mhm (bejahend). #V2_00:02:04-4#	M5a*

Diese letzte Kontrolle in Turn 220 ist inhaltlich nicht so „gefüllt" wie die vorherige. Sie enthält nur eine Zustimmung zur vorherigen Kontrolle, die in Turn 219 eingefordert wurde. Die Kontrolle an sich in Turn 217 und 219 war hier also wortreicher. Dass die Kodierung hier „M5a*" ist, ist also nicht nachteilig für den Beweis, alle notwendigen Informationen sind in der Diskussion enthalten.

Knappe Antworten mit negativen Auswirkungen

An einigen Stellen sind knappe Antworten jedoch unzureichend und haben negative Auswirkungen. Hier ist wegen der fehlenden Erläuterungen der Antworten nicht erkennbar, ob die eigenen Überlegungen an sich nicht ausreichend waren oder gar nicht erst stattfanden. So enthält eine Planung von Leonie zum Beweis der zweiten Aussage einen inhaltlichen Fehler (Transkriptausschnitt 114). Die

Studierenden wollen zeigen, dass es sich bei dem Parallelogramm um ein Rechteck handelt und haben bereits die Größe der Winkel α und β bestimmt. Leonie schlägt in Turn 341 vor, dass sie nun alle Winkel des Vierecks zusammenrechnen und überprüfen, ob sich eine Winkelsumme von 360° ergibt. Sollte dies der Fall sein, wäre für sie der Beweis abgeschlossen. Daria stimmt ihrem Plan in Turn 342 zu.

Transkriptausschnitt 114: Daria und Leonie (Gruppe 4), Turns 341 + 342

341	Leonie	//Okay. (..) Also, und jetzt müssen wir alle *[Leonie zeigt in Skizze 2 nacheinander auf die α- und β-Winkel in den Ecken des Rechtecks {β_1, β_2, γ_1, γ_2, δ_1, δ_2, α_1 und α_2}, ca. 2 Sek]* das alles zusammenrechnen und sagen, dass das gleich dreihundertsechzig ist. (.) Oder? (.) Und wenn das stimmt, dann (..) sind wir fertig. #V2_13:14-4#	Pla +ND3 fM6b R6a
342	Daria	(..) Jo. #V2_13:17-6#	Dlc(u)

Darias Zustimmung erfolgt zwar erst nach zwei Sekunden, das bedeutet jedoch nicht, dass sie in der Zeit zwangsweise darüber nachgedacht hat. Es könnte auch sein, dass ihr erst nach dieser Zeit aufgefallen ist, dass Leonie eine Antwort erwartet. Daria hat zudem nicht erkannt, dass sie mit diesem Plan ihres weiteren Vorgehens von ihrem eigentlichen Ziel – zu zeigen, dass die Winkel 90° haben – abgekommen sind.

Bei Dennis und Julius gibt es eine nicht elaborierte Kontrolltätigkeit, die einen Fehler in der Argumentation nicht aufdeckt (Transkriptausschnitt 115). Die beiden Studierenden beschäftigen sich mit dem Beweis der ersten Aussage, dass das gegebene Dreieck gleichschenklig ist. In Turn 175 bestimmt Julius dafür die Winkel im Dreieck. Die Basiswinkel des Dreiecks haben beide die Größe $\frac{1}{2}$ α, der dritte Winkel die Größe γ-α. Dennis stimmt diesen Winkelgrößen in Turn 176 zu. Julius fordert ihn in Turn 177 noch einmal dazu auf, die Winkel zu überprüfen. Dennis‘ Kontrolle in Turn 178 fällt wieder sehr kurz aus („*Definitiv*“).

Transkriptausschnitt 115: Dennis und Julius (Gruppe 2), Turns 175–178

175	Julius	//genauso groß sein. Das heißt, wir haben -äh, äh- Daraus folgt dann *[Julius zeichnet einen Pfeil nach unten und skizziert in der neuen Skizze J2 nur das Dreieck aus seiner vorherigen Skizze etwas größer als vorher]* Zack, zack, na, so. Und dann wissen wir, das ist jetzt einhalb Alpha *[Julius beschriftet den Winkel links {α_2} mit „½ α"]* das (.) auch *[Julius beschriftet den Winkel rechts im Dreieck {x} mit „½ α"]*. Und das ist dann (.) der Winkel minus (.) Alpha. *[Julius beschriftet den oberen Winkel im Dreieck {γ} mit „γ-α"]* #V2_13:02-5# 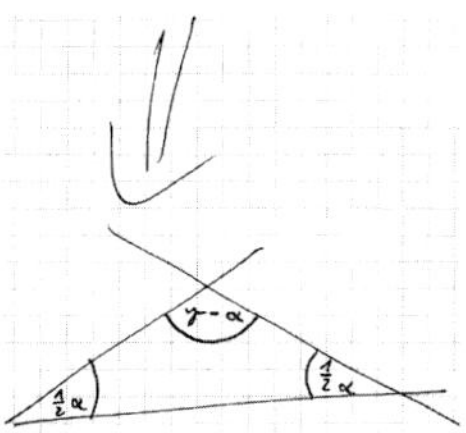	Forts. R1a +ND1c +ND3
176	Dennis	Okay, minus. // #V2_13:03-2#	D1c(u)
177	Julius	//Wärst du damit einverstanden? #V2_13:04-9#	fM5a
178	Dennis	Definitiv. #V2_13:06-9#	M5a*

Dennis hat in seiner Kontrolle (so er darüber nachgedacht hat) nicht erkannt, dass die Winkelgrößen so nicht angenommen werden dürfen. Die Größe des zweiten Basiswinkels ist eigentlich ein Teil dessen, was die Studierenden zeigen müssen. Die Größe des dritten Winkels des Dreiecks wurde mit γ-α statt 180°-α falsch angegeben. Diese Winkelgrößen werden nun aber im gesamten Beweis weiterverwendet, die Kontrolle der Argumentation ist – auch wegen fehlender Ausführung der Gründe – nicht effektiv.

Zusammenfassung

Knappe, nicht elaborierte Antworten und metakognitive Aktivitäten treten in den hier untersuchten Daten vielfach auf. In vielen Fällen entstehen den Studierenden dadurch keine Nachteile im Argumentations- und Beweisprozess, da die Aussagen, denen unbegründet zugestimmt wird, richtig sind. Auch wenn in Aufforderungen zu metakognitiven Aktivitäten die Antworten quasi schon enthalten ist, wie beispielsweise in Transkriptausschnitt 111 bei Daria und Leonie, ist eine ausführlichere Antwort nicht immer zwingend notwendig. Die obigen Beispiele zeigen aber auch, dass nicht elaborierte Monitoring- und Reflexionsaktivitäten sowie unbegründete Zustimmungen im Prozess weitreichende und rekonstruierbare Folgen haben können. Diese treten vor allem dann auf, wenn die Aussagen, denen unbegründet zugestimmt wird, falsch sind und dies deswegen nicht erkannt wird. Nicht elaborierte Äußerungen werfen in vielen Fällen zusätzlich die Frage auf, inwiefern überhaupt über die betroffenen Aussagen vor der Antwort nachgedacht wurde. Wird die Tiefe eigener Überlegungen nicht durch eine Erklärung oder Erläuterung zugänglich gemacht, entzieht sich eine Äußerung zudem weiterer Kontrollen, die eventuell Fehler und Missverständnisse aufdecken könnten.

16.2 Die Wirkung (nicht) elaborierter (Zwischen-) Bilanzen

Eine wichtige Aktivität, die hinter der Kodierung R6a steckt, ist das Ziehen einer (Zwischen-) Bilanz. Am Ende einer Arbeitsphase oder der gesamten Bearbeitung eine (Zwischen-)Bilanz zu ziehen, ermöglicht es einem, den Arbeitsprozess zu reflektieren und zusammenzufassen. Hier wurde bei der Kodierung auf die Kennzeichnung mit einem Sternchen verzichtet, da diese Reflexionen in anderen, schwer vergleichbaren Situationen stattfinden. Trotzdem können Äußerungen, in denen Bilanz gezogen wird, sehr unterschiedlich elaboriert und ausführlich oder sehr knapp ausfallen.

Elaborierte (Zwischen-)Bilanzen

In den untersuchten Argumentationen zeigen sich Beispiele von elaborierten (Zwischen-)Bilanzen. Eines dieser Beispiele ist in Transkriptausschnitt 116 zu sehen. Pia vergleicht in Turn 852 während der mündlichen Diskussion zur zweiten Aussage die erstellte Skizze mit der Skizze, die sie für die erste Aussage angefertigt haben. Mithilfe einer Strukturanalyse (R1a) findet sie vergleichbare Elemente in beiden Skizzen. Sie schließt ihren Vergleich mit der Aussage, dass die beiden Zeichnungen im Prinzip gleich sind (fett gedruckt).

Transkriptausschnitt 116: Pia und Charlotte (Gruppe 3), Turn 852

852	Pia	//Wir haben halt hier *[Pia zeigt in Skizze 3]* grade genau das gleiche Beispiel bei, wie die Aufgabe zuvor. (..) Also es ist halt Haar genau, guck dir die Zeichnung an, es ist genau das gleiche. Wir haben einen Schenkel *[Pia zeigt auf die Diagonale $\overline{AC}$]* mit Alpha *[Pia zeigt auf den Winkel in A]*, er wird halbiert *[Pia zeigt auf die Diagonale $\overline{AC}$]* und er -ähm- trifft *[Pia zeigt auf $\overline{BC}$ {b}]* in dem Moment, das wär, also das hier ist bei uns g *[Pia zeigt auf Diagonale $\overline{AC}$]*, das ist h *[Pia zeigt auf $\overline{AB}$ {a}]* und -ähm- Ah, nee, das ist hier, das ist g *[Pia zeigt auf $\overline{AD}$ {d}]*, das ist h *[Pia zeigt auf $\overline{AB}$ {a}]*, das ist *[Pia zeigt auf Diagonale $\overline{AC}$]* -ähm- (..) **Also vom, vom Grundprinzip ist es genau die gleiche Zeichnung, die wir eben hatten.** #V6_06:46-6#	R1a M8b R6a

Bei dieser letzten Aussage handelt es sich um eine Bilanz ihres Vergleiches, die mit R6a kodiert wird. In diesem Fall ist die Bilanz verhältnismäßig ausführlich. Durch die vorher stattgefundene Strukturanalyse der Skizzen ist eine gemeinsame, öffentlich zugängliche Grundlage gegeben und alle wichtigen Informationen, um die Bilanz nachvollziehen zu können, liegen vor. Das ist in den betrachteten Argumentationen jedoch eher die Ausnahme, wie im Folgenden gezeigt wird.

Nicht elaborierte (Zwischen-)Bilanzen

In vielen Fällen fällt die (Zwischen-)Bilanz wesentlich knapper aus, sie wird nicht erklärt oder unterfüttert. Ein Beispiel einer solchen knappen Bilanz findet sich gleich zu Beginn von Ninas und Majas mündlicher Argumentation zur zweiten Aussage (Transkriptausschnitt 117). Beide Studierende haben die Aussage gerade gelesen (Turn 362). Nina zeichnet nun eine Skizze dazu (Turns 363 und 365). Nachdem die Skizze fertig gezeichnet ist, betrachtet Maja sie für einige Sekunden und sagt dann, dass die Aussage stimmt (Turn 365, fett gedruckt).

Transkriptausschnitt 117: Nina und Maja (Gruppe 1), Turns 362–365

362	Nina	*[Stilles Lesen der Aussage, ca. 8 Sek]* Was? *[Lachen]* #V2_00:14:55-9#	fR1a
363	Maja	*[Maja nimmt einen Stift]* Ein Parallelogramm (.) ein schiefes Parallelogramm *[Maja zeichnet ein Parallelogramm, ca. 7 Sek]* die *[Maja zeichnet eine Diagonale $\overline{AC}$]* #V2_00:15:06-9#	R1a
364	Nina	Mhm (bejahend). #V2_00:15:08-2#	D1c(u)
365	Maja	Und (.) der. *[Maja zeichnet die zweite Diagonale $\overline{BD}$]* (…) Warte mal. (7) **Das stimmt.** *[Maja zeigt auf den Aussagentext]* Und wie, wie zeigen wir das? #V2_00:15:27-3#	Forts. R1a R6a fP1a

„*Das stimmt*" ist alles, was sie dazu sagt. Diese Bilanz der Wahrheit der Aussage fällt also sehr kurz aus. Auch aus den vorherigen Turns können Majas Überlegungen nicht rekonstruiert werden. Warum Maja glaubt, dass die Aussage stimmt, wird nicht deutlich. Stattdessen fragt Maja im Anschluss an ihre Bilanz, wie sie zeigen können, dass die Aussage stimmt

Auch in anderen Gruppen fallen Bilanzen eher kurz aus. Dennis und Julius tun sich mit dem Beweis der ersten Aussage schwer, dass das gegebene Dreieck gleichschenklig ist, und wissen nicht, was sie aufschreiben sollen. Julius betrachtet in dieser Situation ihre vielen Skizzen und meint, dass diese einigermaßen deutlich zeigen würden, dass die Studierenden auf dem richtigen Weg seien (Turn 248, Transkriptausschnitt 118, fett gedruckt).

Transkriptausschnitt 118: Dennis und Julius (Gruppe 2), Turn 248

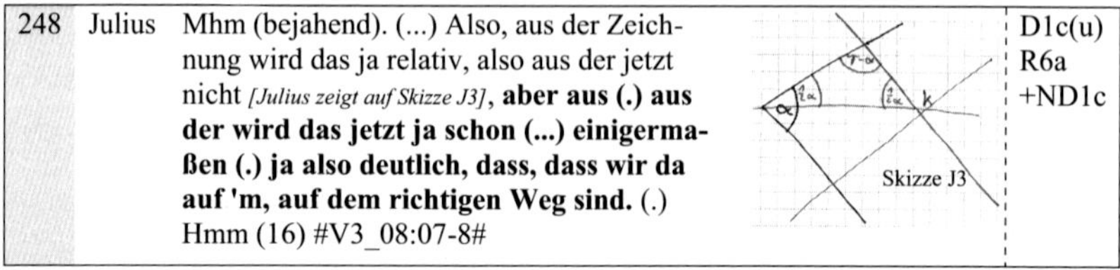

248	Julius	Mhm (bejahend). (...) Also, aus der Zeichnung wird das ja relativ, also aus der jetzt nicht *[Julius zeigt auf Skizze J3]*, **aber aus (.) aus der wird das jetzt ja schon (...) einigermaßen (.) ja also deutlich, dass, dass wir da auf 'm, auf dem richtigen Weg sind.** (.) Hmm (16) #V3_08:07-8#	D1c(u) R6a +ND1c

Hier ist die Bilanz ebenfalls nicht erklärt oder begründet, abgesehen von visuellen Eindrücken der Skizze. Warum Julius meint, die Skizze zeige, dass sie mit ihrer Argumentation nicht ganz falsch lägen, wird nicht geklärt und auch von Dennis im Folgenden nicht eingefordert.

Eine (nicht elaborierte) Bilanz kann sich weiterhin auch auf das eigene Vorgehen beziehen. Pia versucht während der mündlichen Diskussion zur ersten Aussage eine neue Begründung dafür zu finden, dass das gegebene Dreieck gleichschenklig ist. Welche Idee sie verfolgt, sagt sie nicht, denkt aber eine gute halbe Minute darüber nach, bevor sie in Turn 519 Bilanz zieht und sagt, dass sie mit ihrer Idee nicht weiterkommt (Transkriptausschnitt 119).

Transkriptausschnitt 119: Pia und Charlotte (Gruppe 3), Turn 519

519	Pia	Okay, **komm grad nicht weiter**, aber was war deine Begründung? #V4_04:33-2#	R6a

In diesem Fall ist weder bekannt, worüber Pia nachdachte, noch weiß jemand außer Pia, warum die Idee nicht weiterverfolgt wird. Die Bilanz ist wieder sehr knapp formuliert und ohne ausreichende Informationen, um sie nachvollziehbar zu machen. Weder ihre Überlegung noch ihre Bilanz haben so einen weiteren Einfluss auf die Argumentation.

Nicht elaborierte (Zwischen-)Bilanzen mit Einschränkungen

Bei Beweisen ist es wichtig, auch am Ende auf den Beweis und auf dessen Argumentation zurück zu schauen und ihn zu beurteilen. Dies passiert in vielen Fällen ebenfalls recht knapp. Nach dem Aufschreiben des ersten Beweises und der Zeichnung der Beweisskizze beispielsweise zieht Charlotte Bilanz und sagt einfach nur „*Wir wären fertig*" (Turn 685, Transkriptausschnitt 120). Warum sie denkt, der Beweis sei abgeschlossen und es fehle nichts mehr, erläutert sie nicht. Pia ist in ihrer Einschätzung etwas vorsichtiger. Sie beschränkt in Turn 687 das „Fertig“ von Charlotte mit einem *„in unserer Auffassung“*.

Transkriptausschnitt 120: Pia und Charlotte (Gruppe 3), Turns 685–687

685	Charlotte	//Wir wären fertig.// #V5_05:02-5#	R6a
686	I	//Fertig? *[I nimmt die Zettel]* Gut.// #V5_05:03-3#	/
687	Pia	//Also (.) in unserer Auffassung. #V5_05:05-6#	R6a

Hier sieht man, dass Pia Charlottes Einschätzung so nicht teilt, was vielleicht auch daran liegt, dass Charlotte nicht erläutert, wie sie zu ihrer Einschätzung kommt. Pia selbst gibt allerdings auch nicht an, warum sie ihre Zustimmung einschränkt.

Auch in der mündlichen Argumentation zur ersten Aussage gibt es bei Pia und Charlotte eine ähnliche Situation (Transkriptausschnitt 121). Die Studierenden haben gerade versucht, die Aussage, dass das gegebene Dreieck gleichschenklig ist, mithilfe eines Parallelogramms zu zeigen. Charlotte fragt nun in Turn 545, ob die Argumentation damit abgeschlossen ist. Pia ist sich nicht sicher, meint in Turn 546 aber, dass sie kein Gegenbeispiel hat.

Transkriptausschnitt 121: Pia und Charlotte (Gruppe 3), Turns 545–546

545	Charlotte	Sind wir damit schon fertig? Happy? (.) Dass wir uns auf die// #V4_08:09-5#	fR6a
546	Pia	//Ich weiß nicht, aber in meinem Kopf gibt's kein Gegenbeispiel. *[Pia lacht]* #V4_08:12-6#	R6a

Diese Bilanz von Pia ist erneut eingeschränkt. Sie meint zwar, dass sie kein Gegenbeispiel hat, sagt aber auch, dass sie sich nicht sicher ist und schränkt dadurch die Bilanz insgesamt ein. Diese Einschränkung hat aber die Auswirkung, dass die Studierenden im Anschluss weiter nach einer Argumentation suchen, bei der sie sich sicherer fühlen. Hier führt die fehlende genauere Erläuterung von Pias Bilanz dazu, dass die alte Argumentation verworfen wird, ohne dass „richtige“ Gründe dafür geliefert werden.

Nicht elaborierte bewertende (Zwischen-)Bilanzen

Bilanzen am Ende einer Argumentation können nicht nur Einschränkungen, sondern auch kleine Bewertungen enthalten. Daria und Leonie ziehen am Ende ihrer

Beweisaktivitäten des Öfteren Bilanz, unter anderem am Ende der mündlichen Argumentation (Turns 190 bis 192, Transkriptausschnitt 122):

Transkriptausschnitt 122: Daria und Leonie (Gruppe 4), Turns 190–192

190	Leonie	//Ein halbes Alpha. *[Leonie schreibt, ca. 3 Sek]* Fertig. #V1_15:53-9#	Wdh. 189 R6a
191	Daria	Bewiesen. *[Daria lacht]* (...) Jo, ich bin zufrieden. #V1_15:58-3#	R6a
192	Leonie	Ich auch. *[Lachen]* #V1_15:59-3#	D1c(u)

Auch am Ende des Aufschreibens des zweiten Beweises gibt es eine Einschätzung des Beweises (Turn 483, Transkriptausschnitt 123):

Transkriptausschnitt 123: Daria und Leonie (Gruppe 4), Turn 483

483	Leonie	Ja. (..) Okay. (.) Ich find's gut. #V3_12:47-5#	D1c(u) R6a

In beiden Fällen bewerten die Studierenden dabei kurz ihren Beweis. Sie sagen jedoch nicht, warum sie glauben, fertig zu sein oder warum sie mit ihrem Beweis zufrieden sind. Es ist somit eher unwahrscheinlich, dass sie ihre Beweise vor der Bilanz tiefgründig untersucht und analysiert haben. Die Bilanz bleibt damit eher an der Oberfläche und entfaltet nicht ihren ganzen möglichen Nutzen.

Eine Bewertung des Beweises am Ende findet noch häufiger statt, wenn die Bilanz nicht rundherum positiv oder problemfrei ausfällt. Nina und Maja ziehen am Ende der mündlichen Diskussion zur zweiten Aussage Bilanz. Sie haben die Argumentation mündlich bereits entwickelt, als nächstes steht das Aufschreiben des Beweises an. In Turn 407 meint Nina, dass es kein Spaß sein wird, den Beweis aufzuschreiben (Transkriptausschnitt 124).

Transkriptausschnitt 124: Nina und Maja (Gruppe 1), Turn 407

407	Nina	Das wird kein Spaß, das aufzuschreiben. *[Maja lacht]* #V3_00:01:03-0#	R6a

Auch Nina führt ihre Bilanz nicht weiter aus, erklärt nicht, was das Aufschreiben gerade dieser Argumentation schwieriger machen sollte als in anderen Fällen. Hier ist die Auswirkung der Bewertung auf die Argumentation an sich eher gering. Durch die Bilanz könnte das Aufschreiben der Argumentation jedoch mit einer anderen Einstellung (Sorge oder auch erhöhter Aufmerksamkeit) vorgenommen werden.

Dennis und Julius ziehen eine ganz andere Art von wertender Bilanz (Transkriptausschnitt 125). Die Studierenden sind von ihrem zweiten Beweis nicht überzeugt. Sie geben ihren Beweis nicht ab, weil sie glauben er sei fertig, sondern weil sie nicht wissen, was sie sonst mit dem Beweis noch machen könnten (Turns 495 und 497). In Turn 499 bezeichnet Julius ihren Beweis sogar als „*Armutszeugnis*".

Transkriptausschnitt 125: Dennis und Julius (Gruppe 2), Turns 495–499

495	Julius	*[Julius schreibt]* Hoff ich. *[Julius schreibt, ca. 4 Sek]* Ich wollte sagen, dann müssen wir das #V6_06:08-9#	D1c(ue) R6a
496	Dennis	damit #V6_06:10-4#	/
497	Julius	Dann auch erstmal leider so stehen lassen.// #V6_06:11-6#	Forts. R6a
498	I	//Geschafft? #V6_06:12-9#	/
499	Julius	(..) Das ist ein Armutszeugnis *[Julius legt die Zettel zusammen, ca. 5 Sek]* Bitte schön. *[Julius gibt I die Zettel]* #V6_06:21-6#	R6a

Beiden Studierenden scheint klar zu sein, dass ihr Beweis nicht gut ist. Dies bringen sie bei der Abgabe des Beweises zwar noch zum Ausdruck, sie erklären aber nicht, warum sie dieser Meinung sind. Gerade in diesem Fall würde eine genauere Analyse den Studierenden jedoch helfen und ihnen eventuell ermöglichen, das nächste Mal beim Beweisen anders und erfolgreicher vorzugehen. Durch ihre knappen Antworten schaden Dennis und Julius hier nicht nur ihrem Beweis.

Zusammenfassung

Die Bilanz einer Argumentation oder eines Vorgehens ist ein mächtiges Werkzeug, das sowohl Fehler finden als auch Verbesserungsmöglichkeiten aufzeigen kann. Eine Bilanz hat zudem eine abschließende und gliedernde Wirkung, da sie das Ende von Bearbeitungsabschnitten anzeigt. Es gibt jedoch große Unterschiede, ob ein wirklicher Einfluss von Bilanzen auf die Argumentation oder das Vorgehen rekonstruierbar ist, der sich auf die Tiefe und den Grad der Elaborierung bezieht. Bei elaborierten Bilanzen scheint der Nutzen höher. Unterstützt wird die Elaborierung von Bilanzen unter anderem dadurch, dass vorhergehende andere metakognitive Aktivitäten eine gemeinsame Grundlage bilden, die auch die Elaborierung der Bilanz vereinfacht. Dies zeigt das Beispiel von Pia und Charlotte in Transkriptausschnitt 116.

Der Mehrwert für den Bearbeitungsprozess und das erstellte Produkt reduziert sich jedoch, wenn die Bilanz nicht begründet oder erläutert wird. Bei diesen nicht elaborierten Bilanzen ist eine Rekonstruktion der „Vorgedanken“ in der Regel nicht möglich, weder für die Personen, mit denen zusammengearbeitet wird, noch für Forschende. Eine gemeinsame Grundlage ist daher in vielen Fällen nicht erkennbar. Enthält eine Bilanz dabei zusätzlich Einschränkungen (wie beispielsweise bei Pia und Charlotte in Transkriptausschnitt 120 und Transkriptausschnitt 121), so gibt es Zweifel am Produkt, in diesem Fall an den Argumentationen. Fehlende Elaborierung bewirkt hier, dass die Zweifel nicht öffentlich werden und somit eine Veränderung bzw. Verbesserung der Argumentationen nicht möglich ist. Auch kann dies dazu führen, dass „richtige“ Argumentationen verworfen werden, weil Zweifel an ihrer Richtigkeit nicht angemessen angesprochen werden. Wird in einer nicht elaborierten Bilanz eine Bewertung der Argumentation vorgenommen, so bleibt die Grundlage der Bewertung für die anderen Personen unbekannt. Für Forschende ist nicht rekonstruierbar, ob eine tiefere Analyse stattgefunden hat. Insbesondere bei einer negativen Bewertung einer Argumentation wie bei Dennis und Julius in Transkriptausschnitt 125 ist aber eine tiefere Analyse wichtig, um für weitere Beweise daraus lernen zu können.

16.3 Fazit zur Tiefe metakognitiver Aktivitäten

Argumentieren und Beweisen sind keine einfachen Tätigkeiten. Werden sie zudem mit mehreren Personen zusammen ausgeführt, hat der Austausch zwischen den Personen eine bedeutende Rolle. Es muss auf die Ideen und Vorschläge der anderen eingegangen werden, diese zu prüfen und zu bewerten ist ebenfalls essentiell. Dabei ist es wichtig, dass sowohl die eigenen Ideen als auch die Kontrolle und Bewertung von eigenen Ideen und den Ideen anderer klar kommuniziert werden. Das bedeutet, dass die Ideen erklärt und begründet werden müssen.

In vielen Fällen bleiben die Aussagen der betrachteten Studierenden jedoch recht knapp. Wie in Abschnitt 16.1 beschrieben, können nicht elaborierte Monitoring- und Reflexionsaktivitäten rekonstruierbare negative Auswirkungen auf den weiteren Prozess haben. Das gleiche gilt für unbegründete Zustimmungen. Diese negativen Konsequenzen folgen nicht automatisch aus jeder nicht elaborierten Äußerung. Mögliche Fehler oder Missverständnisse einer Aussage können jedoch nicht aufgedeckt werden, wenn die dahinterliegenden Gedankenprozesse nicht erkennbar sind.

Eine große Bedeutung hat die Elaborierung von Aussagen auch bei (Zwischen-)Bilanzen, wie Abschnitt 16.2 zeigt. Durch diese Bilanzen lassen sich Abschnitte von Bearbeitungsprozessen rekonstruieren, etwa in den Argumentations- und Beweisprozessen. Die Bilanzen der Studierenden bilden dabei jeweils den

Abschluss eines Abschnitts. Damit eine Bilanz aber einen Mehrwert für den Prozess hat und nicht nur ein Marker ist, muss diese Bilanz elaboriert sein. Nur so haben alle Personen die gleiche Grundlage und können die jeweilige Bilanz nachvollziehen. Bei fehlender Elaborierung sind die vorausgehenden Gedanken nicht rekonstruierbar, wodurch eine gemeinsame Grundlage fehlt. Ob tiefergehende Analysen im Hintergrund stattfinden, kann weder von den anwesenden Personen noch von Forschenden erkannt werden. Dies ist schade, da tiefere Analysen es ermöglichen würden, Fehler auch struktureller Art zu erkennen und zukünftiges Handeln mit Blick auf die Bilanzen zu verbessern. Dieses Kapitel zeigt somit eindrücklich, dass die Tiefe und Elaboriertheit von Äußerungen einen großen Einfluss auf Argumentations- und Beweisprozesse haben können.

Open Access Dieses Kapitel wird unter der Creative Commons Namensnennung 4.0 International Lizenz (http://creativecommons.org/licenses/by/4.0/deed.de) veröffentlicht, welche die Nutzung, Vervielfältigung, Bearbeitung, Verbreitung und Wiedergabe in jeglichem Medium und Format erlaubt, sofern Sie den/die ursprünglichen Autor(en) und die Quelle ordnungsgemäß nennen, einen Link zur Creative Commons Lizenz beifügen und angeben, ob Änderungen vorgenommen wurden.

Die in diesem Kapitel enthaltenen Bilder und sonstiges Drittmaterial unterliegen ebenfalls der genannten Creative Commons Lizenz, sofern sich aus der Abbildungslegende nichts anderes ergibt. Sofern das betreffende Material nicht unter der genannten Creative Commons Lizenz steht und die betreffende Handlung nicht nach gesetzlichen Vorschriften erlaubt ist, ist für die oben aufgeführten Weiterverwendungen des Materials die Einwilligung des jeweiligen Rechteinhabers einzuholen.

17 Auswirkungen negativer Diskursivität auf Argumentationen

Metakognitive Aktivitäten zeigen nicht nur Unterschiede in ihrem Niveau, ihrer Tiefe und Elaboriertheit. Negative Diskursivität zeigt an, wenn metakognitive Aktivitäten bzw. ihr Fehlen einen negativen Einfluss auf die Kohärenz der Argumentation haben. Dabei werden vier Unterkategorien unterschieden: Verstöße gegen die Regeln eines geordneten Diskursverlaufs (ND1), inadäquate Wortwahl zur Beschreibung oder Kommentierung (ND2), falsche logische Struktur einer Argumentation (ND3) und keine Intervention gegen gravierenden Verstoß der Regeln eines Diskurses (ND4). In diesem Kapitel werden zwei Kodierungen näher betrachtet: die Kodierung ND3 und die Kodierung ND1c, eine Unterkategorie von ND1.

Ergänzende Information Die elektronische Version dieses Kapitels enthält Zusatzmaterial, auf das über folgenden Link zugegriffen werden kann https://doi.org/10.1007/978-3-658-46468-4_17.

© Der/die Autor(en) 2025

N. Abels, *Argumentation und Metakognition bei geometrischen Beweisen und Beweisprozessen*, Perspektiven der Mathematikdidaktik, https://doi.org/10.1007/978-3-658-46468-4_17

Die Unterkategorie ND1 umfasst Verstöße gegen die Regeln eines geordneten Diskursverlaufs. Der Teilaspekt ND1c beinhaltet mehrere Verstöße, wie das Einbringen neuer Ideen ohne Kennzeichnung oder Zusammenfassungen, in denen zwar neue Aspekte eingebracht, aber nicht kenntlich gemacht werden. Des Weiteren werden Äußerungen mit ND1c kodiert, wenn in ihnen der Bezug (z. B. zur Skizze oder zu vorherigen Aussagen) nicht gegeben oder nicht erkennbar ist, oder wenn die vorgebrachte Argumentation Lücken enthält. Fehlende Bezüge und Argumentationslücken haben einen großen Einfluss auf Argumentationen und Beweise, ihre Auswirkungen werden in den Abschnittn 17.1 (Bezug) und 17.2 (Argumentationslücke) näher beleuchtet.

Mit der Unterkategorie ND3 werden Stellen kodiert, an denen die Argumentation eine falsche logische Struktur hat. Dazu gehören unter anderem Zirkelschlüsse (siehe Abschnitt 17.3). Diese können ganz explizit aufgeschrieben oder auch implizit in Schlussfolgerungen versteckt sein, die so nur möglich sind, wenn das zu Beweisende schon gilt. Manche Zirkelschlüsse beeinträchtigen die gesamte Argumentation, andere werden sofort erkannt und verworfen. Aber auch inhaltliche Fehler, wie die falsche Verwendung von Sätzen oder die Nutzung von Eigenschaften, über die bestimmte Elemente des Beweises gar nicht verfügen, sind Beispiele falscher logischer Strukturen (siehe Abschnitt 17.4). Ein Fazit über die Auswirkung negativer Diskursivität wird in Abschnitt 17.5 gezogen.

17.1 Verständnisschwierigkeiten durch mangelnde Angabe von Bezugspunkten

Fehlende Bezüge können verschiedene Auswirkungen auf den weiteren Gesprächsverlauf haben. Während in vielen Fällen der Bezug aus dem vorherigen Gespräch richtig rekonstruierbar ist, kann es gegebenenfalls lange dauern, bis im Gespräch erkannt wird, dass von unterschiedlichen Bezugspunkten ausgegangen wird. In anderen Fällen bleiben Uneindeutigkeiten (zumindest für Außenstehende wie beispielsweise Leser bzw. Leserinnen eines Transkripts), welche die Rekonstruktionen von Argumentationen erschweren.

Uneindeutigkeit durch unterschiedliche Bezugspunkte
In Argumentationen können Verwirrung und Verzögerungen entstehen, wenn durch fehlende explizite Bezüge (z. B. bloßes Zeigen von Bezugspunkten in Skizzen, ohne diese zu benennen) von den Gesprächsteilnehmern von verschiedenen Bezugspunkten ausgegangen wird.

Dies geschieht beispielsweise bei Charlotte und Pia in der mündlichen Argumentation zum ersten Beweis (Transkriptausschnitt 126). Die Studierenden wollen zeigen, dass das durch die Aussage gegebene Dreieck gleichschenklig ist. Pia zeichnet dabei eine neue Skizze P2 (siehe Abbildung 17.1), die nur Teile der Gesamtskizze P1 enthält.

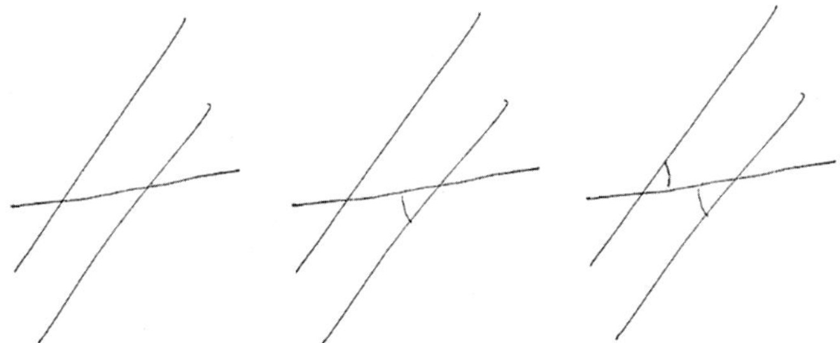

Abbildung 17.1 Skizze P2 von Pia und Charlotte (Gruppe 3) in den Turns 475 (links), 479 (Mitte) und 487 (rechts)

Zwar zeigt Pia, welche Seiten sie übernimmt (Turns 475 + 477), Charlotte erkennt in der Skizze allerdings andere Seiten. Dadurch sehen beide Studierende verschiedene Winkel in dem von Pia neu eingezeichneten Winkel (Turn 479 und 480). Es folgt eine zwölf Turns lange Diskussion darüber, was die Skizze zeigt.

Transkriptausschnitt 126: Pia und Charlotte (Gruppe 3), Turns 475–492

475	Pia	(.) Guck mal, aber, wenn wir, also, das ist doch dieses hier *[Pia zeichnet eine neue Skizze P2 mit g, k und der Winkelhalbierenden]* (.) hier, nöh (fragend), weil wir haben die hier die beiden *[Pia zeigt in der Skizze P1 auf g und k]*// #V4_00:46-4#	R3b +ND4
476	Charlotte	//Ja, ja.// #V4_00:46-6#	D1c(u)
477	Pia	//und das geht hier durch *[Pia zeigt in Skizze P1 auf die Winkelhalbierende]*// #V4_00:47-2#	Forts. R3b
478	Charlotte	//Mhm (bejahend).// #V4_00:47-3#	D1c(u)
479	Pia	//das heißt wir wissen schonmal (.) dass (.) -ähm- dieser Winkel *[Pia zeichnet in der Skizze P2 den Winkel unten links zwischen der Winkelhalbierenden und k ein]* #V4_00:51-7#	Forts. R3b +ND1c
480	Charlotte	Das ist Alpha. #V4_00:52-9#	R1a +D1a
481	Pia	Nee. #V4_00:54-3#	D1c
482	Charlotte	Doch. #V4_00:54-6#	D1c
483	Pia	Nein, Alpha ist ja größer. *[Pia zeigt, an welcher Stelle α in der Skizze P2 läge]* #V4_00:55-8#	D1c
484	Charlotte	Nee. #V4_00:56-8#	D1c
485	Pia	Guck mal hier *[Pia zeigt in der Skizze P1 auf α]*, der wird doch geschnitten (.) Al-, das ist der gleiche Winkel *[Pia zeigt auf die untere Hälfte von α {α_2}]* wie der hier *[Pia zeigt auf die obere Hälfte von α {α_1}]*. (.) #V4_01:01-6#	R1a +D1a
486a	Charlotte	Wa-, we- *§Das hier ist doch§* grade ganz Alpha oder nicht? *[Charlotte zeigt in Skizze P2 auf den Winkel zwischen g und der Winkelhalbierenden]* Was hat// #V4_01:04-2#	R1a
486b	Pia	*§wie der hier oben§* 	Forts. R1a (von 485)
487	Pia	//Nee. *[Pia zeichnet in Skizze P2 den Winkel oben rechts zwischen der Winkelhalbierenden und k ein {α_1}]* #V4_01:04-8# (Skizze P2)	D1c
488	Charlotte	Was hast du denn jetzt grad gezeichnet? #V4_01:06-3#	fR1a
489	Pia	Guck mal, ich hab -ähm- Gib mir mal nen andern farbigen Stift. *[Pia nimmt den roten Stift]* (..) Ich habe *[Pia zeichnet in Skizze P1 g, k und die Winkelhalbierende rot nach, ca. 4 Sek]* diesen Teil gezeichnet. #V4_01:17-0#  (Skizze P1)	R1a
490	Charlotte	Nee. #V4_01:17-6#	D1c
491	Pia	Doch. *[Charlotte guckt auf Skizze P2, ca. 5 Sek]* Also, das ist das, was ich gezeichnet hab.// #V4_01:24-6#	D1c
492	Charlotte	//Und dann, und dann soll das hier *[Charlotte zeigt in Skizze P2 auf den eingezeichneten Winkel zwischen g und der Winkelhalbierenden {α_1}]* das sein *[Charlotte zeigt in Skizze P1 auf die obere Hälfte von α {α_1}]*, oder wie? #V4_01:27-4#	R1a fD1d

Den genauen Startpunkt zu bestimmen, der dieses Missverständnis ausgelöst hat, ist nicht einfach. Für Charlotte beginnt es wahrscheinlich schon mit der Zeichnung der neuen Skizze, auch wenn Pia in den Turns 475 und 477 zeigt, welche Elemente der ersten Skizze P1 sie in die neue Skizze P2 übernimmt (weshalb hier nicht ND1c kodiert ist). Das Zeigen stellt zwar einen Bezug her, kann aber schneller fehlinterpretiert werden, als das Benennen der Elemente. In den Kodierungen zeigt sich der „Startpunkt" in Turn 479, in dem Pia den Winkel in der neuen Skizze P2 nicht noch einmal mit der alten Skizze P1 in Bezug setzt, auch da sich in Turn 480 durch Charlottes Antwort zeigt, dass sie den Bezug nicht erkennt. Sie setzt in Turn 480 durch die Benennung des Winkels/der Winkelgröße ihren eigenen Bezug, der von Pia jedoch nicht geteilt wird. Pia versucht, in Turn 485 durch einen Bezug zur alten Skizze P1 Klarheit herzustellen, doch das Missverständnis, um welche Winkel es sich handelt, löst sich erst in Turn 489 auf, indem Pia die Linien der neuen Skizze P2 in der alten Skizze P1 farbig nachmalt und damit den Bezug zwischen den Skizzen klar erkennbar und permanent macht. Die Argumentation kann nun fortgesetzt werden.

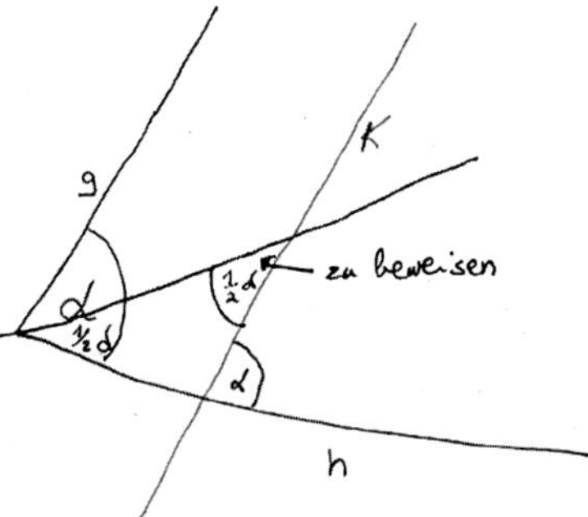

Abbildung 17.2 Skizze zur ersten Aussage (Gruppe 4)

Auch ohne neue Skizzen können nicht genannte Bezugspunkte zu Schwierigkeiten führen. Daria und Leonie beschäftigen sich ebenfalls mit dem Beweis der ersten Aussage, dass es sich um ein gleichschenkliges Dreieck handelt. Sie haben gerade festgelegt, dass sie zeigen müssen, dass der Winkel x die Größe $\frac{1}{2}\alpha$ hat (siehe Abbildung 17.2).

Auf ihre eigene Frage, was sie denn schon wissen, antwortet Leonie in Turn 146, dass der Winkel α' die Größe α hat und erklärt dies danach über Stufenwinkel (Transkriptausschnitt 127). Hierbei zeigt sie zwar auf die betroffenen Winkel (weshalb hier nicht ND1c kodiert ist), benennt sie aber nicht. Daria scheint die gezeigten Bezugspunkte nicht erkannt zu haben und geht in ihren Überlegungen nicht vom Winkel α, sondern vom gesuchten Winkel x aus, wodurch sie die Argumentation über Stufenwinkel nicht nachvollziehen kann (Turn 147). Auch hier zeigt Daria wieder nur auf die Winkel, statt diese zu benennen. Da der Bezug gegeben ist, wird hier ebenfalls nicht mit ND1c kodiert. Sowohl Daria als auch Leonie sprechen ihre Bezugswinkel nicht aus, das führt hier, wie im vorherigen Beispiel, dazu, dass der jeweils andere die Bezugspunkte nicht mitbekommt. Ab Turn 148 diskutieren die Studierenden darüber, ob es sich um einen Stufenwinkel oder einen Wechselwinkel handelt, bis Leonie in Turn 152 den Bezug expliziert und sich die Situation auflöst.

Transkriptausschnitt 127: Daria und Leonie (Gruppe 4), Turns 146–156

146	Leonie	Dass hier *[Leonie zeigt auf Stufenwinkel zu α {α'}]* auch Alpha ist, oder? Guck mal, weil das doch ein *[Leonie zeigt erst auf α, dann auf Stufenwinkel zu α {α'}]* Stufenwinkel ist. Weil die parallel sind. *[Leonie zeigt auf Schenkel g und Parallele k]*// #V1_13:19-7#	R1a
147	Daria	//Nee, Stufe ist, wär hier. *[Daria zeigt auf den Winkel links unten zwischen Schenkel h und Parallele k {δ}]* Das ist ein *[Daria zeigt auf den Winkel rechts im Dreieck {x} und den Stufenwinkel zu α {α'}]* Wechselwinkel?// #V1_13:24-7#	D1c R1a
148	Leonie	//Nee, das ist Stufenwinkel. *[Leonie zeigt auf den Stufenwinkel zu α {α'}]* #V1_13:26-2#	D1c +ND1c
149	Daria	Nee. #V1_13:26-5#	D1c
150	Leonie	Das hier ist Wechsel. *[Leonie zeigt auf den dritten Winkel im Dreieck {γ}]* #V1_13:27-7#	Forts. D1c (von 148) +ND1c
151	Daria	(.) Stufe ist eigentlich nur *[Daria zeigt auf den Winkel rechts im Dreieck {x}]* #V1_13:29-2#	R1a
152	Leonie	Von dem Alpha *[Leonie zeigt auf Winkel α]*. Hier *[Leonie zeigt auf den Stufenwinkel zu α {α'}]*. #V1_13:31-7#	D1a
153	Daria	Ach von Alpha. #V1_13:32-3#	D1c(u)
154a	Leonie	Und *§dann ist das Alpha§*. *[Leonie zeigt auf Stufenwinkel zu α {α'}]* #V1_13:34-4#	Wdh. 146
154b	Daria	*§Ach so, ja, das stimmt. Ja.§*	Forts. D1c(u)
155	Daria	Ja, sorry. Ich dacht, du meinst von dem hier. *[Daria zeigt auf Winkel rechts im Dreieck {x}]* #V1_13:36-8#	D1c
156	Leonie	Nee. *[Leonie zeichnet den Stufenwinkel zu α {α'} ein und beschriftet ihn mit „α'', ca. 2 Sek]* Also hier ist auch Alpha. #V1_13:40-4#	Wdh. 146

Der in der Kodierung erkennbare Startpunkt dieser Schwierigkeiten liegt in Turn 148, in dem Leonie den strittigen Winkel wieder als Stufenwinkel bezeichnet, aber nicht sagt, zu welchem Winkel er der Stufenwinkel ist. Erst der Bezug von Leonie in Turn 152 auf den Winkel α und der von Daria in Turn 155 auf den Winkel x machen die unterschiedlichen Bezugswinkel für die jeweils andere explizit.

Uneindeutigkeiten, die zu Rekonstruktionsproblemen führen

Fehlende Bezugspunkte können auch zu Uneindeutigkeiten führen, die den Gesprächsteilnehmern in der Situation selbst nicht auffallen, aber die Rekonstruktion ihrer Argumentationen erschweren.

Eine Uneindeutigkeit, die zudem zu weiteren inhaltlichen Fehlern in der Argumentation führt, zeigt sich bei Dennis und Julius im ersten Beweis (Transkriptausschnitt 128). Zu Beginn des schriftlichen Beweises schreiben die Studierenden, dass die Winkelhalbierende den Winkel α in zwei gleich große Teile teilt (Turn 316–318). Dies an sich ist richtig und bezieht sich auf die Winkel α_1 und α_2, wie Dennis in Turn 319 zeigt.

Transkriptausschnitt 128: Dennis und Julius (Gruppe 2), Turns 316–320

316	Julius	Hmm, hmm, ich wollt mir nochmal was aufschreiben, aber *[Julius streicht Skizze J6 durch]* (10) Hmm, also die Winkelhalbierende (..) -äh- (4) -chäm- *[Julius beginnt zu schreiben, ca. 10 Sek]* -ähm- (4) teilt Alpha in (...) #V4_01:25-6#	R4a
317	Dennis	zwei gleich große Winkel. #V4_01:26-9#	R4a(Forts.)
318	Julius	*[Julius schreibt, während er spricht]* Zwei (..) gleich große (..) Winkel// #V4_01:34-6#	Wdh. 317
319	Dennis	//Das sind diese beiden. *[Dennis zeigt in Skizze J4 abwechselnd auf die obere {α_2} und untere {α_1} Hälfte von Alpha]* #V4_01:36-1#	D1a
320	Julius	Joa. (.) Ja, ich kann 's ja hier nochmal eben (.) damit man 's in der Skizze erkennen kann, dahinter schreiben (6) *[Julius schreibt, während er spricht]* Einhalb Alpha (5) und (..) einhalb Alpha (12) -ähm- (5) #V4_02:16-1# Winkelhalbierende teilt α in 2 gleich große Winkel ($\frac{1}{2}\alpha + \frac{1}{2}\alpha$).	P1a +ND1c

Julius ergänzt die aufgeschriebene Aussage in Turn 320 noch, indem er in Rot „$\frac{1}{2}\alpha + \frac{1}{2}\alpha$" dazuschreibt. Die rote Farbe der Schrift scheint ein Verweis auf eine Skizze zu sein, in der zwei Winkel mit Größe $\frac{1}{2}\alpha$ eingezeichnet sind („*damit man's in der Skizze erkennen kann*", siehe Abbildung 17.3). Hierbei handelt es sich allerdings um die Winkel α_2 und x. Ob wirklich diese Winkel von Julius gemeint

Abbildung 17.3 Skizze J3 von Dennis und Julius (Gruppe 2) zur ersten Aussage

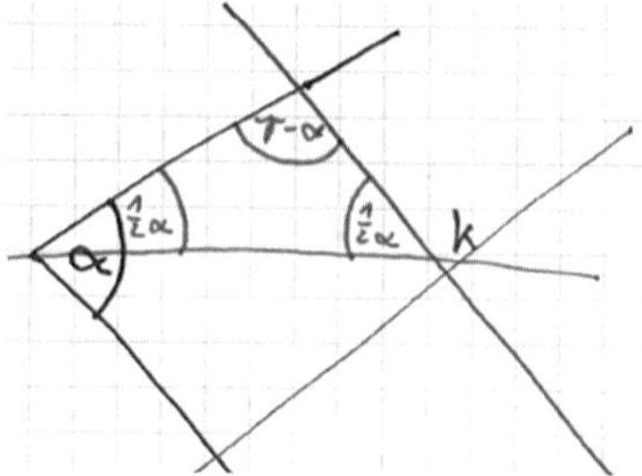

sind, ist nicht abschließend festzustellen, auf diese Stelle des Beweistextes wird nicht weiter eingegangen. Auch in der Rekonstruktion der Argumentation wurde diese Frage offengelassen (siehe Abbildung 17.4).

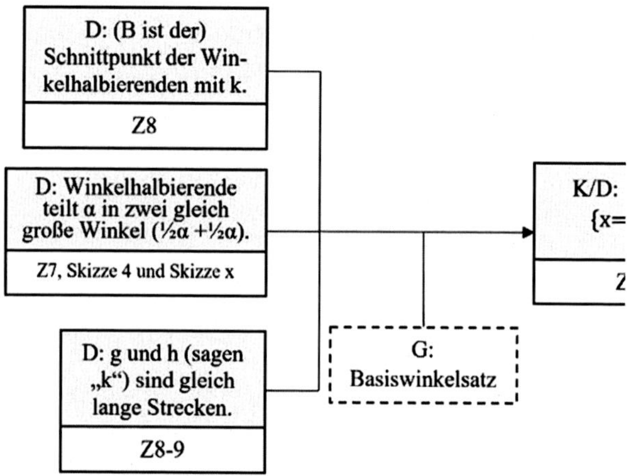

Abbildung 17.4 Ausschnitt der Rekonstruktion von Dennis und Julius (Gruppe 2), Beweis 1 schriftlich

Ein Beispiel eines mangelnden Bezugs, der die Rekonstruktion der Argumentation erheblich erschwert, sich jedoch nicht erkennbar auf den Fluss der Argumentation im Gesprächsverlauf auswirkt, zeigt sich bei Charlotte und Pia in ihrer mündlichen Argumentation zur ersten Aussage. Sie haben sich zuvor erarbeitet, dass das Dreieck, dass sich in der Skizze ergibt gleichschenklig sein soll und diskutieren nun über die Konstruktion der Winkelhalbierenden. In Turn

472 macht Charlotte einen Vorschlag zu ihrer Konstruktion und argumentiert im Anschluss über die Länge der Seiten und die Größe der Winkel im Dreieck (Transkriptausschnitt 129, fett markiert).

Transkriptausschnitt 129: Pia und Charlotte (Gruppe 3), Turn 472

472	Charlotte	Ja, aber, wenn wir jetzt zum Beispiel sagen, die Winkelhalbierende kriegst du, indem du (.) hier *[Charlotte zeigt in Skizze C1 auf den Schnittpunkt der „Verbindungslinie" mit der Winkelhalbierenden]* irgendwie die Hälfte hast von g *[Charlotte zeigt auf den Schnittpunkt der „Verbindungslinie" mit g]* zu h *[Charlotte zeigt auf den Schnittpunkt der „Verbindungslinie" mit h]* und wenn du das jetzt meinetwegen hier machst *[Charlotte zeichnet eine weitere Verbindungslinie durch den Schnittpunkt {S} von k und der Winkelhalbierenden links der ersten Verbindungslinie]*, wo (.) g und k und irgendwie so darüber (.) **weil du willst ja, du willst ja, dass diese Strecke hier** ***[Charlotte zeichnet auf den Abschnitt von h zwischen g und k nach]*** **gleich dieser Strecke ist** ***[Charlotte zeichnet auf den Abschnitt von k zwischen g und der Winkelhalbierenden nach]*** **und die Frage ist, was der Winkel damit zu tun hat, weil du dann beim, dann ist der Winkel** ***[Charlotte zeichnet im Dreieck den Winkel zwischen k und der Winkelhalbierenden ein {x}]*** **ja gleich dem Winkel** ***[Charlotte zeigt im Dreieck auf den Winkel zwischen h und der Winkelhalbierenden {α₂}]*****, und der Winkel** ***[Charlotte zeichnet im Dreieck den Winkel zwischen h und k ein {γ}]*****//** #V4_00:32-6#	R4a P1a R1a +ND1c

Der Bezug zwischen der Länge der Seiten und der Größe der Winkel bleibt jedoch unklar, weshalb hier mit ND1c kodiert wird. Charlotte sagt nicht explizit, dass die Winkel aus den Seiten (siehe Rekonstruktion dieser Möglichkeit in Abbildung 17.5 oben) oder die Seiten aus den Winkeln folgen (siehe Rekonstruktion dieser Möglichkeit in Abbildung 17.5 unten).

Für die Rekonstruktion der Argumentation bedeutet dies, dass zwei gleich mögliche Argumentationen rekonstruiert werden, von denen keine als die „richtige" identifiziert werden kann.

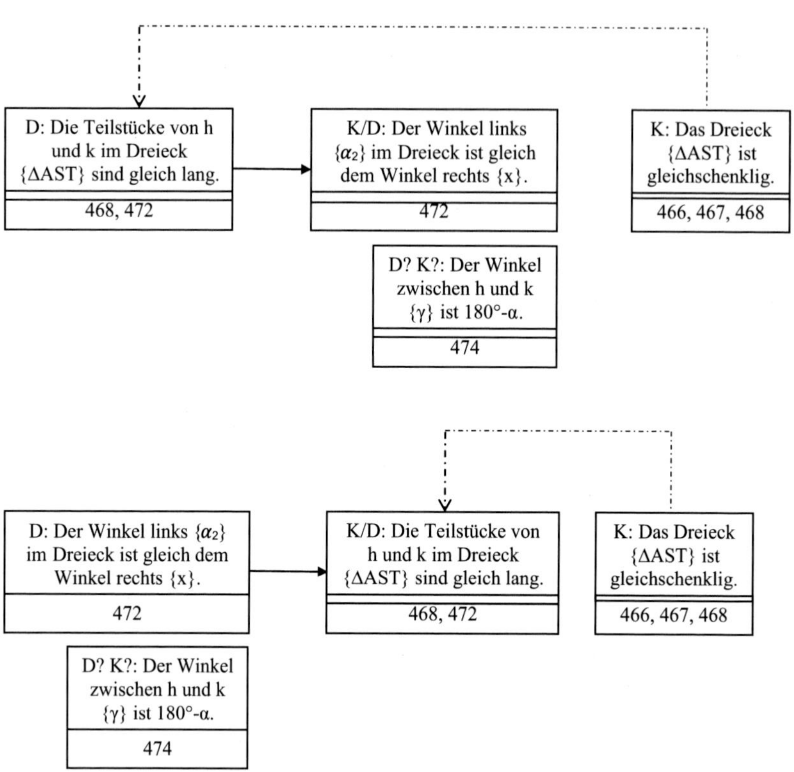

Abbildung 17.5 Rekonstruktion der Turns 466 bis 474 von Pia und Charlotte (Gruppe 3) Möglichkeit 1 (oben) und Möglichkeit 2 (unten) – Beweis 1 mündlich

Auch in der mündlichen Argumentation von Pia und Charlotte zur zweiten Aussage gibt es eine Teilargumentation, die aufgrund unklarer Bezüge nicht eindeutig rekonstruierbar ist (Transkriptausschnitt 130). Bewiesen werden soll die Aussage: „Ein Parallelogramm ist genau dann ein Rechteck, wenn seine Diagonalen gleich lang sind". Die Studierenden haben bisher gezeigt, dass die Diagonalen gleich lang sind (bis Turn 855a), wobei ein Schritt, die gleiche Größe der Winkel α und β, abduktiv geblieben ist. In Turn 857 sagt Charlotte nun: „Und deshalb müssen Alpha und Beta gleich neunzig Grad sein".

Transkriptausschnitt 130: Pia und Charlotte (Gruppe 3), Turns 855a–860

855a	Charlotte	//und nur dann *§sind die Seiten§* auch gleich lang *[Charlotte zeigt in Skizze 3 die Diagonalen entlang]*// #V6_07:25-4#	R1a
855b	Pia	*§haben wir den Winkel auch§*	R1a(Forts.)
856	Pia	//Ja. #V6_07:25-5#	D1c(u)
857	Charlotte	Und deshalb müssen Alpha *[Charlotte umkreist α {Formeln A}]* und Beta *[Charlotte umkreist β {Formeln A}]* gleich neunzig Grad sein. *[Charlotte schreibt unter die beiden Formeln „=90°"]* #V6_07:30-3#	Forts. R1a +ND1c
858	Pia	Das ist korrekt.// #V6_07:30-8#	D1c(u)
859	Charlotte	//Und deshalb sind wir da. *[Charlotte malt einen großen Pfeil von Skizze 3 (Parallelogramm) zurück zu Skizze 1 (Rechteck)]* #V6_07:32-1#	R1a +ND1c bzw. ND3
860	Pia	Ja. (.) Würd ich auch so sagen. #V6_07:34-3#	D1c(u)

Der Bezug dieser Aussage ist nicht eindeutig, sie könnte ein abduktiver Rückbezug auf Turn 853a sein (Abbildung 17.6, schwarzer Verlauf), da das „Müssen" im Konjunktiv steht, oder als deduktiver nächster Schritt verstanden werden (Abbildung 17.6, grauer Verlauf). Je nach Deutung der Turns, die vom Bezugspunkt abhängt, folgt somit das Rechteck direkt aus den gleich langen Diagonalen (dann gäbe es hier zudem eine Argumentationslücke) oder aus der Schlussfolgerung, dass beide Winkel 90° groß sind (dann gäbe es einen Zirkelschluss)

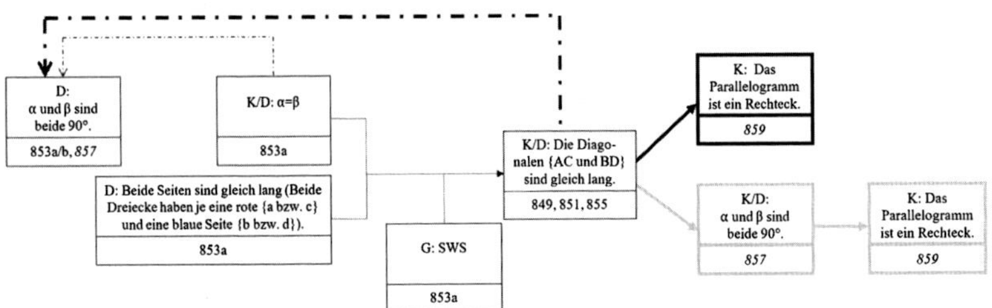

Abbildung 17.6 Rekonstruktion der Turns 849 bis 859 von Pia und Charlotte (Gruppe 3), Beweis 2 mündlich

Zusammenfassung

Die Betrachtung von Transkriptausschnitten, bei denen in einigen Turns die Bezugspunkte nicht konkret genannt werden, zeigt, dass mangelnde Bezüge Auswirkungen auf den Gesprächsverlauf und auch auf die Rekonstruktionen von Argumentationen haben können. In vielen Fällen fallen mangelnde Bezüge jedoch nicht auf und klären sich direkt, beispielsweise durch die nächste Aussage eines Gesprächsteilnehmers oder weil der andere auch ohne konkrete Nennung des Bezugs diesen Bezugspunkt erkannt hat. Diese Fälle wurden nicht kodiert und daher in diesem Kapitel nicht weiter betrachtet, da für die Gesprächsteilnehmer der Bezug trotzdem direkt gegeben ist und sich für Rekonstruktionen aus dem weiteren Verlauf rekonstruieren lässt. Eine explizite Nennung von Bezugspunkten ist trotzdem wünschenswert, da die oben genannten Schwierigkeiten damit vermieden werden könnten.

17.2 Argumentationslücken

Lücken in Argumentationen sind schwierig zu definieren und hängen auch davon ab, welche Strenge von einem Beweis erwartet wird. Hier wurden solche Stellen in der Argumentation als Argumentationslücken kodiert, die nicht durch den Kontext des Beweises in einem Schritt geschlossen werden konnten oder deren „Füllung" nicht eindeutig aus der Diskussion hervorging.

Eine Art von Argumentationslücke, die bei Dennis und Julius mehrmals auftritt, ist das „Sehen" von Konklusionen in der Skizze. Beispiele hierfür sind die Turns 405 (Transkriptausschnitt 131) und 427 (Transkriptausschnitt 132). In der mündlichen Argumentation zur zweiten Aussage wollen die beiden Studierenden zeigen, dass die Diagonalen in einem Parallelogramm nicht gleich lang sind. In Turn 405 gerät die Argumentation ins Stocken (es wird 15 Sekunden lang geschwiegen).

Transkriptausschnitt 131: Dennis und Julius (Gruppe 2), Turn 405

404	Julius	[…] aber ich weiß auch nicht, ob die uns jetzt (...) ob die uns jetzt weiter bringen *[Julius zeichnet in Beweisskizze 1 die Winkel ein und bezeichnet sie entsprechend der Ecken, ca. 15 Sek]* (15) Also, ich glaube, wir müssten jetzt einfach (.) Also, wir sehen *[Julius zeigt auf Beweisskizze 1]* jetzt ja quasi in der Skizze schon (.) dass die Diagonalen nicht gleich lang sind. #V5_01:23-8# 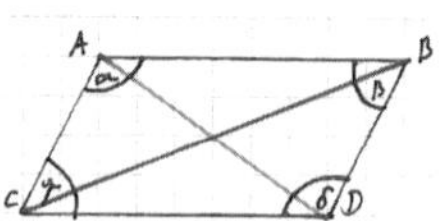 Beweisskizze 1	[…] M6c R1a +ND1c

Julius hat keinen Ansatz für eine Argumentation und verweist darauf, dass man die Wahrheit der Aussage schon in der Skizze sehen kann. Diese Aussage hat den Status eines Garanten und wird als solcher rekonstruiert (siehe Abbildung 17.7). Da es sich bei einem solchen Garanten allerdings nicht um eine Argumentation handelt, wird an dieser Stelle ND1c als Argumentationslücke kodiert.

Abbildung 17.7
Zusätzliche Argumentation C von Dennis und Julius zum Beweis 2

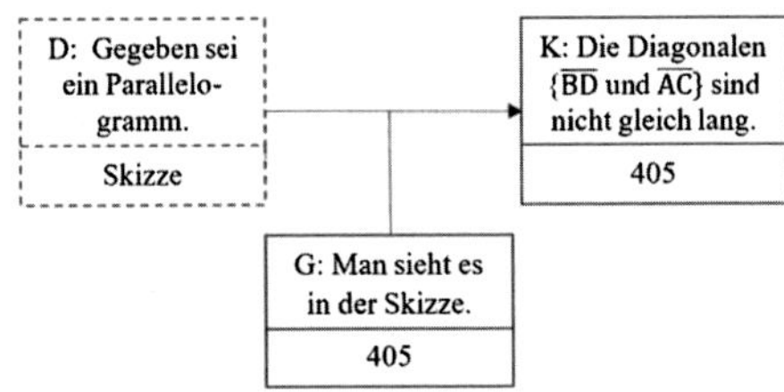

Auch in Turn 427 ersetzt das „Sehen“ einen inhaltlichen Garanten. Dennis und Julius betrachten gerade die Aussage, dass in einem Rechteck die Diagonalen gleich lang sind (Transkriptausschnitt 132). Julius zeichnet dafür die Skizze eines Rechtecks.

Transkriptausschnitt 132: Dennis und Julius (Gruppe 2), Turn 427

427	Julius	Ja, genau. *[Julius zeichnet mit Geodreieck ein Rechteck {Skizze 4}, ca. 25 Sek]* Ja, da sieht man das ja schon. #V5_05:27-6#	D1c +ND1c

In diesem Fall zeigt die Rekonstruktion der Argumentation, dass von Julius in Turn 427 als Garant erneut angegeben wird, dass man das sieht (Abbildung 17.8). Der Turn 427 wird deshalb ebenfalls mit ND1c (Argumentationslücke) kodiert, da die eigentliche Argumentation durch das „Sehen“ ersetzt wird.

Abbildung 17.8
Zusätzliche Argumentation E von Dennis und Julius zum Beweis 2

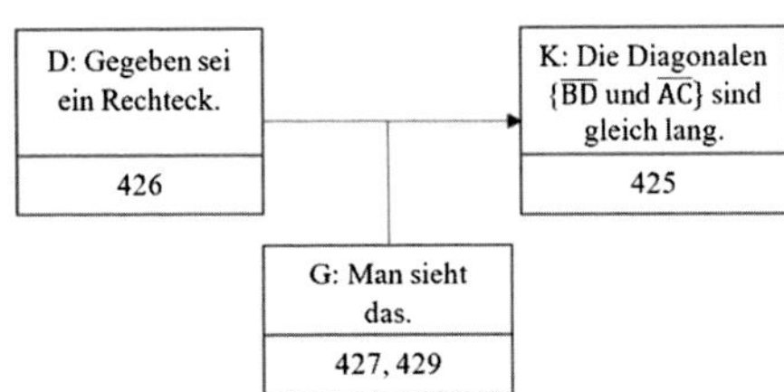

Ein Fall, in dem sich eine Argumentationslücke stark auf die Argumentation auswirkt, zeigt sich in der mündlichen Argumentation von Pia und Charlotte zur ersten Aussage. Die Studierenden haben bereits mehrere verschiedene Argumentationen hervorgebracht, mit denen sie zeigen wollen, dass das durch die Aussage gegebene Dreieck gleichschenklig ist. In Turn 552 schlägt Pia eine neue Argumentation vor (Transkriptausschnitt 133).

Transkriptausschnitt 133: Pia und Charlotte (Gruppe 3), Turn 552

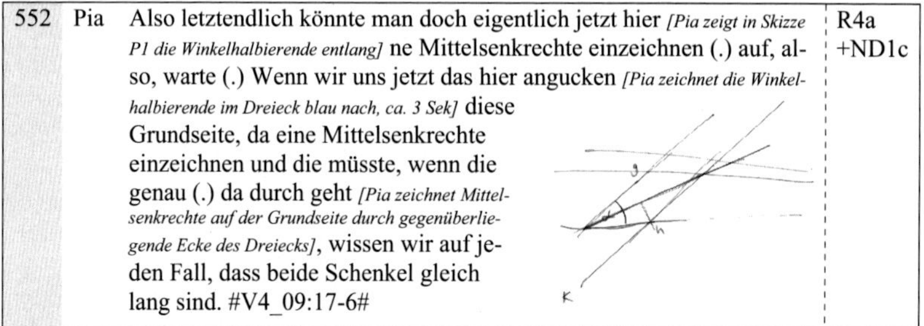

552	Pia	Also letztendlich könnte man doch eigentlich jetzt hier *[Pia zeigt in Skizze P1 die Winkelhalbierende entlang]* ne Mittelsenkrechte einzeichnen (.) auf, also, warte (.) Wenn wir uns jetzt das hier angucken *[Pia zeichnet die Winkelhalbierende im Dreieck blau nach, ca. 3 Sek]* diese Grundseite, da eine Mittelsenkrechte einzeichnen und die müsste, wenn die genau (.) da durch geht *[Pia zeichnet Mittelsenkrechte auf der Grundseite durch gegenüberliegende Ecke des Dreiecks]*, wissen wir auf jeden Fall, dass beide Schenkel gleich lang sind. #V4_09:17-6#	R4a +ND1c

Wie auch in der Rekonstruktion der Argumentation zu sehen (Abbildung 17.9), wird als eines der Daten eine Hypothese verwendet, nämlich, dass die Mittelsenkrechte auf der Grundseite des Dreiecks durch den gegenüberliegenden Punkt verläuft. Da diese Hypothese nicht bewiesen wird, sondern als Hypothese stehen bleibt, wird hier ND1c kodiert.

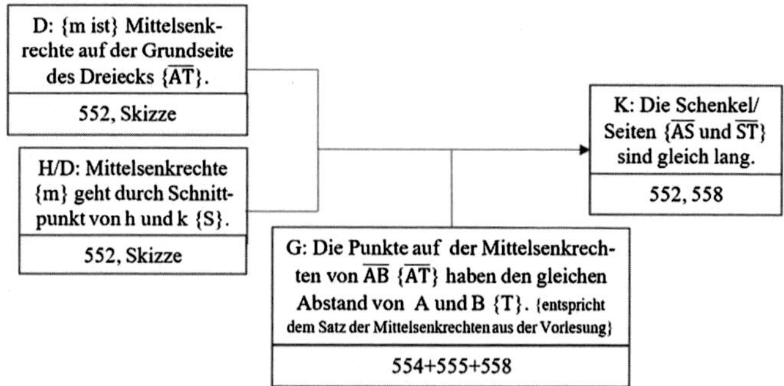

Abbildung 17.9 Rekonstruktion der Turns 552 bis 558 von Pia und Charlotte (Gruppe 3), Beweis 1 mündlich

Diese Lücke, die durch die Hypothese in der Argumentation entsteht, ist zu groß, als dass sie ohne Probleme und Nachdenken von den Studierenden „gefüllt“ werden könnte. Sie hat allerdings noch weitreichendere Folgen. Pia und Charlotte übernehmen die Argumentation samt Lücke für ihren schriftlichen Beweis der Aussage (siehe Abbildung 17.10). Auch hier wird die Hypothese als Datum verwendet, statt ihre Richtigkeit zu zeigen.

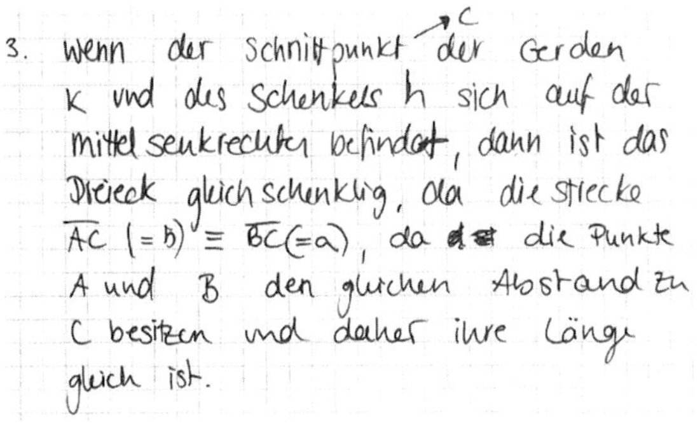

3. Wenn der Schnittpunkt C der Gerden k und des Schenkels h sich auf der mittelsenkrechten befindet, dann ist das Dreieck gleichschenklig, da die Strecke $\overline{AC}$ (= b) = $\overline{BC}$ (= a), da die Punkte A und B den gleichen Abstand zu C besitzen und daher ihre Länge gleich ist.

Abbildung 17.10 Beweistext von Pia und Charlotte (Gruppe 3) zur ersten Aussage

Bei diesen beiden Studierenden zeigt sich im weiteren Verlauf noch eine andere, ebenfalls interessante Argumentationslücke. Während des Aufschreibens des zweiten Beweises diskutieren Pia und Charlotte darüber, mit wie viel Detail sie zeigen müssen, dass die Winkel α und β eine Größe von 90° haben. Ein Vorschlag von Charlotte ist im Transkriptausschnitt 134 und als Rekonstruktion in Abbildung 17.11 zu sehen.

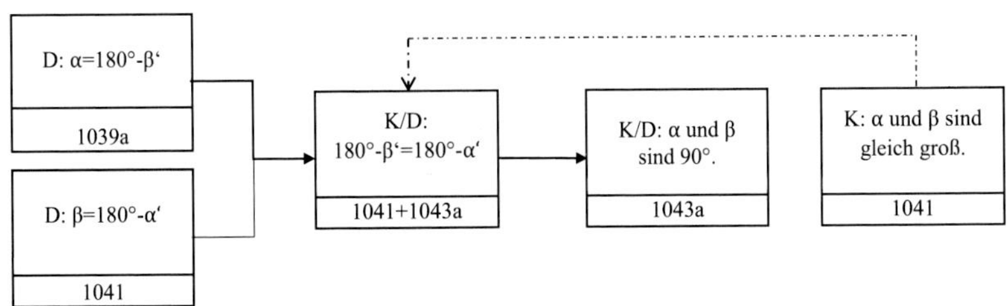

Abbildung 17.11 Zusätzliche Argumentation G von Pia und Charlotte (Gruppe 3) zum Beweis 2

Charlotte hat zuvor bestimmt, dass α = 180°-β ist, und zeigt in Turn 1041, dass β = 180°-α ist. Zur Bestimmung von α und β schlägt sie nun vor, beide Formeln gleichzusetzen, da beide Winkel gleich groß sein sollen. Hier befindet sich die erste Argumentationslücke, da die Studierenden nicht zeigen, warum sie die Formeln gleichsetzen dürfen. Turn 1041 wird daher als Argumentationslücke kodiert (ND1c, Transkriptausschnitt 134). In Turn 1043a schlussfolgert Charlotte dann aus der gleichgesetzten Formel, dass beide Winkel 90° haben, „weil alles andere nicht funktioniert".

Transkriptausschnitt 134: Pia und Charlotte (Gruppe 3), Turns 1041–1043a

1041	Charlotte	Du willst nur, dass Alpha und Beta gleich groß sind. Du willst nicht, dass hundertachtzig Grad gleich groß sind, das hat, bedeutet, dass Beta (...) -äh- minus Alpha *[Charlotte schreibt „β=180°-α" {Formeln C}]*, dass das *[Charlotte zeigt auf die Formel für α]* soll gleich dem *[Charlotte zeigt auf die Formel für β]* sein. #V7_09:25-7#	α=180°-β β=180°-α Formeln C	D1c R1a +ND1c
1042	Pia	Ja. #V7_09:26-7#		D1c(u)
1043a	Charlotte	Und deshalb *§ist hundertachtzig§* Grad minus Beta ist gleich hundertachtzig Grad mine-, minus Alpha *[Charlotte schreibt „180°-β =180°-α" auf das Skizzenblatt {Formeln D}]* und deshalb müssen Alpha und Beta *[Charlotte zeigt auf α und β in der Formel]* (.) -ähm- neunzig Grad sein *[Charlotte schreibt „90" unter die Formel]*, weil alles andere nicht funktioniert. #V7_09:38-3#	180°-β=180°-α 90°	Forts. R1a +ND1c

Charlotte beachtet dabei nicht, dass auch andere Verteilungen auf die Winkel möglich sind und die Formel erfüllen, solange α und β zusammen 180° ergeben. Da sie nicht genauer erklärt, wieso es 90°-Winkel sein müssen, handelt es sich hier um eine Argumentationslücke, die mit ND1c kodiert wird.

An manchen Stellen werden Daten einfach angenommen, die eigentlich gezeigt werden müssten. Diese Art von Argumentationslücke kann unterschiedliche Auswirkungen haben, in dem hier betrachteten Fall von Daria und Leonie sind die Auswirkungen jedoch gering. In der mündlichen Argumentation zur zweiten Aussage wollen die Studierenden zeigen, dass es sich bei dem Parallelogramm um ein Rechteck handelt, indem sie beweisen, dass alle Eckwinkel eine Größe von 90° haben. Sie haben bereits gezeigt, dass alle Winkel, die in der Skizze mit „α" gekennzeichnet sind, die gleiche Größe haben. Über die noch fehlenden „Teilwinkel" sagt Leonie im Anschluss folgendes (Transkriptausschnitt 135, Turn 277):

Transkriptausschnitt 135: Daria und Leonie (Gruppe 4), Turn 277

277	Leonie	Und wenn wir dann- Bei dem können wir's genau sagen, das ist alles Beta (4) und dann (.) haben wir alles Beta. *[Leonie beschriftet in Skizze 2 den Winkel* $\{\alpha_2\}$ *links im unteren Teildreieck mit „β"]* #V2_08:38-7#	R1a +ND1c

Die von Leonie in Turn 277 angenommene gleiche Größe „β" der übrigen Teilwinkel zeigt eine Argumentationslücke, die mit ND1c kodiert wurde. Es ist nicht offensichtlich, warum die restlichen Winkel die gleiche Größe haben sollten, zumal zu diesem Zeitpunkt noch nicht gezeigt ist, dass alle Eckwinkel gleich groß sind. Im Folgenden wird jedoch nicht mit diesem Datum weitergearbeitet, stattdessen wollen die Studierenden β in Abhängigkeit von α bestimmen. Die geringe Auswirkung dieser Argumentationslücke liegt also daran, dass die Studierenden ihre Beweisidee abwandeln und das zunächst einfach angenommene Datum nicht weiterverwenden.

Im weiteren Verlauf der mündlichen Argumentation von Daria und Leonie zur zweiten Aussage gibt es außerdem eine Stelle, bei der fehlende Bezugspunkte zu einer Argumentationslücke führen (siehe Transkriptausschnitt 136). Die Studierenden haben inzwischen den Winkel β in Abhängigkeit von α bestimmt ($\beta = 90°-\alpha$) und mithilfe der Winkelsumme im Rechteck die Formeln C aufgestellt (siehe Turn 350). Daraus schlussfolgern sie nun, dass alle zusammen 360° sind, also jeder 90°.

Transkriptausschnitt 136: Daria und Leonie (Gruppe 4), Turns 350–354

350	Daria	//Das fällt weg. *[Daria streicht „4α" und „-4α" weg {Formeln C}]* Ja. (.) dreihundertsechzig (.) gleich dreihundertsechzig (..) Jo. *[Daria schreibt, ca. 5 Sek]* Jo. Damit ist bewiesen (.) dass alle *[Daria zeigt in Skizze 2 auf die Ecken des Rechtecks unten rechts {B}, oben rechts {C} und oben links {D}]* #V2_14:13-9#	R1a R1a
351	Leonie	Zusammen. *[Daria zeigt in Skizze 2 auf die Ecke unten links {A}]* #V2_14:15-1# 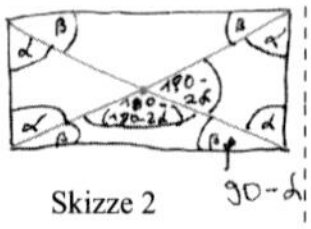	R1a(Forts.)
352	Daria	Zusammen dreihundertsechzig sind, das heißt jeder (.) neunzig ist? (.) #V2_14:18-7#	Forts. R1a +ND1c
353	Leonie	Weil alle gleich sind.// #V2_14:20-4#	Forts. R1a +ND1c +ND1c
354	Daria	//Ein, somit ein Rechteck ist. (..) Jo. Und beim (.) Jo. (..) Weiß nicht. #V2_14:27-5#	D1c(u) R6a

Skizze 2

Während Daria in Turn 350 in der Skizze auf alle Ecken zeigt und damit klarstellt, dass sie mit „alle" alle Winkel in den Ecken des Vierecks meint, ist der Bezug in Turn 352, dass „jeder" 90° ist, nicht direkt erkennbar, auch wenn er sich aus dem Kontext erschließen lässt (jeder Winkel $\alpha + \beta$). Auch in Turn 353 ist nicht benannt, welche Winkel mit „alle" gemeint sind. Im Gesamtzusammenhang scheint es sich auch hier um die Eckwinkel $\alpha + \beta$ zu handeln (vgl. Abbildung 17.12).

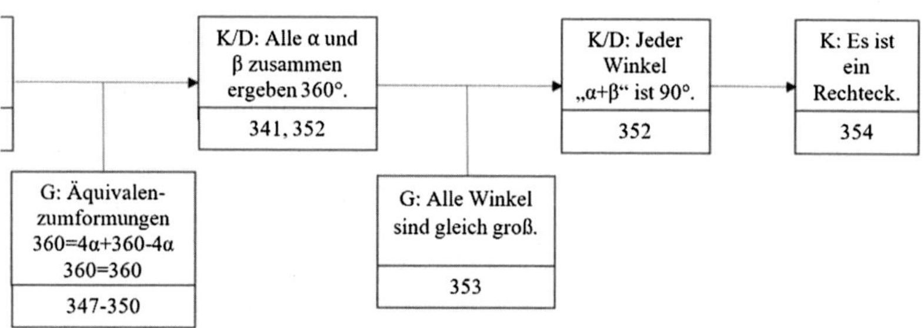

Abbildung 17.12 Rekonstruktion der Turns 347–354 von Daria und Leonie (Gruppe 4), Beweis 2 mündlich

Es könnte aber auch gemeint sein, dass alle α-Winkel gleich groß sind und alle β-Winkel, was sie für ihre Formel genutzt haben. In den Turns 352 und 353 wurde daher ND1c (Bezug) kodiert. Der sich aus dem Kontext ergebende Bezug auf die gesamten Eckwinkel statt ihrer Teilwinkel α und β führt zudem zu einer Argumentationslücke, da Daria und Leonie nicht gesagt oder gezeigt haben, warum alle Eckwinkel gleich groß sind, weshalb in Turn 353 zusätzlich die Kodierung mit ND1c (Argumentationslücke) erfolgte.

Zusammenfassung

Lücken in Argumentationen führen dazu, dass keine vollständige logische Struktur und somit kein konsistenter Beweis vorliegt. Dies kann für Leser eines Beweises zu Verständnisproblemen führen und das Nachvollziehen behindern oder unmöglich machen. Ob etwas als Lücke angesehen wird, hängt jedoch auch vom Status eines Schlusses (z. B. als Teil einer Planung über das weitere Vorgehen) oder vom vorhandenen fachlichen Vorwissen ab. Die folgenden Beispiele illustrieren solche Fälle, in denen eigentlich eine Lücke in der Argumentation besteht, aber durch den Status bzw. das Vorwissen nicht als solche wahrgenommen wird.

Nina und Maja beschäftigen sich mit dem Beweis der zweiten Aussage und haben gerade eine der Richtungen der Aussage gezeigt, nämlich, dass aus gleich langen Diagonalen folgt, dass das Parallelogramm ein Rechteck ist. Jetzt überlegen die Studierenden, wie sie die andere Richtung zeigen können. In Turn 509 formuliert Nina diese zweite Richtung (Transkriptausschnitt 137):

Transkriptausschnitt 137: Nina und Maja (Gruppe 1), Turn 509

509	Nina	Genau. Wir müssen ja jetzt zeigen, dass nur dan- Wir müssen ja- *[Nina zeigt auf den Aussagentext]* Also ein Parallelo ist genau dann ein Rechteck, wenn seine Diagonalen gleich lang sind. Jetzt müssen wir zeigen, wenn seine Diagonalen nicht gleich sind, dass es dann kein Rechteck ist. Es könnte ja auch sein, dass es sozusagen// #V3_00:11:31-1#	D1c(u) P1a

Obwohl die Formulierung der Richtung „Wenn die Diagonalen nicht gleich lang sind, dann ist das Parallelogramm kein Rechteck" eine große Argumentationslücke enthält (nämlich die ganze gesuchte Argumentation), wird sie an dieser Stelle nicht mit ND1c kodiert, da es sich um eine Zielformulierung (Planungsaktivität) handelt, die nicht den Anspruch einer Argumentation erhebt. Der Status der Aussage sorgt also dafür, dass die Argumentationslücke keine Lücke ist.

In ihrem Beweis zur ersten Aussage haben Nina und Maja eine Lücke in ihrer Argumentation, die klein ist und vom Kontext getragen, sodass sie ebenfalls nicht kodiert wurde (Transkriptausschnitt 138). Die beiden Studierenden wollen zeigen, dass das gegebene Dreieck gleichschenklig ist. Dafür bestimmen sie den Stufenwinkel zu Winkel α (Turn 319) und im Anschluss den Nebenwinkel (Turn 323) und dessen Größe (Turn 325).

Transkriptausschnitt 138: Nina und Maja (Gruppe 1), Turns 319–326

319	Nina	*[Nina schreibt, während sie spricht]* Da g parallel zu k, wissen wir, dass Alpha und Winkel T S P Stufenwinkel sind. #V2_00:10:50-5#	Wdh. 314-318
320	Maja	Und beide, ja. Und deswegen ist (..) A S T *[Maja zeigt auf die Punkte A, S und T]* Kann man das schon sagen? Oder, weil die *[Maja zeigt auf den Stufenwinkel zu α {α'} und auf den Winkel ∡AST {γ}]* #V2_00:10:59-2#	NDlc fM5a +NDlc
321	Nina	Ach so, ja// #V2_00:11:00-1#	M5a*
322	Maja	//Wie heißen die? Auf einer #V2_00:11:01-0#	fR2a
323	Nina	Ja, und jetzt können wir sagen, da A S T *[Nina zeigt auf die Punkte A, S und T]* und T S P *[Nina zeigt auf die Punkte T, S und P]* Nebenwinkel sind #V2_00:11:09-0#	R2a
324	Maja	Nebenwinkel, genau. #V2_00:11:10-1#	Dlc(u)
325	Nina	ist A S T *[Nina zeigt auf die Punkte A, S und T]* gleich hundertachtzig Grad minus Alpha.// #V2_00:11:11-8#	R4a
326	Maja	//Minus Alpha, ja.// #V2_00:11:12-5#	Dlc(u)

Betrachtet man nun die Rekonstruktion dieser Argumentation (siehe Abbildung 17.13), so fällt auf, dass Nina und Maja nie gesagt haben, dass die beiden Stufenwinkel gleich groß sind. Diese Aussage bleibt implizit. Um diese Lücke zu schließen, bedarf es nur der Anwendung des Stufenwinkelsatzes, der dies aussagt. Für die Studierenden ist der Begriff des Stufenwinkels wahrscheinlich so sehr mit der gleichen Größe der Stufenwinkel verwoben, dass sie letzteres nicht zusätzlich aussprechen. Da die „Lücke" mit dem Wissen der Studierenden problemlos in nur einem Schritt zu schließen ist, wurde auf eine Kodierung verzichtet.

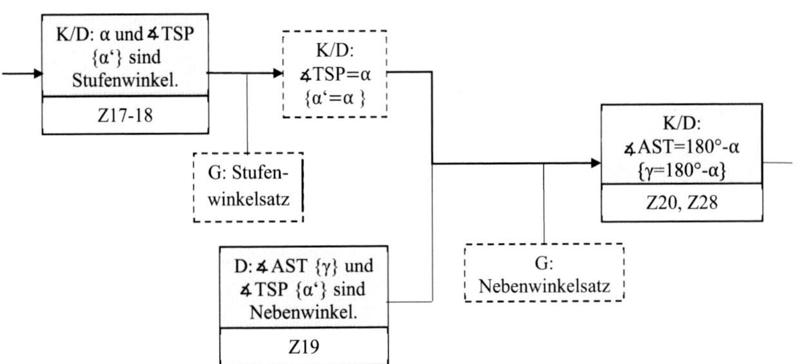

Abbildung 17.13 Ausschnitt der Rekonstruktion der Argumentation von Nina und Maja (Gruppe 1), Beweis 1 schriftlich

17.3 Zirkelschlüsse

Zirkelschlüsse können in vielen verschiedenen Varianten auftauchen: versteckt oder ganz explizit, mit oder ohne Auswirkungen oder Folgen. Einige dieser Arten werden im Folgenden kurz illustriert.

Der folgende Zirkelschluss ist ein Beispiel eines offensichtlich erkennbaren und expliziten Zirkelschlusses (Transkriptausschnitt 139). Er wurde bereits in Abschnitt 14.3 als Illustration des Prototypen „Zirkelschluss" betrachtet. Der auftretende Zirkelschluss ist allerdings auch in der Kodierung ND3 zu finden. Dennis und Julius sind dabei, ihren Beweis zur ersten Aussage aufzuschreiben. Um zu beweisen, dass das durch die Aussage gegebene Dreieck gleichschenklig ist, bestimmen sie zunächst die Winkel des Dreiecks. Der Winkel α_2 wird mit der Winkelhalbierenden bestimmt, die Winkelgröße beträgt $\frac{1}{2}$ α. Auch für die Größe des Winkels β {x} scheint Julius die Winkelhalbierende zu nutzen, was nicht richtig ist (siehe Abschnitt 17.1). Auf Nachfrage von Dennis begründet er diese Winkelgröße dann auf anderem Weg (Turns 322 und 324).

Transkriptausschnitt 139: Dennis und Julius (Gruppe 2), Turns 322–324

322	Julius	//Ja, dann haben wir ja quasi ein (...) *[Julius schreibt, während er spricht]* Schnittpunkt *{T}* (4) der Winkelhalbierenden (.) mit (.) dem, der Parallele k. #V4_02:36-2#	ND4 R1a
323	Dennis	Mhm („Zuhör"-Laut). #V4_02:36-9#	/
324	Julius	*[Julius schreibt, während er spricht]* (..) -äh- (..) und (..) erhalten (…) mit (unv.) erhalten wir den Win- (.) Beta (..) der Winkel Beta *{x}* ist (.) einhalb Alpha (5) da (..) g *{h}* (..) und k gleich lange Strecken sind. (12) Außerdem gilt für (8) für den letzten Winkel *{γ}* (8) minus (..) einhalb a (.) minus Beta. (..) Das bedeutet (.) hmm (..) minus (...) hmm (6) einhalb Alpha minus (.) Alpha und das ist dann (...) Quatsch. *[Julius verbessert seine Formel]* (..) (unv.) (6) Ar, das ist natürlich jetzt alles etwas unschön. (..) Hmm. #V4_04:32-1#	Forts. R1a +ND3 M8c

Für seine Begründung dafür, dass $\beta = \frac{1}{2}\alpha$, nutzt er allerdings, dass zwei Seiten des Dreiecks gleich lang sind. Das stimmt nur, wenn das Dreieck bereits gleichschenklig ist. Da sie dies aber zeigen wollen und später auch über die gleiche Länge der Dreiecksseiten machen, geraten die Studierenden mit dieser Begründung in einen Zirkelschluss, der an der Kodierung ND3 erkennbar ist.

Ein Beispiel für einen versteckten, impliziten Zirkelschluss sind die folgenden Formeln. Dennis und Julius möchten in der mündlichen Argumentation zur ersten Aussage (die vor dem obigen Beispiel erfolgt) begründen, dass das gegebene Dreieck gleichschenklig ist. Dafür versuchen sie in einem ersten Schritt zu zeigen, dass die Basiswinkel des Dreiecks gleich groß sind. Nach mehreren Versuchen, unter anderem einer Argumentation mit einem Parallelogramm, wandelt Julius seine Idee in Formeln um. In Turn 234 (siehe Transkriptausschnitt 140) setzt er die Winkel des Parallelogramms (α, α, „γ-α" und „γ-α") mit der Winkelsumme gleich, fasst dann die Formel zusammen und formt sie um (siehe Abbildung 17.14).

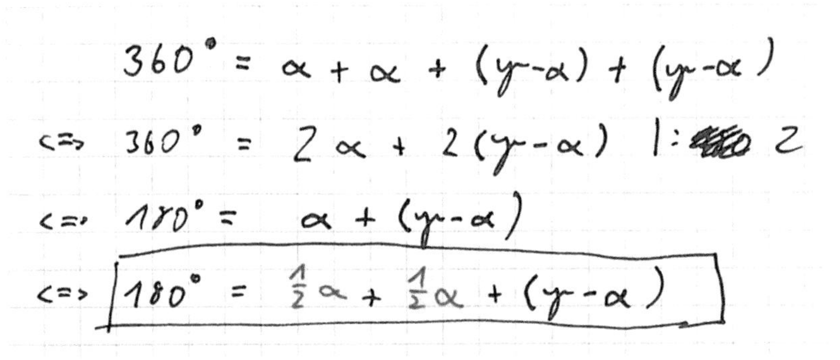

$$360^\circ = \alpha + \alpha + (\gamma - \alpha) + (\gamma - \alpha)$$

$$\Leftrightarrow 360^\circ = 2\alpha + 2(\gamma - \alpha) \quad |:2$$

$$\Leftrightarrow 180^\circ = \alpha + (\gamma - \alpha)$$

$$\Leftrightarrow \boxed{180^\circ = \tfrac{1}{2}\alpha + \tfrac{1}{2}\alpha + (\gamma - \alpha)}$$

Abbildung 17.14 Formeln zu den Winkeln von Dennis und Julius (Gruppe 2), Beweis 1 mündlich

Transkriptausschnitt 140: Dennis und Julius (Gruppe 2), Turn 234

234	Julius	Ja, genau. (.) -äh- (..) -äfl- (..) Das sind dann *[Julius schreibt Formeln auf, während er spricht]* zwei Alpha (.) plus zwei -ähm- (...) Gamma minus Alpha (.) durch hundertachtzig Grad. *[Julius hört auf zu schreiben]* -äh- Quatsch, nicht durch hundertachtzig (unv.) *[Julius streicht „:180" durch und schreibt „:2" auf]*. So, durch 2. So (.) jetzt haben wir (.) unser (...) -äh- wenn wir das zusammenfassen *[Julius schreibt, während er spricht]* plus Gamma minus Alpha *[Julius hört auf zu schreiben]* (5). Das kann man hier *[Julius zeigt auf die dritte Formel]* quasi damit *[Julius zeigt auf das Blatt mit den Skizzen J1 bis J4]* mit dem hier und dem hier zusammenfassen. (.) Also, wenn- *[Julius zeigt auf Skizze J3]* -äh- (..) -ähm- *[Julius schreibt die vierte Formel in verschiedenen Farben auf, ca. 32 Sek]*. Also daraus setzt sich dann ja unser, also das *[Julius zeigt auf die vierte Formel]* ist jetzt ja unser, unser Dreieck hier. *[Julius malt einen Kasten um die vierte Formel]* #V3_05:46-8# 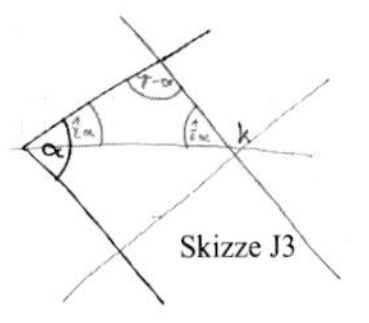 Skizze J3	D1c(u) R1a +M8a +ND3

Die Umformungen sind dabei zwar formal korrekt, bezogen auf die Argumentation ist die Umformung von der dritten zur vierten Reihe jedoch falsch. Julius teilt bereits von der zweiten zur dritten Reihe die gesamte Formel durch zwei, um vom Parallelogramm auf das Dreieck zu kommen. Bei der nächsten Umformung bezieht er sich jedoch auf seine Skizze, in der die gesuchten Winkel schon eingezeichnet sind, und setzt somit schon voraus, dass die Basiswinkel gleich groß sind, was er in der Formel problemlos abbilden kann. Da er damit aber die Winkel im Dreieck nicht wirklich bestimmt und die Gleichschenkligkeit des Dreiecks indirekt vorausgesetzt hat, handelt es sich um einen Zirkelschluss, der mit ND3 kodiert wurde.

Bei Pia und Charlotte tritt ebenfalls ein interessanter Zirkelschluss auf. In ihrem schriftlichen Beweis zeigen sie zunächst durch Abduktion, welche Voraussetzungen sie brauchen, damit die Diagonalen in einem Rechteck gleich lang sind (siehe Abbildung 17.15). Auf diese Weise kommen sie auf das benötigte Datum, dass sie zwei gleich große Winkel brauchen (siehe auch Rekonstruktion der Abduktion, unterer Strang in Abbildung 17.16).

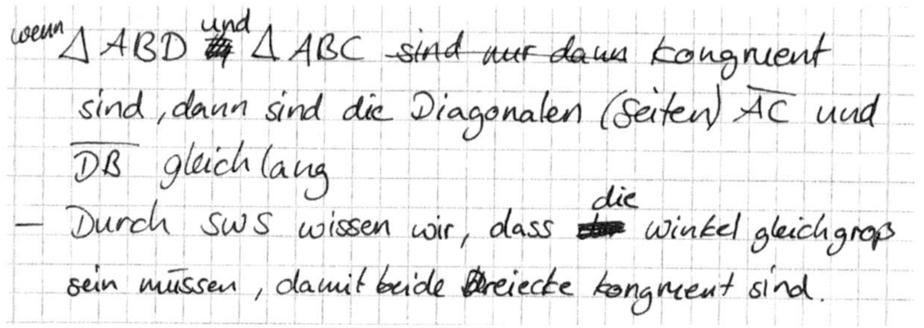

wenn Δ ABD und Δ ABC ~~sind nur dann~~ kongruent sind, dann sind die Diagonalen (Seiten) $\overline{AC}$ und $\overline{DB}$ gleich lang
– Durch SWS wissen wir, dass die Winkel gleichgroß sein müssen, damit beide Dreiecke kongruent sind.

Abbildung 17.15 Ausschnitt aus dem Beweistext von Pia und Charlotte (Gruppe 3) zum Beweis 2 (Z. 9–13)

Danach ändert sich jedoch die Richtung ihres Beweises. Pia und Charlotte haben nun das Ziel zu zeigen, dass das Parallelogramm ein Rechteck ist, statt vom Rechteck als Voraussetzung auszugehen. Dieser Wechsel der Zielkonklusion fällt ihnen nicht auf und scheint nicht beabsichtigt. Wahrscheinlich geschieht er dadurch, dass die Studierenden nicht erkennen, dass es sich um eine „Genau dann, wenn"-Aussage mit zwei Richtungen handelt und sie die Richtungen daher vermischen. Im weiteren Verlauf des Beweises zeigen sie, dass die Winkel α und β des Parallelogramms zusammen 180° ergeben. Charlotte nutzt dann in Turn 1069a (siehe Transkriptausschnitt 141) die Tatsache, dass $\alpha + \beta = 180°$, zusammen mit dem durch Abduktion gefundenen Datum, dass diese Winkel gleich groß sind, um daraus zu schließen, dass beide Winkel die Größe 180° : 2 haben (siehe Verbindung der beiden Argumentationsstränge in Abbildung 17.16).

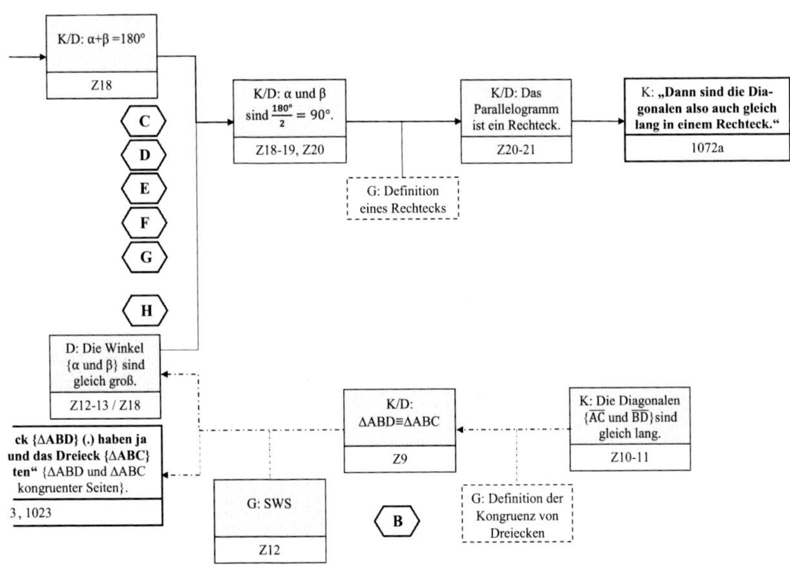

Abbildung 17.16 Ausschnitt der Rekonstruktion der Argumentation von Pia und Charlotte (Gruppe 3), Beweis 2 schriftlich

Transkriptausschnitt 141: Pia und Charlotte (Gruppe 3), Turn 1069a

1069a	Charlotte	Mhm („Zuhör"-Laut), weil jetzt nämlich sein muss *§Alpha§* plus Beta gleich hundertachtzig Grad und wenn Alpha und Beta *§gleich groß§* sein müssen, dann müssen sie die Hälfte von hundertachtzig Grad sein *[Charlotte zeigt auf die Formeln im Beweistext]*. *[Pia schreibt, ca. 7 Sek, schreibt dann während Charlotte spricht]* Also, da Alpha gleich Beta (..) müssen (5) gleich Beta, siehe hier *[Charlotte zeigt auf die Formeln im Beweistext]*, wie auch immer - ähm- (9) *[Pia hört auf zu schreiben]* Beide hundertachtzig Grad geteilt durch zwei sein. #V7_12:01-2# $\Rightarrow \alpha+\beta = 180°$, da $\alpha = \beta$ siehe oben, müssen beide Winkel $\frac{180°}{2}$ sein.	Wdh. 1024, 1038 +ND3

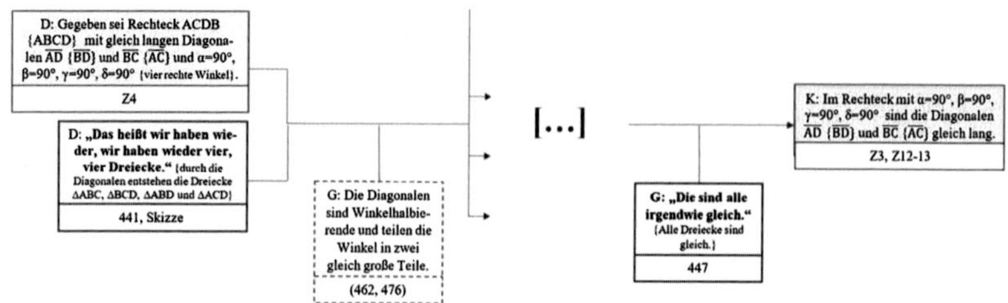

Abbildung 17.17 Ausschnitt der Rekonstruktion der Argumentation von Dennis und Julius (Gruppe 2), Beweis 2 schriftlich

Das durch Abduktion gefundene Datum kann in dieser Form jedoch nicht verwendet werden, da es sich nicht um ein gegebenes, wahres Datum handelt. Um die Gleichheit der Winkel annehmen zu können, müsste es sich bereits um Winkel in einem Rechteck, nicht um Winkel in einem Parallelogramm handeln. Hier ergibt sich ein Zirkelschluss, der mit ND3 kodiert wird.

Das folgende Beispiel ist ein Zirkelschluss, bei dem es letztlich gar nicht zum inhaltlichen Zirkelschluss kommt, obwohl es erst so wirkt (siehe Transkriptausschnitt 142). Für den Beweis der zweiten Aussage möchten Julius und Dennis unter anderem zeigen, dass in einem Rechteck die Diagonalen gleich lang sind. Ausgangspunkt dieser Richtung ihres Beweises ist die folgende Aussage: „*Rechteck mit gleich langen Diagonalen:* $\alpha = 90°$; $\beta = 90°$; $\gamma = 90°$; $\delta = 90°$“ (Zeile 4 des Beweistextes). Daraus folgern die Studierenden in mehreren Schritten, dass die Teildreiecke des Rechtecks „gleich“ sind (bis Turn 447) und deshalb die Diagonalen gleich lang sind (Turns 448 und 449). Dies ist auch in der Rekonstruktion des Beweises erkennbar (siehe Abbildung 17.17).

Transkriptausschnitt 142: Dennis und Julius (Gruppe 2), Turns 447–449

447	Julius	Hmm? (.) BCD *{ΔABC}*, nöh (fragend)? *[Dennis zeigt in Beweisskizze 2 auf das Dreieck BCD {ΔABC}]* Ja. *[Julius schreibt, ca. 5 Sek]* So, und auch da wissen (.) So, das heißt, die sind alle irgendwie gleich (.) und -äh- (..) *[Julius schreibt, während er spricht]* Daraus folgt (6) dass, hmm (.) ein (.) Rechteck (.) mit, also, das ist alles ganz schwammig, nöh (fragend)? (.) Mit -äh- (.) diesem Winkel hier (14) und die (.) Diagonalen (4) Hmm. (...) #V5_12:35-1#	fM3 ND2 R5a R1a
448	Dennis	(auch hier gleich groß waren ?) #V5_12:37-0#	R1aForts. +ND1c +ND3
449	Julius	Äh- gleich groß sind, nöh (fragend)? (.) Oder die gleiche Länge haben. #V5_12:40-2#	Forts. R1a +ND1c +ND3

Den Studierenden fällt nicht auf, dass sie die gleich langen Diagonalen schon in der Voraussetzung stehen haben. Hier ergibt sich ein Zirkelschluss, der mit ND3 kodiert wird. Bei genauerer Betrachtung der Argumentation fällt allerdings auf, dass Dennis und Julius die gleich langen Diagonalen in ihrer Argumentation gar nicht nutzen, um zu zeigen, dass die Diagonalen gleich lang sind. Dieser Zirkelschluss existiert daher in „Worten", ist aber in der Argumentation nicht „genutzt".

Nicht alle Zirkelschlüsse in der Diskussion führen zwangsläufig auch zu Zirkelschlüssen in der Argumentation. Manche Zirkelschlüsse existieren zwar zeitweilig in Worten, werden aber nicht in die eigentliche Argumentation übernommen. Nina und Maja beschäftigen sich mit dem Beweis der zweiten Aussage und haben begonnen den ersten Fall aufzuschreiben, dass aus gleich langen Diagonalen das Rechteck folgt. Sie haben bereits gezeigt, das gegenüberliegende Teildreiecke im Parallelogramm kongruent sind, und wollen jetzt begründen, dass bei gleich langen Diagonalen auch „benachbarte" Dreiecke kongruent sind (Transkriptausschnitt 143). Beide benachbarten Dreiecke haben eine Seite der Länge a und eine Seite der Länge b.

Transkriptausschnitt 143: Nina und Maja (Gruppe 1), Turns 470 + 471

470	Maja	Und dann *[Maja zeigt auf die Seite a]*, und die teilen sie sich ja (..) Dann brauchen wir ja nur noch eine dritte Angabe und das ist halt der rechte Winkel *[Maja zeigt auf den Winkel unten rechts {β}]*. (.) #V3_00:07:01-2#	Forts. R6c +ND3
471	Nina	Nee, die sind ja dann, also wir wissen ja jetzt, wenn die gleich lang sind *[Nina zeigt auf die Diagonalen {$\overline{AC}$ und $\overline{BD}$}]* dann sind die nach Seite, Seite, Seite kongruent *[Nina zeigt auf die Seiten des blauen Dreiecks {d, a und $\overline{BD}$}]* und dann müssen die Winkel gleich groß sein. *[Nina zeigt auf die unteren beiden Winkel des Parallelogramms {α und β}]* #V3_00:07:09-0#	D1c R5a

In Turn 470 weist Maja darauf hin, dass für die Kongruenz nur noch eine Angabe fehlt. Sie wählt den Winkel zwischen den gegebenen Seiten und sagt, dass dieser rechte Winkel die dritte Angabe für die Kongruenz sei. Der rechte Winkel ist allerdings nicht gegeben, sondern ein Teil dessen, was sie zeigen wollen, damit sie sagen können, dass es sich um ein Rechteck handelt. Für den hier implizit verwendeten Kongruenzsatz SWS würde Maja also einen Winkel nutzen, den sie im späteren Verlauf zeigen würden. Es handelt sich um den Ansatz eines Zirkelschlusses, der mit ND3 (Zirkelschluss) kodiert wurde. Bevor sich dieser Zirkelschluss jedoch in der Argumentation „festsetzt", widerspricht Nina und macht einen Gegenvorschlag, die Nutzung des Kongruenzsatzes SSS, bei dem bereits alle Angaben gegeben sind und aus dem die Kongruenz der Winkel folgt. Ein Zirkelschluss ist somit abgewendet.

Auch bei Pia und Charlotte gibt es einen Zirkelschluss, der aufgelöst wird (Transkriptausschnitt 144). Bei der ersten Aussage soll bewiesen werden, dass ein gegebenes Dreieck gleichschenklig ist. Dafür sind die Studierenden dabei, die Winkel im Dreieck zu bestimmen. Pia denkt dabei über Wechselwinkel nach, als Charlotte in Turn 500 einen neuen Vorschlag macht. Sie nutzt den Basiswinkelsatz und argumentiert, dass in einem gleichschenkligen Dreieck mit diesem Satz folgt, dass die Basiswinkel gleich groß sind. Dabei nutzt sie allerdings die Eigenschaft des Dreiecks, die Gleichschenkligkeit, die sie eigentlich zeigen wollen. Es ergibt sich also ein Zirkelschluss, es wird mit ND3 (Zirkelschluss) kodiert.

Transkriptausschnitt 144: Pia und Charlotte (Gruppe 3), Turns 500 + 501

500	Charlotte	[...] Aber warum brauchst du das jetzt, weil den kannst du ja auch einfach sagen, du weißt, dass der *[Charlotte zeigt in Skizze P1 den Winkel im Dreieck zwischen k und der Winkelhalbierenden {x}]* genauso groß ist wie der *[Charlotte zeigt auf die untere Hälfte von α $\{\alpha_2\}$]*, weil wegen dem Basiswinkelsatz (...) bei nem gleichschenkligen Dreieck. #V4_01:49-4#	[...] R4a +ND3
501	Pia	Aber dann müssen wir davon ausgehen, dass es ein (.) also, wir sollen doch zeigen, dass es ein gleichschenkliges Dreieck ist. Das heißt wir können noch nicht annehmen, dass die Winkel *[Pia zeigt in Skizze P1 abwechselnd auf die Winkel links $\{\alpha_2\}$ und rechts {x} im Dreieck]* schon gleich groß sind, sondern wir müssen doch zeigen, dass es, oder? (.) Hätt ich jetzt gesagt. (5) #V4_02:05-3#	M5a fM5a

Dieser Zirkelschluss wirkt sich allerdings nicht weiter auf die Argumentation aus, da Pia in Turn 501 erkennt, dass sie die Eigenschaft der Gleichschenkligkeit nicht nutzen dürfen, und darauf hinweist, dass sie das erst zeigen müssen. Dem stimmt Charlotte zu, die „Gefahr" für die Argumentation ist an dieser Stelle abgewiesen.

Zusammenfassung

Fehler in der logischen Struktur einer Argumentation werden durch die Unterkategorie ND3 zusammengefasst. Durch eine Analyse der Argumentation an den Stellen mit dieser Kodierung können dabei die verschiedenen Fehlerarten genauer unterschieden werden. Einer dieser Fehler ist der hier betrachtete Zirkelschluss. Zirkelschlüsse können, wie in diesem Kapitel aufgezeigt, in vielen verschiedenen Arten auftreten, beispielsweise explizit oder implizit. Häufig bedarf es einer Argumentationsanalyse, um alle Zirkelschlüsse zu erkennen, da nicht bei allen Stellen mit falscher logischer Struktur sofort erkennbar ist, dass es sich um einen Zirkelschluss handelt. Für eine Auswertung der Zirkelschlüsse bezüglich ihrer Auswirkungen auf stattfindende Argumentation ist eine Analyse und Rekonstruktion der Argumentation ebenfalls notwendig.

17.4 Inhaltliche Fehler

Inhaltliche Fehler der Argumentation haben häufig auch eine falsche logische Struktur. Dieses Kapitel zeigt verschiedene Beispiele inhaltlicher Fehler und ihre Auswirkungen.

Falsche Nutzung von Eigenschaften und Objekten

Zu den mit ND3 kodierten inhaltlichen Fehlern gehören unter anderem Stellen, an denen durch die Aussage gegebene wie auch neu eingezeichnete Objekte und deren Eigenschaften „falsch" verwendet werden. Dies passiert beispielsweise Dennis und Julian auf verschiedene Weisen.

In der mündlichen Diskussion zur ersten Aussage haben Dennis und Julius bereits „begründet", dass die Basiswinkel gleich groß sind. Nun müssen sie noch zeigen, dass dann auch zwei Seiten des Dreiecks gleich sind, um die Gleichschenkligkeit des Dreiecks zu beweisen. Dazu zeichnet Julius in Turn 326 eine neue Linie in ihre Skizze ein, die sowohl die Mittelsenkrechte auf $\overline{AB}$ („*dann haben wir hier zwei neunzig Grad Winkel*"), als auch die Winkelhalbierende von γ zu sein scheint („*und dieser wird nochmal halbiert*"). Julius benennt die Linie weder als Mittelsenkrechte noch als Winkelhalbierende (Transkriptausschnitt 145).

Transkriptausschnitt 145: Dennis und Julius (Gruppe 2), Turn 326

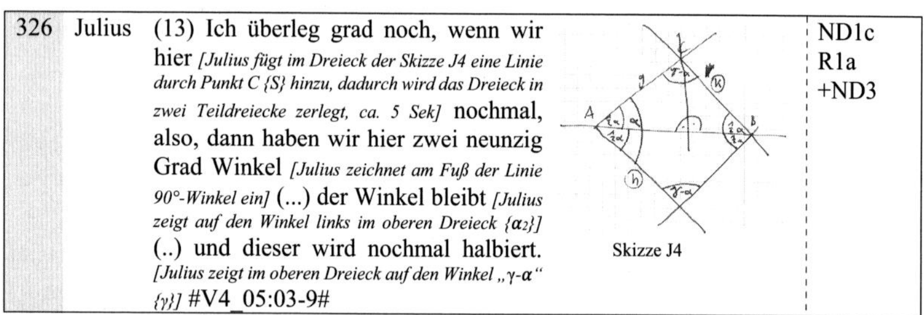

326	Julius	(13) Ich überleg grad noch, wenn wir hier *[Julius fügt im Dreieck der Skizze J4 eine Linie durch Punkt C {S} hinzu, dadurch wird das Dreieck in zwei Teildreiecke zerlegt, ca. 5 Sek]* nochmal, also, dann haben wir hier zwei neunzig Grad Winkel *[Julius zeichnet am Fuß der Linie 90°-Winkel ein]* (...) der Winkel bleibt *[Julius zeigt auf den Winkel links im oberen Dreieck {α_2}]* (..) und dieser wird nochmal halbiert. *[Julius zeigt im oberen Dreieck auf den Winkel „γ-α" {γ}]* #V4_05:03-9#	Skizze J4	ND1c R1a +ND3

Diese doppelte Nutzung der Linie, die von Dennis nicht hinterfragt wird, kann nicht einfach angenommen werden. Die Studierenden verlassen sich hier mehr auf das, was sie sehen, als auf mathematische Zusammenhänge, weshalb hier mit ND3 kodiert wurde. Zudem versteckt sich an dieser Stelle ein impliziter Zirkelschluss, da die Mittelsenkrechte und die Winkelhalbierende nur dann die gleiche Linie sind, wenn das Dreieck bereits gleichschenklig ist. Weil der Zirkelschluss implizit ist, wird er nicht weiter kodiert, die Ursache selbst ist bereits markiert.

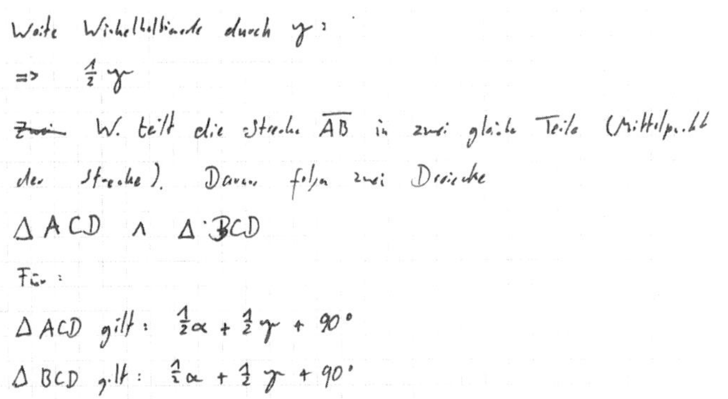

Weite Winkelhalbierende durch γ:

=> $\frac{1}{2}\gamma$

~~Zwei~~ W. teilt die Strecke $\overline{AB}$ in zwei gleiche Teile (Mittelpunkt der Strecke). Daraus folgen zwei Dreiecke

$\Delta ACD \wedge \Delta BCD$

Für:

ΔACD gilt: $\frac{1}{2}\alpha + \frac{1}{2}\gamma + 90°$

ΔBCD gilt: $\frac{1}{2}\alpha + \frac{1}{2}\gamma + 90°$

Abbildung 17.18 Ausschnitt aus dem Beweistext von Dennis und Julius (Gruppe 2) zur ersten Aussage

In der schriftlichen Argumentation wird die oben beschriebene Argumentation übernommen und die Linie von Julius als Winkelhalbierende von γ bezeichnet (siehe Abbildung 17.18). Die Winkelhalbierende behält aber auch hier die Eigenschaften einer Mittelsenkrechten, dass sie die Strecke halbiert und im 90°-Winkel auf ihr steht. Der „Fehler" aus der mündlichen Argumentation hat im Verlauf also auch Nachwirkungen auf die schriftliche Argumentation und wurde in den zugehörigen Turns erneut mit ND3 kodiert.

Auch in der Argumentation zur zweiten Aussage nutzen Dennis und Julius ein geometrisches Objekt falsch (Transkriptausschnitt 146). Sie wollen beweisen, dass in einem Rechteck die Diagonalen gleich lang sind. Dafür zeichnen sie die Skizze eines Rechtecks (Beweisskizze 2, siehe Abbildung 17.19) und betrachten dann die durch die Diagonalen entstandenen Teildreiecke dieses Rechtecks.

Transkriptausschnitt 146: Dennis und Julius (Gruppe 2), Turn 441

441	Julius	[…] Das heißt, wir haben wieder, wir haben wieder vier, vier Dreiecke *[Julius schreibt, während er spricht]* (..) wir haben -ähm- (.) A B und D *{ΔBCD}* (...) und die setzen sich zusammen aus *[Julius hört auf zu schreiben]* -äh- (..) -ähm- Alpha, Beta *[Julius beschriftet die Winkel des Rechtecks entsprechend der Ecken, ca. 8 Sek]* Gamma und Delta und das heißt -ähm- *[Julius schreibt, während er spricht]* (...) einhalb Alpha *{≈δ2}* (..) plus Beta *{γ}* (.) plus (4) -äh- einhalb (..) Delta *{≈β1}*, ja? (.) Und daraus folgt (...) -ähm- (...) hat -äh- hundertachtzig Grad (.) neunzig, fünfundvierzig, fünfundvierzig. *[Julius zeigt auf β {γ}, den oberen Teil von α {δ2} und den oberen Teil von δ {β1}]* Richtig? (.) Richtig. (..) #V5_10:25-9#	[…] R1a +ND3 fM5a

In Turn 441 bestimmt Julius die Winkel des Dreiecks ΔABD als $\frac{1}{2}\alpha+\beta+\frac{1}{2}\delta$ und schreibt dies auf, wobei jeder halbe Winkel 45° und der ganze Winkel 90° hat, sich also eine Winkelsumme von 180° ergibt. Diese Aussage zeigt, dass Julius die Diagonalen als Winkelhalbierende der Eckwinkel des Rechtecks betrachtet. Das ist inhaltlich und logisch falsch und wird mit ND3 kodiert. Der darauf aufbauende Rest der mündlichen und schriftlichen Argumentation ist somit auch falsch.

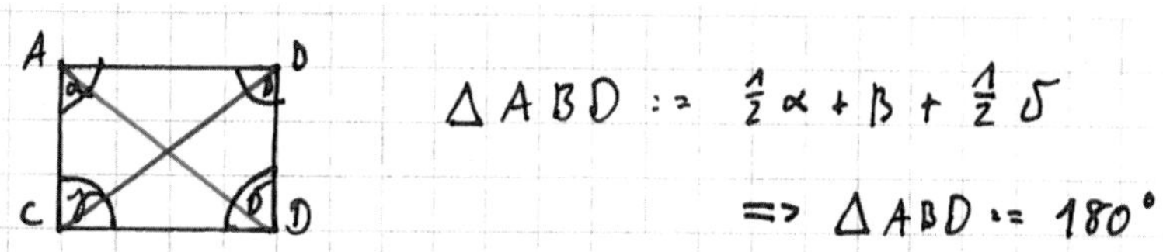

Abbildung 17.19 Ausschnitt des Beweistextes von Dennis und Julius (Gruppe 2) zur zweiten Aussage (Beweisskizze 2 und Formel)

Falsche Nutzung von Sätzen

Unter die Kodierung ND3 für inhaltliche Fehler fallen auch Stellen, an denen Sätze falsch bzw. unpassende Sätze genutzt werden.

Ein Beispiel für die Verwendung eines unpassenden Satzes ist der Turn 358 des Transkripts von Dennis und Julius (Transkriptausschnitt 147). Hier wird eine in den Turns 326 bis 330 grob entwickelte Argumentation aufgeschrieben. Über Teildreiecke des in der Aussage gegebenen Dreiecks möchten die Studierenden zeigen, dass das gegebene Dreieck gleichschenklig ist.

Transkriptausschnitt 147: Dennis und Julius (Gruppe 2), Turn 358

358	Julius	*[Julius schreibt, während er spricht]* -äh- für ACD *{ΔAUS}* (..) gilt (..) weiß ich nicht, wie man, wie das (.) Das sind halt einhalb Alpha (.) plus (.) einhalb (.) Gamma (.) plus neunzig Grad, ja? Und für (...) BCD *{ΔUTS}* gilt, Überraschung, das gleiche. (14) Und dann (...) zusammenfassend, aha, (unv.) gleichsetzen (.) folgt dann (.) einhalb Alpha plus einhalb Gamma plus neunzig Grad (..) sind Überraschung, genau dasselbe. (6) Damit sind die Schenkel kongruent, nöh (fragend)? Oder? (5) Somit (.) muss (.) g *{h}* (.) dieselbe (..) Länge (6) wie k (.) Punkt. (.) Das Dreieck (.) -ähm- (.) ABC *{ΔATS}* (.) ist somit (.) gleichschenklig. (...) #V4_11:06-4#	R1a +ND1c +ND3 fM5a

Um die Kongruenz der Teildreiecke zu bestimmen, werden alle Winkel der Teildreiecke bestimmt und dann gleichgesetzt, wobei sich ergibt, dass beide Teildreiecke drei kongruente Winkelpaare haben. Diese Tatsache nimmt Julius als Begründung dafür, dass die Teildreiecke kongruent sind (siehe Abbildung 17.20). An dieser Stelle wurde ND3 kodiert, da der Ähnlichkeitssatz WWW fälschlicher Weise als Kongruenzsatz verwendet wurde. Der Beweis wird direkt danach abgegeben und nicht mehr überprüft.

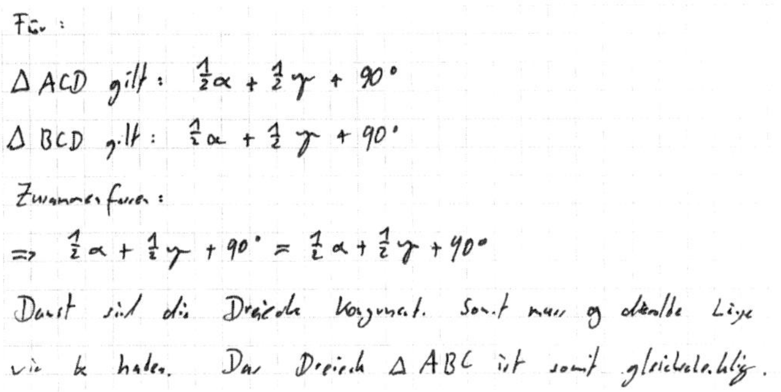

Für:
ΔACD gilt: $\frac{1}{2}\alpha + \frac{1}{2}\gamma + 90°$
ΔBCD gilt: $\frac{1}{2}\alpha + \frac{1}{2}\gamma + 90°$
Zusammenfassen:
$\Rightarrow \frac{1}{2}\alpha + \frac{1}{2}\gamma + 90° = \frac{1}{2}\alpha + \frac{1}{2}\gamma + 90°$
Damit sind die Dreiecke kongruent. Somit muss g dieselbe Länge wie h haben. Das Dreieck ΔABC ist somit gleichschenklig.

Abbildung 17.20 Ausschnitt des Beweistextes von Dennis und Julius (Gruppe 2) zur ersten Aussage

Auch Daria und Leonie haben ein ähnliches Problem (Transkriptausschnitt 148). Beim Aufschreiben ihrer Argumentation zur zweiten Aussage wollen sie zeigen, dass die Abschnitte $\overline{AM}$ und $\overline{DM}$ der Diagonalen gleich lang sind, indem sie zeigen, dass die Dreiecke ΔAMH und ΔHMD kongruent sind.

Transkriptausschnitt 148: Daria und Leonie (Gruppe 4), Turns 429–431

429	Leonie	//Einhalb a und m *[Daria schreibt, ca. 3 Sek]* haben und nach S S S (.) Nee, Seite Seite Seite, doch, Kongruenzsatz. #V3_06:13-8#	Wdh. 427 M8b + ND3
430	Daria	Hmm. Seite Seite Seite (.) die haben wir ja nicht *[Daria zeigt in der Beweisskizze auf das Teilstück der Diagonale unten links {$\overline{AM}$}]*. Seite *[Daria zeigt auf die Mittelsenkrechte {m} im linken Teildreieck]* 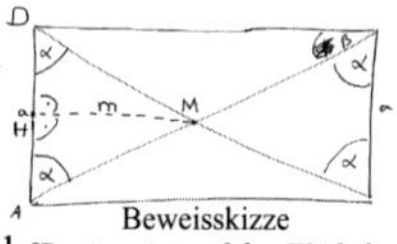 Seite *[Daria zeigt auf die Strecke $\overline{AH}$]* Winkel *[Daria zeigt auf den Winkel α unten links {α_1}]* meinst du, oder? #V3_06:18-8# Beweisskizze	M5a +ND3 fM5a
431	Leonie	Nee, wir- Nee, Seite Seite Seite, weil wenn wir wissen, dass zwei Seiten gleich sind, dann wissen wir, die dritte Seite ist auch gleich. #V3_06:25-8#	bM4a +ND3

In Turn 429 schlägt Leonie die Nutzung des Kongruenzsatzes SSS vor, um die Kongruenz zu zeigen. Dies ist inhaltlich falsch, was durch ND3 kodiert wird. Daria bemerkt und begründet das in Turn 430 (die dritte Seite haben sie nicht) und schlägt stattdessen einen anderen Kongruenzsatz vor. Sie haben bei den Dreiecken jeweils eine Seite der Länge $\frac{1}{2}a$ und sie teilen sich die Mittelsenkrechte m. Zudem haben beide Dreiecke den Winkel α. Daria schlägt daher „Seite Seite Winkel" (Turn 430) vor. Dies ist inhaltlich wieder falsch und mit ND3 kodiert, da beim Kongruenzsatz SsW der Winkel der längsten Seite gegenüberliegen muss, was hier nicht der Fall ist. Leonie besteht auf die Richtigkeit des Kongruenzsatzes SSS, indem sie ihn noch einmal erklärt: „*wenn wir wissen, dass zwei Seiten gleich sind, dann wissen wir, die dritte Seite ist auch gleich*" (Turn 431). Dieses Verständnis des Satzes ist zwar falsch, weshalb auch dieser Turn mit ND3 kodiert ist, wird aber in die schriftliche Argumentation aufgenommen (siehe Abbildung 17.21), um zu zeigen, dass die Teilstücke $\overline{AM}$ und $\overline{DM}$ der Diagonalen gleich lang sind.

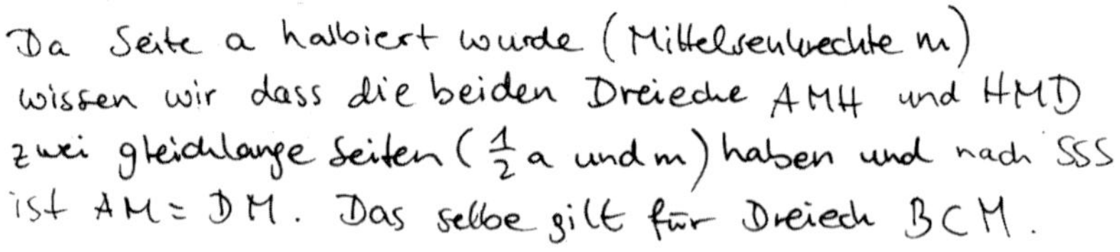

Da Seite a halbiert wurde (Mittelsenkrechte m)
wissen wir dass die beiden Dreiecke AMH und HMD
zwei gleichlange Seiten ($\frac{1}{2}$a und m) haben und nach SSS
ist AM = DM. Das selbe gilt für Dreieck BCM.

Abbildung 17.21 Ausschnitt des Beweistextes von Daria und Leonie (Gruppe 4) zur zweiten Aussage

Ein Fehlverständnis eines geometrischen Konzepts zeigen auch Dennis und Julius in ihrer Diskussion zur zweiten Aussage (Transkriptausschnitt 149). Sie wollen zeigen, dass die Diagonalen in einem Parallelogramm nicht gleich lang sind. Dafür übernehmen sie die Struktur ihrer Argumentation, dass in einem Rechteck die Diagonalen gleich lang sind, und betrachten die Winkelsumme in den durch die Diagonalen entstandenen Teildreiecken des Parallelogramms vor dem Hintergrund dieser vorherigen Argumentation.

Transkriptausschnitt 149: Dennis und Julius (Gruppe 2), Turns 488–491

488	Dennis	Und dass wir hier *[Dennis zeigt in Beweisskizze 1 auf die Teildreiecke des Parallelogramms]* im Dreieck ne vor- andere Winkelsumme haben// #V6_04:15-6# Beweisskizze 1	ND3
489	Julius	//Mhm (bejahend). (4) Schreib ich das einfach so hin. Somit (.) hat, nee, die haben ja die und die *[Julius zeigt in Beweisskizze 1 auf ΔACD {ΔABD} und ΔABD {ΔBCD}]* und die und die *[Julius zeigt auf ΔABC {ΔACD} und ΔBCD {ΔABC}]* die haben ja schon noch die gleiche Winkelsumme, nöh (fragend)? #V6_04:31-4#	D1c(u) P1a M8e +ND3 fM5a
490	Dennis	Mhm (bejahend).// #V6_04:32-6#	M5a*
491	Julius	//haben, ja aber gut, das können wir so hinschreiben. *[Julius schreibt, während er spricht]* Haben zwar (..) -ähm- (..) A B C *{ΔACD}* (.) und (.) B (.) -äh- C D *{ΔABC}* (..) die gleiche Winkelsumme (6) Komma, welche jedoch nicht (6) mit der Winkelsumme(..) von (...) hmm (..) A B D *{ΔBCD}* (.) und (.) A C D *{ΔABD}* (..) identisch ist. (...) Somit (...) müssen (.) die (.) Diagonalen (.) #V6_05:46-7#	Wdh. 489 ND3

Sie haben bereits festgestellt, dass die Diagonalen im Parallelogramm nicht den Winkelhalbierenden entsprechen. In Turn 488 folgert Dennis nun, dass deswegen die Winkelsumme der Teildreiecke verschieden ist. Da die Argumentation im Rahmen der euklidischen Geometrie stattfindet, kann jedoch die Winkelsumme im Dreieck nicht variieren, der Turn wurde mit ND3 kodiert. Julius geht darauf ein, verbessert aber, dass die gegenüberliegenden Dreiecke ΔACD und ΔABD sowie ΔABC und ΔBCD noch die gleiche Winkelsumme haben (Turn 489), die Winkelsumme von ΔABD und ΔACD jedoch nicht identisch mit der Winkelsumme von ΔABC und ΔBCD ist (Turn 491). Dies schreibt er auch auf (siehe Abbildung 17.22). Aus dem gleichen Grund wird auch hier in beiden Turns wieder ND3 kodiert.

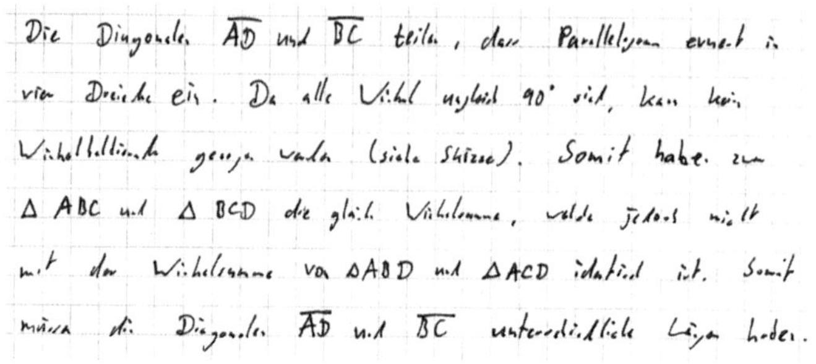

Abbildung 17.22 Ausschnitt des Beweistextes von Dennis und Julius (Gruppe 2) zur zweiten Aussage

Bestimmung falscher Winkelgrößen

Weitere Stellen, die mit ND3 kodiert sind, betreffen auch inhaltliche Fehler bei implizit verwendeten Sätzen oder Vorgehensweisen.

Dennis und Julius wollen bei der Argumentation zur ersten Aussage die Winkelgrößen im gegebenen Dreieck bestimmen (Transkriptausschnitt 150). Hierbei nutzt Julius in Turn 173 allerdings das Endziel der Argumentation, zu zeigen, dass das gegebene Dreieck gleichschenklig ist, als Voraussetzung, weshalb hier ND3 für den Zirkelschluss kodiert wird. Aus dieser falschen Voraussetzung folgert Julius dann, dass die Basiswinkel des Dreiecks gleich groß sind.

Transkriptausschnitt 150: Dennis und Julius (Gruppe 2), Turns 173–175

173	Julius	[…] Also dann wissen wir, dass dieser Winkel *[Julius zeigt in Skizze D2 auf den α-Winkel, vermutlich die obere Hälfte {α₂} (nicht klar erkennbar)]*, also das ist 'nhalb a, einhalb a. Und dann müsste, wenn's gleichschenklig ist, müsste, müsste der hier *[Julius zeigt auf den Winkel rechts im Dreieck {x}]* #V2_12:25-4# Skizze D2	[…] R1a +ND2 +ND3
174	Dennis	auch// #V2_12:26-1#	/
175	Julius	//genauso groß sein. Das heißt, wir haben -äh, äh- Daraus folgt dann *[Julius zeichnet einen Pfeil nach unten und skizziert in der neuen Skizze J2 nur das Dreieck aus seiner vorherigen Skizze etwas größer als vorher]* Zack, zack, na, so. Skizze J2 Und dann wissen wir, das ist jetzt einhalb Alpha *[Julius beschriftet den Winkel links {α₂} mit „½ α"]* das (.) auch *[Julius beschriftet den Winkel rechts im Dreieck {x} mit „½ α"]*. Und das ist dann (.) der Winkel minus (.) Alpha. *[Julius beschriftet den oberen Winkel im Dreieck {γ} mit „γ-α"]* #V2_13:02-5#	Forts. R1a +ND1c +ND3

Mit den beiden Basiswinkeln folgert Julius in Turn 175 die Größe des dritten Winkels im Dreieck. Diesen gibt er als *„das ist dann (.) der Winkel minus (.) Alpha*" an, was er als „γ-α" aufschreibt. Er beschreibt nicht, wie er auf diese Winkelgröße kommt, daher wurde die Kodierung ND1c (Argumentationslücke) vergeben. Zusätzlich ist die Benennung des Winkels mit „γ-α" logisch falsch, kodiert mit ND3. Hier scheint sich Julius teilweise daran zu erinnern, dass man die Größe des dritten Winkels eines Dreiecks mithilfe der beiden anderen bestimmen kann, indem man diese Winkel abzieht. Statt die Größe der Basiswinkel jedoch von der Winkelsumme im Dreieck abzuziehen, also 180°-α, subtrahieren sie die Größe der Basiswinkel vom „Namen" des Winkels (also γ), wodurch die Studierenden „γ-α" erhalten. Dieser Fehler fällt den Studierenden weder hier noch im weiteren Verlauf auf. Der dritte Winkel im Dreieck wird in der schriftlichen Argumentation sogar mit „γ = γ-α" beschrieben und bleibt so im gesamten Beweis bestehen.

Zusammenfassung
Inhaltliche Fehler können in Argumentationen in unterschiedlichen Formen auftreten. Fehler in der Nutzung von Sätzen passieren häufig, indem z. B. Sätze falsch verstanden werden und in ihrer eigentlichen Bedeutung nicht passend sind, oder indem fachlich unpassende Sätze verwendet werden, weil beispielsweise Begriffe nicht richtig definiert genutzt werden (wie bei Kongruenz und Ähnlichkeit) oder bestimmte Voraussetzungen fälschlicherweise angenommen werden. Auch können nur teilweise erinnerte Vorgehensweisen die logische Struktur der Argumentation negativ beeinflussen. Ebenso kommt es vielfach vor, dass durch Skizzen Objekten Eigenschaften zugesprochen werden, die diese gar nicht haben. All diese Arten von Fehlern führen zu Schwierigkeiten in Argumentationen, die es zu verhindern gilt.

17.5 Fazit zu den Auswirkungen negativer Diskursivität

Negative Diskursivität hat viele verschiedene Facetten und damit viele verschiedene Ursachen für Fehler und Schwierigkeiten in einer Argumentation. Fehlende Bezüge, inhaltliche Fehler, Zirkelschlüsse und Argumentationslücken lassen sich durch sorgfältige Kodierung erkennen. Die Kodierungen zeigen an, wo andere metakognitive Aktivitäten zu „falschen Ergebnissen" führen, also nicht ihren theoretisch möglichen positiven Effekt haben. Andersherum kann man sagen, dass negative Diskursivität andere metakognitive Aktivitäten behindert.

Um die genauen Auswirkungen der hier betrachteten Teilaspekte negativer Diskursivität untersuchen zu können, reicht die Kodierung allein nicht aus, Hier bedarf es zusätzlich der Rekonstruktion aller Argumentationen, sodass die kodierten Turns im Gesamtzusammenhang der Argumentation betrachtet werden können. Hier kann die Kodierung helfen, interessante Stellen zu erkennen, die Analyse der Rekonstruktionen wiederum kann die Genauigkeit der Kodierung erhöhen.

Open Access Dieses Kapitel wird unter der Creative Commons Namensnennung 4.0 International Lizenz (http://creativecommons.org/licenses/by/4.0/deed.de) veröffentlicht, welche die Nutzung, Vervielfältigung, Bearbeitung, Verbreitung und Wiedergabe in jeglichem Medium und Format erlaubt, sofern Sie den/die ursprünglichen Autor(en) und die Quelle ordnungsgemäß nennen, einen Link zur Creative Commons Lizenz beifügen und angeben, ob Änderungen vorgenommen wurden.

Die in diesem Kapitel enthaltenen Bilder und sonstiges Drittmaterial unterliegen ebenfalls der genannten Creative Commons Lizenz, sofern sich aus der Abbildungslegende nichts anderes ergibt. Sofern das betreffende Material nicht unter der genannten Creative Commons Lizenz steht und die betreffende Handlung nicht nach gesetzlichen Vorschriften erlaubt ist, ist für die oben aufgeführten Weiterverwendungen des Materials die Einwilligung des jeweiligen Rechteinhabers einzuholen.

Teil V
Diskussion und Fazit

Dieser Teil der Dissertation bildet ihren Abschluss und beinhaltet die Diskussion und das Fazit der Arbeit.

- In *Kapitel 18* werden die Ergebnisse der Arbeit in Hinblick auf die Forschungsfragen diskutiert, also zu den Bereichen Argumentation (und Beweise) sowie Metakognition. Zudem werden weiterreichende Erkenntnisse dargestellt und erklärt sowie mögliche Einschränkungen der Untersuchung betrachtet.

- *Kapitel 19* fasst die Arbeit und ihre Resultate zusammen und gibt knapp weitere mögliche Forschung wie auch mögliche Konsequenzen für die Lehramtsausbildung an.

18 Diskussion der Arbeit

Am Aufbau der Arbeit orientiert werden in diesem Kapitel zunächst die Ergebnisse zur ersten Forschungsfrage, also zum Bereich der Argumentationen und Beweise diskutiert (Abschnitt 18.1). Es folgt danach die Diskussion der Ergebnisse zur zweiten Forschungsfrage, den Auswirkungen von Metakognition auf das Argumentieren und Beweisen (Abschnitt 18.2). Darüber hinaus werden tiefere Einsichten, die sich erst durch einen Überblick der Forschungsergebnisse insgesamt ergeben, dargestellt. Mündlichkeit und Schriftlichkeit bei Argumentationen und bei Metakognition bzw. ihr Medium, ihr Konzept und ihre Struktur werden dazu genauer und vertieft betrachtet (Abschnitt 18.3). Abschließend werden mögliche Einschränkungen der Untersuchung in den Blick genommen (Abschnitt 18.4).

18.1 Der Verlauf geometrischer Argumentationen und Beweise bei Studierenden

Um den Verlauf geometrischer Beweisprozesse zu untersuchen, wurden in TEIL III der Arbeit verschiedene Teilaspekte der von den Studierenden erstellten Argumentationen und Beweise betrachtet. Die globalen Argumentationsstrukturen wurden dabei ausgewertet und verglichen, die lokalen Besonderheiten von Argumentationen und Beweisen in den Blick genommen und das Aufschreiben von Argumentationen und Beweisen näher analysiert.

Ergänzende Information Die elektronische Version dieses Kapitels enthält Zusatzmaterial, auf das über folgenden Link zugegriffen werden kann https://doi.org/10.1007/978-3-658-46468-4_18.

© Der/die Autor(en) 2025

N. Abels, *Argumentation und Metakognition bei geometrischen Beweisen und Beweisprozessen*, Perspektiven der Mathematikdidaktik,
https://doi.org/10.1007/978-3-658-46468-4_18

Globale Argumentationsstrukturen

Argumentationen und Beweise können nicht nur inhaltlich, sondern auch in ihrer Struktur untersucht werden (vgl. Abschnitt 2.3). Eine Betrachtung dieser Strukturen gibt Hinweise darauf, vor welchen Herausforderungen die Studierenden beim Argumentieren und Beweisen stehen. Aus meinem genuinen akademischen Interesse heraus wurden in dieser Arbeit globale Strukturen von Argumentationen und Beweisen der Studierenden sehr ausführlich dargestellt (siehe Kapitel 10). Ein Fokus lag dabei auf den jeweiligen Charakteristika der aus der Literatur bekannten Strukturen (vgl. Abschnitt 2.3.2) und inwiefern die studentischen Argumentationen diese Charakteristika abbilden. Es wurden Argumentationen mit den aus der Literatur bekannten Strukturen Sammelstruktur, Linienstruktur und Quellstruktur rekonstruiert, auch einige mit Ansätzen einer Reservoirstruktur. Unabhängige Argumente, Spiralstrukturen oder reine Reservoirstrukturen traten nicht auf. Eine Argumentation wies eine globale Struktur auf, die eine Vorstufe der von mir aus der Literatur gewonnenen verschachtelten Struktur zu sein scheint. Die *verschachtelte Struktur* (vgl. Abschnitt 2.3.2 und Abschnitt 10.5) beschreibt eine globale Struktur, bei der die Konklusion einer Argumentation in einer weiteren Argumentation als Garant oder Stützung verwendet wird.

Zudem wurden zwei neue globale Argumentationsstrukturen anhand der vorliegenden Daten beschrieben und charakterisiert, die *Stromstruktur* und die *Sprudelstruktur*. Die *Stromstruktur* (vgl. Abschnitt 10.6) ist eine Struktur, die fast linear verläuft, also eine gewisse Ähnlichkeit zur Linienstruktur aufweist. Im Gegensatz zur Linienstruktur hat die Stromstruktur jedoch Argumentationsschritte mit mehr als einem Datum, auch wenn diese Daten nicht selbst Konklusionen expliziter vorheriger Schritte sind. Des Weiteren sind in dieser Struktur auch Abduktionen, tote Enden oder losgelöste bzw. parallele Argumentationen möglich. Die *Sprudelstruktur* (vgl. Abschnitt 10.7) ist durch verschiedene Argumentationen mit unterschiedlichen inhaltlichen Herangehensweisen geprägt, die alle nur angerissen werden. Im Unterschied zu den literaturbekannten unabhängigen Argumenten zielen diese Argumentationen jedoch auf die gleiche (Ziel-) Konklusion. Die einzelnen Argumentationsstränge der Sprudelstruktur sind in der Regel einschrittige Argumentationen oder kurze Linien- bzw. Stromstrukturen. Mitunter können aber auch andere globale Strukturen in den Argumentationssträngen rekonstruiert werden.

Alle globalen Strukturen sind in Bezug auf ihre Charakteristika in einer von mir erstellten Übersichtstabelle dargestellt (siehe Abschnitt 10.8, Tabelle 10.1). So wird das Erkennen globaler Strukturen einer Argumentation anhand ihrer Charakteristika vereinfacht, mittels der neuen Strukturen werden auch neue Besonderheiten, Eigenschaften und Zusammenhänge eingebracht.

Auf der Charakterisierung der globalen Argumentationsstrukturen aufbauend wurde der Zusammenhang der globalen Strukturen mit weiteren Komponenten in den Blick genommen (siehe Kapitel 11). Zunächst wurde dafür die Komplexität der globalen Strukturen in ihrer „Reinform“ anhand mehrerer Kriterien bestimmt und anschließend das Zusammenspiel der Komplexität mit der inhaltlichen Güte und der Schwierigkeit der zu beweisenden Aussage betrachtet. Auch der Zusammenhang von der Komplexität globaler Strukturen und ihrem Medium (mündliche/schriftliche Argumentation) wurde fokussiert.

Die Komplexität globaler Strukturen, die bisher eher implizit als selbstverständlich angenommen wurde (u. a Erkek & Işıksal Bostan, 2019), weist eine große Spannbreite auf von wenig komplex bis hoch komplex. In der vorliegenden Arbeit zeigte sich dabei in den globalen Strukturen der studentischen Argumentationen, dass die Komplexität der globalen Struktur von der inhaltlichen Güte der Argumentationen unabhängig ist. Die inhaltliche Güte einer Argumentation kann somit nicht aus der globalen Struktur gefolgert werden, wie es beispielsweise Erkek und Işıksal Bostan (2019) behaupten. Es bedarf stattdessen einer inhaltlichen Betrachtung der Argumentation.

Werden die studentischen Argumentationen nach ihrem Medium unterschieden, also mündliche und schriftliche Argumentationen verglichen, ist zudem ein Zusammenhang mit der Komplexität der globalen Strukturen zu erkennen, der in der Forschung bislang nicht betrachtet worden ist. In den meisten der hier untersuchten Fälle war die globale Struktur der schriftlichen Argumentation komplexer als die der mündlichen Argumentation. Dies liegt wahrscheinlich daran, dass schriftliche Argumentationen in der Regel expliziter ausformuliert sind, als es bei mündlichen Argumentationen der Fall ist. Da es sich bei mündlichen Argumentationen zudem meistens um Argumentationen im Prozess der Beweisfindung handelt, entstehen durch die Suche nach Argumentationsansätzen eher weniger komplexe globale Strukturen.

Unterscheidet man bei den mündlichen und schriftlichen Argumentationen zusätzlich noch nach den einzelnen zu beweisenden Aussagen, zeigt sich, dass die Schwierigkeit der Aussage ebenfalls eine erhebliche und rekonstruierbare Auswirkung auf die globalen Strukturen hat. Im Mündlichen sind die globalen Strukturen von Argumentationen zu einfacheren Aussagen komplexerer Natur als die rekonstruierten Strukturen von schwierigeren Aussagen. Dies könnte damit zusammenhängen, dass bei schwierigeren Aussagen die mentale Belastung höher ist und diese Belastung durch weniger explizite Äußerungen reduziert wird. Im Schriftlichen zeigt sich das Gegenteil. Hier sind die Argumentationen zu der schwierigeren Aussage komplexer in ihrer globalen Struktur. Durch schriftliche Fixierung kann hier wahrscheinlich die mentale Belastung reduziert werden.

Durch die höheren inhaltlichen Anforderungen müssen zudem mehr „Teile" in die Argumentation eingebaut werden, was die Struktur komplexer macht. Dieser Zusammenhang wurde in der mathematikdidaktischen Forschung ebenfalls noch nicht auf diese Weise betrachtet.

Die Ergebnisse zeigen, dass sich die Betrachtung der globalen Argumentationsstrukturen und ihrer Komplexität lohnt. Diese Betrachtung kann – über die eigentliche Argumentation hinaus – zu weiteren Erkenntnissen führen, etwa bei Vergleichen zwischen Argumentationen über unterschiedliche Gruppen und Aussagen hinweg.

Besonderheiten und Spezifika einzelner Argumentationsstränge

Neben den globalen Strukturen der studentischen Argumentationen wurden auch lokale Besonderheiten in den Argumentationen in den Blick genommen (siehe Kapitel 12). Diese lokalen Besonderheiten werden in der Literatur häufiger betrachtet, beispielsweise bei Abduktionen (Pedemonte, 2007) oder bei anschaulichen Argumentationen (Knipping, 2003). Einige dieser lokalen Besonderheiten beeinflussen die logische Stringenz der Argumentationen, wie beispielsweise bei den von mir rekonstruierten „Flussumleitungen" und „Stromschnellen", bei losgelösten Daten wie auch bei impliziten oder abduktiven Zielkonklusionen. Es zeigen sich zudem inhaltliche bzw. logische Schwierigkeiten in den Argumentationen, unter anderem durch das Verlassen auf visuelle Informationen, durch falsch verstandene mathematische Sätze oder auch „Löcher" in der Argumentation. Während diese Besonderheiten eher auf Schwierigkeiten und Probleme hinweisen, gibt es ebenso Aspekte, die auf ein höheres Verständnis der Geometrie und des Beweisens hinweisen (können), wie beispielsweise die Verwendung von Negationen und Kontrapositionen, aber auch parallele Argumentationen zu einer Konklusion oder Widerlegungen bereits getätigter Argumentationsanteile.

Die gefundenen Besonderheiten in den studentischen Argumentationen geben einen tieferen Einblick in die Schwierigkeiten und auch die Fähigkeiten der Studierenden. Eine lokale Betrachtung von Argumentationen – zusätzlich zu den globalen Strukturen – lässt Feinheiten erkennen, die bei rein globaler Betrachtung der Strukturen untergehen.

Das Aufschreiben von Beweisen und Argumentationen

Die Phase des Aufschreibens hat eine große Bedeutung beim Argumentieren und Beweisen, sie wurde bislang in der mathematikdidaktischen Forschung jedoch noch nicht fokussiert untersucht. Um die in der Beweisfindung ausgearbeitete Argumentation schriftlich fixieren zu können, muss diese (re)strukturiert und manchmal auch neu durchdacht werden. Dies macht das Aufschreiben komplex und führt dazu, dass das Übertragen aller wichtigen Bestandteile der Argumentation ins Schriftliche nicht immer gelingt. „*Verlorene Aussagen*“ ist in dieser Arbeit die Bezeichnung der Bestandteile einer Argumentation (oder auch gesamter Argumentationen), die während der Phase des Aufschreibens (erneut) genannt, aber nicht aufgeschrieben werden. Es lassen sich zwei Arten verlorener Aussagen unterscheiden: *ergänzende Aussagen* und *zusätzliche Argumentationen* (siehe Kapitel 9).

Ergänzende Aussagen sind Aussagen, die im Prozess des Aufschreibens genannt, aber nicht aufgeschrieben werden. Dabei handelt es sich in der Regel um inhaltlich wichtige Äußerungen, die in der schriftlichen Argumentation implizit bleiben. Werden das Gesagte und das Geschriebene nicht miteinander verglichen, können ergänzende Aussagen auftreten. Eine Dissonanz zwischen *Logik und Chronologie* oder eine *Umformulierung* von Aussagen können dafür verantwortlich sein. Das *Beweisverständnis* der Studierenden, eine *Strukturgleichheit* im Beweis und auch vorliegende *Skizzen* beeinflussen das Auftreten von ergänzenden Aussagen ebenfalls. Ein „Mangel“ an wichtigen metakognitiven Aktivitäten begünstigt darüber hinaus ergänzende Aussagen.

Zusätzliche Argumentationen sind Argumentationen, die beim Aufschreiben mündlich stattfinden, aber nicht in die schriftliche Argumentation übernommen werden. Einige dieser zusätzlichen Argumentationen sind inhaltlich nah an der schriftlichen Version, andere haben keinen direkten Bezug. Zusätzliche Argumentationen unterscheiden sich in der Funktion, die sie während des Aufschreibens haben. In den studentischen Aufschreibeprozessen zeigt sich mehrfach die Funktion der *Planung* oder zumindest *„planerische“ Elemente*, zudem die Funktionen der *Erläuterung/ Kommentierung*, *Suche* und *Aushandlung*.

Das Auftreten verlorener Aussagen, wie ich sie in dieser Arbeit rekonstruieren konnte, kann zumindest in Teilen erklären, warum viele schriftliche Beweise löchrig und unvollständig sind. Die Übertragung der Argumentation ins Schriftliche scheint hier eine bedeutsame Hürde zu sein.

Fazit und entstandene Forschungsdesiderate

Die Untersuchung der Argumentationen und Beweise der Studierenden in dieser Arbeit zeigt auf, dass beim Argumentieren und Beweisen viele „Bausteine“ zusammenkommen und das Vorgehen wie auch das Ergebnis beeinflussen. Die drei durch die Forschungsfragen geleiteten Analysen zeigen, dass je nach Betrachtung unterschiedliche Auffälligkeiten gezeigt werden können. Globale und lokale Untersuchungen bedingen sich zwar nicht, können sich in bestimmten Fragen aber gegenseitig stärken. Beispielsweise kann die globale Struktur funktionale „Fehler“ aufzeigen, die dann durch eine lokale Betrachtung inhaltlich geklärt werden können. Das Zusammenspiel lokaler und globaler Analysen und ihrer Ergebnisse scheint ein lohnendes Programm weiterer Untersuchungen.

Die Komplexität globaler Strukturen in dieser Arbeit zeigt ebenfalls zuvor erahnte Zusammenhänge methodisch kontrolliert auf, wie etwa den Zusammenhang von globalen Strukturen mit der inhaltlichen Güte oder dem Medium. Weitere Forschung in diesem Bereich ist unter anderem auch beim Zusammenhang globaler Argumentationsstrukturen mit weiteren Komponenten interessant, um z. B. den Einfluss dynamischer Geometriesoftware, der Gruppengröße (Einzel-, Partner- oder Gruppenarbeit, gesamte Klasse) oder der Aufgabenstellung feststellen zu können. Auch die erkannten Zusammenhänge aus dieser Arbeit sollten in größeren Studien überprüft werden.

Des Weiteren ist, wie die Ergebnisse der Arbeit zeigen, eine Betrachtung aller Phasen des Argumentierens und Beweisens vorteilhaft; Untersuchungen also, die sowohl Argumentationsprozesse sowie ihre Verschriftlichung und die dadurch entstandenen Produkte beinhalten, um so der „wahren" Argumentation bzw. dem „wahren" Beweis der Studierenden näher kommen zu können. Die einzelnen Phasen wie auch ihre „Produkte" scheinen, nach den Ergebnissen dieser Arbeit, nur Ausschnitte einer äußerst komplexen Tätigkeit, die erst gemeinsam in einer Zusammenschau ein Gesamtbild der Fähigkeiten und Kompetenzen der Studierenden ergeben. Weitere Forschung zum Zusammenhang dieser Phasen und im Besonderen zum Aufschreiben von Argumentationen und Beweisen scheint notwendig.

18.2 Die Auswirkungen metakognitiver Aktivitäten von Studierenden auf ihr Argumentieren und Beweisen

In TEIL IV dieser Arbeit wurden die metakognitiven Aktivitäten der Studierenden betrachtet und auf ihre Auswirkungen beim Argumentieren und Beweisen hin untersucht. Dabei wurden Planungsaktivitäten näher betrachtet, ebenso wie der Nutzen von Monitoring und die Reflexion fachspezifischer Darstellungen wie Skizzen und ihr Einfluss auf das Argumentieren und Beweisen. Auch die Tiefe und Elaboriertheit von Äußerungen, die metakognitive Aktivitäten wiedergeben, und die Wirkungen negativ-diskursiver Aktivitäten auf die logische und inhaltliche Struktur von Argumentationen und Beweisen wurde untersucht. Zwar wurde die Relevanz metakognitiver Aktivitäten in einigen Studien aufgezeigt (Reiss et al., 2001; Ufer et al., 2008; Weber, 2001), jedoch nicht tiefergehend untersucht, wie in Abschnitt 3.3 dargestellt. Diese tiefergehende Untersuchung der

Bedeutung von Metakognition beim Argumentieren und Beweisen ist ein Ziel dieser Arbeit.

Die Wirkung von Planungsaktivitäten beim Argumentieren und Beweisen
Die metakognitive Aktivität der Planung ist wichtig für erfolgreiches Argumentieren und Beweisen, da sie das Vorgehen strukturiert und die Zielorientierung erleichtert (vgl. Ufer et al., 2009). Eine genauere Betrachtung von metakognitiven Planungsaktivitäten im Zusammenhang mit dem Argumentieren und Beweisen fand in der Forschung allerdings bisher noch nicht statt. Daher erfolgte im Rahmen dieser Arbeit eine detailliertere Auswertung. Planungsaktivitäten können sich, wie die Analyse zeigt, in der Reichweite unterscheiden, also in ihrer Wirkung global oder lokal sein (siehe Kapitel 13). *Globale Planungen* beziehen sich auf das gesamte Vorgehen und wirken längerfristig, wie beispielweise die Planung einer Skizze oder die Planung von Zwischenschritten. Globale Planungen beeinflussen die Grobstruktur und die Richtung des Handelns und geben eine Übersicht über das eigene Handeln und die Erfolgsaussichten. Bei unzureichender globaler Planung kann der Argumentations- wie auch der Aufschreibeprozess negativ beeinflusst werden, was wiederum Auswirkungen auf die schriftliche Argumentation hat. Im Gegensatz zu globalen Planungen geben *lokale Planungen* die Feinstruktur des Handelns an und sind auf den jeweils nächsten Schritt bezogen, sie wirken also eher kurzfristig. Manche lokalen Planungen sind Verfeinerungen globaler Planungen, wie beispielsweise die Planung eines nächsten Schrittes beim Erstellen einer Skizze, die bereits global geplant wurde. Übergeordnete globale Planungen sind jedoch weiterhin wichtig, um das Ziel – für die Studierenden in dieser Arbeit der Beweis der gegebenen Aussage – nicht aus den Augen zu verlieren. Auch die Kontrolle von Planungen ist wichtig, um zu überprüfen, dass die Planungen richtig und zielgerichtet sind. Diese Kontrolle bleibt jedoch gerade bei Zustimmung häufig implizit. In der Regel wird eher Kritik an Planungen explizit geäußert.

Die Auswirkung von Fachwissen auf den Nutzen von Monitoring beim Argumentieren und Beweisen
Monitoring ist eine metakognitive Aktivität, die in der Mathematik und insbesondere beim Argumentieren und Beweisen wichtig ist. Das zeigen die Ergebnisse dieser Arbeit für diesen speziellen Teil der Mathematik (allgemein auf Mathematik bezogen siehe unter anderem Cohors-Fresenborg et al. (2010)). Durch Monitoring kann die eigene Leistung und das eigene Verständnis im Prozess kontrolliert und bewertet werden.

Die Argumentations- und Beweisprozesse der Studierenden in dieser Arbeit zeigen drei unterschiedliche Hürden, die mit Monitoring im Zusammenhang stehen: *Umwege, Irrwege und Durststrecken* (siehe Kapitel 14). Diese Hürden können jeweils in zwei verschiedene Typen unterteilt werden. Als *Umwege* werden von mir Hürden bezeichnet, die zu einem Beweis führen, bei denen der Weg dorthin allerdings länger und schwieriger ist als notwendig. Zu ihnen gehören Schleifen und Verlängerungen. *Irrwege* sind Hürden, bei denen es nicht möglich ist, den Beweis richtig zu beenden. Dazu gehören Zirkelschlüsse und Irrfahrten. Stellen, an denen es beim Argumentieren und Beweisen nicht weitergeht, sind *Durststrecken.* Hierzu gehören Funkstillen und Durchbrüche.

Die Hürden zeigen, dass trotz des Auftretens von Monitoring Schwierigkeiten in den Argumentations- und Beweisprozessen auftreten können, beispielsweise bei den Irrwegen. Theoretisch liegt der Nutzen von Monitoring, also der Überwachung der eigenen Handlungen und des eigenen Fortschritts, darin, Fehler und Schwierigkeiten zu erkennen. In den Daten zeigt sich, dass dieser Nutzen durchaus gegeben, jedoch nicht immer gleich stark ist – oder gleich gut genutzt werden kann. In dieser Arbeit unterscheide ich Monitoringaktivitäten in „differenzierteres" und „schlichteres" Monitoring, je nachdem, wie detailliert und durchdacht die Aktivität geäußert wird. Die Art des Monitorings bedingt jedoch nicht den Erfolg seiner Umsetzung. Wichtig ist nicht nur das Auftreten von Monitoring, sondern auch das Fachwissen, das zur Umsetzung des Monitorings benötigt wird. Nur wenn das notwendige Fachwissen auch abrufbar ist, kann man von Monitoringaktivitäten profitieren (vgl. ähnliches Ergebnis einer quantitativen Studie von Ufer et al., 2008) und z. B. eine erkannte Inkonsistenz im Beweis verbessern. Andersherum kann man mit Hilfe von Fachwissen beim Monitoring beispielsweise inhaltliche Fehler erkennen. Wichtig ist somit das Zusammenspiel von Monitoring und abrufbarem Fachwissen.

Der Effekt der Reflexion fachspezifischer Darstellungen beim Argumentieren und Beweisen

Die Strukturanalyse fachspezifischer Darstellungen, eine metakognitive Aktivität der Reflexion, kann bedeutsame Auswirkungen auf den Argumentations- und Beweisprozess haben (siehe Kapitel 15). In dieser Arbeit, die Argumentieren und Beweisen im Kontext der Geometrie betrachtet, zählen zum einen Skizzen zu den fachspezifischen Aussagen, zum anderen aber auch die zu beweisenden Aussagen selbst sowie selbst erstellte Formeln. Die Strukturanalyse kann sich dabei auf die Darstellungen selbst beziehen, z. B. die Strukturanalyse einer Skizze, aber auch Darstellungen miteinander verbinden, wie die Strukturanalyse der gegebenen Aussage zur Erstellung einer Skizze.

Diese Strukturanalysen sind wichtig, um notwendige Informationen, Zusammenhänge und Eigenschaften, die in Skizzen, Formeln und Aussagen „verpackt" sind, entschlüsseln und als Bestandteile beim Argumentieren und Beweisen nutzen zu können (vgl. Kapitel 4). Strukturanalysen können allerdings auch zu falschen Ergebnissen führen, indem z. B. Eigenschaften in eine Darstellung hineingedeutet werden, die nicht vorhanden sind. Forschungsergebnisse zeigen, dass diese Fehldeutungen gerade bei der Nutzung von Skizzen nicht selten sind (u. a. Jones & Tzekaki, 2016; Sinclair et al., 2016). Fehler in der Strukturanalyse führen dann zu Fehlern im Beweis. Daher ist auch die Kontrolle von Strukturanalysen eine wichtige metakognitive Aktivität, um beim Argumentieren und Beweisen negative Auswirkungen zu vermeiden.

Der Einfluss der Tiefe und Elaboriertheit metakognitiver Aktivitäten beim Argumentieren und Beweisen
Argumentieren und Beweisen ist keine einfache Tätigkeit. Während einige Schwierigkeiten, wie beispielsweise inhaltliche Probleme, durch Zusammenarbeit mehrerer Personen reduziert werden können, bringt diese Zusammenarbeit einen neuen Faktor ein: den Austausch zwischen Personen. In gemeinsamen Argumentations- und Beweisprozessen muss man auf die Äußerungen der anderen eingehen, sie prüfen und bewerten. Und man muss die eigenen Überlegungen den anderen Personen mitteilen, damit diese darauf eingehen, sie prüfen und bewerten können. Dabei ist es wichtig, dass die Überlegungen klar kommuniziert, erklärt und begründet werden (vgl. Cohors-Fresenborg & Kaune, 2007).

In den hier untersuchten Interviews zeigt sich jedoch, dass die Studierenden ihre Aussagen in der Regel eher knapp halten (siehe Kapitel 16). Unbegründete Zustimmungen und nicht elaborierte Monitoring- und Reflexionsaktivitäten können dabei einen rekonstruierbaren negativen Einfluss auf das weitere Vorgehen haben, da Fehler bzw. Missverständnisse nur schwer entdeckt werden können, wenn die dahinterliegenden Gedanken nicht kommuniziert werden. Auch (Zwischen-)Bilanzen haben beim Argumentieren und Beweisen nur einen echten Mehrwert, wenn sie elaboriert sind und von den anderen nachvollzogen werden können. Nur durch elaborierte Bilanzen, deren vorhergehende Überlegungen allen bekannt sind, ist es für alle möglich, erkannte Fehler oder strukturelle Schwierigkeiten zu verstehen und zukünftig zu vermeiden. Die Tiefe und Elaboriertheit von Äußerungen kann somit einen großen Einfluss auf Argumentations- und Beweisprozesse haben.

Der Einfluss negativ-diskursiver Aktivitäten beim Argumentieren und Beweisen
Die Kodierung von negativer Diskursivität mit ihren vielen Facetten ermöglicht das Erkennen von verschiedenen Ursachen für Fehler und Schwierigkeiten beim Argumentieren und Beweisen (siehe Kapitel 17). Dazu gehören fehlende Bezüge, inhaltliche Fehler, Zirkelschlüsse und Argumentationslücken. Negative Diskursivität steht dabei im Wechselspiel mit anderen metakognitiven Aktivitäten. Zum einen kann negative Diskursivität anzeigen, an welchen Stellen der mögliche positive Effekt von metakognitiven Aktivtäten nicht genutzt werden kann, zum anderen kann negative Diskursivität andere metakognitive Aktivitäten beim Argumentieren und Beweisen behindern.

Die Kodierung negativer Diskursivität allein reicht jedoch nicht aus, um die Teilaspekte einzeln fassen zu können, da sie unter verschiedenen Kodierungen zusammengefasst sind. Um die Teilaspekte betrachten zu können, bedarf es zusätzlich einer Analyse der Argumentation an diesen Stellen. Die Analyse hilft zudem, die Genauigkeit der Kodierung zu erhöhen.

Fazit und entstandene Forschungsdesiderate
Die Untersuchung der metakognitiven Aktivitäten der Studierenden in dieser Arbeit zeigt auf, dass metakognitive Aktivitäten einen erkennbaren Einfluss auf das Argumentieren und Beweisen haben. Ihre Förderung im Unterricht und auch im Studium scheint daher sinnvoll.

Planungen und deren Kontrolle zeigen ihre Bedeutung nicht nur allgemein (vgl. Van der Stel et al., 2010), sondern auch speziell auf das Argumentieren und Beweisen bezogen (vgl. Ufer et al., 2009). Die detaillierte Betrachtung von metakognitiven Aktivitäten der Planung in dieser Arbeit zeigt, dass sowohl globale als auch lokale Planungen sich als wichtig erweisen, um den Argumentations- und Beweisprozess angemessen strukturieren zu können. Die in dieser Arbeit durchgeführte Analyse von Stellen im Argumentations- und Beweisprozess, an denen Schwierigkeiten auftraten, zeigt zudem, dass nicht alle metakognitiven Aktivitäten – in diesem Fall Aktivitäten des Monitorings – die durchgeführt werden, auch einen positiven oder überhaupt einen erkennbaren Nutzen für die Argumentation bzw. den Beweis haben. Es muss das notwendige Fachwissen abrufbar sein, um die metakognitiven Aktivitäten umsetzen zu können. Den großen Einfluss von Fachwissen beim Argumentieren und Beweisen, auch über den Einfluss von Metakognition, hatten Ufer et al. (2008) bereits quantitativ erfasst. Während die Untersuchung der metakognitiven Aktivitäten der Planung und des Monitorings in dieser Arbeit kategorieumfassend erfolgte, beschränkt sich die Untersuchung von Reflexionsaktivitäten auf die Strukturanalyse fachspezifischer Darstellungen. Die Betrachtung dieser Strukturanalysen zeigt den großen Einfluss, den schon einzelne metakognitive Aktivitäten auf das Argumentieren und Beweisen haben können. Diese spezifische metakognitive Aktivität kann unter anderem Forschungsergebnisse neu beleuchten, die zeigen, dass Schülerinnen und Schüler wie auch Studierende und Lehrkräfte häufig Probleme haben, Informationen korrekt aus Skizzen zu entnehmen (u. a. Jones & Tzekaki, 2016; Sinclair et al., 2016). Diese Ergebnisse stehen mit nicht korrekt ausgeführten Strukturanalysen der Skizzen in Verbindung.

Im Rahmen dieser Arbeit konnten nur wenige Zusammenhänge von Metakognition und Argumentation fokussiert werden. Aufgrund des großen Einflusses von Metakognition scheinen weitere Untersuchungen angemessen, die sowohl die Kategorien als Ganzes wie auch einzelne metakognitive Aktivitäten in den Blick nehmen sollten. Im Zusammenhang mit Argumentieren und Beweisen wäre beispielsweise die Strukturanalyse von Argumentationen oder auch das Monitoring und die Reflexion von Fachbegriffen interessant und aufschlussreich.

Diskursive Elemente sind bei der Betrachtung metakognitiver Aktivitäten ebenfalls von Bedeutung, da Äußerungen zur „Vermittlung" von metakognitiven Aktivitäten an andere Personen in Gruppensituationen wichtig sind. Die Analysen diskursiver Aktivitäten in dieser Arbeit zeigen, dass knappe, nicht elaborierte oder erklärte Äußerungen dazu führen können, dass metakognitive Aktivitäten nicht wirken, Fehler nicht entdeckt werden und das eigene Verhalten im Hinblick auf zukünftige Argumentationen und Beweise nicht angepasst werden kann. Hier stellt sich eine weitere Betrachtung der diskursiven Aktivitäten und der Tiefe und Elaboriertheit von Äußerungen interessant dar, die zwei weitere Komponenten in den Blick nimmt. Zum einen interessiert der Einfluss der Sozialform, ob also der Einfluss davon abhängt, ob allein, zu zweit in einer Gruppe oder sogar in der gesamten Klasse argumentiert und bewiesen wird. Auch der Unterschied bzw. der Zusammenhang von individueller und sozial-geteilter Metakognition sollte in diesem Kontext in den Blick genommen werden.

Bei der Betrachtung diskursiver Aktivitäten wurden auch negativ-diskursive Aktivitäten untersucht. Die Untersuchung negativer Diskursivität bedarf noch enger und direkter einer Verbindung mit der Analyse der Argumentationen als die anderen betrachteten Aktivitäten, weil sowohl der negative Einfluss dieser Aktivitäten als auch die Spezifizierung der negativ-diskursiven Aktivitäten nur durch die genaue Analyse und Rekonstruktion der Argumentation und ihrer Struktur sowohl logisch als auch inhaltlich erfasst werden kann. Auch an diesen Stellen erweist sich die Bedeutung von abrufbarem Fachwissen als nicht zu unterschätzen, da häufig fehlendes Fachwissen ein Grund für negativ-diskursive Aktivitäten ist, die einen negativen Einfluss auf die Argumentation bzw. den Beweis haben. In diesem Zusammenhang ist es für weitere Forschung interessant, Unterschiede in der Wirkung bzw. dem Auftreten negativ-diskursiver, aber auch anderer metakognitiver Aktivitäten je nach mathematischem Kontext oder Aufgabenstellung zu untersuchen.

18.3 Der Einfluss von Medium, Konzept und Struktur

Unabhängig von einer meiner spezifischen Forschungsfragen zeigt sich in dieser Arbeit eindrücklich auch ein Einfluss von Medium, Konzept und Struktur (siehe Abbildung 18.1), wie in Abschnitt 2.2 beschrieben. Bei der Klärung des Argumentationsbegriffs für diese Arbeit wurde zwischen dem *Medium* einer Argumentation, ob sie also phonisch oder grafisch ist, ihrem *Konzept*, ob sie also konzeptionell mündlich oder schriftlich ist, und ihrer *Struktur*, ob sie also strukturell prozesshaft oder produkthaft ist, unterschieden. Diese drei Faktoren haben, wie sich in den Ergebnissen dieser Arbeit zeigt, weitreichendere Auswirkungen als zunächst angenommen.

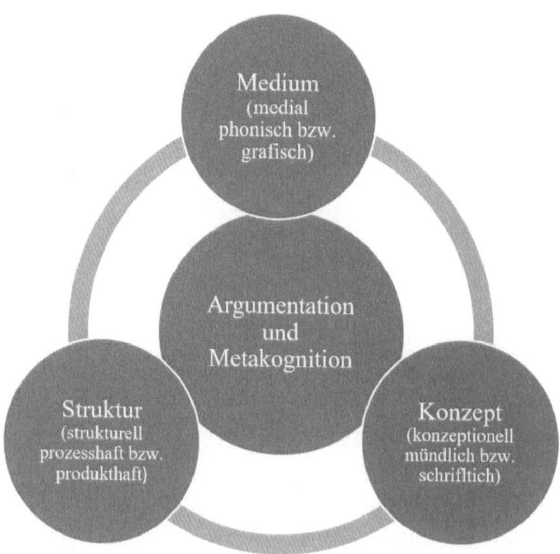

Abbildung 18.1 Argumentation und Metakognition im Spannungsfeld von Medium, Konzept und Struktur

Bei Argumentationen und Beweisen wird häufig von einer Trennung vom Prozess und seinem Produkt ausgegangen. Die hier angesprochene und von mir erdachte Unterscheidung in *strukturell prozesshaft und produkthaft* greift dies auf, führt die Trennung jedoch weiter und löst Prozess und Produkt von einer Idealvorstellung ab.

Das Ideal, das mündlich durchgeführte Argumentationen den Prozess des Argumentierens beschreiben, während schriftlich fixierte Argumentationen sein Produkt sind, entspricht der Realität nicht immer (siehe Abschnitt 2.2). Insbesondere schriftliche Argumentationen sind häufig strukturell noch prozesshaft und nicht wie gefordert produkthaft. Dies zeigt sich auch in einigen der in dieser Arbeit untersuchten schriftlichen Argumentationen. Hier ist der Prozess des Aufschreibens von Bedeutung, da in ihm der Übergang der strukturell prozesshaften (in der Regel mündlichen) Argumentation zur strukturell produkthaften aufgeschriebenen Argumentation stattfinden sollte (vgl. Tabelle 18.1).

Tabelle 18.1 Medium, Konzept und Struktur bei Argumentationen

	Medium (phonisch/ grafisch)	Konzept (mündlich/ schriftlich)	Struktur (prozesshaft/ produkthaft)
Mündliche Argumentationen	medial phonisch	in der Regel konzeptionell mündlich	in der Regel strukturell prozesshaft
Das Aufschreiben von Argumentationen	medial phonisch zu medial grafisch	konzeptionell mündlich zu konzeptionell schriftlich	strukturell prozesshaft zu strukturell produkthaft
Schriftliche Argumentationen	medial grafisch	in der Regel konzeptionell schriftlich	in der Regel strukturell produkthaft

Metakognitive Aktivitäten finden nur in den Phasen des Argumentierens und Beweisens statt, in denen ein Prozess abläuft, bspw. der Prozess der Beweisfindung oder der Prozess des Aufschreibens (oder im Hinblick auf kognitive Einheit auch im Prozess der Hypothesenfindung). Das Produkt an sich umfasst keine Metakognition, wohl aber der Prozess der Besprechung oder Erklärung des Produkts. Die Vermittlung metakognitiver Aktivitäten durch Äußerungen kann dabei sowohl strukturell prozesshaft ablaufen, wenn die Aktivität in ihrer Entstehung bereits geäußert wird, oder auch strukturell produkthaft, wenn eine bereits „zu

Ende gedachte“ metakognitive Aktivität als Produkt des Denkvorgangs geäußert wird (vgl. Tabelle 18.2).

Auch fachspezifische Darstellungen können strukturell prozesshaft oder produkthaft sein. Während die gegebenen, zu beweisenden Aussagen als Produkt vorliegen, können beispielsweise Skizzen oder Formeln in ihrer Entstehung oder Überarbeitung strukturell prozesshaft und als „fertige“ Skizzen bzw. Formeln dann (wieder) strukturell produkthaft sein. Diese Phasen können sich mehrfach abwechseln, wenn Skizzen oder Formeln genutzt, aber auch immer wieder angepasst und erweitert werden (vgl. Tabelle 18.2).

Die Unterscheidung von *konzeptioneller Mündlichkeit und Schriftlichkeit* (Koch & Oesterreicher, 1985) hat ebenfalls einen großen Einfluss auf Argumentationen und auf Metakognition. Wie in Abschnitt 2.2 bereits angesprochen wird in der Regel davon ausgegangen, dass mündliche Argumentationen konzeptionell mündlich und schriftliche Argumentationen konzeptionell schriftlich sind. Auch hier zeigen sich in dieser Arbeit Beispiele von Argumentationen, die dieses Ideal nicht erfüllen, beispielsweise eine mündliche Argumentation, die eher konzeptionell schriftlich ist, da eine „fertig“ durchdachte Argumentation in Form eines geplanten und elaborierten Monologs präsentiert wird, oder auch schriftliche Argumentationen, die vom Duktus und der Wortwahl eher konzeptionell mündlich sind. In Bezug auf das Ideal ist hier erneut das Aufschreiben der kritische Punkt, da aus einer mündlichen Argumentation, die konzeptionell mündlich ist, eine schriftliche Argumentation zu machen ist, die auch wirklich konzeptionell schriftlich ist. Dieser Übergang ist nicht trivial, da dafür die Argumentation als Ganzes erfasst und eventuell restrukturiert werden muss.

Auch bei Metakognition scheint die Unterscheidung von *konzeptioneller Mündlichkeit und Schriftlichkeit* anwendbar zu sein. Metakognitive Aktivitäten wirken in ihrer „Vermittlung“ durch Äußerungen in der Regel konzeptionell mündlich. Dies wurde in dieser Arbeit aber nicht weiter untersucht und bleibt daher eine Vermutung. Konzeptionelle Schriftlichkeit könnte ebenfalls möglich sein.

Die Unterscheidung nach dem *Medium* (Koch & Oesterreicher, 1985), ob etwas also phonisch oder grafisch ist, gelingt am einfachsten, da man sofort hören bzw. sehen kann, ob etwas gesprochen oder geschrieben ist. Gesprochene Argumentationen sind medial phonisch (in dieser Arbeit werden sie als mündliche Argumentationen bezeichnet), aufgeschriebene Argumentationen sind medial grafisch (hier schriftliche Argumentationen genannt). Auch das Aufschreiben als Übergang vom Phonischen zum Grafischen ist leicht realisierbar. Bei fachspezifischen Darstellungen handelt es sich meist um medial grafische Darstellungen, beispielweise um eine gegebene Aussage in gedruckter Form, eine gezeichnete

Skizze oder aufgeschriebene Formeln. Sie können aber z. B. durch Vorlesen oder in der Entstehung medial phonisch werden bzw. sein.

Metakognition ist in der Regel medial phonisch, da sie durch Äußerungen übermittelt wird, medial grafische Übermittlung ist jedoch nicht unmöglich. Das „Denken" metakognitiver Aktivitäten kann nicht direkt untersucht werden, ist aber, auch im Hinblick auf eigene Erfahrungen, höchstwahrscheinlich medial phonisch. Des Weiteren kann Metakognition als „Übergang" notwendig sein, wenn beispielsweise die gegebene Aussage in eine Skizze umgesetzt werden soll. Die Aussage selbst ist medial grafisch, die metakognitive „Vermittlung" ist medial phonisch, die entstandene Skizze wieder medial grafisch.

Tabelle 18.2 Medium, Konzept und Struktur bei metakognitiven Aktivitäten und fachspezifischen Darstellungen

	Medium (phonisch/ grafisch)	Konzept (mündlich/ schriftlich)	Struktur (prozesshaft/ produkthaft)
Metakognition	in der Regel medial phonisch	in der Regel konzeptionell mündlich	beides möglich
gegebene Aussagen	medial grafisch	in der Regel konzeptionell schriftlich	strukturell produkthaft
Analyse einer Aussage zur Erstellung einer Skizze	medial grafisch *(Aussage)* zu medial phonisch *(Vermittlung der Analyse)* zu medial grafisch *(Skizze)*	in der Regel konzeptionell mündlich	in der Regel strukturell prozesshaft
Skizzen	medial grafisch	/	in der Regel strukturell produkthaft mit prozesshaften Zwischenphasen
Analyse einer Skizze	medial grafisch *(Skizze)* zu medial phonisch *(Vermittlung der Analyse)*	in der Regel konzeptionell mündlich	in der Regel strukturell prozesshaft

Fazit und Forschungsdesiderate
Argumentation und Metakognition sind durch das Dreigespann aus Medium, Konzept und Struktur geprägt. Diese drei Faktoren sollten bei Analysen – und in geringerem Maße auch bei Rekonstruktionen und Kodierungen – beachtet werden.

In weiteren Untersuchungen sollte gezielter auf diese drei Faktoren eingegangen werden, um die Ergebnisse meiner Arbeit, bei der diese Betrachtung nicht im Fokus stand, überprüfen und präzisieren zu können. Es stellt sich beispielsweise die Frage, welche Anzahl schriftlicher Argumentationen wirklich dem Ideal von konzeptionell schriftlich und strukturell produkthaft entspricht und welche Gründe es hat, dass das Ideal nicht erfüllt wird. In diesem Zusammenhang bietet sich auch eine genauere Betrachtung des Aufschreibens als Übergang von konzeptionell mündlich zu schriftlich und strukturell prozesshaft zu produkthaft an. Auch könnte in Bezug auf Metakognition untersucht werden, welche Auswirkungen das Konzept, also konzeptionelle Mündlichkeit und Schriftlichkeit, auf die Präzision und Wirkung von Äußerungen hat, die metakognitive Aktivitäten vermitteln.

18.4 Mögliche Einschränkungen der Untersuchung

Durch die funktionale Argumentationsrekonstruktion nach Toulmin (1958, 1975) und die Kodierung metakognitiver Aktivitäten mit dem Kategoriensystem von Cohors-Fresenborg (2012) konnten sowohl in Bezug auf die Argumentationen der Studierenden als auch in Hinblick auf ihre metakognitiven Aktivitäten und deren Auswirkungen auf das Argumentieren und Beweisen viele Erkenntnisse gewonnen werden. Der Ansatz und das methodische Vorgehen, die in dieser Arbeit verwendet wurden, haben jedoch Grenzen, die im Folgenden kurz kritisch reflektiert werden sollen.

18.4.1 Zu den Methoden

In dieser Arbeit wurden zwei verschiedene Auswertungsmethoden genutzt, die beide in ihrer Durchführung sehr zeitaufwendig sind. Dies liegt zum einen darin, dass beide Methoden transkriptbasiert sind. Die Erstellung von Transkripten dauert lange und erzeugt bei höheren Datenmengen einen großen Aufwand.

Die Argumentationsrekonstruktion nach Toulmin (1958, 1975) verlangt zudem eine tiefe Auseinandersetzung mit Beweisinhalten, mit chronologischen und logischen Verbindungen, die zwar für die inhaltliche und strukturelle Durchdringung von Argumentationen und Beweisen unabdingbar ist – gerade in langen Argumentationen können so inhaltliche Zusammenhänge besser nachvollzogen werden – jedoch ist diese Auseinandersetzung auch aufwendig und langwierig. Die Rekonstruktionen der Argumentationen sind des Weiteren zwar in dieser Arbeit konsensuell validiert worden, es gibt aber keine „richtige" Lösung. Eine erneute Rekonstruktion der Argumentationen und Beweise zu einem späteren Zeitpunkt könnte Änderungen in den Rekonstruktionen bewirken. Es stellt sich hier also die Frage, ob der Aufwand der Rekonstruktion und ihre Validität in einem annehmbaren Verhältnis zu den Ergebnissen stehen.

Die Kodierung metakognitiver Aktivitäten mit dem Kategoriensystem von Cohors-Fresenborg (2012) ermöglicht eine feingliedrige Bestimmung von metakognitiven Aktivitäten und durch die Kategorienstrahlen eine Übersicht und Vergleichbarkeit dieser Aktivitäten über verschiedene Gruppen und Aufgaben hinweg. Allerdings hat diese Methode eine sehr geringe Interraterreliabilität, die Kodierung der Daten durch weitere Personen führt also zu anderen Kodierungen (Nowińska, 2016, 2018). Durch diese alternativen Kodierungen könnten sich auch die Ergebnisse zum Einfluss metakognitiver Aktivitäten auf Argumentationen und Beweise verändern. Durch eine leitfragenbasierte zweite Stufe der Untersuchung der Metakognition, wie Nowińska (2016, 2018) sie bei der Untersuchung metakognitiven Unterrichts erfolgreich anwendet, könnte hier Abhilfe geschaffen werden. Im Rahmen dieser Arbeit war dies jedoch nicht mehr möglich.

Um den Arbeitsaufwand zu verringern könnte auf eine funktionale Rekonstruktion zu Gunsten einer chronologischen Rekonstruktion verzichtet werden. Dies birgt jedoch das Risiko, dass die in Argumentationen und Beweisen logischen Beziehungen außen vor bleiben und in der Analyse nicht beachtet werden. Bei der Kodierung der Metakognition könnte auf die Unterteilung der Kategorien in Unterkategorien und Teilaspekte verzichtet werden, sodass eine Kodierung nur nach den Oberkategorien Planung, Monitoring und Reflexion erfolgt. Hierbei ergibt sich jedoch die Schwierigkeit, dass in einer Kategorie viele verschiedene metakognitive Aktivitäten zusammengefasst sind, die jede für sich einen bedeutsamen Einfluss auf das Argumentieren und Beweisen haben können. Durch eine reine Betrachtung der Oberkategorien können diese Feinheiten nicht mehr getrennt voneinander kodiert und betrachtet werden. Für die Untersuchung des Einflusses von Metakognition auf das Argumentieren und Beweisen könnte außerdem auf die Rekonstruktion und ausführliche Analyse der Argumentation verzichtet werden, um den Aufwand zu reduzieren. Dies führt aber dazu, dass nicht alle „Probleme" in den Argumentationen und Beweisen entdeckt werden und Zusammenhänge verborgen bleiben. Eine passende, weniger aufwendige, aber trotzdem ausreichend genaue Methode ist schwierig zu finden.

Um die Ergebnisse dieser Arbeit, die sich gerade im zweiten Ergebnisteil zum Einfluss von Metakognition auf das Argumentieren und Beweisen im Bereich der Grundlagenforschung bewegen, weiter auszubauen, könnten weitere metakognitive Aktivitäten untersucht werden, beispielsweise die Reflexion über Begriffe, die Kontrolle und Strukturanalyse von Argumentationen oder der Einfluss einer inadäquaten Wortwahl auf die metakognitiven Aktivitäten.

18.4.2 Zur Gefahr der Defizitorientierung

Eine Auswirkung, die die Betrachtung des Einflusses von Metakognition auf das Argumentieren und Beweisen hat, ist die Fokussierung von Stellen, an denen Fehler, Schwierigkeiten und Probleme auffallen. Es wurde in dieser Arbeit viel betrachtet, was nicht bzw. nicht gut genug wirkt, funktioniert oder passt, welche Defizite also beim Argumentieren und Beweisen erkennbar sind. Dies ist darin bedingt, dass gerade das, was fehlt, ein gutes Beispiel dafür ist, welche Bedeutung Metakognition zukommt. Dabei wurden jedoch auch immer positive Beispiele betrachtet, um die Unterschiede zu negativen Beispielen herauszuarbeiten und die Wirkung von Metakognition zu präzisieren. Die Analyse der Argumentationen und Beweise war von Beginn an nicht auf Defizite orientiert, stattdessen wurden Besonderheiten und Spezifika (positive, negative und „wertfreie") untersucht und in Zusammenhang mit den globalen Argumentationsstrukturen oder den metakognitiven Aktivitäten gebracht. Da die Defizite jedoch häufiger auftraten, wirkt es vielfach so, als ob ein Fokus auf Defizite vorliegt.

Die stattfindende Betrachtung von Defiziten bezieht sich des Weiteren in dieser Arbeit auf Defizite in der gegebenen Situation in Form der studentischen Äußerungen in einer Gruppensituation. Aus dieser Betrachtung kann und darf jedoch nicht auf die Defizite einzelner Studierender, auf ihre Persönlichkeit oder ihre persönlichen Voraussetzungen geschlossen werden.

18.4.3 Zur Validität und Generalisierbarkeit

Das Ziel der vorliegenden Arbeit besteht darin, das Argumentieren und Beweisen von Studierenden besser zu verstehen und den Einfluss von Metakognition auf das Argumentieren und Beweisen aufzuzeigen. Durch die Verflechtung von Argumentations- und Metakognitionsanalysen konnte das Zusammenspiel von Argumentation und Metakognition beleuchtet werden. Die Erfassung von Argumentations- und Beweisprozessen und -produkten war in meiner explorativen Studie anhand von Interviewsituationen mit Studierenden am ergiebigsten und in einem methodisch kontrollierten Rahmen möglich. An der Studie haben insgesamt allerdings nur vier Paare teilgenommen, womit sich die Frage stellt, inwiefern die Ergebnisse generalisierbar sind.

Die Ergebnisse dieser Arbeit bieten eine erste Auseinandersetzung mit dem Zusammenspiel von Argumentation und Metakognition und eine Grundlage für weitere Untersuchungen. Sie bedürfen jedoch weiterer Prüfung und Ergänzung. Dies bedeutet allerdings nicht per se, dass die Ergebnisse dieser Arbeit nicht valide sind. Im Sinne der qualitativen Forschung, die auf der Annahme beruht, dass soziale Interaktionen die soziale Wirklichkeit formen und ihre, auch subjektive, Bedeutung erst in der Interaktion hergestellt wird (Flick et al., 2013), ist das Ziel dieser Arbeit die Rekonstruktion und Sichtbarmachung eben dieser sozialen Bedeutung. Das zeigt sich in der vorliegenden Arbeit unter anderem daran, dass die Argumentationen der Studierenden so rekonstruiert wurden, wie die Studierenden sie im Interview erarbeiteten – mit allen logischen und inhaltlichen Fehlern. Gültigkeit und Zuverlässigkeit wird dadurch erzeugt, dass der Forschungsprozess und die angewandten Verfahren transparent und nachvollziehbar gemacht werden. Dies zeigt sich insbesondere im dritten Teil dieser Arbeit, in dem das methodologische und methodische Vorgehen detailliert dargelegt wurde, beispielsweise die vier Schritte, nach denen die Metakognitionsanalysen durchgeführt wurden.

Brandt und Krummheuer (2000) bezeichnen die Abschätzung der Generalisierbarkeit des Geltungsanspruchs einer qualitativ entwickelten Theorie als Nachweis der „Repräsentanz von den entwickelten theoretischen Begriffe[n]" (Brandt & Krummheuer, 2000, S. 198). Die Ergebnisse dieser Arbeit wurden stets am Ende der jeweiligen Kapitel in einem Fazit zusammengebracht, in denen aufgezeigt wurde, was über verschiedene Beispiele hinweg gilt, was beispielspezifisch ist und wo die Grenzen der Ergebnisse liegen. Bei der Analyse des Aufschreibens von Argumentationen zeigte sich beispielsweise über viele verschiedene Beispiele hinweg, dass Aussagen verloren gehen und diese Aussagen sich in zwei verschiedene Arten unterteilen lassen. Die Gründe dafür, dass diese Aussagen verloren gehen, waren hingegen nicht immer gleich, auch wenn häufig mehr als ein Beispiel verlorener Aussagen auf einen spezifischen Grund zurückgeführt werden konnte. Wenn sich durch die neu entwickelten theoretischen Begriffe auch sich unterscheidende Wirklichkeitsbeispiele verstehen lassen, die Begriffe also eine „kontrastreich[e] empirisch[e] Gründung" (Brandt & Krummheuer, 2000, S. 198) besitzen, wie in dieser Arbeit dargestellt, ist nach Brandt und Krummheuer (2000) ein relativ globaler Geltungsanspruch anzunehmen. In der Diskussion zeigt sich dies z. B. bei der Gültigkeit der globalen Argumentationsstrukturen. Für die aus der Literatur bekannten globalen Strukturen und auch für die Strukturen, die aus den Daten meiner Arbeit rekonstruiert werden konnten, wird von mir ein allgemeiner Geltungsanspruch erhoben, da sie sich in meinen Daten bzw. den Daten anderer Studien nachweisen lassen. Die Gültigkeit der verschachtelten Struktur hingegen, die zwar aus der Literatur abgeleitet, jedoch in meinen Daten so nicht nachgewiesen wurde, konnte noch nicht gezeigt werden.

Inwiefern diese Ergebnisse allerdings auf Schülersituationen, andere Kontexte und dergleichen übertragen werden können, bleibt noch in anderen Studien zu prüfen. Da an der Untersuchung nur vier Studierendenpaare einer Universität und eines Studiengangs aus einem Jahrgang teilnahmen, ist ein direkter Transfer auf andere Gruppen (Studierende anderer Fächer, Lehrkräfte, Schülerinnen und Schüler) nicht immer gegeben, weil die Fähigkeiten beim Argumentieren und Beweisen und auch Metakognition durch das Alter, die schulische und universitäre Ausbildung, persönliche Präferenzen und vieles mehr beeinflusst werden. Auch eine Übertragung auf andere Situationen (Einzelarbeit, Klassen, …) hat seine Grenzen, da Gruppenkonstellationen einen Einfluss auf das Verhalten der Beteiligten haben und sowohl die Argumentation als auch die Metakognition beeinflussen.

Open Access Dieses Kapitel wird unter der Creative Commons Namensnennung 4.0 International Lizenz (http://creativecommons.org/licenses/by/4.0/deed.de) veröffentlicht, welche die Nutzung, Vervielfältigung, Bearbeitung, Verbreitung und Wiedergabe in jeglichem Medium und Format erlaubt, sofern Sie den/die ursprünglichen Autor(en) und die Quelle ordnungsgemäß nennen, einen Link zur Creative Commons Lizenz beifügen und angeben, ob Änderungen vorgenommen wurden.

Die in diesem Kapitel enthaltenen Bilder und sonstiges Drittmaterial unterliegen ebenfalls der genannten Creative Commons Lizenz, sofern sich aus der Abbildungslegende nichts anderes ergibt. Sofern das betreffende Material nicht unter der genannten Creative Commons Lizenz steht und die betreffende Handlung nicht nach gesetzlichen Vorschriften erlaubt ist, ist für die oben aufgeführten Weiterverwendungen des Materials die Einwilligung des jeweiligen Rechteinhabers einzuholen.

19 Fazit dieser Arbeit

Ziel der Arbeit
In dieser Arbeit wurden geometrische Beweise und Beweisprozesse von Studierenden des Grundschullehramts untersucht. Im Fokus standen dabei die Argumentation und die Metakognition der Studierenden. Die Argumentationen wurden sowohl in den Beweisprozessen als auch in den aufgeschriebenen Beweisen (als Beweisprodukt) nach Toulmin (1958, 1975) rekonstruiert und anschließend global auf ihre Argumentationsstruktur sowie lokal mit Blick auf Besonderheiten ausgewertet. Auch der Übergang vom Beweisprozess zum Beweisprodukt, also das Aufschreiben eines Beweises, wurde in den Blick genommen. Zudem wurde die Metakognition der Studierenden untersucht. Mithilfe des metakognitiv-diskursiven Kategoriensystems *tra*Kat (Cohors-Fresenborg, 2012) wurden metakognitive und diskursive Aktivitäten kodiert und im Anschluss auf ihren Einfluss auf das Argumentieren und Beweisen hin ausgewertet.

Zentrale Ergebnisse
Die Ergebnisse der Arbeit lassen sich in zwei Bereichen zusammenfassen: Ergebnisse zu den Argumentationen der Studierenden und Ergebnisse zum Einfluss von Metakognition auf das Argumentieren und Beweisen.

Die Untersuchung der globalen Argumentationsstrukturen führte zur Charakterisierung von drei neuen Strukturen: der Stromstruktur und der Sprudelstruktur aus den Daten der Untersuchung (siehe Abschnitt 10.6 bzw. 10.7) sowie der

Ergänzende Information Die elektronische Version dieses Kapitels enthält Zusatzmaterial, auf das über folgenden Link zugegriffen werden kann https://doi.org/10.1007/978-3-658-46468-4_19.

© Der/die Autor(en) 2025

N. Abels, *Argumentation und Metakognition bei geometrischen Beweisen und Beweisprozessen*, Perspektiven der Mathematikdidaktik,
https://doi.org/10.1007/978-3-658-46468-4_19

verschachtelten Struktur auf Basis der Literatur (siehe Teilkapitel 2.3.2 und Abschnitt 10.5). Zudem wurde die Komplexität der globalen Strukturen bestimmt und in Zusammenhang mit verschiedenen Aspekten und Blickweisen auf die Argumentation gestellt. Während ein eindeutiger und einfacher Zusammenhang der Komplexität globaler Strukturen mit der inhaltlichen Güte von Beweisen widerlegt wurde, konnte ein Zusammenhang mit der Schwierigkeit der zu beweisenden Aussage und mit der Art der Argumentation (mündlich/ schriftlich) aufgezeigt werden (siehe Kapitel 11). Die lokale Betrachtung der Argumentation offenbarte zusätzlich verschiedene inhaltliche und logische Auffälligkeiten und Besonderheiten, wie beispielsweise Abduktionen, Kontrapositionen und Widerlegungen (siehe Kapitel 12). Eine genauere Auswertung des Aufschreibens von Beweisen zeigte weiterhin, dass viele Aussagen während des Aufschreibeprozesses zwar mündlich von den Studierenden gesagt, aber dann nicht aufgeschrieben werden. Es können dabei zwei verschiedene Arten dieser verlorenen Aussagen unterschieden werden: ergänzende Aussagen und zusätzliche Argumentationen (siehe Kapitel 9).

Die Untersuchung der Metakognition der Studierenden während des Argumentierens und Beweisens zeigt die Bedeutung metakognitiver Aktivitäten für diese Tätigkeiten. Planungen, die zu den metakognitiven Aktivitäten gehören, strukturieren den Beweisvorgang lokal (kurzfristig) und global (langfristig) (siehe Kapitel 13). Monitoring, die Überwachung des Vorgehens, ist zentral für das Finden „akuter“ Fehler, bedarf allerdings abrufbaren Fachwissens für eine erfolgreiche Umsetzung, wie verschiedene Prototypen von Hürden im Beweisprozess zeigen (siehe Kapitel 14). Auch reflektierende Aktivitäten sind wichtig. Dazu gehört beispielsweise die Strukturanalyse fachspezifischer Darstellungen wie Skizzen, Formeln oder die zu beweisenden Aussagen. Hierdurch werden wichtige Informationen für den Beweis gewonnen (siehe Kapitel 15). Relevant sind aber nicht nur die metakognitiven Aktivitäten an sich, in Gruppensituationen ist auch ihre Vermittlung wichtig. Die Tiefe und Elaboriertheit metakognitiver Äußerungen hat einen Einfluss auf das Finden von Fehlern und auf die Nachhaltigkeit von Erkenntnissen für weitere Beweise (siehe Kapitel 16). Die genauere Untersuchung von Stellen mit negativer Diskursivität zeigt zudem, dass die Kodierung häufig angibt, wo metakognitive Aktivitäten misslingen. Negative Diskursivität kann aber auch der Grund für das Misslingen sein (siehe Kapitel 17).

Kurze Diskussion der Ergebnisse

Die Ergebnisse der Arbeit zeigen, dass beim Argumentieren und Beweisen viele verschiedene Komponenten zusammenkommen, die sich auf das Vorgehen der

Studierenden wie auch ihre Ergebnisse auswirken. Verschiedene Analysen zeigen dabei unterschiedliche Facetten.

Die Betrachtung *globaler Argumentationsstrukturen* (vgl. Knipping, 2003) ermöglicht das Finden funktionaler Fehler im Beweis und auch den Vergleich von Beweisen zwischen verschiedenen Gruppen und zu beweisenden Aussagen. Durch die Bestimmung der *Komplexität* globaler Strukturen ist zudem, wie diese Arbeit zeigt, eine methodisch kontrollierte Untersuchung von Zusammenhängen mit anderen Komponenten möglich, die zuvor nur erahnt und angenommen wurden (u. a. Erkek & Işıksal Bostan, 2019), wie etwa der Zusammenhang von globalen Strukturen mit dem Medium der Argumentation. Eine *lokale Betrachtung* hingegen ermöglicht tiefere Einsichten in die Fähigkeiten und Schwierigkeiten der Studierenden auch auf inhaltlicher und logischer Ebene. Zudem kann eine lokale Untersuchung auch funktionale Auffälligkeiten der globalen Betrachtung erklären. Sie zeigt die Feinheiten, die globale Analyse das Grundgerüst. Globale und lokale Analysen bedingen sich somit zwar nicht, können sich aber gegenseitig unterstützen.

Die Betrachtung aller *Phasen des Beweisens* (vgl. Wittmann, 2014) zeigt zudem, dass sich mündliche und schriftliche Argumentationen stark unterscheiden können und beim Aufschreiben von Beweisen nicht alles relevante Gesagte auch schriftlich erfasst wird. Die verschiedenen Phasen, die Prozesse und Produkte, die beim Finden eines Beweises auftreten, scheinen nach den Ergebnissen dieser Arbeit lediglich Ausschnitte der umfassenden und vielfältigen Tätigkeit des Beweisens zu sein, die nur zusammen einen Einblick in den „wahren" Beweis sowie die Kompetenzen und Fähigkeiten der Studierenden erlauben. Eine Betrachtung aller Phasen des Beweisens erscheint somit notwendig. Insbesondere das *Aufschreiben* scheint eine große Hürde zu sein. Verlorene Aussagen können zumindest in Teilen erklären, warum viele schriftliche Beweise löchrig und unvollständig sind.

Metakognitive Aktivitäten haben einen erkennbaren Einfluss auf das Argumentieren und Beweisen, wie die Ergebnisse dieser Arbeit zeigen. *Planungsaktivitäten* und deren Kontrolle erweisen sich nicht nur im Allgemeinen (vgl. Van der Stel et al., 2010), sondern auch speziell auf das Beweisen bezogen als wichtig (vgl. Ufer et al., 2009). Zur angemessenen Strukturierung des Beweisprozesses bedarf es dabei gleichermaßen lokaler wie auch globaler Planung, um sowohl eine Übersicht als auch eine Schritt-für-Schritt-Planung zu haben. Neben den Oberkategorien Planung, Monitoring und Reflexion an sich haben auch einzelne metakognitive Aktivitäten einen Einfluss auf das Beweisen. Die *Strukturanalyse fachspezifischer Darstellungen* beispielsweise, eine reflektierende Aktivität, dient dem Erkennen von Fakten und Zusammenhängen unter anderem in Skizzen, Formeln oder der zu beweisenden Aussage und ist somit zentral beim Beweisen, nicht nur in der Geometrie. Die Probleme von Schülerinnen und Schülern sowie Studierenden und Lehrkräften, Informationen korrekt aus Skizzen zu entnehmen (u. a. Jones & Tzekaki, 2016; Sinclair et al., 2016), könnten sich durch nicht korrekt durchgeführte Strukturanalysen dieser Skizzen erklären. Die Analyse der metakognitiven Aktivitäten in dieser Arbeit bestätigt dabei die Annahme, dass nicht alle Aktivitäten einen erkennbaren positiven Nutzen haben oder korrekt ausgeführt werden. Die hier untersuchten *Monitoringaktivitäten* an sich bedingen noch keinen Erfolg beim Beweisen, es muss auch das notwendige Fachwissen abrufbar sein, damit erkannte Fehler oder Schwierigkeiten erfolgreich umgesetzt werden können. Ufer et al. (2008) haben diese großen Einfluss von Fachwissen bereits quantitativ erfasst, wobei Fachwissen selbst den Nutzen von Metakognition überstieg.

Da metakognitive Aktivitäten durch Äußerungen an andere Personen übermittelt werden, sind gerade in Gruppendiskussionen auch *diskursive Elemente* entscheidend. Äußerungen, die knapp gehalten sind, nicht ausreichend elaboriert oder erklärt werden, können dazu beitragen, dass metakognitive Aktivitäten nicht so gut wirken, wie es möglich wäre, und dass Fehler unentdeckt bleiben. Auch metakognitive Aktivitäten, durch die festgestellt wird, welche Vorgehensweisen und Ideen nicht tragfähig sind und verändert werden müssen, können dann nicht langfristig wirken und zukünftiges Argumentieren und Beweisen verbessern. Einen erkennbaren nachteiligen Einfluss auf die Argumentation haben auch *negativ-diskursive Aktivitäten.* Um diese negativen Auswirkungen genauer spezifizieren zu können, bedarf es zusätzlicher inhaltlicher, logischer und funktionaler Analysen der Argumentation, mehr noch als bei den anderen metakognitiven Aktivitäten. Hier zeigt sich die Bedeutung abrufbaren Fachwissens erneut, da sich als ein Grund für negativ-diskursive Aktivitäten mit negativem Einfluss auf die Argumentation nicht abrufbares Fachwissen nachweisen lässt.

Zusätzlich zu den Ergebnissen der Forschungsfragen und unabhängig von ihnen zeigt sich in dieser Arbeit eine Beeinflussung vieler Komponenten durch die in der Festlegung des Argumentationsbegriffs verwendeten Facetten des *Mediums*, des *Konzepts* und der *Struktur*. Der Begriff der Argumentation wird in dieser Arbeit durch das Medium (medial grafisch bzw. medial phonisch), das Konzept (konzeptionell mündlich bzw. konzeptionell schriftlich) und die Struktur (strukturell prozesshaft bzw. strukturell produkthaft) charakterisiert. Diese drei Facetten haben aber, wie sich im Verlauf der Arbeit zeigte, weitreichendere Auswirkungen auch auf das Beweisen (die Beweisfindung, das Aufschreiben und auch den fertigen Beweis), auf Darstellungen und ihre Untersuchung sowie auf die Metakognition. Das Dreigespann aus Medium, Konzept und Struktur sollte nach den Erkenntnissen dieser Arbeit bei den Analysen von Argumentation und Metakognition bedacht werden, in geringerem Maße auch bei ihrer Rekonstruktion bzw. Kodierung.

Forschungsdesiderata

Die Ergebnisse dieser Arbeit und ihre Diskussion bieten vielfältige Anknüpfungspunkte für weitere Forschung.

Bei der Analyse der Argumentationen zeigte sich, dass lokale und globale Analysen, so unterschiedlich sie auch sein mögen, verschiedene Facetten der Argumentation aufzeigen und sich doch gegenseitig unterstützen können. Weitere Untersuchungen des Zusammenhangs und des Zusammenspiels lokaler und globaler Argumentationsanalysen scheinen daher lohnend. Auch die globalen Analysen zeigen Möglichkeiten für weitere Forschungen auf. Neben der Ausarbeitung weiterer globaler Argumentationsstrukturen scheint eine tiefergehende Betrachtung der Zusammenhänge zwischen der Komplexität globaler Strukturen und weiteren Komponenten vielversprechend. Zusätzlich zu größeren Studien zur Überprüfung der Ergebnisse dieser Arbeit in Bezug auf die Zusammenhänge zur Art der Argumentation und der Schwierigkeit der zu beweisenden Aufgabe könnten beispielsweise der Einfluss der Gruppengröße (Einzel-, Partner- oder Gruppenarbeit, gesamte Klasse), dynamischer Geometriesoftware oder der Aufgabenstellung untersucht werden. Weitere Forschung mit Fokus auf die verschiedenen Phasen des Beweisens und ihr Zusammenspiel scheinen ebenfalls interessant und vielversprechend. In dieser Arbeit zeigte sich insbesondere die Schwierigkeit des Übergangs von mündlicher Argumentation in der Beweisfindung zum schriftlichen Beweis. Dieser Prozess des Aufschreibens, bei dem, wie die Ergebnisse der Arbeit zeigen, viele wichtige Informationen nicht verschriftlicht werden, ist hochkomplex. Weitere Untersuchungen könnten beispielsweise in den Blick nehmen, wie verlorene Aussagen verhindert bzw. minimiert werden können, damit der schriftliche Beweis ein besseres Abbild des „wahren" Beweises wird.

Der zweite große Bereich dieser Untersuchung ist der Einfluss von Metakognition auf das Argumentieren und Beweisen. In dieser Arbeit konnten dabei nur wenige Zusammenhänge untersucht werden. Schon hier zeigt sich jedoch der große Einfluss, den Metakognition auf Argumentationen hat. Weitere Untersuchungen scheinen daher angemessen. Dabei sollten sowohl die Kategorien Planung, Monitoring und Reflexion als Ganzes betrachtet werden, wie auch einzelne metakognitive Aktivitäten. Gerade mit dem Schwerpunkt des Argumentierens und Beweisens scheinen die Kontrolle und die Strukturanalyse von Argumentationen wie auch die Kontrolle und die Reflexion von Fachbegriffen bedeutsam, doch auch auf den ersten Blick weniger wichtig erscheinende metakognitive Aktivitäten könnten einen erkennbaren Einfluss haben. Eine tiefergehende Betrachtung diskursiver Elemente, die sich in dieser Arbeit bereits als relevant herausgestellt haben, scheint ebenfalls vielversprechend. Ein Schwerpunkt könnte die Untersuchung der Sozialform und ihrer Auswirkungen sein, also inwieweit der Einfluss von Metakognition davon abhängt, ob in Einzel- oder Partnerarbeit oder mit der gesamten Klasse argumentiert und bewiesen wird. Des Weiteren kann in Situationen, in denen mindestens zwei Personen zusammenarbeiten, zwischen individueller und sozial-geteilter Metakognition unterschieden werden. Ein weiterer möglicher Forschungsschwerpunkt könnte somit die Untersuchung des Zusammenhangs von individueller und sozial-geteilter Metakognition sein sowie eine Untersuchung ihrer Unterschiede. Weiterhin scheint der Einfluss von Fachwissen, der in dieser Arbeit sowohl bei der Untersuchung von Monitoring, von der Strukturanalyse fachspezifischer Darstellungen und von negativer Diskursivität größere Relevanz hatte, ein spannendes Forschungsgebiet zu sein. Als interessant könnte sich hier eine Betrachtung verschiedener mathematischer Kontexte oder Aufgabenstellungen erweisen, um Unterschiede im Auftreten bzw. in der Wirkweise negativ-diskursiver und metakognitiver Aktivitäten zu untersuchen.

Weitere Forschung bietet sich auch an, um den Einfluss des Dreigespanns aus Medium, Konzept und Struktur, der nicht im Fokus meiner Arbeit stand, überprüfen und tiefer untersuchen und präzisieren zu können. Interessant wären beispielsweise Untersuchungen darüber, wie viele schriftliche Argumentationen das Ideal konzeptioneller Schriftlichkeit und struktureller Produkthaftigkeit erfüllen und aus welchen Gründen dieses Ideal möglicherweise nicht erfüllt ist. Auch für das Aufschreiben als Übergang von konzeptionell mündlich zu konzeptionell schriftlich und strukturell prozesshaft zu strukturell produkthaft könnten weitere Erkenntnisse gesammelt werden, die die Schwierigkeit des Aufschreibens beleuchten könnten. Mit Blick auf Metakognition scheint es des Weiteren interessant, welchen Einfluss das Konzept (ob eine Äußerung, die metakognitive Aktivitäten vermittelt, also konzeptionell mündlich oder konzeptionell schriftlich ist) auf die Wirkung und die Präzision einer Äußerung hat.

Mögliche Auswirkungen auf die Lehramtsausbildung

Für die Grundschule hat Argumentieren eine wichtige Bedeutung, die allen angehenden Grundschullehrkräften während ihrer Ausbildung vermittelt werden sollte, auch wenn „formales" Beweisen in der Grundschule nicht vorkommt. Neben Seminaren, die das Argumentieren an sich fachlich wie auch didaktisch vermitteln, scheint es sinnvoll, die Studierenden Beweise nicht nur selbst erarbeiten, sondern sie auch verschiedene Beweise (vielleicht auch ihre eigenen) funktional rekonstruieren zu lassen und den Studierenden hierdurch funktionale und logische Zusammenhänge und eigene, auch inhaltliche Defizite aufzuzeigen. Dies könnte bewirken, dass Argumentieren und Beweisen für die Studierenden zum einen „handfester" und greifbarer wird, ihnen zum anderen aber auch die Bedeutung der Erarbeitung guter argumentativer Grundlagen in der Grundschule bewusst wird.

Die Untersuchung metakognitiver Aktivitäten in dieser Arbeit zeigt zudem einen erkennbaren Einfluss von Metakognition auf das Argumentieren und Beweisen. Vielen Studierenden ist Metakognition jedoch kein Begriff, er ist in der Regel nicht Teil der Lehramtsausbildung, wenn auch einzelne Anteile wie z. B. Reflexionen durchaus fokussiert werden. Eine Klärung des Begriffs und seiner einzelnen Facetten und Aktivitäten sowie eigene Kodierungen von Metakognition in Beweisprozessen könnten den Studierenden helfen, metakognitive Aktivitäten beim Argumentieren und Beweisen zu erkennen, die sie bereits selbst anwenden. Dies könnte ihnen helfen, weitere metakognitive Aktivitäten bewusst einzusetzen und so ihren Erfolg beim Argumentieren und Beweisen zu erhöhen. Eine gute metakognitive Grundlage könnten die Studierenden später auch bei ihren Schülerinnen und Schülern aufbauen, wovon diese nicht nur beim Argumentieren in der Grundschule, sondern ihr Leben lang profitieren könnten.

Open Access Dieses Kapitel wird unter der Creative Commons Namensnennung 4.0 International Lizenz (http://creativecommons.org/licenses/by/4.0/deed.de) veröffentlicht, welche die Nutzung, Vervielfältigung, Bearbeitung, Verbreitung und Wiedergabe in jeglichem Medium und Format erlaubt, sofern Sie den/die ursprünglichen Autor(en) und die Quelle ordnungsgemäß nennen, einen Link zur Creative Commons Lizenz beifügen und angeben, ob Änderungen vorgenommen wurden.

Die in diesem Kapitel enthaltenen Bilder und sonstiges Drittmaterial unterliegen ebenfalls der genannten Creative Commons Lizenz, sofern sich aus der Abbildungslegende nichts anderes ergibt. Sofern das betreffende Material nicht unter der genannten Creative Commons Lizenz steht und die betreffende Handlung nicht nach gesetzlichen Vorschriften erlaubt ist, ist für die oben aufgeführten Weiterverwendungen des Materials die Einwilligung des jeweiligen Rechteinhabers einzuholen.

Literaturverzeichnis

Abels, N., & Knipping, C. (2020). Argumentationsstrukturen in Beweisprozessen und -produkten. In H.-S. Siller, W. Weigel, & J. F. Worler (Hrsg.), *Beiträge zum Mathematikunterricht 2020* (S. 49–52). WTM, Verlag für wissenschaftliche Texte und Medien.

Ader, E. (2019). What would you demand beyond mathematics? Teachers' promotion of students' self-regulated learning and metacognition. *ZDM*, *51*(4), 613–624.

Balacheff, N. (1999). *Is argumentation an obstacle? Invitation to a debate...* International Newsletter on the Teaching and Learning of Mathematical Proof. Abgerufen am 12.06.2020 von http://www.lettredelapreuve.org/OldPreuve/Newsletter/990506Theme/990506ThemeUK.html

Barkai, R., Tsamir, P., Tirosh, D., & Dreyfus, T. (2002). Proving or Refuting Arithmetic Claims: The Case of Elementary School Teachers. In A. D. Cockburn & E. Nardi (Hrsg.), *Proceedings of the Annual Meeting of the International Group for the Psychology of Mathematics Education* (Bd. 2, S. 57–64). University of East Anglia.

Baum, M., Brandt, D., Dornieden, D., Greulich, D., Harborth, H., Jürgensen, T., Lind, D., Reimer, R., Schmitt-Hartmann, R., Schönbach, U., & Zimmermann, P. (2007). *Lambacher Schweizer 8—Mathematik für Gymnasien. Niedersachsen* (1. Auflage). Ernst Klett.

Baumert, J., & Kunter, M. (2011). Das Kompetenzmodell von COACTIV. In M. Kunter, J. Baumert, W. Blum, U. Klusmann, S. Krauss, & M. Neubrand (Hrsg.), *Professionelle Kompetenz von Lehrkräften* (S. 29–53). Waxmann.

Bieda, K. N. (2010). Enacting Proof-Related Tasks in Middle School Mathematics: Challenges and Opportunities. *Journal for Research in Mathematics Education*, *41*(4), 351–382.

Bikner-Ahsbahs, A. (2003). Empirisch begründete Idealtypenbildung. Ein methodisches Prinzip zur Theoriekonstruktion in der interpretativen mathematikdidaktischen Forschung. *Zentralblatt für Didaktik der Mathematik*, *35*(5), 208–223.

Bikner-Ahsbahs, A. (2015). Empirically Grounded Building of Ideal Types. A Methodical Principle of Constructing Theory in the Interpretative Research in Mathematics Education. In A. Bikner-Ahsbahs, C. Knipping, & N. Presmeg (Hrsg.), *Approaches to Qualitative Research in Mathematics Education: Examples of Methodology and Methods* (S. 105–135). Springer Netherlands.

Billig, M. (1989). *Arguing and thinking: A rhetorical approach to social psychology.* Cambridge University Press.

© Der/die Herausgeber bzw. der/die Autor(en) 2025

N. Abels, *Argumentation und Metakognition bei geometrischen Beweisen und Beweisprozessen*, Perspektiven der Mathematikdidaktik,
https://doi.org/10.1007/978-3-658-46468-4

Bleiler, S. K., Thompson, D. R., & Krajčevski, M. (2014). Providing written feedback on students' mathematical arguments: Proof validations of prospective secondary mathematics teachers. *Journal of Mathematics Teacher Education, 17*(2), 105–127.

Boero, P. (1999). *Argumentation and mathematical proof: A complex, productive, unavoidable relationship in mathematics and mathematics education.* International Newsletter on the Teaching and Learning of Mathematical Proof. Abgerufen am 23.11.2017 von http://www.lettredelapreuve.org/OldPreuve/Newsletter/990708Theme/990708ThemeUK.html

Boero, P., Garuti, R., Lemut, E., & Mariotti, M. A. (1996). Challenging the traditional school approach to theorems: A hypothesis about the cognitive unity of theorems. In L. Puig & A. Gutierrez (Hrsg.), *Proceedings of the 20th Conference of the International Group for the Psychology of Mathematics Education* (Bd. 2, S. 113–120). Universitat de Valencia.

Brandt, B., & Krummheuer, G. (2000). Das Prinzip der Komparation im Rahmen der Interpretativen Unterrichtsforschung in der Mathematikdidaktik. *Journal für Mathematik-Didaktik, 21*(3), 193–226.

Brown, A. L. (1978). Knowing when, where, and how to remember: A Problem of Metacognition. In R. Glaser (Hrsg.), *Advances in Instructional Psychology* (Bd. 1, S. 77–165). Lawrence Erlbaum Associates, Inc.

Brown, A. L., Bransford, J., Ferrara, R. A., & Campione, J. C. (1983). Learning, Remembering, and Understanding. In J. H. Flavell & E. M. Markham (Hrsg.), *Handbook of Child Psychology, Volume 3. Cognitive Development* (S. 77–166). Wiley.

Brunner, E. (2014). *Mathematisches Argumentieren, Begründen und Beweisen.* Springer Berlin Heidelberg.

Busse, A. (2009). *Umgang Jugendlicher mit dem Sachkontext realitätsbezogener Mathematikaufgaben: Ergebnisse einer empirischen Studie.* Franzbecker.

Cohors-Fresenborg, E. (2012). Metakognitive und diskursive Aktivitäten—Ein intellektueller Kern im Unterricht der Mathematik und anderer geisteswissenschaftlicher Fächer. In H. Bayrhuber, U. Harms, B. Muszynski, B. Ralle, M. Rothgangel, L.-H. Schön, H. J. Vollmer, & H.-G. Weigand (Hrsg.), *Formate fachdidaktischer Forschung: Empirische Projekte—Historische Analysen—Theoretische Grundlegungen* (S. 145–162). Waxmann.

Cohors-Fresenborg, E., & Kaune, C. (2007). *Kategoriensystem für metakognitive Aktivitäten beim schrittweise kontrollierten Argumentieren im Mathematikunterricht* (2. überarbeitete Auflage). Forschungsinstitut für Mathematikdidaktik.

Cohors-Fresenborg, E., Kaune, C., & Zülsdorf-Kersting, M. (2014). *Klassifikation von metakognitiven und diskursiven Aktivitäten im Mathematik- und Geschichtsunterricht mit einem gemeinsamen Kategoriensystem.* Forschungsinstitut für Mathematikdidaktik.

Cohors-Fresenborg, E., Kramer, S., Pundsack, F., Sjuts, J., & Sommer, N. (2010). The role of metacognitive monitoring in explaining differences in mathematics achievement. *ZDM, 42*(2), 231–244.

Cramer, J. (2018). *Mathematisches Argumentieren als Diskurs.* Springer Spektrum.

Davidson, A., Herbert, S., & Bragg, L. A. (2019). Supporting Elementary Teachers' Planning and Assessing of Mathematical Reasoning. *International Journal of Science and Mathematics Education, 17*(6), 1151–1171.

De Villiers, M. (1990). The role and function of proof in mathematics. *Pythagoras, 24*(1), 17–24.

Desoete, A., & De Craene, B. (2019). Metacognition and mathematics education: An overview. *ZDM, 51*(4), 565–575.

Dignath, C., & Büttner, G. (2008). Components of fostering self-regulated learning among students. A meta-analysis on intervention studies at primary and secondary school level. *Metacognition and Learning*, *3*(3), 231–264.

Dignath, C., & Büttner, G. (2018). Teachers' direct and indirect promotion of self-regulated learning in primary and secondary school mathematics classes – insights from video-based classroom observations and teacher interviews. *Metacognition and Learning*, *13*(2), 127–157.

Dimmel, J. K., & Herbst, P. G. (2014). What Details Do Geometry Teachers Expect in Students' Proofs? A Method for Experimentally Testing Possible Classroom Norms. In C. Nicol, P. Liljedahl, S. Oesterle, & D. Allan (Hrsg.), *Proceedings of the Joint Meeting of PME 38 and PME-NA 36* (Bd. 2, S. 393–400). PME.

Dittmar, N. (2004). *Transkription: Ein Leitfaden mit Aufgaben für Studenten, Forscher und Laien* (2. Aufl). VS Verlag für Sozialwissenschaften.

DMV, GDM, & MNU (Hrsg.). (2008). *Standards für die Lehrerbildung im Fach Mathematik (Empfehlungen von DMV, GDM, MNU, Juni 2008)*. Abgerufen am 19.04.2019 von http://madipedia.de/images/2/21/Standards_Lehrerbildung_Mathematik.pdf

Douek, N. (1999). Some remarks about argumentation and mathematical proof and their educational implications. In *Proceedings of the First Conference of the European Society for Research in Mathematics Education* (Bd. 1, S. 125–139). Forschungsinstitut für Mathematikdidaktik and ERME.

Douek, N. (2007). Some remarks about argumentation and proof. In P. Boero (Hrsg.), *Theorems in School: From History, Epistemology and Cognition to Classroom Practice* (S. 163–181). Sense Publishers.

Duval, R. (1991). Structure du raisonnement déductif et apprentissage de la démonstration. *Educational Studies in Mathematics*, *22*(3), 233–261.

Elschenbroich, H.-J. (2002). Visuell-dynamisches Beweisen. *Mathematik lehren*, *110*, 56–59.

Erkek, Ö., & Işıksal Bostan, M. I. (2019). Prospective Middle School Mathematics Teachers' Global Argumentation Structures. *International Journal of Science and Mathematics Education*, *17*(3), 613–633.

Flavell, J. H. (1976). Metacognitive aspects of problem solving. In L. B. Resnick (Hrsg.), *The nature of intelligence* (S. 231–235). Lawrence Erlbaum Associates, Inc.

Flavell, J. H. (1979). Metacognition and cognitive monitoring: A new area of cognitive–developmental inquiry. *American Psychologist*, *34*(10), 906–911.

Flick, U. (2012). *Qualitative Sozialforschung. Eine Einführung* (5. Aufl.). Rowohlt.

Flick, U., von Kardoff, E., & Steinke, I. (2013). Was ist qualitative Forschung? Einleitung und Überblick. In U. Flick, E. von Kardoff, & I. Steinke (Hrsg.), *Qualitative Forschung. Ein Handbuch.* (10. Auflage, S. 13–29). Rowohlt.

Fornol, S. L. (2017). Bildungssprache – mehr als konzeptionelle Schriftlichkeit? In F. Heinzel & K. Koch (Hrsg.), *Individualisierung im Grundschulunterricht: Anspruch, Realisierung und Risiken* (S. 178–182). Springer VS.

Franke, M., & Reinhold, S. (2016). *Didaktik der Geometrie in der Grundschule* (3. Auflage). Springer Spektrum.

Freudenthal, H. (1977). *Mathematik als pädagogische Aufgabe* (2. durchgesehene Auflage). Ernst Klett.

Friebertshäuser, B., & Langer, A. (2010). Interviewformen und Interviewpraxis. In B. Friebertshäuser, A. Langer, & A. Prengel (Hrsg.), *Handbuch Qualitative Forschungsmethoden in der Erziehungswissenschaft* (3., vollständig überarbeitete Auflage, S. 437–455). Juventa.

Gabel, M., & Dreyfus, T. (2013). The flow of a proof–the example of the Euclidean algorithm. In A. M. Lindmeier & A. Heinze (Hrsg.), *Proceedings of the 37th Conference of the International Group for the Psychology of Mathematics Education* (Bd. 2, S. 321–328). PME.

Garofalo, J., & Lester, F. K. (1985). Metacognition, Cognitive Monitoring, and Mathematical Performance. *Journal for Research in Mathematics Education, 16*(3), 163–176.

Garuti, R., Boero, P., & Lemut, E. (1998). Cognitive unity of theorems and difficulty of proof. In A. Olivier & K. Newstead (Hrsg.), *Proceedings of the 22nd Conference of the International Group for the Psychology of Mathematics Education* (Bd. 2, S. 345–352). University of Stellenbosch.

Gellert, U. (2011). Mediale Mündlichkeit und Dekontextualisierung. Zur Bedeutung und Spezifik von Bildungssprache im Mathematikunterricht der Grundschule. In S. Prediger & E. Özdil (Hrsg.), *Mathematiklernen unter Bedingungen der Mehrsprachigkeit—Stand und Perspektiven zu Forschung und Entwicklung* (S. 97–116). Waxmann.

Gholamazad, S. (2007). Pre-service elementary school teachers' experiences with the process of creating proofs. In J. H. Woo, H. C. Lew, K. S. Park, & D. Y. Seo (Hrsg.), *Proceedings of the 31st Conference of the International Group for the Psychology of Mathematics Education* (Bd. 2, S. 265–272). PME.

Grieser, D. (2013). Logik und Beweise. In D. Grieser, *Mathematisches Problemlösen und Beweisen* (S. 135–157). Springer Spektrum.

Habermas, J. (1981). *Theorie des kommunikativen Handelns. Band 1: Handlungsrationalität und gesellschaftliche Rationalisierung* (2. Aufl.). Suhrkamp.

Hanna, G. (1990). Some pedagogical aspects of proof. *Interchange, 21*(1), 6–13.

Hattermann, M., Kadunz, G., Rezat, S., & Sträßer, R. (2015). Geometrie: Leitidee Raum und Form. In R. Bruder, L. Hefendehl-Hebeker, B. Schmidt-Thieme, & H.-G. Weigand (Hrsg.), *Handbuch der Mathematikdidaktik* (S. 185–219). Springer.

Heintz, B. (2000). *Die Innenwelt der Mathematik—Zur Kultur und Praxis einer beweisenden Disziplin.* Springer.

Heinze, A. (2004). Schülerprobleme beim Lösen von geometrischen Beweisaufgaben—Eine Interviewstudie. *Zentralblatt für Didaktik der Mathematik, 36*(5), 150–161.

Heinze, A., & Reiss, K. (2003). Reasoning and proof: Methodological knowledge as a component of proof competence. In M. A. Mariotti (Hrsg.), *Proceedings of the Third Conference of the European Society for Research in Mathematics Education* (S. 1–10). University of Pisa and ERME. http://www.mathematik.uni-dortmund.de/~erme/CERME3/Groups/TG4/TG4_Heinze_cerme3.pdf

Hersh, R. (1993). Proving is convincing and explaining. *Educational Studies in Mathematics, 24*(24), 389–399.

Hoyles, C., & Healy, L. (2007). Curriculum change and geometrical reasoning. In P. Boero (Hrsg.), *Theorems in School: From History, Epistemology and Cognition to Classroom Practice* (S. 81–115). Sense Publishers.

Hurme, T.-R., Palonen, T., & Järvelä, S. (2006). Metacognition in joint discussions: An analysis of the patterns of interaction and the metacognitive content of the networked discussions in mathematics. *Metacognition and Learning, 1*(2), 181–200.

Iiskala, T., Vauras, M., Lehtinen, E., & Salonen, P. (2011). Socially shared metacognition of dyads of pupils in collaborative mathematical problem-solving processes. *Learning and Instruction, 21*(3), 379–393.

Inglis, M., Mejia-Ramos, J. P., & Simpson, A. (2007). Modelling mathematical argumentation: The importance of qualification. *Educational Studies in Mathematics, 66*(1), 3–21.

Jahnke, H. N., & Ufer, S. (2015). Argumentieren und Beweisen. In R. Bruder, L. Hefendehl-Hebeker, B. Schmidt-Thieme, & H.-G. Weigand (Hrsg.), *Handbuch der Mathematikdidaktik* (S. 331–355). Springer Spektrum.

Jones, K., & Tzekaki, M. (2016). Research on the Teaching and Learning of Geometry. In Á. Gutiérrez, G. C. Leder, & P. Boero (Hrsg.), *The Second Handbook of Research on the Psychology of Mathematics Education* (S. 109–149). Sense Publishers.

Kadunz, G., & Sträßer, R. (2008). *Didaktik der Geometrie in der Sekundarstufe I* (2. korrigierte Auflage). Franzbecker.

Kaiser, A., Lambert, A., Kaiser, R., & Hohenstein, K. (2018). *Metakognition: Die Neue Didaktik. Metakognitiv fundiertes Lehren und Lernen ist Grundbildung.* Vandenhoeck & Ruprecht.

Kelle, U., & Kluge, S. (2010). *Vom Einzelfall zum Typus—Fallvergleich und Fallkontrastierung in der qualitativen Sozielforschung* (2. überarbeitete Auflage). VS Verlag für Sozialwissenschaften.

Kluge, S. (1999). *Empirisch begründete Typenbildung. Zur Konstruktion von Typen und Typologien in der qualitativen Sozialforschung.* Leske + Budrich.

Knipping, C. (2003). *Beweisprozesse in der Unterrichtspraxis – Vergleichende Analysen von Mathematikunterricht in Deutschland und Frankreich.* Franzbecker.

Knipping, C., & Reid, D. A. (2015). Reconstructing Argumentation Structures: A Perspective on Proving Processes in Secondary Mathematics Classroom Interactions. In A. Bikner-Ahsbahs, C. Knipping, & N. Presmeg (Hrsg.), *Approaches to Qualitative Research in Mathematics Education: Examples of Methodology and Methods* (S. 75–101). Springer Netherlands.

Knipping, C., & Reid, D. A. (2019). Argumentation Analysis for Early Career Researchers. In G. Kaiser & N. Presmeg (Hrsg.), *Compendium for Early Career Researchers in Mathematics Education* (S. 3–31). Springer International Publishing.

Knoblauch, H. (2011). Transkription. In R. Bohnsack & W. Marotzki (Hrsg.), *Hauptbegriffe qualitativer Sozialforschung* (3., durchgesehene Auflage, S. 159–160). Verlag Barbara Budrich.

Knuth, E. J. (2002a). Secondary school mathematics teachers' conceptions of proof. *Journal for Research in Mathematics Education, 33*(5), 379–405.

Knuth, E. J. (2002b). Teachers' conceptions of proof in the context of secondary school mathematics. *Journal of Mathematics Teacher Education, 5*(1), 61–88.

Koch, P., & Oesterreicher, W. (1985). Sprache der Nähe—Sprache der Distanz. Mündlichkeit und Schriftlichkeit im Spannungsfeld von Sprachtheorie und Sprachgeschichte. In O. Deutschmann, H. Flasche, B. König, M. Kruse, W. Pabst, & W.-D. Stempel (Hrsg.), *Romanistisches Jahrbuch* (Bd. 36, S. 15–43). de Gruyter.

Konrad, K. (2005). *Förderung und Analyse von selbstgesteuertem Lernen in kooperativen Lernumgebungen: Bedingungen, Prozesse und Bedeutung kognitiver sowie metakognitiver Strategien für den Erwerb und Transfer konzeptuellen Wissens. Habilitation.* Pabst Science Publishers.

Kowal, S., & O'Connell, D. C. (2012). Zur Transkription von Gesprächen. In U. Flick, E. von Kardoff, & I. Steinke (Hrsg.), *Qualitative Forschung. Ein Handbuch.* (9. Auflage, S. 437–447). Rowohlt.

Kramarski, B. (2008). Promoting teachers' algebraic reasoning and self-regulation with metacognitive guidance. *Metacognition and Learning, 3*(2), 83–99.

Kramarski, B., & Kohen, Z. (2017). Promoting preservice teachers' dual self-regulation roles as learners and as teachers: Effects of generic vs. specific prompts. *Metacognition and Learning, 12*(2), 157–191.

Krummheuer, G. (1991). Argumentations-Formate im Mathematikunterricht. In H. Maier & J. Voigt (Hrsg.), *Interpretative Unterrichtsforschung: Heinrich Bauersfeld zum 65. Geburtstag* (Bd. 17, S. 57–78). Aulis Verlag Deubner.

Krummheuer, G. (1995). The ethnography of argumentation. In H. Bauersfeld & P. Cobb (Hrsg.), *The Emergence of Mathematical Meaning: Interaction in Classroom Cultures* (S. 229–269). Lawrence Erlbaum Associates, Inc.

Krummheuer, G. (2003). Argumentationsanalyse in der mathematikdidaktischen Unterrichtsforschung. *Zentralblatt für Didaktik der Mathematik, 35*(6), 247–256.

Krummheuer, G., & Brandt, B. (2001). *Paraphrase und Traduktion: Partizipationstheoretische Elemente einer Interaktionstheorie des Mathematiklernens in der Grundschule.* Beltz.

Kultusministerkonferenz. (2005). *Bildungsstandards im Fach Mathematik für den Primarbereich.* Wolters Kluwer.

Kultusministerkonferenz. (2017). *Ländergemeinsame inhaltliche Anforderungen für die Fachwissenschaften und Fachdidaktiken in der Lehrerbildung.* Abgerufen am 19.04.2019 von http://www.kmk.org/fileadmin/Dateien/veroeffentlichungen_beschluesse/2008/2008_10_16-Fachprofile-Lehrerbildung.pdf

Kuzle, A. (2011). *Preservice Teachers' Patterns of Metacognitive Behavior During Mathematics Problem Solving in a Dynamic Geometry Environment* [University of Georgia]. Abgerufen am 22.01.2021 von https://getd.libs.uga.edu/pdfs/kuzle_ana_201112_phd.pdf

Kuzle, A. (2013). Patterns of metacognitive behavior during mathematics problem-solving in a dynamic geometry environment. *International Electronic Journal of Mathematics Education, 8*(1), 20–40.

Kuzle, A. (2015). Nature of metacognition in a dynamic geometry environment. *LUMAT – Research and Practice in Math, Science and Technology Education, 3*(5), 627–646.

Kuzle, A. (2018). Assessing metacognition of grade 2 and grade 4 students using an adaptation of multi-method interview approach during mathematics problem-solving. *Mathematics Education Research Journal, 30*(2), 185–207.

Lakatos, I. (1963). Proofs and refutations (I). *The British Journal for the Philosophy of Science, 14*(53), 1–25.

Legewie, H. (1987). Interpretation und Validierung biographischer Interviews. In G. Jüttemann & H. Thomae (Hrsg.), *Biographie und Psychologie* (S. 138–150). Springer.

Leufer, N. (2016). *Kontextwechsel als implizite Hürden realitätsbezogener Aufgaben.* Springer Spektrum.

Lingel, K., Neuenhaus, N., Artelt, C., & Schneider, W. (2010). Metakognitives Wissen in der Sekundarstufe: Konstruktion und Evaluation domänenspezifischer Messverfahren. Projekt EWIKO. In E. Klieme, D. Leutner, & M. Kenk (Hrsg.), *Kompetenzmodellierung. Zwischenbilanz des DFG-Schwerpunktprogramms und Perspektiven des Forschungsansatzes* (S. 228–238). Beltz.

Lingel, K., Neuenhaus, N., Artelt, C., & Schneider, W. (2014). Der Einfluss des metakognitiven Wissens auf die Entwicklung der Mathematikleistung am Beginn der Sekundarstufe I. *Journal für Mathematik-Didaktik, 35*(1), 49–77.

Llinares, S., & Clemente, F. (2019). Characteristics of the shifts from configural reasoning to deductive reasoning in geometry. *Mathematics Education Research Journal, 31*(3), 259–277.

Loosen, W. (2016). Das Leitfadeninterview – eine unterschätzte Methode. In S. Averbeck-Lietz & M. Meyen (Hrsg.), *Handbuch nicht standardisierte Methoden in der Kommunikationswissenschaft* (S. 139–155). VS Verlag für Sozialwissenschaften.

Lucangeli, D., Fastame, M. C., Pedron, M., Porru, A., Duca, V., Hitchcott, P. K., & Penna, M. P. (2019). Metacognition and errors: The impact of self-regulatory trainings in children with specific learning disabilities. *ZDM, 51*(4), 577–585.

Lück, D., & Landrock, U. (2014). Datenaufbereitung und Datenbereinigung in der quantitativen Sozialforschung. In N. Baur & J. Blasius (Hrsg.), *Handbuch Methoden der empirischen Sozialforschung* (S. 397–409). VS Verlag für Sozialwissenschaften.

Mariotti, M. A. (2006). Proof and proving in mathematics education. In Á. Gutiérrez & P. Boero (Hrsg.), *Handbook of Research on the Psychology of Mathematics Education: Past, Present and Future* (S. 173–204). Sense Publishers.

Mariotti, M. A., & Pedemonte, B. (2019). Intuition and proof in the solution of conjecturing problems'. *ZDM, 51*(5), 759–777.

Marotzki, W. (2011). Leitfadeninterview. In R. Bohnsack, M. Meuser, & W. Marotzki (Hrsg.), *Hauptbegriffe qualitativer Sozialforschung* (3., durchgesehene Auflage, S. 114). Verlag Barbara Budrich.

Martin, W. G., & Harel, G. (1989). Proof frames of preservice elementary teachers. *Journal for Research in Mathematics Education, 20*(1), 41–51.

Melhuish, K., Thanheiser, E., & Guyot, L. (2020). Elementary school teachers' noticing of essential mathematical reasoning forms: Justification and generalization. *Journal of Mathematics Teacher Education, 23*(1), 35–67.

Merkens, H. (2013). Auswahlverfahren, Sampling, Fallkonstruktion. In U. Flick, E. von Kardoff, & I. Steinke (Hrsg.), *Qualitative Forschung. Ein Handbuch.* (10. Auflage, S. 286–298). Rowohlt.

Meyer, M. (2007a). *Entdecken und Begründen im Mathematikunterricht: Von der Abduktion zum Argument*. Franzbecker.

Meyer, M. (2007b). Entdecken und Begründen im Mathematikunterricht. Zur Rolle der Abduktion und des Arguments. *Journal für Mathematik-Didaktik, 28*(3–4), 286–310.

Miller, M. H. (1986). *Kollektive Lernprozesse: Studien zur Grundlegung einer soziologischen Lerntheorie* (1. Aufl). Suhrkamp.

Miyakawa, T., & Herbst, P. (2007). The nature and role of proof when installing theorems: The perspective of geometry teachers. In J. H. Woo, H. C. Lew, K. S. Park, & D. Y. Seo (Hrsg.), *Proceedings of the 31st Conference of the International Group for the Psychology of Mathematics Education* (Bd. 3, S. 281–288). PME.

Morris, A. K. (2007). Factors Affecting Pre-Service Teachers' Evaluations of the Validity of Students' Mathematical Arguments in Classroom Contexts. *Cognition and Instruction, 25*(4), 479–522.

Nowińska, E. (2016). *Leitfragen zur Analyse und Beurteilung metakognitiv-diskursiver Unterrichtsqualität*. Forschungsinstitut für Mathematikdidaktik.

Nowińska, E. (Hrsg.). (2018). *Metakognitiv-diskursive Unterrichtsqualität—Eine Handreichung zu deren Analyse und Einschätzung in den Fächern Geschichte, Mathematik und Religion*. Forschungsinstitut für Mathematikdidaktik.

Nowińska, E., Cohors-Fresenborg, E., & Praetorius, A.-K. (2018). Stabilität der metakognitiv-diskursiven Unterrichtsqualität zwischen den Unterrichtsstunden in einer Klasse. In Fachgruppe Didaktik der Mathematik der Universität Paderborn (Hrsg.), *Beiträge zum Mathematikunterricht 2018* (S. 1331–1334). WTM, Verlag für wissenschaftliche Texte und Medien.

Otto, B., Perels, F., & Schmitz, B. (2011). Selbstreguliertes Lernen. In H. Reinders, H. Ditton, C. Gräsel, & B. Gniewosz (Hrsg.), *Empirische Bildungsforschung* (S. 33–44). VS Verlag für Sozialwissenschaften.

Passmore, T. (2007). Polya's Legacy: Fully Forgotten or Getting a New Perspective in Theory and Practice? *Australian Senior Mathematics Journal, 21*(2), 44–53.

Pedemonte, B. (2007). How can the relationship between argumentation and proof be analysed? *Educational Studies in Mathematics, 66*(1), 23–41.

Pedemonte, B., & Reid, D. A. (2011). The role of abduction in proving processes. *Educational Studies in Mathematics, 76*(3), 281–303.

Pintrich, P. R. (2000). The role of goal orientation in self-regulated learning. In P. R. Pintrich & M. Boekaerts (Hrsg.), *Handbook of Self-Regulated Learning* (S. 451–502). Academic Press.

Prytula, M. (2012). Teacher metacognition within the professional learning community. *International Education Studies, 5*(4), 112–121.

Rav, Y. (1999). Why do we prove theorems. *Philosophia Mathematica, 7*(1), 5–41.

Reid, D. A., & Knipping, C. (2010). *Proof in mathematics education—Research, Learning and Teaching*. Sense Publishers.

Reiss, K., Klieme, E., & Heinze, A. (2001). Prerequisites for the understanding of proofs in the geometry classroom. In M. van den Heuvel-Panhuizen (Hrsg.), *Proceedings of the 25th Conference of the International Group for the Psychology of Mathematics Education* (Bd. 4, S. 97–104). PME.

Rott, B. (2013). *Mathematisches Problemlösen: Ergebnisse einer empirischen Studie*. WTM, Verlag für wissenschaftliche Texte und Medien.

Samper, C., Camargo, L., Perry, P., & Molina, Ó. (2012). Dynamic geometry, implication and abduction: A case study. In T. Y. Tso (Hrsg.), *Proceedings of the 36th Conference of the International Group for the Psychology of Mathematics Education* (Bd. 4, S. 43–50). PME.

Schmitz, B. (2001). Self-Monitoring zur Unterstützung des Transfers einer Schulung in Selbstregulation für Studierende: Eine prozessanalytische Untersuchung. *Zeitschrift für Pädagogische Psychologie, 15*(3/4), 181–197.

Schneider, W., & Artelt, C. (2010). Metacognition and mathematics education. *ZDM, 42*(2), 149–161.

Schoenfeld, A. H. (1981). *Episodes and Executive Decisions in Mathematical Problem Solving (ERIC Documentation Reproduction Service No. ED201505)*. Annual Meeting of the American Educational Research Association, Los Angeles, USA.

Schoenfeld, A. H. (1987). What's all the fuss about metacognition. In A. H. Schoenfeld (Hrsg.), *Cognitive science and mathematics education* (S. 189–216). Lawrence Erlbaum Associates, Inc.

Schoenfeld, A. H. (1992). Learning to Think Mathematically: Problem Solving, Metacognition, and Sense Making in Mathematics. In D. A. Grouws (Hrsg.), *Handbook of Research on Mathematics Teaching and Learning: A Project of the National Council of Teachers of Mathematics.* (S. 334–370). Macmillan.

Schraw, G. (1998). Promoting general metacognitive awareness. *Instructional Science, 26*(1), 113–125.

Scriba, C. J., & Schreiber, P. (2010). *5000 Jahre Geometrie: Geschichte, Kulturen, Menschen* (3. Aufl). Springer.

Selden, A., & Selden, J. (2003). Validations of Proofs Considered as Texts: Can Undergraduates Tell Whether an Argument Proves a Theorem? *Journal for Research in Mathematics Education, 34*(1), 4–36.

Senator für Bildung und Wissenschaft, Bremen, Ministerium für Bildung, Jugend und Sport des Landes Brandenburg, Senatsverwaltung für Bildung, Jugend und Sport Berlin, & Ministerium für Bildung, Wissenschaft und Kultur Mecklenburg-Vorpommern (Hrsg.). (2004). *Rahmenlehrplan Grundschule Mathematik*. Sujet Druck & Verlag.

Senatorin für Bildung und Wissenschaft (Hrsg.). (2010). *Mathematik Bildungsplan für die Oberschule.* Abgerufen am 29.05.2017 von www.lis.bremen.de/sixcms/media.php/13/2010_BP_O_Ma%20Erlassversion.pdf

Shilo, A., & Kramarski, B. (2019). Mathematical-metacognitive discourse: How can it be developed among teachers and their students? Empirical evidence from a videotaped lesson and two case studies. *ZDM, 51*(4), 625–640.

Shinno, Y. (2017). Reconstructing a lesson sequence introducing an irrational number as a global argumentation structure. In B. Kaur, W. K. Ho, T. L. Toh, & B. H. Choy (Hrsg.), *Proceedings of the 41st Conference of the International Group for the Psychology of Mathematics Education* (Bd. 4, S. 193–200). PME.

Simon, M. A., & Blume, G. W. (1996). Justification in the mathematics classroom: A study of prospective elementary teachers. *The Journal of Mathematical Behavior, 15*(1), 3–31.

Sinclair, N., Bussi, M. G. B., Villiers, M. de, Jones, K., Kortenkamp, U., Leung, A., & Owens, K. (2016). Recent research on geometry education: An ICME-13 survey team report. *ZDM, 48*(5), 691–719.

Sjuts, J. (2003). Metakognition per didaktisch-sozialem Vertrag. *Journal für Mathematik-Didaktik, 24*(1), 18–40.

Spruce, R., & Bol, L. (2015). Teacher beliefs, knowledge, and practice of self-regulated learning. *Metacognition and Learning, 10*(2), 245–277.

Steinke, I. (2013). Gütekriterien qualitativer Forschung. In U. Flick, E. von Kardoff, & I. Steinke (Hrsg.), *Qualitative Forschung. Ein Handbuch.* (10. Auflage, S. 319–331). Rowohlt.

Stubbemann, N. (2019). Der Einfluss von Fachwissen auf den Nutzen von Monitoring im Beweisprozess. In A. Frank, S. Krauss, & K. Binder (Hrsg.), *Beiträge zum Mathematikunterricht 2019* (S. 793–796). WTM, Verlag für wissenschaftliche Texte und Medien.

Stubbemann, N., & Knipping, C. (2019). Metacognitive activities of pre-service teachers in proving processes. In U. T. Jankvist, M. van den Heuvel-Panhuizen, & M. Veldhuis (Hrsg.), *Proceedings of the Eleventh Congress of the European Society for Research in Mathematics Education* (S. 328–335). Freudenthal Group & Freudenthal Institute, Utrecht University and ERME.

Stylianides, A. J., Bieda, K. N., & Morselli, F. (2016). Proof and argumentation in mathematics education research. In Á. Gutiérrez, G. C. Leder, & P. Boero (Hrsg.), *The Second Handbook of Research on the Psychology of Mathematics Education* (S. 315–351). Sense Publishers.

Stylianides, A. J., & Stylianides, G. J. (2009). Proof constructions and evaluations. *Educational Studies in Mathematics, 72*(2), 237–253.

Stylianides, G. J., Stylianides, A. J., & Weber, K. (2017). Research on the teaching and learning of proof: Taking stock and moving forward. In J. Cai (Hrsg.), *Compendium for Research in Mathematics Education* (S. 237–266). National Council of Teachers of Mathematics.

Stylianides, G. J., Stylianides, A. J., & Shilling-Traina, L. N. (2013). Prospective Teachers' Challenges in Teaching Reasoning-And-Proving. *International Journal of Science and Mathematics Education, 11*(6), 1463–1490.

Toulmin, S. E. (1958). *The uses of argument.* Cambridge University Press.

Toulmin, S. E. (1975). *Der Gebrauch von Argumenten* (U. Berk, Übers.; 2. Aufl.). Beltz Atenäum.

Ufer, S., Heinze, A., & Reiss, K. (2008). Individual predictors of geometrical proof competence. In O. Figueras, J. L. Cortina, S. Alatorre, T. Rojano, & A. Sepúlveda (Hrsg.), *Proceedings of the Joint Meeting of PME 32 and PME-NA XXX* (Bd. 4, S. 361–368). Cinvestav-UMSNH.

Ufer, S., Heinze, A., & Reiss, K. (2009). What happens in students' minds when constructing a geometric proof? A cognitive model based on mental models. In F.-L. Lin, F.-J. Hsieh, G. Hanna, & M. De Villiers (Hrsg.), *Proceedings of the ICMI Study 19 Conference: Proof and Proving in Mathematics Education* (Bd. 2, S. 239–244). The Department of Mathematics, National Taiwan Normal University.

Van der Stel, M., & Veenman, M. V. J. (2014). Metacognitive skills and intellectual ability of young adolescents: A longitudinal study from a developmental perspective. *European Journal of Psychology of Education, 29*(1), 117–137.

Van der Stel, M., Veenman, M. V. J., Deelen, K., & Haenen, J. (2010). The increasing role of metacognitive skills in math: A cross-sectional study from a developmental perspective. *ZDM, 42*(2), 219–229.

Varghese, T. (2009). Secondary-Level Student Teachers' Conceptions of Mathematical Proof. *Issues in the Undergraduate Mathematics Preparation of School Teachers: The Journal, 1.* http://www.k-12prep.math.ttu.edu/journal/1.contentknowledge/varghese01/article.pdf

Veenman, M. V. J., Van Hout-Wolters, B. H. A. M., & Afflerbach, P. (2006). Metacognition and learning: Conceptual and methodological considerations. *Metacognition and Learning, 1*(1), 3–14.

Vorhölter, K. (2019). Enhancing metacognitive group strategies for modelling. *ZDM, 51*(4), 703–716.

Wall, K., & Hall, E. (2016). Teachers as metacognitive role models. *European Journal of Teacher Education, 39*(4), 403–418.

Weber, K. (2001). Student difficulty in constructing proofs: The need for strategic knowledge. *Educational Studies in Mathematics, 48*(1), 101–119.

Weber, K. (2005). Problem-solving, proving, and learning: The relationship between problem-solving processes and learning opportunities in the activity of proof construction. *The Journal of Mathematical Behavior, 24*(3), 351–360.

Weber, K., & Mejia-Ramos, J. P. (2014). Mathematics majors' beliefs about proof reading. *International Journal of Mathematical Education in Science and Technology, 45*(1), 89–103.

Weigand, H.-G. (2014a). Geometrie und Geometrieunterricht. In H.-G. Weigand, A. Filler, R. Hölzl, S. Kuntze, M. Ludwig, J. Roth, B. Schmidt-Thieme, & G. Wittmann (Hrsg.), *Didaktik der Geometrie für die Sekundarstufe I* (S. 264–280). Springer Spektrum.

Weigand, H.-G. (2014b). Ziele des Geometrieunterrichts. In H.-G. Weigand, A. Filler, R. Hölzl, S. Kuntze, M. Ludwig, J. Roth, B. Schmidt-Thieme, & G. Wittmann (Hrsg.), *Didaktik der Geometrie für die Sekundarstufe I* (S. 13–34). Springer Spektrum.

Wilson, J., & Clarke, D. (2004). Towards the modelling of mathematical metacognition. *Mathematics Education Research Journal, 16*(2), 25–48.

Wilson, N. S., & Bai, H. (2010). The relationships and impact of teachers' metacognitive knowledge and pedagogical understandings of metacognition. *Metacognition and Learning, 5*(3), 269–288.

Winter, H. (1983). Zur Problematik des Beweisbedürfnisses. *Journal für Mathematik-Didaktik, 4*(1), 59–95.

Wittmann, E. C., & Müller, G. (1988). Wann ist ein Beweis ein Beweis? In P. Bender (Hrsg.), *Mathematikdidaktik: Theorie und Praxis: Festschrift für Heinrich Winter* (S. 237–258). Cornelsen.

Wittmann, G. (2014). Beweisen und Argumentieren. In H.-G. Weigand, A. Filler, R. Hölzl, S. Kuntze, M. Ludwig, J. Roth, B. Schmidt-Thieme, & G. Wittmann (Hrsg.), *Didaktik der Geometrie für die Sekundarstufe I* (S. 35–54). Springer Spektrum.

Zazkis, R., & Zazkis, D. (2014). Script writing in the mathematics classroom: Imaginary conversations on the structure of numbers. *Research in Mathematics Education, 16*(1), 54–70.

Zeybek, Z. (2016). Pre-Service Elementary Teachers' Proof and Counterexample Conceptions. *International Journal for Mathematics Teaching and Learning, 17*(2), 1–30.

Zeybek, Z., & Galindo, E. (2014). Pre-service elementary teachers' misconceptions of proof and counterexamples and their possible influences on their instructional decisions. In C. Nicol, S. Oesterle, P. Liljedahl, & D. Allan (Hrsg.), *Proceedings of the Joint Meeting of PME 38 and PME-NA 36* (Bd. 5, S. 433–440). PME.

Printed in the United States
by Baker & Taylor Publisher Services